U0214660

北京林业大学年鉴

BEIJING FORESTRY UNIVERSITY YEARBOOK 2017

北京林业大学 编纂

中国林业出版社

图书在版编目（CIP）数据

北京林业大学年鉴. 2017 / 北京林业大学编纂. －北京：中国林业出版社, 2018.4

ISBN 978-7-5038-9536-4

Ⅰ. ①北… Ⅱ. ①北… Ⅲ. ①北京林业大学－2017－年鉴 Ⅳ. ①S7-40

中国版本图书馆CIP数据核字(2018)第076426号

出　版：中国林业出版社（100009 北京市西城区德胜门内大街刘海胡同7号）

网　址：http://lycb.forestry.gov.cn

E-mail：cfybook@163.com　　电话：010-83143583

发　行：中国林业出版社

印　刷：北京中科印刷有限公司

版　次：2018年7月第1版

印　次：2018年7月第1次

开　本：787mm×1092mm 1/16

印　张：26

插　页：44

字　数：780千字

定　价：68.00元

《北京林业大学年鉴（2017卷）》编辑委员会

《北京林业大学年鉴（2017卷）》编辑部

编辑说明

在北京林业大学年鉴编辑委员会的正确领导下，经过年鉴编辑部和全校各单位组稿人和撰稿人的共同努力，《北京林业大学年鉴（2017卷）》（以下简称《年鉴（2017卷）》）完成编纂，正式面世。《年鉴（2017卷）》是北京林业大学建校以来连续出版的第九本年鉴，汇集了2016年全校事业发展及重大活动基本情况，系统地反映了学校在人才培养、科学研究、社会服务、内部管理和党建思政工作方面的重要成就及最新进展，是学校发展情况的历史记载，供全校各个部门及校外有关单位了解和研究学校现状与发展情况时参考使用。

作为北京林业大学党委、行政名义组织编纂的综合性工具书，《年鉴（2017卷）》选题时间范围为2016年1月1日至12月31日的重大事件、重要活动及各个领域的新进展、新成果、新信息，部分内容依照实际情况前后适当延伸。《年鉴（2017卷）》以文章和条目为基本载体，以条目为主，并配有彩色插页。全书共设置20个栏目，分别为概况、特载、学院与教学部、教育教学、学科建设、科学研究、科技平台及研究机构、国际及港澳台交流与合作、党建与群团工作、管理与服务、学校公共体系、专文、机构与队伍、人物、大事记、重要学术报告会一览、表彰与奖励、毕业生名单、学位授予名单、新闻要目。

在《年鉴（2017卷）》的编纂过程中，年鉴编辑部专门聘请了班道明、赵绍鸿两位退休的老先生作为特约编辑，进一步在编校质量上下工夫，做到精益求精。彩色插页多选取生动活泼的场景，以点带面，更加直观地反映了学校的事业发展。

《年鉴（2017卷）》的编纂得到了学校各有关单位和广大教职员工的大力支持，在此谨表最诚挚的谢意。在编纂过程中，编辑部人员力求做到资料完整、内容翔实、数据准确，但由于编纂时间紧、任务重，大多数同志都是在繁忙的工作之余兼职为之，难免有疏漏、不妥之处，恳请读者不吝指正。

《北京林业大学年鉴》编辑部

2017年12月

领导关怀

7月28日，教育部党组书记、部长陈宝生来校调研

10月16日，全国人大农业与农村委员会副主任委员郭庚茂调研学校鄢陵协同创新中心

12月13日，国家林业局局长张建龙出席“部长进校园”首都大学生形势政策报告会并作报告

4月2日，国家林业局副局长彭有冬出席2016年绿桥、绿色长征活动推进会

4月2日，团中央书记处书记徐晓出席2016年绿桥、绿色长征活动

7月6日，北京市科学技术委员会党组书记呼文亮、委员刘晖一行来校调研

9月29日，国家林业局科技司副司长杜纪山视察林木育种国家工程实验室冠县科研基地

11月，国家林业局科技司副司长杜纪山来校调研

党的建设

3月25日，召开二级单位党组织书记抓基层党建述职评议工作考核会

4月，"两学一做"专题网站正式上线

4月27日，北京市教工委、市教委领导莅临马克思主义学院指导工作

4月28日，召开“两学一做”学习教育座谈会

5月，举行“树人”研究生党员骨干培训学校（春季）培训班开班仪式

6月22日，召开教师干部大会

6月26日，举办“民族的脊梁”北京林业大学庆祝建党95周年朗诵会

6月27日，召开纪念中国共产党成立95周年表彰大会

6月28日，信息学院举行2016“七一”表彰大会暨“两学一做”学习教育报告会

9月9日，举行李保国先进事迹报告会

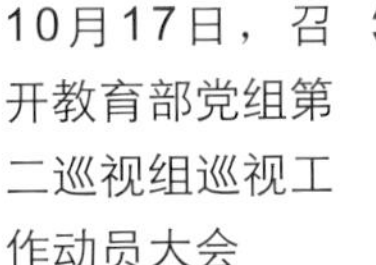

10月17日，召开教育部党组第二巡视组巡视工作动员大会

7～8月，学生党支部与各基层党组织共建开展“红色1+1”活动

11月4日，材料学院教工党支部专题学习十八届六中全会精神

11月5日，园林学院基层党支部开展共建活动

11月14日，召开学院路街道分会第十二选区第四阶段投票选举工作推进会

11月，推进“三会一课”模式创新工作

12月，水土保持学院开展沙龙式党课

11月24日，林学院党委开展"两学一做"暨党的十八届六中全会精神专题党课

12月6日，理学院开展盲评式党课

12月11日，人文学院举办第十七届人文党风表演大赛

人才培养

3月17日，召开本科教学督导聘任大会

3月21号，"李相符"青年英才培养计划（第四期）实践团参观井冈山革命博物馆

4月17日，材料学院家具系作品在意大利米兰家具展展出

5月，校领导听课并检查教学工作

5月，举行当代爱国主义精神研讨会

5月10日，举行新生军训

5月6日，工学院康峰老师获得“首都劳动奖章”称号

5月15日，举办“百万菁英创业分享会”

5月26日，参加2016全国农林院校互联网+教育高峰论坛开幕式

5月27日，举办“以学生为中心教与学”专题讲座

6月19日，举办第三届北京林业大学大学生创新创业训练成果展示与经验交流会总结会

6月24日，召开定向西藏毕业生就业欢送会

7月，评选校级优秀本科毕业论文

7月16～20日，开展“弘扬延安精神，坚定理想信念”暑期社会实践

7月，举行12级国防生毕业典礼

7月19日，翁强获评第十二届北京市教学名师

8月，举行暑期防化集训

9月24日，学校学生作品参展北京市大学生创新创业交流会

9月7日，举办梁希实验班选拔考试

9月9日，举办梁希实验班选拔答辩

10月25日，举办职业嘉年华活动

11月1日，王向荣教授设计项目获2016年度英国BALI国家景观奖

11月24日，举办“青教赛”动员暨培训会

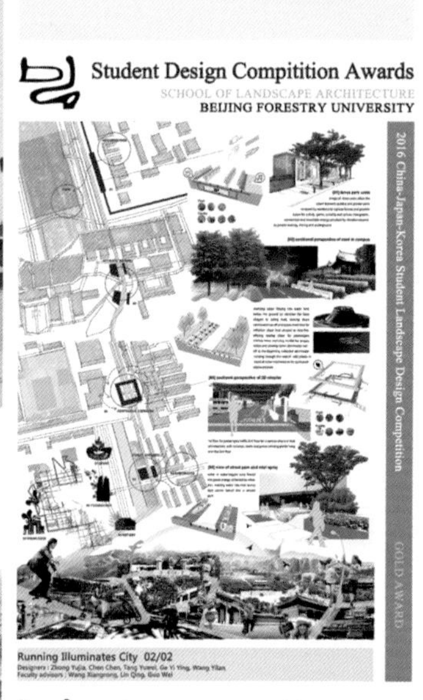

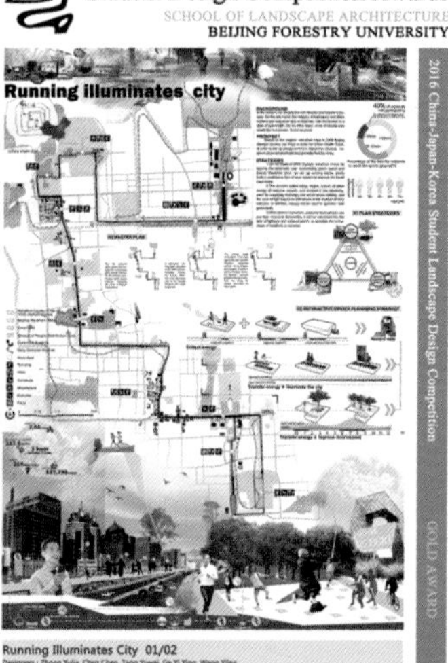

11月，北林大学子获中日韩大学生风景园林设计竞赛金奖

11月25日，信息学院举办青年教师教学基本功比赛

11月26日，第四届银蝶团队成员参观自然博物馆

12月4日，外语学院召开评优表彰大会

12月10日，工学院召开2016年新生引航暨评优表彰大会

12月14日，举行“林院榜样”颁奖典礼暨新生引航工程分享会

12月23日，举办第十二届青年教师教学基本功比赛

12月25日，举行工学院2016年青年教师学术论坛

12月29日，由学生培育紫薇新品种获“大北农杯”首届全国农林院校科技作品一等奖

科学研究

4月16日，召开“北林园林设计——继往开来 与时俱进”2016风景园林规划设计论坛

6月18日，人文学院举办中国省域生态文明评价指标体系构建与实证研究会

7月19日，戴思兰教授获“中国观赏园艺2016年度特别荣誉奖”

7月21日，召开中国观赏园艺学术研讨会

8月，王礼先教授获2016年世界水土保持学会杰出贡献奖

10月18～19日，召开森林资源可持续经营国际学术研讨会

11月11日，举办首届校园菊展

11月17日，举办北京绿廊2020设计展暨历届首高论坛回顾展

11月28日，材料学院举办2016年青年教师学术论坛

11月28日，信息学院召开“十三五”规划专家论证会

12月10日，召开生态文明法律保障机制研讨会

国家技术发明奖

证 书

为表彰国家技术发明奖获得者，特颁发此证书。

项目名称：木质纤维生物质多级资源化利用关键技术及应用

奖励等级：二等

获 奖 者：孙润仓（北京林业大学）

中华人民共和国国务院

2016年12月21日

证书号：2016-F-305-2-03-R01

12月21日，孙润仓获国家技术发明奖二等奖

12月22日，召开林木育种国家工程实验室2016年学术年会

12月25日，工学院举办2016年青年教师学术论坛

12月27日，林学院举办青年学术论坛暨第五届学生学术论坛

对外交流

3月10日，英国朴茨茅斯大学工学院代表团来访

3月11日，东京经济大学副校长一行来校商谈合作

4月6日，欧洲森林研究所所长一行来访

4月13日，埃及本哈大学校长来访

5月21日，举行中美草坪管理本科合作办学项目毕业典礼

5月28日，举办2016世界风景园林师高峰讲坛

6月6日，校长宋维明出席中美绿色合作伙伴计划签字仪式

7月19日，举办“情系两岸 缘聚园林”海峡两岸园林学术论坛

10月22日，举行第三期京澳青年大学生绿色交流营活动

10月24日，与日本千叶大学合作双培养双学位项目签约仪式

10月25日，召开亚太地区林业教育协调机制会议

10月26号，韩国山林科学院院长一行来访

11月，美国密西西比州立大学副校长来访

11月7日，加入丝绸之路农业教育科技创新联盟

12月，承办印度尼西亚现代种植业及加工技术培训班

12月6日，举行2016年海峡两岸林业敬业奖励基金颁奖仪式暨颁奖20周年庆祝活动

社会服务

4月7日，林木育种国家工程实验室与内蒙古和盛生态科技研究院签署共建协同创新中心合作协议

5月16日，启动全国林业院校继续教育网络课程资源联盟

5月16日，举行“生态学人e行动计划研讨会暨全国林业院校继续教育网络课程资源联盟会议”

6月16日，承办世界防治荒漠化日特别活动

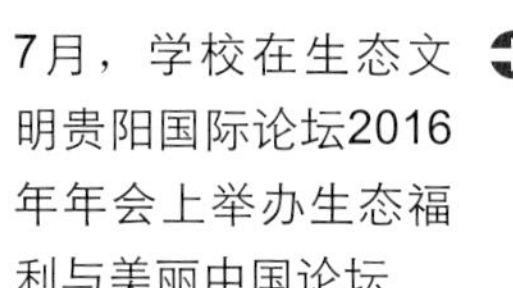

7月，学校在生态文明贵阳国际论坛2016年年会上举办生态福利与美丽中国论坛

7月1日，学校与聊城市人民政府签订战略合作框架协议

8月，赴科右前旗进行实地考察调研并慰问挂职扶贫干部

9月9日，与广西百色市林业局合作举办“百色市林业系统现代林业综合管理研修班”

9月26日，参加第十六届中国·中原花木交易博览会

9月29日，召开毛白杨科技创新与产业发展研讨会

10月14日，学校与通州区人民政府签署战略合作框架协议

荣誉证书

HONORARY CREDENTIAL

北京林业大学：

你校《校地合作搭建政产学研用"鄢陵模式"协同创新助推地方花木产业转型升级》案例，被评选为2012-2014中国高校产学研合作科技创新十大推荐案例。

特发此证

教育部科技发展中心

二〇一六年十一月

11月29日，与德青源就业实践基地合作

11月，"校地合作搭建政产学研用'鄢陵模式'协同创新助推地方花木产业转型升级"案例被评为"2012～2014中国高校产学研合作科技创新十大推荐案例"

12月，“林之水”研究生支教团前往太平路小学分校支教

12月14日，学校与新乡市人民政府签约服务国家自主创新示范区建设

12月23日，举行就业实践基地签约仪式

管理工作

1月22日，党委书记王洪元和校长宋维明为马克思主义学院揭牌

3月4日，博物馆获首都精神文明委第二批首都学雷锋志愿服务岗

3月15日，召开关工委工作会议

3月28日，召开2016年工会、教代会专题工作会议

3月31日，北京林业大学思想政治理论课建设现场办公会

4月7日，召开老教协老科协理事会

4月15日，召开第七届教职工暨第十五届工会会员代表大会第二次会议

4月17日，举行寒假招生宣传实践成果汇报展示暨评优表彰大会

4月29日，召开庆祝“五一”国际劳动节暨表彰大会

6月2日，举办五校联合招生咨询活动新闻发布会

6月6日，举行招生宣传工作会

6月29日，举办“尊重知识，体面劳动，做一名优秀的教育工作者”专题报告会

7月9～13日，开展三十年教龄教职工暑期疗养活动

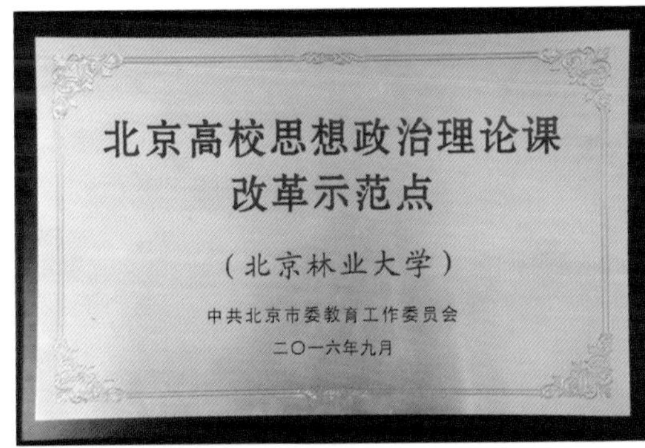

9月，获北京高校思想政治理论课改革示范点

9月8日，召开庆祝第三十二个教师节座谈会

10月13日，为80岁老人集体祝寿

11月，校友会获得“第四届高校校友工作优秀单位”称号

11月15日，召开第四轮全国一级学科评估工作会议

11月18日，召开2016年度二级教代会交流、研讨、考核工作会议

11月29日，召开人口与计划生育工作会

大学文化

4月15日，举行首个全民国家安全教育日活动

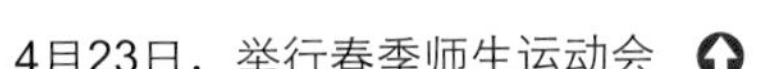

4月23日，举行春季师生运动会

4月23日，举行学生体育文化节

4月26日，举行中国计算机学会北京林业大学学生分会成立大会

5月3日，举行朱之悌奖励基金签字仪式

5月17日，拍摄招生宣传片《山水木人》

6月1日，举行首届京津冀晋蒙青年环保公益创业大赛培训班

6月3日，举行第四届百所高校“六·五”世界环境日主题活动

7月11日，绿色长征实践团赴黑龙江望奎县开展绿色扶贫青年行座谈会

9月17日，参与北京马拉松志愿服务活动

9月24日，举行“我的大学”北京林业大学2016迎新文艺晚会

10月16日，举办“永远的长征”北京林业大学纪念长征胜利80周年暨校庆64周年音乐会

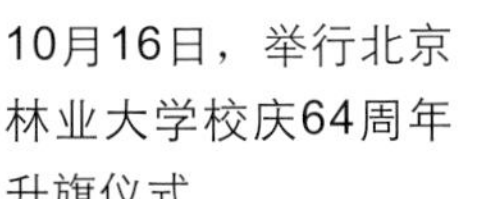

10月16日，举行北京林业大学校庆64周年升旗仪式

11月，举办北京青年大学生环保志愿服务交流会

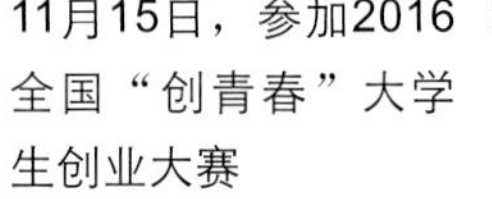
11月15日，参加2016全国“创青春”大学生创业大赛

11月20日，学生民乐团参加2016北京市大学生音乐节

11月22日，邀请中国人民大学和红教授来校作“预防艾，拥抱爱”主题讲座

12月10日，召开第八届学生社团联合会中期调整会

12月11日，召开第三十一次学生代表大会

12月20日，园林133班获北京市"十佳示范班集体"荣誉称号

12月31日，举行"家·园"2017新年文艺晚会

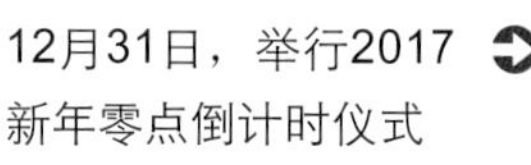
12月31日，举行2017新年零点倒计时仪式

北京林业大学年鉴

2017

北京林业大学　编纂

中国林业出版社

目录

学科建设

科学研究

科技平台及研究机构

国际、港澳台交流与合作

党建与群团工作

管理与服务

学校公共体系

专 文

机构与队伍

人　物

2016 年大事记

年度重要学术报告会一览

表彰与奖励

毕业生名单

2016 年学位授予名单

2016 年媒体重要报道要目

北京林业大学概况

北京林业大学是教育部直属、教育部与国家林业局共建的全国重点大学。学校办学历史可追溯至1902年的京师大学堂农业科林学目。1952年全国高校院系调整，北京农业大学森林系与河北农学院森林系合并，成立北京林学院。1956年，北京农业大学造园系和清华大学建筑系部分并入学校。1960年被列为全国重点高等院校，1981年成为首批具有博士、硕士学位授予权的高校。1985年更名为北京林业大学。1996年被国家列为首批“211工程”重点建设的高校。2000年经教育部批准试办研究生院，2004年正式成立研究生院。2005年获得本科自主选拔录取资格。2008年，学校成为国家“优势学科创新平台”建设项目试点高校。2010年获教育部和国家林业局共建支持。2011年与其他10所行业特色高校参与组建北京高科大学联盟。2012年，牵头成立中国第一个林业协同创新中心——“林木资源高效培育与利用”协同创新中心。2016年，学校“林木分子设计育种高精尖创新中心”入选北京市第二批高精尖创新中心。

学校以生物学、生态学为基础，以林学、风景园林学、林业工程、农林经济管理为特色，是农、理、工、管、经、文、法、哲、教、艺等多门类协调发展的全国重点大学。学校现有15个学院、47个博士点、123个硕士点、60个本科专业及方向，7个博士后流动站，1个一级学科国家重点学科(含7个二级学科国家重点学科)，2个二级学科国家重点学科，1个国家重点(培育)学科、6个国家林业局重点学科(一级)、3个国家林业局重点培育学科、3个北京市重点学科(一级)(含重点培育学科)、4个北京市重点学科(二级)、1个北京市重点交叉学科。

学校形成了“知山知水，树木树人”的办学理念，为国家培养了10万多名高级专门人才和一批外国留学生，其中包括14名两院院士等为代表的一大批杰出科技专家和管理人才，他们为我国林业事业和经济社会发展做出了卓越贡献。

截至2016年12月，学校在校生28 734人，其中本科生13 240人，全日制研究生5138人，在职攻读硕士学位1142人，各类继续教育学生9214人。学校现有教职工1892人，其中专任教师1193人，包括教授294人、副教授527人；中国工程院院士3人，中组部“千人计划”入选者3人，“万人计划”领军人才入选者2人，青年拔尖人才入选者1人，国家特聘专家1人，教育部“长江学者奖励计划”入选者6人，国家“973”首席科学家1人，“863”首席专家1人，国家社科基金重大项目首席科学家1人，国家百千万人才工程(新世纪百千万人才工程)入选者10人，中宣部文化名家暨“四个一批”人才入选者1人，科技部“中青年科技创新领军人才”入选者1人，环保部“国家环境保护专业技术青年拔尖人才”入选者1人，“国家杰出青年科学基金”获得者4人，“国家优秀青年科学基金”获得者4人，“中国青年科技奖”获得者7人，“中国青年女科学家奖”获得者1人，“科技北京”百名领军人才入选者1人，北京市优秀青年人才入选者1人，北京市高创人才支持计划青年拔尖人才入选者1人，北京高校青年英才计划入选者50人，北京市优秀人才支持计划入选者20人，国家有突出贡献专家8人，省部级有突出贡献专家23人，享受政府特殊津贴专家140人，教育部“创新团队发展计划”2支。教师获奖众多，其中有1人获何梁何利科技进步奖，1人获国际环境突出贡献奖，3人获全国优秀科技工作者称号，2人获全国模范教师称号，3人获全国优秀教师称号，1人获全国高校思想政治理论课优秀教师称号。其他获各类省部级以上奖励近300人次。

学校高度重视教学工作，教学改革成效显著，教学质量稳步提高。近年来，共获得国家级教学成果奖9项，其中一等奖3项、二等奖5项，优秀奖1项。省部级教学成果奖40项，其中一等奖12项，二等奖27项，优秀奖1项。国家级特色专业建设点12个，国家级教学团队5个，国家级精品课程9门，国家级精品视频公开课7门，国家级精品资源共享课3门，国家级精品教材5种，国家级规划教材10种，农业部“十二五”规划教材4种。北京市教学名师21名，北京市特色专业建设点7个，北京市优秀教学团队8个，北京市精品课程17门，北京市精品教材18种。有2种教材获国家级优秀教材一等奖，20种教材获省部级优秀教材奖。“十一五”以来，学生在国际及亚太地区大学生风景园林设计大赛中，获12个一等奖，17个二等奖。在全国大学生英语竞赛中，有18人获特等奖，67人获一等奖。在全国大学生数学建模大赛中，有12人获全国一等奖，36人获全国二等奖。

学校科学研究实力雄厚，科技平台建设成果丰硕。建有1个国家工程实验室、1个国家工程技术研究中心、1个国家级研发中心、2个国家科技示范园、1个国家野外台站、3个教育部重点实验室、3个教育部工程技术研究中心、5个国家林业局重点实验室、6个国家林业局定位观测站、1个国家林业局质检中心、1个国家林业局工程技术研究中心、1个北京实验室、8个北京市重点实验室、3个北京市工程技术研究中心。2000年以来，共获得国家技术发明二等奖4项，国家科技进步二等奖16项。“十二五”以来，以第一作者单位发表论文被SCI收录3067篇，EI收录1947篇，承担国家重点研发计划、国家科技支撑计划、“863”计划、国家自然科学基金重点项目等重大科技计划课题，获得科研经费11.46亿元。在树木抗逆分子生物学基础以及抗逆植物材料的选育与栽培技术，花卉新品种选育、栽培与应用，林木新品种选育与产业化开发，林业生态工程建设综合技术，森林生物质资源保护与利用等方面形成了优势、特色研究领域。以三倍体毛白杨、四倍体刺槐、名优花卉、地被植物等优良品种，林产精细化工为龙头的高新技术产业体系正巩固发展。毛白杨产业曾受到时任总理朱镕基和温家宝等国家领导人的重视和关怀，对三倍体毛白杨科研、推广示范等工作做了重要批示，并给予专项拨款。

学校积极推进国际合作和开放办学，先后与30余个国家和地区的180余所高等院校、科研院所和非政府组织建立了教育与科技合作关系。自2005年起，每年承办商务部援外培训项目，培养了大批发展中国家林业领域高级管理人才和技术骨干；共举办国际学术会议50余次，接待国外专家学者千余人次，派出大量教师出国交流合作，执行国际合作项目40余项。与加拿大不列颠哥伦比亚大学联合举办木材科学与工程、生物技术专业合作办学项目，同时与美国、法国等国高校开展多个联合培养项目。2011年，“亚太地区林业院校长会议机制协调办公室”在学校设立，为学校国际化办学搭建了新平台。2016年，学校成为丝绸之路农业教育科技创新联盟成员院校，与“一带一路”沿线国家高校积极开展交流合作。学校积极开展与港澳台地区的交流与合作，与港澳台地区多所高校建立了伙伴关系。学校是中国政府奖学金、商务部援外学历项目奖学金、北京市政府奖学金、北京市“一带一路”专项奖学金以及亚太森林组织奖学金项目院校。目前共有来自50多个国家的160余名留学生在校进行本科、硕士、博士、汉语学习，其中，学历生的比例占85%以上。截至2016年年底，学校累计培养外国留学生2100多人。

校本部现有校园面积46.4公顷，学校实验林场占地面积765.2公顷，学校总占地面积811.6公顷。图书馆建筑面积23 400平方米，藏书186.28万册，电子文献48 900字节(GB)，数据库61种。建成了“千兆骨干、百兆桌面”的数字校园网络。

目前，学校正以办人民满意的高等教育为宗旨，进一步提高办学质量，为把学校建设成为国际知名、特色鲜明、高水平研究型大学而努力奋斗。

特　载

充分发挥教师党支部主体作用
夯实有质量的“两学一做”基础

中央要求，开展“两学一做”学习教育要以党支部为基本单位，把党支部应有作用充分发挥出来，先整改不合格支部，再开展学习教育。2016年4月以来，学校党委重点抓教师党支部整顿和作用发挥工作，为开展有质量的“两学一做”学习教育奠定良好基础。

整顿薄弱教师党支部，着力加强基层党组织建设

一是甄别薄弱党支部，选优配强支部书记。学校现有党支部314个，其中教师党支部80个，教师党员占全体教师的58%。经广泛调研，校党委研究确定7项薄弱教师党支部负面清单，即“班子配备不整齐”“支部书记不胜任”“工作任务不落实”“组织生活不正常”“作用发挥不明显”“师生群众不满意”“支部换届不按期”，对照清单排查出薄弱教师党支部27个，占全校教师党支部的33.7%。结合支部换届，共调整教师党支部书记31名。

二是建立结对联系制度，加强指导督促。组织80名处级以上党员领导干部结对联系所有教师党支部，重点安排校领导、党委职能部门负责人结对联系27个薄弱党支部。印发《通知》，公开结对名单，要求干部到支部讲党课、过双重组织生活，指导督促支部严格执行“三会一课”制度，帮助支部书记改进工作。

三是签署履职承诺书，组织全员培训。学校党委与新任支部书记集体谈话，组织全体支部书记签订《履职承诺书》。举办教师党支部书记培训班，印发《组织生活指导意见》，实施“教师党支部组织生活质量提升计划”。2016年“七一”表彰后，组织先进党支部与薄弱党支部共建，共同提高。

发挥支部主体作用，提升学习教育效果

校、院两级党委支持鼓励基层党支部积极探索、大胆创新、注重实效，推动学习教育常态化。

一是学习党章、党内法规与加强基层党组织建设结合，探索支部工作方法。组织教师党支部认真学习毛泽东同志的《党委会的工作方法》，结合支部实际，凝练形成“支部计划充分酝酿、支部活动集体策划、重要事项会议决定、个别问题分头沟通”为主要内容的《教师党支部工作方法》，同时推动学党章、学党内法规具体深入。

二是探索“主讲主问”模式，学深悟透习近平总书记系列重要讲话精神。支委会提前研究确定党课主题，确定主讲人和主问人。主讲人精心准备，主问人深入思考，主讲、主问人充分沟通，全体党员参加，党课中有讲有问有答，引导党员深入学习领会习近平总书记系列重要讲话精神，增强党课实效。

三是探索“见习支委”制度，发挥党员主体作用。支持鼓励普通党员参与支部工作，加强党性锻炼。党员轮流担任“见习支委”，组建“临时支委会”，根据支部工作计划，认领支部工作并负责策划、组织、实施全体党员学习教育。学院党委把“见习支委”工作表现作为评选“优秀党员”的重要参考。

四是落实“四讲四有”要求，探索教师党员合格标准。组织全校教师党支部认真学习领会“四讲四有”合格党员要求，以李保国同志为学习榜样，在思想认识上把党员身份与人民教师身份统一起来。党支部组织教师党员深入研讨凝练，形成“信念坚定、尚德爱生、行为世范、教学先锋、科研标兵”为主要内涵、体现教师职业特点的学校教师党员合格标准。

构建长效机制，保障党支部发挥好主体作用

以“三个纳入”为重要依托，构建党支部和党支部书记发挥主体作用长效机制。

一是将党支部书记纳入本单位“三重一大”决策主体。明确党支部书记参加本单位决策工作的具体事项，完善相关制度细则。建立健全支部书记参加教师聘用考核、评奖表彰、职称评审，发表重要意见的工作机制，对学术不端、违反职业道德的教师，党支部书记具有一票否决权。在2016年“五一”表彰、“七一”评优中，已推行党支部书记在《先进个人推荐表》中签署意见的办法。

二是将党组织书记抓党支部建设纳入述职评议考核重点内容。把学院党委书记抓教师党支部建设情况、教师党支部书记履职尽责情况，作为述职评议考核的重要指标。上半年，学院党委书记已专门向校党委述职，教师党支部书记已专门向学院进行了述职。

三是将党支部评价意见纳入干部选拔任用重要依据。干部选拔任用必须听取基层党支部对党员领导干部评价意见。在2016年的干部轮岗和选拔工作中，增加征求党支部意见的程序和环节，听取党支部对考察对象遵守党规党纪、履行党建职责、参加支部活动、党员作用发挥等方面意见。

7月28日，教育部党组书记、部长陈宝生到学校调研，希望学校按先进校标准，深入探索质量建党、“三会一课”模式创新、意识形态研判追责工作。4月27日，北京市委教育工委常务副书记张雪专程到学校检查“强化大学生思想入党”项目，传达了书记苟仲文关于党建和“两学一做”有关指示要求，为学校党委工作指明了方向。学校党委将深入学习贯彻习近平总书记系列重要讲话精神，认真落实教育部党组、北京市委工作部署，将“两学一做”学习教育引向深入，全面加强党的领导，为办好中国特色社会主义林业大学提供坚强有力保证。

（党委组织部、党委党校）

教育部党组书记、部长陈宝生调研北京林业大学

7 月 28 日，教育部党组书记、部长陈宝生专程来到北京林业大学调研。他认真听取了学校整体情况汇报，详细了解了学校的党建和意识形态工作，深入学校博物馆、园林学院和风景园林规划设计研究院实地调研，了解学校教学、科研和人才培养、学科建设的具体情况。校党委书记王洪元、校长宋维明全程陪同调研。

陈宝生指出，北林大坚持立德树人，注重本科教育教学质量和研究生创新能力培养，在服务社会等方面形成规律性认识。校党委重视提升基层党组织生活质量，加强党支部建设，在党务工作考核评价抓好“三个纳入”、意识形态工作抓牢四个环节等具体措施。这些做法很好，体现了学校的特色和创见。

陈宝生强调，现在的产业发展对高等教育提出许多新的要求，要努力探索多种形式的联合，探索高校为产业、为行业服务的新路，为实施创新驱动发展战略做出更大的贡献。要贯彻质量建党思想，积极探索新时期加强党建的新路径，在强化“三会一课”制度等方面加大研究力度，切实加强基层党组织建设。意识形态工作要在研判和追责上下工夫。

陈宝生部长一行与全体校领导合影后，步行到学校博物馆。博物馆是北林大林学、水保、生物、保护区、园林、材料等 11 个专业实践教学的重要平台。在博物馆，陈部长连续参观了土壤、木材、昆虫、植物等六个展厅，听取了馆长张志翔教授的介绍，了解了全国学科排名第一的林学学科发展历程和人才培养、科学研究、社会服务取得的成绩。在珍贵的动植物标本前，陈部长不时地停下脚步仔细观看，与校领导亲切交谈。告别时，陈部长热情地招呼博物馆工作人员一起合影留念。

在园林学院，陈宝生部长参观了风景园林设计展室、教师工作室以及风景园林规划设计研究院。他仔细观看了学院教学、科研成果的展览，听取了副校长、园林学院院长李雄关于我校风景园林学科在全国学科评比中排名第一，在教学、科研、人才培养等方面取得的突出成绩的汇报。

教育部办公厅主任宋德民、高教司司长张大良、研究生司司长李军等参加了调研。

（党政办公室）

学院与教学部

林 学 院

【概　况】 北京林业大学林学院(College of Forestry，以下简称林学院)成立于1952年10月。现有国家一级重点学科林学，国家二级重点学科森林培育学、森林经理学和森林保护学，北京市重点学科生态学、草学和土壤学，国家林业局重点培育学科地图学与地理信息系统。2012年起实行按林学类招生，学院下设本科专业包括：林学、森林保护、林学(城市林业方向)、林学(森林防火方向)、草业科学(草坪科学与管理方向)、地理信息科学，7个博士点授予学科、7个硕士点授予学科、3个专业硕士点授予学科(草业、林业、农业信息化)。拥有林学、生态学、草学3个一级学科博士学位授予权以及林学、生态学、草学博士后流动站。

学院拥有1个北京市高等学校实验教学示范中心，1个教育部北京市共建森林培育与保护重点实验室，3个北京市重点实验室，1个国家生物质能源研发中心，3个国家林业局重点开放性实验室，2个国家林业局野外长期研究定位站，8个科研机构(草坪研究所、测绘与3S技术中心、城市林业研究中心、高尔夫教育与研究中心、蓝莓研究与发展中心、林业应对气候变化研究所、林业生物质能源研究所和草地资源与生态研究中心)。

学院在编教职工122人，其中教授39人(含中国工程院院士2人，长江学者特聘教授1人)，副教授33人，讲师29人，新增博士生导师1人。学院年度招收本科生229人，各类研究生共363人，其中博士研究生56人、科学硕士153人，专业硕士96人，外国留学生8人，农业推广专业学位研究生50人；本年在校生1992人，其中研究生1111人(博士生270人、全日制硕士生622人、在职农业推广硕士204人，留学生15人)，本科生881人(含梁希林学实验班)。年度共有本科生226人，研究生250人(博士34人，硕士180人，在职农业推广硕士36人)毕业。

(李江婧　闻　亚)

【学科建设】 2016年，学院在现有森林培育、森林保护学、森林经理学3个国家级重点学科，生态学、草学、土壤学3个北京市重点学科的基础上，地图学与地理信息系统获批国家林业局重点培育学科。设有林学、生态学、草学一级学科博士后流动站，现有林学、生态学、草学、农业资源与环境4个一级学科博士、硕士学位授权点，林业硕士、草业和农业信息化3个全日制专业学位以及农业推广硕士(林业领域)、农业推广硕士(草业领域)2个在职专业学位授权点。本年度在学科主流方向上补充国内应届博士毕业生3人，年度新增1名博士生导师。在学校事业发展规划的基础上，形成“林学院‘十三五’事业发展规划”。启动林学一流学科建设方案的编制工作。

(徐昕照　赵秀海)

【教学工作】 2016年，学院注重教师教学能力的培养与提升，实施培训、指导、观摩、示范、研讨相结合的教学水平提升计划，同时完善学生实践创新能力培养制度，优化毕业论文管理工作流程，继续按30%的比例实行毕业论文隐名送审。

本年度学院获批教改项目5个，新增教改研究论文15篇，申报各类“十三五”规划教材22部；在第十二届青年教师基本功比赛中获得校级特色组二等奖1项，校级理工组二等奖1项，校级理工组三等奖4项，林学院获得组织奖；国家级大学生科研训练计划7项，北京市级大学生创新创业训练项目13个，校级大学生创新创业训练项目7个；8篇本科毕业论文被评为校级优秀毕业论文。

(李江婧　章轶斐　田呈明　王新杰)

【科研工作】 2016年，学院立项纵向项目44个，校留经费3107万元，立项横向项目47个，合同经费810万元。新增纵向项目中，国家级项目21个，占新增纵向项目总数的47.73%，其中，获批重点研发计划课题4个，子课题4个，校留经费1491万元；获批国家自然科学基金11个，其中面上项目7个，青年项目4个，校留经费522万元。

本年度，学院进一步加强科技奖励的申报工作，韩烈保教授主持完成的《新型无土基质草毯高效培育技术及其产业化》项目获得教育部2016年度高等学校科学研究优秀成果技术发明二等奖(第一完成单位)。

累计发表SCI收录论文89篇，EI收录期刊论文18篇，发表中文核心期刊文章212篇，软件著作权登记37个，获批发明专利13个，行业标准1个。 (王　昆　王新杰)

【实验室建设】 2016年，继续加强林学实验教学中心硬件设备建设，注重实验教学人员实验技术及管理能力提升，继续实行实验仪器开放共享、增强中心服务功能。利用修购专项经费添置本科教学仪器294台，涉及经费55万元，各功能教学实验室正常运转；组织实验员参加各类校外培训2次，组织仪器设备原理、结构、操作、维修等培训11次。

学院省部共建森林培育与保护教育部重点实验室顺利通过教育部评估，结果为良好；学院新增1个国家林业局野外生态定位站(内蒙古七老图山森林生态系统定位观测研究站)；北京市3个重点实验室、国家林业局3个重点开放实验室以及山西太岳山森林生态定位站运行情况稳定。 (李江婧　田呈明)

【党建工作】 2016年，学院严格执行“三重一大”制度，严格落实“一岗双责”，抓好党风廉政建设和反腐败工作，召开党委委员及二级中心组会议10次、民主生活会2次，全院未发生干部、教职工违法违纪问题。

2016年，学院制定《“两学一做”学习教育实施方案》《2016上、下半年教工、学生党组织工作要点》，组织班子成员专题学习会6次，邀请对越自卫反击战一等功臣胡国桥大校、中国政法大学赵卯生教授、学校马克思主义学院戴秀丽教授、组织部盛前丽教师为师生党员集中授专题党课4次，各教工和学生党支部开展专题学习会20次，实现“两学一做”学习教育全覆盖。

开展“传承林学精神”主题教育活动，加强大学生思政教育工作。校庆日邀请田砚亭老先生讲述北林故事，采访离退休老教师9人，面对面优秀毕业生访谈14人；征集外业日记50篇，获全国农林院校研究生管理工作“优秀案例二等奖”1个；10个党支部与通州区梨园镇等基层党支部开展红色“1+1”共建；运用“林苑资讯捞”微信平台推送专题6个、学习内容32篇；推动“佩戴党徽，亮明身份”系列活动，发放党徽350枚，制作粘贴近500张党员宿舍床贴；多个支部开展手抄党章、过“政治生日”“梁希精神”传承仪式等特色活动。

2016年，学院共有教工党员87名，学生党员522名，梳理排查暂存党员24名；共有145人申请入党，发展党员83名，转正党员84名；完成4个教工党支部、22个学生党支部换届改选。组织召开党校初高级班及预备党员培训2期、支部书记委员培训4次。

2016年，学院森林培育学科教工党支部被评为校级先进教工党支部，获得校级优秀教工党支部书记称号，获得校级优秀教工共产党员称号，获得校级优秀党务工作者称号；梁希学生党支部、林学13级学生党支部、研森保第一学生党支部被评为校级先进学生党支部，获得校级优秀学生党支部书记称号，获得校级优秀学生共产党员称号。 (郭梦娇　姜金璞)

【学生工作】 2016年，学院团委以“传承林学精神，培育林院情怀”为育人目标，坚持把准政治方向、尊重学生主体地位、聚焦重点问题、推进上下联动，以“寻找最美林院人，争做林院代言人”活动为载体，依托学生会、研究生会、学生党建办公室、学生事务中心、“擎天树”学生艺术团等学生组织，开展面向基层团支部的各项工作。

学院团委现有团干部3名，团干部目前考取心理咨询、生涯规划师各1个，主持市级一般课题1个、校级重点课题1个、支持课题1个、辅导员工作室1个。

团委开展"坚韧担当、健康活力、青春奉献、创新创业、责任成才"五种林业人培育工作，将科技创新、校园文化、社会实践、志愿服务、精准指导、绿色环保等重点工作贯穿始末。科技创新方面，举办第五届学生学术论坛，开展地信软件设计大赛、森保开放日等学科学术活动；校园文化方面，举办"林时代"元旦晚会，开展"春韵绿动""越冬越动"学生系列体育活动；社会实践方面，共获得北京市级荣誉4项，获校级重点团队立项7支，宝洁中国先锋计划团队2支，获得学校社会实践最佳、优秀组织奖；志愿服务方面，开展夕阳之行、林歌项目，萌芽计划。对接日本驻华大使馆开展中日友好林种植活动，联系中关村第一小学开设"绿色课堂"；绿色环保方面，学院通过"专业教育＋思想引领"的工作模式，尝试实践育人的探索。组织学生志愿者参加五环范围内杨柳树雌株调查工作以提升学生专业认同感、专业度。

实施"5分钟林思考"课堂思政活动。运用"全员育人"思维，发挥专业教师作用在课堂上开展思想引领工作；"互联网＋"时代，推进以"两微一端"为主体的"网上共青团"建设，拍摄东北林学大实习的纪录片《朗乡纪实》；将精准思维运用到共青团工作，面向少数民族学生开展"青松计划"学业辅导。

执行《林学院学风建设管理办法》《林学院学生住宿管理办法》，全年课堂点名共计210余次，全院134间寝室均经宿舍检查20次，于学院网站、宿舍公告栏通报结果共计20次。开展男女生宿舍互访活动4次，宿舍辅导员组织进行6次进宿舍排查住宿隐患活动。举办"林学院我舍我家"宿舍文化节，开展五星宿舍评比活动。开展床贴设计大赛，学生作品受到学校优秀表彰。数字化完善宿舍信息，普查全院本研学生宿舍信息。举办"5·25心理健康节"，组织心理健康团体辅导、心理知识讲座等11场，4人被评为校级优秀心理委员；在学校心理素质拓展大赛中获得优秀奖3个；在心理情景剧大赛中获得优秀奖1个；在班级心理实践活动中获得二等奖1个，三等奖3个。

通过毕业生就业动员大会、班级就业座谈会、优秀就业学生经验分享会等，分层、分类做好就业指导工作；制作毕业生推荐手册，向林业行业用人单位推荐毕业生；积极发动校友资源，邀请20余家林业单位来院招聘交流，拓展主流行业就业市场；运用微信平台、金数据等新媒体手段，发布就业信息327条；建立困难毕业生帮扶台账，针对不同就业问题学生开展个性化就业咨询共计60人次；举办专业职业规划讲座、青年林业人专题访谈、模拟求职大赛等10次就业活动。通过加强就业创业工作精细化、信息化、个性化建设，2016年本科毕业生就业率95.42%，研究生毕业生就业率97.57%。学院获校级"就业创业工作优秀奖"，1人被评为学校就业工作先进个人、2人获学校就业工作突出贡献奖。

2016年度，本科生中有57人次获得"国家奖学金""国家励志奖学金""北京市三好学生""北京市优秀学生干部"等市级以上奖励。6个班级分获"北京市先进班集体""五四红旗团支部""优良学风班"荣誉称号。718人次获得各类奖励和资助。

2016年研究生中有2人获得"校长奖学金"，22人获得"国家奖学金"，6人获得"龙源林业奖学金"，40人获"学术创新奖"，64人获得"优秀研究生干部"，46人获"优秀研究生"，5个研究生班级被评为校级先进班集体，3名班主任被评为校级优秀班主任。入选校级优秀博士论文3篇、校级优秀硕士论文6篇。

（赵　聪　张　鑫）

【对外交流】 2016年，学院邀请美国、俄罗斯、澳大利亚等国家的学者和专家来校作学术交流讲座6次，邀请国内高校、科研院所知名专家学者来校作学术交流讲座24次。学院与内蒙古七老图山森林生态系统定位观测研究站联合举办"森林生态系统长期定位观测研究与发展学术论坛"。共有8名教师赴国外一流大学完成访问学习，教师出国短期学术交流12次，赴港澳1次；5名研究生获批国家留学基金委资助出国留学项目，8名研究生获"国内外学术交流项目"资助。授予外国留学生硕士学位1次。

学院年度举办商务部援外培训1期，与广西百色市林业局合作举办现代林业综合管理研修班1期。

（徐昕照　赵秀海）

园林学院

【概 况】 北京林业大学园林学院（School of Landscape Architecture，以下简称园林学院）于1993年由园林系和风景园林系合并而成。2016年，园林学院有风景园林学、建筑学、城乡规划学、园林植物与观赏园艺学、旅游管理学5个学科，其中园林植物与观赏园艺学科为国家级重点学科及国家“211工程”重点建设学科，风景园林学为省部级重点学科及国家“211工程”重点建设学科。在2012年教育部一级学科评估中，风景园林学在全国排名第一，园林植物与观赏园艺所在的学校林学学科在全国排名第一。学院具有风景园林学一级博士学位授予权，园林植物与观赏园艺二级博士学位授予权；具有风景园林学、城乡规划学和建筑学一级硕士授予权，园林植物与观赏园艺、旅游管理二级硕士授予权；此外，学院还具有林学、风景园林学博士后流动站，具有风景园林、旅游管理专业学位授予权。并设有风景园林、园林、城市规划、观赏园艺、旅游管理5个本科专业。学院设有园林设计、园林历史与理论、园林规划、园林建筑、园林工程、植物景观规划与设计、园林树木、园林花卉、观赏园艺、设计初步、美术11个教研室以及城市规划系和旅游管理系；拥有国家花卉工程技术研究中心、国家级园林实验教学示范中心、教育部花卉林木重点实验室、城乡生态环境北京实验室、北京市级校外人才培养基地等教学科研平台；拥有园林植物综合实验室、现代化大型温室、组培楼、日光温室生产实验平台；还有风景园林规划与设计研究中心及名花研究室等研究机构。此外，学院还有众多科研机构、学术团体、产业协会挂靠，其中包括：国际梅花登录中心、全国风景园林硕士专业学位教育指导委员会、中国风景园林学会教育分会、中国园艺学会观赏园艺分会、中国插花花艺研究会、全国插花花艺培训中心、中国花卉协会梅花腊梅分会、中国花卉协会牡丹芍药分会、北京插花花艺研究会、中国园艺协会种子种球协会、《风景园林》杂志社等。

2016年，学院有教职工146人，其中专任教师127人。专任教师中，博士生导师22人，教授25人，副教授50人，具有博士学历的教师80人。学院有全日制学生3134人，其中本科生2037人，全日制硕士研究生612人，博士研究生167人，在职专业硕士研究生318人。

（杨晓东　张　敬）

【学科建设】

学科名称及学科点基本数据　2016年，学院有风景园林学、城乡规划学、建筑学3个一级学科，园林植物与观赏园艺、旅游管理2个二级学科。风景园林学下设风景园林历史与理论、风景园林规划设计与理论、景观规划设计与生态修复、园林植物、园林工程与技术、风景资源与遗产保护6个二级学科方向；城乡规划学下设城乡规划设计与理论、住房与社区建设管理、城市绿地系统与景观规划、城乡规划法规与管理4个二级学科方向；建筑学下设建筑历史与理论、建筑设计及其理论、建筑科学技术、建筑环境设计4个二级学科方向；园林植物与观赏园艺学科下设花卉种质资源与创新、花卉分子生物学、园林植物栽培养护与管理、园林植物应用与园林生态4个研究方向；旅游管理学科下设生态旅游、旅游管理、旅游规划、文化及遗产旅游4个学科方向。

学科队伍建设情况　2016年，学院晋升教授职称2人、副教授职称5人，招聘青年教师2人。

产出情况　2016年，学院完成全国第四轮一级学科评估数据填报、勘误工作。成立园林学院一级学科评估工作组，整合学院资源，以风景园林学为核心，完成风景园林学、城乡规划学、建筑学3个一级学科评估基础数据收集、数据分析与填报，后期数据校核工作。为了继续保持风景园林学在全国的领先地位，迅速推进创建风景园林学世界一流学科，学院启动了风景园林学一流学科建设规划编制工作。

参与《中国大百科全书风景园林卷》和《中国林业大百科全书园林绿化卷》编写工作。本年度学院承办了风景园林卷编委会第三次全体会议，吴良镛院士、孟兆祯院士以及20余位编委会委员共同研究探讨《中国大百科全书风景园林卷》编写工作。助力地方人才培养。2016年度，学院举办了石家庄市园林局、永州市园林局领导干部和业务骨干培训班，培训学员100余人次，累计授课80课时，组织学生参与中国园林博物馆志愿活动。主要负责园博馆安全检查、维持秩序、导览服务等相关工作，获得园博馆和市民一致好评。接待济宁市园林局、聊城市城管局、福建农林大学、重庆交通大学等30余家行政和事业单位来访。

举办2016世界风景园林师高峰讲坛、2016世界艺术史大会之园林和庭院分论坛、“情系两岸·缘聚园林”海峡两岸园林学术论坛及研习营、2016生态园林城市建设与城市生态修复主题论坛、2016“北林设计”论坛、第九届旅游研究北京论坛、《高等学校风景园林专业本科指导性专业规范》华北片区宣传贯彻活动、2016青年风景园林师圆桌论坛——暨第四届京津高校联合论坛、“社会力量：文化遗产保护与利用的社会参与”学术论坛、“综合性大学中的美育”为主题的专家座谈会、12届首都高校风景园林研究生学术论坛、“北京国际设计周·北京绿廊2020——融合自然的城市更新与共享”学生论坛、“画境·文心”——园林美术作品展等学术会议。

人才培养 2016年，学院招收学术型博士研究生33人，其中风景园林学17人，园林植物与观赏园艺学科16人；学术型硕士研究生103人，其中建筑学硕士3人，城乡规划硕士5人，园林植物与观赏园艺学科39人，旅游管理学科9人，风景园林学学术硕士47人；专业型硕士研究生120人，其中风景园林专业硕士112人，旅游管理学术硕士8人。 （杨晓东 张 敬）

【教学工作】 根据学科部署，在风景园林学和园林植物与观赏园艺学科均实行“申请-审核”制博士研究生招生机制，本年度重点完成申请审核办法、实施细则、招生目录及对外宣传工作。2016年，风景园林硕士分风景园林、园林植物、城市设计3个方向招生，为实现学术学位与专业学位分类招考奠定基础，系统完成考试科目设计、考生组织、命题阅卷及录取工作。启动风景园林研究生教育国际化战略。一是风景园林硕士国际项目获批北京市教委“一带一路”项目，正式启动风景园林硕士国际班教育机制。二是与日本千叶大学签订《风景园林学硕士双学位项目合作协议》。加强学位论文监管，通过加强培养环节审核力度、加大博士学位论文预答辩淘汰、专业学位论文盲评及网络公开、本科论文不合格者二次答辩等方式加强学位论文环节质量管控，严肃学术纪律，提升学位论文质量。

教育部卓越农林人才培养项目通过中期检查；北京高等学校教育教学改革项目《园林专业实践基地实践课程建设项目》通过结题验收；北京林业大学专业学位研究生教育建设项目二期建设（风景园林专业学位和旅游管理专业学位）通过结题验收。启动《园冶释例》精品课程建设，由孟兆祯院士主讲的教学视频数据完成前期录制与文字转译工作；11门研究生课程建设项目完成中期检查。此外，学院积极组织申报国家林业局“十三五”规划教材、教改立项、研究生学科前沿性专题讲座课程项目、产学研联合培养研究生基地项目、大学生创新创业训练计划项目、研究生国内外学术交流项目、国家公派联合培养博士生项目等项目。与重庆大学建筑城规学院开展风景园林学本科生联合毕业设计；与北方工大、北交大开展建筑学科联合毕业设计；继续实施研究生园林设计studio联动式授课方式；与北林地景、AECOM、笛东联合等企业联合开展研究生开放式教学。与人合生态公益基金联合举办“人合杯”园林设计课程竞赛。

研究生招生、硕博连读选拔、梁希班选拔、本科生推免、本科生转专业、南北方实习、研究生导师遴选、毕业答辩、学位授予等日常教学工作有序进行。组织举办了2016年园林学院青年教师教学基本功比赛，学院邀请学术委员会委员进行点评和指导，共计30多位教师参加了本次比赛。

获校级优秀教学成果奖7项、获批国家林业局“十三五”规划教材91种、出版教材4部、获批校级教学改革研究项目8个、获校级家骐云龙青年教师教学优秀奖2人、获校级青年教师教学基本功比赛二等奖2项、三等奖2项、校级优秀教案二等奖3项、优秀奖1项。

（石 磊 张 敬）

【科研工作】 2016年度到账经费共计3390.99万元。其中纵向项目到账经费2554.39万元，横向项目到账经费836.6万元。

获批各类科研项目56个，其中纵向项目27个，横向项目29个。其中包括：国家自然科学基金8个，国家林业局林业标准制修订项目4个，国家林业局林业科技成果推广计划1个，北京市科委项目1个，北京市通州高精尖项目1个，北京市支持中央在京高校共建项目2个，国家林业局业务委托项目4个，重大科研成果培育项目2个，国家重点实验室开放课题1个，中国博士后科学基金1个，北京林业大学青年教师科研启动基金2个。

学院教师共完成科研当量89.3个。发表SCI论文23篇；发表EI论文3篇；授权专利8项；授权植物新品种7项；主编出版专著6部；制定标准4项；发表中文科技论文292篇。

获得国家科学技术进步奖二等奖1项；中国青年科技奖1项；BALI英国国家景观奖纪念奖1项；梁希科学技术奖二等奖1项；中国观赏园艺2016年度特别荣誉奖1项；北京青年教师社会调研成果一等奖2项、二等奖2项；第六届梁希青年论文奖二等奖2项、三等奖3项。第五届优秀青年学术论文奖一等奖1项、二等奖5项、三等奖7项；中国观赏园艺学术研讨会优秀论文奖2项。 （宋　文　张　敬）

【实验室建设】

城乡生态环境北京实验室建设 2016年，完成北京实验室中期检查评估。实验室建立了市内植物景观图像数据库1个；营建北京市立体绿化技术展示示范基地1个；筛选适用于北京地区矿山废弃地、工业废弃地、垃圾山、水环境及退化河道的植物种类70余种，植物配置模式16个；筛选出5种杀菌滞尘效应俱佳的乡土植物；完成各项研究报告4份；初步构建了评价指标体系2套。培育综合观赏性状优良的适合北京园林应用的新品种（系）各8个；优化梅花、连翘、榆叶梅、紫薇标准化高效繁殖技术及报春花制种技术，生产各类花卉种苗（种子）5万株；完成1种新优生态功能性园林植物引种工作，并建立繁育体系；筛选无飞絮、无花粉毛白杨特异种质3个，建立白杨良种繁育圃20亩，建立示范林10亩；编写培育规程1套、培育技术体系2套；收集引种三北地区耧斗菜属、委陵菜属乡土植物15种，筛选优良的乡土植物6种；建立2种耧斗菜属和2种委陵菜属乡土植物的繁殖和栽培技术体系，繁殖耧斗菜属和委陵菜属乡土植物2万株。组建城市园林精准灌溉系统一套；通过植物生态效益的综合评价，推出生态效益佳、可持续发展的植物群落1个；推荐温湿效应较佳的下垫面种类2种。

国家花卉工程技术研究中心 2016年，国家花卉工程技术研究中心在山东青岛和黑龙江哈尔滨分别建立山东省特色花卉和东北特色花卉研发与推广中心，目前总数达到29个，覆盖全国19个省（市）。申请国家林业局花卉产品质量检测中心（北京）并获国家林业局批准筹建。加入农业－食品领域工程中心产业技术创新战略联盟，成为副理事长单位。完成科技部组织的国家工程技术研究中心第五次评估工作。完成花卉种质创新与分子育种北京市重点实验室绩效考评，获评优秀。组织完成“十二五”“863”计划“林果花草分子育种与品种创制项目”9个课题验收和项目验收。参与“十三五”重点研发专项“经济作物”项目设计工作。完成北京市“十三五”花卉产业规划、京津冀花卉产业协同发展战略研究。合作申请江苏省重大科技专项课题1项、河北省优势产业合作专项课题2项。完成梅花重测序和泛基因组研究，启动了紫薇和大花紫薇的基因组学研究。参加国家“十二五”重大科技创新成就展。与林木育种工程实验室合作实施的鄢陵协同创新工作获“中国高校产学研合作科技创新十大推荐案例”。

国家花卉产业技术创新战略联盟 2016年，国家花卉产业技术创新战略联盟在广州召开联盟理事会和专家委员会工作会议，理事单位增至60家；组织2016年联盟自设项目申请答辩，5个项目获得立项；参加农口联盟第四届理事长联席会议，加强联盟间合作交流；组织联盟专家行特色活动；组织联盟单位参与雄县京南现代农业园区申请河北省现代农业园区并获立项。参加2016年度全国科技周暨北京科技周主场活动，展示中国特色花卉新品种；申请2016年度北京市产业技术创新战略联盟促进科技专项，获北京市科委联盟促进专项后补助奖励30万元；获首都创新大联盟产业贡献奖。

在风景园林规划设计研究院机构设置方面，新成立了植物景观规划设计研究中心、数字景观研究中心、政策研究中心，3个机构正式挂牌投入科研和教学实践。在人才培养方面，风景园林规划设计研究院为57名产学研硕士提供了重要的人才培养平台。在社会实践方面，研究院获“山东济宁市植物园方案设计国际招标”第一名，完成了“呼伦贝尔市两河圣山景观系统规划”“河北涞水西部新城带状公园”“烟台东部海岸系列滨海景观”等一批高质量的规划设计实践项目。

（宋　文　杨炜茹　王　佳　张　敬）

【党建工作】 2016年，园林学院进一步发挥学院党委的政治核心作用，坚持社会主义办学方向，积极贯彻落实学校党委的各项工作部署，把握好教学科研管理等重大事项中的政治原则、政治立场、政治方向，不断加强基层党组织建设，充分发挥战斗堡垒作用。

“两学一做”学习教育活动 成立“两学一做”学习领导小组，制订学习教育实施方案，深入开展“两学一做”专题教育活动。邀请马克思主义学院教授、校党委宣传部副部长进行专题系列讲座、举办《党章》《党规》、弘扬长征精神、十八届六中全会精神专题学习会，教工和学生党支部分别开展专题组织生活会推进“两学一做”学习教育活动。在全院范围内动员、宣传、学习贯彻党的十八届六中全会重要精神，召开专题学习研讨会、座谈会、组织生活会，组织学院代表500余人次参加学校各项专题报告会。创新学习方式，通过党委会、党委二级中心组（扩大）会、党支部会、党员个人自学等方式做到学习全覆盖，学院党委编制“两学一做”党员学习材料汇编3册，购置学习书籍，通过党员讲授微党课、知识竞赛、基层调研等形式深入学习。学习深入党章党规，支部创新学习形式和载体，丰富学习内容，支书支委先想一步，先学一步，起到了示范引领作用。支部共建形式新、办法新、思路新，使学校职能部门与学院支部建设有效对接，评价好，效果佳。

意识形态教育、党风廉政建设和师德师风教育工作 成立意识形态教育和党风廉政建设领导小组，制定实施细则，落实意识形态教育“一岗双责”和党风廉政建设“一岗双责”。贯彻落实党风廉政建设责任制，一是完善院班子成员岗位职责；二是完善科级以上干部党风廉政风险的表现、等级、防控措施建设。全面贯彻落实巡视整改精神，对学院整改清单进行梳理，针对学院存在的八个方面的问题，制定整改措施，责任到人，按照整改时限已全部完成。加强党风廉政、意识形态和师德师风教育，召开学院党委二级中心组（扩大）会和全院教职工大会20余次、党支部和教研室会议近百次。完成《领导干部兼职情况申报表》、领导干部集中报告2015年个人有关事项及处级单位领导干部考核测评相关工作。学院二级关心下一代工作委员会（以下简称关工委）在生活、工作、学习等方面指导学院青年教师和学生发展。

党建工作述职和基层党支部换届选举工作 在校党委指导下，完成学院党委层面基层党建工作述职，在学院内部首次实施教工党支部党建工作述职，学院6个教工党支部书记完成述职。完成29个基层党支部的换届调整。开展集中整顿软弱涣散基层党组织工作，配齐配强支书支委，加强教育培训，进一步优化基层党建格局。截至2016年年底，园林学院党委下设基层党支部29个，其中教工党支部6个，研究生党支部15个，本科生党支部8个。共有党员583人，其中教工党员91人，学生党员492人（研究生330人、本科162人）。

学生党员教育与管理 2016年共发展预备党员116名；推选112名本科学生参加业余党校提高班学习，40名研究生参加积极分子培训班，56名学生参加预备党员培训班；承办了第56期、第57期业余党校初级班的培训工作，结业学员110人；组织“青春与责任”大型党校实践活动2次，学生共计参与700余次。做好2016年终党员统计及16级新生党员和16届毕业生党员党组织关系转接工作，共接收转入新生党员53人，新教工党员2人；转出毕业生党员147人。为贯彻落实全面从严治党要求，严格党员日常教育管理监督，根据中央组织部《关于开展党员组织关系集中排查的通知》要求，院党委共排查组织关系存在暂留问题党员134人，已转出未收到介绍信回执党员1045人。经排查确认未转出15人，无失联党员。 （王　爽　张　敬）

【学生工作】 举办园林论坛、讲堂、沙龙，参与学生20 000人次，平均每位在校生参与7场学术活动。组织研究生参加学校第二十一届研究生学术文化节、第五届研究生学术论坛。开展青年先锋表彰和基层班级、个人的年度优秀表彰，共计1200人参与，宣传覆盖度20 000余人次。本年度"韵动园林"系列体育活动参与6000人次，平均每位学生参加4次体育活动；园林之夜及主要文艺活动参与4000人次，平均每位学生参加2次文艺活动。举办了园林学院首届研究生轻体运动会。

建立志愿者档案，登记在册800人，全年参与中国园林博物馆，莎莉文系列志愿活动共计1650人次，参加志愿活动人数占全院学生总数的63%。本年度学院共有35位教师作为社会实践导师，指导学生开展暑期社会实践活动，学生参与数达到928人次。接待学生心理咨询154人次，处理重大心理危机事件18起。资助本科、硕士生家庭经济困难学生584人，总计金额126.3万元，能做到困难学生全覆盖。

搭建园林学院毕业生"招聘报名通道"。建立信息输送和反馈有效渠道，完善学生实习就业动态的把握和数据收集，2016年全年共向177家用人单位，反馈毕业生简历6428人次。实现精准服务，举办2016届毕业生就业工作阶段性总结及就业工作推进会，班主任、辅导员、导师、就业专职人员分工合作，攻克就业困难；完成对2016届本科毕业生就业状况的"四次摸底""每周统计""四轮排查""逐个谈话"。完善2017届本科和研究生毕业生就业信息平台。有针对性地分别面向本科生、研究生召开2017届毕业生动员大会。积极开拓就业市场，保持需求整体稳定。累计联系550余家用人单位参加各类招聘活动，邀请79家企业来校参加校级大型双选会；发布招聘信息271条；组织院级专场宣讲招聘会42场。新增8家教学实习及就业实践基地，分布于北京、上海、苏州等城市。截至2016年12月31日，共与66家企业签订校企合作协议，并带领学生走访单位。（刘　尧　张　敬）

【对外交流】 2016年，邀请来自美国、德国、西班牙、日本、加拿大、中国等国家风景园林业界知名专家学者17人来校开展讲座。主办或承办具有行业重要影响力的国际学术论坛3次。组织师生参加第53届IFLA、IFLA亚太、中日韩风景园林学术研讨会、世界园艺大会等国际会议40人次，提交论文20余篇。学生在第53届IFLA国际大学生设计竞赛中获得二等奖和三等奖各1项。1项教师设计作品获得2016年度英国BALI国家景观奖。在第九届国际景观双年展上，园林学院学生作品入围国际景观与建筑学校学生作品奖，成为12个入围院校中唯一一所亚洲院校。（刘　尧　杨晓东　张　敬）

【与重庆大学风景园林专业开展联合毕业设计】 3月5日，2016北京林业大学—重庆大学风景园林专业联合毕业设计启动。北京林业大学园林学院与重庆大学建筑城规学院于2013年开始进行风景园林专业本科毕业设计的联合教学与研究，2016年已是第四届。自联合毕业设计以来，两校共同完成了2011中国(重庆)国际园林博览会会后总体提升规划设计、2019中国(北京)世界园艺博览会园区概念规划设计、重庆嘉陵江滨江景观带规划设计等多项课题的联合教学与研究，且取得了显著成果，共获得"北京林业大学校级优秀本科毕业论文(设计)"荣誉12项、"全国高校风景园林专业优秀毕业设计"荣誉2项。（周春光　张　敬）

【世园会国际花境景观学生设计竞赛】 2016唐山世园会国际花境景观展赛大学生设计竞赛历时两个多月落下帷幕，在公布的各奖项评定结果中，北京林业大学园林学院包揽2项大奖，同时还获得了2项金奖、13项银奖和4项铜奖，此外还获得此次竞赛的组织奖。竞赛由中国风景园林学会主办，中国风景园林学会生态保护专业委员会、北京林业大学承办，邀请北京林业大学、浙江农林大学、南京林业大学、东北林业大学和华中农业大学的园林、风景园林及相关专业在校本科生和研究生参赛。经过5所高校初评，组委会最终收到107份入围作品。本次设计竞赛以"百花齐放，缤纷世园"为主题，以花境景观营造、创意竞赛为载体，力求搭建一个花卉新品种展示、花卉配置应用形式示范以及花境设计艺术交流的平台。（刘　尧　张　敬）

【与日本千葉大学合作培养风景园林学硕士】 10月24日，举行北京林业大学—日本千葉大学风景园林学硕士双学位项目签约仪式。项目将于2017年秋季正式开始启动，两院将共同指派教师联合指导硕士生，参加双学位的硕士研究生将在两校注册、学习，完成两校规定的学分及相关要求，顺利通过硕士论文答辩后，将被同时授予北京林业大学和日本千葉大学硕士学位。该项目的优势在于两所风景园林教育雄厚的师资力量和全新的教学理念推进两校的国际化创新人才培养，进一步提升两校的合作水平和质量。（周春光 张 敬）

【在中日韩大学生设计竞赛中斩获金奖】 第十五届中日韩大学生风景园林设计竞赛结果揭晓，中、日、韩三国共有40余所高校学生参赛，组委会共评选出14个入围作品。北林园林学子在此次竞赛中取得佳绩，斩获金奖1项、入围奖6项，占全部入围作品的1/2。本届竞赛的主题为“重新定义42.195公里的绿色基础设施”，竞赛以中、日、韩三国所举办的奥运会42.195千米马拉松路线为舞台，倡导参赛者挖掘这一独具特色的竞技设施在风景园林方向的潜在力量，通过规划及设计的更新或改造手法，对可持续发展型的“绿色基础设施”进行再定义和改造，同时也让景观设计师意识到今后大型活动开展、灾后城市规划再编时，自身所肩负的城市形象和建设后可持续性恢复所肩负的职责。

（刘 尧 张 敬）

【“大北农杯”首届全国农林院校科技作品竞赛】 12月9日，由中国农业大学、北京林业大学和大北农科技集团联合承办的“大北农杯”首届全国农林院校科技作品竞赛的决赛在北京顺利结束。在本次比赛中，学校在自然科学类、哲学社科类和科技发明类均有一名选手进入决赛。本次比赛分为自然科学、哲学社科、科技发明三大类，分别向全国农林高校征集作品。初评阶段共收到全国36所高校的164份作品，组委会从专家库中挑选相关领域的专家教授，经过严格匿名处理之后，挑选出了21所高校的30份作品进入决赛。（刘 尧 张 敬）

【牵头承担“十二五”国家科技支撑计划项目通过结题验收】 5月27日，由北京林业大学园林学院牵头承担的“十二五”国家科技支撑计划项目村镇景观建设关键技术研究课题在北京通过科技部结题验收。村镇景观建设关键技术研究课题作为“十二五”国家科技支撑计划村镇环境监测与景观建设关键技术项目的第五个课题，由北京林业大学牵头联合中国农业大学、中国林业科学研究院亚热带林业科学研究所、中国科学院遥感应用研究所和中国科学院沈阳应用生态研究所等多所高校和研究机构共同承担。该课题研究历时4年，以提升中国村镇景观规划的技术水平，促进中国城镇化背景下村镇景观建设的健康发展为目的，通过建立村镇景观资源数据库，构建不同阶段、不同层次、不同地域特征的村镇景观规划模式，并创新性地提出基于环境因子风险特征评价的村镇景观规划方法。课题还针对村镇的旅游发展模式、生物多样性保护和景观可视化技术等提出理论指导。（刘 尧 张 敬）

【荣获“中国观赏园艺2016年度特别荣誉奖”】 7月19日，在湖南长沙举办的中国园艺学会观赏园艺专业委员会2016学术研讨会上，园林学院戴思兰教授获“中国观赏园艺2016年度特别荣誉奖”。为了鼓励观赏园艺领域中研究学者的贡献，从2011年开始，专业委员会设立“中国观赏园艺终身成就奖”和“中国观赏园艺杰出贡献奖”。陈俊愉院士获得首个“终身成就奖”，张启翔教授获得首个“杰出贡献奖”。

（刘 尧 张 敬）

【召开“北林园林设计——继往开来与时俱进”2016北林风景园林规划设计论坛】 4月16日，“北林园林设计——继往开来与时俱进”2016北林风景园林规划设计论坛在北京林业大学学研中心报告厅召开。北京林业大学党委书记王洪元、园林学院党政领导班子及多名行业顶尖专家、一流学者、领军设计师及企业家出席论坛并参与点评交流。本次论坛主题为“城市事件型景观”，论坛汇集北京林业大学园林学院、北京林业大学风景园林规划设计研究院、北京北林地景园林规划设计院、深圳北林苑景观及建筑规划设计院、北京林大林业科技股份有限公司、北京多

义景观规划设计事务所等北林园林规划设计的优秀团队，就本年度的规划设计实践完成深入探讨。（刘　尧　张　敬）

【2016 世界风景园林师高峰讲坛】 5 月28 ~ 29 日，为期两天的“2016 世界风景园林师高峰讲坛”在北京林业大学学研中心举办。本次讲坛到会人数 500 余人，参会人员涵盖了园林行业教育、科研、实践及行业媒体代表。本次高峰讲坛由北京林业大学和中国风景园林学会教育工作委员会主办，由北京林业大学国际交流合作处、北京林业大学园林学院、《风景园林》杂志社负责组织和承办。讲坛的主题为“风景园林的价值与保护”，来自不同国家和地区的 17 名业内一流专家学者、设计师，结合自身所研究领域，在全球化背景的视野下，对风景园林价值与保护的内涵和外延完成多方面、深层次的探讨。

（刘　尧　张　敬）

【“画境 · 文心”——园林美术作品展】 6 月17 日，由第三十四届世界艺术史大会授权，受吴作人国际美术基金会资助，由北京林业大学主办的“2016 世界艺术史大会之园林和庭院分论坛”在北京林业大学举办，本次论坛的主题为“多元文化背景的园林史研究”。与此同时，“画境 · 文心”——园林美术作品展也在北京林业大学图书馆开幕。此次展览以园林和自然山水为创作主题。（刘　尧　张　敬）

【2016 世界艺术史大会之园林和庭院分论坛】 6 月 17 ~ 18 日，为期两天的“2016 世界艺术史大会之园林和庭院分论坛”在北京林业大学图书馆五层报告厅举办，主题为“多元文化背景的园林史研究”。参会人员涵盖了国内外园林艺术教育、科研、实践专家学者及行业媒体代表。本次论坛由第三十四届世界艺术史大会组委会授权，受吴作人国际美术基金会资助，由北京林业大学主办，北京林业大学园林学院承办，北京大学视觉与图像研究中心、中央美术学院人文学院协办。（刘　尧　张　敬）

【“情系两岸 · 缘聚园林”海峡两岸园林学术论坛】 7 月 19 ~ 20 日，“情系两岸 · 缘聚园林——海峡两岸园林学术论坛及研习营”在北京林业大学开幕并举行为期两天的学术论坛，海峡两岸 170 余名园林行业专家、高校师生及行业媒体参会并听取报告。本次活动邀请到台湾大学、东海大学、朝阳科技大学、勤益科技大学、嘉义大学、明道大学、中华大学、中原大学、文化大学、辅仁大学等 13 所院校的 60 名师生参加，与北林师生共同开展广泛的学术交流。本次论坛及研习营由中国风景园林学会教育工作委员会、台湾造园景观学会、台湾景观学会和北京林业大学园林学院主办。活动分为学术论坛和技术考察两部分，学术论坛后在北京周边开展为期一周的调研、实践考察活动。（刘　尧　张　敬）

【第 12 届首都高校风景园林研究生学术论坛】 11 月 19 日，第 12 届首都高校风景园林研究生学术论坛在北京林业大学召开。本届论坛的主题为“与自然共生的城市更新”，旨在促进风景园林行业与其他专业之间跨界合作交流，探讨生态城市背景下城市更新的理论与实践结合战略。促使生态与景观融合，共同寻求一种全新的综合设计方法，使其成为连接城市生态、景观与规划等各相关学科之间的桥梁，打破专业间的界限，进而形成风景园林学和各相关学科之间的“无界”融合。（刘　尧　张　敬）

【生态园林城市建设与城市生态修复主题论坛】 11 月 25 日，为期 3 天的“2016 生态园林城市建设与生态修复主题论坛”在北京林业大学落幕。200 余名专家学者、来自全国各省(区、市)住房城乡建设主管部门分管领导及主管处室负责人、各省园林学会负责人、高校师生代表及行业媒体参会。本次论坛由中国住房和城乡建设部城建司指导，中国风景园林学会主办，生态园林城市建设研究会、北京林业大学园林学院承办。论坛上首批国家生态园林城市：南宁、苏州、珠海、徐州、宝鸡、昆山和寿光代表分别完成精彩的生态园林城市创建经验分享。2016 全国生态园林城市建设与城市修复主题论坛通过政策解读、专题报告、主题研讨、技术考察等形式，对生态园林城市建设等主题做多方面的深入探讨。

（刘　尧　张　敬）

【第九届旅游研究北京论坛】 12月3日，第九届旅游研究北京论坛在北京林业大学学研中心开幕，原国家旅游局副局长杜一力，北京市旅游发展委员会副主任、北京旅游学会会长安金明，北京林业大学副校长李雄等嘉宾参加论坛开幕式。300余名来自国内外旅游界及相关行业的著名专家学者、业内人士、高校师生代表及行业媒体参与会议。此外，本次论坛由旅游卫视全程网络直播，累计两万余人通过网络观看。论坛主题为“生态旅游与绿色发展——多样·共生·可持续”。旨在凝聚政、产、研、学等各界人士的集体智慧，探讨中国生态旅游发展的未来，交流分享彼此经验，为生态旅游与绿色发展增添助力。

（刘 尧 张 敬）

水土保持学院

【概　况】 北京林业大学水土保持学院（School of Soil and Water Conservation，以下简称水保学院），源于学校1952年开设的水土保持课程。1958年开办水土保持专业，1980年成立水土保持系，1992年更名为水土保持学院。

学院现有农学、理学、工学3个学科门类，包括水土保持保持与荒漠化防治（国家级重点学科）、自然地理学、地图学与地理信息系统、结构工程4个二级学科，下设10个科学硕士招生方向及4个博士招生方向，同时招收林业专业学位硕士研究生。学院设有水土保持与荒漠化防治、自然地理与资源环境、土木工程3个本科专业。

学院现有国家林业局水土保持重点开放实验室、林业生态工程教育部工程研究中心、北京市水土保持工程技术研究中心3个省部级重点实验室（工程中心）；拥有山西吉县国家级野外科学观测研究站及4个国家林业局陆地生态系统网络定位研究站（北京首都圈、重庆缙云山、宁夏盐池、云南建水）。中国防治荒漠化培训中心、北京林业大学边坡绿化研究所、北京林业大学防灾减灾与国土安全研究所、北京林业大学中德干旱地区研究中心、北京林业大学平原林业研究中心、林业血防生态工程研究所等学术团体和机构挂靠在学院。

2016年，学院在职教职工95人，其中专任教师77人（包括校内兼职教师2人）。专任教师中，教授32人，副教授23人，博士生导师30人，硕士生导师49人。毕业学生332人，其中研究生146人（博士生31人，硕士生115人），本科生186人。招生411人，其中研究生183人（博士生36人，硕士生147人），本科生228人。学院在校生1422人，其中研究生525人（博士生142人，硕士生383人），本科生897人。

（朱文德 弓 成）

【学科建设】 2016年，学院学科建设的中心工作是迎接学科评估。多次组织召开学科建设研讨会，总结“十二五”期间学科发展中的经验与问题，总结各学科建设成果，依据学校要求，完成水土保持与荒漠化防治、地理学、结构工程3个学科成果的总结和上报。

2016年，晋升教授职称4人，晋升副教授职称4人，招聘青年教师4人。

2016年，招收全日制研究生185人（其中博士研究生33人，学术型硕士研究生97人，全日制专业学位研究生55人），授予博士学位24人，学术型硕士学位86人，专业硕士学位47人。研究生作为第一作者共发表SCI论文35篇，EI论文10篇。

2016年，学院共举办各类学术交流活动68场，邀请来自美国德克萨斯农工大学、美国犹他州立大学、美国密歇根州立大学、美国林务局、加拿大不列颠哥伦比亚大学、以色列耶路撒冷希伯来大学、澳大利亚阿德雷德大学、法国农业发展中心、东芬兰大学等多名专家来院交流，合作开展科学研究和研究生培养。

（胡 畔 张宇清）

【教学工作】 学院从质量工程（包括专业建设、精品课程、团队建设）、教学改革项目、教学成果、教改论文和学生科研等方面保证教学效果，提高教学质量。

2016年，学院制定《水土保持学院本科教学制度汇编》《学生外出实习安全管理规定》《水保学院关于近三年入职青年教师授课环节培养的实施办法(修订)》；选拔20名新生组建水保梁希实验班；新增大学生创新创业训练计划项目31个，其中国家级8个、北京市级11个、校级12个；完成2014级、2015级共451名本科生和67名指导教师间的双向选择；学院推荐免试研究生38人，其中土木工程专业6人、资源环境与城乡规划管理专业6人、水土保持与荒漠化防治专业16人、梁希水保班10人；以教研室为单位，组织12场教师教学观摩会、12场教师研讨会，以专业为单位与学生班干部组织师生座谈会6场，组织专业导师见面会3场。

2016年，学院立项教学改革研究项目24个，其中一般项目5个，教材规划项目18个；立项5个校级"本科教学工程项目"，其中，专业建设1个、视频公开课3个、微课1个；学院首批"卓越农林人才教育培养计划"改革试点项目(拔尖创新型)通过中期检查；学院教工本年度发表教改论文8篇；学院2名教师参加北方集团全国微课大赛进入全国32强，分获二等奖和优秀奖。1名教师获校级"本科课程优秀教案"一等奖，1名教师获二等奖；第十二届校教学基本功比赛，学院获"优秀组织奖"荣誉称号，1名教师获得一等奖，1名教师获得二等奖，5名教师获得三等奖，1名教师获得优秀指导教师奖，1名被列为参加市级比赛候选者；学院1名教师获家琪云龙奖。

学院与山西长治市水土保持试验站签订本科生实习实践基地协议，与三河市林业局签订本科生实习实践基地协议；举行实践教学特聘教师聘任仪式，聘请共建国家大学生校外实践教学基地的延庆区水务局苏利茂等4人为北京林业大学实践教学特聘教授；争取修购专项设备购置执行计划39.98万元，逐步提高基地教学条件。

2016年，学院加强对本科生毕业论文要求，是全校唯一全院本科生进行论文查重的学院，2016年7月共有203名本科生顺利通过答辩。

(杜　若　王云琦)

【科研工作】 2016年，科研到账经费2739万元，校留经费2126万元，其中纵向课题校留经费1588万元，横向课题经费538万元。组织申报各类科研项目86个，获批国家自然科学基金项目10个，国家重点研发计划课题4个、专题14个，国家"十二五"科技支撑计划后续课题1个、专题8个，林业标准制修订计划1个，国家林业局委托项目7个，其他省部级专题4个，横向服务课题32个，合同总经费共计4137万元。

2016年，获教育部高等学校科学研究优秀成果奖(自然科学奖)二等奖1个、教育部高等学校科学研究优秀成果奖(科学技术进步奖)二等奖1个、四川省科技进步三等奖1个、北京市科技进步三等奖1个、中国水土保持学会科学技术二等奖3个、梁希青年论文奖8个。王礼先教授荣获世界水土保持学会"诺曼·哈德逊纪念奖"荣誉，余新晓教授获全国优秀科技工作者称号，朱清科教授获最美野外科技工作者荣誉称号，张洪江教授、朱清科教授获第一届中国水土保持学会突出贡献奖。学院被评为北京林业大学科研管理先进集体。

2016年，共发表学术论文190余篇，其中SCI收录论文52篇(其中国际TOP期刊上发表7篇)、EI收录论文10篇，授权发明专利18个，取得软件著作权47个，发表SCI收录论文平均影响因子超过2.0。

(胡　畔　张宇清)

【实验室建设】 水土保持重点实验室与科研平台下设水土保持原理、林业生态工程、荒漠化防治、水土保持工程、水力学、流体力学、生态水文过程与机制、植物力学等十余个专题实验室，占地3130.81平方米，拥有10万元以上大型仪器设备136套。

重点实验室提高完善实验功能，实验效率稳步提高。2016年，实验分析平台支持学院33个科研项目的实验，完成43类实验项目，全年实验样品量累计45 556个，其中大型仪器上机实验量累计达18 243个样品，服务科研项目40个；实习实践器材借用3856件。改进重金属前处理消解方法，新增9类实验项目。人工模拟降雨大厅进行人工模拟降雨/放水冲刷实验累计264场次，降雨/冲刷时间累计294小时，实验准备时间累计504.6小时，实验样品处理时间累计638.5小时。

2016年，云南建水荒漠生态系统定位观测研究站被正式纳入国家陆地生态系统定位观测研究站网，北京鹫峰水土保持科技示范园区被批准列入国家水土保持科技示范园区。北京市水土保持工程技术研究中心顺利通过考评，成绩良好。

2016年，组织申报重点实验室及5个省部级以上野外台站向国家林业局申报运行补助项目，均获批，共计经费42万元，并已完成合同签订。

2016年度实验室更加重视安全工作，完善实验室及野外基地安全管理。组织相关力量编制学院实验室"安全工作手册"。召开水保学院实验室与科研平台安全工作会，与各实验室与科研平台负责人签订安全责任书。详细分解安全责任，自查安全隐患，落实实验室及野外科研基地安全管理工作，完善安全管控体系。

2016年，实验室增加日常维护检修工作和自行改造改装设备，自行维护调试仪器设备81台/次。人工降雨侵蚀实验系统完成省级改造，提高试验精度及稳定性。实验室重视实验方法及技术培训，为学生进行仪器使用方法、实验安全等技术培训53次，培训学生110人/次；进行实验技术与方法培训讲座2次，参与人员60余人。通过学习与培训，提高实验人员业务素养和技术水平，加深对当今分析测试行业最新研发的、具有高水平高质量的产品和技术的了解和掌握程度，以及提高实验室安全管理、实验安全隐患突发安全事件解决方面的认识。

（刘喜云　李春平）

【党建工作】 学院党委开展"两学一做"学习教育，深入推进"三个十"党员修身工程，开展《坚定信念，锤炼党性》等辅导报告、读书分享会、红色观影、参观实践、精准扶贫共建活动等100余场；举办党史知识竞赛、演讲比赛、主题征文等活动，参与1000人次；不断创新"三会一课"形式，党政领导干部带头、广大党员积极参与讲党课58次；开展大学生思想入党评价指标体系研究，破解党员发展难题。

开展教工党支部书记述职大会，学院6名教工支部书记进行述职。完成5个教工党支部整顿调整工作和1个党支部换届工作，5名教师党支部书记都具有副高级及以上专业技术职务，3名兼任教研室主任。组织开展学院党支部委员培训，27个基层党支部80余名支委参加培训。完成党费收缴、党组织关系排查专项工作。

发展党员70人，转正76人，培养入党积极分子136人，截至2016年年底，学院共有学生1446人，其中学生党员325人，占学生总数的22.5%。有27个基层党支部，其中7个教工党支部，5个本科生党支部和15个研究生党支部。

2016年学院开展党建评优工作，召开庆"七一"党员大会，表彰8个先进党支部、11名优秀党支部书记、16名优秀共产党员及6个优秀服务先锋活动。在学校"七一"表彰评选中，4个支部被评为校先进党支部，4名支部书记被评为校优秀党支部书记，5名党员被评为校优秀共产党员，2名组织员被评为北京林业大学荣誉"特邀党建组织员"，1名党员被评为校优秀党务工作者。其中硕水保142党支部和水保本科生党支部开展的红色"1+1"活动被评为北京市红色"1+1"主题实践活动优秀奖，硕水保142党支部被评为关君蔚团队。王礼先、朱清科、余新晓等20余名党员在教学、科研、管理等方面获得省部级及以上奖励。

加强党风廉政建设，开展《中国共产党廉洁自律准则》和《中国共产党纪律处分条例》专项学习活动。学院党政领导定期走访联系教研室、党支部，了解掌握思想动态，有针对性地开展思想政治教育；强化师德师风和教风学风建设；落实意识形态工作责任制，抓好意识形态工作；实施党建带群建、做好群团组织和教代会、学代会工作和统战工作。（李晓凤　宋吉红）

【学生工作】 2016年，学院学生工作围绕人才培养目标，以德育建设为引领，以学风建设为核心，以队伍建设为手段，以服务学生成长为宗旨，着力推进七大工程，取得显著成效。学院获得北京林业大学体育工作最高荣誉奖第一届"关君蔚杯"、校暑期社会实践优秀组织奖、校征兵先进集体等校级奖励22项，9个班级及团支部荣获北京市先进班集体、北京市先锋杯优秀团支部等奖励，6支团队获评北京林业大学2016年暑期社会实践优秀成果奖。

思想政治教育质量提升。组织召开"我与社

会主义核心价值观”主题班会、团组织生活会等主题教育，参与人数700多人；积极开展诚实守信、水土保持法律法规宣传等主题教育活动20多次；加大宿舍安全教育，开展宿舍长安全培训会，举办安全知识竞赛，共计200余人参与。

学生英才培育工程。开展特殊群体学业辅导，召开国防生学业推进会；在水保科协基础上，成立地理和土木2个学生科协，开展学术论坛、专业技术培训、科研沙龙等活动，参与人数达600余人次；召开3场评优表彰大会，对339名本科生和89名研究生分别进行表彰，累计奖励金额130.73万元；积极开展学习型班集体建设活动，1个班级获得校十佳班集体。

服务效能工程。尝试辅导员横向管理工作模式，将辅导员工作重心下移，深入基层班级开展工作，突出辅导员的政治性和管理教育的主体作用；定期举行辅导员、班主任培训，4名辅导员获得校级及以上奖励10个，校级“十佳班主任”1人，3名辅导员分别主持市、校级课题，撰写论文6篇；认真梳理学院有关学生教育管理的各项规章制度，修订和完善相应规章制度28个。

暖心工程。加强经济困难学生帮扶，实施“阳光优才”工程，全院235名本科贫困生和37名研究生新生获资助，实现资助全覆盖，10余种资助项目，资助总金额达119.05万元；关注心理问题学生，开展心理健康教育，多项举措关注68名心理学生，开展多种形式的心理实践活动，在“5·25”心理健康文化节中，获得各类集体和个人奖励10个；做好新生引航工程，举办3场专业介绍会，4场新老学生专业交流会，推出“彩虹”周活动，开展班级篮球赛、拔河比赛、素质拓展、心理团辅等系列班级活动30余场。

加强校园文化建设，举办“水跃”体育文化节系列活动，参与人数达800余人，荣获学校奖励10个；先后举办班歌大赛、元旦晚会、演讲比赛等各类校园文化活动百余场；加强学生素质与能力培养，举办新闻写作、办公软件应用、人际关系、社交礼仪、演讲等系列讲座及活动20余场，参与人数多达400余名；加强实践育人工作，组建暑期社会实践团队21支，校暑期社会实践优秀成果奖6个，学院获评优秀组织奖；着力打造志愿服务平台，学院共有注册志愿者744人，总志愿时长超过1000小时，1个志愿项目被评为学校十大优秀志愿服务项目，入选“保洁中国先锋计划”(北京站)。

推进就业创业，加强职业生涯规划教育，举办精英论坛、创业讲座等就业创业指导活动23场，分别获得校职业生涯规划大赛和模拟求职大赛组织奖；2017届本科就业率为95.10%；研究生就业率为100%，获学校就业创业工作二等奖、就业指导服务奖。

推进研究生教育的系统工程。强化学术引领，举办学术活动30余场，在第五届研究生学术论坛中9人获奖，学院荣获“优秀组织奖”；加强研究生班级建设，以班级为单位开展各类活动，学院增设2个院级研究生先进班集体奖项；丰富研究生业余文化生活，举办研究生文体活动20多次，参与人数200多人；推进研究生德育精品项目，组建“林之水”研究生支教团，奔赴4家中小学开展多种主题支教活动。

(关立新　王玉杰)

【对外交流】 2016年，接待并走访三河市林业局、水利部水土保持司、北京市水土保持工作总站、河北省张家口市市委组织部、山西长治市水土保持试验站、山东农业大学、中国科学院亚热带农业生态研究所、中国水利水电科学研究院、中国林业科学研究院、新疆喀什大学、河北农业大学、黄河水利科学研究院、温州水利电力勘测设计院和深圳铁汉生态环境有限公司等多个科研院所和企事业单位，就人才培养、科学研究、政产学研用协同创新等方面达成合作意向。

2016年，重点实验室继续加强与国内外相关学科领域高水平专家的合作交流。邀请多名来自美国德克萨斯农工大学、美国犹他州立大学、加拿大不列颠哥伦比亚大学、美国生态恢复学会、新罕布尔大学、美国德克萨斯农工大学、密歇根州立大学、美国林务局、以色列耶路撒冷希伯来大学、北卡州立大学、澳大利亚阿德雷德大学等的专家来重点实验室交流，组织各类学术讲座42场。5个省部级以上野外台站承接科研考察、科普教育等各类活动，累计27次，接待来访人员560余人次，集中科普受众1900多人。

(朱文德　弓　成)

【第二届全国水土保持与荒漠化防治青年学术论坛】 12月4日，召开由中国水土保持学会主办、水土保持学院承办的第二届全国水土保持与荒漠化防治青年学术论坛，来自全国18所高等院校和科研院所的60多名青年学者参加，与会青年学者就土壤侵蚀、流域水文过程、水碳循环、荒漠化防治、水土保持工程等领域的研究成果进行22场学术报告交流。本次论坛共收到论文25篇，评选出优秀论文一等奖2个，二等奖3个，三等奖3个。

（胡　畔　张宇清）

【“荒漠化，城市，与我——‘未来城市’主题沙龙暨世界防治荒漠化日特别活动”】 6月16日，学院与世界未来委员会、阿拉善SEE基金会、国家林业局治沙办联合举办“荒漠化，城市，与我——‘未来城市’季度主题沙龙暨世界防治荒漠化日特别活动”，联合国防治荒漠化公约组织秘书处执行秘书长MoniqueBarbut女士应邀来访并作主旨演讲，来自政府管理部门、高等院校、企业界、公益组织、社会媒体等近300人参加活动。（胡　畔　张宇清）

【水土保持与荒漠化防治学科暑期夏令营】 7月31日至8月4日，学院面向全国相关院所相关专业优秀应届本科生举办水土保持学科暑期夏令营活动，从西北农林科技大学、山东农业大学、华中农业大学等18所高等院校50余名学生的报名申请中，选拔38名优秀学员参加野外素质拓展、学术前沿讲座、实验室及野外台站参观、师生座谈交流等活动，最终有22人通过研究生复试考核环节并被录取。

（胡　畔　张宇清）

【北京市鹫峰国家水土保持科技示范园区揭牌】

鹫峰国家水土保持科技示范园区立足北京、服务京津冀、面向全国，以水土保持与荒漠化防治领域前沿科学问题和社会可持续发展的国家重大战略需求为导向，开展基础理论与关键技术研究，为生态文明建设与实现“美丽中国”提供科学技术支撑。园区已建立完备的科学试验、技术示范及科普实践教育体系，承担大量科研项目，在发表论文、编写或发布各类标准等方面取得成果。（朱文德　李春平）

经济管理学院

【概　况】 北京林业大学经济管理学院（School of Economics & Management，以下简称经管学院）是由1959年建立的林业经济专业发展而来的，1987年成立经济管理学院，在1993年和2001年国家学位与研究生教育评估中均获得全国林业经济管理学科综合评分第一名，2006年成为部级重点学科，2007年成为全国林业经济管理学科中唯一的国家重点培育学科，是国务院农林经济管理学科评议组成员单位。

学院拥有林业经济管理国家重点培育学科和林业经济管理博士后流动站；拥有农林经济管理北京市重点学科和一级学科博士点授予权，林业经济管理、林业资源经济与环境管理、农业经济管理3个博士学位授权点；拥有农林经济管理、应用经济学、工商管理等5个一级学科硕士授予权，林业经济管理、国际贸易学、统计学、会计学、企业管理等12个硕士授权点在招；拥有工商管理专业硕士（MBA）、会计专业硕士、应用统计专业硕士等5个专业硕士学位授权点。学院设有农林经济管理、会计、金融、国际经济与贸易等11个本科专业及专业方向。

学院现设林业经济、会计、统计、国际贸易、工商管理、管理科学与工程、物业管理、人力资源管理、金融共9个系，设有林业经济国际交流与合作中心、林业经济与政策咨询中心、林业经济研究所、国家林业局全国林业预算资金绩效研究考评中心等18个研究机构。经济管理综合实验中心设有股票证券模拟实验室、人力资源模拟实验室、国际贸易实务模拟实验室等9个专业实验室和1个控制室，是国家级虚拟仿真实验教学中心、北京市高等学校实验教学示范中心、北京林业大学创新创业基地。

截至2016年年底，学院有教职工127人，其中专任教师110人。专任教师中博士生导师

21 人，教授 24 人，副教授 61 人，其中具有博士学历的教师 98 人。在校生 3154 人，其中，研究生 695 人(博士生 166 人，硕士生 529 人)，本科生 2459 人；2016 年招生 798 人，其中，研究生 226 人(博士生 24 人，硕士生 202 人)，本科生 572 人；本年毕业 851 人，其中，研究生 198 人(博士生 17 人，硕士生 181 人)，本科生 653 人。 (方宜亮　温亚利)

【学科建设】 经管学院拥有 1 个一级学科博士点：农林经济管理；3 个二级学科博士点：林业经济管理、林业资源经济与环境管理、农业经济管理，其中林业经济管理是国家重点培育学科，国家林业局重点学科；1 个博士后流动站：农林经济管理博士后流动站；5 个一级学科硕士授权点：农林经济管理、应用经济学、工商管理、管理科学与工程、公共管理；12 个二级学科硕士点：林业经济管理、农业经济管理、行政管理、会计学、国际贸易学、统计学、企业管理、管理科学与工程、物业管理、电子商务、金融学、人口资源与环境经济；5 个专业硕士授权点：农村与区域发展、工商管理、会计、应用统计和国际商务；11 个本科专业：农林经济管理、国际经济与贸易、人力资源管理、会计学、统计学、金融学、工商管理、管理科学与工程、市场营销、电子商务和物业管理。

经管学院共有博士生导师 32 人(其中兼职博士生导师 7 人)，硕士生导师 66 人，其中，2016 年新增博士生导师 2 人，硕士生导师 6 人。导师队伍学历结构、学缘结构、年龄结构和职称结构合理。1 名国务院学科评议组成员，11 人担任中国林业经济学会等国家一级学会理事以上学术兼职，4 名教师享受国务院政府津贴，4 名教师拥有宝钢优秀教师称号；2016 年，从国外一流名牌大学引进 1 名留学归国博士充实学科队伍。 (方宜亮　陈建成)

【教学工作】 2016 年，学院教学工作的基本思路是以成果为导向，以激励为动力，以改革促发展，突出教学质量这个永恒主题，以课堂教学、教师队伍建设为基本点，加强实践教学，加强教育教学研究，提高学生的创新和实践能力。重点是加强青年教师培养，提高课堂教学质量，树立优良教风、学风。学院采取青年教师培训、青年教师指导制度、课堂教学质量奖励制度、教学贡献奖励制度、教学研究成果奖励制度、岗位考核制度、教学检查制度等措施，举行以教研室为单位的教学经验交流会、师生座谈会、领导和同行听课、优秀课程教学观摩、教学专题讲座、名家名师讲座等活动。

在教学研究和改革方面，2016 年，获得校级教学改革研究重点项目 1 个，占全校的 1/3，一般项目 5 个，占全校的 7%。获教材规划项目立项教材 15 部，占全校的 8%，涵盖了国家级特色专业农林经济管理专业的核心课程。在 2016 年北京林业大学本科课程优秀教案评选中，获一等奖课程 2 个，获二等奖课程 3 个，分别占全校的 2/8、3/16。2016 年，首次组织了全院 2015 级 600 多名学生参与的《虚拟商业社会跨专业综合实训(初级)》，获得预期效果。2016 年，首次试点工商管理专业、市场营销专业、人力资源管理专业、物业管理专业按工商管理类，信息管理与信息系统(管理信息)专业、电子商务专业按管理科学与工程类的大类招生，并对大类招生专业新生进行了专业意愿问卷调查。

在教学质量方面，2015 ~ 2016 学年第一学期学院大班理论课第一名在全校大班理论课排名第一，3 门课进入全校前五名，4 门课进入全校前十名；学院中班理论课第五名在全校中班理论课排名第五名，3 门课进入全校前十名；学院小班理论课第一名在全校小班理论课排名第八名；大班实践课获得全校第一名，中班实践课获得全校第一名，3 门课进入全校前五名，5 门课进入全校前十名；小班实践课获得全校第十四名，根据《经济管理学院本科课堂教学评价奖励补充规定》，颁出冠军奖 1 个，金奖 7 个，银奖 3 个，一等奖 2 个，二等奖 10 个。2016 年年底第七次组织学院“青年教学之星”的评选，共 2000 多师生参加投票，评选出 10 位学院“教学之星”进行了表彰和奖励，第三次评定表彰 10 名获“教学贡献奖”的教师，并颁出 2 个“教学特别荣誉奖”。

在青年教师培养方面，2015 ~ 2016 学年实施第九期青年教师指导制度，参加项目的 4 名新进青年教师在 2015 ~ 2016 学年共承担 7 门课程，整体教学效果良好，共发表论文 12 篇，其中

SCI、SSCI收录6篇，EI收录1篇，CSSCI、CSCD收录论文4篇；主持课题6个，其中国家级课题2个，省部级课题2个，达到实施青年教师指导制度的效果。2016年，第十期青年教师指导制度启动。樊坤、付亦重2名教师获“家骐云龙”青年教师教学优秀奖。学院组织40岁以下全部在校青年教师参加第十二届青年教师教学基本功比赛学院初赛，评出一等奖4人，二等奖8人，在学校决赛中，张英杰、付亦重分别获得文史组、特色组一等奖，创造学院新纪录，张英杰同时获得最佳教案奖，另有5位青年教师获得三等奖。

在学生创新实践方面，2016年学院学生参与大学生科研训练项目，获得国家级项目9个，市级项目15个，校级项目21个，均占全校项目的10%以上。在学院组织的对国家级、市级、校级项目的验收中，7个项目获得优秀，25个项目获得良好，占全部40个项目的89%。参加项目的学生发表学术论文10余篇。2016年获校级优秀本科毕业论文21篇，学院优秀应届本科毕业生免试攻读硕士研究生共计96人，多名学生进入北京大学、清华大学、人民大学等名校深造。（向　燕　田明华）

【科研工作】 2016年，学院申请获批项目54个，共计到账经费1242万元；其中：纵向课题40个，到账经费991万元；横向课题14个，到账经费251万元。纵向课题中，国家自然科学基金青年项目2个、教育部人文社科基金项目1个、国家重点研发计划1个、北京市社科基金项目8个、北京市社科联项目1个、北京市优秀人才培养资助项目1个，纵向课题类型增多。

学院教师共发表学术论文132篇，其中SCI/SSCI19篇(科技处已检索SCI8篇，其中影响因子4.0以上的2篇)、EI5篇、CSSCI/SCD及扩展版论文76篇(其中国内经济学顶级期刊《经济研究》论文1篇)；出版专著16部；《林业应对气候变化与低碳经济》系列丛书被评为“2015年度国家出版基金优秀项目”；修制行业标准1个；获专利4个、软件著作权1个；荣获各种科研奖项11个(省部级5个，其中梁希林业科学技术奖一等奖1个)。为激励青年教师积极开展科学研究，学院对青年教师实施科研奖励，10名青年教师获得了学院“青年学术之星”称号。

学院成功举办“第5届Faustmann国际学术研讨会”，主办第十届中国林业技术经济理论与实践论坛（福建农林大学承办）、第十四届中国林业经济论坛（南京林业大学承办）；邀请国外著名专家教授10人来院讲学和作学术报告。各系、各学科积极自行主办针对本学科的学术论坛、学术讲座。（胡明形　温亚利）

【实验室建设】 1月，北京市教育委员会下发《北京市教育委员会关于公布2015年北京高等学校示范性校内创新实践基地建设单位名单的通知》(京教函〔2016〕15号)，确认北京林业大学经济管理实验中心申报的农林经济管理类人才培养北京寿司校内创新实践基地获批。5月，生态环境管理与决策重点实验室或学校立项。实验中心平台建设逐步得到优化。

2016年，继续强化实验中心建设成果的对外辐射。10月15～16日，中心组织在西郊宾馆召开2016年农林业经营管理实验教学与科研实验室建设研讨会，农林院校近150人参加。年内，东北林业大学、南京林业大学、福州大学、西安邮电大学、北京中医药大学等近百所高校来实验中心交流。

2016年，中心投入中央修购专项资金16万元，对硬件条件进行了有效补充。其他建设经费投入为123万元。（薛永基　张　元）

【党建工作】 2016年，经济管理学院党委共有41个党支部，其中，教师党支部9个，学生党支部32个。党员590人，其中，教师党员98人，学生党员492人。新发展党员161人，入党积极分子793人。下半年，由于大类招生和辅导员机制改革，本科生党支部进行了纵向调整，学生党支部调整为28个。

深入开展“两学一做”学习教育，不断强化思想政治建设、领导班子建设和党风廉政建设，完成9个教工党支部的支委换届工作，通过工会教代会和院学术委员会等载体，加强教职工团结，增进全院凝聚力，推动学院科学发展。

学院党委着力推进“两学一做”学习教育扎实开展，通过“三会一课”、座谈和培训、知识竞赛、著作研读、校外参观红色教育基地、主题党日活动等，引导全院党员学党章党规，学系列讲话，做合格党员。开展“今天我来讲党课”特色活动25次，进一步夯实党建工作基础，推进“三型”学生党组织建设，促进党员理想信念更加坚定、综合素质不断提升，党员先锋模范作用发挥更加明显。

学院党委认真贯彻落实学校统一部署与要求，注重夯实理论研究基础，聘请学院离退休老教授、党委组织员、学生党支部书记以及辅导员老师担任支部理论学习导师，努力通过特色教育活动提升广大学生的政治理论素养。大力推进学习型党组织的建设，完善学院党员图书角建设，动员各党支部扎实开展党史理论知识的学习，使党员思想认识和党性修养进一步提升，学院领导班子服务群众的宗旨意识进一步树立，工作作风不断改善，学院党群关系得到进一步增强。

学院党委积极研究新时期学生党建工作的特点，根据学生党建工作的新要求，不断强化学生党支部建设，加强和改进学生党员队伍建设，强化支委培训，建立起较为完善的党建工作制度体系。2016 年，开展各类党支部活动共 90 余项，积极开展“红色 1 + 1”活动及以“助学零距离”“助理零距离”和“志愿服务树品牌”为主题的“服务先锋”行动计划。开展“党员述责”民主测评。

根据学院党委要求，发展学生党员工作坚持本着“控制总量、优化结构、提高质量、发挥作用”的方针，提高学生党员的整体素质和水平。学院党校管理工作不断完善，做到“四个坚持和一个创新”，对学生业余党校初级班招生制度以及量化考核管理制度进行改革完善，顺利完成第 56 期和第 57 期初级班培训工作，党校初级班 2016 年全年共招收 252 名学员，顺利结业 228 人，结业率为 90.5%，较往年有所提高，切实做好了入党积极分子的入党前教育。

学院举行庆祝建党九十五周年暨评优表彰大会，155 名新发展党员在会上进行了庄严的集体宣誓，大会总结表彰了 2015 ~ 2016 学年创先争优活动中涌现出的先进集体和个人，其中“先进党支部”11 个、“优秀党支部书记”11 人、“优秀共产党员”22 人、“教师党员先锋岗”5 人、“优秀服务先锋活动”3 个、“红旗团支部”8 个、“班级量化先进集体”15 个、“学生工作突出贡献奖”30 个，“学干之星”50 人、“团员之星”50 人。

学院党委重视青年教师成才培养工作，发挥教师党员中学科带头人和学术骨干的作用，加强“青年教师导师制”工作。通过开展“教学之星”“科技之星”评比活动，挖掘学院优秀教工党员典型，宣传优秀教工党员事迹，形成全院教工争创佳绩的良好风尚。 （房 薇 温亚利）

【学生工作】 2016 年，经济管理学院全面实施辅导员工作改革，探索建立“辅导 + ”大学生思想政治教育工作模式。

建立以专业为单位设置辅导员为核心的工作模式，辅导员兼职班主任，担任所在专业学生党支部书记，全面落实教育部对辅导员“九项职能”的要求，形成了辅导 + 班级管理、辅导 + 党团建设、辅导 + 职业指导、辅导 + 心理教育、辅导 + 就业创业的全链条的大学生思想政治教育工作模式，将大学生思想政治教育贯穿学生工作全过程。

6 月，开展 9 个教工党支部换届工作，配齐配强党支部支委。10 月，为配合辅导员工作模式改革，本科学生党支部调整为以专业为单位，加强基层党组织管理力度。学生业余党校第 56 期和 57 期初级班培训学员 235 人；规范党员发展流程，共发展学生党员 162 人，其中发展教工党员 1 人，发展研究生 22 人，发展本科生 139 人。开展“今天我来讲党课”特色党建活动，组织学生党支部普通党员以“党章学习”“国家社会发展”“做合格党员”等主题讲党课，共有 22 个支部组织党课 23 场，覆盖率为 78.57%。

全年开展长期志愿服务活动 6 个及短期活动 5 个，“夕阳再晨”与“兴华小学志愿服务”被评为校级重点立项志愿服务项目，“图书漂流”荣获校十大优秀志愿项目。强化基层班级职能化建设，梁希 14 - 1 班荣获学校十佳班集体创建评比活动“优秀班集体”。向 2016、2015、2014 级学生家长邮寄了《致学生家长的一封信》，健全家校联动育人体系。启动北京林业大学第一届创新创业训练营，招收 7 个学院的学员 62 名。举办第二届北京市“弘通杯”围棋争霸赛，夺得“五月的花海”合唱比赛冠军。立项 32 支暑期社会实践团队，共有234人参与了团队实践，1200余人进行了个人自主实践。学生获“创青春”全国大学生创业大赛国家级银奖1个，北京市级银奖2个、铜奖2个。

2016届本科毕业生653人，截至10月31日，落实去向591人，就业率90.51%。完成2017届96名本科生保研工作，占总人数的14.84%。设立“中博诚通教育创业基金”，形成“13级毕业路径选择调查报告”，结合就业指导课，利用历年就业客观数据帮助毕业生认清就业形势、找准位置，授课11场。编写发布《2016届本科毕业生就业质量微报系列》；发布2017届保研去向情况简报，编写《2016届本科毕业生就业白皮书》。举办“康师傅”杯第三届职业生涯规划大赛和“康师傅”第六届“赢在起跑线”校园职场挑战赛，继续做好“就业100分”系列品牌活动，开展创新创业沙龙活动8场。选拔20名优秀毕业生担任毕业生就业指导员。

完成562名本科新生的迎新工作、心理测评和入学教育工作。细致做好评奖评优工作，本科生总计1112人获得奖学金或荣誉称号，总计获奖金额119.04万元，获奖人数占全院总人数的45%。总计516人次获得各类助学金，总计获助金额174.9万元，获助人次占全院总人数的21%。组织学院各系开展评优表彰暨经验分享交流会9场。组织开展第二届“寻找身边的榜样”活动。开展6次心理委员培训，重点关注自杀风险高的同学，及时处理心理突发事件。举办摄影大赛、心理微电影大赛、优秀心理委员答辩活动、心理情景剧大赛、心理知识竞赛、班级心理实践活动、班级心理素质拓展大赛等，发挥心理委员的作用，在全院基层班级传播常用心理知识，作品《镜子》在北京市心理情景剧展演中荣获二等奖。“波哥”助学工作室助力困难学生全面发展，辅导员支撑团队项目取得突破。

举办第七届研究生学术论坛，分为学术讲座、学术沙龙(以专业为单位开展了9场)、学术论文大赛、职业发展活动、文体活动等环节，在全院范围内营造了良好的学术氛围。2016年，举办高水平讲座43场，涉及林业经济与政策、环境经济核算、大数据分析、国际贸易等前沿热点问题，获得学校第二十一届研究生学术文化节的优秀组织奖。全年举办职业规划、求职分享等专题讲座4场，2016届研究生毕业生184人，就业率为97.83%。做好评奖评优工作，奖助学金额达291.6万元。做好留学生工作，举办了“雅萃北林，礼敬中华”——留学生体验中华传统文化活动，密切中外研究生的联系。

(李　军　房　薇)

【对外交流】 2016年，学院共接待美国路易斯安那州立大学、美国密歇根州立大学、美国奥本大学、美国密西西比州立大学、美国俄勒冈大学、德国德累斯顿技术大学、德国弗莱堡大学、加拿大多伦多大学、瑞典农业大学、瑞典于默尔大学、挪威生命科学大学等国际知名高校和研究机构的专家学者逾30人，给研究生重点讲授自然资源与环境经济学、中级林业经济学、计量经济学、当代森林经营管理等多门研究生课程，并与青年教师就林业经济和政策领域前沿问题开展广泛的学术交流和研讨。派出到美国、德国、瑞典等国家进行交流访问10人，并与各国相关研究机构和政府部门就进一步开展合作与交流进行广泛交流。承办第五届国际福斯特曼论坛，共有国内外林业经济与政策领域内的100余名专家学者参会，参会国际代表还前往河北塞罕坝机械林场进行实地考察。参加国内外学术会议近20次，参加人员逾30人，提交会议论文50多篇。3名教师以访问学者身份赴美国访问1年，另有2名教师结束美国公派返学任务。国际合作办学取得进展，与澳大利亚国立大学等国际知名学府联合培养研究生的工作也顺利进行。学院共招收留学生逾10人，独立承担亚太森林可持续经营组织硕士研究生项目，主授多门全英文授课课程。

(谢　屹　温亚利)

【MBA教育中心】 2016年，MBA教育中心录取新生68人，毕业63人。毕业生中2人获得市级优秀毕业生称号，4人获得校级优秀毕业生称号，6人获得优秀学生干部称号。

中心共开设21门课程，聘任30余名社会精英和优秀校友作为校外导师。中心邀请知名学者、企业家举办关于经济环境分析、商业伦理、网络营销等方面讲座共15次，举办第二届海峡两岸企业管理创新论坛、第三届MBA精英论坛、第二届“冀贷通杯”管理案例精英赛等活动。中心组织学员开展团队训练与专业拓展、鹫峰徒步活动，参与兄弟院校和MBA联盟举办的篮球赛、羽毛球赛、丝路赛等体育赛事。

中心获得第十届中国MBA领袖年会“中国最具影响力商学院”称号，《北京林业大学率先将国学引入MBA教育成效显著》项目在教育部与光明日报社举办的第二届“礼敬中华优秀传统文化”系列活动中获评特色展示项目，刘雯雯、廖柏喻、李小勇撰写的管理案例《青年菜君：作茧化蝶之路》入选第七届“全国百篇优秀管理案例”，李小勇、陈建成、张元、郑傲、刘雯雯、李晓丽撰写的《灵尚绣品：藏器于身，应时而动》入选中国管理案例共享中心案例库，MBA学员在“创青春”全国大学生创业大赛中获得MBA专项赛铜奖。（郝　越　张　元）

【MBA教育获礼敬中华优秀传统文化特色展示项目】 1月，在教育部与光明日报社组织开展的第二届“礼敬中华优秀传统文化”系列活动中，学校申报的项目《北京林业大学率先将国学引入MBA教育成效显著》获评特色展示项目。

（覃　佩　温亚利）

【入选2015年中国高被引学者榜单】 1月，世界著名出版公司爱思唯尔发布了“2015年中国高被引学者榜单”，经管学院林业经济系曹世雄教授被收录在“社会科学”类榜单上，本次“社会科学”类榜单共入选36位学者。

（方宜亮　温亚利）

【新增2个国家林业局重点学科和重点培育学科】 3月，经管学院2个学科获批2015年国家林业局重点学科和重点（培育）学科。其中，农林经济管理获批一级重点学科，国际贸易学（林产品贸易方向）获批重点（培育）学科。

（方宜亮　温亚利）

【入选文化名家暨“四个一批”人才】 3月，中央宣传部办公厅公布了2014年文化名家暨“四个一批”人才名单，经管学院陈建成教授获选，此为学校首位教师入选文化名家暨“四个一批”人才。（方宜亮　温亚利）

【4篇教学案例被MPAcc教学案例库收录】 5月，全国会计专业学位研究生教育指导委员会公布了全国MPAcc教学案例库第五批（2015年度）入库案例名单，经管学院会计系有4篇案例被收录入库，分别是张卫民教授开发的《H汽车销售服务集团并购后的财务整合》、田治威教授开发的《“活的”与“不动”：生产性植物资产会计规范的选择》、张岩副教授开发的《从绿大地财务舞弊案看上市公司财务舞弊风险识别与审计策略》和王富炜副教授开发的《乐视网业绩是否“乐视”?》。（王富炜　温亚利）

【教师在经管类顶级学术期刊上发表论文】 5月，经管学院金融系教师顾雪松的论文《产业结构差异与对外直接投资的出口效应——“中国——东道国”视角的理论与实证》在国内经管类顶级学术刊物《经济研究》（2016年第4期）上发表。（方宜亮　温亚利）

【林业应对气候变化与低碳经济系列丛书获奖】 5月，《林业应对气候变化与低碳经济》系列丛书经国家出版基金管理委员会批准，被评为2015年度国家出版基金优秀项目。丛书出版后，学校围绕林业应对气候变化与低碳经济问题举办专题学术研讨会，与会专家对丛书给予高度评价。

（方宜亮　温亚利）

【获全国生态建设突出贡献先进集体荣誉称号】 9月23日，全国林业科技创新大会在北京召开，中共中央政治局委员、国务院副总理汪洋出席会议并讲话。会上，国家林业局局长张建龙宣读了《国家林业局关于表彰全国生态建设突出贡献科技先进集体和先进个人的决定》，北京林业大学经济管理学院获“全国生态建设突出贡献先进集体”荣誉称号。（李　军　温亚利）

【入选国家“万人计划”领军人才】 10月，第二批国家“万人计划”领军人才入选名单公布，经管学院陈建成教授入选哲学社会科学领军人才，成为全国林业院校唯一入选者。

（方宜亮　温亚利）

【森林资源可持续经营国际学术研讨会】 10月18~19日，由北京林业大学主办，中国林业科学研究院、国家林业局经济发展研究中心、亚太森林网络、中国绿色碳汇基金会和中国林业经济学会协办的森林资源可持续经营国际学术研讨会在学校召开。会议探讨在多种全球化问题背景下，推进森林资源的可持续经营，更好协调生态保护与经济社会发展关系。来自美国、德国、加拿大、澳大利亚、新西兰等9个国家的26位专家学者，以及国内14所院校和研究机构的35位代表，针对全球森林可持续经营、林业发展模式及路径、林业政策及政府林业治理等主题展开研讨交流。国家林业局副局长刘东生出席开幕式并致辞。（贺　超　温亚利）

工 学 院

【概　况】 北京林业大学工学院(College of Technology)，原为北京林学院森工系，成立于1958年。1959年，林业与木工机械专业开始招生。1991年更名为森林工业学院，2001年更名为工学院，2002年11月，工学院划分为现在的材料学院与工学院，2013年7月，工业设计专业并入艺术设计学院。

2014年，工学院设林业与环境特种装备研究中心、精准节水灌溉控制、林火扑救装备、林业信息检测与智能控制等16个学科实验室。学院设机械设计制造及其自动化、电气工程及其自动化、车辆工程和自动化4个本科专业，设机械设计、机械制造、自动控制等8个教研室和1个林业工程装备与技术实验教学中心。拥有机械制造及其自动化、机械电子工程、机械设计及理论等6个硕士学位授权点、机械工程、控制工程全日制专业硕士学位授权点和工程硕士(机械工程领域)专业学位授权点、机械设计及理论等2个博士学位授权点、林业工程(森林工程方向)博士后流动站。拥有森林工程北京市重点学科。

2016年，学院在职教工87人，专任教师中，博士生导师12人，教授15人，副教授33人。2016年，新增教授1人，副教授3人、博士生导师1人，硕士生导师4人，新进教工3人，退休教工3人。本年毕业学生375人，其中，研究生63人(博士研究生7人，学术型硕士研究生35人，全日制专业学位硕士研究生21人)，本科生312人。招生424人，其中研究生88人(博士研究生9人，学术型硕士研究生36人、全日制专业学位硕士研究生43人)，本科生336人。在校生1615人，其中研究生295人(博士研究生45人，硕士研究生250人)，专业学位硕士101人，学术型硕士研究生149人，在职专业学位研究生5人，本科生1320人。

（杨尊昊　于翠霞）

【学科建设】

学科名称及学科点的基本数据 2016年，工学院拥有森林工程1个北京市重点学科，设有2个博士点和林业工程博士后流动站；在2个博士点中共有7个博士点研究方向，分别是：机械工程一级学科博士点(下设专业机械与装备、现代设计理论及制造技术、机械测试与控制技术、森林火灾防御技术4个研究方向)；森林工程二级博士点(下设森林工程装备及其自动化、人机环境与安全、森林及其环境信息监测3个研究方向)。

学院2016年设有6个二级硕士学位授予权学科，2个全日制专业学位授予权学科，共23个研究方向，16个实验室和1个研究中心。学院非全日制工程硕士专业学位(机械工程、控制工程领域)2016年未招生。

6个二级硕士学位授予权学科及23个研究方向分别是：机械制造及其自动化学科(下设现代制造工艺及自动化装备、机械测控与机器人技术、无损检测技术、机器视觉及信息技术4个研究方向)；机械电子工程学科(下设机电系统控制及自动化、计算机测控技术与应用、现代传感与检测技术、机器视觉及应用4个研究方向)；机械设计及理论学科(现代设计与先进制造、现代检测与控制、机构学与机器人、林业与木工机械四个研究方向)；车辆工程学科(车辆系统研究与设计、车辆运用与检测技术、林用特种车辆与车辆地面力学、交通运输工程4个研究方向)；控制理论与控制工程学科(控制理论与应用、智能检测与信号处理、农林设备设施控制、林业物联网 4 个研究方向)；森林工程学科(森林工程装备及其自动化、人机环境与安全、森林及其环境监测 3 个研究方向)。2 个全日制专业学位授予权学科为机械工程学科和控制工程学科。

16 个实验室和 1 个研究中心分别是：精准节水灌溉控制实验室；林业信息检测与智能控制实验室；人机环境与安全实验室；森林环境感知与信息处理实验室；林业与环境特种装备实验室；散体动力学实验室；机电测控技术实验室；车辆安全技术实验室；林火扑救装备实验室；生物质能源实验室；微纳摩擦学实验室；林业与园林机械实验室；力学与工程应用实验室；机器视觉检测技术实验室；智能装备实验室；木材无损检测实验室。林业与环境特种装备研究中心。

学科队伍建设情况 2016 年，学院共有教授 15 人，其中二级教授 2 人，副教授 33 人，讲师 19 人，博士生导师 12 人，硕士生导师(含博导)50 人。新增博士生导师 1 人，新增硕士生导师 4 人，新进青年教师 3 人，1 人晋升教授，3 人晋升副教授；1 位教授退休。1 人为第六届国务院学位委员会学科评议组成员；1 人为国际木材无损检测大会组织委员会委员；1 人为全国林业机械标准化技术委员会主任委员；1 人为全国人类工效学标准化技术委员会委员；1 人担任教育部农林工程类林业工程分委会副主任；5 人在全国相关二级学会与协会中担任副秘书长或副理事长以上职务。

产出情况 2016 年，学院教师获得授权专利 33 个，其中发明专利 29 个，实用新型专利 4 个；软件著作权授权 66 个。教师发表 EI 收录期刊论文 25 篇，SCI 期刊收录论文 15 篇。2016 年学院共举办青年教师学术报告会 6 场。

人才培养 2016 年，工学院获得 1 篇校级优秀博士论文，2 篇校级优秀硕士论文。研究生第一作者发表 EI 收录期刊论文 15 篇，SCI 期刊收录论文 10 篇，研究生参与申请专利获得授权专利 24 项，其中发明专利 20 项，实用新型专利 4 项，参与申请软件著作权登记 63 项。

(代智慧　李文彬)

【教学工作】 2016 年，学院落实完成本科教学各项工作要点，全年教学工作平稳运行。获批校级教学改革研究项目 8 个，总资助经费共计 13 万元。年底有 36 个教改项目完成结题，为应用推广及新项目申报做好准备。工学院教学研究论文《CDIO 理念下机电类专业课程的衔接与综合——机电一体化系统与数控技术》等共计 12 篇入选北京林业大学教学改革研究文集。组织学院教师参加学校、教务处、教评中心培训、沙龙、公开课 7 次，达到 50 余人次。3 名青年教师在海外进修 1 年回国。

康峰获第三届全国高校青年教师教学竞赛一等奖。同期组织教师参加北京林业大学第十二届青年教师教学基本功比赛，分别获得二等奖 2 个、三等奖 3 个，优秀教案评选一等奖 2 个，二等奖 1 个。工学院获得优秀组织奖。文剑获“家骐云龙”青年教师教学优秀奖。

2016 年，组织学生参加多项科技竞赛与创新项目，获批大学生创新创业训练项目国家级 10 个，资助经费额度再创新高。工学院教师指导的大学生创业创新训练项目“基于 STM32 的四旋翼飞行器平台的优化设计”“视觉伺服除草机器人”和“下肢外骨骼助力装置开发”入选由北京市教委主办的“第三届北京市大学生创新创业教育成果展与经验交流会”，并获得优秀项目奖。工学院积极组织学生参加各类科技竞赛，累计获奖超过 200 余人次。其中工学院机器人队代表北京林业大学参加了第十五届全国大学生机器人大赛，获优秀奖；参加第五届北京市结构设计大赛，获二等奖 1 个；参加首都高校第八届机械创新设计大赛，获一等奖 2 个，二等奖 3 个，三等奖 1 个；参加第十一届全国大学生“恩智浦”杯智能汽车竞赛，获华北赛区二等奖 1 个；参加第二届北京市工程设计三维表达竞赛，获个人一等奖 1 个，个人二等奖 2 个，个人三等奖 5 个，团体二等奖 2 个；参加第四届北京市大学生工程训练综合能力竞赛，获一等奖 1 个，三等奖 5 个；参加 2016 年“高教社杯”全国大学生数学建模竞赛(北京赛区)，获二等奖 2 个；参加北京市电子设计大赛，获三等奖 3 个；参加北京市大学生交通科技大赛，获一等奖 1 个，三等奖 1 个，优秀奖 2 个，优秀指导教师奖 1 个；参加第十届国际大学生 iCAN 创新创业大赛 2016 年总决赛，获二等奖 5 个，三等奖 2 个；参加第十届国际大学生 iCAN 创新创业大赛 2016 年总决赛北京赛区选拔赛，一等奖 7 个，二等奖 11 个，三等奖 6 个。

6 月，学院按照学校统一部署，完成了北京林业大学自主招生考试工学类选拔测试工作。全国共有 57 人通过测试，37 人被最终录取。

工学院 2016 届本科毕业生共有 312 人，其中机械设计制造及其自动化专业 114 人，车辆工程专业 83 人，自动化专业 57 人，电气工程及其自动化专业 58 人。11 名毕业生获得北京林业大学优秀本科毕业论文（设计）。2016 年成功推荐免试研究生 45 人。2016 年，完成 20 万元电工及控制实验室改善条件建设，继续开展北林附小教育共建项目，每周周三下午为北林附小学生开设相关培训课程。

2016 年，继续推进国际教育合作与交流，车辆工程、电气工程及其自动化专业各有 1 名学生入选国家公派优秀本科生国际交流项目，赴法国图尔弗朗索瓦·拉伯雷大学工程师学院学习。另与英国切斯特大学建立合作意向。

全面启动工程教育专业认证工作，结合招生新政，请招就处负责人来工学院进行详细解读，到 4 所相关院校进行走访。

（李研豪　陈　劲）

【科研工作】

到校经费情况　学院 2016 年在研项目合计 89 个（其中省部级以上课题 23 个）。2016 年在研项目总经费 3428.18 万元，其中省部级以上经费 1873 万元。横向经费 837.18 万元，校级课题 718 万元。2016 年学院总到账经费 2145.23 万元，其中省部级以上项目到账经费 1377.46 万元，横向课题到账经费 373.22 万元，校级课题到账经费 394.55 万元。

科研项目立项情况　2016 年度获得新增立项省部级以上课题 10 个（其中，国家自然科学基金 7 个，林业局委托项目 1 个）。新增校级立项 8 个，新增省部级以上课题总经费 895 万元。其中青年教师新获得省部级以上资助项目 6 个，占总体的 60%。新签订横向课题 14 个。

科研成果　2016 年，学院教师获得授权专利 33 个，其中发明专利 29 个，实用新型专利 4 个；软件著作权授权 66 个。教师发表 EI 收录期刊论文 25 篇，SCI 期刊收录论文 15 篇。

科研成果转化　2016 年，学院在注重纵向项目申报、过程管理、严把验收关的同时，进一步加强产学研合作与成果转化，开展经济林物联网综合监测项目，应用到山东见地未来农林科技有限公司，取得了较好的经济和社会效益；与陕汽集团开展战略合作，并针对“多功能立体固沙车”技术研究，展开实质性进展；与山东济宁邹城市林业局合作，进行基于物联网的林果园智能管理技术推广，取得实质性进展；与北京金都园林绿化有限责任公司（小汤山苗圃）合作，将苗圃生态实时监测系统应用于小汤山无检疫对象苗圃中，为苗圃的生产经营提供数据支撑；与北京金都园林绿化有限责任公司（小汤山苗圃）合作，将基于“互联网 +”的苗圃生产管理系统应用于小汤山无检疫对象苗圃中，为苗圃的生产经营提供支撑；与河南省许昌市鄢陵县龙源花木公司合作，将基于“互联网 +”的苗圃生产管理系统应用于鄢陵县苗圃中，为苗圃的生产经营提供支撑；与河南省许昌市鄢陵县龙源花木公司合作，将精准灌溉控制系统应用于花卉培育温室大棚中，为温室生产经营提供支撑；与巴彦淖尔市临河区水务局合作，将土壤墒情实时监测系统应用于巴彦淖尔市临河区引黄工程实施监测中，为引黄工程效益评估提供数据支撑；与内蒙古海拉尔林业科学研究所合作，将林区生态实时监测系统应用于阿木牛林场和海拉尔沙地生态监测站的微环境实时监测中，为生态保护提供数据支撑；“森林资源保护无线监测关键技术”获得梁希林业科技奖三等奖；“森林火灾及环境信息无线传感器网络远程监测软件平台”软件著作权转让给河南栾川林业局。（黄　晨　李文彬）

【实验室建设】　2016 年，中心承担了学院 4 个专业及其他学院 12 个专业 270 个班次的 90 门实践教学课课内实验，全年课内实验使用合计 9866 小时，3～6 月各实验室服务于本科毕业设计约 150 人次。2016 年春秋两学期各为林大附小开设小学校本课程 6 门（每周 2 学时，全年 34 周）。

大力支持本科生开展学科竞赛及大学生创新训练项目共计 60 余个，成绩显著。其中测试技术实验室常年对全国物联网大赛及大学生创新创业项目开放，约30余人次；力学实验室常年对北京市结构设计大赛开放，约50余人次；机器人实验室是机器人协会的培训基地，每年约200人次参加培训，并选拔22人参与全国机器人大赛；大学生实践创新平台、机加工车间和焊接车间常年对全国物联网大赛、全国机器人大赛、北京市工程训练综合能力竞赛开放，约100余人次；车辆实验室常年对节能车设计大赛、巴哈方程式赛车设计大赛等大学生创新训练开放，其中节能车大赛每年组织两支队伍共计20余人次，巴哈方程式赛车每年组织约20人次。

6月，实验实习中心全面完成资产清查任务，落实账物相符。对2000年以前购置的没有使用价值的设备予以集中报废处理。6月，中心配合招生就业处顺利完成了学院自主招生动手能力测试工作。

7月，学院执行中央高校改善基本办学条件专项资金21.52万元，新增电工技术试验台8套及单片机实验系统16套并在9月份投入使用，利用教学经费7.72万元用于更新示波器7台、柴油发动机4台，合计利用各项经费161.82万元，购置开发教学科研仪器设备184台。多次整修工程训练中心漏雨问题，自筹资金更换了车辆实验室大门，对工科楼大厅进行了规划设计，启动工科楼北门改造工程以提高安全性。

实验中心支持参与教学基本功比赛，2016年共有5名实验员参与，获得院级一等奖1个，二等奖1个，三等奖三个。2016年1名实验员晋升高级实验师，有两名高级工退休。

（李　宁　陈　劭）

【党建工作】 2016年，工学院党委下设党支部14个，其中教工党支部4个，研究生党支部5个，本科生党支部5个。共有党员244人，其中学生党员178人，教工党员63人，毕业生暂留3人，共发展预备党员64人，转正预备党员66人。

2016年，学院深入开展“两学一做”教育实践活动。着力营造“书记带头、支部争先、党员表率”的工作局面。学院累计开展不同层次的“两学一做”教育活动100余场。学习“七一”讲话精神、学习李保国先进事迹，开展纪念红军长征胜利80周年系列活动，学习十八届六中全会精神、全国思想政治工作会精神等。学院党委进一步推进党风廉政建设和反腐败教育，落实“党政同责、一岗双责”，开展自查自纠工作，纠正“四风”问题，严格执行“三重一大”决策制度，组织学习《党章》、党规，督促相关负责人做好经费使用情况的总结报告。

2016年，学院党委一方面重视基层党组织的建设，传承和创新并举。一是从制度上落实“三会一课”、组织生活会和民主评议党员制度，创新了“三会一课”模式，有效提升学院党课的质量。二是进一步规范基层党支部工作，明确支部委员职责，与教工党支部书记签订履职承诺书。细化了党员发展的流程和档案管理制度，组织了支部书记、支委培训7次。三是学院面向全体学生进行宣讲，让学生了解入党的意义，端正入党动机，号召大家积极向党组织靠拢；严把党员发展质量，学院党委组织党校第56期、第57期初级班，协助学校组织党校第55期、第56期提高班。共有168人接受党校初级班、提高班培训，其中初级班学员96人，提高班学员72人。协助学校完成研究生积极分子培训班、预备党员培训班、新生党员培训班的培训管理工作。另一方面，重视党员队伍的建设，发挥党员在思想引领中的先锋模范作用。一是建立后进生帮扶计划，对后进学生进行逐一谈话，建立一套完整的反馈、帮扶机制。二是发掘树立院内党员的先进典型，做好宣传工作，鼓励广大青年师生向优秀典型看齐。三是引导党员骨干在“助理零距离”“助学零距离”“志愿服务树品牌”等活动中投身实践，将“党员先锋工程”与学雷锋活动和专业特色紧密结合。

2016年，学院监督指导各党支部进行党员发展、转正以及开展党支部活动，完成党员档案资料整理、毕业生党员和新生党员组织关系转接、年度党内统计、党费收缴等工作，汇总整理全院党组织、党员资料，完善党建信息库。

（周　韵　于翠霞）

【学生工作】

助困保障　学院主动优化了家庭经济困难学生等级认定办法，对359位申请人的具体情况进行了核实，最终认定各类贫困生为345人。协助60名学生顺利获得助学贷款；协调勤工助学固定岗位40余个，组织勤工助学活动684余人次，共计5500个小时；一年中组织发放各类补助1000余人，共计金额超过53万元。

心理健康保障 积极探索学生心理危机的发现、预防和干预机制。一年来，共收集处理班级心理月报210余份，发现需进行心理关怀学生37人，均按照流程进行合理的帮扶干预；共发生心理危机事件5起。在特殊时间点开展形式多样的心理健康教育活动，如感恩教育活动十余场、心理微电影活动等，其中心理微电影共有8支队伍入围，近200人参演，17 000余人参与投票。

就业保障 全年针对16届毕业生进行就业状态摸底11次，召开班级就业联系人例会6次，与毕业生进行深度辅导累计约50个小时，筛查出就业困难学生40人，经分类指导和定点帮扶，学院2016届毕业生最终就业率达到了95.19%，较好地完成了学院的就业目标。

学院共开展10余场专场培训或讲座，近一年来发布就业信息700余条，各类地方公务员、村官、选调生等信息30余条，就业信息报13期，并辅助毕业生就业交流QQ群、学院短信平台以及学院就业工作团队。

本年度学院共邀请近70家企业参加校园双选会以及举办专场宣讲会，提供就业岗位百余个，最终有近50名毕业生顺利签约。学院积极联系北京凡尔纳科技发展有限公司、同方节能工程技术有限公司、许继昌南通信设备有限公司三家企业签订就业实践与教学实习基地协议。

评奖评优工作 共接受各类奖项申请1000余份，评出本科生26个奖项共740余项，研究生7个奖项共149项。注重成功经验的发掘和宣传，召集国奖获得者成立学霸宣讲团到基层班级、党支部进行学习方法、学习经验等分享，并推送各类工学榜样专访近20篇。

新生引航工程 学院组织开展新生班级团辅、新生宿舍趣味运动会、新生班级拓展活动等9项工作，帮助新生树立正确的人生观、价值观。

科技创新竞赛平台搭建 举办科研双选会，吸引40多位教工和150多名学生进行科研双选对接。2016年共组建学生创新项目团队50余支，覆盖学生200余人，参加各类赛事近20场，获得各类校外科技创新竞赛奖项近40个。学院内组织开展机器人大赛、结构设计大赛等创新型比赛，为学生搭建科技创新竞赛平台。

文体平台支撑 学院层面举办各类文体活动，包括“五月的花海”合唱比赛、“律动工学人”十佳歌手大赛、工韵达人秀个人风采大赛、挑战杯篮球赛、班级风采大赛、森工杯足球赛、宿舍趣味运动会、告别杯系列球赛、新生运动会、春季运动会等10余项活动，受众逾4000人次。其中“工韵华章”元旦晚会是学院文体品牌活动，观众人数达1500余人，参演师生达218人次，在节目质量、宣传方式、现场布置等方面均有所创新，受全院师生一致好评。

社会实践平台搭建 在参与度上，学院2016年总参与人数共计460人次，其中个人92人次，团体368人次，与2015年相比，总人数增加233人次。团队数目增加30支，多为创新创业项目。在项目质量上，共立项6支校级重点团队，占全校58支队伍的1/9，较学院2015年提高两倍。在指导教师方面，经过学院的前期动员，学院共聘指导教师37人，其中专业指导教师27人，行政教师7人，外院教师3人。专业指导教师数量突破新高。

志愿服务平台搭建 2016年学院面向基层班级、党支部及学生组织共立项志愿服务13项，其中校级团队1支，学院积极组织学生全年开展志愿服务工作，有近300人参与其中。

人才培养平台搭建 学院召开学生干部培训会，针对学生干部的义务与收获、公文写作、宣传的重要性等方面举办讲座3场，同时针对摄影、写作、软件使用、审美等技能进行了8场培训。积极组织召开班干部例会，调整例会流程，以交流及学习为主，进一步提高班干部工作能力。

校友交流平台搭建 学院为毕业生举办“记忆留夏”毕业生欢送会，培养学生浓浓的爱校情怀，邀请校友回校交流2次，为在校生提供就业、成长等多方面信息。

学风舍风 一年来学院每周组织学风督导，定期汇总学生出勤数据。考风督查20余场，发现并及时干预各类学生违纪违规行为17人次，11人在调查清楚后给予了相应的纪律处分并进行教育引导。在宿舍内开展学风督察活动，针对上课期间逗留宿舍打游戏及旷课逗留宿舍的情况进行检查10余次，督促学生良好学风养成。

在舍风方面，学院每周定期走访宿舍两次，本学期学院宿舍卫生及安全成绩大幅提升，并荣获优秀宿舍管理三等奖的好成绩。在学院范围内开展五星宿舍评比活动，其中12#21代表学院荣获校级五星宿舍荣誉称号。

（陈洪波　严　密）

【对外交流】 2016年，学院外请国外同行业专家3人，5个团组共计11名教师赴美国、澳大利亚、芬兰等国进行短期学术交流，国家公派留学教师3人，当年在外留学教师合计8人。

3月，英国朴次茅斯工学院院长Djamel Ait－Boudaoud教授一行来学院进行交流访问，商讨两校相关专业联合培养项目及校际合作协议等细节。5月，北卡罗来纳州立大学生物与农业工程系Wayne Yuan副教授和William F. Hunt Ⅲ教授后来到学院进行交流访问，Wayne Yuan副教授进行人工光合作用、微生物燃料电池和酶燃料电池研究的相关报告，William F. Hunt Ⅲ教授围绕生态系统服务中雨水收集和管理的研究作讲座。（杨尊昊　于翠霞）

【教师康峰荣获全国高校第三届青年教师教学竞赛一等奖】 8月29～31日，工学院副教授康峰代表北京市参加由中国教科文卫体工会全国委员会主办，上海市教育工会、华东师范大学承办的第三届全国高校青年教师教学竞赛决赛。康峰最终荣获工科组全国总决赛一等奖。

（马文凯　陈　劲）

【教师康峰获得“首都劳动奖章”称号】 5月，中华全国总工会主办的庆祝“五一”国际劳动节暨全国五一劳动奖表彰大会举行，工学院青年教师康峰作为2016年“首都劳动奖章”获得者在会上受到表彰。（杨尊昊　于翠霞）

【2016年度安全工作责任书签订仪式】 5月20日，工学院举行2016年度安全工作责任书签约仪式。院党委书记于翠霞、校保卫处副处长李耀鹏、学院副院长、党委副书记、各学科负责人、办公室、实验室安全负责人代表参加了此次会议。学院党委书记与各学科、实验室、办公室安全负责人代表签订2016年度安全生产责任书。

（杨尊昊　延晓康）

【刘晋浩教授荣获“全国生态建设突出贡献奖先进个人”称号】 9月23日，全国林业科技创新大会在北京召开，国务院副总理汪洋出席会议并讲话。会上，对荣获全国生态建设突出贡献的先进个人进行表彰，工学院刘晋浩教授获此荣誉。

（马文凯　于翠霞）

【在山东华业电气集团设立“北京林业大学就业实践与教学实习基地”】 10月，在工学院副院长陈劭，工学院党委副书记、副院长严密，研究生院培养处处长王兰珍的带领下，自动化系部分教师和研究生一行10人赴山东德州、河北衡水等地的相关企业进行了实地考察调研。工学院在山东华业电气集团设立“北京林业大学就业实践与教学实习基地”，并于10月16日举行了挂牌仪式。山东华业电气集团是经学校研究生院批准建设的首批校级研究生专业实践基地之一。

（杨尊昊　陈　劭）

【工学院2016年青年教师学术论坛】 12月25日，工学院2016年青年教师学术论坛举办。副校长王玉杰、科技处处长王立平参加本次论坛并发言，倡导工学院要重点凝练学院特色研究方向，组建人才队伍，坚持长效支持，开拓产学研转化。

上午主论坛邀请中国林学会学术部主任，青年委员会秘书长曾祥谓、中国福马机械集团副总岳群飞分别作了题为“加强学术交流促进科技创新”“林业机械装备的需求与发展”两个报告。

下午分为“林业机械装备及其智能化”“林业生态信息智能监测与控制”两个分论坛，由学院青年教授代表、中长期项目负责人和新教工项目负责人等9位青年教师分享个人成长经历及项目进展报告。论坛内容涉及“新型林用地盘及其作业仿真平台研制”“林业生物质采收装备研制”“植被恢复关键技术装备与监测系统研发”“林区生态信息实时检测关键技术”“基于‘互联网＋’的林业生态智能监测系统研究”等多个研究

方向。 （杨尊昊 李文彬）

材料学院

【概 况】 北京林业大学材料科学与技术学院(College of Material Science and Technology，以下简称材料学院)成立于2002年11月，前身是1958年成立的北京林学院森林工业系，由林业工程一级学科下的2个二级学科组成。学院设有木材科学与工程、林产化学加工工程、家具设计与制造3个系。

学院本科教育设有3个专业：木材科学与工程、林产化工、包装工程；6个专业方向：木材科学与工程、家具设计与制造、木结构材料与工程、包装工程、林产化工、制浆造纸；1个中加合作办学专业：木材科学与工程(中加合作办学项目)；1个梁希实验班。2016年起，林业工程大类招生涵盖本科招生的6个专业方向：木材科学与工程、家具设计与制造、木结构材料与工程、包装工程、林产化工、制浆造纸。木材科学与工程专业为国家级一类特色专业，林产化工专业为国家级二类特色专业。

学院拥有木材科学与技术国家重点二级学科、林业工程北京市重点一级学科，木材科学与技术、林产化学加工工程学科为北京林业大学优势学科群平台和“211工程”重点建设学科。学院设有木材科学与技术、林产化学加工工程2个硕士学位授权点，木材科学与技术、林产化学加工工程2个博士学位授权点和林业工程博士后流动站。

2016年，学院在职教工103人，其中专任教师85人(具有博士学历75人)；专任教师中博士生导师30人，教授30人，副教授24人。学院教师新增“长江学者奖励计划”特聘教授1人，入选“万人计划”科技创新领军人才1人，北京林业大学第十二届青年教师教学基本功比赛校级一等奖1人、二等奖1人、三等奖2人、最佳指导教师奖1人。

2016年，学院毕业生327人，其中研究生97人(博士20人，硕士68人，工程硕士9人)，本科生230人。招生学生391人，其中研究生138人(博士生36人、硕士87人、工程硕士15人)，本科生253人。在校生1498人，其中研究生451人(博士生108人、硕士292人、工程硕士51人)，本科生1047人。（胡传坤 于志明）

【学科建设】 学院有林业工程一级学科1个，包括木材科学与技术、林产化学加工工程2个二级学科，均为博士、硕士学位授权点。设有木材构造与物性、木材热加工、木质复合材料与胶黏剂、木材保护与改性、木工机械与加工自动化、家具设计与制造、包装结构与材料、生物质材料与能源及化学品、生物质炼制与清洁制浆、二次纤维利用及造纸化学品、林产精细化工、化学催化及功能高分子材料等12个研究方向。

2016年，青年教师2人通过破格申报教授评审，副教授2人、讲师4人分别晋升为教授、副教授；讲师5人通过破格硕导评审。学院新进青年教师3人，其中木材科学与技术学科2人、林产化学加工工程学科1人。

2016年，林业工程一级学科参加第四轮学科评估。 （刘一萌 宋国勇）

【教学工作】 2016年，学院新增的木材科学与工程(木结构材料与工程方向)专业首次招生，包装工程专业也并入林业工程按大类招生。

学院教研室组织教学研讨会2次、师生座谈会13次，学院组织教学观摩课14次，增进教师交流，提高教师教学水平。

学院获批校级教学研究重点项目1个、一般项目5个、教材规划项目6个。承担大学生创新项目41个，其中国家级项目9个、北京市级13个、校级19个。7篇本科生毕业论文被评为校级优秀毕业论文，43人保送攻读硕士研究生。

13名教师撰写的教改论文入选学校教改论文集。

获“家骐云龙”青年教师教学优秀奖2人，北京林业大学第十二届青年教师教学基本功比赛校级一等奖1人、二等奖1人、三等奖2人、最佳指导教师奖1人。 （张 颖 伊松林）

【科研工作】 2016年，学院获批国家自然科学基金11个(面上4个、青年项目5个，其他项目2个)，国家重点研发计划项目3个(课题1个、子课题2个)，国家林业局标准项目1个，北京市自然科学基金项目2个，北京市科技计划项目1个及其他科研项目多个。获得2016年度国家技术发明二等奖1个，教育部高等学校科学研究优秀成果奖(科学技术)自然科学奖二等奖1个，北京市科技发明三等奖1个。发表SCI论文178篇，高影响因子(IF>5)论文27篇；获授权国家发明专利47个、实用新型专利12个、软件著作权15个，颁布国家标准1部、行业标准2部。实现技术转让和服务16个。主办第六届青年学术论坛。教师及研究生参加学术会议100余人，邀请国内外专家学者来院学术交流30余人。

2016年，家具作品首次受邀参加米兰国际家具展，学校系米兰国际家具展卫星沙龙展在全球邀请的8所高等学校之一，参展作品采用学校主持的林业公益性行业专项成果——"改性速生木材"新材料，设计制作出系列杨木家具。

2016年，启动院级"创新计划"项目，以产出一批高水平学术论文、实现专利成果的转化、获批国家自然科学基金项目、获得省部级以上科技奖励等为考核指标，引导全院教师，特别是青年教师产出高水平科技成果。

2016年，首次启动教师社会实践计划，7个实践队伍共30多名教师分赴全国多个企业进行调研、实践。 (刘一萌 吴庆利)

【实验室建设】 2016年，学院教学科研平台现有5个：木材科学与工程北京市重点实验室、木质材料科学与应用教育部重点实验室、林木生物质材料与能源教育部工程研究中心、林木生物质化学北京市重点实验室及木材科学与技术北京市实验教学示范中心。"木质材料科学与应用教育部重点实验室"顺利通过教育部组织的专家组验收，开始正式建设。"林木生物质化学北京市重点实验室"绩效考评顺利完成，在节能环保领域15个参评的重点实验室及工程中心中获得"优秀"，开始新一周期建设并获得经费支持。

木材科学与技术学科主要有木材科学、木材干燥、木工机械与刀具、木材加工工艺、胶黏剂、包装工程、家具设计与制造7个实验室。林产化学加工工程学科主要有植物资源化学、生物质能源转化工程、制浆造纸及性能检测、木材化学、化工原理、精细化工、污水处理7个实验室。

截至2016年年底，学院实验室总面积5082平方米，校外教学实习基地65个，仪器设备总值6756.8万元。 (李南岍 吴庆利)

【党建工作】 2016年，学院共有基层党组织16个，其中院系党委1个，教工党支部4个，学生党支部11个；党员351人，其中教工党员81人，学生及其他人员党员270人。2016年，学院共发展党员59人，转正党员70人；顺利完成110位毕业生党员的组织关系转出工作，接收22位同志的组织关系转入工作，做好每年的党员统计工作。

2016年，学院贯彻落实"两学一做"学习教育，成立院级"两学一做"协调教育小组，制订学习教育方案，注重提升学院党建工作质量。学院调整党支部构成，将学院教工党支部按照系、专业、教研室重新划分；制定《材料学院处级领导干部联系基层党支部和党员方案》《材料学院合格党支部建设规范》《材料学院合格党员行为规范》和《材料学院党支部工作手册书写规范及管理办法》等规章制度；学院成立启明星学生党建办公室，规范党员管理和积极分子培养教育，规范党员发展、转正流程和党员档案管理；组织教师党员参观"'十二五'科技成就展"，依托党委会、党政联席会、支部会、党校等平台，开展领导干部讲党课、党员分享微党课、媒体教学党课等学习活动；按照上级要求开展党员组织关系排查，推进党员党费核查收缴工作。

2016年，学院开展院级"纪念中国共产党建党95周年表彰大会"，表彰先进集体3个，优秀个人30人，优秀服务先锋活动项目1个。在校级"七一表彰"工作中，学院有1人获得"优秀党务工作者"，3人获得"优秀党支部书记"，3人获得"优秀共产党员"荣誉称号。

(何川 任强)

【学生工作】 2016年，学院建立学生数据分析学生成长规律，借助新技术做到科学管理。丰富学院学生工作智库，分析本科生推免、林业工程分专业、研究生评优、学生督导、本科生学情等数据报告。利用新平台建立学风督导系统、本科生评优系统、深度辅导记录系统等数据库。综合不同年级的活动特点和围绕培育和践行社会主义核心价值观开展的重点工作，组织基层班级活动立项，激发基层班级团支部活力。

2016年，学院重视学生的习惯养成，通过新生引航工程，培养“四好”大一新生。科学安排新生入学教育工作，将新生引航工作按照“一周一月一学期一年”的步骤延伸到整个大一学年培养中。强化学风督导和宿舍管理，培训良好学风、舍风。辅导员分组走访学生宿舍24次。举办学院宿舍风采大赛，全院学生宿舍参与率32%。7号楼325宿舍被推荐为北京市文明宿舍，7号楼324宿舍获得校级“五星宿舍”评比一等奖。学院再次获得校级公寓工作先进集体一等奖。

2016年，学院组织暑期学生干部培训，支持学生组织内开展“图书漂流”“读书交流”“学习结对子”等活动，学生干部分级述职，加强学生干部队伍建设。举办“材·新引力”四月风晚会，整合、丰富“材料人”微信平台，推出“@材料人”等接地气的宣传版块，凝聚学院向心力，成为北京林业大学新媒体联盟首届理事单位。

2016年，学院重视培养学生求职能力，不断提升综合素质。学院成功联系7家优质用人单位，组织60余名同学参与暑期专业认知实习，学院获得“北京林业大学2016年暑期社会实践优秀组织奖”。学院举办“材料杯”演讲比赛、研究生“三分钟”学术演讲比赛，设置英语组鼓励英语参赛，继续修订《材料学院研究生综合素质加分办法》和《北京林业大学材料学院学术类讲座认定办法》，全面提高学生的综合素质，学生就业率达95%。

2016年，材料学院获得校学生公寓先进工作集体一等奖、校“梁希杯”创业大赛最佳组织奖、校社会实践优秀组织奖、校职业生涯规划大赛优秀组织奖，学院研究生会获评优秀学院研究生会，“院系杯”足球赛冠军、“院系杯”乒乓球赛亚军。1人获得“研究生宝钢奖学金”特等奖(全校1人)，1人获得“宝钢奖学金”，1名学生获得梁希优秀学子奖(全校本科1人)，1人获得“大北农杯”首届全国农林院校科技作品竞赛特等奖。2名班主任分别获得校“十佳班主任”和“十佳班主任”提名奖。3名研究生获得“校长奖学金”。（何　川　龙晓凡）

【对外交流】 2016年，学院邀请德国、日本、英国等国外多个国家15人来访，就科学研究内容进行广泛交流，并作学术报告、学术讲座20余次。派出访问交流10个国家24人。学院林木生物质化学北京市重点实验室和德国耶拿大学有机和高分子化学研究所共同主办中德双边研讨会－木质纤维生物质材料研讨会，德国耶拿大学、中国北京林业大学等20余所科研院所和高校的40余名专家、教授作报告40余场，100余名科研人员参加了此次会议。

与宁波柏厨集成厨房有限公司、山东利坤木业股份有限公司、固安盛辉阻燃材料有限公司、徐州安联木业有限公司、书香门地(上海)新材料科技有限公司、安阳华森纸业有限责任公司等企业签署合作合同19个，在产品与技术开发、科学研究与成果推广、行业服务以及基地建设等方面建立长期合作关系。（刘一萌　于志明）

【获国家技术发明奖二等奖】 孙润仓教授科研团队主持完成的“木质纤维生物质多级资源化利用关键技术及应用”成果获国家技术发明奖二等奖。该成果发明了木质纤维生物质抽提物溶出调控技术、细胞壁组分拆解技术、生物质木质素高强度耐候胶黏剂制备技术，创建了木质纤维生物质多级资源化利用关键技术体系，相关技术已实现大规模化生产及木质纤维素生物质全资源化利用。（胡传坤　于志明）

【获教育部高等学校科学研究优秀成果奖(科学技术)自然科学奖二等奖】 许凤教授科研团队主持完成的“木质纤维细胞壁结构解译及纤维素基功能材料转化”获得教育部高等学校科学研究优秀成果奖(科学技术)自然科学奖二等奖。该成果围绕木质纤维转化利用过程中的关键科学问题，解译木质纤维细胞壁超微结构，针对性地进行预处理而打破细胞壁顽抗性，建立一系列主要组分分离方法，并根据纤维素大分子特性设计合成了多种新型功能材料，为生物质转化利用奠定了理论基础。（胡传坤　于志明）

生物科学与技术学院

【概　况】 北京林业大学生物科学与技术学院(College of Biological Sciences and Biotechnology，以下简称生物学院)是基于国家理科基础研究与教学人才培养基地(简称国家理科基地)于1997年组建成立的基础科学研究与教学型学院。

截至2016年年底，学院设有植物科学系、动物科学与微生物学系、生物技术系、生物化学与分子生物学系及食品科学与工程5个系。设生物科学(理科基地班)、生物技术(含“UBC中加国际合作班”)和食品科学与工程3个本科专业，拥有植物学和林木遗传育种2个国家级重点学科，1个国家工程实验室，3个省部级重点实验室，1个北京高等学校实验教学示范中心，1个计算生物学中心。建有生物学博士后流动站，拥有植物学、林木遗传育种、生物化学与分子生物学、微生物学、细胞生物学、森林生物资源利用、计算生物学与生物信息学博士学位授予权；农产品加工与贮藏工程、动物学和遗传学硕士学位授予权。

学院建有毛白杨研究所、螺旋藻研究所、数量遗传研究所、油松落叶松研究所、蓝莓研究与发展中心、计算生物学中心、中国林地资源研究中心。

2016年，学院在职教工121人，其中专任教师96人，包括中国工程院院士1人、千人计划学者1人、长江学者讲座教授2人、国家杰出青年基金获得者2人、国务院学科评议组成员1人、全国百篇优秀博士论文指导教师1人、国家百千万人才工程人选2人、全国百篇优秀博士论文获得者3人。专任教师中，教授35人(其中博士生导师35人)，副教授34人，具有博士学位的教师有92人。其中，2016年新增博士生导师4人，新增硕士生导师5人，2016年职称评审，新增教授职称2人，副教授职称3人。

2016年，学院毕业学生292人，研究生124人(博士生26人，学术型硕士65人，专业硕士33人)，本科生165人。招生359人，包括研究生164人，其中博士生35人，学术型硕士研究生99人(留学生4人)，全日制专业学位硕士研究生30人，本科生195人。在校研究生521人，其中博士生151人，硕士生370人。

学院坚持“政产学研用”指导思想，2016年与地方政府及企业签订合作协议2项，举办培训班1次。　(杨丽娜　杨雪松)

【学科建设】 2016年，学院拥有理学门类生物学一级博士学位授权点1个、生物学一级学科博士后流动站1个；拥有理学门类植物学、生物化学与分子生物学、微生物学、细胞生物学、计算生物学与生物信息学，农学门类林木遗传育种学6个二级学科博士和硕士学位授权点；拥有工学门类食品学科目录外自主设置二级学科森林生物资源利用博士点学科；其中植物学、林木遗传育种学2个学科为国家级重点学科。

2016年，学院召开了学科建设研讨会，通过科技发展规划的制定，旨在明确“十三五”期间学院科技创新发展与关联条件的建设重点，完善科技创新保障机制，加强学科科技创新的特色与优势，引领学院科研的深化与可持续发展，为实现在重大科技领域的新突破奠定战略与保障基础。

2016年，学科专职人员获授权专利17个、授权植物新品种权10个；发表SCI期刊收录论文108篇，举办50余场学术交流活动。

(杨丽娜　张德强)

【本科教学】 2016年，继续推进教育教学改革，不断提高教学质量，所采取的措施包括：申报各类教学改革项目；召开座谈会、举办教学基本功比赛、高级别教学研讨会和教学观摩等活动进行经验交流，改革教学方法；拓展实践教学空间，提高大学生实践能力。

2016年度校级教学改革研究项目，最终获批重点项目2个，含一项教学名师专项；一般项目4个，校级教材规划项目9个，总计19.7万元。其中，教学名师专项6万元，重点项目1.5万元；一般项目0.8万元/项；教材规划项目1.0万元/项。翁强教授被授予第十二届“北京市教学名师奖”称号；2名教师获2016年北京林业大学本科课程优秀教案奖；1 名教师获第十二届青年教师教学基本功比赛校级理工组二等奖，校级理工组最佳演示奖及最受学生欢迎奖；1 名教师获第十二届青年教师教学基本功比赛校级特色组二等奖；生物学院获第十二届青年教师教学基本功比赛优秀组织奖；2 名教师获第十二届青年教师教学基本功比赛校级三等奖；2 名教师获“家骐云龙”青年教师优秀教学奖。

学院坚持项目执行全过程管理，本年度进行教改项目的中期检查(6 个)、结题验收(12 个)，结题优秀 3 个，通过 5 个，延期 4 个；中期检查通过 5 个，延期 1 个，终止 1 个。

在拓展实践教学空间方面，生物科学专业学生赴烟台昆嵛山、厦门大学、云南大学等地进行生物学综合实习，并组织学生参加在北京师范大学举办的“2016 年首都高校生物学野外综合实习基地年会暨生物学野外实习交流会”，获优秀奖、优秀墙报奖、优秀植物摄影奖和优秀动物摄影奖。

学院结合 2 次期中教学检查，组织教学观摩 15 门，多层次座谈会 28 次；学院多次组织中青年教师参加教评中心组织的系列专题培训，为大家提供交流学习的机会。

学院邀请到深圳大学、华南师范大学 3 位教学名师为生物学院师生作专题报告；邀请北京市教学名师与全院师生研讨进行教学研讨及经验交流。 (徐桂娟　张柏林)

【研究生教学管理】 为有效落实研究生课程项目建设任务，确保各建设项目能够保质保量地按时完成，对 2015 年申请审批的四大类 7 个研究生课程建设项目前行了中期检查答辩工作。申请研究生课程前沿性专题讲座申报项目 15 个。完成 2014 级 129 名研究生开题报告的抽查整改及中期考核、博士综合考试工作及 2015 级 164 名研究生的开题工作。完成 18 门研究生实验课选课经费的核定工作。组织研究生申报公派留学项目 5 个，5 名研究生获得资助。组织导师与研究生申报 2016 年产学研联合培养研究生基地项目 3 个：毛白杨花发育过程转录组学研究；基于 CRISPR/Cas9 技术的杨树控花机制研究；微生物对城市污泥与园林绿化剩余物混合堆肥进程及重金属形态的影响。在全日制专业学位研究生教育项目(二期)结题验收工作中，由张柏林教授主持的食品加工与安全专业学位建设项目在验收评比中取得优秀的好成绩。在厦门举行的全国农业专业学位研究生教育工作交流研讨会上，学院食品加工与安全专业学位硕士点获“全国农业专业学位研究生实践教育示范基地”表彰及授牌。邀请美国佐治亚大学应用遗传学研究中心主任 Scott Jackson 教授就研究生教学管理与培养召开经验交流会。制订学期教学计划，共安排讲授研究生课程 45 门。

2016 年为学院博士生招生改革第一年，7 个博士点学科全面推行“申请 - 审核”制招生，学院为适应新的招生制度，前期从招生方案到各学科考核实施细则的制定等工作均做了充分准备，保证招生工作圆满完成。2016 年共录取博士研究生 39 人、学术型硕士研究生 96 人、全日制专业学位硕士研究生 29 人。完成 2017 年研究生导师招生资格的年度审核工作(2017 年有一名博士生导师及 3 名硕士生导师暂停招生)，并根据科研经费及成果产出，科学制订 2017 年招生计划。顺利完成 2017 年转博研究生及推免研究生的接收工作，有 24 名硕士研究生获得 2017 年提前攻读博士研究生资格。选拔并接收 2017 年推免研究生 11 人，其中学术型硕士 6 人，专业学位硕士 5 人。为提高生源质量，加大招生宣传工作力度，开展林木遗传育种及遗传学大学生夏令营活动，该活动取得圆满成功，共有全国 13 所高校近 30 人参加。

从研究生答辩申请的安排组织到答辩资格审核、学位论文查重、隐名送审到组织答辩、学位授予，各项工作顺利进行。为确保博士研究生学位论文质量，学院组织各学科专家对所有毕业的博士研究生的学位论文进行了预审工作。2016 年共毕业研究生 127 人，其中博士研究生 26 人，学术型硕士 65 人，全日制专业硕士 33 人、在职农业推广硕士 3 人。校级优秀博士学位论文获得者 2 人，校级优秀硕士论文获得者 3 人。2016 年新增导师 9 人，其中博士生导师 4 人；硕士生导师 5 人。 (杨迪　张德强)

【国家理科基础研究与教学人才(生物学)培养基地】 国家生物学理科基地 2016 年毕业生 27 人，其中 14 人保送攻读研究生，3 人考取研究生，4

人出国深造，整体深造率为77.8%，就业率达100%。

理科基地长期以来秉承“厚品德、尊个性、强基础、重实践”的育人原则，在大学生科研训练及科研能力提高方面取得成果。2016年，基地大学生发表SCI论文7篇，国内核心期刊研究论文18篇，本科生以第一作者发表SCI文章2篇，本科生获专利2个，基因登注4个。在北京市大学生生物学竞赛之基础知识竞赛中获一等奖1个、二等奖2个、三等奖3个，在奇思妙想竞赛中获三等奖1个；在“诺维信”杯首都七校生命科学文化节生命科学知识竞赛中获得最佳团队合作奖。

7月，国家理科生物学基地组织师生分别前往山东烟台、云南西双版纳、福建厦门、内蒙古呼和浩特等地开展2016年生物学野外综合实习。本次综合实习由8名教师带队，46名生物类2013级学生参加。生物学综合实习是学校实践教学的重要环节之一，该环节有效地提高了学生的创新意识和应用能力。12月，在2016年首都高校生物学野外综合实习基地年会上，国家理科生物学基地13班王绍阳同学表现优异获得“优秀奖”。

在2015～2016年度理科基地奖学金评比中，基地学生获“理科基地科技创新奖学金”一等奖3人、二等奖3人、三等奖3人。在班级评比中，生科14班荣获校“十佳班集体”称号。

（高　琼　张柏林）

【科研工作】 2016年，在研纵向课题188个，纵向到账经费2662.6057万元；在研横向课题37个，横向到账经费228.82万元。2016年，学院新立项纵向课题31个，校留经费1603.5万元，其中国家自然科学基金项目16个，校留经费达736万元，包括面上项目7个、青年科学基金项目8个、优秀青年科学基金1个。

学院承担的3个国家自然科学基金项目、5个林业公益性行业科研专项、2个国家林业局“948”项目、1个国家林业局局重点项目、1个教育部“新世纪优秀人才支持计划”、1个北京市共建项目通过验收。

在学术交流方面，2016年学院组织举办41场高级生物科学论坛，邀请到美国科学院院士Richard Dixon教授、邓兴旺教授、中国工程院院士万建民教授、长江学者清华大学的俞立教授、国家杰出青年基金获得者杨维才研究员等多位知名学者来学院作报告。

此外，学院召开2016年植物学专题学术研讨会、植物细胞信号专题学术研讨会、“基因组与表型组架桥分析”国际研讨会和“物种形成与生命之网”暑期研讨班等国际会议。12人前往美国、加拿大、法国、意大利等地进行了访问学术交流。

在科研成果方面，2016年学院教师在国际期刊上共发表SCI论文108篇，其中IF＞3.0的论文45篇，IF＞5.0的论文24篇。获得授权发明专利17个，软件著作权4个，成果转化4个，转化资金110万元。

在科研奖励方面，2016年学院获“高等学校科学研究优秀成果奖（科技进步二等奖）”1项、“北京市科学技术奖三等奖”1项、“第七届梁希林业科学技术二等奖”1项。1人荣获第六届梁希青年论文一等奖，2人获二等奖，7人获三等奖。张德强教授入选科技部创新人才推进计划中青年科技创新领军人才。　（杨丽娜　张德强）

【实验室与基地建设】 保持林木花卉遗传育种教育部重点实验室及林木花卉遗传育种国家林业局重点实验室的优势，继续建设林木育种国家工程实验室，建成国家级层次的研发平台，加强林木基因工程、细胞工程和分子标记辅助育种实验室建设。购买各种仪器设备和国内外专业书籍资料、软件和计算机。现有实验室面积约3000平方米，科研设施设备总值3000余万元，其中10万元以上的仪器设备有近百台（套）。

2016年，林木育种国家工程实验室有研究成员65人，其中中国工程院院士1人，“千人计划”学者1人，“百千万人”人才2人，教授25人，副教授19人，讲师15人，高级实验师和实验师5人。现阶段已有仪器设备共700台，总价值3000余万元，建成了包括基因组学、蛋白质组学、细胞组学等大型仪器设备公用实验平台，进一步夯实实验室建设的硬件条件。

在科学研究方面，2016年，主持和承担国家自然科学基金、国家科技支撑项目、国家林业局项目、省部级重点项目、北京市自然科学基金等155项科研课题，校留经费达10 865万元。建设期间，创制杨树、刺槐、杜仲、枣等林木杂交、多倍体以及转基因等优异新种质195份；主持完成国家标准1个，通过国家标准评审2个；获国家发明专利授权45个；审定良种7个，获林木新品种权34个，申请林木新品种权4个；登录新基因1200余个；出版专著与教材10部；发表学术论文643篇，其中SCI收录390篇；获中国林学会梁希奖3个；获国家科技进步二等奖4个，三等奖1个。

在实验室建设期间，张德强教授获第十三届中国青年科技奖，入选国家百千万人才计划，享受国务院政府特殊津贴，入选科技部创新人才推进计划中青年科技创新领军人才；夏新莉教授、陆海教授、庞晓明教授入选教育部新世纪优秀人才支持计划；王君副教授入选教育部新世纪优秀人才支持计划和北京高校"青年英才计划"；宋跃朋讲师入选北京市优秀人才支持计划等。

林业食品加工与安全北京市重点实验室于2012年获批，2015年通过北京市重点实验室的三年绩效考评工作。现有固定在编人员31人，其中教授7人，副教授或具有相当专业技术职务者24人，其中具有博士学位者占90%以上，拥有总价值近1400万元的科研用仪器设备。主要研究方向与内容是以北京大都市的发展对林业食品需求为导向，以首都及环首都圈食品加工与检测现状为依据，针对林业食品存在的突出问题，以林业食品加工与安全为切入点，结合北京林业大学的优势，建立并完善北京地区林业食品绿色工艺、产品质量标准和安全检测技术体系，全面提升首都及环首都圈林业食品加工与安全水平，辐射和带动全国林业食品行业的健康发展。（杨丽娜　张德强）

【党建工作】 2016年，生物学院党委以党的十八届四中、五中、六中全会精神为指引，落实"四个全面"战略布局，全面服务学校综合改革，迎接学校党委换届和党的"十九大"召开，在学院班子的配合下，贯彻落实习近平总书记对高校党建和思想政治工作的重要指示，落实全面从严治党责任，夯实基层党建工作。

学院现有28个党支部，其中教工党支部7个，学生党支部21个。共有党员382人，其中教工党员102人，学生党员280人（其中本科生59人，研究生221人）。2016年，生物科学与技术学院共发展党员57人，转正党员63人。

"两学一做"主题教育 生物学院按照学校党委要求，将"两学一做"教育作为2016年学院党委工作的重点任务。学院党委第一时间传达北京市和学校党委相关文件精神，并按照学校整体部署制订学院"两学一做"教育活动实施方案。学院成立工作小组并召开党委扩大会部署工作，以学习计划、时间表的方式，落实学习任务和具体安排，要求各支部制订相应学习计划，将学习教育提上日程。

学院二级中心组多次召开专题学习会，学习习近平总书记系列重要讲话、学习党章党规、学高校重要规章制度，并结合工作专题研讨毛泽东同志《党委会的工作方法》，将"两学一做"教育安排与组织生活会指导意见相结合，贯穿支部日常工作当中。各支部围绕"学什么、怎么学、怎么做"的核心问题开展专题研讨，结合自身工作，有层次、有差别地开展学习教育。生物学院教工院直党支部与本科学二党支部开展"一助一"师生相知计划座谈，邀请机关干部周伯玲与学生座谈，指引学生发展方向；食品学科教工党支部、教工一支部、院直党支部等纷纷召开会议就"合格党支部建设规范"和"合格党员行为规范"完成讨论。

学院党委在推进"两学一做"教育活动中坚持"抓制度，讲规矩"，对支部工作明确要求，严格落实"三会一课"制度。

特色党建活动 2016年，生物学院党委为深入学习贯彻党的十八届六中全会精神，围绕"李保国同志精神学习"和"长征胜利80周年"主题，结合建党95周年，组织各支部开展多样的党建特色活动以及主题教育活动。

动物与微生物党支部组织支部全体同志重温入党誓词，进一步明晰党员责任；教工院直党支部组织支部党员认真学习李保国同志先进个人事迹，号召支部成员以李保国同志为榜样，在工作中，严于律己，甘于奉献，做一名合格的好党员。同时，组织支部赴军事博物馆参观"英雄史诗，不朽丰碑"纪念中国工农红军长征胜利80周年主题展览，号召成员保持初心，继续前行；生物学院教工六支部与硕15食品加工与安全党支部联合开展“铭记历史，‘健’行中国梦”的主题党日活动，来到圆明园遗址回望历史，对支部成员开展爱国主义教育；食品学科教工党支部赴红色察哈尔党员干部学院开展支部活动，对当地经济发展提供技术支持，鼓励支部成员将科研成果运用到生产中，为科技助农贡献力量；细胞学科党支部组织党员群众赴密云县古北口长城抗战纪念馆参观学习，带领支部成员感悟残酷的抗战历程，激发大家的爱国情怀；育种学科联系河北沧州基地，将红色共建与技术支持相结合，有效提升共建实效；学院青年教师党员在暑期前往北京市怀柔区渤海镇农业合作社开展林下经济调研和生产服务。

学生党支部发挥专业优势，与乡村、社区党支部展开共建活动，服务当地经济发展。积极开展红色“1+1”活动，党员先锋工程项目，本科党支部参与度达100%，研究生党支部可达到80%以上，同时，入党积极分子在积极参加党支部学习、实践活动中，提升思想意识。学四党支部博生物15党支部协同开展社区共建活动，结合社会热点问题，借助专业优势践行“为人民服务”的宗旨。学生第三党支部与硕育种计算遗传15党支部联合支部依托学校、学院专业优势，与北京市怀柔区园林绿化局林业调查队党支部、怀柔区桥梓镇口头村党支部签署为期三年的红色“1+1”共建协议。三年时间，北京林业大学逐渐为圣泉山山野公园打造出以3090米长的生态科普长廊为核心的生态科普平台，将生态旅游、生态文化能力建设与森林经营管理联系在一起，促进山野公园一种全新模式的逐步形成——综合政产学研用的结合体。

党风廉政 2016年，生物学院继续深入落实党风廉政建设，成立学院党风廉政自查工作领导小组，按照“落实中央第八巡视组反馈意见，推进问题整改工作”要求，在全院范围组织开展自查自纠和主题教育，对发现的问题严格整改，逐项落实。

根据新修订的《生物科学与技术学院“三重一大”决策制度实施细则》，制定《生物学院党政联席会议章程》，进一步梳理有关学院“三重一大”的内容、集体研究的组织形式、相关责权利界定等问题，并要求各行政办公室严格遵守规定和制度。

党的宣传 学院新闻中心制定《生物学院新闻宣传工作奖励办法》，在各学科、办公室设立宣传员，结合每两周一期的《生物学院简报》，加强宣传引导，制定《中共北京林业大学生物科学与技术学院委员会意识形态工作责任制实施细则》《生物学院新闻宣传工作审批监督制度》，完善新闻宣传工作审批监督制度，加强对意识形态相关工作的管理力度。校党委书记两次对简报内容作出批示。此外，结合“七一”“五一”表彰开展以“党员在身边”“服务先锋”“优秀基层组织”等为主题的微信平台系列宣传，共推送专访20余篇，营造创先争优的良好氛围。在2016年年底，学院编写2016年党建专刊，回顾总结当年工作，树立优秀典型，为2017年支部建设提供经验和榜样。

基层党建述职情况 生物学院认真落实基层党建述职工作，并在全学院内开展基层支部述职，通过支部内调研和民主测评，学院审议党支部书记述职报告，召开述职测评会3个环节，为各基层支部提供交流学习的平台，以评促建推动党支部建设，进一步使党建述职考评工作常态化、制度化，推进基层党建和学院工作不断提升。

基层党建述职结果 生物科学与技术学院先锋党支部：育种学科党支部、食品学科党支部、院直党支部。

生物科学与技术学院优秀党支部：动微学科党支部、细胞学科党支部、生化学科党支部、植物学科党支部。

2016年，“七一”表彰中，1名党员被评为校优秀党务工作者，1名党员被评为校优秀教工党支部书记，硕林木遗传育种14党支部、硕植物14党支部、本科学生第四党支部被评为校先进学生党支部，2名党员被评为校优秀共产党员，3名党员被评为校优秀学生党支部书记，3名党员被评为校优秀学生党员。此外，学院党委评选出先进学生党支部4个和多名优秀党支部书记。

2016年终考核中，学院党委获评“优秀处级单位”。

（周 博 高 琼）

【学生工作】 2016年，学院继续围绕“立德树人”的人才培养核心，从招生、培养、就业、发展4个环节入手，推进工作科学化、系统化建设。

在评优表彰方面，学院先后举办国家奖学金、优良学风班级、优秀团小组活动答辩会，评选出一批优秀的集体和个人，同时注重评优成果的转化，制作喜报家校光盘，寄给学生家长及学生高中母校，搭建家校平台，加强与优质生源基地的联系，提高生源质量，组建研究生国家奖学金宣讲团，加强学院研究生的科学道德和学风建设，提高研究生人才培养的质量。在2015～2016学年，本科生共354人获校级奖励，获国家奖学金6人，获国家理科生物学基地奖学金9人，1个本科班级被评为“校十佳班集体”，4个班级被评为“优良学风班”。在班主任评比中，5人获校优秀班主任称号，2人获院优秀班主任称号。研究生共有109人获得奖学金，获得国家奖学金14人，获得校长奖学金2人，获得龙源林业奖学金1人，获得优秀研究生27人，获得学术创新奖37人，获得优秀研究生干部28人，3个班级获得“研究生先进班集体”。同时，2016年承担学校思政类支持课题1个，辅导员团队试点项目1个，承担辅导员工作精品项目立项1个，发表文章2篇。

在社会实践方面，学院团委深化社会主义核心价值观教育，引导大学生了解国情，结合学院专业特色，以“红绿相映，知行合一”为理念开展社会实践活动，围绕德育、教学、实践、文化、科创五大体系开展工作。学院共组队45支，团队实践参与人数354人，参与度达85.3%，完成论文、实践报告、个人感想400余篇，特色成果20余个。市级优秀成果2个，市级先进个人1人，校级立项7个，先进个人10人，优秀成果15个。

在文体活动方面，生物科学与技术学院本科生在春季运动会获得女子团体第五名；新生运动会女子团体第四名、男子团体第六名；“院系杯”乒乓球赛第一名；“院系杯”女篮第二名；“院系杯”羽毛球赛女单第一名，“班级杯”乒乓球赛第二、四、五名。研究生分别获得研究生风采大赛优秀奖、研究生辩论赛第一名等荣誉。同时，学院带领学生会积极传承校园文化，举办特色校园活动。成功举办2017年“爱暖生苑”元旦师生联欢晚会、主持人大赛、“绿叶杯”辩论赛、安全知识竞赛等，在“五月的花海”比赛中获二等奖。

在志愿服务方面，学院建立志愿服务月度台账，结合志愿北京网络平台继续完善志愿者信息库，全院学生志愿者登记率达到100%。除了常规敬老、支教活动外，志愿服务还结合军训、“12.9”长跑、校外志愿服务活动等招募志愿者。包括长期的东直门敬老院志愿活动、太阳村志愿活动、连续两年暑期社会实践的淮阳县王店乡小学支教。其中2名同学获校十大优秀志愿者，2支团队获校十大优秀志愿服务项目入围奖。

在学生科技创新方面，学院申报的大学生创新创业训练项目(教务处)共获批35个(国家级10个、市级12个、校级12个、院级1个)，本科生获专利2个，北京市大学生生物学竞赛之基础知识竞赛中获一等奖2个，二等奖3个，三等奖4个，在北京市大学生生物学竞赛之奇思妙想竞赛中获三等奖1个；在“诺维信”杯首都七校生命科学文化节生命科学知识竞赛中获得最佳团队合作奖。获京津冀大学生食品节一等奖1个团队、二等奖2个团队、三等奖3个团队。本科生发表SCI论文9篇(一作3篇)、中文核心期刊13篇。

2016年，学院本科生就业率为97.58%，总体深造率达55.76%；研究生就业率为100%，签约率为32.78%。针对2016届毕业生，校园大型就业双选会共招展100余家企业，提供岗位超过1000个。学院获“就业创业工作优秀奖”“就业创业工作实效奖”，1人获“就业创业工作先进个人”称号，1人获“就业创业工作贡献奖”。

在困难群体帮扶方面，学院共安排45余名学生从事校、院固定的工作岗位，根据每位学生的工作时间按时发放经费，切实解决经济困难学生的基本生活费问题，同时帮助困难学生联系校外勤工俭学岗位。 (张嘉月　周　博)

【学院大事】 在学校、研究生院支持下，2016年学院举办了林木遗传育种学科、遗传学科大学生夏令营，本次夏令营共招收来自13所院校的营员28人，其中82.14%为农林类院校。夏令营开展“名师讲坛”“学术沙龙”“导师面对面”等活动，并组织营员参观学校博物馆、鹫峰林场，使学生们了解各学科研究方向、科研平台，感受北林“一院一品一文化”的校园氛围。北京林业大学大学生夏令营主要面向大三学生，目的是为学科提前做好研究生招生宣传，提升生源质量。

（周 博 高 琼）

信息学院

【概　况】 北京林业大学信息学院（School of Information Science and Technology，以下简称信息学院）成立于2001年4月，主要由计算机科学与技术、软件工程2个一级学科组成。学院设信息管理与信息系统、计算机科学与技术、计算机科学与技术（物联网方向）、数字媒体技术、网络工程5个本科专业，拥有计算机应用技术、计算机软件与理论、管理科学与工程等5个硕士学位授权点，林业信息工程1个博士学位授权点。

2016年，学院在职教职工69人，其中专任教师51人。专任教师中，博士生导师9人，教授11人，副教授22人，其中具有博士学历的教师44人。本年毕业292人，其中，研究生67人（博士生1人，硕士生66人），本科生225人。招生341人，其中，研究生99人（博士生2人，硕士生97人），本科生242人。在校生1175人，其中，研究生234人（博士生46人，硕士生188人），本科生941人。

2016年，邀请国内外相关领域专家讲座2次。

（景艳春　郭小平）

【学科建设】 2016年，学院有二级学科博士培养方向1个：林业信息工程。一级学科硕士点2个：计算机软件与理论、软件工程，二级学科硕士点2个：管理科学与工程、林业信息工程；全日制专业硕士学科3个：软件工程、计算机技术、农业信息化。

2016年，学院新增硕士生导师2人，副教授1人。

2016年，学院共授予博士学位2人，学术型硕士学位28人，全日制专业学位硕士51人，软件著作权48个，发表核心期刊以上论文24篇，其中SCI检索论文9篇，EI检索论文12篇。

（景艳春　陈志泊）

【教学工作】 2016年，学院继续推进大类招生模式下的教学改革和人才培养工作。通过广泛征求意见，经由学院教代会、学术委员会、校学术委员会审核，制定并发布了《信息学院大类平台教学管理细则》《创新实验班管理细则》《大类分流工作部署方案》及创新实验班、计算机类内各专业接收大类分流学生审核办法及标准等一系列相关文件。积极采取措施，保障2015级计算机类大类分流工作的顺利开展：分别成立学院大类分流工作管理委员会、各专业大类分流工作小组，对分流工作进行组织、安排及监管；推动各专业以适当的形式开展专业宣传工作，促进学生对本科专业的了解，以便于计算机大类学生理性选择专业；制定《2015级计算机类分流工作安排》，并召开2015级大类分流启动会，宣传、解说大类分流工作。继续推进基于编程类课程在线评测系统的教学改革，继《程序设计基础》之后，《C++程序设计》《数据结构》等课程相继在教学及考试中启用在线评测系统。

2016年，学院积极探索教学模式多元化发展方向。通过参加2016中国高等教育创新大会等探索高等教育创新发展之路的大会，寻求教育教学的创新发展。组织相关领导、老师参观苹果公司EBP（Executive Briefing Program）、惠科集团等企业，并参加座谈，探索利用企业优质创新资源拓展教学模式的发展方向，促进人才培养质量的提高。

2016年，学院积极组织广大教师开展教学改革立项研究工作，并取得良好成果。加强教学研究与改革工作，共申请到校级教学改革研究项目6个；7篇文章被北京林业大学教学改革研究论文集收录；获“家骐云龙”青年教师教学优秀奖1名、校级本科课程优秀教案二等奖1名；获2015年北京林业大学优秀教学成果奖一等奖、优秀奖各1个（获批时间2016年）；在学校第十二届青年教师教学基本功比赛中获一等奖1名，最佳教学演示奖1名，最佳指导教师奖1名，二等奖1名，三等奖2名，并荣获优秀组织奖。

2016年，学院积极开展大学生第二课堂活动，加强学生创新和实践能力培养。由本科生申请并获批各类大学生创新训练计划项目 21 个；在学校第三届大学生创新创业训练成果展示与经验交流会中，获“优秀项目奖”1 个。在 ACM 国际大学生程序设计竞赛、中国大学生程序设计竞赛、中国软件杯大学生软件设计大赛、第四届全国大学生数字媒体科技作品竞赛等一系列重大比赛中取得好成绩，获奖项 15 个。

2016 年，学院积极加强人才引进工作，提升教师队伍的整体素质。共接收应届博士毕业生 2 名，其中网络教研室接收博士毕业生 1 名，计算机软件教研室 1 名。（马晓亮　曹卫群）

【科研工作】 2016 年，学院到账科研经费 405 万元，其中纵向到账经费 102 万元，横向到账经费 303 万元。软件著作权登记 51 个，发表论文 24 篇，其中 EI 收录 12 篇，SCI 收录 9 篇。科研新立项项目 29 个，其中包括横向项目 21 个，纵向项目 8 个。（景艳春　许　福）

【实验室建设】 2016 年，学院加强计算机实验教学示范中心软硬件条件的建设和维护工作，全面服务于全校各专业计算机类实验教学，切实保障计算机类实验教学工作的开展，实现实验室全面开放、资源共享，完成全校各种计算机类实验教学任务。示范中心新添设备总额 46.4 万元，采购 20 套移动互联网教学平台，20 套传感器教学平台，19 套 FPGA 开发软件，5 台交换机，1 套网管系统。承担本科实验教学课程（计划内实验课、课程设计）297 门，人机时 354 850 人学时；研究生、成教、自考、辅修、学生培训、学生社团实践活动等（计划外）课程人学时数 133 758 人机学时。（郑　云　曹卫群）

【党建工作】 2016 年，学院共有党员 236 人，其中教工党员 46 人，学生党员 190 人。共有 21 个党支部，其中 5 个教工党支部，9 个本科生党支部，7 个研究生党支部，共计 21 个党支部。2016 年，发展党员 54 人，转正党员 54 人，现有入党积极分子 200 余人。

2016 年，在首都大学生思想政治教育工作评比中，学院党委被评为 2016 年德育工作先进集体。学校“七一”表彰中，学院获“优秀党务工作者”称号 1 人，获“优秀党支部书记”称号 4 人，获“优秀支部委员”称号 4 人，获“优秀共产党员”荣誉称号 7 人，获“优秀党员联系人”荣誉称号 3 人。学院“七一”表彰中，学生第八党支部获“优秀服务先锋活动”荣誉，学生第四、第七、第八党支部获“先进党支部”称号。

举办第 56、57 期业余党校初级班，接纳 120 余名提交入党申请书的积极分子。参加初级班设置 6 次基础课程、3 次讨论课、1 次小组社会实践、1 次红色观影，同时开展“改革除旧意，创新推高峰”主题知识竞赛和第 57 期“不忘初心忆峥嵘岁月，壮志凌云谱长征新歌”文艺汇演。（任忠诚　郭小平）

【学生工作】 2016 年，学院共有学生 1175 人，其中本科生 941 人，研究生 234 人。

2016 年评优表彰中，学院共有 587 人获得各项荣誉奖励，包括“十佳班集体”创建评比活动优秀班集体 1 个、校级优良学风班 5 个、校级优秀班主任 6 人；获得国家奖学金 13 人，国家励志奖学金 27 人，优秀专业推免生奖学金 1 人，新生专业特等奖学金、“家骐云龙”奖学金等社会类奖学金共 20 多人，获得优秀学生奖学金 194 人，获市级以上学科竞赛奖励共 45 人，获文体优秀奖学金、学术优秀奖学金、学习进步奖学金、社团活动奖学金等单项奖学金的共 62 人，获得优秀学生干部、三好学生、优秀公寓安全员等荣誉称号共 158 人。

2016 年暑期社会实践中，学院制定《信息学院关于组织开展 2016 年暑期社会实践工作的意见》。2016 年，学院共立项实践团队 34 支，参与团队和个人实践项目的学生总数达 578 人，获学校评选的暑期社会实践优秀组织奖。ACM 爱好者协会代表学校参加全国 ACM 程序设计竞赛，荣获各赛区现场赛铜牌 3 枚。学院开展了“光熠信息”为主题的元旦晚会，激励全院师生怀揣理想。在“院系杯”篮球赛中，学院篮球队分别获得女子组第四名、男子组第五名。

2016 年，学院获学校就业市场建设奖，就业工作三等奖。2016 年，学院本科毕业生共计 225 人，其中信息管理与信息系统 53 人，计算机科学与技术 59 人，计算机科学与技术（物联网方向）24 人，数字媒体艺术 58 人，网络工程 31

人。截至2016年年底，共有32人与单位签订三方协议，70人读研究生，23人出国，一次签约率为55.56%，就业率为98.22%。

2016年，学院研究生毕业生共计67人，其中，博士1人，硕士66人，签约率为62.69%，就业率为100%。（胡　涛　任忠诚）

人文社会科学学院

【概　况】 北京林业大学人文社会科学学院(School of Humanities & Social Sciences，以下简称人文学院)。学院设有法学、应用心理学两个本科专业；拥有生态文明建设与管理交叉二级学科博士点；设有哲学、心理学、公共管理一级学科硕士点和法学理论二级学科硕士点；设有公共管理(MPA)专业硕士点。学院还承担全校人文素质类课程的教学工作。另外，学院下设中国生态文明研究与促进会生态文明研究院和北京林业大学生态文明研究中心暨国家林业局生态文明研究中心，一直致力于推进生态文明建设协同创新研究。

2016年，学院在职教工53人，其中专任教师44人。专任教师中，博士生导师3人，硕士生导师30人，教授7人，副教授32人，具有博士学位教师41人。2016年，学院毕业学生208人，其中，科学硕士毕业生41人，在职农业推广硕士毕业生11人，本科毕业生156人。招生238人，其中，科学博士4人，科学硕士38人，MPA专业硕士40人，本科生156人。在校生837人，其中博士11人，科学硕士115人，专业硕士67人，本科生644人。

2016年是学院布局"十三五"规划的关键年。针对分院后哲学、公共管理学科教师数量锐减，教育部2017年即将实行新的招生制度等挑战，学院在"十三五"规划中，提出了强化一级学科实力，优化学科结构，加强交叉学科的深度融合；立足特色，发挥专长，打响知名度，迎接改革；凝练学术队伍，提升科研实力，把学院建成高水平、有影响的研究型学院，打造国家生态文明智库和建成产教融合的培训基地的目标。

根据学校统一部署，2016年1月，成立马克思主义学院，思想政治教育教研部的教师编制划拨马克思主义学院。10月16日，经校党委批准，林震任人文社会科学学院院长，试用期1年。同时免去严耕人文社会科学学院院长职务。（于仕兴　刘祥辉）

【学科建设】 1月，应学校要求，从事思想政治理论教研的教师从学院分离出去，单独成立马克思主义学院，因此，学院硕士点学科由原来的6个减少为4个，行政管理和哲学学科的导师人数相应减少。为促进学科的可持续发展，哲学、法学理论、心理学和公共管理这4个学科，以教育部第四次学科评估和学位授权点合格评估(2014~2019年)为契机，分别对照评估指标，在研究方向凝练、人才队伍建设、学生培养质量提高等方面，找差距定目标，有针对性地进行学科建设。公共管理硕士学科参加第四次学科评估。哲学硕士学科获得国家林业局重点(培育)学科。

学院全年获研究生院学科前沿性讲座系列专题资助7次。获研究生院国外学术会议交流资助3人。学院研究生发表学术论文51篇，其中CSSCI或CSCD收录12篇。

学院招收生态文明建设与管理学科博士研究生4人，学术型硕士研究生46人，公共管理专业硕士(MPA)40人。公共管理专业硕士积极进行实践基地、案例库建设，中国生态文明研究与促进会被确立为校级实践基地，西山国家森林公园被确立为院级实践基地。提交3个课堂教学案例到中国公共管理专业学位教学案例中心，参评入库案例。学院新增副教授3人，新获批硕士生导师3人。（杨冬梅　林　震）

【教学工作】 2016年，按计划完成各项理论教学与实践教学任务，教学秩序良好。完成2次期中教学检查，期间共组织7次全院观摩教学，4次学生代表座谈会，6次教研室座谈会。组织完成156名毕业生毕业论文答辩工作，4篇毕业论文被评为校级优秀毕业论文。组织2016届优秀本科毕业生推荐免试攻读硕士研究生工作，最终推荐26人(22名学术研究生、2名"2+2"研究生、2名支教生)保送各著名高校和科研机构继续读研究生。

2016年，获批国家林业局"十三五"规划教材立项4个、校级教学改革项目2个，教师发表不同级别刊物的教学研究论文10余篇。继续支持学生科研训练计划，获批国家级大学生创业项目1个，国家级大学生创新项目2个，北京市级大学生创新项目3个，校级大学生创新项目8个。

1名教师获"家骐云龙"青年教师教学优秀奖；在学校第十二届青年教师教学基本功比赛中，1名教师获二等奖，1名教师获三等奖，学院获组织奖。（邓志敏　田　浩）

【科研工作】 2016年，学院共获各类科研项目17个。纵向课题10个，其中国家社科基金青年项目1个，北京市社会科学基金项目3个，纵向课题到账经费619.02万元。横向课题7个，到账经费56.1万元。全年到账科研经费675.12万元。

学院共组织12个课题结题。其中，国家自然科学基金项目结题1个，北京市哲学社会科学基金项目结题1个，中央高校基本科研业务费专项资金项目人文社科振兴专项计划结题8个，中央高校基本科研业务费专项资金项目新进教师启动基金结题2个。组织1个北京市社科基金项目中期检查。

2016年，学院教师发表SCI收录论文1篇，SSCI收录论文3篇，CSSCI或CSCD收录论文29篇。出版专著或教材10部，译著3部。

学院青年教师获学校第五届优秀青年学术论文奖5人。分别是一等奖1人，二等奖2人，三等奖3人。

2016年，学院持续进行的生态文明建设研究进展顺利。在2015年出版的发展报告基础上，继续深入研究的成果《中国生态文明建设发展报告2015》顺利出版。连续7年跟踪研究连续出版的最新成果《中国省域生态文明建设评价报告（ECI 2016）》出版，书中新增对全国各省域绿色生产和绿色生活的发展评价，为中国省域生态文明建设评价研究的发展开拓了新的方向。这种动态与静态评价相结合的持续跟进研究，共同推动着中国生态文明建设第三方评价的发展。在研科研项目科技部科技基础性工作专项"中国森林典籍志书资料整编"的研究正在稳步推进。

随着近年的学术研究积累，学院科研服务社会的力度渐强。2016年，学院有关老师与国家林业局、国家环保部、北京市园林绿化局、北京市农村经济研究中心、北京市职业技能鉴定管理中心等单位继续保持着稳定的科研服务联系，对我国西部生态文明建设、北京市朝阳区生态文明建设政策、江苏省苏州市吴中区生态文明建设目标评价考核、林业法律问题、京津冀协同发展中生态环境问题等，进行了持续的跟进式的研究。

全年累计为国家林业局及各省（区、市）林业厅就《种子法》《森林法》、林业行政法等法律的立法和普法工作，进行各类培训40余场，为国家林业局《国家重点保护陆生野生动物及其制品专用标识管理办法（征求意见稿）》等5部办法提修改意见，为社会弱势群体和本校师生提供法律服务、办理案件39起。心理学系的教师主讲社会公益讲座达50场以上，师生承接学校心理咨询中心和北京市教育工会心理咨询中心的心理咨询服务工作不低于500小时，心理系教师为心理咨询师提供督导服务至少70小时以上，为北京市二级心理咨询师考试担任组织和面试工作达400小时以上，在二、三级心理咨询师培训方面付出工作量400小时以上。

严耕教授新任《中国林业百科全书（综合卷）》主编，作为中国科学院、中国林业科学研究院、中国林业出版社等多家单位的咨询专家或服务专家，多次受邀进行讲座、参与学术研讨；林震教授参加各类学术会议15场，进行专家主题发言10次；杨朝霞副教授作为专家接受中央电视台、《人民日报》《法制日报》《新京报》等各类媒体采访21次。（杨冬梅　林　震）

【实验室建设】 2016年度，实验中心面向本科生、研究生完成计划内和计划外课程31门，完成教学任务478课时，完成开放实验388课时。在承担学院教学实验课程之余，实验中心还为教师、学生研究实践提供实验场地，完成科技创新、毕业设计项目5个。承担心理咨询师、在职研究生培训项目及北京市教工委"职工心理援助"和"特殊儿童心理干预"公益项目共计322学时。

完成新购置的7台教学用机和20台教学软件的安装调试及资产注册登记工作，对陈旧报废的47套仪器设备进行了报废销账处理，对教学机房的33台计算机全部进行了杀毒处理，并将教学机房电脑进行了系统的调整，重新进行了机位排序，张贴电脑所含软件标签，保障实验教学顺利开展。添补80份基础实验仪器使用手册，为实验教学提供便利。

按照教育部和学校要求完成了2016年教学基本状态数据采集工作和本科实验教学基本状况数据统计工作。（吴桂龄　王明怡）

【党建工作】 2016年，学院共有党支部14个，其中教工党支部4个，学生党支部10个，学生党支部中，本科党支部5个，研究生党支部5个，本科党支部中有1个国防生党支部。截至2016年年末，共有党员228人，其中教职工党员44人，学生党员184人(研究生党员77人，本科生党员105人)。本年度，发展党员59人，其中研究生7人，本科生52人；转正党员65人。

2016年，1人获校级优秀教师党支部书记称号；获校级优秀学生党支部称号1个；获校级优秀学生党支部书记称号2人；获校级优秀学生党员称号3人；优秀党务工作者称号1人。院级的“七一”表彰大会中，院级优秀教师共产党员2人；院级先进党支部3个，院级优秀党支部书记4人，院级优秀共产党员11人，院级优秀学生党建工作者14人。人文学院2015~2016学年新发展的预备党员面向党旗进行了庄严宣誓，并由正式党员为其佩戴党徽。

2016年，学院制订人文学院党员特色教育活动实施方案，开展了“先锋领跑”党务工作者培训班10余期，人文党员讲堂1场，举办特色观影活动16场，读书会30余次，举办教育实践活动2场。

2016年，学院共组织“党员放映室”活动12次，观看《我的长征》《钱学森》《风声》《我的1919》等影片，观看《永远的雷锋》等纪录片。党支部指导老师带头观看，并在观影后和与会成员交流感想。举办党员讲堂活动一次，深入加强“两学一做”的专题学习；各支部还自发形成读书小组，开展“书香人文”读书分享会活动；举办“追忆峥嵘岁月，弘扬长征精神”党史知识竞赛以及以党支部为单位举办“弘扬社会主义核心价值观，弘扬青春正能量”第十七届人文党风表演大赛。

“两学一做”的核心在于“做”，学院为加强党员作风建设，从党支部书记抓起，要求支部书记在支部中讲党课，在实践活动中端正作风，做合格党员。增强党员的身份意识和服务意识，继续深化先锋工程的活动成果，鼓励学生以党员身份开展“助理零距离”“助学零距离”和“志愿服务树品牌”活动。开展“永远跟党走”主题党日活动，学生党支部结合党员“成才表率”培育计划、“服务先锋”行动等工作开展，在行动中体会“做”合格党员的真正意义。13级国防生党支部赴密云入户慰问“321”爱心活动的帮扶对象；MPA党支部开展“书牵你我，传递爱心”为平鲁法律援助中心爱心捐书活动；本科14级党支部举办“世界地球日”主题系列活动，呼吁大家保护环境。人文本科二支部“i学习”学业帮扶计划通过经验交流、沙龙和集体自习等形式，助力党员学业进步，达到以党风带动学风的目标。积极组织党支部开展红色“1+1”暑期社会实践活动，充分利用学院校友资源、村官数据库，为学生党支部提供资源支持和专业指导。其中，13级国防生党支部与长哨营满族乡西沟村开展以“发挥党员先锋模范作用，服务京津冀协同发展”为主题的心理团辅下基层和法律知识下乡活动，并以“两学一做”为主题与西沟村党支部进行学习交流；本科14级党支部赴北平红色第一村——沙塘沟村参观红色抗战路线，慰问老党员，与老党员进行“两学一做”交流会等。2016年暑假学院有6支红色“1+1”队伍下基层展开实践活动。

学院教师郎洁为学生党员主讲《律己我先行，做好“微”党员》专题党课，并参加北京市微党课评选，荣获三等奖。

自组织关系排查工作布置以后，学院对目标党员进行逐一排查，严谨对待排查工作。经整理发现，自2007年以来，学院暂未收到回执党员人数达741人，通过直接联系、人际关系查找等方法，以上人员已全部核查完毕。

继续深入贯彻群众路线，进一步加强领导班子的作风建设，加强院务公开和廉政文化进校园工作。以支部为重点，以党员教师为主题，以制度来规范，以监督来强化，把党风廉政建设贯穿于“廉洁办学、廉洁从教、廉洁自律”这一主线始终。并深入开展腐败风险预警防控和民主评议行风活动。（张金体　周　峰）

【学生工作】 2016年，学院现有本科生644人，其中有157人通过家庭经济困难认定，家庭经济困难学生占总人数的24.4%，其中A类36人、B类59人、C类62人。2016年学院通过贷款、助学金、勤工助学等形式，共计帮扶275人，此外学院常设7个勤工助学岗位，为34名家庭经济困难学生申请勤工助学岗位，通过加强对经济困难学生的人性化管理，保障基础资助工作的稳定开展，推动学院安全稳定工作大氛围的营造。2016年，学院毕业生共193人，其中本科生156人，研究生37人。2016届本科生毕业生的一次性就业率为95.51%，研究生一次性就业率为100%。特殊关注学生共有33人，处理危机干预事件9例，其中5例是心理问题学生，1例因突发疾病入重症监护室近一个月，1例MPA学生家庭紧急事件处理，1例学生被诈骗事件，1例与教学相关的突发事件。2016年，举办2016级少数民族学生联谊会1场，专业见面会2场，开展教师接待日活动；举办工作坊20场，开展社区宣传活动1场，开展心理学专业讲座5场，法学专业讲座1场；举办第二届"林心杯"心理知识竞赛，参加首都高校心理知识竞赛专业组比赛荣获三等奖；举办学生干部培训3场，人文素质论坛举办高水平讲座5场，专业讲座10余场，素质类比赛10余场，2次获得运动会精神文明奖。

在2016年"525"心理健康节中，法学15－3班代表学校参加北京市"525"心理健康节趣味运动会荣获二等奖；心理13－1班获班级心理委员实践活动一等奖，心理14－2班、法学15－3班、心理15－3班、心理15－1班荣获班级心理委员实践活动三等奖；法学15－3班荣获班级心理素质拓展大赛一等奖；心理14－1班原创的《五十一度灰》荣获心理情景剧比赛二等奖；微电影《蜕变》荣获心理微电影征集活动优秀奖；法学15－3班刘让强、心理14－2班武亚茹获优秀心理委员称号。

法律援助中心有志愿者50人，成立了10个办案小组，聘请10位律师作为校外指导老师。自成立以来出庭代理、调解案件100余起，咨询人数达1000多人，开展法制宣传和咨询等活动40余次。

彩虹宝贝特殊儿童干预中心获得校级十大志愿服务项目，人文辩论队获得校"绿叶杯"冠军，学院获"学生公寓工作先进单位""社会实践优秀组织奖""二课堂工作先进单位""十佳班集体优秀组织奖"。

2016年，学院积极联系校友，开展校友论坛10场；积极联系校外企业、专家，创业沙龙4场，聘请创业导师4人；组织学生团队参与学校就业创业大赛，梁希杯创业大赛个人项目4个、团队项目7个，1名学生获得校级模拟求职大赛二等奖；1名学生获得校级职业规划大赛一等奖；学院获得第六届模拟求职大赛优秀组织奖；获第七届职业规划大赛优秀组织奖；有1个社会实践项目被评为校级创新创业类重点项目，1个社会实践项目被评为北京市级创业类重点项目；承办3场企业宣讲会（世纪金源、学而思、加力数据）；依托"北京林业大学就业创业法律服务中心"，举办主题讲座3场，开展多种形式的就业创业法律咨询及普法宣传活动10余次，积极参加就业双选会，提供就业法律咨询服务。组织学生到用友集团、清华科技园等实地走访，开展创业教育。根据学院特点，有针对性地完善就业创业指导课课件及教学内容，将模拟面试及创业教育、创业模拟沙盘引入课堂，让成功就业校友、优秀毕业生以及人资方面的专业老师担任模拟面试督导，让学生实战体验面试之余给予学生专业点评和指导；另外，让学生通过创业模拟沙盘体验创业的过程中，提升创业教育效果。在2015～2016年度就业创业工作考评中获得就业三等奖和就业实效奖。（张金体　周　峰）

【对外交流】 2016年，学院主办2个学术会议，邀请国内外专家到学院进行学术交流22次。学院教师参加国内外各类学术交流65次，提交会议论文18篇，进行学术宣讲23次。全年有2名教师进行出国访学交流，其中1人获国家公派留学项目资助，1人获青年骨干教师出国研修1:1项目资助，分别赴美国佐治亚大学和美国加州大学伯克利分校学习交流1年。

（杨冬梅　林　震）

外语学院

【概　况】 北京林业大学外语学院(School of Foreign Languages),下设英语系、日俄语系、商务英语系、翻译系及翻译硕士培养中心、大学英语教学部、研究生英语教研室、外语培训与考试中心、语言与应用语言学研究所、语言服务中心、北京林业大学网络课程制作中心等机构。承担全校外语教学任务,设有英语、商务英语、日语3个本科专业。拥有外国语言文学硕士一级学科点和翻译硕士(MTI)专业学位授权点。

截至2016年年底,外语学院有教职工92人,其中管理、教辅岗位10人,教师82人,包括教授7人,副教授44人,讲师31人;有博士学位的19人,硕士学位的55人,具有硕士和博士学位的教师占教师总数的90%。学院共有学生569人,其中,研究生105人,本科生464人。毕业167人,其中研究生46人,本科生121人。招收165人,其中研究生42人,本科生123人。

(刘瑞光　史宝辉)

【学科建设】 外语学院现有“外国语言文学”硕士一级学科点和“翻译硕士”(MTI)专业学位授权点。2016年,学院共有硕士生导师35人,其中正教授5人,副教授30人,博士学位获得者18人。目前学院共有5名教师正在攻读博士学位,2名教师获得国家留学基金委资助赴美国进行访问研究,1名教师获得中加学者交换项目资助赴加拿大进行访问研究。

学院教师出版专著1部,编著1部,译著2部。出版教材1部,参编教材4部,主编参编教学参考书11部。参加国际学术会议并宣读论文4次,在国内外刊物共发表论文62篇,其中SSCI收录论文1篇,CSSCI收录论文8篇,获得软件著作权1个,硕士研究生在国内外刊物共发表论文24篇。

2016年,教育部学位与研究生教育发展中心组织进行了第四轮学科评估工作,学院组织完成了外国语言文学一级学科点的评估材料撰写工作,按时提交了评估报告。

(李　芝　史宝辉)

【教学工作】 2016年,外语学院教学工作的重点是继续做好英语、日语、商务英语3个本科专业及研究生的人才培养工作。

2016年,全校大学英语四级通过率为80.46%;英语专业四级通过率为91.48%,商务英语专业四级通过率为93.75%;英语专业八级通过率为81.39%,商务英语专业八级通过率为85.19%;日语专业国际能力测试二级通过率为96.0%,一级通过率为82.6%。

由学院教师担任指导,参加全国大学生英语竞赛的北林大学生中,获特等奖2人、获一等奖3人、获二等奖12人、获三等奖24人。学院学生获第十九届“外研社杯”全国大学生英语辩论赛华北赛区二等奖2人,获第八届北京市大学生英语演讲比赛二等奖1人,获第十一届中华全国日语演讲比赛北京赛区一等奖1人、优秀奖1人,商务英语学生团队获第四届全国商务英语实践大赛华北赛区一等奖。获学校优秀硕士学位论文奖2人,优秀本科论文奖3人。

学院教师1人获政府特殊津贴,1人获第七届“外教社杯”全国外语教学大赛(大学英语组)北京赛区综合课组一等奖、1人获听说课组一等奖,1人获北京市高等教育学会研究生英语教学研究分会第七届青年教师教学基本功竞赛三等奖,1人获第二届中国外语微课大赛复赛北京市三等奖,1人获北京林业大学第十二届青年教师教学基本功比赛校级二等奖、1人获三等奖,1人获“家骐云龙”优秀青年教师奖,2人获北京林业大学“本科课程优秀教案”优秀奖,1人获“北京林业大学优秀教师”称号。学院获校级优秀教学成果一等奖1个、二等奖1个、优秀奖1个。

学院教师出版教材1部,参编教材4部,主编参编教学参考书11部。学院共15篇论文入选北京林业大学教改论文集。(赵红梅　段克勤)

【科研工作】 2016年,学院获得校级教改项目共5个,研究经费4万元;获得大学生创新创业计划项目18个,其中国家级2个,北京市级4个,校级9个,累计获得经费5.85万元;获得研究生院学科前沿性专题讲座课程项目17个，资助经费1.87万元。外语学院在研省部级及以上项目共3个，其中包括国家社科基金项目1个，北京高等学校“青年英才计划”2个。获得北京林业大学青年教师科学研究中长期计划项目1个，研究经费40万元；横向课题3个，经费共计49.8万元。

2016年，学院共举办学术讲座29次，其中外籍专家讲座7次，国内专家讲座22次。

（赵红梅　史宝辉）

【实验室建设】 2016年，学院为了推进外语教学的网路信息化发展，投入27万元建设了微课网路教学管理平台、微课制作系统和视频直播系统，其中包括微课制作备课系统：提供6套便携式标准化视频课件制作系统及学院内多点位录课软件系统安装，帮助教师完成简单实用的视频课件的制作；微课制作授课系统：两套三机位一体化教师授课录播系统，支持实况广播，多通道信号录制及后期非编系统，地点学研中心C座C0927、C930教室；微课网络教学管理系统：具有用户管理、资源管理、自主学习及提供资源的自主编目和检索功能。（吴志荣　代　琦）

【党建工作】 2016年，学院党委共有10个支部，其中教工党支部4个，学生党支部6个。党员147人，其中教工党员56人，学生党员89人，毕业生党员2人。发展党员28人，转正党员32人。培养入党积极分子161人。学院党委举办学生业余党校初级班2期，培训学员52人；协助学校党校举办提高班2期，培训学员26人；协助学校党校举办预备党员培训班2期，培训学员27人；协助学校党校举办教工、研究生入党积极分子培训班，培训学员5人；协助学校举办“两学一做”专题网络培训班1期，培训学员3人；协助学校举办“名家领读经典”北京高校市级思想政治理论课1期，培训学员5人；协助学校举办教师党支部书记培训班2期，培训学员4人。

2016年，学院党委在全院党员中开展“两学一做”学习教育活动。成立外语学院“两学一做”学习教育协调小组，制订《在全院党员中开展“学党章党规、学系列讲话，做合格党员”学习教育的实施方案》。建设开通学院“两学一做”专题教育网站；列出书目清单，发放习近平总书记系列重要讲话资料。组织党员学习十八届六中全会精神，重点学习《十八届六中全会公报》《关于新形势下党内政治生活的若干准则》《中国共产党党内监督条例》《习近平在全国高校思想政治工作会上的讲话》精神等内容。制订《外语学院“师生相知”党支部共建安排》，师生党支部结队开展共建活动。开展合格党员行为规范和合格党支部建设规范大讨论。组织师生党员观看红色歌剧《长征》，党支部赴天津滨海新区招商局开展特色活动。举办“立德树人的当代实践”讲座。继续开展大学生思想入党项目，牵头开展“我身边的共产党员”主题征文活动，聘任学生党支部理论导师5人，在学生党员中实行“政治生日”制度，开展“服务先锋”、红色“1+1”等活动，1个支部获北京高校红色“1+1”示范活动优秀奖。3名学生党员在学校“两学一做”知识竞赛中获奖。

举办“永远跟党走——纪念建党95周年庆祝大会暨‘两学一做’知识竞赛”，表彰在过去一年中取得优异成绩的先进党支部和优秀个人。在“七一”表彰中，2名教师、1名学生被评为校“优秀共产党员”，1名教师、1名学生被评为校“优秀党支部书记”，1名教师被评为校“优秀党务工作者”，2个支部被评为“先进党支部”，3个支部被评为院级“先进党支部”，3名教师被评为院级“优秀党支部书记”。

启动学院党委和党支部组织换届工作。对基层党支部书记开展培训，开展基层党建工作述职评议考核。开展党员组织关系集中排查工作，系统梳理失联党员、口袋党员和组织关系暂留党员，记录台账。

制定关于落实《中共北京林业大学委员会意识形态领域工作责任制实施细则》的实施方案和《外语学院关于落实〈中共北京林业大学委员会意识形态领域工作责任制实施细则〉的工作责任制》，制定《外语学院报告会、研讨会、讲座、论坛管理暂行条例》《外语学院新闻宣传工作奖励办法》；确定每年一次全院意识形态工作检查、每半年一次意识形态工作研究机制。研究制定《落实中央第八巡视组反馈意见精神整改清单》，制定《领导班子联系群众、党支部制度》。

制订学院2016年党风廉政建设工作计划，年终进行自查总结。对涉密人员进行保密教育和管理，并开展自查自评工作。开展党费收缴工作专项检查。做好学校第十一次党代会调研工作。（姜玉丹　杨　丹）

【学生工作】 2016年，学院有学生会、研究生会、社团联合会、就业实践团4个院级学生组织，有英语辩论协会、爱心家园志愿者协会、日语俱乐部、北京林业大学安全教育协会、汉风国韵中国传统文化社团、四海一家留学生服务团6支学生社团。举办第二届社团活动发布会，开展"跃动青春"学生趣味运动会、第二届"汉风国韵"中国传统文化知识竞赛、第一届"Show外慧中"戏剧大赛、第一届"青春颂"班级风采大赛等活动。品牌活动"班歌大赛"荣获学校2015～2016学年学生第二课堂素质教育十大精品项目，1人荣获学校"第二课堂素质教育工作先进个人"。组织学生参加校"院系杯"联赛、合唱比赛等活动，学生女排获冠军，学生女篮获季军，研究生羽毛球赛获团体第二名，研究生风采大赛获二等奖，新生运动会"体育道德风尚奖"。在2016年"第十五届学生公寓文化节"活动中，外语学院被评为"公寓工作先进集体"，1个宿舍被评为"北京林业大学五星学生宿舍"，1人被评为"优秀公寓辅导员"。

2016年暑期，组织硕外15党支部和林大附小党支部开展红色"1+1"共建活动，英语专业学生党支部与鼎力社区开展"庆七一"支部共建活动，日语专业学生党支部与清枫华景园社区党支部开展红色"1+1"暑期社会实践活动。其中，日语专业学生党支部红色"1+1"暑期社会实践活动荣获北京市优秀奖、北京林业大学三等奖。组织247名本科生开展暑期社会实践，组织学生参加第18届北京国际旅游节志愿服务、"南非周"志愿服务等活动。

承办北京市大学生英语演讲比赛校级选拔赛，"外研社杯"全国大学生英语演讲比赛北京市复赛，"外研社杯"全国大学生英语写作、阅读、演讲、辩论比赛校级选拔赛，第六届海峡两岸口译大赛华北赛区区级赛，北京市研究生英语演讲比赛北京赛区复赛等。

2016年，学院为家庭经济困难学生申请、审批国家助学金291 200元，受助家庭困难学生81人；社会类资助项目25 800元，受奖助学生7人。新签署校园地国家助学贷款协议6人，续贷5人，在学院设立的岗位上参加勤工助学工作12人。关注心理问题学生25人。

2015～2016学年学院共表彰本科生243人，研究生75人。其中本科生国家奖学金4人，国家励志奖学金10人；风华奖学金1人，肖文科奖学金1人，"家骐云龙"奖学金、"新科鹏举"奖学金共3人，新生专业特等奖学金3人，优秀学生一、二、三等奖学金共99人，校级三好学生、优秀学生干部共85人，学习进步奖5人，文体优秀、学术优秀、社团活动奖学金共19人，优秀宿舍安全员3人，优秀暑期社会实践论文奖17个，校"十佳班集体"1个，校级优良学风班集体3个，校十佳班主任1人，校优秀班主任4人，院级优秀班主任16名，竞赛奖励团队1个；研究生国家奖学金3人，北京高校红色"1+1"示范活动优秀奖一个，优秀研究生6人，研究生学术创新奖3人，优秀研究生干部6人，校级研究生优秀班主任1人，院级研究生优秀班主任2名。在2016年学校"达标创优"活动中，1个班级获"四红旗团支部"称号，1人获"优秀团干部"，6人获"优秀团员"，2人获优秀"团支部书记"，2人获"优秀宣传委员"，2人获"优秀组织委员"等荣誉称号。在2015～2016年度首都大学、中职院校"先锋杯"评选活动中，1人被评为优秀基层团干部，1人被评为优秀团员，1人团支部被评为优秀团支部。1人被评为北京市三好学生。

2016年，学院毕业本科生121人，其中英语专业43人，日语专业23人，商务英语专业55人。截至2016年10月底，学院本科生整体就业率为95.87%，其中英语专业为95.35%，日语专业为95.65%，商务英语专业为96.36%。硕士生毕业人数46人，整体就业率为100%。其中外国语言学及应用语言学专业10人，英语语言文学专业4人，英语笔译专业32人。学院获校就业创业工作优秀奖、职业生涯规划大赛优秀组织奖，1人被评为学校就业创业工作先进个人，1人获校就业创业工作贡献奖。

（赵　冉　杨　丹）

【对外交流】 2016年，学院共接待来自美国、英国、日本等国家的高校来访者共11人，包括美国华盛顿州立大学、英国伦敦大学博贝克学院，英国埃塞克斯大学、日本女子大学、日本东京经济大学等。邀请外籍专家开展讲座13场，邀请2位美国专家来院讲学。学院与日本东京经济大学签署合作备忘录。学院派出教师出国交流学习共4人，其中赴美国3人，赴加拿大1人；学生共21人，其中赴英国交换留学3人，赴日本交换留学15人，中日“2+2”项目3人。

（陈 宇 段克勤）

【黄国文教授受聘学校兼职教授】 5月25日，外语学院举行了黄国文教授聘任仪式，聘请黄国文教授为学校兼职教授，校长宋维明为黄国文教授颁发了聘书，聘期3年。聘期内，黄国文教授将不定期到学院进行学术交流，推动学校外国语言文学一级学科的建设。

【史宝辉教授翻译的《诗情际会》由知识产权出版社出版】 6月3日，由知识产权出版社出版发行的《当代国际诗人典译丛书》(2016年卷)在北京外国语大学图书馆三层学术会议厅举行了隆重的首发仪式。该套丛书包括《诗情际会》《一抹黄色》《在我爱你的这座城》《慢光》和《美洲的黎明》5册原创诗集。其中，《诗情际会》是美籍华裔作家、华盛顿州立大学教授、学校兼职教授Alex Kuo(郭亚力)先生的英文诗集，由外语学院史宝辉教授译成中文，知识产权出版社2016年1月出版。这套汇聚了郭亚力、陈美玲、李立扬、白萱华、风欢乐5位美国当代最活跃诗人的精选诗集均为国内首次出版，其中每一首诗歌都由诗人亲自精心甄选。不仅作者均获得过美国图书奖、沃尔夫图书奖等重要奖项，译者也都是来自国内著名高校的外语翻译专家，以确保其对原作的深刻理解与精彩再创造。

【2016年优秀大学生暑期夏令营】 7月11日，举办外语学院首届大学生夏令营，共选拔来自全国各地的15名学生参加。夏令营期间，全体学员熟悉学校环境、参观外语学院、了解学科情况，并走进林大图书馆和博物馆，领略了林大校园的独特的人文和学术氛围。学院为全体学员组织辩论赛、翻译理论与实践讲座和翻译实践环节，考验了学员的笔译能力。同时，对学生所关心的研究生招生政策、奖助金体系等问题进行解答，鼓励和支持符合条件的优秀学生积极报考北京林业大学，促进研究生招生宣传工作顺利进行。

【国家林业局2016年对外谈判履约国内脱产培训班】 自2014年起，外语学院与国家林业局国际合作司建立合作关系，每年举办对外谈判履约国内脱产培训班。本期培训班招收学员10人，学员来自北京、宁夏、湖南、广西、福建、海南地区。培训时间为2016年10月至2017年1月，为期3个多月，共开设8门课程，4个专题小班课，以及多次热点问题专题讲座，多方面满足学员的学习需求。

【新版院徽征集完成并投入使用】 院徽征集活动共收到来自个人和单位作品40余幅。在通过初审、投票及终审后，经外语学院党政联席会讨论最终确定院徽图案。 （杨 帆 代 琦）

理学院

【概 况】 北京林业大学理学院(College of Science)正式更名于2005年，前身是基础科学与技术学院，承担全校数理化类基础课的教学任务。设电子信息科学与技术、数学与应用数学2个本科专业，生物物理和数学2个硕士学科。设数学专业、公共数学、物理暨电子、化学4个教研室，物理与电子学、化学2个实验中心。

2016年，学院在职教职工78人，其中专任教师62人。专任教师中，教授11人，副教授33人，具有博士学位教师48人。2016年，毕业学生112人，其中硕士研究生9人，本科生103人。招生115人，其中硕士研究生11人，本科生104人。2016年，在校生476人，其中硕士研究生31人，本科生445人。

（刘　柳　马　俊　刘淑春）

【学科建设】　理学院设有生物物理和数学两个硕士学科，现有在读硕士研究生30人，累计培养毕业硕士研究生69人。

生物物理学科批准于2005年。该学科共设置生物大分子结构与功能、植物生理的物理过程、光与植物生理生态和生物信息检测与处理4个研究方向。现有导师10人，其中教授4人，副教授6人。学科拥有生物物理实验室200平方米，配备有Unispec光谱仪、WCQ－2000－2显微操作系统、3K30高速微量冷冻离心机、体式显微镜、系统显微镜、WD4005低温试验箱等多台仪器，供研究生从事科学研究。该学科在侧重于与林业科研相关问题探讨的同时，目光瞄准国际前沿，其主要研究方向与国际接轨。

数学硕士学科于2013年获学校批准设立，现有导师16人，其中教授5人，副教授11人。学科共设置基础数学、计算数学、概率论与数理统计和应用数学4个研究方向。现有在读硕士研究生16人。

（于富玲　王　冲）

【教学工作】　2016年，学院以提高教学质量为中心工作，开展各项教学工作。

理学院2016年召开教学工作会，总结了“十二五”期间的教学工作，并对“十三五”期间的教学工作进行了规划。

学院完善实践环节教学，利用教学修购资金，对实验室进行了设备购置和补充。将包括视频、多媒体等的现代化教育技术运用于实验教学中，并增加了实验安全知识教学内容，将安全意识教育贯穿于整个实验教学过程。物理实验室完善大学物理实验课程网站，打造学生自主学习与交流反馈的平台。

理学院鼓励教师加强教学研究与交流、梳理凝练教学成果。学院申报校级教改课题11个，推荐7个，获批6个。获批教材规划项目3个。学院完成26个校级教学研究项目的中期检查，完成8个校级教学研究项目的结题验收。推荐4人参加校级优秀教学成果奖的评选。配合出版社组织数理化部分课程教材的修订和新编工作。组织教务处教改论文集的征稿工作。获得校级教学成果二等奖2个、校级教学成果优秀奖1个。获得校级优秀教案一等奖1个、校级优秀教案二等奖1个。组织理学院青年教师基本功比赛。在学校第十二届青年教师基本功比赛中，获二等奖、最佳教案奖(特色组)、三等奖(理工组)，1名教师获得2016年“家琪云龙”青年教学奖。

2016年，大学生科研训练计划项目共立校级项目13个、北京市项目6个、国家级项目3个，完成25个大创项目的结题验收，完成24个大创项目的阶段检查。学院组织参加第三届北京林业大学大学生创新创业训练成果展示与经验交流会，对理学院组织的各类大学生竞赛进行了展示。

2016年，在全国大学生数学建模竞赛中获得全国一等奖1个，全国二等奖1个，北京市一等奖3个，北京市二等奖12个。在北美大学生建模竞赛中获国际一等奖3个，国际二等奖13个。在全国大学生数学竞赛中获全国二等奖1个、全国三等奖1个。在北京市大学生数学竞赛中获北京市三等奖4个。在北京市大学生电子设计竞赛中获北京市二等奖1个、北京市三等奖1个。在北京市大学生物理实验竞赛中获北京市二等奖1个、北京市三等奖3个。

学院完成2012级毕业论文(设计)的答辩工作，评选出4篇校级优秀毕业论文。完成2013级17名本科生保研推免工作(含“2＋3”1人)。本科生转专业转出1人，转入3人，休学2人，复学1人。

（田　慧　张　青）

【科研工作】　2016年，学院教师共主持科研项目39个，其中，承担国家自然科学基金项目12个；“948”项目1个；林业公益性行业科研专项1个；教育部留学回国人员科研启动基金项目1个；北京市自然科学基金项目1个；北京林业大学青年教师科学研究中长期项目3个；新进教师科研启动项目8个；北京林业大学优秀青年教师科技创新计划6个；与其他高校及科研单位合作项目6个。在研科研经费967.5万元，2016年到账科研经费302万元。此外，学院教师参与其他学院课题20多个，分配科研经费100多万元。

2016年，理学院各学科教师发表论文53篇，其中，SCI收录论文11篇；EI收录论文4

篇；中文核心期刊论文16篇；教学研究论文14篇。获得软件著作权16个。（于富玲　王　冲）

【实验室建设】　物理与电子学实验中心由大学物理实验室、电子学实验室和生物物理实验室3部分组成，总资产1082万元，仪器设备2170台，实验室面积980平方米，利用修购计划进行实验设备的更新，主要有高频电路实验箱、模拟电路实验箱、电路原理共计80台，共计22.8万元。

大学物理实验室为基础实验室，面向全校本科生开设力、热、光、电、近代物理等多方面的实验项目。生物物理实验室面向生物物理学科，承担硕士研究生的培养工作。电子学实验室面向电子专业，承担本科生的实验教学工作。

物理与电子实验中心参与各类大学生实习实践活动，承担大学生物理实验竞赛与电子设计竞赛的相关准备与指导工作。

化学实验教学中心总面积1400平方米，分为无机及分析化学、有机化学、物理化学和仪器分析四类实验室。现有设备601件(套)，价值人民币592万元，其中拥有紫外－可见分光光度仪、气相色谱仪、高效液相色谱仪、傅立叶红外光谱仪和原子吸收光谱仪等大型分析仪器。主要面向全校本科生开设各类基础化学实验，承担了10门化学实验课教学任务，并且承担大学生创新训练项目和化学实验竞赛的相关指导工作。

（陈　菁　陈红艳　刘淑春）

【党建工作】　2016年，理学院分党委共有6个党支部，其中教师党支部3个，学生党支部3个。党员99人，其中教师党员45人，学生党员54人。全年发展学生党员22人，有学生22人转为正式党员，全院本科生党员比例为9.66%，积极分子比例为23.1%。

2016年，理学院党委学习十八届四中、五中、六中全会精神，开展“两学一做”专题学习教育活动，二级中心组结合学院实际以学习促建设、谋发展。以“提高基层党支部组织生活质量”项目为抓手，以试点支部活动的开展带动学院各支部组织生活质量的提高。以建党95周年、长征胜利80周年、李保国先进事迹学习等为背景，有计划地组织各类座谈和交流活动，在广大教师中进行“立德树人，尚德爱生”主题教育。为提高学习效果加强党员阵地建设，学院建设党员活动室，配备完善的党建元素、标志，购买了大量理论书籍；学院二级中心组每月召开专题学习会，各党支部定期组织学习研讨。

为了更好地开展“两学一做”学习教育活动，学院党委秉承“两学一做，基础在学、关键在做”的理念，以党员“先锋工程”为抓手，推动学习型、服务型、创新型党组织建设；开展“两学一做”知识竞赛和主题征文活动。知识竞赛中教工党员参加率为100%。在教工党员中开展了《做合格共产党员》征文活动；学生党员开展了“党员述责”活动。

学校党委组织开展“三会一课”创新模式的研究，学院党委高度重视所承担的“盲评式党课”研究任务，在没有先例可以借鉴的情况下，多次召开专题会议研究工作方案，寻找突破点。在大家的共同努力下，经过15次的反复商讨、排练和精心策划，12月，理学院党委成功进行第一次盲评式党课探索。党课通过6位教师党员情景剧展演的形式再现教学工作中存在的问题，利用新媒体“雨课堂”模式增加互动环节，在每一幕结束后还有党员观点发表和专家点评，最后将党课凝练成一首七律诗，形成党员行动规范。在此基础上，学院党委还进行论坛式、研讨式等形式的党课探索。

学院党委重视党风廉政建设工作，本年度没有发生一起违反中央八项规定的现象及“四风”问题，对巡视整改问题清单中理学院存在的7个方面问题，学院党委对照清单，落实责任，细化方案，目前已按要求基本完成了整改任务。学院以广大教职工的根本利益为出发点，推行院务、政务公开，完善管理体系，经费管理透明化。

2016年，在校“七一”表彰活动中1名教师获校“优秀党务工作者”称号，1名教师获校“优秀党支部书记”称号，1名教师获校“优秀共产党员”称号，化学与院直党支部和学生第一党支部获“先进党支部”称号，1名学生获“学生优秀党支部书记”称号，1名学生获“学生优秀共产党员”称号。

（王艳洁　刘淑春）

【学生工作】　2016年，理学院团委按照学校的统一部署，围绕“铸魂强基”的工作要点，本着服从学校管理，利于德育工作，利于学生成长成才的原则，开展一系列教育实践活动，落实“我是理学人，理学是我家”的学院工作理念。

班级建设工作 加强对班集体建设的指导，落实“家·理”的班级建设理念，建立健全基层班级建设的保障和激励机制。电子14－2班荣获校级“十佳班集体”优秀奖和“先锋杯”优秀团支部荣誉称号。

就业工作 2016年，共有电子、数学两个专业本科毕业生103人，国内继续攻读研究生有26人，占毕业生总人数的25.24%；出国16人，占15.53%；签就业协议12人，占11.65%；灵活就业47人，占45.63%。全院签约率为52.43%，就业率为98.06%。

关注特殊学生群体 心理健康教育工作。邀请心理专家举办心理电影沙龙活动；对重点关注学生，时刻掌握其思想动态，采取相应措施建立家校联动机制；经济困难学生深度辅导工作。通过班主任、基层班级、学生登记表、勤工助学记录、深度辅导等途径逐步完善数据库，以实际行动解决学生的生活难题。

学生活动 依托学生会体育部、文艺部开展系列体育活动，在校春季运动会中取得团体项目第二名、校秋季新生运动会获得团体项目第一名的成绩。2016年暑期社会实践共选出院级团队20项。理学院多次组织志愿者团队参加在海淀区民族小学、顺义区裕龙小学、王府学校举办的“朱莉亚·罗宾逊”数学嘉年华活动。

研究生工作 针对学院研究生规模少的特殊情况，将研究生工作纳入本科生教育管理体系中，真正实现“一对一精细化管理”，实现研究生就业率100%。 （马 俊 刘淑春）

【工会工作】 在院党委的直接领导下，理学院工会积极组织开展包括集体庆生、文体活动、球类比赛等各种形式的集体活动。进一步完善了“职工小家”建设，2016年，学院工会获“北京市模范职工小家”荣誉称号。

学院党委注重发挥工会教代会作用，学院二级教代会获学校提案征集先进单位，多个提案获优秀提案。在学校二级教代会验收工作中，理学院被评为优秀单位。 （王红庆 刘淑春）

自然保护区学院

【概 况】 北京林业大学自然保护区学院(School of Nature Conservation)成立于2004年12月，目前是中国唯一的培养自然保护区建设与管理专门人才的学院。开设“野生动物与自然保护区管理”本科专业，2009年被列为国家级特色专业建设点，2014年入选卓越农林人才培养改革试点。设自然保护区、湿地、野生动物保护与利用和树木学4个教研室。始终坚持“教学为本、科研为先、学科立院、人才强院”的办学理念，逐步形成“实施本科生导师制、具有国际视野、采用董事会管理模式”的办学特色，为中国自然保护区建设与管理、野生动植物保护与利用、湿地保护与管理等领域提供人才支持、科技支撑和社会服务。

自然保护区学院现有“野生动植物保护与利用”“自然保护区学”“湿地生态学”3个二级学科，均具有博士、硕士学位授予权，并可招收博士后，其中，野生动植物保护与利用为国家级重点学科。拥有东亚－澳大利西亚候鸟迁徙国家委员会秘书处、中国大鸨保护与监测网络、中国猫科动物保护与监测网络、普氏野马保护及放归野化监测协作组、北京林业大学野生动物研究所、北京林业大学碳汇计量与监测中心、北京林业大学湿地研究中心、北京林业大学野生动植物及其制品价值鉴定中心8个学科发展与研究平台。建有1个实验中心，包括自然保护区规划与设计、动物分类学、树木学等10个实验室，并在11个国家级自然保护区建立教学科研实习基地。

2016年，教职工46人，其中专任教师36人，实验员3人，专任教师中，教授15人，副教授17人，讲师4人，具有博士学历教师36人。2016年，晋升教授3人，晋升副教授1人；选派2人出国访问交流。

2016年，毕业学生82人，其中研究生44人(博士生10人，硕士生34人)，本科生38人。招生116人，其中研究生58人(博士生14人，硕士生 44 人），本科生 58 人。在校生 451 人，其中研究生 245 人（博士生 81 人，硕士生 164 人），本科生 206 人。（徐迎寿　王艳青）

【学科建设】 自然保护区学院拥有林学一级学科下设的“野生动植物保护与利用”和“自然保护区学”及生态学一级学科下设的“湿地生态学”3 个学科硕士点和博士点，依托林学博士后流动站招收博士后。主要研究方向包括动植物系统分类及进化生物学、野生动植物保护生物学、动物生态学与行为学、动植物种质资源保护与利用、野生动物生理免疫与疫源疫病防控、自然保护区建设与管理、自然资源保护与利用、生态经济与保护政策、湿地生态水文过程与效应、湿地生物地球化学过程与全球气候变化、湿地生物多样性保护和湿地恢复与重建等。

2016 年，学院发挥生态学一级学科秘书处的作用，组织生态学科评估工作。组织自然保护区学科及野生动植物保护与利用学科，配合林学一级学科开展学科评估工作。

（张明祥　雷光春）

【教学工作】 2016 年，自然保护区学院继续开展“1 学时”教学视频录制，2016 年共录制 28 门课程，共计 45 学时，涵盖开设理论课程的 85.7%，涵盖开设实验课程的 44%。教师及管理人员在本科教学期中检查阶段观摩、听课的比例均达到 100%，所授课程被听课比例也达到 100%。举办青年教师教学基本功大赛初赛 1 次，青年教师 17 人参赛，参与率达 100%，4 人进入学校决赛，2 人获校级二等奖，2 人获校级三等奖；获批 2016 年校级教学改革研究项目 3 项，教材建设项目 4 项；在优秀教案评选中 1 人获二等奖、1 人获优秀奖；公开发表教改论文 5 篇；获批本科生创新训练项目 13 个，结题项目 11 个，发表 SCI 论文 9 篇，发表 CSCD 论文 2 篇。自然保护区学院在北京市密云区雾灵山自然保护区建立教学科研基地。自然保护区学院对野生动物与自然保护区管理专业“复合应用型”农林人才培养模式进行改革，完成卓越农林人才教育培养计划项目中期报告。

2016 年，自然保护区学院新增 1 名硕导，3 个学科博士均实行申请审核制招生，制订《自然保护区学院硕士、博士研究生名额分配办法》《自然保护区学院研究生招生复试管理办法》等研究生管理制度。申报研究生前沿专题讲座，邀请瑞士联邦森林雪与景观研究所、国家林业局规划院、北京师范大学、绵阳师范学院、中国科学院东北地理与农业生态研究所、中国科学院生态环境研究中心、中国林科院、中国环境科学院、首都师范大学、中国疾病预防控制中心法国国家自然历史博物馆 10 家单位的 15 位专家开展 15 场讲座。2016 年，学院共有 5 名研究生获国家公派留学资格。招收留学生 5 名，包括 3 名博士和 2 名硕士。（徐基良　张明祥　雷光春）

【科研工作】 2016 年，自然保护区学院累计到账科研经费达 1959 万元，其中横向经费达 1048 万元，纵向经费达 911 万元，横向经费占总经费的比例达 53.50%。

2016 年，学院获批国家自然科学基金 5 个，累计经费 234 万元；获批国家重点研发项目 2 个（参与），北京市园林绿化局计划项目 2 个，北京市科技计划项目 1 个；获批国家林业局业务委托项目 11 个，国家林业局林业标准制修订项目 1 个；北京林业大学科技创新项目 2 个，中国博士后科学基金 2 个。

2016 年，学院在研科研项目达 119 个，其中新立项目 54 个。发表 SCI 论文 76 篇，累计影响因子为 149.6，发表 EI 论文 2 篇；获批发明专利 1 项，制定并颁布行业标准 4 项。

（张明祥　雷光春）

【实验室建设】 2016 年，学院实行实验室使用注册登记制度，印发《自然保护区学院实验室综合记录手册》等 5 类手册，组织实验室负责人学习各项制度，并签订实验室安全责任书，2016 年零事故。学院新购 65.39 万元教学仪器设备，为 3 个实验室采购实验室危险化学药品存储柜。学院聘任 3 名实验室危险化学药品管理员，参加北京高校实验室安全管理培训班 1 人次。开展实验室安全检查专项行动、实验室安全教育和专业技能培训等实验室安全教育活动。完成国有资产 3255 件仪器设备的清查工作。

（徐迎寿　雷光春）

【党建工作】 2016年，学院党委共有8个党支部，其中教工党支部4个，学生党支部4个，党员137人，其中，正式党员122人，预备党员15人；教职工党员35人，学生党员102人(其中，研究生党员80人，本科生党员22人)。

2016年，共召开党委会7次，专题研究党建议题41项；北京市基层党建重点任务督查组到学院进行调研；全年共发展党员15人，转正18人；在北京林业大学"七一"表彰中，学院2个党支部和8名党员获得表彰。

2016年，学院开展"两学一做"学习教育。制订自然保护区学院"两学一做"学习教育方案，召开座谈会、主题研讨会37次；定期召开中心组学习会；党委委员和支部书记带头讲党课13次；树木行政教师党支部党员轮流担任见习支委并探索出"十个一"支部组织生活机制；学院规范"三会一课"制度实施流程，探索实践"四型四学"党课模式；设立院级党建研究课题5项；培育开展"一支部一品牌一特色"活动。

2016年，学院召开教工支部述职测评会；建立支部书记例会制度；制定《关于加强湿地示范教师党支部建设的实施意见》；编印《自然保护区学院党务工作手册》；按照"定时间、定内容"的"双定"要求按时开展支部生活，学院8个党支部分别组织党员参加主题学习39次；各支部开展"学雷锋、见行动"系列主题党日活动、庆祝建党95周年"学党史、知党情、跟党走"知识竞赛活动、"重温入党誓词，唱响红色经典"主题活动、与北京市怀柔区上台子村党支部开展红色"1+1"支部共建、组织师生党员观看纪念红军长征胜利80周年大会、李保国先进事迹报告会等视频直播；前往军事博物馆、野生动物救护中心参观。（仲艳维　王艳青）

【学生工作】 2016年，学院有研究生班级7个，研究生245人；本科生班级8个，本科生206人。学院有辅导员3人，班主任11人。

2016年，邀请就业单位宣讲4场；召开就业推进会、派遣说明会等会议4次；举办就业创业沙龙2期；举办模拟求职大赛1次；本科毕业38人，就业率为94.73%；研究生毕业44人，就业率为95.46%。学生创业团队获学校第九届"梁希杯"和首都"创青春"大学生创业大赛银奖，在"创青春"全国大学生创业大赛中获铜奖；学院与北京青神园林工程有限公司签订就业实习实践基地合作协议并挂牌。

2016年，修订奖学金评定细则，148人次本科生、63人次研究生在评优表彰中获各类奖学金；2个本科班获校级"优良学风班"，1个研究生班级获校级"先进班集体"；保护区14－1班以第三名获校"十佳班集体"称号；在公寓文化节上12号楼1301宿舍获五星宿舍优秀奖，并获"北京高校示范学生基层组织(宿舍)"荣誉称号；保护区14－1团支部和15－2团支部进入百个"活力团支部"队伍；学院7名团员获得"达标创优"称号，保护区13－1团支部获"五四红旗团支部"；在2015~2016年度"先锋杯"评选中，2人次获"优秀团干部"称号，保护区13－1团支部及和谐家园志愿者协会团支部荣获"优秀团支部"；保护区14－1班获心理委员实践活动三等奖，保护区14－1班1人获优秀心理委员；学院4名学生在军训中获得"军事训练标兵"称号。

2016年，共组建社会实践团队24支，参与人数达105人，占本科生的52%；海南鹦哥岭暑期志愿服务团队、保护区14－1团支部2支团队获校级团队，5支团队获校社会实践优秀成果奖，1人获北京市社会实践先进个人，2人获校先进个人，2名教师获校优秀指导教师称号；学院和谐家园志愿者社团申请"中国石油·公益未来"成才基金项目并获1万元项目资金。

在"院系杯"排球赛中，学生女子排球队获季军；在春、秋季运动会上，累计共获32个团体和个人奖项，学院获体育道德风尚奖、健康学子赛团体第五名；学院在"五月的花海"合唱比赛中获得优秀组织奖；自然保护区学院获学生公寓工作先进集体优秀奖。

自然保护区学院继续打造"自然保护大讲堂"品牌，举办学术讲座45场。

（仲艳维　王艳青）

【对外交流】 2016年，教师共有16人次因公出国访问交流，5名研究生公派出国留学。举办2016年北京国际雉类学术研讨会、生物多样性创新融资机制、东北亚自然保护与跨界合作、北京生态学学会学术年会4次学术会议。接待澳大利亚塔斯马尼亚大学、朝鲜国土与环境保护部对外经济合作司、蒙古国保护自然部及东方省保护区3个国际访问团。与上海德稻集团、山西昌源河国家湿地公园2家单位签订战略合作协议。为湖北、山西、安徽、山东等林业系统开展7期业务培训班，共涉及132家单位的400人。为北京海关缉私局、北京园林绿化局、连云港海关出具13份野生动物及其制品价值鉴定报告。

（徐迎寿　雷光春）

【系列自然保护区业务骨干培训班】 2016年是中国自然保护区建立60周年，学院开展一系列自然保护区业务管理骨干培训班。4月17～27日，与湖北省林业厅共同举办"北京林业大学湖北省自然保护区管理业务骨干培训班"，来自湖北省13个州市、36家单位的74名业务骨干参加培训学；6月29日至7月2日，学院与山西省林业厅联合举办"山西省自然保护区与野生动植物管理工作培训班"，来自山西省9个州市、61家单位的85名学员参加培训；9月4～14日，与安徽省太湖花亭湖国家湿地公园联合举办"安徽省太湖花亭湖国家湿地公园业务骨干培训班"，安徽太湖花亭湖国家湿地公园的19名学员参加培训；9月19～29日，与湖北省林业厅联合举办"湖北省自然保护区管理业务骨干第二期培训班"，共有湖北省13个州市33个林业相关单位的50名学员参加培训；11月14日至12月1日，自然保护区学院与山东省黄河三角洲国家级自然保护区管理局联合举办"北京林业大学·山东黄河三角洲国家级自然保护区管理局2016年度业务骨干培训班"，此次培训班分为3期，共有100名学员参加培训。

（徐迎寿　雷光春）

【国际雉类学术研讨会】 10月21～23日，在北京林业大学举办"2016国际雉类学术研讨会"。会议围绕全球珍稀雉类、鹑类、松鸡、珠鸡等鸡形目鸟类的研究、保护、人工繁育、可持续管理等开展学术交流，关注生存受威胁的物种及其栖息地保护与管理。来自美国、英国、德国、荷兰、丹麦、捷克、印度、中国等20多个国家和地区的180余位代表参加本次学术研讨会。本次研讨会共安排9个大会报告、19个特邀报告和31个墙报，组织召开"自然保护区鸟类资源保护与科研基地建设研讨会""灰腹角雉及其他鸡形目鸟类数量调查与监测"和"动物园鸡形目鸟类的易地保护"3个会议，还举办墙报展示、鸟类摄影展及仪器设备展示等活动。会后，与会代表于10月24～27日赴山西庞泉沟国家级自然保护区、四川蜂桶寨国家级自然保护区等地进行考察与交流。

（徐迎寿　徐基良　雷光春）

环境科学与工程学院

【概　况】 北京林业大学环境科学与工程学院（College of Environmental Science & Engineering，以下简称环境学院）设有环境科学、环境工程和给排水科学与工程3个本科专业，拥有环境科学与工程一级学科硕士学位授权点、环境工程全日制专业硕士学位授权点、环境工程领域在职专业硕士学位授权点和生态环境工程二级学科博士授权点。拥有北京市重点实验室1个，北京市教委工程技术研究中心1个。

2016年，环境学院有教职工37人，包括专任教师29人，全部具有博士学位。专职教师中，教授12人（全部为博士生导师），副教授13人。2016年，环境学院毕业生142人，其中硕士生58人，博士生4人，本科生80人。招生199人，其中，硕士生66人，博士生11人，本科生122人。在校生572人，其中，硕士生154人，博士生23人，本科生395人。

（杨　君　韩秋波）

【学科建设】 2016年，环境学院继续坚持培养国家生态环境保护的高级专门人才和从事生态环境保护科学研究，不断加强学科发展规划和顶层设计能力。

环境科学本科专业作为国家级特色专业，2016年，继续从课程体系、实验和实践课程以及毕业论文（设计）等方面加强内涵建设，提高人才培养质量。

给排水科学与工程本科专业2016年有本科毕业生31人。学院按照专业认证的标准建设该专业。

2016年，学院组织环境科学与工程一级学科硕士点参加国家学科评估并通过，梳理了学科的优势与不足，明确了学科的努力方向。

2016年，王强教授获“国家自然科学优秀青年基金”资助，齐飞教授入选环保部“国家环境保护专业技术青年拔尖人才”，孙德智教授获北京市有突出贡献的科学技术人才称号和“全国生态文明先进个人”称号。1人获北京市优秀人才骨干项目资助。1人获学校优秀共产党员称号。1人获学校“三八”红旗奖章。1名教师评为教授，1名教师被评为副教授。新增博士生导师（包括1名副教授博士生导师）。新进1名专业教师和1名管理岗教师。

（孙德智　韩秋波）

【教学工作】 2016年，中国工程教育专业认证协会通过了环境学院环境工程专业认证，有效期3年(2016年1月至2018年12月)。

环境学院本年度教学工作基本思路是结合Outcome－Based Education(OBE)的本科工程教育人才培养理念，梳理教学工作的关键环节，按照工程认证的毕业要求推进教学改革、研讨课程讲授内容、强化课程的工程内涵、加强工程实验室建设，大力推进本科教学水平和教学质量的提升工作。工作重点是：细化教学委员会职能、补充完善人才培养体系、青年教师的培养、教学改革立项、实验实践条件及内涵的建设。

成立了学院第二届教学委员会。

调整了流体力学实验室、环境工程原理实验室、管网实验室的装置布置，固体废物处理处置实验室在建设中。在实验实践教学方面，完成2016年实验室教学修购专项的执行工作。

环境学院2016年获批的校级教学改革研究项目共4个。

环境学院教师参加教学改革研讨，2016年发表教改论文2篇，1人获2016年家骐云龙青年教师教学优秀奖。在学校青年教师基本功比赛中，2人获二等奖，学院获得优秀组织奖。1人获校级优秀教案二等奖。

邀请高等教育出版社地学与环境分社社长来环境学院交流“新形态教材建设与数字课程出版与定制”方面的工作。

2016年，学院对14项已到期的大学生科技创新项目进行了中期检查或结题验收；学院本科生积极参加科研训练活动，获批国家级大学生创新创业训练计划立项项目4个，北京市大学生科学研究与创业行动计划项目5个，校级大学生科研训练计划项目7个。

通过加强过程管理、开题严格把关和二次开题，老教师辅导青年指导教师工程设计，毕业设计增加预答辩环节，正式答辩邀请2名企业专家参与促进2012级毕业论文(设计)质量，学院对本科毕业论文(设计)进行了公开展示。2013级本科论文(设计)完成选题和开题工作，所有毕业论文来源于实际科研课题，绝大部分毕业设计题目来源于实际科研课题，毕业论文(设计)阶段增加3周毕业实习环节。

结合“两学一做”，安排各教研室讨论提高教师教学水平的事宜。为了提高课堂教学质量和教师的教学水平，修订完善了学院教师监考制度，明确监考人员职责，加强考风考纪的管理工作。

（王毅力　韩秋波）

【科研工作】 2016年，环境学院共有9个项目获准国家自然科学基金项目资助，包括优青项目1项，面上项目5项，青年基金3项，获准经费总额为475万元。环境学院全年到账经费总额为1598.84万元，其中纵向课题经费总额为1477.93万元，横向课题经费为120.91万元。本年度学院发表高水平研究论文数量稳中有升，本年度共发表SCI论文63篇(其中影响因子大于4.0的有19篇，单篇影响因子最高为8.262)，EI收录论文6篇；获得授权的国家发明专利(或软件登记)共9项。环境学院获省部级奖项4项，包括教育部科技进步二等奖1项(北林大为唯一完成单位和第一完成人)。

2016年，邀请法国斯特拉斯堡大学、密歇根大学、中国科学院生态环境研究中心、北京工业大学的专家学者来环境学院进行学术交流。学院共有师生37人次赴西班牙、新加坡、英国、韩国、澳大利亚、法国、日本、希腊、美国、德国等国参加国际学术会议和学术交流活动。

（张立秋　韩秋波）

【研究生工作】 2016年，环境学院录取65名硕士研究生，其中学术型研究生33名(含1名留学生)、专业学位研究生32名；招收博士研究生14名，其中包含硕博连读生1名、自主招生2名、留学生3名；此外，9名硕士研究生获2017年度硕博连读。

1名学生获得博士研究生国家奖学金，4名学生获得硕士研究生国家奖学金；20名学生获得研究生学术创新奖学金；1名学生获得学校优秀博士论文奖，2名学生获得学校优秀硕士论文奖。举办了环境学院第二届“环保绿领”研究生学术论坛。3名学生获得2016年研究生国内外学术交流资助。

2016年，环境学院4项研究生课程建设项目完成了中期检查。举办环境学院首届大学生暑期夏令营，共有来自全国16所院校的23名同学参加。学院召开学位委员会，明确研究生发表学术论文要求，规定导师招生人数，并制定申请—审核制博士生招生相关制度文件。

(张立秋　韩秋波)

【党建工作】 2016年，制订环境学院“两学一做”教育实施方案；调整教工和学生基层党支部，配强支委，与党支部书记签署承诺书；制定微课模块，开展特色实践；邀请科技处党支部、研究生院党支部来院交流工作；邀请马克思主义学院教授开展生态文明专题特色讲座；研究生支部开展“微言漂流瓶”服务先锋项目；开展“六五”环境日师生联合倡议及社区宣讲；开展毕业生党员廉洁教育；各党支部在学期末开展述责测评会。

组织二级中心组学习6次。举办环境学院56、57期党校初级班，完成学校第55期、56期党校高级班的推优、培训工作。完成研究生积极分子培训工作；指导各支部制订党员发展计划，完成党员发展20人、转正20人。

落实“一学一会一实践一平台”组织生活内涵，规范支部组织生活。组织支部学习习近平总书记系列重要讲话精神，各支部开展参观、微党课等学习实践活动。

开展学生党员“先锋工程”。持续开展“1＋1助成长”工程。开展合格党支部建设规范和合格党员行为规范大讨论。

(卢振雷　韩秋波)

【学生工作】

学风建设　开展2015～2016学年评奖评优工作，召开评优表彰大会，开展学风督导和抽查工作，召开考风考纪宣传教育大会，召开挂科学生专题教育会，组织本科生四六级模拟考试。

宿舍建设　每周一次宿舍检查，辅导员每两周参与一次宿舍检查；将宿舍建设与二课堂分数、积极分子入党考核、党员先锋模范作用发挥紧密挂钩。

就业工作　讲授职业生涯规划课和就业指导课；走访京内就业单位9家，京外就业走访1次；与博天环境签订就业实习实践基地；举办就业沙龙7次；举办模拟求职大赛；开展毕业生文明离校活动。开展2017届毕业生就业动员、分类就业指导、宣讲会等工作。截至10月31日，毕业研究生就业率为95.16%，签约率为37.1%。本科毕业生就业率为96.25%，签约率为68.75%。就业工作荣获学校就业工作优秀奖和就业指导单项奖。

研究生工作　开展“环保绿领”学术沙龙系列活动3次；“环保绿领”就业沙龙系列活动4次；完成研究生评奖评优工作；举办研究生羽毛球赛、辩论赛、冬季趣味运动会、师生篮球赛、4院联谊素质拓展、元旦晚会；举办研究生新老生交流会。

新生引航工程　完成2016年迎新工作，配备新生宿舍辅导员，开展新生班级奥林匹克素质拓展、心理团体辅导等活动，帮助新生适应大学生活；开展专业介绍、走进实验室等活动，培养新生专业情怀；举办新生引航工程系列讲座，包括“聆听北林故事”校史讲座、消防安全知识讲座、考风考纪宣讲会，开展优秀班集体评选暨新生宿舍风采展示活动。

环保实践教育　引导学生开展环保特色活动，提高学生环保意识和专业热情，培养学生专业情怀和使命感。先后开展校园碳核算、书籍云传递、环乐GO、走水实践、无纸化行动、“六·五”环境日社区环保宣讲、学研关灯行动等多项环保类活动，宣传环保理念。

(卢振雷　韩秋波)

艺术设计学院

【概　况】 北京林业大学艺术设计学院（College of Arts and Design，以下简称艺术学院）是由原材料学院艺术设计系、工学院工业设计系和信息学院动画系于2013年5月整合而成，学科专业隶属艺术学门类，特色鲜明。学院设有环境设计系、工业设计系、视觉传达设计系、数字艺术系、造型基础部四系一部，开设有环境艺术设计、产品设计、视觉传达设计、数字媒体艺术、动画5个本科专业。现有设计学一级学科硕士点1个、动画艺术学二级学科硕士点1个、艺术硕士专业学位授权点1个（包含艺术设计和美术两个研究领域），涵盖了环境设计与理论、装饰艺术设计及理论、工业设计与理论、视觉传达设计与理论、公共艺术设计与理论、动画艺术学、艺术设计研究与应用、动画与交互设计、国画、油画、综合造型等研究方向。

2016年，学院在职教职工61人，其中教学科研专职教师52人，行政管理人员及专职辅导员共9人。专任教师中教授5人，副教授28人，讲师18人，助教1人。其中，具有博士学位8人，具有硕士学位38人。具有3个月以上国外留学和研修经历的19人，其中14人为国家公派出国访问学者，5人为国外攻读学位。专任教师中现有中国美术家协会会员9名，教育部设计类教学指导委员会委员1名。

2016年，学院全日制在校学生913人，研究生158人，本科生755人。　（任元彪　丁密金）

【教学工作】 6月，完成本科毕业论文（设计）答辩工作，学院共182名毕业生参加答辩顺利毕业。顺利完成在5月、11月组织开展的期中教学检查工作。各系部共组织开展师生座谈会15次，教学观摩10次，并重点检查2016届本科毕业论文存档情况。总结2015版培养方案实施情况，对个别课程进行调整。9月，完成推荐2016届应届本科毕业生免试攻读硕士研究生资格确认工作，学院共有24名学生获得推免资格。

5月，完成已到期教改项目、专业建设、视频公开课、微课等项目的结题验收8个，通过中期检查7个；在本科教学工程项目申报工作中，学院共获批4个校级项目，教材规划项目10个；9月，完成北京林业大学2016年教学改革研究论文的收取整理和提交，最终7篇论文被选录。5月及11月完成大学生创新训练项目申报及结题验收和阶段检查共计37个，2016年获批大学生创新创业训练项目国家级5个、北京市级4个、校级8个。

11～12月，学院组织开展艺术学院第二届青年教师基本功比赛，40岁以下青年教师及各系部推荐一名中年教师参加初赛，推选出8名教师参加学院复赛，全院教师全员参与。推荐2名教师参加学校第十一届青年教师基本功比赛；最终获二等奖2名，三等奖3名，学院获得优秀组织奖。组织教师参加本科课程优秀教案评选工作，1名教师获优秀奖。　（王敏　兰超）

【学科建设】 学院拥有1个设计学一级学科硕士点，下设5个专业方向：环境设计与理论、装饰艺术设计及理论、工业设计与理论、视觉传达设计与理论、公共艺术设计与理论；1个动画艺术学二级学科硕士点；1个艺术硕士专业学位点（MFA），包含艺术设计、美术两个研究领域。其中艺术设计领域下设艺术设计研究与应用和动画与交互设计两个研究方向，美术领域下设国画、油画和综合造型3个研究方向。

2016年，学院硕士生导师总计达34人，其中教授5人，副教授28人，外聘教授1人。其中中国美术家协会会员8人，中国高等教育学会设计教育专业委员会委员1人。目前在读研究生156人，本年度共计招生54人，其中学术型研究生20人，艺术设计专业硕士研究生34人。授予硕士学位58人，其中学术型硕士18人，专业学位40人。

2016年，完成学院"十三五"建设规划的制订工作。在制订艺术设计学院"十三五"建设规划的过程中，认真总结"十二五"的工作，对照学科评估中所显露的问题，围绕核心指标抓重点，提升层次，深化工作内涵，做到目标明确、任务清晰、措施具体。将“十三五”规划做成一个务实的规划，成为下一个五年学院工作的纲领性文件。

2016 年，完成全国第四轮一级学科点——设计学学科点的评估报告撰写和评审提交工作，以及完成设计学学位授权点的合格评估工作。本着以评促建的务实想法，高度重视学科评估工作，全盘布局，精心组织安排。紧扣核心指标，真实总结成绩，突出重点成果，严格筛选成果。务实查找不足，通过评估总结过去的工作，对照指标体系理清了工作缺陷和不足之处。

2016 年，完成美术领域教学大纲的编写工作。自艺术专业硕士美术领域获批招生之后，对初定的人才培养方案进行了修改完善。系统地设置了课程门类，确保课程结构的合理性，培养环节的完整性。在此基础上组织任课教师完成大纲的编写工作。

2016 年，学院为了强化学科特色意识，搭建研究平台，学院成立了“木文化艺术研究所”和“美术研究所”，并迅速展开了相关的研究工作。（张继晓　丁密金）

【科研工作】 2016 年，学院共获得新立项项目 21 个，项目总经费为 177.3 万元。纵向课题 8 个，其中教育部社科基金项目 2 个、北京市社科项目 3 个、北京市科委项目 1 个、新进教师科研启动项目 1 个；横向课题 13 个。全年在研项目到账总经费为 194.25 万元。

2016 年，学院教师发表论文及作品 134 篇（幅），其中 ISTP/SCI/EI/CSSCI/CSCD/北大中文核心刊物论文及作品 41 篇（幅）；出版中文专著 1 部；获得软件著作权 7 项；教师参加各类国际性展览 4 次；教师作品参加展览设计比赛 63 人次。（刘　欣　张继晓）

【竞赛工作】 学院学生在 2016 年全国大学生工业设计大赛、全国大学生广告艺术大赛、中国大学生原创动漫大赛、中国高等院校设计艺术大赛、“第二届中国‘互联网 +’大学生创新创业大赛”等赛事中取得二等奖 7 项，三等奖 10 项，其他省部级赛事获奖 68 项。获得 2016 年第三届北京林业大学大学生创新创业训练成果展示与经验交流会“优秀项目奖”。在全国共计 40 余所艺术院校专业参加的《北京艺术毕业季》展览中，北林大 1 件作品获得专业创新奖，2 件作品获得优秀作品奖。（张继晓　兰　超）

【交流合作】 2016 年，学院继续与北京印刷学院合作，细化动漫专业双培生的培养工作，并新增与北京联合大学合作培养的环境设计专业双培生 7 名。与美国奥本大学的产品设计专业、景观设计专业已经确定了“3 + 2”联合培养协议及“3 + 1”的本科单方交换生协议；并与英国伦敦艺术学院、澳大利亚新南威尔士大学艺术与设计学院初步接洽联合培养及本科单方交换项目。

2016 年，学院先后与北京爱奥尼模型技术开发有限公司、东道品牌创意集团、洛可可等签订实践基地合作协议。（兰　超　任元彪）

【品牌建设工作】 2016 年，学院开展了“无艺不知”艺术知识竞赛、“承心承艺”传统手工艺大赛等校园艺术文化特色活动。其中，“艺坛 · 艺论”学术论坛、“林影”服饰设计搭配大赛、“艺星光”评优表彰大会、“艺周年”元旦晚会已经成为艺术学院传播弘扬美育文化的特色品牌活动。

全年学院举办特色课程展览 8 次。其中，为增强毕业展展示效果，营造学校美育氛围，将本科、硕士毕业展览按专业举行，使平面、立体及动态演示作品相互穿插，同时刊发了《2016 届本科、研究生优秀毕业设计作品集》；10 月，学院成立庆典举办“第二届北京林业大学艺术设计学院教师作品展”，并刊印发行了《北京林业大学艺术设计学院教师作品集 2016》。

（任元彪　丁密金）

【党建工作】 2016 年，学院发展教工党员 1 人，学生党员 43 人；转正教工党员 1 人，学生党员 41 人；开办了 2 期党校初级班。规范各项工作制度，紧抓党建及理论学习工作，创新组织生活内容和形式，结合学院专业特色举办了一系列特色教育活动，建设了“艺心向党”微信运行平台。

举办了教工党支部书记履职承诺签署仪式，深入开展“两学一做”学习教育系列活动，创新“三会一课”学习内容和模式。学生党员举办了“读书分享月”系列活动、“我身边的共产党员”征文、党史知识分享月、传递红色正能量党员特色教育、“服务先锋”志愿服务、红色“1+1”支部共建等活动。

在校“七一”评优表彰中，学院1人获校“优秀党务工作者”荣誉称号，2人获校“优秀党支部书记”荣誉称号，2个党支部获“校优秀党支部”荣誉称号，2人获校“优秀共产党员”荣誉称号。在红色“1+1”支部共建活动评选中，1个学生党支部获得红色“1+1”北京市三等奖。

（张　旭　崔一梅）

【学生工作】 2016年，学院共有18个本科班集体，6个研究生班集体。在2016年学生各类评比中，1个班级获评校级优秀班集体，3个班级获得优良学风班，6名教师获优秀班主任称号，2个班级获评北京市优秀团支部、班集体。共11人获得国家奖学金，其中本科生7人，研究生4人；15人获得国家励志奖学金；5人获得新生专业特等奖学金，162人获得优秀学生奖学金，57人获得学术优秀奖学金；1人获得研究生学术创新奖学金，11人获得优秀研究生荣誉称号，11人获得优秀研究生干部荣誉称号。本科生获奖人数237人，占全院本科参评人数的41%，本科生共计获奖417人次。研究生获奖人数103人，研究生共计获奖126人次。

在学生心理健康方面，学院坚持定期排查、定期反馈、定期摸底等形式开展工作。通过举办心理文化月、建立“艺解忧”微信平台、配合学校开展心理健康节等途径，确保学院心理工作关注到每一位学生。本年度学院学生连续两年获得北京市心理微绘本比赛一等奖，2人获得校优秀心理委员，1人获优秀心理指导教师。

学院通过定期开展就业摸底调查了解毕业生就业情况，并积极搭建企业与学生之间的桥梁，举办宣讲会和专场招聘会等为毕业生提供就业渠道。通过举办模拟求职大赛、职业生涯规划大赛等主题活动，邀请企业高管和行业高管入校为学生上就业指导课，努力提高学院毕业生就业率和签约率。2016年，学院本科毕业生182人，就业率为100%；研究生毕业59人，就业率为100%。（周振兴　薛凤莲）

体育教学部

【概　况】 北京林业大学体育教学部(Division of Physical Education，以下简称体育教学部)成立于1989年，为处级体育教学行政部门(前身为体育教研组，1986年前隶属基础部，1986年后，归属学校直属部门)，负责学校体育教学、体育科研、群体活动与竞赛、高水平运动队训练与竞赛、运动场馆管理工作等。设大球、小球、体操、武术4个教研室，1个学生体质监测中心。2016年，共有教职工35人(其中专任教师33人，具有高级职称23人，具有博士学位1人，硕士学位21人)。2016年，按照学校体育课程改革要求，制订通过并实施了《北京林业大学雾霾环境下体育课程管理办法》，为推动学校体育工作改革，提高学生体质健康水平奠定基础。2016年，北林大荣获2016年度北京高校朝阳杯群体联赛优胜奖。（姜志明　陈　东）

【教学工作】 2016年，体育教学工作按照教学计划、教学进度有条不紊地进行。加强与教务处等部门的沟通协调，解决体育教学部改革过程中出现的相关问题，包括体育必修与必选课程的管理办法、考核标准，学生身体素质测试办法等。完善体育教学制度，加强体育教学的监督检查，提高教学质量，包括备课环节、期中教学检查、请假代课办法、风雨天课程管理办法等。主要体现在6个方面：继续推进师资队伍建设，完善教学制度并确保教学运行，发挥教研室职能，加强体育教学改革研究，确保完成学生体质健康测试任务，充实资料室图书种类和数量。

师资队伍建设　6月，体育教学部组织了教师系列专业技术职务职称评审，经过体育教学部评审专家组的评审和学校的审议后，最终体育教学部新增2名副教授。10月，2名青年教师参加北京市大学生体育协会组织的首都高校体育青年骨干教师培训班。11月，2名教师参加全国高校田径教练员高级讲习班。

教学运行　在教学准备中，坚持教研室集体备课制度，不同专项教师分别开展备课计划。教学过程中完善教师请假、代课制度，请假教师首先向主管教学主任申请请假，填写请假代课表，由主管教学主任安排代课教师。

对全体教师进行安全第一的思想教育，对教学过程中常见的安全问题进行预先防范，严肃教学纪律，发现问题及时解决。改革2015级学生身体素质测试办法，以教研室为单位组织测试，实行考教分离模式。

以教务处组织的期中教学检查以及教学名师评选活动为契机，加强体育教学部教师的教学研讨和学习交流。期中教学检查开展公开课活动，组织4名青年教师上公开课，专项课内容分别为篮球、跆拳道、身体素质和体育理论，所有教师参加观摩、研讨；坚持定期定时教学检查，以教学专项组为单位进行听课和开教师座谈会，观摩教学由教研室主任统一安排，教学院长在听课周对每个教研室听课过程进行检查。教学办公室整理教师听课情况，填写期中教学检查反馈表，对教学检查情况进行总结汇报、反馈，对备课以及授课过程提出改进意见，对教学纪律和教学环节进行讲评，对教学效果做出评价，向教务处上交反馈表、听课卡。

2015年上半年全体教师222门次课中，评价分≥95为42门次，占18.9%，90≤评价分<95为171门次，占77%，85≤评价分<90为9门次，占4.1%。下半年全体教师225门次课中，评价分≥95为75门次，占33.3%，90≤评价分<95为145门次，占64.4%，85≤评价分<90为5门次，占2.2%。两个学期没有出现教学安全事故。教学院长及教学管理人员对教师的教案、成绩管理文件进行整理与归档。

教研室建设 完善教研室在体育教学、群体活动方面的组织、管理、执行功能。以教研室为单位组织备课、教学进度和教案等教学文件的检查，期中教学检查的安排与监督，教学比赛的组织与管理，专项课程考核标准和考核办法的制定，学生身体素质测试，教师年终考核等。

教学研究 5月，3名教师主持的教改课题获批，题目分别为《北京普通高校大学生参与跆拳道运动动机调查与教改研究》《优化瑜伽选修课教学内容体系的研究与实践》《体育课动机干预对大学生体育活动行为的促进研究》。全年体育教学部教师发表教学研究论文12篇。

（宋昭颐　赵　宏）

学生体质健康测试 2016年体育教学部按照教育部、国家体育总局联合下发的《国家学生体质健康标准》，在全校范围内开展了学生体质健康标准测评工作。测试内容为身高、体重、肺活量、立定跳远、坐位体前屈、仰卧起坐（女）、引体向上（男）、50米、800米（女生）、1000米（男生）。

测试仪器：测试的4个项目身高、体重、肺活量、坐位体前屈使用由教育部权威部门认定的电子测试仪器（中体同方和恒康佳业）。立定跳远、仰卧起坐（女）、引体向上（男）、50米、800米（女生）、1000米（男生）项目为人工测试，测试过程由教师进行严格管理，以保证测试的科学性和准确性。

测试的对象：全校本科生。

测试问题：学生不能按照安排的是时间进行测试，测试态度不认真，测试仪器不全（如人工测试项目）等。

测试时间：利用学生周六周日的休息期间，组织学生集中测试，有测试仪器三套8台仪器，每个时间段分为3个班每个班一套仪器进行测试，用时50分钟。上半年3月开始到5月中旬结束，下半年2016年9月中旬开始测试，12月20日测试结束，历时两个多月的时间，测试学生总人数13 297人，12月28日上报国家教委，测试结果参见北京林业大学2016年学生体质监测综合评定统计表，如下。

表1　全校总体评价等级统计样表

	优秀		良好		及格		不及格、保健、漏测、未测	
	人数	百分比	人数	百分比	人数	百分比	人数	百分比
全体	69	0.51%	1475	11.09%	9452	71.08%	2301	17.30%
男生	37	0.80%	191	4.15%	3300	71.84%	1065	23.18%
女生	32	0.36%	1284	14.75%	6152	70.68%	1236	14.20%

表 2　全校合格数据总体评价等级统计样表

	优秀		良好		及格		不及格	
	人数	百分比	人数	百分比	人数	百分比	人数	百分比
全体	69	0.54%	1475	11.72%	9452	75.10%	1590	12.63%
男生	37	0.86%	191	4.42%	3300	76.34%	795	18.40%
女生	32	0.39%	1284	15.54%	6152	74.45%	795	9.62%

资料室建设　2～12 月体育教学部资料室新进图书 40 套册，科研论文图书 15 本，杂志 25 本。（王　涛　陈　东）

【群体工作】

球类竞赛活动　3 月 21～4 月 12 日，举行 2016 年北京林业大学院系杯足球赛，共有男子 13 支队伍参加，比赛结果为甲组第一名：材料学院，第二名：工学院，精神文明奖：人文学院；获得乙组第一名：水保学院，第二名：园林学院，精神文明奖：外语学院。

5 月 21 日，2016 年北京林业大学"院系杯"乒乓球比赛在乒乓球馆举行，共有 14 个学院的 20 支队伍参赛，比赛结果为第一名：生物学院，第二名：材料学院，并列第三名：林学院和园林学院。

9 月 20～28 日，2016 年"院系杯"篮球赛在校篮球场进行。比赛结果为男子组第一名：经管学院，第二名：林学院；女子组：第一名：信息学院，第二名：材料学院。

11 月 4 日，举行 2016 年北京林业大学"院系杯"羽毛球赛，评出男单前三名，女单前三名。林学院获团体赛冠军、经管学院、园林学院水保学院分别获团体第二、三、四名。

11 月 20 日，举行 2016 年北京林业大学"材料杯"教职工羽毛球比赛，材料学院获团体赛第一名，机关获第二名，园林学院获第三名，外语学院获得第四名，工学院一队获第五名，人文学院、马克思主义学院联队获第六名，经济管理学院获第七名，林学院获第八名，体育教学部获得特殊贡献奖。

4 月 23 日，北林大 2016 年春季师生运动会暨体育文化节举行开幕式。本次运动会的竞赛项目由三部分组成，田径项目包括男（女）组的 100 米、200 米、400 米、800 米等十余项，并新增了女子 3000 米和男子 5000 米长跑项目；校园健康学子赛包括立定跳远、仰卧起坐、引体向上等；学生集体项目包括跳跃的魔棒、种树苗、袋鼠跳等。获奖情况为男女团体总分前六名：经管学院、工学院、园林学院、水保学院、林学院、材料学院；男子团体总分前六名：工学院、经管学院、林学院、水保学院、园林学院、材料学院；女子团体总分前六名：经管学院、园林学院、材料学院、水保学院、生物学院、林学院。健康学子男女团体前六名：经管学院、林学院、材料学院、人文学院、保护区学院、园林学院；趣味项目前六名：经管学院、理学院、园林学院、林学院、材料学院、工学院；教工比赛团体前六名：工学院、园林学院、经管学院、后勤服务总公司、机关、自然保护区学院。精神文明奖获奖单位：外语学院、经管学院、艺术设计学院、信息学院、工学院、园林学院、材料学院。

10 月 22 日，举行 2016 年北京林业大学秋季新生运动会。本次运动会共有 15 个院系 3000 多人次学生参加了共 22 项单项比赛和 10 项趣味集体项目的比赛，获得趣味项目团体前六名的是：理学院、经管学院、材料学院、园林学院、工学院和信息学院；获得男子团体总分前六名分别为工学院、经管学院、材料学院、林学院、国际处和信息学院；获得女子团体总分前六名分别为经管学院、材料学院、园林学院、生物学院、人文学院和水保学院；获得男女团体总分前六名的分别为经管学院、材料学院、工学院、园林学院、林学院和生物学院。

其他群体活动　6 月 19 日，在田家炳体育馆体育教学部举行第九届健美操教学比赛，参加的学生有 450 余人，46 支队伍，得到前十名的队伍获得校体育运动委员会颁发的奖励证书。

（赵　宏　陈　东）

校外体育竞赛　4 月 5～27 日，北林大女子篮球队参加了北京市高校大学生篮球联赛，成绩为第八名。

4 月 10 日，首都高等学校第四届徒步运动大会在鹫峰国家森林公园举行，北林大选派教师

20人和学生20人参加，顺利完成了10千米赛程并获得最佳组织奖。

4月9日，北林羽毛球协会主办的冠捷体育—心羽心愿羽毛球混合团体赛在北京林业大学田家炳体育馆举行，共14所大学和170名选手参加，北林大代表队获得第二名。

4月16～17日，在北京顺义佛雷斯羽毛球馆举行了为期两天的2016年首届高等学校“弗雷斯杯”羽毛球锦标赛。北林大羽毛球队男团女团分别取得了男子团体项目第五名和女子团体项目第三名。

5月28～29日，北京市第十届“和谐杯”乒乓球比赛暨2016年首都高校“世纪二千杯”乒乓球锦标赛和“校长杯”乒乓球比赛在清华大学综合体育馆举行，北林大代表队分别获得男子团体赛亚军，女子团体赛亚军。

5月29日，2016年首都高校武术比赛在良乡举行，北林大武术代表队携九名武术套路赛、六名中国功夫对抗赛、一名太极推手对抗赛选手，共计16名来自于各个学院的学生参加了本次武术比赛。北林大套路代表队获两个第一、一个第三、一个第四、一个第六及两个第八名，太极推手获第三名。北林大散打代表队取得两个第二、一个第三、三个第五，并获得团体总分第三名。

5月28日，首都高等学校第五届校园铁人三项赛暨全国高等学校第四届校园铁人三项邀请赛在中国石油大学举行。北林大12名运动员参加4个项目角逐，获得团体总分第四名，获得轮滑两项和轮滑三项单项冠军。

5月29日，北京市首都高等院校大学生第七届轮滑比赛在对外经济贸易大学举行。北林大代表队荣获大学组男子团体第一名，这也是速滑队斩获的第六次男团第一，同时包揽500米决赛前三名。本次比赛获得冠军2项，亚军1项，季军2项。

6月4日，首都高等学校第37届健美操艺术体操比赛在北京大学邱德拔体育馆举行。北林大艺术体操队参加了其中十个项目的比赛，获艺术体操乙组集体全能第一名、团体总分第三名、集体五人带操第一名、集体徒手B套第一名、集体纱巾第二名；个人项目中，大学生规定套路的绳操、圈操、带操、球操，三级的圈操、徒手，一级的纱巾均有队员参赛，获得绳操第二名、第三名，规定圈操第六名、第七名，个人带操第三名、第五名，个人球操第二名、第三名，三级徒手第一名、第二名，三级圈操前三名、一级纱巾第二名。

6月4日，第十二届首都高校攀岩锦标赛在中国地质大学举行。北林大山诺会攀岩队五名队员参加比赛，获女子组难度攀爬冠军，女子组速度攀爬第四名，男子组速度攀爬亚军。

6月9日，首都高等学校第六届大学生龙舟锦标赛在延庆举行，北林大国防生龙舟队获得男子组第七名的历史最好成绩。

10月15～16日，首都高等学校第七届秋季学生田径运动会在北京信息科技大学举行，北林大代表队获得男子团体第七名，女子团体第七名，男女团体第八名。体能项目获得团体亚军。

10月15～16日，首都高等学校2016年气(轻)排球比赛在北京工商大学良乡校区举行，北林大男女排球队参加并均获得亚军。

10月23日，由北京林业大学承办、北京市教委和北京市大学生体育协会联合举办的第十三届首都高校越野登山赛在鹫峰国家森林公园举行，北林大代表队在甲组的12个院校中名列第三名。

11月19日，2016年首都高等院校触摸式橄榄球比赛在中国农业大学(西校区)举行，北林大橄榄球队获得盘级亚军。

12月3日，第八届首都高校体育舞蹈比赛在北京大学邱德拔体育馆举行。北林大体育舞蹈队参加了此次比赛，得甲组团体第六名。北林大代表队共报名参赛24项，获得名次15项。其中，六人组标准舞维也纳华尔兹获第二名、女子六人组拉丁舞桑巴获第二名、女子六人组拉丁舞恰恰获第三名，均为历史最好成绩。

12月3日，首都高校第二十四届大学生跳绳比赛在北京建筑大学举行，北林大花样跳绳队获得了集体花样跳绳比赛二等奖，并获得了“优秀组织团体”称号。

12月3～4日，首都高校乒乓球锦标赛单项赛在北方工业大学举行，北林大代表队获得男子单打冠军，男子双打亚军，混合双打亚军、女子单打季军。（王涛 赵宏）

【运动训练与竞赛】

高水平运动员招生 2016年的招生严格遵守有关招生的政策，制定了相关的规章制度。共有15个省(区、市)：安徽、北京、广西、河北、河南、黑龙江、湖南、吉林、辽宁、内蒙古、山东、陕西、四川、浙江、重庆的116名学生报考北京林业大学，初审合格83人，男生57人，女生26人，径赛项目人数41人，田赛人数42人；测试合格人数28人，最后录取人数16人，其中男生10人，女生6人，项目分布为全能6人，投掷3人，跳跃2人，长跑2人，短跑3人。因为专业原因大部分体育生安排在经济管理学院的人力资源管理、市场营销、农林经济管理、工商管理等专业，人文学院的法学专业，园林学院的旅游管理专业。

高水平运动队训练 教练员利用业余时间带领运动员每周训练6次，寒暑假正常。2015年共有6名教练员、40名运动员，参加1次全国和2次北京市田径比赛，获得2枚金牌、6枚银牌、7枚铜牌。

高水平运动队竞赛 3月4日，全国田径锦标赛室内赛(南京站)获男子七项全能第三名，获男子400米第四名。

4月23日，全国田径大奖赛(江苏淮安)获男子十项全能第四名，获男子400米第五名。

5月12~15日，第54届首都高校大学生田径运动会在北京电子职业学院举行。北林大田径代表队35人参加了23个项目(男子12项，女11项)的比赛，获得男子团体第五名，男女团体第五名。获男子甲组十项全能亚军、男子标枪季军、男子撑竿跳高季军，男子4×400米接力获得季军并打破学校接力纪录。

6月20日，全国田径冠军赛暨大奖总决赛(重庆)获男子十项全能第五名。

7月16~20日，第十六届全国大学生田径锦标赛由福建省石狮市闽南理工学院承办，全国共有124所高校参加本届比赛，其中甲组94所高校，北林大田径代表队选派18名运动员参加甲组比赛。

12月18日，北京市大学生田径精英赛在先农坛体育馆举行，北林大共有45名运动员参加比赛，获得2金5银4铜。 (王涛 陈东)

【党建工作】 2016年，体育教学部直属党支部现有中共党员26人，占总人数的74.3%。2016年，体育教学部直属党支部在学校党委领导下，认真落实学校党委工作要点，组织党员和教师学习习近平总书记系列重要讲话精神，积极贯彻落实校党委党建工作安排部署，深入开展“两学一做”教育活动。认真抓政治理论学习，增强“四个意识”。学习分3个层次进行，第一是二级中心组成员学。重点学习习近平总书记的系列重要讲话精神和党章党规，提高干部党员意识和责任感。第二是组织好党员学。采取自学和集中学习相结合，建立党员微信群，及时将学习资料传达给每位党员。第三是全体教师以“立德树人”为重点，学习十八届六中全会精神、习近平在教师节和全国高校思想政治工作会上的重要讲话等，学习优秀教师代表李小凡、李保国事迹，加强师德教育，提升教师的政治责任感。

严格执行“三重一大”决策制度，认真落实“党政同责、一岗双责”，制定了《体育教学部意识形态工作责任制实施细则》等。组织干部学习《中国共产党廉洁自律准则》《关于新形势下党内政治生活的若干准则》和《中国共产党党内监督条例》等，持续抓好八项规定。

开展主题教育活动。一是开展寻找“我身边共产党员的闪光点”活动，发现身边共产党员的闪光点，用身边的事教育身边人。二是开展“党纪党规”知识竞赛，通过竞赛，督促党员学习党纪党规。三是开展“做一名好教师好党员”主题教育活动，学习宣传李保国事迹，组织党员开展“合格党员行为规范”大讨论，要求教师党员发挥自身优势，加强体育宣传，全方位育人，引导广大学生更好地锻炼身体，增强体质。

加强工会和教代会工作。体育教学部协助校工会于4月组织教职工运动会，5月组织第六届“经管杯”教职工排球联赛，6月组织“北林科技杯”教职工篮球联赛，11月组织第四届“材料杯”教职工羽毛球比赛，12月第五届“园林杯”教职工乒乓球比赛。体育教学部教师积极参加教职工活动，担任裁判工作并组队参加比赛。除此以外，体育教学部继续开展女工瑜伽训练班和太极拳训练班，配合机关工会完成趣味运动会。

(姜志明 苏静)

马克思主义学院

【概　况】 北京林业大学马克思主义学院(Beijing Forestry University School of Marxism)成立于2016年1月22日，其前身为1953年成立的北京林学院政治课教研组。学院主要承担全校本科生及研究生的思想政治理论课教学工作，以及马克思主义理论与相关专业人才培养、学科建设、科学研究、社会服务等任务。

学院设马克思主义原理、毛泽东思想和中国特色社会主义理论、中国近现代史纲要、思想道德修养与法律基础4个教研室，为北京市高教学会马克思主义原理研究会第一、二届会长、秘书长单位，第三届荣誉会长、副会长单位。学院现有教职工37人，其中教授6人、副教授22人，讲师9人。45岁以下专职教师全部具有博士学位。

学院现有在校研究生19人，分布在马克思主义基本原理和思想政治教育两个学科。一年来，学院工作注重目标导向，顶层设计，以方向定思路，以思路定策划，以策划定方案，以方案定行动，以行动促成果。 (邓桂林　赵海燕)

【学科建设】 2016年，学院增列马克思主义理论一级学科硕士学位授权点，学科现下设4个二级学科：马克思主义基本原理、马克思主义中国化研究、中国近现代史基本问题研究和思想政治教育。马克思主义基本原理二级学科下设马克思主义发展理论与现时代、马克思主义生态思想与生态文明建设等研究方向。马克思主义中国化研究二级学科下设国家治理与绿色发展、马克思主义中国化与中国文化创新等研究方向。中国近现代史基本问题研究二级学科下设中共党史与党的建设、中国近现代社会发展与生态问题研究等研究方向。思想政治教育二级学科下设思想政治教育理论与实践、生态文明教育等研究方向。学院获批首批北京高校思想政治理论课教学改革示范点项目，成为北京高校中国特色社会主义理论研究协同创新中心协同单位。

师资队伍建设工作稳步推进；职称评定有序开展，3名教师晋升为副教授。2016年学院新增2名硕士生导师，现有硕士生导师21人。从学校其他部门引入1名科级干部，通过学校招聘补充1名员工负责教学科研秘书工作。选聘3名研究生助管和勤工助学人员参与学院有关工作。

(崔　璨　张秀芹)

【教学工作】 2016年，学院获批首批北京高校思想政治理论课教学改革示范点项目，成为北京高校中国特色社会主义理论研究协同创新中心协同单位。学院教师获校级教学改革研究项目4个，家骐云龙青年教师教学优秀奖1名，新任硕士生指导教师2名，获北京林业大学本科课程优秀教案二等奖教师2名，入选北京林业大学2016年教学改革论文集征文6篇。2名教师在北京林业大学第十二届青年教师教学基本功比赛中获二等奖，1名教师获三等奖，学院获教学基本功优秀组织奖。2名教师获评北京市思政课特级教授和特级教师，1名教师获北京市德育先进工作者。以提高思想政治理论课的针对性和实效性为核心，全面推进微格教学、专题教学、中班教学、雨课堂等教学内容和教学方法的改革与实践。 (崔　璨　张秀芹)

【科研工作】 学院教师共获批教育部人文社会科学一般课题1个，国家社科基金青年项目1个，北京市社会科学基金项目2个，首批北京高校思想政治理论课特级教授和特级教师各1名，北京高校思政课教师"扬帆资助计划"专项课题1个，2016年首度大学生思想政治教育课题3个，2016年北京高校中国特色社会主义理论研究协同创新中心课题立项3个，中央部门预算林业科技项目——林业软科学项目1个，北京林业大学重大科研成果培育项目2个。

(崔　璨　张秀芹)

【党建工作】 学院在3月、4月相继完成了党、政、工、学生各级组织机构建立工作，成立了3个教师党支部和1个学生党支部，配齐配强支部委员，党员35人；民主选举产生学院首届工会委员会和教代会执委会；选举产生首届团总支委员会、学生团支部。

专题研讨 马克思主义学院结合中国重大节庆日，围绕弘扬雷锋精神、当代爱国主义精神、学习习近平总书记在哲学社会科学工作座谈会上的讲话精神、纪念长征胜利80周年等主题，组织了4次专题研讨，16人次思政教师进行专题发言。

新党课学习 开展党员领导干部讲党课、思政课教师讲党课、普通党员讲党课、邀请专家讲党课系列党课活动。开展校领导、处级干部结对联系支部工作，副校长张闯、学工部副部长倪潇潇及学院副处以上干部参加了结对支部的主题党日活动、专题党课及组织生活会。学院发挥学科特色，成立思政课教师宣讲团，并制订思政课教师讲党课计划，确定了马克思主义经典著作导读、“五大发展理念”的思想渊源与理论内涵、马克思主义中国化与绿色发展等28个党课主题，供基层党支部选用参考。目前已面向基层讲授专题党课近47次，其他党课40余次，覆盖人数逾8000人次。学院4个党支部围绕“两学一做”加强支部建设、“中美大国新型外交关系”“从新时期中国特色大国外交理念看中非关系及南海局势”等主题，全部开展专题式党课，采用一人主讲多人参与的方式。学院邀请多位专家与师生进行面对面交流。

党内制度建设 按规定召开全体党员大会、支部委员会议，小组党员会议，上好党课，开展民主评议党员活动。继续深入推进党务公开工作，完善党内选举、党内民主决策、党内民主监督、党员定期评议等制度，畅通党员行使民主权利、发挥主体作用的渠道，切实保障党员知情权、参与权和监督权。

干部队伍建设 建立和实行中层干部工作考核制度，重平时考核、重实绩考核，使全体干部注重学习，自觉接受教育和监督。落实领导干部“一岗双责”，执行党风廉政建设责任制。强化岗位廉政教育、示范教育特别是反面警示教育，不断提高党风廉政教育的针对性。

支部队伍建设 学院设立了3个教工党支部和1个学生党支部，各党支部建设坚持规范化要求，按照“三会一课”等基本制度的要求开展支部工作和特色活动。包括评优、开展特色活动等，支部均坚持民主集中制，充分征求党员的意见。支部工作不仅明确目标导向，也做好过程管理，坚持做好事先准备、提前通知、档案记录和效果总结。

实践研修 学院与江西干部学院和福建古田红色培训基地合作，于7月10～17日举行两期思政课教师暑期研修班，两位教工党支部书记担任了临时党支部书记。

课题研究 支部多位党员是学校党委承担的“高校教师党支部发挥作用机制研究”课题的研究成员。通过调查研究高校教师党支部存在的问题及影响因素，建立党支部发挥战斗堡垒作用的机制，对如何加强质量建党更加明确。

党员队伍建设 学院做好党员组织关系排查工作，填写好信息采集表，确保没有失联党员和口袋党员。做好党员发展工作，严格按照学院党总支的要求，做好对入党积极分子、预备党员的支部内的培养教育工作。同时做好支部成员考察以及组织发展工作，建立党员对入党积极分子的培养－谈话人制度。

大学生思想政治教育工作 组织党支部、团支部开展主题党日、团日活动。针对团总支委员、班委、研究生会等主要学生干部，开展分层次、分类别的干部培训，增强团干部的服务意识。

党建特色工作 与居庸关村党支部开展共建活动，组织观看李保国先进事迹报告会，参观马克思主义展厅，参观中国工农红军长征胜利80周年主题展览，观看纪念长征胜利的影片《我们的长征》和反腐宣传纪录片《永远在路上》等活动。

民主集中和党风廉政 学院每学期召开民主生活会1～2次，保证党风廉政责任制落到实处，确保领导班子成员将主要精力投入到学院管理工作中。学院认真落实“三重一大”集体决策制度，发挥学院班子的集体决策作用，认真落实党务院务公开制度，重大事项交院工会教代会讨论决定。2016年，学院党员受党风廉政教育的覆盖面达百分之百，全院未发生干部、教职工违法违纪问题。 （崔　潇　赵海燕）

【学生工作】 在组织和制度建设方面，2016年马克思主义学院学生工作经历了从人文学院到马克思主义学院的过渡，交接了党团组织关系及党团建设，学生班级、心理工作，就业工作，评优助学等各项工作。马克思主义学院先后成立了班级、学生党团支部、研会等各学生组织，在学校团委等部门的支持下，马克思主义学院也于12月9日成立了院团总支。各项组织均建立了相关管理制度和规定，以确保各项学生活动顺利推进。

在思想引领方面，一是结合“两学一做”学习教育，学院邀请了多位校内外专家与学生进行面对面交流。如教育部思政司原副司长黄百炼教授为大家讲解了新的政治生态下高校党建的形势和任务。十八届六中全会之际，戴秀丽教授以“从党员的权利义务看从严治党”为切入点解读全会公报等。使学生紧跟时代步伐，提高政治思想素养。不断提高分析和解决问题的能力，坚定对马克思主义的信仰。二是结合学科的专业特点，定期举办《马克思恩格斯列宁经典著作》读书会，打造马克思主义学院学术品牌活动“马院讲堂”。邀请耶鲁大学菲利普·克莱顿博士为大家讲解“有机马克思主义的六大贡献”；邀请北科大左鹏教授讲解“当代社会思潮评析”；结合课程安排，邀请福建师范大学李闽榕教授与大家探讨“关于创新与评价的几个重要问题”；端午节之际，邀请学院教师揭芳为大家带来“‘立德树人’与当代大学生——基于传统文化视域的解读”等多场高水平的讲座。此外，学院还积极组织学生参加北京高校名家领读经典等活动。三是组建新媒体工作组，通过微信、校园网、QQ群等多种媒介宣传马克思主义理论和国家的相关政策及社会热点问题。

在开展活动方面，策划了“小马养成记”品牌活动，邀请相关领域有专长的教师和学生等为大家进行技能培训，目前已举办新闻写作培训、摄影技巧培训、就业经验交流、参观北林博物馆等活动。此外，学院还组织策划了一系列丰富多彩的文体活动，如院徽院训设计比赛、“迎七一”诗朗诵比赛、辩论赛等。在暑期马克思主义学院深入农村开展“中国梦进乡村”为主题的社会实践活动，进行理论宣讲和实地调研，最终获得了“优秀成果团队”的荣誉称号。马克思主义学院在党团支部建设、党员党性教育、党风廉政教育、爱国主义教育等方面组织学生开展了相关专题的学习和实践。如组织学生开展了“弘扬雷锋精神”的研讨会，呼吁大家在生活中积极践行雷锋精神，全心全意为人民服务；组织参观马克思展厅，与收藏者进行座谈；组织前往清华大学观看话剧《雨花台》；在五四青年节举办弘扬“社会主义核心价值观”座谈会；号召全院学生向李保国同志学习先进事迹并撰写心得体会；面向全院学生举办“我与社会主义核心价值观”为主题的征文比赛；开展弘扬长征精神系列活动；组织观看中国工农红军长征胜利80周年主题展览——《英雄史传，不朽丰碑》。

基于以上各项工作的推进，马克思主义学院还获得了“五四红旗团支部”的荣誉；1名指导获得暑期社会实践“北京市优秀个人”；在北京林业大学“达标创优”竞赛活动中，6人次获得优秀团支书、优秀团干部、优秀宣传委员、优秀组织委员、优秀团员等称号；“梦之队”暑期社会实践团队获得北京林业大学“优秀成果奖”，2人获得“先进个人奖”；2人被评为“北京林业大学优秀共产党员”。1人被教工委评为“重走长征路活动先进个人”；1人被评为学校“十佳研究生兼职辅导员”；1人获得“国家奖学金”；4人获得“北京市教工委双百奖学金”；1人获得学校优秀研究生称号；2人获得学校优秀研究生干部称号。60%学生获得校级以上奖励和荣誉。获得各项奖学金和院级奖励的人数实现100%全覆盖。

（崔　潇　李成茂）

【对外交流】 2016年，学院教师共有10人参加了国内外学术交流会议，并依托会议主题和教学课程提交了多篇论文。其中10人参加了国内马克思主义理论、哲学、马克思主义中国化与思想政治教育学科的学术论坛与研讨会、1人赴韩国参加了国际美术协会主办的第20届世界美学大会。

（崔　璨　张秀芹）

教育教学

本科教育

【概　况】 教务处全面负责学校本科教学运行与管理工作，下设教学运行管理中心、学籍管理与注册中心、考试中心、现代教育管理中心、实习实验教学管理中心、教学研究科、梁希实验班管理中心，共有教职工13人。

环境工程专业通过教育部工程教育专业认证。在计算机类、工商管理类、管理科学与工程类专业实行按大类招生，分层培养模式。设立计算机科学与技术专业创新实验班。在木材科学与工程专业设立木结构材料与工程方向，包装工程纳入林业工程类培养。

加入"全国高等农林院校教材建设战略联盟"，探索相关专业教材规划和建设。推进"十三五"规划教材申报及建设系列工作，211种教材入选各类"十三五"规划教材建设项目。评选2016年北京林业大学本科课程优秀教案31份。

联合中国老教授协会、中国农业大学共同主办2016全国农林院校"互联网+教育"高峰论坛，立足农林高等教育，紧密结合教学需求，以全方位视角探讨"互联网+教育"对高等农林教育教学的影响。

新增1个北京市教学名师，确立73个校级教学改革研究项目，完成13个北京高等学校教育教学改革项目结题、中期检查。完成新一届优秀教学成果奖评审工作，评选出优秀教学成果36项。编著完成《秉烛者的思考与实践(2016)——北京林业大学教学改革研究文集》。

林学实验教学中心获批北京市级实验教学示范中心；农林经济管理类人才培养校内创新实践基地获批北京市级示范性校内创新实践基地；河南董寨自然保护区成为学校第4个国家级大学生校外实践教育基地。评选优秀本科毕业论文102篇。

立项资助83个"国家级大学生创新创业训练计划"项目、120个"北京市大学生科学研究与创业行动计划"项目和167个"北京林业大学大学生科研训练计划"项目开展创新创业训练，参与训练学生1450名。举办第三届北京林业大学大学生创新创业训练成果展示与经验交流会，评选了10个大学生创新创业"优秀项目奖"、6个"优秀学术论文奖"。牵头举办第二届中国"互联网+"大学生创新创业大赛校级比赛，创意组共评选出校级优秀作品一等奖2项、二等奖3项、三等奖5项，初创组共评选出校级优秀作品2项。选拔百名学生进入实验班学习。推进"一院一赛事"活动。

2016届本科毕业生毕业率98.3%，学位授予率97.5%。推荐537名2013级学生免试攻读研究生。97名15级学生按照规定转入新专业学习。接收北京农学院及新疆农业大学交流生28人，接收北京农学院、北京联合大学、北京建筑大学双培生30人。

升级改善教室教学条件，更新投影机50台，更换摄像头7台，新购无线蓝牙麦克100台，基本实现全校公共课、大班授课教师"一师一麦"。优化新版教务管理系统，增加家长督学系统，上线学生端APP，修正相关功能模块常见错误。

2016年安排课程4841门次，办理教师调课2056节次。学生选课89 029门次。安排监考3685人次。编制完成2016～2017学年校历。组织13 404人次参加全国大学外语四、六级考试，参与监考及考务工作人员共938人次。开展教学期中检查工作，校领导听课31门次；教学管理人员听课576人次；各学院(部)听课卡1660人次，开展观摩教学129场，召开学生座谈会121场、教师座谈会184场。

牵头21个单位完成国家数据平台2016年教学状态数据填报工作，填报七大类，78张表，

674 项数据，涵盖学校基本信息、学校基本条件、教职工信息、学科专业、人才培养、学生信息、教学管理与质量监控 7 个方面内容，撰写完成 2015 ~ 2016 学年本科教学质量报告。

【专业设置】 学校共有 60 个专业及方向，涵盖了教育部设置的 12 个学科门类中的理学、工学、农学、文学、艺术学、经济学、管理学、法学 8 个学科门类。60 个专业及方向分布情况是理学门类 7 个专业，工学门类 22 个专业及方向，农学门类 10 个专业及方向，文学门类 3 个专业，艺术学门类 5 个专业，经济学门类 2 个专业，管理学门类 10 个专业及方向，法学门类 1 个专业。其中，国家级特色专业建设点 12 个，11 个专业入选"卓越农林人才培养计划"改革试点项目。

（孙　楠　黄国华）

表 3　北京林业大学 2016 年专业设置情况一览表

学院	专　业
林学院	林学
	林学（森林防火方向）
	林学（城市林业方向）
	森林保护
	草业科学（草坪科学与管理方向）
	草坪管理（中美合作办学方向）
	地理信息科学
水土保持学院	水土保持与荒漠化防治
	自然地理与资源环境
	土木工程
生物科学与技术学院	生物技术
	生物科学
	食品科学与工程
园林学院	园林
	旅游管理
	风景园林
	园艺（观赏园艺方向）
	城乡规划
经济管理学院	农林经济管理
	工商管理
	信息管理与信息系统（管理信息方向）
	物业管理
	会计学
	统计学
	金融学
	国际经济与贸易
	市场营销
	电子商务
	人力资源管理
自然保护区学院	野生动物与自然保护区管理
工学院	机械设计制造及其自动化
	车辆工程
	自动化
	电气工程及其自动化
材料科学与技术学院	木材科学与工程
	木材科学与工程（家具设计与制造方向）
	木材科学与工程（木结构材料与工程方向）
	包装工程
	林产化工
	林产化工（制浆造纸工程方向）
人文社会科学学院	法学
	应用心理学
外语学院	英语
	商务英语
	日语
信息学院	信息管理与信息系统
	计算机科学与技术
	计算机科学与技术（物联网方向）
	数字媒体技术
	网络工程
艺术设计学院	动画
	产品设计
	环境设计
	视觉传达设计
	数字媒体艺术
环境科学与工程学院	环境科学
	环境工程
	给排水科学与工程
理学院	电子信息科学与技术
	数学与应用数学

（孙　楠　黄国华）

【专业建设】 召开“卓越农林人才教育培养计划”推进会，组织11个入选卓越农林人才教育培养计划的专业开展项目中期总结及二期建设工作，撰写完成“卓越农林人才教育培养计划试点项目中期总结报告”，上报教育部。

环境工程专业通过工程教育专业认证，有效期2年。（孙　楠　黄国华）

【教学运行】 编制2016～2017学年校历，安排39周。2016年安排本科课程4841门次，办理日常调课手续2056门次。教师补课、学生活动、计划外课程等借用教室约63 744学时。受理教学执行计划调整23门次，其中必修课4门次，专业选修课18门次，公共选修课1门次。开设本科生选修课1457门次，其中专业选修课1023门次，全校公共选修课434门次。办理学籍异动学生学分折算认定工作104人次。选拔研究生助教86人次。核算2012～2015年教师教学工作量。（范凌云　冯　强）

【人才培养】 总结林学类、生物类、林业工程类、计算机类和艺术类“按类分层培养”经验，新增工商管理类和管理科学与工程类2个专业大类，扩大“按类分层培养”的试点范围。设立木材科学与工程（木结构材料与工程方向），并将现有的包装工程专业并入林业工程大类培养，实现材料学院按学院培养。（孙　楠　黄国华）

【梁希实验班】 从2016级新生中选拔100人进入梁希实验班学习，其中林学与森林保护方向20人，水土保持与荒漠化防治方向20人，农林经济管理方向30人，木材科学工程与林产化工方向30人；从园林学院相关专业二年级学生中选拔29人进入园林梁希实验班。

2016年，20人因必修课考试成绩不及格转出梁希实验班。

开展2013级梁希实验班推荐免试研究生工作，39人获得推荐资格，其中23人保送至北京大学、清华大学、中国科学院等国内一流大学及研究院所读研，16人在北京林业大学继续读研。

2016年，梁希实验班学生8人获得国家奖学金，28人获得梁希一等奖学金，4人获得文体优秀奖，33人获得“三好学生”称号，43人获得“优秀学生干部”称号，6个班级获得“优良学风班”称号，2个班级获评“十佳班集体”。梁希实验班学生获批国家级大学生创新训练计划项目10个，北京市大学生科学研究与创业行动计划项目16个，校级大学生科研训练计划项目13个。（林　娟　孟祥刚）

【学科竞赛】 2016年，在校本科生在学科竞赛中获奖315项，获奖752人次，国家级特等奖1项，一等奖6项，二等奖14项，三等奖20项，优秀奖28项，入围奖1项；北京市级一等奖23项，二等奖51项，三等奖59项，优秀奖36项，参赛奖9项。（林　娟　孟祥刚）

【大学生创新创业活动】 2016年，学校实施大学生创新创业训练计划，立项83个“国家级大学生创新创业训练计划”项目、120个“北京市大学生科学研究与创业行动计划”项目和167个“北京林业大学大学生科研训练计划”项目，参与学生共计1450人。3月、9月分别针对已到期的各级项目开展阶段汇报、中期检查和结题验收，对通过验收的项目颁发结题证书。

举办第三届北京林业大学大学生创新创业训练成果展示与经验交流会，总结2015年学校实施“大学生创新创业训练计划”以及开展大学生学科竞赛成绩，分享成功经验，激发更多大学生自主创新创业，推进创新创业教育，评选出10项大学生创新创业“优秀项目奖”、6项“优秀学术论文奖”。

教务处与研工部、招生就业处、学生处、团委、校友会、大学生科技园等部门联合举办第二届中国“互联网＋”大学生创新创业大赛校级比赛，创意组共评选出校级优秀作品一等奖2项、二等奖3项、三等奖5项；初创组共评选出校级优秀作品2项，推荐4个项目参加北京市复赛，获得北京市二等奖2项，北京市三等奖2项。

（林　娟　孟祥刚）

【教学检查】 开展两个学期的期中教学检查，通过听课、观摩教学、开展座谈会等形式，对本科教学情况进行了全面的检查。共收回各教学院（部）提交的听课卡1813份，被听课教师666人，被听课程793门次，组织129次教学观摩、184

场教师座谈会以及121场学生座谈会，并对教学检查情况进行总结。 （冯 强 黄国华）

【考试管理】 组织完成6月和12月的全国大学外语四、六级考试。共13 404人参加考试，其中英语四级4279人、英语六级9118人、小语种7人。

组织学校学生参加2016年全国大学生英语竞赛，共有804人参加学校初赛，5人参加全国决赛。

组织2015～2016学年第二学期期末考试和2016～2017学年第一学期期末考试，包括日程安排、监考、巡考安排等工作。全年监考人数3685人次。

要求监考教师遵守规定完成监考任务，维护考场秩序。与学生处建立联动机制，组织督考巡查组，加强考场巡查监管力度。

继续在相关学院推行考试改革工作，鼓励教师根据课程特色和性质确定灵活多样的考试形式。 （张艺潇 冯 强）

【毕业论文(设计)】 严格规范2016届本科毕业生毕业论文(设计)答辩工作，结合学校期中教学检查，组织毕业论文(设计)中期检查。6月20～27日，开展全校性毕业论文(设计)答辩。同时，评选出2016届校级优秀本科毕业论文(设计)102篇，编印了摘要汇编，并向学生和教师颁发了证书。 （于 斌 黄国华）

【学籍管理】 完成2016届本科毕业生资格审查工作。审查毕业生学分状况、外语四级通过情况、是否取得毕业证与学位证等情况，为资格审查不合格学生提供修读不合格课程机会，最终2016届本科毕业生3251人中3195人达到毕业资格，毕业率达98.3%，3171人达到学位授予资格，学位授予率达97.5%。向上级主管理部门上报3251人的学历数据和3171人授予学士学位的信息。

168人2015级学生提出调整专业申请，经过学院初审、教务处复审、转入学院复试，97名学生审核、复试合格后转入新专业学习。

推荐537人免试攻读2017届研究生，占2013级学生总人数的16.2%，其中有228人选择继续留在本校攻读研究生，占推荐比例的42.5%。此外，继续选拔“学术特长生”，破格选拔4名具有学术特长的学生免试攻读2017届研究生。 （申 磊 孟祥刚）

【教学队伍建设】 1名教师获评第十二届北京市教学名师。组织开展第三届北京林业大学教学名师专项教学改革项目申报工作，设立6个教学名师建设项目。

组织开展2016年本科课程优秀教案评选工作，评出31份优秀教案，其中一等奖8份，二等奖16份，优秀奖7份。 （孙 楠 黄国华）

【教材建设】 学校加入“全国高等农林院校教材建设战略联盟”，探索相关专业的教材规划和建设，不断推进优质教材建设工作。

全面推进“十三五”规划教材申报及建设系列工作，先后组织开展国家林业局教材建设办公室及中国林业出版社“普通高等教育‘十三五’规划教材”、机械工业出版社普通高等教育“十三五”规划教材(计算机类与电气信息类)、科学出版社“普通高等教育‘十三五’规划教材”暨数字化项目、中国农业出版社“全国高等农林院校‘十三五’规划教材”暨数字化项目等申报工作等，共211种教材入选各类“十三五”规划教材建设项目。 （孙 楠 黄国华）

【教学研究】 组织8个北京高等学校教育教学改革项目结题，5个北京高等学校教育教学改革项目中期检查，均顺利通过。

组织开展北京林业大学2016年度教学改革研究项目申报工作，批准设立73个校级教学改革研究项目。组织各教学院(部)对2016年以前的专业建设、教学团队、教改研究、精品课程、精品开放课程等本科教学工程项目进行评审检查，共完成项目中期检查31个，结题44个。

面向全校征集教学改革研究论文，推广优秀教学成果，经过评审遴选出优秀论文131篇，出版教学改革研究论文集《秉烛者的思考与实践(2016)——北京林业大学教学改革研究文集》。

（孙 楠 黄国华）

【网络教学管理】 在教务管理系统基础上开发

并投入使用家长督学系统；为方便学院二级教学管理，教务系统新增了园林学院大作业管理模块及体育教学部分项目成绩管理模块。

（尹大伟　孟祥刚）

【教学实验室建设与实践教学】 投入中央改善基本办学条件专项资金462.55万元改善本科实验教学中心，林学实验教学中心获批北京市高等学校实验教学示范中心；农林经济管理类人才培养校内创新实践基地获批北京高等学校示范性校内创新实践基地。（于　斌　黄国华）

【教学实习基地建设】 截至2016年年底，学校有172个校外签约教学实习基地。继续加强国家大学生校外实践教育基地和北京高等学校市级校外人才培养基地建设。继续支持董寨国家级自然保护区教学实习基地建设，基地于2016年7月挂牌成为学校第四个国家大学生校外实践教育基地。（于　斌　黄国华）

【双培计划】 开展北京市启动的央属院校、市属院校共同培养人才工作（简称“双培计划”）。接收北京农学院、北京建筑大学、北京联合大学的30名学生来校学习3年，在专业建设、教学团队、教学组织、学分互认、学籍管理、学生奖惩、党团组织、后勤保障等多个方面制订实施方案。（申　磊　孟祥刚）

本科教学质量监控与促进

【概　况】 本科教学质量监控与促进中心（简称教评中心）于2015年10月完成组建工作，对本科教学质量实施常态监控、评估，促进和推动教师教学能力发展和提升。下设教学质量监控与评价科、教学能力促进与培训科。现有教职工3人。

2016年，教评中心紧密围绕“教学质量监控”和“教师教学能力提升”两个核心工作，将教学质量监控和教师教学能力发展紧密联系起来，加强整体设计，不断完善教学质量监控体系，建立有利于促进教师教学能力提升的长效机制。

加强教学质量监控体系建设。扩充督导队伍，增设“本科教学兼职督导”，聘任新一届本科教学督导。完善学生教学信息监控体系，组织学生评教、全学程问卷调查，聘任新一届教学信息员，全面收集教学信息。联合校内相关部门撰写《北京林业大学2015~2016学年本科教学质量报告》。

全面实施教师教学能力提升计划。组织开展了12次校内教学技能培训活动。举办学校第十二届青年教师教学基本功比赛，增设“特色组”比赛。

【教学督导】 学校进一步扩充督导队伍，增设“本科教学兼职督导”，续聘7名教学专职督导，聘任37名教学兼职督导。2016年，督导听课800余节次，收集了大量课堂教学一手资料，发现问题及时反馈，为学校教学管理部门完善制度、推进教改提供参考意见。督导注重听课后与教师的交流沟通，尤其是针对青年教师的一对一指导与咨询工作，为提高青年教师教学水平出谋划策。

加强教学督导工作信息化建设，与信息学院教师团队合作开发督导评教系统，分网页版和移动端两个版本，实现网上查看学期关注课程、在线填写提交《听课评价表》、实时查看督导评教进展、评教数据及时统计分析等功能。

（谢京平　张　戎）

【学生评教】 组织开展学生评教工作，获取学生对课堂教学效果的反馈。2016年，评教课程近4500门次，向教学院（部）及任课教师反馈评教结果，并请督导组对学生评教分数较低的教师进行跟踪听课、系统指导。

（陈俊生　张　戎）

【教学质量满意度调查】 开展问卷调查，全学程收集学生教学方面的需求、困扰及满意度情况。开展新生需求调查，二、三年级学生教学调查和毕业生满意度调查，共回收有效问卷3226

份，充分了解新生的学业预期和学习中的困扰，二、三年级学生的需求与意见，毕业生对学校的整体满意度，查找办学薄弱环节，为教学相关改革方案制订提供参考。（陈俊生　张　戎）

【教学质量信息反馈】 联合教务处、人事处、发展规划处、财务处、招生就业处、基建房产处、实验室与设备管理处、信息中心、图书馆、体育教学部等部门共同完成《北京林业大学2015～2016学年本科教学质量报告》的撰写工作，按时上报教育部。（陈俊生　张　戎）

【教学信息员】 聘任189名本科生担任2016～2017学年教学信息员，收集一线教学信息，发现问题及时反馈，搭建学校、教师、学生之间沟通的纽带和桥梁。召开教学信息员业务培训会，提高教学信息员业务水平。共处理、回复教学信息员反馈的意见及建议130余条。

（陈俊生　张　戎）

【教学技能培训】 2016年，教评中心收集整理学生评教、督导听课、教学调查问卷等质量监控工作中获取的教学信息，结合教师实际需求，整体设计，制订教学能力培训方案，开展了12次校内教学技能培训活动，其中以介绍先进教学模式为主题的专题讲座2次，以“深入剖析教学片断”为侧重的大型微格教学分享活动1次，以促进教师间交流分享为宗旨的教学沙龙4次，以教学示范和点评为重点的公开课5次。中青年教师共800余人次参加培训。（谢京平　张　戎）

【青年教师基本功比赛】 11～12月，教评中心联合校教务处、人事处、工会共同举办学校第十二届青年教师教学基本功比赛。本届比赛分为初赛和决赛两个阶段，历时一个半月，全校共有348名青年教师参与，突出了两个特点：一是结合学校教育教学改革方向，增设“特色组”，引导青年教师探索先进教学方法和手段。二是强化赛前培训，通过校院两级开展的专题培训、教学观摩、点评辅导、经验分享等一系列活动，引导青年教师梳理教学内容，进行教学反思。12月23日，学校举办决赛，评选出一等奖5名、二等奖24名、三等奖37名，最佳教案奖3项、最佳教学演示奖3项、最受学生欢迎奖3项、最佳指导教师奖5名，优秀组织奖4个。

（谢京平　张　戎）

学位教育与研究生教育

【概　况】 北京林业大学研究生院（Graduate School of Beijing Forestry University）于2000年经教育部批准试办，2004年正式建立，主要负责组织实施全校的学位与研究生教育管理工作。现有教职工14人，研究生院机构设置有招生处（3人）、培养处（5人，含新聘合同制人员1人）、学位与信息管理处（3人）、综合处（2人）。党委研究生工作部是学校党委直属的职能部门，于2005年经校党委批准设立，负责全校研究生德育、党建、就业、学生管理、研究生“三助”、学籍管理以及研究生共青团等工作，现有教职工6人（含“2＋3”管理人员1人），与研究生院合署办公。

2016年，学校拥有9个一级学科博士学位授权点、27个一级学科硕士学位授权点、47个二级学科博士学位授权点、123个二级学科硕士学位授权点、12个硕士专业学位授权点（21个领域）。博士、硕士点覆盖10个学科门类。

2016年，新遴选出20名博士生指导教师（含副教授2名）、41名硕士生指导教师（含讲师9名）和8名风景园林专业学位指导教师。审批和聘任研究生副导师34人次（其中博士研究生副导师16人次，学术型硕士研究生副导师18人次）；申请转导师26人（其中博士研究生8人，硕士研究生18人）。

截至2016年年底，有中国工程院院士2人，在岗研究生导师729人，其中博士生导师247人，硕士生导师482人。2016年招收研究生1767人（博士生267人，学术型硕士生820人，全日制专业学位硕士生680人）。2016年，研究生毕业生总数1423人（其中博士183人，硕士1240人）。授予研究生学位1693人（博士学位

185人(含林科院联合培养博士6人)、学术型硕士学位680人、同等学力申请硕士学位人员2人、全日制专业学位硕士564名、在职专业学位硕士262名)。截至2016年年底，在校全日制研究生5061人(博士生1242人，硕士生3895人)。留学生161人(博士留学生65人，硕士留学生96人)。在职专业学位研究生1142人。

2016年，制订《北京林业大学关于推进专业学位研究生培养模式改革的实施方案》，从教学模式改革、师资队伍建设、论文评价指标体系构建、质量评估体系与质量监督机制建设等方面推进学校专业学位研究生培养模式改革；修订《关于研究生任课教师的若干规定》，增加正确意识形态的教育和引导内容。

2016年，制订《北京林业大学学位授权点动态调整工作实施办法》，启动学位授权点动态调整工作。经校学位评定委员会审议通过撤销理论经济学一级学科学位授权点，增设马克思主义理论一级学科，并提交北京市学位委员会审批备案。编制《北京林业大学学位与研究生教育十三五规划》；生物学院"江苏绿扬北京林业大学食品加工与安全专业学位研究生工作站"入选全国首批农业实践教育示范基地。4篇论文获第二届全国林业硕士优秀学位论文和3个全国林业硕士优秀教学案例。继续实施研究生招生阳光工程建设、首设研究生生源质量提升计划项目，为来自全国各地高校的优秀应届本科毕业生推荐免试北京林业大学研究生搭建了解交流的平台。通过学术型研究生和全日制专业学位研究生培养环节督导、学位论文学术不端行为检测系统检测、博士学位论文预审查、学位论文隐名送审、校级优秀学位论文评审、研究生学术交流与访学等多项举措，提高研究生培养质量。2016年，研究生招生计划与学院绩效挂钩，扩大单列招生计划规模，13个学科采取"申请－审核"方式招收博士研究生，硕士毕业单位为国家重点院校的比例提高。2016年，以研究生为第一作者发表SCI、EI收录论文552篇，占全校收录论文总数的78.63%，其中影响因子≥5.0的论文51篇。9名研究生获得校长奖学金，55名教师获北京林业大学"2015～2016年度优秀研究生指导教师"称号，13名博士生和42名硕士生的学位论文被评为校级学年优秀学位论文，学校表彰奖励优秀学位论文作者和导师。

2016年，2名博士研究生获得宝钢优秀学生奖学金。1名研究生获"全国林科十佳毕业生"称号。全国第十二届研究生数学建模竞赛中获得三等奖1项。园林学院10名研究生在国际风景园林师联合会(IFLA)国际大学生设计竞赛中获奖，*Grace of Flood* 获得二等奖，*Back to Lake Poopo* 获得三等奖。35名研究生在中日韩风景园林设计竞赛中获奖，*Running Illuminates City* 获得金奖，*GIT with IT*、*RunTastic*、*Green Breeze*、*A Marathon of Nature and Urban*、*City Artery*、*Green Cube* 获得入围奖。46名学生在中国风景园林学会(CHSLA)大学生设计竞赛中获奖，《重·缝——缝合城市的京张铁路绿廊》《回到土地——黄土高原城市侵蚀土地的再生实验》获得二等奖，《船厂·新生》《智慧集装箱——大连市五二三厂废弃海岸改造设计》获得三等奖，《以海定域——青岛胶州湾生态修复设计》、《Ponds Net——废弃锰矿情境下的陂塘系统再生策略》《BIG ORBIT——北京废弃环铁试验区生态修复背景下的都市农业观光产业区规划》《又见东鞍山——鞍山市鞍山矿区景观修复》《让土地自述——重庆大渡口区钢铁厂遗址景观生态修复设计》《FROM EXTRACTION TO EXPORT——基于地域性生态恢复策略的广西北部湾废弃采石场和本土滩涂景观再生》《重生的山城脊梁——自然过程引导下的多解转化：铜锣山采石场生态修复规划》获得佳作奖。2016年，研究生评优工作中研究生各类奖励累计达5049人次，奖励金额3359.58万元。包括研究生学业奖学金获得者3994人，校长奖学金9人(博士研究生8人，硕士研究生1人)，国家奖学金123人，优秀研究生272人，优秀研究生干部317人，学术创新奖(个人)249人，学术创新奖(团队)10支，研究生优秀班集体26个，研究生优秀班主任21人，学术腾飞奖1人，北京高校马克思主义理论专业研究生新生奖学金获得者3人、学术奖学金获得者1人，北京林业大学龙源林业奖学金10人，北京市优秀毕业生69人，校级优秀毕业生121人。

(黄月艳　张立秋)

【研究生招生】

各类研究生招录情况　①博士研究生招生：

2016 年共录取博士研究生 267 人，其中，第一培养单位为林科院的联合培养生 6 人，骨干计划 4 人；硕博连读方式招收 137 人(其中 8 人属于计划单列)；各种方式招收的计划单列生合计 14 人；“申请 - 审核”方式招收 37 人；直接攻博招收 5 人。②硕士研究生招生：2016 年共录取全日制硕士研究生 1500 人，其中学术型硕士生 820 人，全日制专业学位硕士生 680 人。录取人数比 2015 年增加 31 人，增幅 2.1% 。

深化研究生招生改革 ①推进“申请 - 审核”制招收博士研究生。2016 年，学校共计 13 个学科通过“申请 - 审核”制招收博士研究生，硕士毕业单位为国家重点院校的比例提高。学校进一步推动农学、工学和理学门类其他学科的博士招生改革工作，除管理学外，2017 年全面实施“申请 - 审核”制招收博士研究生。②加强学院学科在博士研究生招生工作中的自主性。在本年度的博士生报名工作阶段，凡是通过“申请 - 审核”制招生的学科，在招生处进行培训和过程监督的基础上，考生的报名资格审核均由报考学院和学科负责。③继续控制博士生在职人员录取比例，实现持续下降。2016 年共计录取定向就业博士生 28 人(含专项计划以及联合培养)，在职考生数占录取总人数比例为 10.48% ，比 2015 年下降 4.52% 。④首次在 2017 年推免生接收工作中启用复试费缴费系统。采用新的收费方式后，考生可通过网络支付复试费，各学院招生工作人员无须接触现金。⑤继续严格执行招生导师资格审核。累计 895 名导师通过 2017 年度招生资格审核，包含新任的 1 名副教授和 7 名讲师分获博士、硕士招生资格，另有 6 名博士生导师和 32 名硕士生导师未通过招生资格审核。

招生新变化 ①硕士新增专项计划。硕士研究生新增“退役大学生士兵”专项硕士研究生招生计划 10 名。②学术型硕士研究生招生学科减少两个。原人文学院的马克思主义基本原理、思想政治教育两个二级学科合并为马克思主义理论一级学科，在新成立的马克思主义学院招收硕士研究生。信息学院原计算机软件与理论和计算机应用技术两个二级学科合并为按计算机科学与技术一级学科进行招生。③新增 234 名非全日制硕士研究生招生计划。在职人员攻读硕士学位招生工作以非全日制研究生教育形式纳入国家招生计划和全国硕士研究生统一入学考试管理。学校原全日制工商管理硕士、公共管理硕士和旅游管理硕士全部调整为按非全日制招生，同时还增加了林业硕士、风景园林硕士、软件工程、林业工程和会计 5 个专业领域招收非全日制硕士研究生。④环境科学与工程学院博士招生学科调整。生态环境工程学科(代码 0713Z5)首次按生态学一级学科下的二级学科招生。

招生阳光工程建设 ①硕士研究生招生考试自命题阅卷组织工作，要求按考试科目成立评卷小组，选聘足量的评卷教师，做好评卷、核分和复查的分工；各学院安排复核专员，负责本学院所有自命题科目的分数复核和系统录入工作。②加强对博士生“申请 - 审核”制招生工作各个环节的管理和监督。组织召开“申请 - 审核”制博士招生工作交流研讨会，要求已实行“申请 - 审核”制招生的学院和学科认真分析总结，对现有方案和细则进行修订；尚未开展相关工作的学科所属学院通过学习交流，组织导师共同参与制订学院的实施方案和学科的考核细则。考核过程要求学科全程录音录像，纪检监察部门和研究生院工作人员到考核现场进行巡视。③多渠道、多途径加强考生诚信教育，多措施保障净化研究生考试环境。考前在研究生院官方网站及研究生招生微信公众号对考生发布诚信考试教育公告；借助校宣传部加强对在校生及监考老师进行考风考纪宣传；考试期间，在考生入场前利用金属探测进行安检，打击各种违纪作弊行为。④坚持招生信息公开。严格按照招生工作管理工作要求，在招生复试录取阶段，及时公开学校相关政策和考生相关复试录取信息，接受全社会监督。

生源拓展 2016 年，招生处以生源质量提升为目标，继续推进生源拓展工作。一方面到全国各地参加研究生招生咨询活动；另一方面调动学院在生源质量提升工作上的积极性，设立研究生生源质量提升计划项目。①开展研究生招生现场咨询活动。2016 年，招生处除在中国研究生招生信息网、中国教育在线网络进行招生宣传外，进一步加大线下招生宣传力度，先后组织由研究生院老师带队的学院管理人员及导师参加的招生小组 40 余人，分赴各地参加“2017 年全国研究生招生咨询活动"12 场。招生处首次制作研究生招生宣传册，详细介绍教育概况、相关政策、招生学科和常见问题解答。②重视招生宣传，提升优质生源质量。充分调动学院、学科积极性，首设"研究生生源质量提升计划项目"，资助一项博士生学术论坛和四项暑期夏令营。

（何艺玲　张立秋）

【研究生培养】

课程教学　在全日制研究生课程教学中，2016 年春季学期计划开设 352 门，停开 105 门，实际开设 247 门；2016 年秋季学期计划开设 417 门，停开 40 门，实际开设 377 门；全年组织各学院完成 45 门在职专业学位研究生的授课工作。采取指纹仪签到抽查在职专业学位研究生课程教学考勤情况，授课期间累计检查 130 余次，并将存在问题以发文形式向有关学院通报。9 月，启动 2016 级研究生申请免修第一外国语课程工作。经个人申请、导师同意、学院初审、研究生院复核，获准免修 268 人，其中博士生免修博士生英语一外 101 人、免修博士生日语一外 1 人、学术型硕士生免修硕士生英语一外 112 人、专业学位硕士生免修专业学位英语一外 51 人、林业硕士专业学位研究生免修林业硕士专业英语 2 人、公共管理专业学位硕士生免修公共管理专业英语 1 人。

培养方案修(制)订　2016 年新增"美术"硕士专业学位招生专业并于当年 9 月开始招生，提前组织艺术学院制订该专业的培养方案。园林学院从 2016 年起风景园林硕士培养的学习年限由两年调整为三年，组织完成了对应的培养方案调整等有关工作。

培养制度修订 2016 年，完成《关于研究生任课教师的若干规定》《研究生国内外学术交流资助管理办法》等文件的修订工作。

培养环节管理　2016 年，对 2016 年研究生培养环节工作进行了总体部署和安排，结合研究生教育督导重点对 2014 级学术型研究生中期考核和 2015 级研究生开题报告进行了督促和检查；要求各学院对提交的 2016 年毕业答辩研究生的学分、培养环节进行资格初审，并抽查各学院审核完成的资格初审情况，针对发现的问题与各学院沟通。3～9 月，继续组织专家抽查学院提交的 1257 篇 2014 级研究生开题报告，共抽查评审 231 篇开题报告(其中博士研究生 35 篇、学术型硕士研究生 93 篇、全日制专业学位研究生 103 篇)，占学校招生总数的 18.52%；抽查的开题报告覆盖了 12 个学院 72 个学科/专业学位类别/领域，占招生学科/专业学位类别/领域总数的 89.87%。抽查的 231 份中，抽查 171 篇 2015 年研究生学位论文在预答辩和外审环节未通过以及 2015 年研究生开题报告抽查中评价结果为良好以下的导师指导的 2014 级研究生开题报告。被抽查的开题报告中，"优秀""良好""中""差"各等级的占比分别为 15.15%、61.47%、21.65%、1.73%。各学院分析本次研究生开题环节抽查中存在的问题，相关负责人已于 11 月中旬前将制订的开题整改方案报送到培养处。

课程教学与培养环节督导　2016 年，研究生教育督导共听课 160 次，督导 17 个学科/专业学位类别/领域 112 名 2015 级研究生开题报告，10 个学科 86 名 2014 级研究生中期考核。全年在全校范围内组织召开一次学位与研究生教育督导工作会，各学院主管院长、研究生秘书，研究生各部分工作人员参加会议。4 名研究生教育督导对工作进行全面总结，并对在研究生课程教学、开题报告、学位论文预答辩和答辩等工作中发现的问题提出整改的意见和建议。

硕博连读选拔　6～10 月，硕博连读选拔工作经研究生个人申请、导师推荐、班级评议、学院资格审核、学科业务考核、学院审查、公示并上报初评名单、研究生院复审与公示之后，最终批准 148 名研究生获得硕博连读资格(其中学术型硕士研究生 136 人，全日制专业学位硕士研究生 12 人)，此次硕博连读选拔人数占博士生招生总人数的 59.92%。

（赛江涛　张立秋）

【研究生学位】

制度建设　10 月，完成《北京林业大学学位与研究生教育"十三五"规划》的撰写；12 月，完成《北京林业大学学位与研究生教育年度质量报告(2014～2015)》的撰写。

学位申请　①答辩资格审查。2016 年，有 294 名博士研究生在网上提交学位论文答辩申请，实际通过答辩资格审查 200 人。②学位论文学术不端检测。对199名博士研究生和1636名硕士研究生的学位论文在隐名送审前进行学位论文学术不端行为检测，检测次数共计2487次。③学位论文预审。对198名博士研究生的学位论文进行预审，其中有188名博士研究生通过预审。④学位论文隐名送审。对188名通过学位论文预审的博士生的学位论文实行隐名送审，博士学位论文的送审工作由研究生院负责。工学院、环境学院、经管学院、林学院、马克思主义学院、人文学院、水保学院的学术型硕士、外语学院、信息学院、园林学院、自然保护区学院的硕士研究生的学位论文全部实行隐名送审，水保学院全日制专业硕士学位论文采用50%的比例随机抽取，其他学院的硕士学位论文继续采用30%的比例随机抽取确定。2016年，共完成1508名硕士研究生学位论文送审工作，其中包括680名学术型硕士、2名同等学力申请硕士学位人员、564名全日制专业学位硕士和262名在职专业学位硕士。⑤同等学力申请硕士学位人员的学位申请资格审核。3月，在“全国同等学力人员申请硕士学位管理工作信息平台”，完成19名同等学力人员申请硕士学位外语和专业综合考试现场确认、资格审核及报名工作。

学位授予 2016年，组织召开两次校学位评定委员会会议讨论研究生学位授予问题，共授予研究生学位1693人(博士学位185人、学术型硕士学位680人、同等学力申请硕士学位人员2人、全日制专业学位硕士564名、在职专业学位硕士262名)。

导师队伍建设 2016年遴选出20名博士生指导教师(其中教授18人，副教授2人)，41名硕士生指导教师(其中副教授32人，讲师9人)和8名风景园林硕士专业学位研究生指导教师。审批和聘任研究生副导师34人次(其中博士研究生副导师16人次，学术型硕士研究生副导师18人次)；申请转导师26人(其中博士研究生8人，硕士研究生18人)。

优秀论文遴选 2015~2016学年共评选出13篇优秀博士学位论文、42篇优秀硕士学位论文、53名优秀研究生指导教师，并奖励优秀硕士、博士学位论文作者和导师。

(王国柱 张立秋)

【研究生教育创新】

研究生创新人才培养建设 2016年，开展4项研究生教育创新工作。①规范性工作：研究制定《北京林业大学研究生培养指导委员会章程》《北京林业大学关于推进专业学位研究生培养模式改革的实施方案》《林学博士硕士学位授权一级学科点申请基本条件》《林业硕士专业学位授权点申请基本条件》。②研究生教育资源开发工程。完成198个学科前沿性专题讲座课程建设项目申请与立项建设，并已全部结题验收，组织国内外198名知名专家为研究生进行专题讲座授课，累计资助经费26万余元；10~12月，组织完成对2015年批准立项建设的六大类(高水平全英文研究生核心课程项目、优质研究生核心课程项目、公共创新基础平台课程项目、教学研讨项目、研究生课程教材出版项目、课程案例库建设项目)共112个课程建设项目的中期检查，督促各项目按计划有效实施。③精英研究生培养体系。3~4月，组织完成15个2014年(两年期)和21个2015年研究生科技创新专项计划项目结题验收工作，其中50%的项目已按期完成，研究生共发表SCI收录论文47篇，授权发明专利1项，软件著作权3项，获国际设计竞赛奖1次；2016年，完成33个产学研联合培养研究生基地项目的结题验收工作，有18个项目按期完成，共发表核心期刊论文20篇，SCI论文4篇，EI论文2篇。4月，启动第二期产学研联合培养研究生基地项目申报工作，经过初审和评选，共立项资助11个项目，2016年产学研联合培养研究生基地项目合计达到29个；4~5月，组织开展全日制专业学位研究生教育建设项目(二期)的验收，在参加验收的11个项目中，林业硕士、风景园林硕士、农业硕士(食品加工与安全领域)、会计硕士4个项目获评优秀，其他项目均获通过；6月，首次开展校级全日制专业学位研究生专业实践基地的评选，经过组织评审，从19个专业实践基地中评选出8个优秀基地进行立项资助，每个基地资助7万~15万元。2016年，北林大师生共发表SCI收录论文602篇、EI收录论文100篇。与2015年数据相比，收录论文总篇数净增48篇。其中，研究生共发表SCI、EI收录论文552篇(其中SCI收录论文478篇、EI收录论文74篇)，研究生发表SCI、EI收录论文的数量比2015年净增41篇，占全校收录论文总数的78.63%，比2015年增加0.5个百分点；2016年研究生以第一作者发表影响因子≥5.0的收录论文51篇，较2015年增加21篇，平均影响因子达到6.023；在中国科学院分区JCR中，研究生发表SCI收录论文在1区、2区、3区、4区的所占比例分别达到73.47%、79.08%、80.00%、80.49%；2016年入选的7篇ESI论文中，研究生入选4篇，入选率高达57.14%，平均被引频次达到4.25次，比2016年全校被引高0.25次。10月27日，聘请5名校内外专家对符合“北京林业大学第五届研究生学术论坛暨第一届全国农林院校研究生学术科技作品竞赛”投稿要求的55篇自然科学类学术论文、2项发明专利、1项植物新品种以及3篇哲学与社会科学类学术论文进行了初评，共评选出31篇优秀论文(其中一等奖3篇、二等奖5篇、三等奖8篇，优秀论文15篇)进入现场答辩环节评选一、二、三等奖和优秀奖；④研究生学术交流和访学工程。2016年，研究生院共启动两批“研究生国内外学术交流项目”的申报工作。从申请的60个项目中评选出40个项目，实际资助39个，其中参加国(境)外学术会议的高达29人次，2名研究生参加国内举行的国际学术会议、8名参加全国性机构举行的国内会议。目前已完成39个项目的验收工作，资助金额46万元。研究生作大会一般口头报告3人次、分组口头报告36人次，论文张贴1次。会议收录研究生提交的论文11篇，会议论文摘要22篇，1位研究生的报告获2016年学术年会分组报告二等奖；研究生院根据国家留学基金委2016年国家建设高水平大学公派研究生项目有关要求继续组织专家对申请联合培养博士申请人进行校内选拔，会同国际交流与合作处向国家留学基金委推荐候选人41人，获资助研究生34人，其中联合培养博士生25人，攻读博士学位9人。组织6名研究生申报国家留学基金委与日本文部省博士生奖学金合作项目、中法蔡元培合作项目、以色列高等教育委员会合作奖学金项目、中瑞科技合作项目(SSSTC)，最终经国家留学基金委组织评审，4名研究生获得资助资格。

林业硕士专业学位 2016年，全国林业专业学位研究生教育指导委员会(以下简称“全国林业教指委”)开展以下4个方面工作：①工作研讨与学术交流。5月26～27日，全国林业教指委在河北保定市召开2016年全国林业硕士培养模式改革推进研讨会，会议由河北农业大学承办，来自全国18个培养单位的80多名代表参加会议。11月23日，组织召开第二届全国林业教指委第一次会议。全国林业教指委主任委员、国家林业局副局长张永利，国务院学位办培养处副处长郝彤亮等领导和教指委委员参加会议。张永利主任委员在会上要求以系统思维设计林业硕士的来源、培养和去向问题，并对全国林业教指委工作提出了要求。副主任委员骆有庆总结第一届教指委开展的工作。会上，全国林业教指委委员们对第二届全国林业教指委的工作要点和《林业硕士指导性培养方案》的修订进行了讨论。12月12～13日，组织来自全国6个培养单位的10位教师参加由教育部学位与研究生教育发展中心主办的专业学位教学案例中心案例教学与写作培训班。②评优工作。6～11月，开展第二届全国林业硕士专业学位研究生优秀学位论文评选和首届全国林业硕士专业学位研究生优秀教学案例评选工作。经培养单位申报、第二届全国林业教指委第一次会议评议，《北京山区山洪沟道特种及山洪预警技术研究》等15篇论文入选第二届全国林业硕士专业学位研究生优秀学位论文，《高分辨率遥感影像树冠提取方法与实例》等10篇案例入选全国林业硕士专业学位研究生优秀教学案例。12月，全国林业教指委与教育部学位与研究生教育发展中心积极沟通配合，正式开通中国专业学位教学案例中心的林业硕士案例库，将评选出的10个教学案例入库，并组建由11个单位20位专家组成的案例评审专家组。③课题研究。5月，完成对2015年设立的5项研究课题和6项培养模式改革试点项目的中期考核工作，项目进展顺利，已取得了阶段性研究成果；6月，向中国学位与研究生教育学会提交课题《林业硕士专业学位研究生教育评价指标体系研究》的中期汇报书。课题组梳理并掌握我国林业硕士专业学位研究生教育的招生、培养、学位论文及毕业等现状，并对发达国家林业硕士专业学位的特色与经验展开研究工作。④规范性工作：组织专家制定《林业硕士专业学位研究生教学案例撰写规范》《林业硕士专业学位研究生教学案例评审办法》《林业硕士专业学位研究生教学案例入库标准》等规范性文件，规范林业硕士专业学位研究生教学案例的撰写、评选和入选中国专业学位教学案例中心林业硕士案例库；组织制定《林业硕士专业学位授权点申请基本条件》。（王兰珍　张立秋）

【特色条目】

特色教育活动　①7 月 4 日，研究生院组织召开 2015～2016 年度第二学期研究生教育工作总结及督导交流会议。校长、研究生院院长宋维明、研究生教育督导组全体成员、各学院主管院长及研究生秘书、研究生院管理人员参加此次会议。会议由研究生院常务副院长张立秋教授主持。宋维明校长在听取督导工作汇报、学院反馈交流以及本学期研究生教育工作总结后发表讲话。5 位督导组成员总结本学期研究生课程教学、开题报告、中期考核、学位论文预答辩及答辩等各个环节的督查情况，分析学校研究生教育各环节中存在的问题与不足，并提出改进意见和建议。研究生院负责人总结汇报本学期学校研究生招生、培养及学位论文答辩等方面的工作，对督导工作和各学院工作给予肯定，并强调下一步要按照宋校长讲话的要求，通过学校、学院、学科和导师们的共同努力，全面提升学校研究生培养质量。②12 月 14 日，研究生院与国际交流与合作处在学研大厦 B0302 联合召开“北京林业大学 2017 年国家公派出国留学研究生项目说明会”。研究生院相关负责老师分析北林大历年来研究生出国留学选派与录取情况，详细讲解以往研究生在准备申报材料的过程中常见问题。

教育成果奖励　①案例教学与基地建设。2016 年，北林大经管学院工商系刘雯雯副教授等撰写的管理案例《青年菜君：作茧化蝶之路》入选第七届“全国百篇优秀管理案例”；林学院张晓丽教授等的《高分辨率遥感影像树冠提取——方法与实例》、韩海荣教授等的《北京首云铁矿废弃地生态恢复》、刘晓东副教授的《福建将乐县生物防火林带综合规划》获得全国林业硕士专业学位研究生优秀教学案例奖。②课题申报与研究。《林学一级学科研究生课程教学质量提升研究》获得中国研究生院院长联席会立项资助（主持人：王兰珍）；完成中国学位与研究生教育学会 2015 年课题《林业硕士专业学位研究生教育评价指标体系研究》（主持人：张立秋；课题编号：2015Y0415）、《农林类研究生课程教学质量评价与实践研究》（主持人：王兰珍；课题编号：2015Y0404）的中期检查工作；参与并完成中国农业大学课题组主持的中国学位与研究生教育学会 2015 年重点课题《基于学生问卷调查的农林高校研究生课程质量评价机制研究》的部分研究工作，完成 711 份学校在读研究生的问卷调查，并在调研基础上撰写《北京林业大学研究生课程质量调查报告》；林学评议组受国务院学位办委托开展林学一级学科研究生课程建设现状调查工作，研究和设计《林学一级学科研究生课程建设现状与质量评价》的调查问卷，对 18 所国内涉林院校的林学博士和硕士学位研究生随机发放调查问卷 1194 份，其中有效问卷 1116 份，对中国林学一级学科研究生课程建设现状和教学质量进行了全面分析，撰写总结报告一份，提交国务院学位办培养处。调研 15 所世界高水平大学的涉林学科设置和课程体系设置，比较分析中国林业一级学科博士研究生、硕士研究生的学科设置和课程体系设计，找出我国林学一级学科研究生课程设置、教学质量中存在的问题和对策，撰写《我国林学研究生教育教学实践与探索》专著。③论文发表：正式发表《研究生教学督导工作的探索与实践》《以创新创业能力培养为导向，全面修订研究生培养方案》2 篇论文。

（王兰珍　张立秋）

特色工作　①学位授权点动态调整。2016 年经校学位评定委员会审议批准，撤销理论经济学一级学科硕士学位授权点，动态调整增设马克思主义理论一级学科硕士学位授权点。②设立研究生生源质量提升计划项目。2016 年设立研究生生源质量提升计划项目，经过学院报名、评选及公示，确定支持林学院组织开展博士论坛，经费 6 万元；资助材料学院、水保学院，经管学院和环境学院开展暑期夏令营活动，每个项目经费 3.5 万元。经统计，整个生源质量提升项目共组织学术报告 23 场，共招收来自 55 所高校 11 个学科的 111 名优秀本科生，为后续开展研究生推免、复试工作奠定了良好基础。在 2016 年硕士招生工作中，参加项目的本科生有较大比例一志愿报考了学校的研究生，并进入推免和复试环节。其中环境学院夏令营23名营员中有10人(占比43.5%)第一志愿报考学院研究生，7人上线进入复试并录取；水保学院夏令营38名营员中有24人(占比63%)参与推免、报考环节，其中8人被免试录取攻读研究生，14人参与研究生复试环节并被录取。③根据国务院学位委员会和教育部印发《学位证书和学位授予信息管理办法》，学校学位评定委员会办公室启动学位证书设计工作，期间经过作品征集、微信投票、专家评审和专业团队设计，最终经北京林业大学学位评定委员会审议通过。2016年春季毕业的北林研究生，拿到专属的“北林版”学位证书。

（黄月艳　张立秋）

继续教育

【概　况】 北京林业大学继续教育从1956年函授招生开始，1991年3月成立成人教育学院，2008年更名为继续教育学院(School of Continuing Education)。学院现拥有函授、业余、自学考试、专业硕士和国际硕士等多种学历教育形式与林业行业培训、技能培训、职业资格培训和“订单式”培训等非学历教育形式相结合的继续教育格局，并发展现代远程教育。北林大继续教育有高中起点专科(以下简称“专科”)、高中起点本科(以下简称“高起本”)、专科升本科(以下简称“专升本”)和硕士研究生等多种培养层次。

2016年，学院共有教职工22人，其中正式在编员工17人，非在编员工5人。下设综合办公室、成人教育分院、网络教育分院和培训分院，成人教育分院下设招生与学籍办公室、自学考试办公室、研究生教育办公室、夜大学教学部和函授教学部。学校京外函授站点28个，分布在天津、山西、吉林、浙江、福建、山东、河北、河南、广西、甘肃、西藏、内蒙古、江西、四川、新疆、云南、广东、上海、宁夏、湖南和黑龙江全国21个省(区、市)。在北京市设立校本部夜大教学部、军博夜大教学部、南城夜大教学部、房山夜大教学部共4个夜大教学部。

（王　壮　张　焱）

【党建和思想政治】 2016年，继续教育学院教职工现有中共党员15人，无党派人士7人，党总支下设3个党支部。学院全体党员集中学习8次，书记讲专题党课2次；党总支开展“两学一做”知识竞赛和主题征文活动；开展支部书记讲党课3次，诵读红色经典、学习先进典型、讨论汇报学习心得，提升党员干部的理论修养。党总支加强学院党政领导班子建设。推动党支部建设施行基层党支部年初列计划，年终考核总结，完成支部书记述职工作。加强政治理论学习，开展“两学一做”教育学习活动。支部间形成比学赶帮的新局面，开展创先争优活动，发挥先锋模范作用。关注教职工和学生思想动态，督导全院各教学站点教师聘任和学生管理工作，落实意识形态工作责任制。落实党风廉政建设工作，处理历史遗留问题。部署党费收缴和推荐党代表事宜。

（李淑艳　张　焱）

【招生与学籍管理】 2016年，北京林业大学在全国投放招生计划2013人，其中本科1313人，专科700人。北京地区录取870人，其中本科629人，专科241人。全年完成新生2273人、毕业生3198人、学士学位521人的学籍电子注册和1270人学籍变动等日常工作。2016年，在校生有12 639人，按学历层次分专科2146人、高起本3401人、专升本7092人；按学习形式分夜大7211人、函授5428人。完成2016年度北京市成人本科学士学位英语考试工作，其中，2016上半年市考报名考生1093人，校考报名考生1092人；2016下半年市考报名考生902人，校考报名考生902人。

（张天祐　王立娟　张　焱）

【农业推广专业硕士研究生教育】 2016上半年完成2010、2011级和2012级三个年级辽宁、吉林、北京、重庆、伊春5个教学点学生的开题报告工作。完成伊春、重庆教学点外聘教师授课工作。完成申请答辩研究生全部资料审核、论文查重、专家匿名送审各教学环节工作。2016年完成黑龙江伊春21名、重庆3名、辽宁5名和大兴安岭1名共29名学生通过农推硕士论文答辩工作，共有64名同学取得硕士学位。

（李淑艳　张　焱）

【夜大学教育】　继续教育学院共有校本部、向导培训、思德培训、房山电大4个夜大教学点，专科、专升本和高起本3个层次。截至2016年年底，夜大校外教学点共有学生3911人。校本部学生分布在继续教育学院、信息学院、材料学院和水保学院。完成2017年1月毕业学生学位论文指导、答辩工作，其中涉及市场营销、国贸、会计、工商管理、人力资源管理、艺术、园林、英语8个专业，高起本和专升本两个层次共计315人。2016年夜大合作办学本科毕业952人，申请学位177人，专科毕业322人。

（陈湘芝　张　焱）

【函授教育】　截至2016年年底，学校京外函授站保持在28个，本、专科函授专业共计25个，函授在校生5428人，其中本科函授生4435人，专科函授生993人。本年度函授本科毕业生1179人，函授专科毕业生329人。累计共有93名函授毕业生获得学士学位。组织召开北京林业大学继续教育年度工作会议，明确函授教育教学各项任务。协助福建、哈尔滨、伊春3个函授站完成当地教育厅函授教育评估工作，协助辽宁、天津、河南、江西赣州、山东、山西、重庆等函授站完成备案和年审工作。继续实施函授生学士学位论文中期检查和论文答辩前送审和论文查重制度。12月，完成来自全国12个分院、函授站的81名函授本科毕业生学士学位论文答辩工作。6月与12月分别对专科、本科函授毕业生开展毕业生资格审查，继续督促各分院、函授站使用教务系统录入成绩，为2014级函授本、专科毕业生提供成绩单。

（丁　昱　张　焱）

【自学考试管理】　2016年，北京林业大学自考办组织完成11门课程阅卷工作，完成11门实践环节考核指导工作，完成15人毕业论文指导，3人论文答辩工作。推荐园林专业教师24人参加并完成北京市命题任务，推荐心理学专业教师2人参加并完成全国命题任务。2016年自学考试园林专业3人获得学位，15人本科毕业。

（吴丽君　张　焱）

【现代远程教育】　2016年，继续教育学院实施网络化教学改造，“北京林业大学网络教学平台”正式上线，各项数据和资源陆续进入平台，并培训全国各个教学站点的管理人员，其中网络在线培训2次，来北京集中培训1次。

（张天祐　张　焱）

【继续教育培训工作】　2016年，学院开展各类培训13期。

在四川省成都市、广西北海市和内蒙古呼伦贝尔市分别举办“森林公安机关执法细则暨森林公安执法规范化”培训班3期，共计培训120余名学员，让学员适应森林公安执法体系改革的新趋势，帮助地方各级森林公安机关提升执法水平，参训人员就实际工作中遇到的疑难问题和专家进行交流，并展开分组讨论，吸取更多的专业知识和有益经验；在辽宁省沈阳市、新疆乌鲁木齐市、黑龙江省伊春市分别举办“森林防火”培训班3期，共计培训了130余人；在福建厦门举办“森林公安机关财务管理人员知识更新培训班”，培训学员40人；在云南腾冲市举办“野生动物保护法”宣贯解读及森林公安执法新政理解培训班，培训48人学员。

校内举办培训　主要包括“甘肃甘南州林业系统干部能力提升培训班”“河南省许昌地区园艺花卉企业高级管理人员研修班”“呼伦贝尔林业系统干部培训班”综合培训班3期，共计培训了123名学员；另外有2期“徐州园林系统干部培训班”共计培训学员170余人。

（李国华　张　焱）

【生态学人e行动计划】　“生态学人e行动计划”是教育部职成司重点推进的30个面向行业MOOC建设项目之一。其由2个联盟组成，一个是“全国林业高等院校特色网络课程资源联盟”，由10所林业大学组成；另一个是“全国林业院校继续教育网络课程资源联盟”，由林业类大学继续教育学院、林业中高职院校、培训机构、行业协会、林业集团、远程技术支持等40多家单位组成。

组织建设 北京林业大学高度重视“生态学人e行动计划”的实施，成立“生态学人e行动计划”领导小组，校长任领导小组组长，统筹全面工作，分管副校长为第一责任人，并配备专职工作人员负责的各项日常工作。将“生态学人e行动计划”的实施列入学校重工作点推进计划，并积极联系国家人事司，获得人事司的高度认可，林业局人事司即将出台相关文件来促进此“行动计划”的落实。

5月16日，“全国林业院校继续教育网络课程资源联盟”成立仪式在北京林业大学召开，此“联盟”由北京林业大学牵头成立，“联盟”下设秘书处，挂靠在北京林业大学。

资源建设 学校积极推动网络资源建设，组织相关院系开展网络课程的选定与录制等工作，网络课程一般选择具有特色的林科基础课程、选修课程，以及具有一定影响力或知名度的报告和讲座。课程资源的使用原则是“利于学习，免费使用，颁证收费”。当学习者利用网络课程资源进行一般学习时，不收取任何费用；当学习者想获得课程提供方的学习证明或学分时，课程提供方可以收取一定费用。并积极探索与其他林业高校之间学分互认。为做好课程资源建设，在各校根据实际情况进行建设的同时，“联盟”统一制定课程建设规划，分期分批推进课程建设。

学校自主开发林业网络课程资源。截至2016年年底，改造制作完成《森林培育学》《土壤侵蚀原理》《花卉学》等专业课程资源，已经在北京林业大学现代远程教育平台上线。《林业政策与法规》《气象学》课件业已录制完成，后期编辑工作业已基本完成。《林火生态管理》等课程正在进行视频录制。此部分课程资源将先向“联盟”成员高校学生开放，逐步向社会开放。学校借助已建立完成并投入使用的“北京林业大学网络培训平台”，积极推动非学历网络资源相关建设工作。截至2016年年底，已经完成林业相关的16门网络培训课程的制作，并已经上传到网络平台中投入使用。

人才建设 积极与林业企业集团、林业厅局、自然保护区、林厂开展广泛的合作，对一线员工进行线上线下相结合的技术、职业技能。学校先后在内蒙古、重庆、陕西等10余个省(区、市)林业一线开展培训工作。与国家林业局林业工作总站合作。

产教整合 按照北京林业大学2016年校长提出的政产学研用开放办学模式的要求，服务县域经济，助力转型升级也是行动计划的重要工作。与河南鄢陵、河北保定等近百个全国生态特色区县建立合作关系，为其生态产业转型升级提供系统解决方案，并开展人员培训工作。

“生态学人e行动计划”得到教育部、国家林业局、教育部现代远程教育协作组、中国花协等行业协会的指导。

加强继续教育相关研究，继续教育学院积极开展中国成人教育协会2016年度《我国林业人才培训体系建设与激励机制研究》重点课题的相关研究工作，该课题2016年共开展专家讨论会1次、项目讨论会6次。 （王 壮 张 焱）

招生与就业

【概　况】 招生就业处是负责学校本科招生工作和开展就业指导服务工作的职能部门。现有教职工10人，设有处长1人，副处长2人。招生办公室下设考录办公室、招生宣传中心、招生信息中心；大学生就业服务中心下设就业市场与基层项目部、大学生创业教育指导办公室、大学生职业发展与就业指导中心、毕业生事务部、就业信息中心。2016年就业工作推进精细化、标准化体系建设，聚焦创新创业教育，6月，学校获评北京地区高校示范性创业中心称号。截至2016年10月31日，本科毕业生3197人(不含二学位)已落实毕业去向毕业生3046人，就业率为95.28%。招生工作科学制定招生计划，增加宣传力度，严格录取程序，继续推进优质生源基地建设，本科一志愿录取率为100%。

（郭乙言 董金宝）

【招生计划】 北京林业大学2016年面向全国31个省(区、市)投放本科招生计划3400人，实际完成计划3334人，其中统招生2567人，自主招生171人，高校专项计划49人，高水平艺术团9人，艺术类178人，高水平运动队16人，二学位40人，国家专项计划229人，少数民族预科38人，内地生源定向到西藏5人，内地西藏班13人，新疆高中班17人，港澳台联招2人。

（穆　琳　董金宝）

【招生宣传】 加强招生宣传队伍建设，增加招生宣传广度深度。

招生宣传队伍建设加强教师咨询、博士宣讲、学生实践三位一体的招生宣传工作队伍建设：第一，外出招生宣传教师队伍，在外出招生咨询前，培训招生组长及所有参与招生咨询人员，学习各项招生工作章程和规定；第二，博士生讲师团，与研究生工作部合作，挑选12支讲师团队，受邀至全国各级中学开展生态文明志愿宣讲21场；第三，寒假大学生招生实践宣讲团，前往557所中学进行宣讲和交流，共有660位学生130支队伍参加此项活动。

招生宣传方式多样化。通过新闻发布会、电视台、网络平台、广播、杂志、报纸、微博、微信等媒体全方位宣传。6月初，与北京交通大学、北京科技大学、北京化工大学、北京邮电大学联合召开“北京五高校联合招生咨询活动”新闻发布会，《人民日报》、新华社、中国教育电视台、《中国青年报》、北京电视台等30余家媒体记者参会并报道北林大2016年的招生政策。2016年上半年招生咨询期间，参加各省市举办的211场招生咨询活动。在北京地区，参加6所大学、26所中学举办的招生咨询会。在京外，在各招生组长的亲自带队和组织下，共有98名教师参加28个省市的162场咨询会，走访141所中学。在各类网站、电视台、广播等媒体录制招生访谈节目9场，参加教育部、各省市招办的网上咨询活动8场。

新媒体平台建设 新版招生网于2016年6月正式上线；继续启动招生咨询月活动，电话咨询、网络咨询、新媒体咨询和现场咨询等多种方式满足考生和家长的咨询需求；招生办微信、微博平台不断推送招生相关政策、计划和时间安排。6月，由招办策划出品的2016招生宣传片《山水木人》在网络发布，本片由在校生自编自导自演，向广大考生家长展现学校的历史积淀、文化底蕴和人之活力，视频播放量突破14万次。

建立与基地中学的长效合作机制 2016年新建优质生源基地中学15所，目前已与28个省(区、市)216所重点中学签订“优质生源基地”共建协议。推送讲座目录供中学选择，建立起与中学间交流合作的长效机制，扩大学校社会影响力。支持博士生讲师团赴中学开展有关绿色环保、生态文明方面的讲座。选派教师赴中学宣讲招生政策，指导志愿填报。（刘　芳　董金宝）

【生源质量】 本科一志愿录取率达100%。理科录取平均分与重点线分差的平均值77.65分，文科分差54.34分。高考成绩高出重点线60分以上考生1832人，高出80分以上考生1030人，高出100分以上考生391人。

从一志愿率来看，全国31个省份一志愿率均达100%。从各省录取分数来看，河北、黑龙江两个省理科录取最低分高出一本线100分以上；内蒙古、辽宁、山东、贵州、陕西、新疆等省理科录取最低分高出一本线80分以上；北京、天津、上海、安徽、福建、河南、湖北等省市理科录取最低分高出一本线70分以上；广西、四川、青海、重庆等省市理科录取最低分高出一本线60分以上；山西、湖南、云南、甘肃等省市理科录取最低分高出一本线50分以上；其余省份录取最低分高一本线30~40分。

（朱　庆　董金宝）

【特殊类型招生】

艺术类 2016年设计学类继续按大类招生，招生计划180人，在北京、郑州、南京、佛山、长沙、青岛、沈阳设立7个考点，专业课报名11 416人，发放合格证734人，专业课合格线76.6分，合格考生分布在24个省(区、市)，预录取178人，专业复查测试中，2人不合格，实际录取176人。

高水平艺术团 2016年高水平艺术团招生录取继续采用网上报名、分组报到考试、网上查询录取结果，所有项目测试过程中全程录像。在全国计划招收34人，特长项目为管弦乐类、民族乐器、舞蹈、声乐类、播音主持类，报名人数484人，合格人数68人，录取9人。

自主招生 2016年，根据不同专业对学科特长的相应要求，实行按科类报名、初步审核及复试测试其中笔试由招生办统一组织，面试工作由相应学院承担。面试考场全过程进行录像，并聘请考场主任协调和监督。自主招生考试共2576人报名，初审合格977人，参加考试794人，获得自主招生合格资格308人(其中优惠到一本线录取的246人，优惠到本省最终模拟投档线录取的62人。100人获得A档，加20分参与专业选择；208人获得B档，加10分参与专业选择)，录取171人。

高校专项计划 2016年，继续实施高校专项计划“树人计划”，2016年招生计划为70人，只招理科考生。笔试和面试工作按照普通自主招生测试的要求，对于提交家庭经济困难补助申请的考生，给予每人500元补助。最终，共收到报名考生材料471人，初审通过182人，复试合格101，录取49人。

高水平运动队 2016年高水平运动队招生计划34人，招生项目为田径。报名人数116人，经专家组审查报名考生材料后初审通过83人。测试中采取外聘考官、全程监督、全程录像等措施，给予28名考生相应合格资格，实际录取16人。

第二学士学位 2016年学校工商管理二学位计划招收40人，招生办承担计划制定、考试报名、资格审查、组织出题、考试安排、组织阅卷、评分、录取、报批等各项工作。2016年报名40人，最终录取40人。

表4 北京林业大学2016年各省(市、区)录取分数情况统计

省(区、市)	文科					理科				
	重点线	录取线	录取线-重点线	最高分	平均分	重点线	录取线	录取线-重点线	最高分	平均分
河北	535	613	78	625	616.2	525	628	103	645	632.5
黑龙江	481	554	73	563	558.6	486	586	100	611	594.6
辽宁	525	580	55	588	583.2	498	589	91	634	601.2
陕西	511	561	50	581	568.8	470	560	90	666	576.0
内蒙古	477	557	80	571	562.7	484	572	88	639	594.7
山东	530	582	52	592	584.9	537	622	85	656	629.5
新疆	487	546	59	570	554.1	464	548	84	599	558.9
贵州	551	611	60	620	613.7	473	553	80	621	565.0
福建	501	546	45	557	550.3	465	543	78	597	557.9
湖北	520	571	51	576	572.4	512	588	76	626	596.2
北京	583	630	47	640	633.1	548	621	73	654	628.9
天津	532	584	52	600	587.0	512	585	73	617	593.4
河南	517	575	58	582	576.9	523	595	72	625	601.5
上海	368	436	68	454	442.3	360	431	71	473	442.5
安徽	521	569	48	583	573.6	518	588	70	607	593.1
重庆	527	572	45	585	577.8	525	593	68	638	605.4
四川	540	582	42	601	586.2	532	598	66	637	604.9

（续）

省（区、市）	文科					理科				
	重点线	录取线	录取线－重点线	最高分	平均分	重点线	录取线	录取线－重点线	最高分	平均分
青海	—	—	—	—	—	416	480	64	576	510.7
广西	545	589	44	609	594.7	502	565	63	614	577.5
湖南	530	578	48	588	581.4	517	576	59	622	584.2
山西	518	549	31	557	552.8	519	576	57	602	582.1
甘肃	504	543	39	565	552.1	490	546	56	580	553.9
云南	560	602	42	614	607.2	525	580	55	634	591.8
江西	523	563	40	573	566.4	529	578	49	600	583.1
宁夏	—	—	—	—	—	465	509	44	577	540.3
广东	514	549	35	561	554.1	508	550	42	596	558.9
浙江	603	629	26	648	641.8	600	638	38	667	644.7
西藏	—	—	—	—	—	285	323	38	373	348
吉林	531	558	27	577	568.8	530	562	32	624	581.6
海南（标准分）	653	727	74	742	735.2	602	625	23	731	676.3
江苏	355	365	10	379	367.1	353	366	13	385	370.7

（邵风侠　董金宝）

【本科生就业】 2016 年学校共有本科毕业生 3197 人（不含二学位），截至 10 月 31 日，已落实去向毕业生 3046 人，就业率为 95.28%；其中签就业协议 391 人，签劳动合同 82 人，升学 939 人，出国 427 人，志愿服务西部 2 人，参军入伍 4 人，自主创业 7 人，单位用人证明、自由职业等灵活就业共 1201 人。（王兆龙　董金宝）

【就业市场开拓与实践基地建设】 走访河北、浙江、上海、甘肃等地，增加与主流行业和重点单位的联络；继续增加就业实践基地建设，新基地 17 家，总数达到 275 家。（姜　斌　董金宝）

【职业生涯规划与就业指导】 注重校园就业氛围营造，根据学生需求，打造品牌活动，首次举办职业生涯嘉年华活动和新绿计划职场训练营，在春季秋季大型双选会前举办大型简历义诊服务。继续开展就业指导月、职业生涯规划月。将就业指导和职业生涯规划课程与学生活动有机结合，改变活动形式，2016 年共开展培训、课程、咨询、竞赛、实践、讲座等活动 112 场次。

（郭乙言　董金宝）

【就业服务】 针对 2016 年届毕业生共举办了 4 场大型招聘会、提供需求岗位 8000 余个；小型招聘会和专场宣讲会 110 余场，提供需求岗位 6000 余个；与东北林业大学、南京林业大学举办涉林院校就业联盟双选会。

基层就业 本科毕业生通过签就业协议形式在西部地区就业的 97 人，通过签劳动合同形式在西部地区就业的 7 人，以灵活就业形式（单位用人证明、自由职业、自主创业）在西部地区就业的 101 人，村党支部书记助理或村委会主任助理 15 人，志愿服务西部 2 人，报名征兵入伍 4 人，自主创业 7 人。

困难帮扶 2016 年北京林业大学共有困难群体毕业生 420 人，其中家庭经济困难 388 人，就业困难 16 人，家庭经济困难和就业困难兼有的 16 人；已落实去向 392 人，未落实去向 28 人，其中拟出国 2 人，拟考硕 13 人，回省待就业11人，在京待就业2人。困难群体毕业生的就业率为93.33%。对于拟出国、拟考硕的毕业生，北京林业大学已针对其实际情况给予相应的指导和关注；对于回省待就业的毕业生，北京林业大学已与其生源省级林业主管部门、人事主管部门取得联系推荐毕业生就业，并随时保持跟踪联络；对于在京待就业的毕业生，北京林业大学已建立跟踪机制，有相关需求信息及时电话、短信通知毕业生。

毕业典礼 6月6日，召开毕业生离校协调会。6月28日，向北京市教委报送就业方案，打印报到证。6月30日，举办毕业典礼与学位授予仪式。（覃艳茜　董金宝）

【就业队伍建设与调查研究】

队伍建设 共计70人次参加就业指导课程建设培训会、就业管理系统培训会，参加北京高校毕业生就业指导中心组织的11期培训学习。

调查研究编撰《2016年本科毕业生就业状况白皮书》，介绍2016届毕业生就业状况，分析近3年来的本科毕业生就业率与签约率情况。开展《2016届毕业生签约状况问卷调查》，完成《2016届毕业生择业意向调查》《在校生职业规划现状问卷调查》《2016年毕业生跟踪问卷调查》。编纂《北京林业大学2016届本科毕业生就业质量报告》，介绍2016届毕业生就业质量情况，用人单位满意度等内容。制订《北京林业大学关于做好2016年就业创业工作的通知》《关于做好2016届本科毕业生就业数据统计上报及2015届未就业本科毕业生相关工作的通知》《北京林业大学关于做好2016届毕业生精准就业服务工作的实施方案》。（徐博函　董金宝）

【就业指导课程研讨会】 4月7日，举办就业指导课程建设研讨会。研讨会为期2天，4个模块。副校长姜恩来出席研讨会，全体授课教师和学院就业专职人员、辅导员共计40人参加研讨培训。（覃艳茜　董金宝）

【就业创业工作推进会暨“村官十年”工作总结会】 5月18日，在图书馆五层报告厅举行北京林业大学就业创业工作推进会暨“村官十年”工作总结会，回顾学校北京“大学生村官”工作10年来的经验与收获，总结就业工作开展情况，表彰在就业工作中的优秀集体和个人，部署下一阶段的具体工作。全体在校校领导出席会议，会议由副校长姜恩来主持。（郭乙言　董金宝）

【《大学生就业创业工作宝典》出版】 1月，出版《大学生就业创业工作宝典》。该书浓缩学校就业创业工作的宝贵经验与成果，共分5篇、21章，共计21万字，结合高校就业创业工作实际情况，介绍如何开展职业生涯规划和就业指导工作，并形成标准化工作体系。（覃艳茜　董金宝）

【就业护航实验班项目】 针对就业困难群体学生启动“就业护航实验班”项目。面向全校招收本科三年级就业困难群体学生30人，建立护航机制，专注于学生职业能力的全面提升，开展跟踪式个性化辅导，定期反馈，并提供实习实践机会，推荐求职，服务期为1年，直到本科毕业顺利就业。（翁　婧　董金宝）

学科建设

学科设置与建设

【概　况】 2016年，学校有9个一级学科博士学位授权点和18个一级学科硕士学位授权点；博硕士点覆盖10个学科门类的31个一级学科，学科点拥有量处于农林院校前列。有1个一级学科国家重点学科(涵盖7个二级学科)，2个二级学科国家重点学科，1个国家重点(培育)学科；6个国家林业局重点学科；3个国家林业局重点(培育)学科；2个一级学科北京市重点学科，1个一级学科北京市重点学科(培育)，4个二级学科北京市重点学科，1个交叉学科北京市重点学科。形成以生物学、生态学为基础，以林学、风景园林学、林业工程学、农林经济管理为特色，农、理、工、管、经、文、法、教、哲、艺等多门类协调发展的学科体系。 （聂丽平　孙玉君）

【学科设置】

表5　北京林业大学现有博士学位授权一级学科

序号	学科门类代码及名称	一级学科代码及名称
1	07 理学	0710 生物学
2	07 理学	0713 生态学
3	08 工学	0802 机械工程
4	08 工学	0829 林业工程
5	08 工学	0834 风景园林学
6	09 农学	0903 农业资源与环境
7	09 农学	0907 林学
8	09 农学	0909 草学
9	12 管理学	1203 农林经济管理

表6　北京林业大学现有博士学位授权点

学科门类	一级学科名称、编码	二级学科名称、编码	备注
理学07	生物学0710	植物学071001	1998年
		动物学071002	
		生理学071003	
		水生生物学071004	
		微生物学071005	2009年
		神经生物学071006	
		遗传学071007	
		发育生物学071008	
		细胞生物学071009	

（续）

学科门类	一级学科名称、编码	二级学科名称、编码	备注
理学 07	生物学 0710	生物化学与分子生物学 071010	2003 年
		生物物理学 071011	
		森林生物资源利用 071013	
	生态学 0713	生态学 071300	
工学 08	机械工程 0802	机械制造及其自动化 080201	
		机械电子工程 080202	
		机械设计及理论 080203	1996 年
		车辆工程 080204	
	林业工程 0829	森林工程 082901	2003 年
		木材科学与技术 082902	1986 年
		林产化学加工工程 082903	2000 年
		林业装备与信息化 0829Z1	
		林业信息工程 0829Z2	
	风景园林学 0834	风景园林学 083400	
农学 09	农业资源与环境 0903	土壤学 090301	2006 年
		植物营养学 090302	
	林学 0907	林木遗传育种 090701	1986 年
		森林培育 090702	1986 年
		森林保护学 090703	2000 年
		森林经理学 090704	1981 年
		野生动植物保护与利用 090705	2000 年
		园林植物与观赏园艺 090706	1986 年
		水土保持与荒漠化防治 090707	1984 年
		自然保护区学 090721	2004 年
		生态环境工程 090722	2004 年
		复合农林学 090723	2005 年
		城市林业 090724	
		工程绿化 090725	2005 年
	草学 0909	草学 090900	
管理学 12	农林经济管理 1203	农业经济管理 120301	2009 年
		林业经济管理 120302	1996 年
		林业资源经济与环境管理 1203Z1	
		生态文明建设与管理 1203J1	

表7　北京林业大学现有硕士学位授权一级学科

序号	学科门类代码及名称	一级学科代码及名称名称
1	01 哲学	0101 哲学
2	02 经济学	0202 应用经济学
3	03 法学	0305 马克思主义理论
4	04 教育学	0402 心理学
5	05 文学	0502 外国语言文学
6	07 理学	0701 数学
7	07 理学	0705 地理学
8	07 理学	0714 统计学
9	08 工学	0812 计算机科学与技术
10	08 工学	0813 建筑学
11	08 工学	0830 环境科学与工程
12	08 工学	0832 食品科学与工程
13	08 工学	0833 城乡规划学
14	08 工学	0835 软件工程
15	12 管理学	1201 管理科学与工程
16	12 管理学	1202 工商管理
17	12 管理学	1204 公共管理
18	13 艺术学	1305 设计学

表8　北京林业大学现有硕士学位授权点

学科门类	一级学科名称、编码	二级学科名称、编码	备注
哲学 01	哲学 0101	马克思主义哲学 010101	
		中国哲学 010102	
		外国哲学 010103	
		逻辑学 010104	
		伦理学 010105	
		美学 010106	
		宗教学 010107	
		科学技术哲学 010108	2003 年
经济学 02	理论经济学 0201	政治经济学 020101	
		经济思想史 020102	
		经济史 020103	
		西方经济学 020104	
		世界经济 020105	
		人口、资源与环境经济学 020106	2006 年
	应用经济学 0202	国民经济学 020201	
		区域经济学 020202	
		财政学(含：税收学)020203	
		金融学 020204	2007 年
		产业经济学 020205	
		国际贸易学 020206	2003 年
		劳动经济学 020207	
		数量经济学 020209	
		国防经济学 020210	

（续）

学科门类	一级学科名称、编码	二级学科名称、编码	备注
法学 03	法学 0301	法学理论 030101	2006 年
	马克思主义理论 0305	马克思主义基本原理 030501	2005 年
		思想政治教育 030505	2005 年
教育学 04	心理学 0402	基础心理学 040201	
		发展与教育心理学 040202	
		应用心理学 040203	2006 年
文学 05	外国语言文学 0502	英语语言文学 050201	2006 年
		俄语语言文学 050202	
		法语语言文学 050203	
		德语语言文学 050204	
		日语语言文学 050205	
		印度语言文学 050206	
		西班牙语语言文学 050207	
		阿拉伯语语言文学 050208	
		欧洲语言文学 050209	
		亚非语言文学 050210	
		外国语言学及应用语言学 050211	2003 年
理学 07	数学 0701	基础数学 070101	
		计算数学 070102	
		概率论与数量统计 070103	
		应用数学 070104	
		运筹学与控制论 070105	
	地理学 0705	自然地理学 070501	2003 年
		人文地理学 070502	
		地图学与地理信息系统 070503	2003 年
	生物学 0710	植物学 071001	1981 年
		动物学 071002	
		生理学 071003	
		水生生物学 071004	
		微生物学 071005	2004 年
		神经生物学 071006	
		遗传学 071007	
		发育生物学 071008	
		细胞生物学 071009	2009 年
		生物化学与分子生物学 071010	2000 年
		生物物理学 071011	2004 年
	生态学 0713	生态学 071300	
	统计学 0714	统计学 071400	

（续）

学科门类	一级学科名称、编码	二级学科名称、编码	备注
工学 08	机械工程 0802	机械制造及其自动化 080201	2007 年
		机械电子工程 080202	2003 年
		机械设计及理论 080203	1986 年
		车辆工程 080204	2000 年
	控制科学与工程 0811	控制理论与控制工程 081101	2003 年
	计算机科学与技术 0812	计算机系统结构 081201	
		计算机软件与理论 081202	2006 年
		计算机应用技术 081203	2003 年
	建筑学 0813	建筑历史与理论 081301	2010 年
		建筑设计及其理论 081302	2010 年
		建筑技术科学 081303	2010 年
	土木工程 0814	结构工程 081402	2003 年
	农业工程 0828	农业生物环境与能源工程 082803	2000 年
	林业工程 0829	森林工程 082901	2003 年
		木材科学与技术 082902	1981 年
		林产化学加工工程 082903	1993 年
		山地灾害防治工程 082921	2005 年
		林业信息工程 0829Z2	
	环境科学与工程 0830	环境科学 083001	2003 年
		环境工程 083002	
	食品科学与工程 0832	食品科学 083201	2003 年
		粮食、油脂及植物蛋白工程 083202	
		农产品加工及贮藏工程 083203	
		水产品加工及贮藏工程 083204	
	城乡规划学 0833	城乡规划学 083300	
	风景园林学 0834	风景园林学 083400	
	软件工程 0835	软件工程 083500	
农学 09	农业资源与环境 0903	土壤学 090301	1986 年
		植物营养学 090302	2003 年
	林学 0907	林木遗传育种 090701	1981 年
		森林培育 090702	1981 年
		森林保护学 090703	1981 年
		森林经理学 090704	1981 年
		野生动植物保护与利用 090705	2002 年
		园林植物与观赏园艺 090706	1981 年
		水土保持与荒漠化防治 090707	1981 年
		自然保护区学 090721	2004 年
		生态环境工程 090722	2004 年
		复合农林学 090723	2005 年
		城市林业 090724	
		工程绿化 090725	2005 年
	草学 0909	草学 090900	

（续）

学科门类	一级学科名称、编码	二级学科名称、编码	备注
管理学 12	管理科学与工程 1201	管理科学与工程 120100	2000 年
		电子商务 1201Z1	
	工商管理 1202	会计学 120201	2000 年
		企业管理 120202	2003 年
		旅游管理 120203	2000 年
		技术经济及管理 120204	
		物业管理 1202Z2	
	农林经济管理 1203	农业经济管理 120301	2009 年
		林业经济管理 120302	1984 年
	公共管理 1204	行政管理 120401	2006 年
		社会医学与卫生事业管理 120402	
		教育经济与管理 120403	
		社会保障 120404	
		土地资源管理 120405	
艺术学 13	设计学 1305	设计学 130500	2012 年
		动画设计学 1305Z1	2014 年

表 9　北京林业大学国家重点学科名单

一级学科国家重点学科(批准时间：2007 年 8 月 20 日)

序号	学科代码	学科名称	所含二级学科
1	0907	林学	林木遗传育种、森林培育、森林保护学、森林经理学、野生动植物保护与利用、园林植物与观赏园艺、水土保持与荒漠化防治

二级学科国家重点学科(批准时间：2007 年 8 月 20 日)

序号	学科代码	学科名称
1	071001	植物学
2	082902	木材科学与技术

国家重点(培育)学科(批准时间：2007 年 11 月 30 日)

序号	学科代码	学科名称
1	120302	林业经济管理

表 10　北京林业大学省、部级重点学科名单

北京市：

一级学科北京市重点学科(批准时间：2008 年 4 月 29 日，2012 年 4 月 25 日*)

序号	学科代码	学科名称	所含二级学科
1	0829	林业工程	木材科学与技术、林产化学加工工程、森林工程
2*	1203	农林经济管理	农业经济管理，林业经济管理

（续）

一级学科北京市重点学科（培育）（批准时间：2012 年 4 月 25 日）			
序号	学科代码	学科名称	所含二级学科
1	0710	生物学	植物学、动物学、生理学、水生生物学、微生物学、神经生物学、遗传学、发育生物学、细胞生物学、生物化学与分子生物学、生物物理学

二级学科北京市重点学科（批准时间：2008 年 4 月 29 日，2010 年 5 月 26 日*）		
序号	学科代码	学科名称
1	071012	生态学
2	081303	城市规划与设计（含风景园林规划与设计）
3*	090301	土壤学
4	090503	草业科学

交叉学科北京市重点学科（批准时间：2008 年 4 月 29 日）		
序号	交叉领域	学科名称
1	林学、地理学	生态环境地理学

国家林业局：

一级学科国家林业局重点学科				
序号	学科代码	学科名称	所含二级学科	批准时间
1	0907	林学	林木遗传育种、森林培育、森林保护学、森林经理学、野生动植物保护与利用、园林植物与观赏园艺、水土保持与荒漠化防治	20160310
2	0834	风景园林学		20160310
3	0829	林业工程	木材科学与技术、林产化学加工工程、森林工程	20160310
4	1203	农林经济管理	农业经济管理、林业经济管理	20160310
5	071012	生态学		20160310
6	0710	生物学	植物学、动物学、微生物学、细胞生物学、生物化学与分子生物学、生物物理学	20160310

二级学科国家林业局重点培育学科			
序号	学科代码	学科名称	批准时间
1	010108	科学技术哲学（生态文明建设与管理方向）	20160310
2	070503	地图学与地理信息系统	20160310
3	020206	国际贸易学（林产品贸易方向）	20160310

（聂丽平　孙玉君）

【学科建设情况】 2016 年，学校稳步推进学科建设，成效显著。

双一流建设工作 按照研究学习、调研座谈、顶层设计和方案编制 4 个阶段持续深入推进。先后召开了“统筹推进一流大学和一流学科建设”工作研讨会、一流学科建设职能部处负责人座谈会、一流学科建设教授座谈会等会议，专题学习双一流建设总体方案，并围绕学科结构、学科发展面临的问题等，针对“建什么，怎么建”深入交流和研讨。除此之外，还参加了全国双一流高峰论坛、全国林学一级学科高峰论坛和全国农林学科建设协作组第四次和第五次研讨会，交流学习一流学科建设工作。目前一流学科建设取得了如下阶段性进展。一是以风景园林学一级学科为试点编制一流学科建设方案；二是通过一流学科建设工作，形成以一流学科为龙头，多个基础支撑学科相互支撑、协同发展，从而推动学校整体发展的理念被广泛认同，各学科定位和目标更加清晰，发展路径更加明确。优势特色学科与基础支撑学科和关联学科的交叉融合趋势更加显著；三是进一步丰富了“十三五”学科发展规划的内容，提高规划科学性和指导性。

第四轮全国一级学科评估参评组织工作 围绕第四轮全国一级学科评估目标，认真分析学校学科发展现状，深入研究解读评估指标体系，科学把握参评工作节奏，召开动员部署会、工作研讨会、参评工作推进会和参评信息公示工作会议等一系列会议，推进参评工作按时开展。了解和掌握答疑内容，点对点地与参评学科人员有效沟通，确保了参评数据的及时填报和反馈。本轮共有23个一级学科参评，参评率为74.2%，创历史学科评估参评率最高。

重点学科 新增9个国家林业局重点学科和重点(培育)学科。其中一级学科林学、林业工程、风景园林学、农林经济管理、生态学和生物学获批一级重点学科；科学技术哲学(生态文明建设与管理方向)、地图学与地理信息系统和国际贸易学(林产品贸易方向)获批重点(培育)学科。参与修订国家林业局重点学科管理办法。

重点学科的建设管理 加强重点学科的建设管理，对2015年度北京市支持中央在京高校共建项目经费使用进行监督和督导。进一步完善学科建设制度化，修订《北京林业大学学科建设管理经费分配与使用暂行办法》，提高学科建设管理经费的使用效益。 (聂丽平 刘宏文)

重点学科建设

林 学

林木遗传育种

【概 况】 1954年学科始建，1962年招收硕士研究生及留学生，1986年招收博士生，是我国林木遗传育种学科第一个硕士点和博士点，1992年成为部级重点学科，2003年被列为国家重点建设学科；也是国家“211工程”以及“985”优势平台重点建设学科。

【学科方向】 林木基因组与分子育种、林木细胞遗传与细胞工程、森林遗传与树木改良、经济林木良种繁育

【师资力量】 学科现有专任教师22人，包括教授9人、副教授7人、高级实验师1人、讲师5人，其中有国际林联杨树与柳树委员会副主席1人；中国林学会林木遗传育种分会副主任1人、副秘书长1人；中国林学会林木引种专业委员会副主任1人；国家林业局林木转基因品种专业委员会副主任1人；中国林学会灌木分会常委、副秘书长1人；百千万人才工程国家级人选1人；中国生物化学与分子生物学学会农业分会青年委员会理事1人；另聘任兼职“长江讲座教授”1人、“梁希学者”1人。2016年，李悦教授当选新成立的中国林学会松树委员会常委、副主任委员，李伟教授任中国林学会松树委员会常委、副秘书长等。

【学科建设主要成效】 在学术队伍建设方面，孙宇涵晋升副教授专业职务；张德强教授获中青年科技创新领军人才、全国生态建设突出贡献先进个人；李伟教授获全国林木种苗工作先进个人、校级优秀党支部书记；徐吉臣教授被评选为校级优秀班主任；胡冬梅高级实验师获校“三八”红旗标兵；毛建丰副教授获校第九届研究生“学术之星优秀指导教师”；钮世辉、赵健两位讲师获校青年教师教学基本功比赛三等奖，以及学院青年教师教学基本功比赛二等奖等。

在教学和人才培养方面，圆满完成本科和研究生公共基础课和专业课教学工作；新承担教学

改革项目3项；李云教授、张金凤教授参加了教育部教指委在安徽合肥召开的"2016高校生命科学课程教学系列报告会"，并在会上进行交流。学科2016年招收硕士生21名，博士生14名；毕业硕士10名，博士8名；指导毕业专业硕士2人。继续保持较高的研究生培养质量，5人次获校优秀博士学位论文、"爱林"校长奖学金或国家奖学金，1人获龙源林业研究生奖学金，14人获2015～2016年度研究生学术创新奖等。此外，为吸引更多的优秀生源，在研究生院和学院支持下，举办了2016林木遗传育种学科大学生夏令营，有来自13所大学的28位营员参加了夏令营活动，收到了良好的效果。

在科学研究方面，学科成员主持的在研课题总计达63项，科研经费近5000万元，其中新申请到各类课题14项，新到位科研经费1000余万元，包括主持国家重点研发计划项目1项、课题3项；发表论文61篇，其中SCI收录论文38篇；获国家发明专利9项，申请国家发明专利14项，申请国家林木新品种权10项等。李云教授"刺槐种质资源评价、品种选育与产业化应用"获教育部科技进步二等奖；张德强教授的成果"毛白杨基因标记辅助育种技术与新品种创制"荣获二等奖；杜庆章荣获梁希青年优秀学术论文一等奖，钮世辉获梁希青年优秀学术论文二等奖，张平冬、王君、陈金焕、宋跃朋、谢剑波获梁希青年优秀学术论文三等奖。宋跃朋获第十二届中国林业青年学术年会优秀论文一等奖等。

在条件建设方面，圆满完成学科和教研室实验室后续建设工作。继续推动山东冠县"北方平原林木良种创新与示范实践基地"和河北沧州"枣育种和栽培实践基地"建设；推进北京林业大学鄢陵协同创新中心，以及与内蒙古和盛生态科技研究院共建林木育种协同创新中心的相关经济林木资源收集和良种选育等研究工作。

在学术交流方面，主办"物种形成与生命之网暑期研讨班""毛白杨科技创新与产业发展研讨会"，会议参加人数分别达50余人和160余人。学科有80余人次参加2016年国际林联亚洲和大洋洲地区大会，国际林联主办的树木遗传与基因组学大会，国际杨树委员会主办的第25届国际杨树大会，宾州州立大学主办的表观基因组学大会，以及世界生命科学大会，第四届中国林业学术大会，全国农业生物化学与分子生物学会第十四届学术研讨会，中国林学会松树分会成立大会暨首届中国松树学术研讨会，中国林学会经济林分会2016年学术年会，国际植物学术会议，植物生物学女科学家分会第三次学术交流会，全国植物组培、脱毒快繁及工厂化生产种苗新技术研讨会，自然杂交与生物多样性学术研讨会、首届全国生物系统学学术论坛，中国科学院青年创新促进会首都女教授协会"女科学家校园行——北京林业大学站"，林木育种国家工程实验室2016年学术年会等，其中有18人次受相关会议或单位邀请作特邀报告及专题报告；邀请国内外林木遗传育种相关领域著名学者作学术报告15人次。

在社会服务等方面，学科成员努力承担高校教师的社会服务职责，积极参与《林木遗传育种学科发展报告》编制，《国家林业局2017年林木种质种苗质量监管与保护项目申报指南》修订，《国家林业局关于加快实施创新驱动发展战略支撑林业现代化建设的意见》修订，《主要林木育种科技攻关规划(2016～2025年)》编制、修订和解读等国家、地方相关科技及产业发展重大方针、策略制定，以及相关项目评审、论证等工作；担任河南省科技特派员；承担甘肃省林木良种基地技术协作组成立暨良种基地建设培训、山西林木种苗新技术及良种基地建设管理培训、内蒙古白音敖包国家自然保护区种质资源与良种基地技术培训班、吉林省白山市江源区林业系统高级研修班等授课任务；培训鄢陵龙源花木公司、内蒙古和盛生态科技研究院组培技术人员；此外，还承担了油松、刺槐、侧柏、杨树、枣树、彩叶树种、白皮松、落叶松等十余处国家重点良种基地的科技咨询服务工作，完成学科集体考察河南辉县油松国家重点基地和技术研讨，赴内蒙古乌兰浩特科技扶贫等，在推进我国林木遗传育种教育、科研和产业发展等方面发挥了重要作用。

森林培育

【概　况】 森林培育学科建立于1952年，为国家级重点学科，国家林业局重点学科，"211工程"重点建设学科，教育部优势学科创新平台重点建设学科。本学科点1981年第一批获得硕士学位授予权，1986年获得博士学位授予权，1989、2001和2006年被评为国家级重点学科，1995年成为林学博士后流动站的主要支撑学科。中国林学会造林分会(2016年更名为森林培育分会)创建以来一直以本学科为挂靠学科，是国家林业局“干旱半干旱地区森林培育及生态系统研究重点实验室”、教育部和北京市“省部共建森林培育与保护教育部重点实验室”“国家能源非粮生物质原料研发中心”“林业生物质能源国际科技合作基地国家国际科技合作基地”的主要依托学科。该学科学术带头人为原中国工程院副院长、原北京林业大学校长、原中国林学会理事长、中国工程院院士沈国舫教授，学科负责人为马履一教授。

学科主要研究方向包括林木种苗培育理论与技术、生态林与城市森林培育理论与技术、用材林与能源林培育理论与技术、经济林(果树)培育与利用。

【学科建设的主要进展与成效】

学术队伍 目前，学科共有教师16名，其中院士2名、教授9名、副教授5名、讲师1名、高级实验师1名。35岁以下教师占12.5%；36～45岁教师占25.0%，46～55岁教师占37.5%，56岁以上教师占25.0%；具有博士学位教师占81.3%；70%以上教师具有留学经历。2016年，学科1名副教授赴美国普渡大学进行访学。

科学研究 2016年，申请完成国家重点研发计划课题一项，负责白杨派树种的高效资源材培育，经费660万元；组织申请国家重点研发计划项目“油松等速生树种高效培育技术研究”，经费2934万元。获得自然科学基金3项，其中面上项目2项，青年项目1项，经费100余万元。获得多项国家林业局、北京市园林绿化局委托项目，经费500余万元。学科2016年发表学术论文60余篇，其中SCI 10论文10篇，EI论文5篇。

在沈国舫先生直接领导下，《中国主要树种造林技术》(第二版)编写工作顺利。作为华北片区负责单位，全面完成负责的48个树种(组)的初稿撰写及修改工作，将于次年2月全面完成初稿。作为学术秘书组组长单位，及时按进度督促片区编写进度，在浙江杭州、安徽合肥组织2次编委会，各片区初步完成初稿编写工作。编写工作按时间进度顺利进行。

负责《大百科全书——林业卷》森林培育部分，包括词条选定，样条撰写，组织全国专家撰写词条。

人才培养 2016年，全学科在读研究生总数量为153人；毕业研究生38人，其中，毕业硕士研究生19人、毕业博士研究生7人、专硕12人。组织完成了2016年研究生招生录取相关工作，硕士招生28名；完成学科博士生申请审核招生工作，招生13名；2016年学科硕士获得国家奖学金2人、博士2人，龙源林业奖学金1人，沈国舫森林培育基金1人；完成硕博连读选拔工作，共有5名硕士转读博士，另有1名直博生；完成15名硕士推免生选拔工作。3名博士分别赴西班牙马德里理工学院、美国农业部林务局落基山研究所等科研院所进行联合培养。

学科全面负责组织完成了学校林学一级学科参加第四轮全国学科评估的材料组织、编写、完善、上报和后续工作。历时2个月，涉及5个学院8个学科，材料包括人才队伍、科研平台、教学成果、科学研究及成果、社会影响、典型案例、优秀毕业生、优秀在校生、毕业生信息、在校生信息等多项内容。出色完成工作，并能确保学科排名在全国保持第一。

《森林培育学》(第三版)教材已交出版社出版，申请获得“十三五”规划教材；顺利组织学科所承担的全学年本科、研究生课程50多门课程共计2000余学时的教学工作；建立北京西山试验林场、北京共青林场2个森林培育教学实践基地。

条件建设 国家林业局“油松工程技术研究中心”通过评审答辩，已获批准；协助学院“省部共建重点实验室森林培育与保护”评估，获得通过。

学术交流 在合肥成功组织召开为期4天的“第六届森林培育分会会员代表大会暨第十六届全国森林培育学术研讨会”。会议选举产生了以张守攻为理事长的第六届森林培育分会理事会。理事会成员还包括：马履一、张建国、赵忠、赵雨森、方升佐、范少辉等副理事长；马履一秘书长，张建国、贾黎明副秘书长，30 位常务理事、18 位理事，共计 56 人。理事会成员来自国家林业局造林司、全国 29 个高校、16 个科研单位，基本涵盖了全国各省(区、市)。并对新一届理事会工作进行了展望。本次年会主题为“森林质量精准提升”，会议吸引了来自全国各林业高校、科研院所和有关企业等 50 余家单位从事森林培育科研、教学、管理和生产实践的领导、专家、科技人员、企业家等 315 名代表前来参加，投稿论文 102 篇。沈国舫、张建国、谭晓风、徐小牛分别作了特约报告，32 位代表从种苗生产、造林技术、抚育技术、木材战略储备基地建设等方面介绍了各自最新的研究成果，评选出 39 篇优秀论文，并在会议上对优秀论文的获奖者进行表彰。

作为分会场主席和秘书长单位，主持第四届中国林业学术大会暨第十一届中国林业青年学术年会第二分会场，并作报告。会议参加人员 150 人，会议论文 60 余篇。

请进新西兰林肯大学 Mark Bloomberg 研究员、美国农业部林务局落基山研究所 R Kasten Dumroese、Deborah Sue Page - Dumroese 和 Jeremiah R Pinto 研究员，西班牙马德里理工大学专家 ANTONIO HUESO ÁLVAREZ 博士，美国爱荷华州立大学 Rajeev Arora 教授等专家进行了为期近 2 个月的学术交流，主要围绕用材林林木耗水机理、苗木培育理论与技术、油橄榄栽培等主题展开，拓展了学科的国际化研究视野，并建立了良好的交流合作机制以促进学科科研发展。

社会服务与其他建设成效 组织第七届“沈国舫森林培育基金”评审，评选出 5 名研究生和 1 名教师获得基金奖励。

协助学校与聊城市合作事宜及协议签订前期工作；撰写国家重点研发专项“森林质量精准提升工程技术创新”建议书。

森林保护学

【概　况】 国家重点学科。始建于 1952 年，1958 年开始招收森林保护专业本科生，1981 年和 2000 年分别获得硕士、博士学位授予权。其是林木有害生防治北京市重点实验室、省部共建森林培育与保护教育部重点实验室、国家林业局森林保护学重点实验室的主要依托学科。现有教授 10 人、副教授 7 人。有教育部长江学者特聘教授 1 人、国家杰出青年科学基金获得者 1 人、新世纪百千万人才工程国家级人选 2 人、国务院政府特殊津贴获得者 2 人、教育部“林业重大病虫灾害预警与生态调控技术研究”创新团队 1 个。4 人入选教育部新世纪优秀人才支持计划，1 人获得国家自然科学基金优秀青年基金资助，3 人入选北京高等学校青年英才计划。1990 年以来，获国家科技进步二等奖等各类重要科技奖励 30 余项，获高等教育国家级教学成果奖 1 项，北京市高等教育教学成果一等奖 1 项。担任国家一级学会副理事长 2 人；兼任全国林业有害生物防治标准化指导委员会主任 1 人，《菌物学报》主编 1 人。是林业有害生物防治产业技术创新战略联盟秘书长单位。有国务院学位办林学组评议组召集人 1 人、教育部林学类专业教指会主任委员 1 人、全国林业专业学位研究生教指会副主任委员 1 人、亚太林业教育协调机制专家指导委员会副主席兼办公室主任 1 人。有国家级教学团队负责人 1 人、北京市高校教学名师 2 人。学科方向主要为森林昆虫学、林木病理学、昆虫与菌物系统学、植物检疫。

【学科建设的主要进展与成效】

学术队伍 范鑫磊博士、吴芳博士入职。骆有庆教授获宝钢教育基金优秀教师特等奖。戴玉成教授继续入选中国高被引学者榜。石娟教授获中国林业青年科技奖。

科学研究 发表 SCI 收录论文 70 篇，EI 收录论文 1 篇，获得发明专利授权 2 项，发布行业标准 1 项。田呈明教授主持的林业公益性行业科研专项《云杉矮槲寄生成灾主因及生态控制关键技术研究》以优异成绩通过验收。

人才培养 共招收硕士研究生 35 人，博士研究生 12 人。毕业博士 8 名，硕士 18 名。梁英梅教授和刘贤德研究员指导的 2015 届林业硕士常伟的学位论文《西北地区云杉林锈菌种类调查与鉴定》和温俊宝教授和曹川健正高级工程师指导的 2016 届林业硕士杨开朗的学位论文《沟眶象物理捕获及诱杀技术研究》获评第二届全国林业硕士专业学位研究生优秀学位论文。

条件建设 省部共建森林培育与保护教育部重点实验室、林木有害生物防治北京市重点实验室都顺利通过评估。

学术交流 王永林副教授赴美国农业部作物改良与保护研究室进行为期1年的访问交流，参加美国植物病理学会2016年学术年会。贺伟教授和张英副教授赴南非比勒陀利亚大学参加南非森林健康年会。多人参加在北京召开的国际林联亚太地区会议以及在长沙召开的第七届全国森林保护学术大会，并作大会报告。戴玉成教授参加成都举办的全国第11届药用真菌学术研讨会和福州召开的第12届中韩菌物学学术研讨会，分别作大会报告。崔宝凯教授参加在福建福州召开的2016年中国菌物学会学术年会、在四川成都召开的第11届全国药用真菌学术研讨会、在云南南华召开的中国野生菌大会。张英副教授和何双辉副教授赴福州参加2016年中国菌物学会年会，并作大会发言。戴玉成教授与何双辉副教授赴泰国皇太后大学访问交流。何双辉副教授赴中国台湾国立自然科学博物馆交流。司静博士参加福州举办的中国菌物学会2016年学术年会、西安举办的中国微生物学会2016年学术年会、美国加利福尼亚州伯克利举办的美国菌物学会2016年学术年会。

社会服务与其他建设成效 承担国家林业局和北京市园林绿化局林业有害生物防控科技咨询服务项目多项，积极参与北京市林业有害生物普查工作；参与成立北京林业有害生物防控协会；参与林业有害生物防治产业技术创新战略联盟各项工作。 （温俊宝 宗世祥）

森林经理学

【概 况】 教师队伍和建设。现有教职工共13人。有博士学位12人，占总人数的92%，有博士后经历的5人。教授7名，副教授3名，讲师3名。其中1人为省部级有突出贡献的中青年专家，2人为省部级跨世纪青年学科带头人，5人次担任全国性学会副理事长、常务理事等职务。

【学科建设的主要进展与成效】 2016年，获得国家自然科学基金青年项目1项，青年科学基金1项，国家重点研发计划1项。科研项目的研究总经费630.44万元，到账校留经费437.36万元。

对外交流 8月，学科5位教师赴湖南长沙参加中南林业科技大学承办的第九届海峡两岸森林经理研讨会。1名副教授获国家留学基金资助，前往美国做访问学者1年。

2016年，中国林学会森林经理分会换届选举，4人任中国林学会森林经理分会第八届理事会理事，其中担任常务理事和副理事长各1人。

【人才培养】 2016年招收硕士研究生18名，毕业17名；招收博士研究生4名，毕业7名。2016年首次开始博士申请审核制招生。

2016年，承担研究生教学10门，本科教学39门(学时)，指导本科论文人22数人。

野生动植物保护与利用

【概 况】 野生动植物保护与利用学科为国家级重点学科，面向国家自然保护领域的科技需求，以动植物保护生物学研究为主线，以动植物保护的理论及动植物资源利用为两翼，注重理论与应用研究的整合性，关注分子、细胞、组织、个体、群落等层面研究的有机联系，围绕动植物保护与利用开展深入的研究。

【学科方向】 本学科有5个研究方向并招收硕士和博士研究生，即动植物系统分类及进化生物学；野生动植物保护生物学；动物生态学与行为学；动植物种质资源保护与利用；野生动物生理免疫与疫源疫病防控。经过多年的实践，本学科的重点研究领域确定为动植物系统学、濒危动植物保护生物学、濒危动物重引入生物学及农林复合系统害虫生态调控，同时，近年来本学科凝练出濒危物种重引入生物学、濒危物种寄生虫学、麝类泌香生物学作为特色研究领域。

【学科建设的主要进展与成效】

学术队伍 现有师资18人，其中教授7人，副教授10人，实验员1人。

科学研究 2016年，本学科致力于动植物生态学、濒危物种重引入生物学、濒危物种寄生虫学、麝类泌香生物学并取得了显著的进展；承担国家自然科学基金、工信部子课题、国际合作课题、国家林业局物种专项、北京市物种调查等课题23项，经费995.5万元；发表学术论文31篇，其中中文核心期刊13篇，SCI刊源40篇。

人才培养 本年度招收硕士研究生19人，博士研究生6人；毕业硕士研究生17人，毕业博士研究生6人。

条件建设 “濒危物种非损伤研究技术实验室”和“树木系统进化与生物地理学实验室”是本学科的实验研究平台，本年度承担了多项研究任务；普氏野马、林麝、朱鹮、雪豹、亚洲象、白马鸡、雪鹑等野外研究基地得到进一步加强；麝类生物学联合实验室已进入正常运转并取得成效。

学术交流 在国内学术交流上，本学科共有8位教师及12名研究生参加了动物学会、植物学会的年会；3人次参加国际学术会议。邀请2位国内知名专家进行学术讲座，2位国外专家参与课题研究及学术讲座。

社会服务与其他建设成效 本学科教师任国务院第七届国家级自然保护区评审委员会委员、IUCN物种生存委员会成员、动物学会常务理事、兽类学会理事、鸟类学会副秘书长、鹤类与水鸟专家组组长、国际学术刊物及《动物学杂志》编委及北京市动植物学会的理事等社会职务。参与国家级自然保护区评审，国家林业局濒危物种保护和利用的行政审批专家会、濒危物种保护的专家组活动，重要铁路、公路及桥梁建设的专家评审会等。

园林植物与观赏园艺

【学科概况】 国家重点学科。园林植物与观赏园艺学科始建于1951年，1960年开始招收研究生和国外留学生，1986年招收博士生，是我国园林植物与观赏园艺学科第一个硕士点和博士点，也是我国该学科领域中的第一个国家级重点学科。本学科是全国风景园林专业学位研究生教育指导委员会、国际梅花品种登录中心、中国风景园林学会教育工作委员会、中国学位与研究生教育学会风景园林专业学位工作委员会、中国园艺学会观赏园艺专业委员会、中国插花花艺研究会、花卉种质创新与分子育种北京市重点实验室、全国插花花艺培训中心、中国花协梅花蜡梅分会、中国花协牡丹芍药分会等多家国内权威学术机构或科技平台的挂靠单位。本学科具有较好的研究条件，研究能力位于国内同类领先水平。依托本学科组建的国家花卉工程技术研究中心和花卉种质创新与分子育种北京市重点实验室为本学科提供良好的研发平台，同时国家花卉产业技术创新战略联盟为本学科的产学研一体化结合提供了良好的支撑。该学科迄今获得国家科技进步奖4项，省部级科技奖10余项。为人才培养、科学研究、社会服务以及推动园林花卉产业进步做出了重要贡献。

学科具有4个稳定的研究方向：花卉种质创新与育种、花卉分子生物学、园林植物繁殖与栽培、园林植物应用与园林生态。

【学科建设的主要进展与成效】 学科共有教师33人，包括教授13人、副教授和副研究员12人、讲师和实验师8人，其中31人具有博士学位，45岁以下的专业课教师全部具有博士学位，形成以中青年科研人员为骨干的高水平研究队伍。在国内、国际有较大影响的学科带头人1名，国家“863”计划首席科学家和领域主题专家1人，植物品种国际登录权威1人（张启翔教授2013年当选），教育部新世纪优秀人才支持计划获得者2人，北京市青年英才计划获得者2人。形成了一支以国家级突出贡献专家、博士生导师为核心，年龄结构合理、知识领域广阔、在国内国际有较大影响的高水平的学术队伍。

新增国家自然科学基金、北京市自然科学基金等科研课题22项。目前，学科在研课题67项，其中国家级课题21项，包括国家自然科学基金项目17项、“863”计划课题2项和“十二五”国家科技支撑计划课题2项。

本年度通过科技部审定成果1项，国家林业局鉴定科技成果2项，北京市林木审定良种3个，完成林果花草分子育种与品种创制“863计划”项目验收，梅花与牡丹分子育种与品种创新、月季、菊花、百合分子育种与品种创制2项课题验收。获国家科学技术进步二等奖1项，梁希林业科学技术奖二等奖1项，梁希青年论文奖二等奖3项、三等奖2项；制定行业标准1项；申请国家发明专利4项，获国家发明专利授权8项；申请植物新品种权21项，获植物新品种权6项；技术成果转让17项。本年度发表学术论文107篇，其中SCI论文19篇，出版专著或论文集4部。

学科在读研究生209人，其中硕士研究生

124 人、博士研究生 85 人；毕业研究生 48 人，其中硕士研究生 39 人、博士研究生 9 人。获得国家奖学金、学术科技竞赛奖、学术创新奖、最佳 Poster 奖、2016 中国观赏园艺学术年会优秀论文奖、优秀毕业生、优秀毕业论文等各类奖励 52 人次。

全年学科共举办或承办国内外会议 3 次(第十五届梅与蜡梅国际学术研讨会、2016 中国观赏园艺学术研讨会、The 2nd International Conference on Germplasm of Ornamentals)。共邀请美国普度大学、阿肯色大学、德州 A&M 大学、明尼苏达大学、哥伦比亚大学、美国农业部的外国专家 7 人以及北京大学、武汉大学、南开大学、中山大学、上海辰山植物园、中国科学院遗传发育所、中国科学院植物所、中国农科院蔬菜花卉所等国内外高校、科研机构、企业的 20 人次来中心讲学交流研讨。共有 7 位访问学者在本实验室开展花卉种质创新与分子育种的访问研究。学科选派 61 名教师、研究生分别前往美国、加拿大、土耳其、希腊等参加国内外学术会议及交流，共有 46 人次参加学术会议并作了特邀报告、大会报告或口头发言，其中研究人员 31 人次、研究生 12 人次。

科技支撑方面，学科投入经费 116.8 万元，购置实验设备 89 台(套)，对老旧设备进行了维护和更新。目前，实验室单价 5 万元以上仪器设备 104 台(套)，为科研工作的开展提供了有力的保障。实验室严格执行安全管理制度，实行仪器使用预约、登记制度，保障了实验仪器的正常运转。实验室不定期对管理人员和研究生进行系统培训，举办大型仪器使用讲座，提高了仪器使用效率。

水土保持与荒漠化防治

【概　况】 国家重点学科。学科主要研究方向：流域治理、林业生态工程、水土保持工程、荒漠化防治。

学科团队建设方面，补充新教师 3 人，分别为来自北京大学的王平博士、北京林业大学的于明含博士、北京林业大学的博士后万龙；王云琦、程金花 2 人晋升为教授，王若水、马岚、贾昕 3 人晋升为为副教授；王云琦、程金花、张岩、饶良懿 4 人被遴选为博士生导师，贾昕遴选为硕士生导师。学科总人数 50 人，其中教授 23 人，副教授 10 人，讲师及助教 17 人；学科具有博士学位的教师总人数为 49 人，占 98%；45 岁以下青年教师 31 人，45 ~ 55 岁中年教师 10 人，55 岁以上老教师 9 人。

学科承担科研任务方面，获批国家自然科学基金项目 10 项，国家重点研发计划课题 4 项、专题 14 项，国家“十二五”科技支撑计划后续课题 1 项、专题 8 项，林业标准制修订计划 1 项，国家林业局委托 7 项，其他省部级专题 4 项，横向服务课题 32 项，合同总经费共计 4137 万元。

学科标志性成果产出方面，共发表学术论文 190 余篇，其中 SCI 收录论文 52 篇(国际 TOP 期刊上发表 7 篇)、EI 收录论文 10 篇，授权发明专利 18 项，取得获软件著作权 47 项，发表 SCI 收录论文平均影响因子超过 2.0。

学科获奖及奖励方面，获教育部高等学校科学研究优秀成果奖(自然科学奖)二等奖 1 项、教育部高等学校科学研究优秀成果奖(科学技术进步奖)二等奖 1 项、四川省科技进步三等奖 1 项、北京市科技进步三等奖 1 项、中国水土保持学会科学技术二等奖 3 项、梁希青年论文奖 8 项。王礼先教授荣获世界水土保持学会“诺曼·哈德逊纪念奖”荣誉，余新晓教授获全国优秀科技工作者称号，朱清科教授获最美野外科技工作者荣誉称号，张洪江教授、朱清科教授获第一届中国水土保持学会突出贡献奖，王彬获 2016 年度北京林业大学教学基本功比赛理科组一等奖。

学科招收研究生和培养人才方面，招收全日制研究生 187 人(其中博士研究生 36 人，学术型硕士研究生 76 人，全日制专业学位研究生 75 人)，授予博士学位 24 人，学术型硕士学位 86 人，专业硕士学位 47 人。研究生作为第一作者共发表 SCI 论文 35 篇，EI 论文 11 篇。

学科建设方面，协助完成全国林学一级学科的第四轮评估并获得第一名；迎接完成了“北京市水土保持工程技术研究中心”的评估检查工作，结果为良好；鹫峰林场水土保持与荒漠化防治教学科研基地被评为水利部水土保持科普教育示范基地。

学科学术交流方面，信忠保、赵媛媛 2 位教师作为访问学者分别从美国普渡大学和亚利桑那州立大学研修结束回国，参与承办了中美碳联盟(USCCC)第十三届年会、美国林务局“气候变化与森林”学术报告会、第二届水土保持与荒漠化防治青年学术论坛，邀请来自中国台湾屏东大学的李锦玉教授为学院师生讲学并进行学术研讨。 (丁国栋)

风景园林学

【概　况】 风景园林学是北京市重点学科、国家林业局重点学科，前身可追溯到1951年10月9日中央人民政府教育部批准的标志着中国现代风景园林教育诞生的北京农业大学(现中国农业大学)园艺学系成立造园组以及园艺系和清华大学营建学系(现清华大学建筑学院)合作办学计划。1952年造园专业开始招生，1956年3月教育部发文将北京农业大学造园专业调整至北京林学院(现北京林业大学)，同年8月正式将造园专业更名为“城市及居民区绿化”专业，1957年林业部批复同意北京林学院建立城市及居民区绿化系，标志着中国现代风景园林教育由本科教育向学科研究生教育体系完善。1959年开始招收园林工程方向硕士研究生，1979年招收园林规划与设计方向研究生，并逐步发展成为风景园林规划与设计和园林植物与观赏园艺2个学科方向。1981年获得园林规划与设计和园林植物硕士学位授权，1993年获得风景园林规划与设计二级学科博士学位授权，2007年获批建立建筑学一级学科博士后流动站，2011年获得建筑学一级学科博士授权，学科调整更名为风景园林学一级学科，同年获得风景园林学一级学科博士和硕士学位授权，2013年获批建立风景园林学一级学科博士后流动站。在2012年全国第三轮一级学科评估中，风景园林学位列全国首位，在2015年国家林业局新一轮重点学科评估中，风景园林学排名第一。本学科是全国风景园林专业学位研究生教育指导委员会、中国风景园林学会教育工作委员会、中国学位与研究生教育学会风景园林专业学位工作委员会、全国高等院校园林教材编写指导委员会主任委员单位和秘书处挂靠单位，是国务院学位委员会风景园林学科评议组召集人单位、高等学校风景园林学科专业指导委员会副主任委员单位、中国风景园林学会副理事长单位、中国公园协会副会长单位和《风景园林》杂志主编单位。

本学科主要研究方向：风景园林历史与理论、风景园林规划与设计、园林植物、风景园林工程与技术、风景园林建筑、景观规划与生态修复、风景园林遗产保护等。

【学科建设的主要进展与成效】 2016年，学科共有教师67人，其中教授15人、副教授30人、讲师21人。学术队伍中有中国工程院资深院士1人(孟兆祯)，国务院学位委员会学科评议组成员1人(李雄)，全国专业学位研究生教育指导委员会委员1人(李雄)，高等学校本科专业指导委员会委员2人(李雄、王向荣)，住房和城乡建设部风景园林专家委员会委员5人(曹礼昆、李雄、刘晓明、王向荣、朱建宁)，全国科学技术名词审定委员会风景园林学名词审定委员会委员3人(孟兆祯、李雄、刘晓明)，北京市教学名师2人(李雄、王向荣)，宝钢优秀教师3人(孟兆祯、李雄、王向荣)。在国际学术组织中任职的专家有1人(刘晓明)，在国内一级学会中担任常务理事以上职务的专家有3人(李雄、王向荣、刘晓明)。

学科在校学术型研究生235人(博士生82人，硕士生153人)，专业学位研究生538人(全日制在读252人，在职攻读286人)。学科招收学术型研究生64人(博士生17人，硕士生47人)，专业学位研究生116人。2016年共授予工学博士学位14人，工学硕士学位38人，专业学位134人(其中全日制106人，在职58人)。

学科研究生获得第53届国际风景园林师联合会(IFLA)学生竞赛二等奖1项、三等奖1项；获得2016中日韩风景园林设计竞赛金奖1项，入围奖6项；获得2016日本造园学会全国大会学生公开设计竞赛二等奖1项；获得2016中国风景园林学会(CHSLA)大学生设计竞赛二等奖2项、三等奖2项和佳作奖7项。学科学生作品入围第九届国际景观双年展“国际景观与建筑学校学生作品奖”，学科研究生李方正获全国梁希优秀学子奖。

学科获批国家林业局“十三五”规划教材91种，出版教材6部。学科与日本千葉大学创办合作风景园林学硕士双学位合作项目，继续推进两校国际化创新人才培养。学科辅导员刘尧获第八届全国高校辅导员年度人物提名奖，林箐教授入选第十四届中国青年科技奖。学科主持的规划设计项目《山东省龙口市黄县林苑》获得英国国家景观奖。

学科推进城乡生态环境北京实验室建设，完成中期检查评估。实验室建立北京市内植物景观图像数据库1个；筛选适用于北京地区矿山废弃地、工业废弃地、垃圾山、水环境及退化河道的植物种类70余种，植物配置模式16个；筛选出5种杀菌滞尘效应俱佳的乡土植物；完成各项研究报告4份；初步构建了评价指标体系2套。风景园林规划设计研究院3个子机构植物景观规划设计研究中心、数字景观研究中心、政策研究中心正式挂牌投入科研和教学实践，为57名产学研硕士提供培养平台，同时承担多项规划设计实践项目。学科牵头承担的“十二五”科技支撑计划项目“村镇环境监测与景观建设关键技术研究”结题验收，学科牵头的“北京景观绩效评价体系与园林景观设计资源平台建设”项目获得2017年北京市科委重大项目立项。学科同鄂尔多斯市城乡建设委员会园林绿化管理局、苏州园林设计院、北京北辰园林工程有限公司、北京中国风景园林规划设计研究中心、聊城市城市管理局、上海印派森园林景观股份有限公司、北京京都风景规划设计研究院、石家庄市园林局、永州市园林局、北京胖龙丽景科技有限公司、北京胖龙花木园艺有限公司、北京京林园林绿化工程有限公司12家企业单位签订就业实践基地。

学科承办2016年世界艺术史大会之园林和庭院分论坛、“北京国际设计周·北京绿廊2020——融合自然的城市更新与共享”学生论坛、圆明园遗址保护利用专题研讨会、2016生态园林城市建设与城市生态修复主题论坛、第9届旅游研究北京论坛。举办“北林园林设计——继往开来与时俱进”2016北林风景园林规划设计论坛、2016·世界风景园林师高峰讲坛、“情系两岸·缘聚园林”海峡两岸园林学术论坛、2016年青年风景园林师圆桌讲坛暨第四届“京津高校联合论坛”、第12届首都高校风景园林研究生学术论坛、北京旧城保护更新与社区营造民间志愿团体工作交流论坛。学科师生受邀分别在第4届世界规划院校大会、2016年“亚太住房研究网络”国际研讨会以及2016中国风景园林学会年会作报告。2016年学科还参与《中国大百科全书》风景园林卷和《中国林业大百科全书园林绿化卷》编写工作。

林业工程

森林工程

【概　况】 森林工程学科是林业工程北京市重点一级学科下设的二级学科，2003年获得博士学位授予权。该学科围绕森林工程学科领域的国际研究前沿和发展趋势，结合我国林业建设对高层次科技人才和技术的市场需求，承担硕士、博士、博士后创新型人才培养任务，开展现代林业装备、森林信息监测以及林业人机工程学的研究，并积极促进成果转化。

【研究方向】 森林工程装备及其自动化；林业人机环境工程；森林及其环境信息监测。

【学科建设的主要进展与成效】

学术队伍 学科在岗教师8人，教授(博士生导师)3人，其中二级教授2人，副教授4人，讲师1人。担任国务院学科评议组成员1人，中国林学会森林工程分学会副理事长1人、副秘书长1人、常务理事1人，理事1人；首都劳动奖章1人。

科学研究 学科主持国家自然科学基金、国家林业局示范推广项目、中央高校基本科研业务费专项等在研项目8项，经费总额201万元。申请获得博士后基金1项。

学科教师共发表学术论文12篇，其中EI收录6篇，SCI检索论文6篇，获得国家发明专利8项，申请国家发明专利15项，获得软件著作权登记26项。

人才培养 招收博士研究生3名、硕士研究生12名；毕业研究生12名，获得工学硕士学9名，获得博士学位2名，1名硕士生转入森林工程学科攻读博士学位。在读研究生总人数26名（其中博士研究生7名），在站博士后6人。

条件与基地建设 学科加强了实验室建设、拓展了实验室空间，在北京市重点学科建设经费的资助和相关科研项目的资助下，购置了一批仪器设备，包括二维激光扫描仪等，价值20多万元。

学术交流与成果推广 2016年第六届国务院学科评议组成员李文彬教授继续被聘为第七届国务院学位委员会学科评议组成员（林业工程）。

木材科学与技术

【概　况】 木材科学与技术学科是我国该领域最早设立的学科之一，为北京林业大学“985”优势学科创新平台、“211工程”、教育振兴行动计划重点建设学科。1981年木材科学与技术学科获国务院首批硕士学位授予权，1986年获博士学位授予权，2007年成为国家重点学科，拥有省部级重点实验室及工程中心7个。

【学科方向】 学科主要研究方向：木材学、木材热加工、木质复合材料与胶粘剂、木材保护与改性、木工机械与过程自动化、家具设计与工程、包装材料及结构。

【学科建设的主要进展与成效】

学术队伍 木材科学与技术学科现有固定人员52人，其中教授15人，副教授12人，讲师21人，高级实验师3人，其他1人。团队中国务院学位委员会学科评议组成员1人，长江学者特聘教授1人，入选教育部直属高校国家百千万人才工程1人，“有突出贡献中青年专家”荣誉称号2人，全国百篇优秀博士论文指导教师及获得者各1人，教育部新世纪优秀人才2人。2016年度学科教师晋升教授1人，晋升副教授2人，新进教师2人。依托教育部创新项目组建“人造板制造关键技术”和“木质材料保护技术与理论”创新青年团队2个及青年学术团队1个。

科学研究 主持及承担国家重点研发计划项目、国家自然科学基金项目、北京市自然科学基金项目、北京市科技计划项目等纵向科研项目19项，横向科研项目18项，合计研究经费1404万元。

发表SCI论文74篇，EI及ISTP论文10篇，中文期刊论文90余篇。获国家发明专利授权30项；获实用新型专利授权12项，软件著作权15项；此外，主持制定国家标准1项，行业标准3项。

人才培养 培养硕士研究生29人，博士研究生12人。出版专著教材6部。

获奖 常建民教授研究成果《农林生物质移动式热裂解炼制与产物高值化利用关键技术》，获北京市科学技术发明三等奖。

平台建设 依托“211工程”建设，对实验室和实验设备进行更新，为科学研究提供更好的实验条件。木质材料与应用教育部重点实验室顺利通过教育部组织的专家组验收，开始正式建设。

学术交流 积极利用“211工程”建设经费和科研经费，举办、承办重要学术会议，加强国际化人才培养。积极开拓与国外大学联合培养本科生的校际合作，派出研究生5人次到世界知名大学进行学习和交流。邀请国外专家学者就本领域研究前沿和热点进行学术交流和访问，全年共邀请国外专家15人次来校进行交流。

社会服务与其他建设成效 大力推动现有科技成果转化，曹金珍教授团队的“一种石蜡-硅烷复合防水剂及其制备方法”和“一种水载型木材改性剂及其制备方法”专利技术在河北省廊坊市固安县工业园南区通达有限公司实现成果转让，该发明技术，设备投资少，处理成本低。此外李建章教授团队的“一种脲醛树脂胶的添加剂、其制备方法技术转让”专利技术在淮安中天生物科技有限公司实现成果转让。

（张文博　母　军）

林产化学加工工程

【概　况】 林产化学加工工程学科成立于1958年，1993年成为硕士点，2000年成为博士点，

2006年被批准为国家林业局重点学科，2007年被批准为北京市重点学科，现为国家“985”优势学科平台建设学科和“211工程”二期、三期重点建设学科。学科拥有“林木生物质化学”北京市重点实验室及“林木生物质材料与能源”教育部工程研究中心。现有教职工41人，其中教授15人、副教授11人，具有博士学位的教师37人。40岁以下青年教师占学科总人数的54%。教师队伍中有“973”首席科学家1人，长江学者特聘教授2人，国家杰出青年基金获得者2人，国务院学位委员会学科评议组成员1名，青年女科学家1人，中国青年科技奖获得者1人，中组部“青年千人计划”1人及青年拔尖人才1人，教育部新世纪优秀人才计划入选者6人，北京市科技新星计划1人，全国百篇博士优秀论文获得者2人，提名奖1人。

【学科方向】 学科现设生物质材料、能源与化学品、生物质炼制与清洁制浆、二次纤维利用及造纸化学品、林产精细化工、化学催化及功能高分子材料6个学术研究方向。

【学科建设的主要进展与成效】

学术队伍 学科许凤教授获第十届中国青年女科学家奖，接收应届毕业博士3名为学科新教师。学科有1名教师正常晋升教授、2名教师晋升副教授，彭锋副教授破格评为教授。

科学研究 学科继续国家自然科学基金重点和面上项目、林业行业公益性研究专项、教育部科学技术研究项目重点项目、“948”引进项目、林业科学技术推广项目等课题24项，新增国家重点研发项目课题1项、国家自然科学基金面上项目3项，青年项目2项，北京市自然科学基金项目1项，总经费达850万元。发表SCI收录论文90篇、EI收录论文2篇，申报发明专利46项、授权发明专利14项。

孙润仓教授主持完成的“木质纤维生物质多级资源化利用关键技术及应用”成果获得国家技术发明二等奖。许凤教授主持完成的“木质纤维细胞壁结构解译及纤维素基功能材料转化”成果获2016年度高等学校科学研究优秀成果自然科学二等奖。蒋建新教授主持完成的成果“无患子皂素及其资源高效利用技术”获全国商业科学技术进步一等奖。

人才培养 培养毕业博士研究生8名、硕士研究生28名，招收博士研究生19名、硕士研究生44名。获得北京林业大学优秀博士论文1篇、优秀硕士论文1篇。

条件建设 北京市重点实验室建设支持经费100万元，本科教学实验室投入10万元。

学术交流 学科与德国耶拿大学有机和高分子化学研究所共同举办中德木质纤维生物质材料研讨会、学科先后有3人次分别去美国、加拿大进修，邀请美国北卡罗来纳大学Martin A Hubbe教授、Lucian Lucia教授、芬兰教授、澳大利亚莫纳什大学沈卫教授、美国纽约州立大学Shijie Liu教授、加拿大加拿大林产品创新研究院(FPInnovations)毛长斌研究员等人来学科讲学交流。学科有10人次参加国际学术会议、36人次参加国内学术会议。

社会服务与其他建设成效 学科与山东龙力集团等单位保持良好的教学科研基地合作关系，并派出经验丰富的教师深入生产一线解决实际生产中的问题，建成了原花青素分离、生物质分离与利用、皂荚皂素制备、低聚木糖等一批中试生产线。

农林经济管理

【概　况】 学科前身是1952年创建的林业经济管理学科，1959年开始招收林业经济管理本科，1962年招收研究生，1984年获林业经济管理学科一级硕士学位授予权，1996年获国家首个林业经济管理二级博士学位授予权，2003年建立博士后流动站，2006年获农林经济管理一级学科博士授予权。目前拥有一级学科博士点及博士后流动站各一个，目录内林业经济管理、农业经济管理二级学科博士点两个，目录外自设林业资源经济与环境管理二级博士点一个，林业经济与政策英文博士、硕士项目。为教育部农林经济管理教学指导委员会副主任单位、国务院农林经济学科评议组成员单位、国家重点(培育)学科、北京市重点学科、国家林业局重点学科、北京林业大学重点建设学科。已经形成了从本科、硕士到博士及国际留学生完备的人才培养体系。目前拥有专任教师48人、博士生导师19人、硕士生导师20人，其中，有国务院学科评议组成员1人，教育部高等学校农林经济与管理类教学指导委员会副主任1人，中国林业经济学会等4个国家一级学会副理事长5人次，国务院政府津贴获得者3人，“万人计划”“四个一批”人才1名，北京市教学名师4人，宝钢奖获得者4人等。

【学科建设的主要进展与成效】 2016年，高层次人才陈建成教授入选第二批国家“万人计划”领军人才，为全国林业院校唯一入选者。

专业教学 获批国家林业局“十三五”规划教材立项15项，获校级教学改革研究重点项目1项、一般项目5项、教材规划项目15项；出版教材6部。顺利完成工商管理、管理科学与工程学科首次大类招生试点。自主开发完成“北京市人文社科实验教学云平台”(软著登字第1232224号，登记号2016SR053607)；“农林业经营管理仿真实验平台”在高等教育学会第四届全国高等学校自制实验教学仪器设备评比中获三等奖。获校级优秀本科毕业论文21篇，96名毕业生免试攻读硕士研究生，多人进入北大、清华、人大等名校深造。

人才培养 学科共招收全日制研究生249人，其中博士32人(含留学生8人)、学术型硕士83人(含留学生16人)、专业硕士134人。为吸引优秀生源，举办了“首届农林经济管理大学生夏令营”，多所全国知名高校和重点农林院校的近20名优秀学子入营。毕业生总体就业率为100%。

刘俊昌教授主讲的《林业经济学》被评为教育部第二期来华留学英文授课品牌课程。

科学研究 获批项目54项、到账经费1242万元。其中纵向课题40项、经费991万元，纵向课题中，国家自然基金2项、教育部人文社科基金1项、国家重点研发计划1项、北京市社科基金8项、北京市社科联项目1项、北京市优秀人才培养资助项目1项；横向课题14项、经费251万元。发表论文132篇，其中SCI/SSCI 19篇(科技处检索14篇)、EI 5篇(科技处检索11篇)、CSSCI/CSCD及扩展版论文76篇；修制行业标准1项；出版专著16部；获专利数量4项、软件著作权登记1项。

荣获各种科研奖项11项(省部级5项)，其中，梁希林业科学技术奖一等奖1项、三等奖1项，中国林业产业突出贡献奖1项、中国林业产业创新奖1项、河北省社会科学优秀成果三等奖(第二主持)1项。

学科平台建设 农林经济管理一级学科和国际贸易学(林产品贸易方向)分别获批国家林业局重点学科和重点(培育)学科；农林经济管理一级学科入选学校“双一流”建设支持学科。成功举办“第5届Faustmann国际学术研讨会”“第二届海峡两岸企业管理创新论坛”；举办“资源与环境政策影响评估研究方法”青年教师课程班；邀请国外著名专家教授10余人次来院讲学和作学术报告。

社会服务 承担国家林业局林改监测，林业财政资金绩效评估、重大调研等一批政策调查项目以及国家林业贸易与政策培训、林业金融与森林保险培训，青海省林业厅林业管理干部培训；为国家林业局制定《国有林场综合评价指标与方法》《木质林产品品牌社团评价标准》等行业标准；为国家外国专家局提供引智相关的政策咨询与研究；为青海省海西州德令哈市研究制定新兴服务业规划方案。1名教师被中国林学会聘为中国林业智库专家，1名教师被聘为第一届中央国家机关房地产管理专家咨询委员会委员，3名教师受聘为防城港市“白鹭英才智库”专家，2名教师被吉林省白山市市委、市政府聘为科技发展顾问，1名教师被聘为呼伦贝尔市(国务院确定的编制自然资源资产负债表试点单位)自然资源资产负债表编制咨询专家。 (贺 超)

生 物 学

【概　况】 学科源于1902年京师大学堂的森林植物学、森林动物学及稍后建立的森林植物生理学。110余年来，经过几代人建设，目前学术队伍、科学研究、高端创新平台、高层次人才培养和社会服务等方面均有较大发展，取得了诸多创新性科研与教学成果，为国家林业建设和服务北京相关领域的发展做出了积极贡献，是林业院校第一个国家基础科学研究与教学人才培养基地。

2012年，学科获批北京市重点学科，2015年获批国家林业局一级重点学科。学科涵盖植物学、生化与分子生物学、微生物学、细胞生物学和计算生物学与生物信息学5个二级博士点，及遗传学和动物学2个硕士点。

【学科建设的主要进展与成效】

学术队伍　学术梯队健全，科研实力雄厚。拥有一支由国家工程院院士领衔、学缘结构合理、富有朝气的高素质学术团队。学科拥有教师56名，分别来自国内外20余所著名大学和研究机构，其中有教授19名，副教授22名，院士1名、国务院学科评议组成员1名、长江学者特聘教授和讲座教授1名、国家杰出青年基金获得者1名，中国科学院“百人计划”入选者1名，国家百千万人才工程学者1名，国家有突出贡献专家1名。2016年，2名教师晋升教授，3名教师晋升副教授，新进教师3名。

科学研究　学科在研科研项目总数为113个。其中纵向课题95项，校留经费达5475万元；横向课题18项，校留经费达317.38万元。

获授权国家发明专利6项；发表SCI期刊收录论文45篇。学科王华芳教授作为第一完成人的科研成果获“北京市科学技术奖三等奖”。

人才培养　学科毕业研究生52人(博士生15人，硕士生37人)；招收109名研究生(博士25人、硕士84人)。

条件建设　学科与林学共建有国家发改委“林木育种国家工程实验室”，科技部“国家花卉工程技术研究中心”，教育部重点实验室“林木花卉遗传育种实验室”，以及国家林业局野外站5个国家林业局重点实验室和10余个产学研基地。

学术交流　学科与国内外著名大学和科研院所建立合作研究关系，举办生物科学论坛41场，邀请国内外著名学者来作学术交流。

社会服务与其他建设成效　学科教师担任重要学术期刊PLoS One和Trees的编委；担任重要学术机构中国林学、中国植物学会和北京植物学会等委员或理事。针对我国干旱地区生态环境建设、生物节水、植物新材料构建及新资源植物开发等与我国科技发展急需解决的重大战略问题紧密相关的基础理论和新技术体系，开展创新性研究。

继续加强产学研发展和成果转化，与地方政府及企业签订合作协议2项，举办培训班1次，与吉林白山市江源区政府洽谈项目合作。

生 态 学

【概　况】 生态学学科是北京市重点学科，国家林业局重点学科。源于1952年建立的森林学，著名植物学家汪振儒教授和中国生态学会前理事长李文华院士为学科创始人，中国最早的博士点学科之一。2003年被评为北京市重点学科。为我校“211工程”和“优势学科创新平台”重点建设学科。经过60余年的凝练和积累，形成以森林生态为核心，自然保护为特色的涵盖森林、荒漠与湿地研究领域的学科体系。在我国北方退化森林生态恢复等研究方面取得突破性进展，为我国天然林保护工程、湿地保护工程和珍稀濒危物种保护与自然保护区建设工程提供了有力的支撑。

生态学科是学校新学科增长点，在学科的努

力下，新建自然保护区学科以及森林保护、森林土壤和环境科学的博士点，形成完整的生态建设的学科体系。学科拥有实验室面积800余平方米，野外长期研究基地和网络台站2处。近年来承担“973”“863”、国家自然科学基金和科技支撑等纵向科研课题多项，经费近1亿元。获国家级科技进步二等奖1项、省部级科技奖20项；获得国家级教学成果奖2项，省部级教学奖励7项。

学科主要的研究方向：森林生态学、生物多样性保护与恢复生态学、生态系统管理与规划。

【学科建设的主要进展与成效】 现有教师24人，其中教授8人、副教授7人。2016年，晋升教授1人、副教授1人。多名教授担任国内外学术刊物的副主编、编委等职位，其中孙建新教授担任*Forest ecology and management*、*Journal of Plant Ecology*、*Journal of Integrative Plant Biology*、*Ecological progress* 等国际重要刊物的副主编、编委等职，赵秀海教授担任北京林业大学学报主编。

学科紧紧围绕国家生态建设和恢复的重大需求，在森林生态、恢复生态、保护生物学、全球气候变化和生态管理等方面开展工作。在我国北方退化森林生态恢复、自然保护理论与保护体系研究方面取得突破性进展。2016年，学科教师获得2项“十三五”国家重点研发课题资助，同时继续执行之前承担的国家“973计划”“十二五”科技支撑项目、林业公益性行业专项、国家自然科学基金项目等课题20多项，在研科研经费接近2000万元。在国内外刊物共发表论文60多篇，其中SCI论文20多篇。

招收博士生8人、硕士生30人，毕业博士生8人、毕业硕士生30人。青年教师张春雨以访问学者的身份赴美国进行合作研究，学成回国。孙建新教授短期出访，与澳大利亚联邦科学与工业组织农业中心的相关科学家开展合作研究与交流。

通过“211工程”三期的建设，科研实验室进一步完善，60平方米的研究生学习用房进行了装修，包括森林生态实验室、全球变化实验室、生物多样性和生态恢复实验室、林火和生态管理实验室、气象实验室等进一步加强了管理。进一步完善了国家林业局山西太岳山森林生态站、黑龙江郎乡实习科研基地和西部云冷杉林、中部油松以及东北阔叶红松林三条天然林南北样带。2016年，森林资源生态系统过程北京市重点实验室成果丰硕，顺利通过北京市科委验收。

2016年，生物多样性保护与恢复生态研究方向的老师，根据课题需要和学术进展，召开了极小种群保护与生态修复学术讨论会，邀请国家林业局有关司局领导、国内外专家和实验基地的工程技术人员进行讨论，取得了丰硕的成果。

学科积极邀请国内外学者来学校进行学术交流。2016年来先后邀请来校进行学术交流和访问的国外知名生态学家和林学专家有：德国教授Gadow，英国洛桑实验室研究员吴连海，澳大利亚悉尼科技大学教授于强，美国科罗拉多州立大学教授Ryan，加拿大林务局研究员王永和，台湾师范大学教授黄生和廖培钧。

草　学

【概　况】

北京林业大学草学学科起步于1998年12月28日，是率先在我国高等林业院校中开设的专业。1999年开始招收硕士研究生，2000年开始招收博士研究生。2001年开始招收草业科学专业草坪科学与管理方向本科生，2003年与美国密歇根州立大学联合招收和培养草坪管理专业本科生，2003年同时获得硕士和博士学位授予权。2008年被评为北京市重点学科，2011年获草学一级学科博士学位授权点，2014年获批草学一级学科博士后科研流动站。学科经过近二十几年的发展，形成了完备的本科－硕士－博士－博士后培养体系。草学一级学科下设两个二级学科，分别为草坪科学与技术和草地资源与生态，特色鲜明。

学科是中国高尔夫球协会场地委员会（2004年成立）挂靠单位，拥有“北京林业大学草坪研究所”（1999年成立）、“北京林业大学高尔夫教育与研究中心”（2003年成立）、“北京林业大学草地生态与资源研究中心”（2012年成立）等机构。学科现有教授4名(全部为博士生导师),副教授5名(其中硕士生导师4名),讲师3名,实验员1名,教学辅助人员2名。教师中博士学位获得者为100%,具有国外留学经历者7人,学历、学缘、年龄结构合理。学科承担“863”计划、国家自然基金项目、国家科技支撑计划、北京市科委项目等各类科研课题20余项,科研总经费累计达到近5000万元,研究课题充沛,基本体现了学科方向主要的研究领域及前沿动态。2004年始,国内两家知名企业“深圳朝向集团”和“北京绿友集团”为本学科设立了奖学金,奖学金每年分别为10万元和4万元,奖励在教学科研领域表现出色的青年教师以及品学兼优的研究生和本科生。

【学科方向】 北京林业大学草学学科设两个二级学科:草坪科学与技术和草地资源与生态。

草坪科学与管理学科主要研究方向为:草坪科学与管理;城市绿地生态用水管理;草地植物遗传育种;裸露坡面植被恢复理论与技术。

草地资源与生态学科主要研究方向为:草地植物资源;草地生态水文过程;草地土壤微生物生态;草原矿区植被生态恢复。

两个二级学科的主要研究方向紧密结合我国生态环境和城乡人居环境建设的需要,突出体现草学在我国生态环境建设中的基础地位,集中体现为生态环境建设服务的鲜明特色,同时又有各自独特的学科方向和优势。

【学科建设的主要进展与成效】

学术队伍 2016年,学科尹淑霞晋升为教授,并被遴选为博士生导师,林长存晋升为副教授。学科现有教师12名,其中教授4名,全部为博士生导师,副教授5名,4名是硕士生导师,讲师3名。

表11 草学学科现有教师名单
(截至2016年12月31日)

序号	姓名	职称	年龄	专业背景
1	韩烈保	教授	51	草坪科学与管理
2	苏德荣	教授	57	草地资源与生态
3	纪宝明	教授	44	草地资源与生态
4	尹淑霞	教授	43	草坪科学与管理
5	常智慧	副教授	38	城市绿地生态用水管理
6	宋桂龙	副教授	40	裸露坡面植被恢复理论与技术
7	曾会明	副教授	42	草地植物遗传育种
8	许立新	副教授	31	草地植物遗传育种
9	林长存	副教授	38	草地资源与生态
10	晁跃辉	讲师	32	草地植物遗传育种
11	王铁梅	讲师	35	草地资源与生态
12	平晓燕	讲师	31	草地资源与生态

科学研究 截至2016年年底,学科教师在研国家级和省部级纵向项目17项和横向课题等共23项,合同经费594万元,其中本年度到账经费198万元。

本学科韩烈保教授为第一完成人、尹淑霞教授为第三完成人、常智慧副教授为第五完成人的项目“新型无土基质草毯高效培育技术及其产业化”获得教育部高等学校科学研究优秀成果奖技术发明奖二等奖。

获授权发明专利一项——一种岩石边坡挂网的方法。

本学科宋桂龙副教授获得软件著作权2项:中国足球场场地质量评价系统(PC版)V1.0,中国足球场场地质量评价系统(手机版)V1.0。

发表科学论文44篇,其中SCI论文12篇,中文核心期刊论文32篇。

人才培养 2015年授予博士学位1人,硕士学位21人。毕业生就业率近100%。

条件建设 学科目前建立有2个实验室、1个固定的教学科研实习基地(昌平白浮草坪试验站)和5个相对固定的教学实习基地。各个实验室及教学实习基地运行正常。

学术交流 学科教师常智慧副教授以访问学者身份在美国克莱姆森大学进行草坪草抗逆生理与分子调控机制研究。尹淑霞教授和宋桂龙副教授带领6名研究生参加10月在银川举办的中国草学会草坪专业委员会第九届全国会员代表大会暨第十五次学术研讨会,尹淑霞教授在会上当选为中国草学会草坪专业委员会副主任。韩烈保教授、纪宝明教授、尹淑霞教授、晁跃辉讲师等参加12月在北京召开的“中国草学会第九次全国代表大会”，韩烈保教授在会上当选为中国草学会副理事长。

社会服务 作为我国高尔夫球协会场地委员会和中国畜牧业协会草业分会的依托单位，本学科发挥自身优势，以人才培养、科学研究为依托，积极开展社会服务工作，取得了显著成效。通过举办学术会议、开展技术培训与咨询等方式，为草坪生产、草坪管理、苜蓿栽培、草原生态修复等提供技术指导。

本学科通过与场地草坪建植公司和场地管理部门结成研究组，针对场地的现实情况和特点，有针对性地为场地的设计或改造方案、概预算方案、草种选择与建植方案、养护技术等方面提出建议。2016年指导北京鸟巢国家体育场草坪和广州天河体育场足球场草坪的改造工程，提升草坪质量。

生态环境地理学

【概　况】 生态环境地理学是交叉学科，北京市重点学科。生态环境地理学包括自然地理学、地图学与地理信息系统、水土保持与荒漠化防治3个硕士点，并设水土保持与荒漠化防治1个博士点。现有教职工25名，其中教授17人，副教授4人，讲师4人，所有教师全部具有博士学位。2016年，新进优秀人才1人，现已形成了以教授为主体的教师队伍。

生态环境地理学学科人员分别隶属于地理学科教研室、林业生态工程教研室、水土保持工程教研室、荒漠化防治教研室组成不变，其研究涉及流域水文生态环境、土地科学与区域地理学、脆弱环境生态修复、城乡人居环境绿化工程四大研究方向。学科教师在森林植被对流域水文过程影响、农林复合经营结构配置、脆弱环境生态修复、困难立地造林与植被恢复、城乡人居环境绿化工程等方面形成稳定和前沿性的学术研究方向。

学科承担国家科技支撑计划、国家自然科学基金、水利部公益行业研究、教育部留学回国人员基金等国家级及省部级项目25项，年度经费921万元，获得国家专利8项，计算机软件登记11项。

学科建立设备完善的地理实验室1个和4个相对固定的教学实习基地(供本科生课程实习)。学科建设有3个固定的教学科研实习基地(山西吉县、陕西吴起、宁夏盐池)，其中山西吉县为国家级生态站，宁夏盐池生态站为国家级水土保持科技示范园区。

发表论文92篇，其中SCI收录论文15篇，EI收录论文16篇。学科新招硕士生43名、博士生25名，毕业硕士38名、博士12名。学科承担了学校本科生和研究生的《地质地貌学》《水文与水资源学》《植物地理学》《环境学概论》《自然地理学》《土地评价与土地管理》《工程绿化概论》《工程绿化技术》《遥感与地理信息系统》《资源环境遥感》《地理信息系统应用与实践》《人文地理学》《区域分析与规划》等课程教学。2016年，朱清科教授获得科技部最美野外科技工作者光荣称号，张建军教授获得北京林业大学教学名师光荣称号。

学科广泛开展国内外学术交流，派遣4人次到美国、德国、日本参加国际学术会议和交流，18人次参加国内学术会议和交流；邀请国外知名学者4人次来华进行合作研究和交流。

学科积极开展北京及全国各类生态环境建设工程技术咨询和规划设计服务，2016年承担了北京琉璃河湿地修复、微地形近自然造林技术培训会，内蒙古浑善达克沙地生态产业规划等项目，为北京市及全国生态环境建设做出了贡献。

(张学霞　朱清科)

土 壤 学

【概 况】 土壤学是国家林业局重点学科，北京市重点学科。其是目前我国林业院校唯一土壤学领域的博士学位授予点。学科主要研究方向：森林土壤与树(花)木营养、土壤生态与植被恢复、土壤修复与健康。

【学科建设的主要进展与成效】

学术队伍 孙向阳老师担任中国大百科全书森林生态副主编。王海燕老师获评 2015 ~ 2016 学年北京林业大学“研究生优秀班主任”荣誉称号并担任北京林业大学学报编委。张璐老师获得北京林业大学第十二届青年教师教学基本功比赛三等奖并获得第六届梁希青年论文奖二等奖。

科学研究 学科针对我国和首都经济发展以及生态环境建设中存在的土壤及其相关问题，展开了一系列研究。2016 年新申请立项课题：北京市科技计划项目“北京市绿地林地土壤质量提升关键技术研究与示范”(Z161100001116061)，北京市科技计划项目“园林废弃物移动式炼解装备与高值化利用技术研发及示范应用”(Z161100001316004)，北京林业大学重大科研成果培育项目“园林绿化废弃物综合利用关键技术研究与示范”(2017CGP022)。正在执行的重大课题有科技部科技基础性工作专项“东北地区和东南地区森林土壤典型调查与技术规范制定”(2014FY120700)，林业公益性行业科研专项“林业废弃物基质化研制技术与应用”(201504205)等横纵向课题 4 余项。2016 年制定了中华人民共和国林业行业标准《花木栽培基质》(LY/T2700—2016)并于 2016 年 12 月 1 日开始实施。

人才培养 招收博士研究生 3 人、硕士研究生 13 人，授予博士学位 1 人、硕士学位 7 人。

条件建设 新增实验室 1 间，面积 60 平方米。

科学研究

【概　况】 科技处是学校开展科研管理服务工作的部门，现有管理人员12人，下设计划科、成果科、知识产权管理办公室、科研教学基地建设办公室4个管理机构。2016年，科技处围绕学校中心工作，落实国家《深化科技体制改革实施方案》，扎实推进学校科技体制改革，不断创新学校科技管理机制。完成学校督办事项中"国家重点研发计划的组织申请"等主办事项6项，配合其他部门完成督办事项9项。完成学校重点工作中"《专利维护费试点管理办法》制定并落实"等主办工作3项，配合其他部门事项7项。完成落实巡视整改问题（北林党发〔2016〕7号）中"科研资源分配的工作规程有待完善"等问题5项。完成教育部党组《关于直属高校开展科研管理中权力寻租问题专项治理工作》自查报告中所列6项工作。组织召开2016年北京林业大学科技工作会。处内重点工作和一般工作全部完成。

（张　力　王立平）

【科研项目及经费】 学校科研经费到账2.34亿元，其中纵向科研经费1.8亿元，横向经费0.54亿元。组织申报科技部、教育部、国家自然科学基金委员会、国家林业局等主管部门的科技计划项目560多个。其中申报国家自然科学基金项目301个；牵头申请国家重点研发计划项目4个，参与申请国家重点研发计划项目23个；申请国家社科基金项目21个；申请国家林业局科技计划项目76个；申请北京市各类科技计划项目135个。

学校新获立项科研项目487个，其中纵向项目273个，横向项目214个。主要包括国家自然科学基金项目83个，直接经费3543万元；国家重点研发计划课题14个，经费5914万元；国家社科基金项目1个，合同经费20万元；教育部人文社科研究一般项目4个，合同经费36万元；国家林业局林业软科学研究项目4个，合同经费50万元；北京市自然科学基金项目9个，合同经费170万元；北京市科技计划项目7个，合同经费790万元；北京市支持中央在京高校共建项目3个，合同经费820万元；北京市社科基金项目15个，合同经费99万元；北京市社会科学界联合会青年社科人才资助项目1个，合同经费4万元；北京市园林绿化局项目5个，合同经费465万元。

环境科学与工程学院教授王强、生物科学与技术学院副教授李晓娟分别获得2016年度国家自然科学基金优秀青年科学基金资助。生物科学与技术学院教授张德强入选2016年度"创新人才推进计划"（中青年科技创新领军人才）。

（张　力　王立平）

【科研项目过程管理】 科技处组织开展了214个项目的年度进展报告提交工作，完成了31个项目的中期检查工作。具体包括5个国家科技支撑计划课题、2个"863计划"课题、2个"973计划"课题、14个国家重点研发计划课题、178个国家自然科学基金项目、2个国家社科基金项目、11个北京市自然科学基金项目的年度报告提交工作；5个北京市社科基金项目、6个林业公益性行业科研专项项目、9个"948计划"项目、8个教育部人文社会科学研究项目、1个国家旅游局科研项目、2个北京市社会科学联合会青年社科人才资助项目的中期检查工作。

科技处组织完成137个项目的验收结题工作。包括2个"863计划"课题、2个国家科技支撑计划课题、1个"973计划"课题、10个林业公益性行业科研专项项目、4个国家林业局重点项目、8个"948计划"项目、5个林业科技成果推广计划项目、7个教育部新世纪优秀人才支持计划、1个北京市科技新星计划、2个北京市社会科学界联合会青年社科人才资助项目的验收工作；58个国家自然科学基金项目、6个国家社科基金项目、1个北京市自然科学基金项目、8个教育部人文社科项目、3个北京市社科基金项

目、16个高等学校博士学科点专项基金项目、3个北京市支持中央在京高校共建项目的结题工作。（张 力 王立平）

【科技成果】 学校发表的高水平论文被SCI收录744篇，被EI收录530篇，被SSCI收录31篇。获授权各类知识产权648件，其中发明专利162件、实用新型专利47件、外观设计专利3件，软件著作权140件，植物新品种权14件。学校牵头制定行业标准8项。

国家林业局组织认定成果12项，分别为：李云等完成的“四倍体刺槐诱导及繁殖技术”、李悦等完成的“油松第二育种周期种子园建设技术”、崔国发等完成的“自然保护区生物多样性保护价值定量评估技术”、张志强等完成的“基于碳水耦合的华北地区森林经营管理技术体系”、张德强等完成的“小叶杨抗极端温度分子标记辅助育种技术”、田呈明等完成的“云杉矮槲寄生害综合防控技术”、苏淑钗等完成的“榛子花果调控技术体系”、刘晋浩等完成的“林木采育装备用林木自动测量系统”、汪晓峰等完成的“一种手动植物种子研磨器”、蒋建新等完成的“无患子皂苷提取物同步发酵精制技术”、李云等完成的“杉木诱变技术”和刘勇等完成的“油松、华北落叶松和栓皮栎容器苗底部渗灌技术”。（刘 凯 李耀明）

【科技奖励】 学校共获得省部级以上科技奖励14项。其中国家技术发明奖二等奖1项，国家科学技术进步奖二等奖1项，教育部高等学校科学研究优秀成果奖(科学技术)6项，北京市科学技术奖3项，黑龙江省科学技术奖、重庆市科学技术奖、四川省科学技术进步奖各1项。此外，学校获得社会力量奖10项。

孙润仓教授牵头申报的“木质纤维生物质多级资源化利用关键技术及应用”获国家技术发明奖二等奖。张启翔教授牵头申报的“三种特色木本花卉新品种培育与产业升级关键技术”获国家科学技术进步奖二等奖。

许凤教授牵头申报的“木质纤维细胞壁结构解译及纤维素基功能材料转化”、张志强教授牵头申报的“中国北方森林恢复多尺度生态水文响应机理”分获教育部高等学校科学研究优秀成果奖(科学技术)自然科学奖二等奖。韩烈保教授牵头申报的“新型无土基质草毯高效培育技术及其产业化”获高等学校科学研究优秀成果奖(科学技术)技术发明奖二等奖。李云教授牵头申报的“刺槐种质资源评价、品种选育与产业化应用”、余新晓教授牵头申报的“华北地区森林植被水资源调控技术”、孙德智教授牵头申报的“湿式催化氧化与生物膜技术耦合处理印染废水与工程应用”分获教育部高等学校科学研究优秀成果奖(科学技术)科技进步奖二等奖。

余新晓教授牵头申报的“北京市生态用水调控技术及应用”、王华芳教授牵头申报的“抗逆优质树种精准选育分子机制和应用技术研究”、常建民教授牵头申报的“农林生物质移动式热裂解炼制与产物高值化利用关键技术”分获北京市科学技术奖三等奖。

王强教授等参与申报“功能化大孔/介孔二氧化硅的制备及其对汞离子吸附性能的研究”获黑龙江省科学技术奖三等奖(学校排名第二)。张洪江教授等参与申报的“长江上游不同防护林功能及营建技术”获重庆市科学技术奖三等奖(学校排名第二)。史常青副教授等参与申报的“四川地震区植被恢复重建技术研究与应用”获四川省科学技术进步奖三等奖(学校排名第二)。

宋维明教授牵头申报的“适应集体林权改革的森林资源可持续经营管理与优化技术及应用”获梁希林业科学技术奖一等奖。

（刘 凯 王立平）

【科技成果转化与推广】 学校累计转让和许可科技成果7项，共计收益402万元。生物科学与技术学院李博生教授研究团队研发获得的“一种提高螺旋藻金属硫蛋白含量的方法”等3项专利权和“从螺旋藻中提取藻蓝蛋白的方法”专利申请权构成了一整套螺旋藻养殖和深度利用的技术体系已在企业转化应用，转化经费合计110万元。

欧洲红花山楂繁殖及栽培技术推广、‘香瑞白’梅等抗寒梅花品种推广与示范、基于CFFE-FVS软件的森林碳储量监测系统成果推广应用、红花玉兰苗木繁育示范推广与产业化技术、油茶林分水分调控技术推广5项林业科技成果推广项

目通过国家林业局验收。（李耀明　王立平）

【科研合作】 学校以服务国家生态文明建设和现代林业发展为宗旨，依托学科和人才优势，配合国家科技支撑计划项目、国家自然科学基金项目等，开展多层次、多领域的政产学研用科技合作，共承担技术转化、技术开发、技术服务、技术咨询等社会服务类科研课题经费合计0.54亿元。（刘　凯　王立平）

【科研基地】 制订《北京林业大学教学科研实践基地运行管理办法（试行）》，完善《北京林业大学南方林区（福建三明）综合实践基地运行办法》。组织南北方基地分别申报"杉木全生命过程优化经营与种质创新研究基地"、"油松全生命周期培育和经营试验基地"等国家林业长期科研试验基地。对"北方综合实践基地"河北平泉县林业局和"南方综合实践基地"福建将乐国有林场的干部职工开展技术培训。与山东聊城市人民政府就冠县平原林业创新与良种示范基地建设和区域经济发展签订战略合作框架协议。依托"花卉种质创新与产业化示范实践基地"项目获得国家科技进步二等奖1项，依托"南方综合实践基地"项目获得梁希林业科学技术一等奖1项、三等奖1项，依托"北方平原林业创新与良种示范基地"项目获得梁希林业科学技术二等奖1项。"林木新材料成果创新转化（北方）基地"科技成果转让3项，转化收益45万元。

（顾　京　王立平）

【科技管理】 科技处党支部严抓党建工作，严格执行中央八项规定和"三重一大"制度。充分利用每周三的集中学习时间，坚持政治学习和业务学习同步，深入开展"两学一做"系列学习教育活动，共组织支部民主生活会9次，与环境学院和园林学院所属党支部开展共建活动2次。

落实"放管服"，推动科技创新发展。2016年，制修订《科研项目预算调整管理办法》《科研项目结余资金管理办法》《科研项目间接费用管理办法》《横向项目管理办法》《科研劳务费发放管理规程》。针对科技人才与团队建设，继续实施"青年教师科学研究中长期项目"；针对国家重大战略专项的预研，设立国家重点研发计划培育项目；为引导和鼓励产生一批有重大社会影响力的科技成果，设立重大科技成果培育项目；为保障和维护学校知识产权的权益，启动专利年费资助工作。

推进信息化建设，优化科研管理。2016年，科技处完善了科研数据的统计功能，保障核心数据的准确性。启用"印章申请"功能，减少科研人员办事环节，规范印章管理工作。编制科研人员及科研秘书简明用户手册2册，设计并开通科技处微信公众号，增加科研人员交流信息渠道。制修订涉及项目过程管理、合同审批、限额推荐遴选、评审专家遴选、管理费使用、科研经费入账、科研专项经费预算调整、知识产权申请、科技成果转化、科研奖励审核和发放、调离人员内部审批、科研管理系统科研信息审核、科研事项印章使用等管理规程，为科研人员办事提供方便。

（张　力　王立平）

科技平台及研究机构

科技平台及研究机构

【概　况】 北京林业大学现有国家、省(部)级重点实验室、工程中心及野外台站共38个，其中，国家花卉工程技术研究中心1个，林木育种国家工程实验室1个，国家森林生态野外观测研究站1个，国家能源非粮生物质原料研发中心1个，林业生物质能源国际科技合作基地1个，国家水土保持科技示范园2个，教育部重点实验室3个，教育部工程中心3个，国家林业局重点实验室5个，国家林业局野外观测研究站6个，北京实验室1个，北京市重点实验室8个，北京市工程技术研究中心3个，国家林业局质检中心1个，北京林业大学公共分析测试中心1个。

2016年，新增国家林业局野外观测研究站2个；国家林业局质检中心1个；国家水土保持科技园1个；分别是内蒙古七老图山森林生态系统国家定位观测研究站、云南建水荒漠生态系统国家定位观测研究站、国家林业局花卉产品质量检测检验中心、北京鹫峰国家水土保持科技示范园区。国家林业局油松工程技术研究中心通过国家林业局组织的专家组现场论证；申报国家林业局工程技术研究中心2个(油松中心和牡丹中心)、国家林业局森林生态体统定位研究观测站1个(陕西吴起)。

接受上级主管部门(科技部、教育部、北京市科委)验收与评估国家、省部级科技平台共8个。按照北京市科委年度考核要求，组织完成8个北京市重点实验室年报审核上报工作；3个教育部重点实验室完成度考核报告，并上报教育部；按照科技部《关于协助开展2016年科技基础条件资源调查数据核查组织工作的通知》要求，组织国家花卉工程技术研究中心和林木育种国家工程实验室完成大型仪器设备的数据核查工作。

向教育部推荐“2016最美野外科技工作者”1人，组织协调科技部协同《人民日报》组织的10多家媒体单位在北京林业大学召开的“最美野外科技工作者”宣传座谈会。　(甄晓惠　孙月琴)

国家级、省部级实验室年度建设情况

【林木育种国家工程实验室】 国家工程实验室紧抓发展契机，在上级部门和学校党政领导下，在“产教融合”和“政产学研用”一体化协同创新发展思路指导下，以“面向行业重大需求，引领行业技术发展”为建设宗旨，以建立先进的林木育种技术研发基础平台、打造具有行业领先水平的创新团队、构建长效的产学研合作机制、成为林木育种技术自主创新的重要源头和研究成果转化应用的有效渠道为建设目标，以林木育种核心和关键技术研究、林木育种战略性前瞻性技术研发、林木种业工程技术创新人才培养、林木育种重大科技成果转化与应用和林木良种生产的技术支撑和社会服务为建设任务，一手抓内部管理运行，一手抓外部拓展，在研究领域拓展与方向布局、平台建设、机制建设、队伍建设、基地建设与产业开发、协同创新模式探索与行业服务等方面均取得了积极进展。

发表SCI论文45篇，其中高水平(IF >5)论文15篇。获批科技项目28个，合同经费2563万元。特别是以油松牵头的项目通过国家重点研发计划项目级别初评，对油松、刺槐等树种和学校科研意义重大。获得三项省部级奖项，包括教育部科技进步二等奖、梁希林业科学技术奖二等奖、北京科技进步三等奖。12个林木新品种通过审定，获得国家发明专利12项。育种技术持续突破，在许多树种多倍体育种上取得突破，特别是首次在世界培育出一批杜仲三倍体植株，优化落叶松、油松、枫香的体胚诱导技术。

重点抓平台准入考核制度，编制大型设备培训资料，起草平台准入试题库，编纂《实验室准入制度和上岗证书制度手册》，组织近20次大型仪器培训，800余人次参与。完善全校规模最大的设备平台全网络预约和全自助使用制度，预约开放机时1830小时，试验样品1500余个，多名管理员全天候在线进行预约审核。继续做好对接近20个团队的800平方米、人工气候室的管理工作。完成总值2820万余元643台套设备的资产清查工作和维护修缮。坚持每周一次的安全巡检和整改提示。此外，完成实验楼通风改造工程，并在校内和基地新建组培室两套。

实验室负责人参加林业科技"十三五"规划为期一周的封闭统稿，参与林业科技推广行动计划、林业科技扶贫行动计划的起草工作等，申报两个国家林业局工程技术中心，刺槐中心确定获得立项；在场圃总站支持下建设国家林木良种鉴定中心，目前等待挂牌，中心将承担全国林木良种鉴定工作，构建300余个林木良种的指纹图谱，将作为国家平台面向社会开放；完善基地布局，形以山东冠县、河北威县为用材林树种和北方常见乡土树种研究基地，以内蒙古和盛为抗性生态树种研究基地，以河南鄢陵为观赏型树种研究基地，以河北沧县为经济林树种研究基地的主要基地布局。通过横向合作和项目协作，争取项目资金750余万元，使研发毛白杨、刺槐、枣树等传统优势树种和桉树、杜仲、青杨等拓展树种具备条件。加强对"双一流"的支撑，在学校申请北京高精尖创新中心、北京行政副中心建设与合作、教育部重点实验室验收等工作中发挥积极支撑作用。12月22日，举办学术年会。

"鄢陵模式"入选中国高校产学研合作十大推荐案例。除育种创新和"926"春苗计划培训班外，协同申报中央级、省级项目两个，获批150万元。指导鄢陵申报省级创新团队和市级重点实验室。受学校委派，实验室负责人为全国人大农委副主任、河南省原省委书记郭庚茂和河南省政协主席叶冬松等领导的率队考察作汇报。实验室与内蒙古和盛公司的合作进入运行阶段。2016年4月正式签约，获得经费450万元，启动一批新的生态树种研究，朱之悌院士的两个杨树品种进入产业化繁育阶段。积极推动雄株三倍体毛白杨产业化，在冠县基地召开两次毛白杨科技产业工作会，国家林业局有关部门、10个毛白杨主产区省市林业部门、行业企业的200多名代表，学校领导和相关职能部门领导亲自参会，《中国绿色时报》《花卉报》《北京日报》等进行多次报道。实验室与河北威县、沧县、天津蓟县等地的合作，以及全国油松良种基地技术协作组的工作有新的发展，进一步扩大行业影响。

（龙　苹　程　武）

【林木、花卉遗传育种教育部重点实验室】 成立于2003年。依托林木遗传育种、植物学以及园林植物与观赏园艺3个国家级重点学科及生物化学与分子生物学博士点学科而设立。

实验室主要开展商品林与经济林树种遗传改良、观赏植物新品种选育、抗逆性植物材料良种选育、细胞工程与良种高效快繁及产业化技术以及基因工程与分子辅助育种5个方向的研究工作。现有实验室面积约3000平方米，科研设施设备总价值3500万余元，其中10万元以上的仪器设备近百台套。

实验室新进优秀博士毕业生3人。实验室现有从事科学研究的教师65人，其中教授30人，副教授14人，讲师及其他人员26人。

主持和承担在研国家自然科学基金、国家科技支撑项目、国家林业局项目、科研项目共计154个，校留经费达10 935万元。在树木染色体组加倍及良种选育、花卉遗传育种、树木抗逆机理与选育等方向上有深厚的研究积累和丰硕成果，处于国内领先地位。2016年，获得教育部高等学校科学研究优秀成果奖（科学技术）科技进步二等奖1项，第七届梁希科技二等奖2项；授权国家发明专利13项；发表SCI论文63篇，影响因子最高达到9.858。张德强教授入选科技部中青年科技创新领军人才，李晓娟副教授获得国家优秀青年基金资助。实验室顺利通过2016年生命科学领域教育部重点实验室评估。

实验室依托的林木遗传育种学科、园林植物学科、植物学科现有2个博士后流动站，6个博士点和10个硕士点。实验室通过承担的国家科技攻关、自然科学基金和国际科技合作等项目，为林木遗传育种、园林植物、植物学培养了大批高级人才。2016年，博士毕业24人，硕士毕业44人。

实验室40余人次参加了20余次国内外学术会议，提交学术论文并作学术报告。实验室与10多个国家建立学术交流关系，与国内相关领域的大学、研究所30多个单位建立合作关系，覆盖全国各省市自治区(包括中国台湾)。来自加拿大、日本、澳大利亚等国十多名教授多次莅临实验室参观指导。

2016年，实验室继续推动山东冠县“北方平原林木良种创新与示范实践基地”和河北沧州“枣育种和栽培实践基地”建设，实验室成员承担全国油松樟子松良种基地建设技术培训班等授课任务，培训鄢陵龙源花木公司组培技术员，接待北京市陈经纶中学的30余名师生参观学习。此外，还承担油松、刺槐、侧柏等十余处国家重点良种基地的科技咨询服务工作，完成内蒙古赤峰市沙地云杉良种基地建设规划、可行性研究报告等一系列立项和总结报告撰写。

(杨丽娜　张德强)

【森林培育与保护教育部重点实验室】 森林培育与保护教育部重点实验室于2004年3月24日通过教育部正式立项建设，2007年7月30日通过教育部专家组验收，2010年9月20日通过教育部专家评估。实验室依托于国家级重点学科森林培育学、森林经理学、森林保护学，北京市和国家林业局重点学科生态学等，拥有3个一级学科和1个二级学科博士点，林学、生态学博士后科研流动站。固定在编人员56人，其中，中国工程院院士2人、长江学者特聘教授1人、国家杰出青年基金获得者1人、国家优秀青年基金获得者1人。

实验室在研纵向项目121个，合同经费10 506.77万元，校留经费8421.9万元，在研横向项目55个，合同经费1730.66万元，校留经费1648万元。实验室新增纵向项目44个，新增横向项目47个，新增校留经费总额3917万元。其中，获批重点研发计划课题4项，子课题4项，校留经费1491万元；获批国家自然科学基金11项，其中面上项目7个，青年项目4个，校留经费522万元。

实验室有20个科研项目通过验收，在SCI检索刊物上共发表37篇论文、在EI检索刊物上发表4篇论文，在CSCD检索刊物上发表106篇论文。

主办“森林生态系统国际研讨会和森林生态系统长期定位观测研究与进展”博士生学术论坛。实验室团队成员共有20人次参加各种类型的国际会议和学术交流，并有23人次参与国内学术会议和学术交流。其中，到国外实验室进行学术交流有3人，通过国际项目合作进行学术交流有5人，有4人在国际会议上作主题发言。

(王　昆　骆有庆)

【木质材料科学与应用教育部重点实验室】 5月，通过教育部组织的验收。实验室围绕木材科学基础理论与应用、木材节能干燥理论与技术、木质复合材料与胶粘剂等方面开展研究，为推动行业产业升提升技术支撑和理论基础。

截至2016年年底，重点实验室固定研究人员38人，其中长江学者特聘教授1人，正高级职称13人，副高级职称15人。重点实验室现有流动人员11人。2016年度重点实验室新增科研课题31个，其中纵向课题11个，横向课题20个。纵向课题中，国家自然科学青年基金2个，国家重点研发计划2个，新增纵向科研项目批准经费716万元，新增横向科研经费279.05万元。全年在研科研项目共计73个，全年到账科研经费总额1060.64万元。

重点实验室人员发表SCI期刊论文72篇，其中根据中国科学院1区论文7篇，2区论文25篇。2016年重点实验室人员共申请发明专利42项，授权发明专利17项，授权实用新型专利12项，授权软件著作权15项。此外，重点实验室固定人员主持起草和修订3项行业标准。重点实验室出版专著4部，出版教材2部。获北京市科学技术发明奖三等奖1项。(漆楚生　李建章)

【城乡生态环境北京实验室】 实验室现有专职科研人员111人，其中中国工程院院士2人、长江学者2人、千人计划1人、国家百千万人才工程人才4人、教育部新世纪优秀人才3人、青年拔尖人才支持计划1人、“杰青”1人、国家特聘专家1人。正高职称专职成员25人、兼职10人；副高职称专职成员28人、兼职22人；其他专职人员32人、行政人员2人。

实验室成员获全国优秀科技工作者1人、中国青年科技奖1人、全国风景园林专业学位研究生教育先进工作者1人、北京市科技新星2人、北京市委组织部“青年骨干个人”1人、北京市公园管理中心“十杰青年”1人。实验室成员新晋正高级职称2人、副高级职称3人。获国家级精品资源共享课1个，北京高等学校教育教学改革项目1个，入选“十二五”国家级规划教材2部，新出版教材2部。

实验室招收研究生130余人，其中硕士研究生90余人、博士研究生30余人，新增国家自然科学基金、北京市自然科学基金等各类科研课题34个。目前实验室在研课题105个，其中国家级课题29个，包括“863计划”课题2个、国家自然科学基金项目23个、“十二五”国家科技支撑计划课题4个；省部级项目19个，包括国家林业局林业标准制修订项目9个，国家林业局林业科技成果推广计划2个，国家林业局引进国际林业科学技术项目(“948”)2个，北京市自然科学基金项目1个，北京市科技计划项目2个，北京市科技新星计划1个，北京市社科基金项目1个，北京市自然科学基金重点项目1个。

获国家科学技术进步奖1项，梁希林业科学技术奖二等奖1项，中国农业工程学会优秀论文奖1项，中华人民共和国住房和城乡建设部规划设计金奖1项；获审定鉴定科技成果6项；获得专利15项，其中发明专利8项，实用新型专利2项，外观专利5项；获植物新品种权4项；制定行业标准1项；成果转让17项。本年度发表学术论文173篇，其中SCI 23篇(IF >2的文章10篇)；出版专著或论文集20部。

共承办16次国内外学术会议。123人次参加国际学术会议，会议发言123人次；21人次参加全国学术会议，其中研究人员14人次、研究生7人次，作特邀报告3人次，大会报告39人次。邀请国内外专家来实验室讲学44人次，其中外国专家11人。（宋文 王佳）

【水土保持国家林业局重点实验室】 始建于1995年，依托北京林业大学的水土保持与荒漠化防治学科。主要以全国的主要自然分区为对象，研究水土保持与荒漠化防治方面的基础理论和技术应用，在我国黄土高原区、北方风沙区、华北土石山区等水土保持重点地区布设11个野外科学观测研究站。水土保持重点实验室与科研平台下设水土保持原理、林业生态工程、荒漠化防治、水土保持工程、自然地理5个实验室，占地3130.81平方米，拥有10万元以上大型仪器设备136套。主要开展流域治理、荒漠化防治和林业生态工程3个方向的研究。

主持和承担科研项目共计160个。其中，国家发改委项目1个，国家科技支撑项目10个，国家级重大专项1个，“973”项目4个，国家重点实验室课题1个，国家重点研发计划9个，国家自然科学基金项目34个，博士后基金2个，博士点基金2个，国家林业局项目19个，北京市项目6个，其他部委项目7个，校内项目21个，横向研究项目44个。在研项目合同经费总计达14 407.44万元。

获得各类奖项12项，其中教育部科学技术进步奖二等奖1项，教育部自然科学奖二等奖1项，陕西省科学技术进步奖二等奖1项，中国水土保持学会科学技术奖二等奖1项，梁希青年论文奖二等奖2项，梁希青年论文奖三等奖5项。发表论文205篇，SCI收录论文47篇，EI收录10篇；获得授权专利技术24项，其中发明专利18项，实用新型专利6项；软件登记成果48项；出版10部专著；发布林业行业标准4项。

新引进专职研究人员4人；在编研究人员中4人晋升教授，4人晋升副教授；新增博士生导师4人，硕士生导师1人；续聘加拿大新布伦瑞克大学教授Charles(查尔斯)为客座教授。毕业研究生104人，其中博士22人。获评第二届全国林业专业学位优秀硕士论文1篇，校级优秀硕士论文4篇，校级优秀博士论文2篇。

邀请来自美国德克萨斯农工大学、美国犹他州立大学、美国生态恢复学会等多名专家来重点实验室交流，组织各类学术讲座42场。

联合举办“荒漠化，城市，与我——‘未来城市’主题沙龙暨世界防治荒漠化日特别活动”，联合国防治荒漠化公约组织秘书处执行秘书长

Monique Barbut(莫妮克·巴尔比)女士应邀来访并做主旨演讲。承办中美炭联盟年会，近百名专家学者和研究生参加。承办水土保持学会2016年系列学术研讨会，积极组织参与第二届全国水土保持与荒漠化防治青年学术论坛。组织完成《中国大百科》水利卷水土保持分支编写，核定林业卷水土保持与荒漠化防治分支条目表。

派出1名教师赴美进行为期1年进修培训，5名教师参加世界水土保持学会第三届国际学术研讨会、第七届切沟侵蚀国际会议、2016美国地学会年会等国际学术会议，并作主题报告。在暑期承办"京津风沙源项目专题培训会"，来自山西省大同市林业相关领域技术人员30余名参加技术培训。与喀什大学、黄河水利科学研究、深圳铁汉生态环境有限公司等十多个科研院所和企事业单位建立合作关系。举办"水土保持与荒漠化防治学科暑期夏令营"，来自17所高校的38名本科生参加此次夏令营。5个省部级以上野外台站承接科研考察、科普教育等各类活动累计27次，接待来访人员560余人次，集中科普受众1900余人。（刘喜云　王云琦）

【树木花卉育种生物工程国家林业局重点实验室】 1994年获国家林业局(原国家林业部)批准，依托原生物中心、显微中心和良种繁育中心的实验技术平台建设，先后承担和参加多项国家级科研项目。实验室现有固定在编人员20人，其中高级职称14人，中级职称6人。

实验室承担"十三五"国家重点研发计划1个，国家自然科学基金项目7个，北京市自然科学基金1个。发表学术论文15篇，其中被SCI收录10篇。王华芳教授的"抗旱优质树种精准选育分子机制和应用技术研究"项目获北京市科学技术三等奖。4月18日，实验室邀请美国普渡大学生物科学系教授罗肇庆来学校进行学术交流，介绍蛋白泛素化的最新研究进展。11月1~3日，薛华讲师参加北京国家会议中心举办的2016"世界生命科学大会"；12月22日，盖颖副教授、薛华讲师参加北京西郊宾馆举办的工程实验室学术大会，并作报告。2016年实验室培养博士毕业生4人，硕士毕业生10人，本科毕业生16人。（盖　颖　蒋湘宁）

【森林资源和环境管理国家林业局重点实验室】

实验室由北京林业大学和国家林业局调查规划设计院共建，1995年3月建成并正式对外开放。

承担国家级重点项目6个，省部级重点项目10个，科研经费2723.84万元，省部级科技奖一等奖1个，二等奖2个，省部级以上科技成果7个，发明专利1个，软件著作权1项。SCI/SSCI和EI收录论文4篇，国内核心刊物论文89篇，论著3部，博士生博士后11人，硕士生49人，科学技术进步一等奖3项、二等奖6项。在国内外核心期刊上发表学术论文48篇，其中被SCI检索61篇，出版专著25部。申请国家发明专利1项。制定并颁布国家标准和行业标准合计51项。2016年，森林资源和环境管理国家林业局重点实验室完成《国家林业局重点实验室自评估报告》撰写工作。（杨　华　郑小贤）

【干旱半干旱地区森林培育及生态系统研究国家林业局重点实验室】 建立于1991年，于1995年验收，支撑单位是北京林业大学，支撑学科为国家级重点学科林学院森林培育学科。重点实验室学术委员会主任是中国工程院原副院长、北京林业大学原校长、工程院院士沈国舫教授，学术带头人是科学负责人马履一教授，现任实验室主任为徐程扬教授。

实验室研究方向为种子与优质苗质量形成机制与高效培育技术、生态林质量多目标培育关键技术、用材林与能源林生产力形成机制及其精准经营技术、城市森林服务功能产出影响机制及其调控技术、经济林高优品质形成机制及其精准调控技术。

实验室现有固定人员14人，其中教授8人、副教授5人、讲师1人，2016年年底退休1人。实验室流动人员包括客座研究人员9人，其中，国外客座研究人员2人。2名实验室成员分别到新西兰坎特伯雷大学和美国普渡大学高级访问1年。

获得国家自然科学基金、行业重大需求项目、"十三五"科技支撑项目、公益性行业专项以及其他省部、地方项目共15个，新增合同科研经费1444万元。发表学术论文48篇，其中SCI收录论文12篇，获得授权专利2项。

实验室博士研究生毕业7人，学术硕士研究生毕业19人。招收12名博士研究生、29名学术硕士研究生。目前，实验室尚有在读博士研究生50人、学术硕士研究生82人和全日制专业硕士研究生25人。

实验室通过科研经费等途径新购置仪器设备42件(套)，仪器设备购置总经费为27.7556万元，实验室仪器设备达到了1547台/件(套)，仪器设备财产总价值达3628.37万元。

目前实验室的总面积达到3723平方米，其中校本部实验室总面积2723平方米。此外，位于北京林业大学妙峰山实验林场的普昭院苗圃是经过依托单位“211”重点学科建设和“985”优势平台项目重点建设后建立的重要实验基地，除20万平方米的试验地以外，建有1000余平方米的野外实验室和1处1228.8平方米的现代化全控温室。通过“985”优势平台建设，实验室与其他学科共享位于河北省平泉县的北方试验研究基地。此外，实验室在山东省高唐县、山东省泰安市等地建立了一批长期野外定位研究基地。

2016年，参加国内学术会议16人次、国际学术会议6人次，研究生参加国际学术会议11人次、国内学术会议超过100人次。作为中国林学会森林培育分会挂靠部门，实验室支撑学科森林培育学科与东北林业大学联合在哈尔滨召开全国森林培育学术交流会议。2016年，5人次国外专家来实验室开展学术交流活动，并作相关学术报告，邀请12人次国内知名专家为以研究生为主要群体的科研人员作学术报告。

（徐程扬　贯黎明）

【污染水体源控与生态修复北京市重点实验室】 围绕重点实验室的主要研究方向“水污染控制与生态修复、固体废物处置与资源化利用、环境功能材料研发与应用、新兴污染物环境行为与控制”等申请了一批科研项目，获准国家自然科学基金项目创历史新高，共有9个项目获得资助，其中优青项目1个、面上项目5个、青年基金3个，经费总额475万元。环境学院全年到账经费总额为1598.84万元，其中纵向课题经费1477.93万元，横向课题经费120.91万元。

获省部级奖项4项，共发表SCI收录论文63篇(影响因子总和185.328)，获国家发明专利授权9项。邀请法国斯特拉斯堡大学、密歇根大学、中国科学院生态环境研究中心、北京工业大学的专家学者来学校进行学术交流，学校师生37人次赴西班牙、新加坡、英国等国家参加国际学术会议和学术交流活动。

（张立秋　孙德智）

【林业食品加工与安全北京市重点实验室】 实验室属食品科学与工程一级学科，2012年5月被北京市科委正式认定，2015年12月顺利通过三年绩效考评。实验室主要开展木本油料加工与安全检测、林源食品加工与安全检测、林业食品安全标准与检测体系建设3个方向的研究。

实验室现有固定在编人员31人，其中教授11人、副教授14人、讲师6人。具有博士学位者占90%以上。新引进中国农业大学毕业博士甘芝霖，另有一名教师到耶鲁大学访学。

新增国家自然科学基金1个、国家重点研发计划1个，签订技术合同5个，在研科研项目14个，科研经费317.4万元。实验室在国内外学术刊物上共发表论文38篇，其中SCI收录论文27篇。获授权专利4项，其中3项为发明专利。食品加工与安全专业学位硕士点获“全国农业专业学位研究生实践教育示范基地”授牌。

毕业农产品加工及贮藏工程科学硕士15人、食品加工与安全专业硕士33人，毕业博士研究生2名。其中2名硕士研究生获得2016年北京林业大学优秀研究生论文，1名博士研究生和2名硕士研究生获得研究生国家奖学金。

（欧阳杰　张柏林）

【林木生物质化学北京市重点实验室】 是北京市直接面向和解决生物质转化为高值化材料科学与工程技术问题唯一的重点实验室，成立于2012年5月，实验室现有固定人员41人，其中教授15人，副教授11人，高级实验师4人，讲师11人，具有博士学位的教师36人。2016年，实验室晋升教授1人，副教授2人，补充教师1人。

实验室承担科研项目24个，其中国家级项目6个，省部级项目10个，横向合作项目8个，项目总经费850万元。发表高质量论文SCI收录论文121篇，其中JCR一区论文34篇，2篇论文入选 ESI 高被引用论文；授权发明专利 14 项，申请发明专利 46 项。孙润仓教授入选爱思唯尔 2016 年中国高被引学者榜单（Most Cited Chinese Researchers）。孙润仓教授牵头完成的“木质纤维生物质多级资源化利用关键技术及应用”成果获得国家技术发明二等奖。许凤教授主持完成的“木质纤维细胞壁结构解译及纤维素基功能材料转化”获教育部自然科学奖二等奖。

与德国耶拿大学有机和高分子化学研究所共同举办中德木质纤维生物质材料研讨会，来自德国耶拿大学、哥廷根大学、汉堡工业大学等 20 余所科研院所的专家教授，作了 40 余场学术报告。实验室人员参加国际会议共 10 人次，其中在西班牙等国作 3 次国际会议特邀报告。实验室依托创新引智基地项目，邀请来自加拿大林产品创新中心、美国北卡罗莱纳州立大学、澳大利亚莫纳什大学等大学的科研机构专家进行学术讲座和交流。（李明飞　孙润仓）

【木材科学与工程北京市重点实验室】 2001 年获准立项建设。实验室围绕京津冀地区人居木质环境相关联的经济建设和社会发展需求，主要开展木材科学基础理论与应用、木材节能干燥理论与技术、木质复合材料与胶粘剂、家具与木材制品加工工艺、木工机械与切削刀具、木材化学加工与生物质能源化方面的研究。

截至 2016 年年底，重点实验室固定研究人员 50 名，其中正高级职称 14 人，副高级职称 13 人，具有博士学历的教师 41 人。在研纵向课题 52 个，其中，国家自然科学基金 9 个，北京市自然科学基金 2 个；科技成果转化、技术服务等横向课题共计 20 个，在研课题经费总额达 3269 万元。发表学术论文 105 篇，其中 SCI 收录 25 篇，EI 收录 5 篇，国内期刊 75 篇。授权发明专利 30 项，实用新型专利 12 项。

（商俊博　伊松林）

【精准林业北京市重点实验室】 2013 年 5 月通过认定正式成立，依托北京林业大学林学院地理信息系统学科。

发表论文 5 篇，授权发明专利 2 项，获得软件著作权 22 项，出版科技会刊物 *Nature Resources & Ecology Environment*（自然资源与生态环境）季刊，共 4 期。科研及成果方向主要包括：森林资源与生态环境信息监测，应用航天、航空、地面观测等技术；森林资源与生态环境要素的精准量测和实时监测，包括仪器和软件平台研发类；森林环境模拟与评估，3S 技术和模型模拟方法在林木与森林生长过程、森林与生态环境历史演化的。虚拟现实表达和四维空间可视化研究；多尺度森林生态环境响应，近域和远域森林环境的相互关系和立地、小班、景观、区域等不同尺度森林的生态环境影响，不同尺度森林变化对环境的响应机制。

举办第五届精准林（农）业经营关键技术论坛，大会以“现代化精准林（农）业经营关键技术”为主题，围绕航天航空遥感技术（卫星遥感、无人机遥感）、地面精测、精准农林业装备小型化与优化计算、非线性、大数据、云计算、“互联网 +”等内容，通过面对面的互动交流和专家报告，为广大农林业同行及学生提供学习、交流机会。近 200 余名来自北京、山西等地的专家学者、知名教授、优秀企业参与此次大会。

举办多场北京市中学生精准林业调查与经营科普教育，精准林业调查与经营的科普教育采用讲座、设备参观、实验参与的方式，让科普教育趣味性与多样化，向广大中学生推广林业调查及精准经营知识，取得良好的社会反响。

（冯海英　冯仲科）

【森林生态系统过程北京市重点实验室】 2012 年正式批准建立，2015 年通过三年绩效考核。承担单位为北京林业大学。

新增国家自然科学基金项目 4 个，合计经费 172 万元；项目资助的成果发表在 *Journal of Biogeography*（生物地理杂志）、*Annals of Forest Science*（林业科学纪事）、*Ecosphere*（生物圈）等国际期刊上。2016 年毕业硕、博士研究生 14 人。完善研究生课程体系建设，增加讨论式教学的比重和实践教学的内容，进一步培养研究生动手能力和解决实际问题的能力。

重点实验室牵头，与中国科学院南京土壤研究所、内蒙古农业大学、中国环境科学研究院等单位合作申报国家重点研发计划项目。

完成国家“十二五”科技支撑计划、国家自然科学基金等项目的结题工作。组织召开“2016

年春季森林生态系统国际研讨会”和“2016 年秋季森林生态系统国际研讨会”，共邀请 20 多名国外学者来校开展学术研讨。

（张春雨　赵秀海）

【花卉种质创新与分子育种北京市重点实验室】 实验室拥有一支以国家重点学科负责人为带头人，以中青年科研人员为骨干的研究队伍。现有固定研究人员 43 人，其中“国家百千万人才工程”人选 1 人、国家“863 计划”现代农业技术领域主题专家和首席科学家 1 人、教育部新世纪优秀人才支持计划 2 人、北京市科技新星计划 2 人、北京市青年英才计划 2 人。研究人员中教授或研究员 15 人、副教授或高级实验员 13 人、讲师 13 人，高级职称人员比例达总人次的 65.1%；41 人具有博士学位，占总人次的 95.3%。

12 月 14 日，实验室参加北京市科委组织的绩效评估会议评审，会议考评成绩排名本领域前 30%。

新增国家自然科学基金、北京市自然科学基金等科研课题 22 项。通过科技部审定成果 1 项、国家林业局鉴定科技成果 2 项、北京市林木审定良种 3 个，验收“863”项目 1 个，验收课题 2 项，获国家科学技术进步二等奖 1 项、梁希林业科学技术二等奖 1 项、梁希青年论文二等奖 3 项、三等奖 2 项；制定行业标准 1 项；申请国家发明专利 4 项、获国家发明专利授权 7 项；申请植物新品种权 21 项、获植物新品种权 6 项；技术成果转让 17 项。发表学术论文 107 篇，其中 SCI 收录 19 篇；出版专著或论文集 4 部。

投入经费 116.8 万元，购置实验设备 89 台（套），对老旧设备进行维护和更新。目前，实验室的单价 5 万元以上仪器设备 104 台（套）。实验室严格执行安全管理制度，实行仪器使用预约、登记制度。实验室不定期对管理人员和研究生进行系统培训，举办大型仪器使用讲座。

实验室设立 RA（Research Associate）专职科研岗位，引进专职研究人员 1 人、讲师 1 名、行政管理人员 1 名。4 名教师获得“北京林业大学优秀研究生导师”称号。本年度 1 名教师获“北京市科技新星”称号，1 名教师获“宝钢优秀教师奖”，1 名教师获中国观赏园艺年度特别荣誉奖，5 名教师获得第六届梁希青年论文奖，4 名教师获校级青年教师基本功奖，1 名教师被聘为北京市公园管理中心特约监督员。

在读研究生 209 人，其中硕士研究生 124 人、博士研究生 85 人；毕业研究生 48 人，其中博士研究生 9 人、硕士研究生 39 人；研究生获得国家奖学金、优秀毕业生、优秀毕业论文等各类奖励 52 人次。

共举办或承办国内外会议 3 次，邀请国外 27 人次来中心讲学交流研讨，7 位访问学者在本实验室开展花卉种质创新与分子育种的访问研究；61 人参加国际学术会议及交流，其中 43 人次参加学术会议并作特邀报告、大会报告或口头发言，包括研究人员 31 人次、研究生 12 人次。

（杨炜茹　程堂仁）

国家级、省部级研究中心年度建设情况

【国家花卉工程技术研究中心】 2005 年 1 月由科技部批准组建，2008 年 12 月通过组建验收，成为国家级科技创新平台。2016 年，在青岛农业大学和东北林业大学分别建立山东省特色花卉和东北特色花卉研发与推广中心，研发推广中心增至 29 个，覆盖全国 19 个省市。

中心建有花卉种质创新与分子育种北京市重点实验室、花卉产品质量检验检测中心（北京）、北京市花卉育种创新示范基地等创新平台，合作建有城乡生态环境北京实验室、国家级花卉种质资源库（紫薇），牵头组建国家花卉产业技术创新战略联盟。开放实验室 8 个，面积 3600 平方米，开放实验仪器 201 台（套），花卉种质创新与新品种培育基地 133 333 平方米，连栋研发温室等研发设施 23 000 平方米。

在研课题 91 项，其中国家级研究课题 22 项，包括国家自然基金、“863”、科技支撑计划等，省部级项目 27 个。新获国家自然基金项目 3 个、北京市科委科学研究与研究生培养共建项目（协同创新中心）1 个，国家林业局林业标准制修订项目4个、北京市科技新星计划项目1个、北京市自然科学基金项目3个。“三种特色木本花卉新品种培育与产业升级关键技术”获国家科技进步奖二等奖，参加国家“十二五”重大科技创新成就展。“牡丹新品种培育及产业化关键技术与应用”获得梁希林业科学技术二等奖。获第六届梁希青年论文奖二等奖3项、三等奖2项。制定行业标准1项、在研标准12项；获国家植物新品种保护6项；获国家发明专利9项；发表论文113篇，其中在生物信息学通报和科学报告等发表SCI论文22篇；出版专著或论文集4部。

中心在湖南长沙主办“2016年中国观赏园艺学术研讨会”，主题为“花卉创新与转型升级”，参加会议700余人次，出版《中国观赏园艺研究进展2016》，收录研究论文142篇，会议展示Poster35个。其中7篇论文、4篇被评为2016年度“中国观赏园艺学术研讨会优秀论文及Poster奖”。评选“中国观赏园艺2016年度特别荣誉奖”2个。在美国亚特兰大，与乔治亚大学共同承办第二届国际观赏植物种质资源学术研讨会，80余人参加此次会议。组织2016年中国花卉协会梅花蜡梅展览会暨国际学术研讨会。在北京组织召开花卉种质创新与分子育种北京市重点实验室2016年度学术年会，编写《实验室年报2016》。

引进专职科研教师1人，管理岗位人员1人，1名专职科研教师入选北京市科技新星计划，进站博士后1人。邀请美国普度大学、阿肯色大学、德克萨斯农工大学等国内外高校、科研机构、企业共27人来中心讲学交流研讨，其中外国专家7人，7名访问学者在本实验室开展花卉种质创新与分子育种的访问研究。中心研发人员及研究生22人分别前往美国、加拿大、土耳其、希腊等国参加国际学术研讨会和高端访问，28人参加全国学术会议并作大会特邀报告、大会报告或口头发言。

完成学校科技平台中期考核。完成科技部组织的国家工程技术研究中心第五次评估工作。完成花卉种质创新与分子育种北京市重点实验室绩效考评，排名前30%，被评为北京市优秀实验室。参与完成城乡生态环境北京实验室中期评估检查。申请首批国家花卉种质资源库，并获批建梅花、榆叶梅、紫薇3个种质库。组织国家林业局花卉产品质量检测中心(北京)现场评审工作，并获国家林业局批准筹建，搭建北方地区花卉产品质量检测公共服务平台。与林木育种国家工程实验室共同实施鄢陵协同创新中心，“鄢陵模式”被评为中国高校产学研合作科技创新十大推荐案例。获“北京林业大学科研管理先进集体”荣誉称号。中心作为发起单位之一筹备成立农业－食品领域工程中心产业技术创新战略联盟，成为副理事长单位。参加第十八届农口国家工程技术研究中心主任联席会议。中心与河北三白农业科技有限公司、雄县人民政府共建“雄县京南生态农业示范区”的战略合作，结合京津冀协同发展战略，组织完成《京南生态(现代)农业示范区规划》，助推雄县京南园区获省级现代农业园区立项以及“京南花谷特色小镇”立项；作为技术支撑单位推进保定鲜花港、国家花卉工程技术研究中心产业雄县京南基地和花卉产业技术创新战略联盟总部基地建设工作。

中心作为国家花卉产业技术创新战略联盟的秘书长单位，组织召开花卉联盟理事会和专家委员会工作会议。增选河北三白农业科技有限公司、青岛农业大学、济南市国有苗圃、北京花乡花木集团、广州林业和园林科学研究院5家单位成为花卉产业技术创新战略联盟理事单位，联盟成员单位增至60家。组织联盟理事单位北京花木公司和山东红梅园艺科技有限公司参加2016年全国科技活动周暨北京科技周主场活动。参加首都创新大联盟2016年度工作推进会，花卉联盟荣获“产业贡献奖”。与TD联盟签订战略合作协议，联合推动第四代移动通讯(TD－LTE)技术在花卉产业中的应用。

中心注重拓展花卉科普和社会服务工作。传播花文化，不断完善北京鹫峰国家森林公园花卉科普基地建设，编制科普宣传手册，在北京鹫峰举办“2016年北京林业大学鹫峰国家森林公园梅花专题科普活动”，这也是中心连续第五年和北林附小合作开展花卉科普活动，为北林附小六年级的100余名师生宣传了梅花科普知识。参与“十三五”重点研发专项“经济作物”项目设计工作。完成《北京市十三五花卉产业规划》《京津冀花卉产业协同发展战略研究报告》编制，参与完成《2014中国花卉产业发展报告》。

(王　佳　程堂仁)

【国家能源非粮生物质原料研发中心】 2011年9月28日成立，学术委员会由国内林业非粮生物质能源原料研究和应用领域的院士、知名学者、国家行政主管部门的管理者和从事生物质能源产业的企业家等组成。涵盖林业生物质原料研发中良种选育、栽培管理、采集与储运、产业政策等方面的人员。

“能源中心”国际顾问委员会由国外林业非粮生物质能源原料研究和应用领域的知名学者、教授与国外著名的能源企业从业人员和相关非政府组织人员等组成。国际顾问委员会主要职责是对本中心的发展方向、发展战略等重大事项提供指导和咨询意见，对开展国际合作交流，特别是与国外著名实验室以及大集团的合作提供信息、资源和咨询意见。其研究方向(领域)为全国生物柴油能源林造林区划，生物柴油、燃料乙醇及固体燃料能源林培育关键技术研究与示范，林业生物质能源原料收储运关键技术装备和技术体系研究，生物柴油能源原料培育技术标准化，我国生物柴油能源原料生产产业体系和政策构建。

“能源中心”各专业研发部下设专业实验室，设良种选育技术研发实验室、栽培管理技术研发实验室、采集与储运技术研究实验室、原料检测实验室等。2016年，“能源中心”依托上述实验室前期购置的梯度PCR仪、高效液相色谱仪、高效气相色谱仪等设备仪器围绕中心研究方向开展研究。

2016年，获批国家自然科学基金青年项目“文冠果性别分化的内源激素与microRNA调控机制”(21万元)及学校重点研发培育项目“液态能源树种产业链高效可持续发展技术创新”(30万元)。发表国内核心期刊论文4篇，SCI 1篇，EI 1篇。

2016年，中心研究取得成果：纤维素乙醇原料林高效培育技术；生物柴油原料树种培育技术；能源林可持续评价体系构建；黄连木研究进展。

7月18日至8月8日，组织召开“生物质原料林可持续经营技术”国际学术研讨会，特邀请美国爱荷华州立大学、西班牙马德里理工大学围绕生物质原料林抗性品种开发、栽培管理技术、产业发展模式、国际洁净能源与再生能源发展趋势等方面开展交流讨论；代表学校赴马德里理工大学与其签署了校际合作协议；10月18日，中心3人赴西班牙马德里理工大学实地学习，赴西班牙考察了油橄榄产业链发展情况，10月16～22日实地学习了油橄榄全产业链运行模式。

中心人员多次赴辽宁省朝阳市、福建建宁、内蒙古赤峰等地的文冠果、无患子、黄连木等能源林种植基地，起草编制多个能源林培育指南。合作考察期间，与当地政府及生物质企业建立相关能源林研究基地。

经济效益和社会效益。中心围绕解决生物柴油、纤维素乙醇、淀粉乙醇以及固体燃料原料短缺的问题，开展相关树种的优良品种选育、高效栽培技术、收运储装备、可持续发展政策等应用基础科学、关键技术和装备及生产管理政策方面的科研工作。与多家国内林业生物质能源龙头企业合作，围绕企业面临的原料短缺及原料林基地建设水平较低等问题，开展产学研联合研发。在内蒙古、辽宁、福建等地建立了生物柴油树种原料林试验示范基地，面积超过133 333平方米。

(段　劼　贾黎明)

【宁夏盐池国家水土保持科技示范园区】 于2011年12月通过水利部专家组的评审，2012年2月24～25日，被水利部正式命名为第四批“国家水土保持科技示范园区”。所在学科为水土保持与荒漠化防治。园区设有水土保持研究区、水土保持展示区等功能区，并规划有水土流失自然修复区、流沙工程措施治理区等用于水土保持科技示范和研究的区域。拥有大中型水土保持相关仪器设备50余台(套)。园区地貌以缓坡丘陵为主，在地势低洼处和背风坡分布有大量固定、半固定沙地和少量流动沙地。现状地形丰富，丘陵、坡地、台地等交错分布，园区植物种类丰富，各种植被因地而生，多以旱生、沙生植物为主。园区位于黄土高原南部水蚀区与鄂尔多斯高原风蚀区的边界线附近，是典型的风蚀水蚀过渡地段，水土流失表现为水力侵蚀与风力侵蚀共同存在，并且协同作用，是我国风蚀与水蚀交错地段重要的水土保持科技示范园区。

2016年，中国中央电视台第四套“远方的家”栏目，报道园区荒漠化防治科研情况。本年度，中国科学院生态环境研究中心傅伯杰院士、中国环境科学研究院香宝研究员、宁夏大学李国旗教授、中国科学院西北生态资源环境研究院刘树林研究员等先后参观访问盐池园区。

2016年，园区维修改造基础设施。

2016年，研究人员秦树高、张宇清和贾昕，先后赴韩国、澳大利亚、美国进行学术交流。

（秦树高　张宇清）

【北京鹫峰国家水土保持科技示范园区】 北京鹫峰国家水土保持科技示范园区始建于2007年，2016年4月通过水利部专家组评审，2016年6月正式命名为“国家水土保持科技示范园区”，园区建设依托单位为北京林业大学鹫峰实验林场、首都圈森林生态站及北京鹫峰国家森林公园。

园区在行政区划上位于北京市海淀区西北部苏家坨镇境内，占地面积8 320 000平方米。在地域上位于华北土石山区燕山和太行山山地，属于北方土石山区的太行山、燕山山前低山、丘陵台地水土保持区。园区以山地为主，地形复杂，植物资源丰富，森林覆盖率达96.4%。

园区划分为4个功能区：水土保持科学试验区、水土保持生态修复示范区、水土保持科普教育展示区和生态旅游观光区。园区集科学研究、模式示范、技术推广与科普教育等多项功能于一体，并形成以科学研究为核心的园区特色。园区拥有规范的水土保持监测设施和完整的水土流失综合防治措施，建有土壤侵蚀实验室、风洞实验室、大型蒸渗仪实验系统等。同时，园区是“全国科普教育基地”，每年面向公众开放并定期开展生态环境建设科普教育活动。

1月15日，水利部组织专家对园区进行评定，通过省级评定、建议申报国家水土保持科技示范园区。4月1日，园区通过国家水土保持科技示范园区评审。2016年6月22日，水利部公布文件（水保〔2016〕228号），园区获批正式命名为“国家水土保持科技示范园区”。10月15日，国家级水土保持科技示范园区“北京鹫峰水土保持科技示范园区”揭牌仪式在北京鹫峰举行。2016年10月15日，举行《水土保持法》宣传活动。

2016年，共接待国内外13个科研院所120余名专家学者到园区交流访问。共接待来自北京林业大学、北京农学院、北京建工大学等单位的400余名学生到园区进行参观、实验、实习和交流活动。

（樊登星　余新晓）

【林业生物质能源国际科技合作基地】 成立于2012年8月31日，以北京林业大学“国家能源非粮生物质原料研发中心”研究团队为主，并和德国哈尔博格学院共同建设。主要研究方向：基地主要开展林业生物质能源原料研发的共性应用基础科学问题、关键技术问题、生产管理和政策问题开展国际合作研究，为我国林业生物质能源产业的可持续发展提供高产、优质、低耗原料生产方面的理论、技术和政策支撑。合作形式包括技术合作研发、联合培养人才、交流互访、技术转移等。

2016年，依托“国家国际科技合作基地”平台，已经建成林业生物质能源研究实验室2个，拥有近800万元的仪器设备，包括高效液相色谱仪、高效气相色谱仪等，依托实验室可以开展林业生物质能源原料树种生理生态测定、生物质油料检测、纤维素及化学成分高效测定、基因功能提取、鉴定及分析等实验。

2016年，获批一项国家自然科学基金青年项目“文冠果性别分化的内源激素与microRNA调控机制”及学校重点研发培育项目“液态能源树种产业链高效可持续发展技术创新”。

2016年，项目围绕人才引进和技术引进两方面开展研究工作。7月16～18日，基地在北京市海淀区西郊宾馆组织召开“生物质原料林可持续经营技术”国际学术研讨会。特邀请美国爱荷华州立大学Rajeev Arora（拉杰夫·阿罗拉）教授、西班牙马德里理工大学MARÍA GÓMEZ DEL CAMPO（玛利亚·戈麦斯·坎普）教授等外国专家学者，围绕生物质原料林抗性品种开发、栽培管理技术、产业发展模式、国际洁净能源与再生能源发展趋势等方面，将科研和实践、国际研究前沿和国内研究现状结合起来展开交流和讨论。

7月29日至8月8日，引进西班牙马德里理工大学ANTONIO HUESO ÁLVAREZ（安东尼·霍索·阿尔瓦雷斯）博士，主要从事西班牙油橄榄种植栽培技术，水肥管理技术对产量影响等研究，为项目组成员作了《西班牙油橄榄种植和生产现状》和《油橄榄灌溉和施肥高效技术》报告，介绍西班牙油橄榄高效施肥及灌溉技术，并针对本项目中文冠果、无患子树体管理及花果调控培育技术进行学术交流谈论。

10月16~22日，国合基地派出3人赴西班牙马德里理工大学实地学习油橄榄全产业链运行模式，与马德里理工大学的油橄榄专家MARíA－GóMEZ－DEL－CAMPO（玛利亚·戈麦斯·坎普）教授的油橄榄科研团队进行对接合作，派出学习包括举行研讨会进行学术交流、现场学习油橄榄品种选育等整个产业链运行模式，并为双方接下来继续开展合作奠定了良好基础。此外，基地还继续与法国、芬兰等国家开展合作交流，争取开展实质性交流互访及科技项目合作。

2016年，共发表国内核心期刊论文4篇，SCI 1篇，EI 1篇，硕士学位论文2篇。

国际合作交流：召开生物质原料林可持续经营技术国际学术研讨会；代表学校赴马德里理工大学与其签署校际合作协议；赴西班牙考察油橄榄产业链发展情况。（段　劼　贾黎明）

【园林环境教育部工程研究中心】 于2001年批准建设，以北京林大林业科技股份有限公司（以下简称北林科技公司）的形式进行开发、经营和管理，以北京林业大学园林学院和花卉研究所的骨干作为技术支撑，以北京林业大学的研究成果作为中心的主要内容进行技术配套和技术推广。主要技术领域和技术方向为园林设计、园林工程施工和高档花卉集约化生产。2004年，通过教育部组织验收，在此基础上组织申报国家花卉工程技术研究中心。（王　佳　程堂仁）

【林业生态工程教育部工程研究中心】 北京林业大学林业生态工程教育部工程研究中心，2006年列入建设项目。2010年9月，正式通过教育部科技司组织的专家组验收，经教育部批准，2011年成立中心技术委员会。

2016年，承担国家级及省部级科研项目48个，获得省部级科技奖二等奖3项，中国水土保持学会科学技术奖2等奖1项，梁希青年论文奖8项。工程中心主任朱清科教授获得科技部“最美野外科技工作者”荣誉称号。发表学术论文188篇，其中SCI收录论文45篇，EI收录10篇。获得授权专利24件（其中发明专利18件），软件著作权登记表48项，发布林业行业标准4项。

2016年，邀请来自美国德克萨斯农工大学、加拿大UBC大学等多名专家来工程中心交流，组织各类学术讲座39场。联合举办“荒漠化，城市，与我——‘未来城市’主题沙龙暨世界防治荒漠化日特别活动”，联合国防治荒漠化公约组织秘书处执行秘书长Monique Barbut（莫妮克·巴尔比）女士应邀来访并做主旨演讲。2016年，工程中心派出1名教师赴美进行为期1年的进修培训，5名教师参加世界水土保持学会第三届国际学术研讨会、第七届切沟侵蚀国际会议、2016美国地学会年会等国际学术会议，并作主题报告。

2016年，在暑期承办“京津风沙源项目专题培训会”，来自山西省大同市林业相关领域技术人员30余人参加技术培训。暑期举办“水土保持与荒漠化防治学科暑期夏令营”，来自17所高校的38名本科生参加此次夏令营。

（张　英　朱清科）

【林业生物质材料与能源教育部工程研究中心】

北京林业大学林业生物质材料与能源教育部工程研究中心以木材科学与技术学科、林产化学加工工程学科和其他相关学科为依托，主要开展环境友好林业生物质新材料开发与制造、林业生物质制品加工设备与工艺、林业生物质化学与加工利用、林业生物质能源化高效利用，林业生物质产品加工过程节能与环保监测等方面的研究。

目前，固定研究人员89人，其中正高级职称24人，副高级职称26人，其他副高级5人，具有博士学位66人，45岁以下教师全部具有硕士以上学位。

2016年，承担纵向课题129项，横向课题63项，其中国家自然基金项目36个，北京市自然科学基金5项，国际科技合作专项计划2项，国家科技支撑计划项目2项，林业公益性行业专项6个，“948”课题7个，科研成果技术转让12项，在研课题经费总额达2027万元。共发表SCI论文收录19篇，EI收录5篇。获授权发明专利及软件著作权等49项。获得国家技术发明二等奖“木质纤维生物质多级资源化利用关键技术及应用”1项，高等教育自然科学二等奖“木质纤维细胞壁结构解译及纤维素基功能材料转化”1项，北京市科学技术发明三等奖“农林生物质移动式热裂解炼制与产物高值化利用关键技术”1项。

（段久芳　蒋建新）

【污染水体源控与生态修复技术北京市工程技术研究中心】 2016年，围绕工程中心的主要研究方向“水污染控制与生态修复、固体废物处置与资源化利用、环境功能材料研发与应用、新兴污染物环境行为与控制”。2016年，申请获得国家自然科学基金、国家重点研发计划、北京市自然科学基金等项目28个，经费合计1100万元。

（张立秋　孙德智）

【北京市园林植物工程技术研究中心】 北京市园林植物工程技术研究中心2012年5月正式获得北京市科委的批准。公司先后聘任4名院士作为研究中心技术顾问，专业涉及林业经济管理、城市园林规划、园林植物观赏与园艺、花卉与园艺等。工程中心中心现有固定人员25人，研发技术人员20人、管理人员5人，中级职称以上17人，占总人数65%。研发技术人员中博士后1人、博士5人。研究方向涉及花卉学、遗传学、林业经济管理、园林等诸多专业，主要成员曾主持或参与中南海、中组部及国务院等多项重要风景园林规划设计项目，获得林业局科技进步奖、“中、日、韩”风景园林设计竞赛优秀奖、梁希奖等多个奖项。

10月28日，北京林大林业科技股份有限公司副总经理乔转运担任北京市园林植物工程技术研究中心技术委员会主任。

2016年，将工程中心的主要研究方向改为以下3个方面：培育、引进园林植物新优品种；引进和吸收国外先进的工程技术和栽培技术；进行能有效促进土壤、水系、矿山等生态修复和治理的园林植物的选育和栽培技术研究。

2016年，完成办公用房改造工程，改善中心办公条件，为中心研发人员创造了优良的工作环境；加强工程中心的宣传力度，小汤山基地、延庆松山基地、固安基地、八家基地、怀柔林下经济示范基地等统一定制了不锈钢牌，提高工程中心的知名度。

通过产学研合作，2016年办理5项知识产权，其中获得授权发明专利1项，新申请发明专利4项，发表学术论文1篇，出版专著1部。

2016年，开展北方稻蟹生态种养技术研究及示范推广、低影响雨水开发耦合节水灌溉技术集成与示范、灵山亚高山草甸保育技术集成与示范、蝴蝶蜜源与寄主植物选育技术研究、南方水生植物引种驯化研究与示范、稻田画景观与稻蟹鳅共生技术研究示范、盐碱地绿化技术及园林工程建设示范、城市绿地土壤质量提升与生态修复产业化、林下经济产业技术研究与示范项目等研究。

经济效益情况 主要负责新产品、新技术的推广示范，现在已成功推广野花组合年营业收入达2000万元，并在全国范围内掀起了草花种植的新潮流；耐盐碱地被菊已经在河北沧州和辽宁盘锦建立合作基地，总面积达106 666平方米，年收入约180万元；通过协同创新中心的模式运营，已经与北京市海淀区园林绿化局、张家口市政府、长春市政府、山东聊城高新区辽宁省林业厅、辽宁省盘锦市海洋公园建立合作关系，成功推广野花组合、耐盐碱地被菊、水生植物、蝴蝶蜜源植物等多个项目，直接经济效益达6000万元。

社会效益情况 “有效降低城市PM2.5指标树种选择的研究”针对近期全国多地出现的雾霾及沙尘天气，通过定性定量分析筛选能够有效降低城市PM2.5指标树种，为园林绿化树种选择提供理论依据，充分发挥城市森林的绿肺功能。

2016年，在依托单位的带领下，工程中心完成了中国向捷克、塞尔维亚赠送树苗的重大外交任务，在不允许带土球移植的情况下依旧保证了植株100%的成活率。（徐　妍　李秀忠）

【北京市水土保持工程技术研究中心】 成立于2013年，依托于北京林业大学。研究和开发生态环境建设与水土资源保护利用、林业生态工程建设理论与技术、荒漠化防治技术、山区自然灾害监测与防控、开发建设项目及城市化进程中各类水土流失的监测与防控等，为推动国家生态安全、水土资源有效利用等事业的健康发展，在成果转化、示范推广、技术咨询、人才培养方面提供强有力的技术支撑和良好的科研技术平台。

2016年，新立项国家重点研发计划课题、国家自然科学基金、国家科技支撑计划专题等共计63项，其中纵向科研课题34个，包括国家重点研发计划课题(专题)9项，国家自然科学基金项目10个，国家科技支撑计划专题1项；横向科研课题29项。合同经费总计达3344.907万元。获得各类奖项3项，其中教育部科学技术进步奖二等奖1项，教育部自然科学奖二等奖1项，中国水土保持学会科学技术奖二等奖1项。发表论文14篇，SCI收录论文3篇，EI收录1篇，获得授权发明专利17项，出版专著7部，登记软件著作权48项。

2016年，工程中心通过具体科研项目培养了大批高水平的技术人才和中青年学术骨干。新引进专职研究人员4人，毕业研究生148人，其中博士22人。

4月，承办“京津风沙源项目专题培训会”，来自山西省大同市水务领域技术人员30余人参加技术培训。接待同行专家及社会团体考察100余人次，走访北京、河北、山东等10余家企事业单位，并建立合作关系。

2016年，邀请来自加拿大新不伦瑞克大学、东芬兰大学等多名专家来校交流，组织各类学术讲座10余场。以中芬国际合作等科研项目为依托，派遣青年研究人员出访学习，开展实质性合作研究。2016年，派出1名教师赴美进行为期1年进修培训，5名教师参加世界水土保持学会第三届国际学术研讨会、第七届切沟侵蚀国际会议、2016美国地学会年会等国际学术会议，并作主题报告。 (秦树高　张宇清)

国家级、省部级台站年度建设情况

【山西吉县森林生态系统国家野外定位观测研究站】　“山西吉县森林生态系统国家野外科学观测研究站”(北京林业大学)，属于国家森林生态系统定位研究网络站点之一，位于山西省吉县红旗林场和蔡家川流域。吉县定位站自1986年建站以来，先后承担国家科技攻关项目、国家重大基础研究计划课题、国家自然科学基金课题、国际合作项目、农业科技成果转化基金项目、退耕还林还草工程科技支撑项目、部重点课题等各类科技项目50余个。主要研究方向为：落叶阔叶林植被结构及其演替过程、嵌套流域森林水文过程、土壤侵蚀及生态修复过程。

生态站完成观测研究与平台服务任务。2016吉县站完成了多项实验仪器设备以及台站建筑设施的改造任务。

为各科研项目提供场地和观测设施等方面的服务，服务项目包括：国家科技支撑课题1个、国家自然科学基金2个，林业行业公益项目1个，北京林业大学科技创新项目1个；除此之外，还向国家林业局、山西省林业系统、当地有关部门提供数据支撑、科技咨询、技术培训等100人次。

吉县站服务单位数量15个，主要对象为国家林业局、北京林业大学等国内外教学科研单位。在服务过程中主要提供试验场地、仪器设备、观测设施、基础监测数据、食住行等便利条件。

8月29日至9月4日，应日本大学阿部和时教授邀请，吉县站张建军教授、张岩教授和张守红副教授组成考察团，访问日本大学和日本森林综合研究所，探讨困难立地植被恢复和山地灾害防治工程等科学问题，并在阿部教授的陪同下考察了日本东京都市圈外围山区的泥石流、滑坡和工矿地的生态治理工作。这次考察主要与国家科技支撑课题“困难立地植被恢复技术研究与示范”及“北京市房山区小流域治理效益评价”项目的要求相关。

8月1~3日，林业公益性行业科研专项“天然林保护等林业工程生态效益评价研究”项目现场查定会在我站顺利举行，“天然林保护等林业工程生态效益评价研究”项目现场查定通过验收。参加会议的有中国林业科学研究院孟平研究员等3位验收专家出席会议，北京林业大学水土保持学院副院长王云琦教授、北京林业大学科技处林业公益性行业科研专项负责人李耀明老师以及在吉县站开展科学实验的10余名北京林业大学研究生出席会议。北京林业大学水土保持学院张建军教授对退耕还林造林完成情况、退耕前后生态效益变化、项目的主要成果进行了汇报。

2016年，承担在研项目共9个，其中，国家"十二五"科技支撑项目2个、国家自然科学基金2个、国家重点研发计划1个、林业生态科技工程1个、北京林业大学青年教师科学研究中长期项目1个、国家自然科学基金青年基金项目1个。

2016年，获批专利2项、软件著作权3项和学术论文19篇，发表的论文中SCI收录2篇、EI收录2篇、中文核心15篇。其中，吉县站副站长朱清科在2016年获得两项省部级奖励。

2016年，提供示范服务有流域水土流失规律及水土保持林体系配置；坡面微地形生境特征及近自然水土保持林结构设计；饲料桑开发利用种植示范；森林水土保持效益相关知识及实践；本科生课程实习及科普吴起县建立树木"身份证"，手机扫描二维码认树木。

（王若水　朱金兆）

【山西太岳山森林生态系统定位研究站】 山西太岳山暖温带落叶阔叶林和油松森林生态系统定位研究站位于山西省沁源县灵空山自然保护区境内，该保护区于2013年经国务院批准升级为国家级自然保护区。20世纪70年代末，北京林业大学生态学教研室的老师们就在此开展油松人工林的半定位研究，1990年正式建立森林生态系统定位研究站，该站于2009年被纳入中国森林生态系统定位研究网络。目前，该站共有在职研究人员20余人，其中教授和研究员8人，副教授9人，长期在试验站开展工作的博士和硕士研究生约20人。

2016年，承担国家"十三五"重点研发计划课题一项，总经费500余万元。研究领域主要包含：全球变化情景下森林生态系统碳固持潜力、不同经营措施对人工林养分循环和水分利用的调控作用、模拟大气氮沉降对森林土壤碳/氮周转动态的影响、森林群落结构和功能性状等几个方面；同时，还与灵空山自然保护区管理局针对大气环境和水资源质量的监测开展合作研究。

2016年，试验站共发表学术论文8篇，其中被国际SCI期刊收录2篇，培养研究生7人。

（康峰峰　周志勇）

【长江三峡库区（重庆）森林生态系统定位观测站】 始建于1998年，2001年正式开始监测数据采集工作，为中国森林生态系统定位研究网络（CFERN）定位观测站之一。重庆站立足中国长江流域中上游地区，以水分、土壤、大气和生物等要素长期观测为基础，围绕森林水文、森林土壤、土壤侵蚀、森林生态及环境的影响等对典型亚热带林分进行相应的监测研究，主要研究内容包括：森林生态系统定位监测；森林生态水文机理与过程研究；土壤侵蚀与水土保持；环境监测和林业效益；森林生态系统碳氮循环。

2016年，承担"十三五"国家科技支撑计划课题1个，国家自然科学基金项目4个，林业公益性行业专项2个，高等学校博士点专项科研基金1个，北京高等学校"青年英才计划"1个，北京林业大学青年教师中长期项目3个；完成国家自然科学基金1个，林业公益性行业科研专项1个，北京高等学校"青年英才计划"1个，高等学校博士学科点专项科研基金1个。2016年，重庆站共发表（录用）科技论文23篇，其中，SCI论文9篇，累计影响因子21.28；EI论文5篇，中文核心9篇；获国家发明专利授权2项。

2016年，1人获中国科学技术协会青年科学家参与国际组织计划支持，1人当选世界水土保持学会青年委员会主席；培养学生分别获得国家奖学金、优秀研究生荣誉称号、北京林业大学学术创新奖学金、"关君蔚"学术奖学金等荣誉。

2016年，与国内外相关领域的高校、研究所等单位建立长期的学术交流与合作研究关系，来站工作考察单位包括国家林业局自然保护区管理司、河南农业大学林学院、黑龙江水土保持科学研究院、美国北卡罗纳州立大学和维也纳农业与科技大学（Universität für Bodenkultur Wien）等国内外著名研究机构。同时派出研修及访问学者到加拿大英属哥伦比亚大学、美国农业部进行学术交流与研讨。8月22～26日，生态站固定工作人员王彬博士参加在塞尔维亚共和国贝尔格莱德市举行的世界水土保持学会第三届国际科技大会并应邀进行分会场口头报告；12月4日，生态站固定人员张守红副教授、王彬博士、杨文涛博士参加第二届全国水土保持与荒漠化防治青年学术论坛并作大会报告。

（王　彬　王云琦）

【首都圈森林生态系统定位观测站】 首都圈森林生态系统国家定位观测研究站，成立于1986年6月，2003年加入国家林业局森林生态系统观测研究网络(CFERN)，生态站采取“一站多点”式布局，在北京市共布设1个主站和5个观测点，分别为海淀区北京林业大学鹫峰实验林场主站，延庆县松山自然保护区观测点、延庆县八达岭林场观测点、密云县密云水库观测点、海淀区奥体森林公园观测点和大兴区大兴林场观测点。生态站围绕国家和地区重大生态环境问题，以水分、土壤、大气和生物等要素长期观测为基础，重点开展大都市水源区水源林结构与功能关系、都市森林生态效益评价和生态服务功能量化评估以及森林生态系统与环境变化关系等方面的研究。

2016年，共承担国家自然科学基金、国家科技支撑项目、国家林业局项目、林业公益性行业科研专项等科研项目9个，累计科研经费1615万元。本年度获教育部科学技术进步奖二等奖1项，北京市科学技术进步奖1项，生态站站长余新晓教授荣获第七届“全国优秀科技工作者”，在国内外学术期刊发表论文46篇，其中SCI 19篇、EI 2篇；共获授权专利6项，发明专利3项，实用新型3项；获授权软件登记25项；出版学术著作2部；编制行业标准6项。本年度生态站观测数据记录17.3万条、数据量5.82GB、样品800余个。

2016年，共投入65.20万元用于购置生态站的定位观测仪器设备。共购置土壤呼吸室、便携式手持气象仪、液流传感器、自动记录雨量计等仪器设备72台(套)。

生态站现有固定人员共计15人，其中按职称统计正高级6人、副高级6人、中级3人；按类别统计研究人员8人、技术人员4人、管理人员3人；其中博士14人、硕士1人，以中青年为主。本年培养毕业生31人，其中，博士生6人，硕士生13人，本科生12人。

2016年，举办国内各类学术研讨会3次，2人参加国际学术研讨会，国内学术研讨会20余人次。共接待国内外13个科研院所120余人专家学者。

(樊登星　余新晓)

【宁夏盐池荒漠生态系统定位研究站】 北京林业大学水土保持学院宁夏盐池毛乌素沙地生态系统国家定位观测研究站(原“宁夏盐池荒漠生态系统定位研究站”)，最初成立于2003年，2008年7月加入国家林业局陆地生态系统观测研究网络(CTERN)。2012年2月24～25日，盐池荒漠生态系统定位研究站被水利部正式命名为第四批“国家水土保持科技示范园区”。2013年7月，定位站加入中国荒漠－草地生态系统观测研究野外站联盟。2014年7月，国家林业局生态定位观测网络中心，通知定位站更名为“宁夏盐池毛乌素沙地生态系统国家定位观测研究站”。所在学科为水土保持与荒漠化防治。定位站建有数据处理中心、标本室、实验室、气象观测场、水量平衡观测场、碳水通量观测塔、土壤风蚀观测场及多处固定植物观测样地等基础设施。定位站占地总面积2000万平方米。拥有大中型仪器设备50余台/套。研究站定位于科研、教学、生产、国际合作和科普教育为一体的综合开放性观测研究站，主要研究方向为荒漠生态系统地表过程(植被生态过程、水/碳/氮过程、土壤微生物过程、地表风沙运动过程)；荒漠生态系统结构及功能对全球变化的响应；沙区植被生态建设技术；荒漠化地区土地退化治理技术。

2016年，完成国家科技支撑计划课题1项，国家自然科学基金项目3个；新增国家重点研发计划课题1项，国家自然科学基金项目6个，中国博士后科学基金项目1个；继续开展国家重点基础研究发展计划(“973计划”)专题2项、国家自然科学基金项目2个等科研项目的研究。

2016年，中国科学院生态环境研究中心傅伯杰院士、中国环境科学研究院香宝研究员、宁夏大学李国旗教授、中国科学院西北生态资源环境研究院刘树林研究员等，先后参观访问盐池站。本年度，盐池站承接本科生课程实习1次，2名研究人员分获第二届水土保持与荒漠化防治青年学术论坛优秀论文一等奖和三等奖，盐池站副站长张宇清教授参加国家林业局生态定位站技术培训会，并作典型交流汇报。

2016年，盐池站研究人员秦树高、张宇清和贾昕，先后赴韩国、澳大利亚、美国进行学术交流。此外，邀请芬兰东芬兰大学 Heli Peltola(海丽・佩尔托拉)教授到访北京林业大学并作学术报告。

(秦树高　张宇清)

【内蒙古七老图山森林生态系统国家定位观测研究站】 内蒙古七老图山森林生态系统国家定位观测研究站位于赤峰市喀喇沁旗旺业甸实验林场。该区处于暖温带和中温带的气候过渡区，是华北森林与草原区的植被过渡地带，森林资源主要为暖温带油松阔叶混交林。2016 年新批准建站。2016 年 5 月，进行生态站的申请；7 月，生态站专家现场考察；9 月获得国家林业局科技司建站批复，成为内蒙古自治区的第十七个生态定位观测研究站。目前，已完成可行性研究报告的申请工作，正处于可研的批复阶段。该站设固定人员 21 人，其中正高级研究人员 13 人、副高级 2 人，长期在试验站开展工作的博士和硕士研究生约有 10 余人。

2016 年，承担"十三五"国家重点研发计划课题"经营措施对人工林地力的影响机制"1 项，总经费 100 余万元。重点研究领域包含：森林生态系统物质循环研究、森林结构动态变化与功能响应研究、森林经营措施对森林生态系统功能的影响研究、森林生态系统服务功能维持与调控机理研究等几个方面。

2016 年，主办"森林生态系统长期定位观测研究与发展学术论坛"研讨会。此次论坛以森林生态系统的定位观测研究为主题，围绕"森林生态系统的观测手段与技术、森林资源监测与评估、森林生态系统服务功能"等内容进行深入探讨。 （陈　锋　韩海荣）

【云南建水荒漠生态系统国家定位观测研究站】 北京林业大学水土保持学院云南建水荒漠化生态系统国家定位观测研究站（简称"建水生态站"），位于云南省红河哈尼族彝族自治州建水县。2008 年，建水县被列入国家首批 100 个石漠化综合治理试点县之一。2014 年经云南省林业厅批准，建立建水生态站，并纳入云南省生态定位网络体系。2016 年，由国家林业局批准，建水生态站加入国家陆地生态系统定位研究站网。建水生态站立足我国西南喀斯特区植被退化、水土资源不匹配、石漠化等严重生态问题，针对喀斯特断陷盆地石漠化脆弱生态系统开展长期定位观测研究。主要研究方向包括：喀斯特石漠化成因、机制及要素循环；喀斯特石漠化对环境影响及森林响应；喀斯特石漠化植被恢复与生态服务功能提升；石漠化治理的途径、模式与措施；喀斯特石漠化区水土流失监测与防治；石漠化生态治理监测与效益评估体系。

4 月，建水生态站通过国家林业局组织的现场查定和专家论证；9 月经国家林业局批准，建水生态站加入国家陆地生态系统定位研究站网。

2016 年，建水生态站加强基础设施建设，安装 2 套气象观测场，8 套土壤水分监测仪器，布设 19 个固定调查样地，并获取连续的气象、土壤水分观测数据和植被群落调查数据。同时，完成九标观测点和南庄观测点的无人机航拍，航拍面积 1600 万平方米。

2016 年，承担"十三五"国家重点研发计划课题 1 项、"十三五"国家重点研发计划专题 2 项，国家自然科学基金面上项目 1 个，青年基金项目 3 个，中央级公益性科研院所专项资金重点项目 1 个及其他国家林业局等项目，并完成中国博士后科学基金资助项目 1 个。共发表科技论文 8 篇。其中，SCI 论文 6 篇，中文核心期刊论文 2 篇，获批国家专利授权 1 项。生态站固定科研人员获得"四川省科学技术进步一等奖"以及"第八届中国水土保持学会科学技术奖三等奖"。

2016 年，加强与国际国内的合作与交流。4 月 18 日，中国地质科学院岩溶地质研究所副所长蒋忠诚研究员一行对建水生态站进行考察，并对建水生态站观测点的岩溶泉观测、岩溶水开发等方面提出意见；8 月 4 ~ 14 日标观测点和南庄观测点进行无人机观测培训，获取了 1600 万平方米的无人机观测数据；9 月 8 ~ 9 日，建水生态站迎来由中国地质科学院岩溶地质研究所牵头主持，国土资源部、中科院、教育部、水利部、国家林业局等多个部门科研院所联合申请的"十三五"首批国家重点研发计划专项"喀斯特断陷盆地石漠化演变及综合治理技术与示范"项目专家考察团一行 50 多人进行考察。考察团专家分别来自中国地质科学院岩溶地质研究所、中国科学院亚热带农业生态研究所、中国水利水电科学研究院等 18 个单位；12 月 8 日，云南省建水县县委、北京林业大学、云南省林业科学院、红河州林业局、建水县林业局的共同支持下，在建水生态站九标国有林场召开"云南建水荒漠生态系统国家定位观测研究站"建设专题协调会，参加会议的有建水县县委副书记范永文，云南省林业科学院院长陈建洪、林业所副所长李贵祥研究员等参加会议；12 月 9 ~ 10 日，中国水利水电科学研究院泥沙研究所副所长左长清、云南省水利厅水保处彭永刚处长一行来建水生态站考察，并进行座谈。（万 龙 周金星）

【北京林业大学公共分析测试中心】 于 2009 年成立，挂靠实验室管理处独立运行。中心现有分析测试人员 12 人，专职管理人员 2 人。具有副高以上职称 9 人。

中心在重同位素内标法 - GC/MS 分析植物内源激素、ATD - GC/MS 分析近自然状态下的植物挥发物；利用激光共聚焦显微技术检测细胞对温度变化的感知与信号响应途径、透射电镜能谱仪定量分析生物样品亚细胞水平元素含量、扫描电镜能谱仪定量检测生物样品元素含量等方面开展工作。

4 月，公共分析测试中心获得中国国家认证认可监督管理委员会检验检测机构资质认定证书（简称 CMA），目前，公共分析测试中心已具有 CNAS 和 CMA 两个资质。

2016 年，承担 5 门研究生课程，完成课程改革。主持编写《电镜原理与应用》研究生实验教材 1 部，发表 SCI 论文 3 篇，ISTP 论文 1 篇，获国家发明专利 1 项，核心期刊论文 1 篇。共接受校内外测试样品近 20 000 个，有效机时75 477 小时，本年度对外开放有效机时 75 477 小时，样品数近 20 000 个，出具检测报告 300 份。

（孙月琴 万国良）

南北综合实践基地建设

【概 况】

基地建设 制订《北京林业大学教学科研实践基地运行管理办法（试行）》，细化《北京林业大学南方林区（福建三明）综合实践基地运行办法》，南北方基地申报了“杉木全生命过程优化经营与种质创新研究基地”和“油松全生命周期培育和经营试验基地”国家林业长期科研试验基地。

基地科研 基地产生一批重大科技获奖成果，其中，花卉种质创新与产业化示范实践基地获得国家科技进步二等奖 1 项；南方实践基地获得梁希林业科学技术一等奖 1 项，三等奖 1 项；北方平原林业创新与良种示范基地获得梁希林业科学技术二等奖 1 项。林木新材料成果创新转化（北方）基地以基地为科技孵化中心所获科技转让项目 12 项，转化金额达 153 万元。

基地服务 林学院为北方基地林业职工进行技术培训，三明市领导来学校交流共同谋划校地合作的新蓝图和新项目。学校教授为南方基地技术人员讲解《梅花种质资源与应用前景》《现代森林经营理论与技术》，并为地方做了梅花种质资源圃及场部实地测量规划。学校与聊城市人民政府签订战略合作框架协议。

（顾 京 王立平）

国际、港澳台交流与合作

【概　况】 全年共有来自6个国家和地区的7个团组共计29人来访。全年派出因公临时出境(赴港澳)团组95组170人次，派出因公赴台团组11组20人次，派出团组出访的国家(地区)涉及美国、加拿大、德国、南非、乌兹别克斯坦、缅甸、柬埔寨、中国香港、中国台湾等34个国家和地区。参加各类国际会议48组82人次，执行各类科技交流与合作研究任务40组73人次，开展校际交流、教育展等7组15人次。

全年新办因公护照及因公港澳通行证80本，过期注销53本。登记有效因公护照(港澳通行证)321本，因公护照收缴率100%。与美国密西根州立大学合作举办的"草坪管理"本科学士学位项目共37人按期毕业，取得双方院校颁发的学位证；与加拿大不列颠哥伦比亚大学共同举办的生物技术、木材科学与工程本科合作办学项目共招收48人，当年在读生总计185人。国家公派留学项目共有51人获得留学资格赴外留学。2016年新签(续签)校际协议8份，通过校际交流渠道共选拔学生23人赴加拿大、日本、芬兰、瑞典、中国台湾等国家和地区学习。亚太地区林业教育协调机制办公室主持的"亚太地区可持续林业管理创新教育项目"接受结题验收，办公室人员参加2016年亚太林业周并出席第四次亚太林业教育协调机制会议。2016年共有来自57个国家的各类留学生188人在校学习，学历生占留学生总人数82%以上。聘请长期语言文教专家4人，长期科教专家4人，短期专家113人次，执行政府间科技合作项目3个，举办国际会议1个。　(林　宇　张德强)

【校际交流与合作】 3月10日，瑞典农业大学林学院一行来校进行校际交换生选拔。3月11日，日本东京经济大学副校长一行来访，校长宋维明接见来访人员，商谈两校经贸、社科类学科合作。4月6日，欧洲森林研究所所长一行来校进行交流，校长宋维明会见来访人员，双方就签订框架合作协议达成共识。4月13日，埃及本哈大学校长及埃及驻华大使馆文化科级教育参赞一行来访，校长宋维明接见来访人员，双方就建立伙伴关系，开展全方位合作进行商谈。10月26日，韩国山林科学院院长一行来校交流，校长宋维明、副校长李雄接见来访人员，双方就共同加强双边合作进行商谈。12月17日，埃及本哈大学新任校长一行来校访问，校长宋维明会见来访人员，双方就进一步推动双边合作进行会谈。12月23日，美国密西西比州立大学副校长一行来校访问，副校长李雄会见来访人员，双方就建立合作伙伴关系，推动双边交流进行商谈。

全年执行校领导因公临时出国团组任务2组6人次。其中副校长骆有庆于2月赴菲律宾参加"2016年亚太林业周"国际会议，主持边会"亚太地区可持续林业管理创新教育项目结题暨推广发布会"。副校长张启翔于4月随国家林业局团组赴土耳其参加2016安塔利亚世园会中国展园项目验收并出席开幕式。

2016年共新签或续签校际协议11份，分别与埃及本哈大学、美国奥本大学、泰国农业大学、欧洲森林研究所、韩国山林科学院等院校和机构就校际合作、交流互访等内容达成共识。

表12　2016年签订校际交流协议一览表

学校	协议类型	签署时间	有效期
埃及本哈大学	校际协议及学生交换协议(新签)	2016年4月13日	长期
欧洲森林研究所	合作伙伴关系协议(新签)	2016年5月9日	长期
美国奥本大学	校际协议(新签)	2016年5月10日	5年
泰国农业大学	校际协议及学生交换协议(新签)	2016年5月31日	长期

（续）

学校	协议类型	签署时间	有效期
瑞典农业大学	学生交换协议（续签）	2016年7月3日	2年
日本千葉大学	校际协议及学生交换协议（新签）	2016年9月8日	长期
西班牙马德里理工大学	校际协议及学生交换协议（新签）	2016年10月18日	长期
泰国清迈大学	校际协议及学生交换协议（新签）	2016年10月12日	长期
韩国山林科学院	合作伙伴关系协议（新签）	2016年10月26日	长期
日本东京经济大学	校际协议及学生交换协议（新签）	2016年11月14日	长期
日本东京大学农学部	校际协议延期协议（续签）	2016年12月21日	5年

（林　宇　陈若漪）

【合作办学】 5月21日，与美国密西根州立大学共同举办的中美草坪管理专业本科毕业生典礼在学校召开，共有来自北京林业大学、四川农业大学两所院校的64名学生顺利毕业（其中包括北林大学生37人），取得中美双方院校颁发的学位证书。

学校与加拿大不列颠哥伦比亚大学合作举办的生物技术、木材科学与工程本科合作办学项目本年度招收新生48人，在读学生总计185人，各环节运行情况良好。7月6日，召开2016年度中外合作办学项目校内工作会议，各部门职责分工进一步得到理顺，各项教学工作稳步推进。（林　宇　张德强）

【援外培训】 经商务部批准，北林大2016年举办了“印尼现代种植业及加工技术培训班”，来自印度尼西亚的20名参训学员参加培训，在中国进行为期3周的学习、实践和研讨。本次培训班是北林大举办的首个针对亚洲发展中国家的双边培训班，培训领域从以往传统的林业可持续经营、水土保持与荒漠化防治、生态环境保护等领域延伸至农林产品深加工、森林资源综合利用等新的领域，对外宣传推广了北林大在相关领域取得的成果和新进展。

（林　宇　张德强）

【国际组织】 2月，北林大代表团以亚太地区林业教育协调机制副主席院校身份参加2016年亚太林业周并出席第四次亚太林业教育协调机制会议。代表团成员与众多参会代表共同商讨如何应对亚太地区林业高等教育面临的挑战与机遇，并针对有关议题提出。

6月，由北林大亚太地区林业教育协调机制牵头主持，亚太森林组织资助的“亚太地区可持续林业管理创新教育项目”接受项目评估专家进行的项目结题评估。该项目网络课程平台现已对外开放使用，网站通过开展在线授课与互动，将推动本地区林业教育的跨地区、无国界资源共享。

10月，北林大与不列颠哥伦比亚大学等本地区知名林业院校、科研机构共同在北林大召开了“2016年亚太地林业教育协调机制会议”。本次会议是国际林联“2016年亚洲及大洋洲大会”的重要边会之一，也是由北林大作为联合主席院校的“亚太地区林业教育协调机制”年度的重点活动之一。会议回顾了机制近五年的发展成果和有关项目进展情况，同时对于未来项目规划、机构发展方向等重点内容进行了深入讨论。

（林　宇　张德强）

【学生赴外留学】 根据国家留学基金管理委员会批复，北林大2016年度共51人获国家留学基金委公派留学资格，其中攻读博士学位9人、联合培养博士生25人、硕士研究生4人、优秀本科生国际交流项目7人、以色列高等教育委员会合作奖学金项目2人、中英联合研究创新基金博士生交流项目2人、日本政府（文部科学省）博士生项目1人、博士生导师短期出国交流项目1人。

表 13　2016 年国家公派留学项目录取情况一览表

序号	姓名	学科专业	留学类型	留学国别
1	徐俊哲	电气工程及其自动化	本科插班生	法国
2	徐丹丹	网络工程	本科插班生	法国
3	戴振泳	车辆工程	本科插班生	法国
4	赵悦茹	水土保持与荒漠化防治	本科插班生	加拿大
5	于悦	林学	本科插班生	加拿大
6	李汪洋	农林经济管理	本科插班生	加拿大
7	徐浩东	国际经济与贸易	本科插班生	美国
8	潘国梁	自然保护区学	博士研究生	丹麦
9	樊世漾	环境科学与工程	博士研究生	荷兰
10	王德英	水土保持与荒漠化防治	博士研究生	英国
11	刘树勋	食品加工与安全	博士研究生	芬兰
12	陈雅媛	森林保护学	博士研究生	瑞典
13	曹鑫	林产化学加工工程	博士研究生	德国
14	郑赫然	林业经济管理	博士研究生	英国
15	马思慧	食品加工与安全	博士研究生	日本
16	杨湞	环境工程	博士研究生	德国
17	张彩虹	林业经济管理	高级研究学者	美国
18	施钦	生态环境工程	联合培养博士研究生	西班牙
19	董友明	木材科学与技术	联合培养博士研究生	芬兰
20	周自圆	林产化学加工工程	联合培养博士研究生	美国
21	张方达	木材科学与技术	联合培养博士研究生	美国
22	董闫闫	林产化学加工工程	联合培养博士研究生	瑞典
23	彭尧	木材科学与技术	联合培养博士研究生	加拿大
24	汪加魏	森林培育	联合培养博士研究生	西班牙
25	陈新宇	林木遗传育种	联合培养博士研究生	瑞典
26	包文龙	细胞生物学	联合培养博士研究生	美国
27	骆畅	风景园林学	联合培养博士研究生	加拿大
28	王雯	木材科学与技术	联合培养博士研究生	美国
29	王青	野生动植物保护与利用	联合培养博士研究生	加拿大
30	孙佳美	水土保持与荒漠化防治	联合培养博士研究生	美国
31	刘沙	植物学	联合培养博士研究生	美国
32	赵正	林业经济管理	联合培养博士研究生	美国
33	赵丹丹	湿地生态学	联合培养博士研究生	瑞典
34	唐睿琳	木材科学与技术	联合培养博士研究生	加拿大
35	王湛	林业经济管理	联合培养博士研究生	英国
36	孙巧玉	森林培育	联合培养博士研究生	美国
37	鲍志远	生态环境工程	联合培养博士研究生	西班牙
38	刘菲	林业资源经济与环境管理	联合培养博士研究生	美国
39	张章	生态环境工程	联合培养博士研究生	新加坡

（续）

序号	姓名	学科专业	留学类型	留学国别
40	罗晶	木材科学与技术	联合培养博士研究生	加拿大
41	孙筱璐	生态学	联合培养博士研究生	美国
42	魏钰	湿地生态学	联合培养博士研究生	美国
43	李天行	机械设计与理论	博士研究生	日本
44	王植	国际经济与贸易	硕士研究生	美国
45	江天翼	风景园林	硕士研究生	英国
46	王静宇	环境科学	硕士研究生	丹麦
47	徐紫薇	农业经济管理	硕士研究生	英国
48	陈艺超	水土保持与荒漠化防治	进修生	以色列
49	张雨珊	水土保持与荒漠化防治	进修生	以色列
50	高艳珊	生态环境工程	联合培养博士研究生	英国
51	邢方如	木材科学技术	联合培养博士研究生	英国

通过校际交流项目共选拔校际交换生 23 人，于 2016～2017 学年完成派出，名单如下。

表 14　2016 年校际交流交换学生情况一览表

赴外交流院校	姓名	专业	类别
台湾中兴大学	苏溥雅	水土保持与荒漠化防治	硕士
	韩晓亮	水土保持与荒漠化防治	硕士
	张梦雅	森林经理学	硕士
	张怡婷	艺术设计	硕士
芬兰赫尔辛基大学	朱宇颐	森林经理学	硕士
	何媛媛	食品加工与安全	硕士
瑞典农业大学	朱子卉	森林经理学	硕士
	胡曼	森林经理学	硕士
加拿大湖首大学	胡梦颖	金融	本科
韩国江原国立大学	刘鑫阅	英语	本科
日本山形大学	朱庶逸	日语	本科
	朱新雅	日语	本科
	刘夏禹	日语	本科
	张力凡	日语	本科
日本大分大学	代佳慧	外国语言文学（英语）	硕士
	邓珊珊	法学	本科
日本鸟取大学	王家唯	日语	本科
	刘畅	日语	本科
	林妙声	日语	本科
	聂根凤	外国语言文学（日语）	硕士
	张航	外国语言文学（日语）	硕士
	隋媛媛	外国语言文学（日语）	硕士
	王柏村	外国语言文学（日语）	硕士

（孔祥彬　林　宇）

【留学生工作】 2016年共有来自英国、意大利、法国、老挝、泰国、孟加拉、日本、越南、韩国、朝鲜、越南、马来西亚、巴拉圭、几内亚、苏丹、马达加斯加、摩洛哥、秘鲁、毛里塔尼亚、多哥、马里等57个国家的188名学生来校学习，其中博士生55人、硕士生76人、本科生25人、高级进修生2人、普通进修生5人、语言生25人，分布在北京林业大学12个学院30多个专业，学历学生占在校留学生的82.97%。

留学生奖学金项目主要分为中国政府奖学金、北京市政府奖学金、“亚太森林恢复与可持续管理组织”奖学金。2016年，学校中国政府奖学金春季学期在校学生人数为83人，秋季学期在校生人数为107人。其中，秋季学期中国政府奖学金自主招生新录取人数为35人，包括获得自主招生—高校研究生项目资助的学生30人、获得支持地方奖学金项目的学生2人、获得中美人文交流学历生奖学金项目资助的3人，另外获得国别奖学金项目奖学金资助的学生为8人。2016年，北林大获得北京市外国留学生奖学金40万元资助，用以支付留学生培养相关费用。继续承担“亚太森林恢复与可持续管理组织”(APFNet)外国留学生奖学金项目的培养工作，本年度招生7名，分别来自尼泊尔、秘鲁、缅甸、泰国、马来西亚、蒙古等各经济体，本年度在校人数为15人。

2016年，北林大风景园林(英文授课)硕士专业申请了北京市政府“一带一路”奖学金项目；林业经济管理(英文授课)硕士专业申请的商务部学历学位奖学金项目获得批复，于2017年开始招生。

2016年，教育部办公厅关于第二期来华留学英语授课品牌课程评选确定的150门课程北林大刘俊昌教授主讲的林业经济学确定为来华留学英语品牌课程。

为拓展北林大国际学生招生渠道，1月21～24日，赴泰国参加教育展，首次在泰国清迈高中组织奖学金考试；2016年5月16～22日在缅甸的曼德勒省和柬埔寨金边的Vanda大学组织教育说明会；11月3～11日参加北京市教委在西班牙马德里、巴塞罗那、荷兰阿姆斯特丹举办的教育展。

组织留学生参加由北京市对外友好协会组织的“三山五园”外国友人环昆明湖长走活动，并在开幕式表演合唱及舞蹈节目，获得优秀演出单位奖章。留学生羽毛球队获得2016年研究生羽毛球比赛冠军；留学生足球队获得北京林业大学俱乐部杯球赛冠军；2016年北林大首次组成留学生代表团参加学校新生运动会，分别在100米短跑及扔沙包两个项目上取得金牌；巴拉圭和巴基斯坦留学生组合参加2016北林“十大歌手”比赛，并获得“校园十大歌手”称号；举办北林大留学生2016年新年联欢晚会和北林国际第二届中外学生新年派对；组织京剧进校园活动，留学生与戏曲学院学生共同体验中国传统京剧文化。

2016年，北林大共有20名学历留学生毕业生，其中有5名博士、11名硕士生、4名本科生。为毕业生拍摄2016届学生毕业纪念视频，制作“再见北林”2016毕业纪念册，组织留学生毕业生的信息收集。北林大2016年共接收1名来自瑞典农业大学的硕士研究生、1名来自芬兰赫尔辛基大学的硕士研究生及1名鸟取大学本科交换生在经管学院学习，2名江原国立大学本科交换生及1名鸟取大学本科交换生在留学生办公室汉语课程班学习。

表15 2016年留学生毕业生名单

序号	中文姓名	护照姓名	国籍	学生类别	院系	学习专业	导师姓名
1	白佳丽	BAIGALI BATSUURI	蒙古	本科生	环境学院	环境科学	无
2	何梅	MUJARFI AHLAM AL	阿曼	本科生	园林学院	旅游管理	无
3	阿尔伯特	ALBERT MWANZA	赞比亚	本科生	经管学院	林业经济管理	无
4	苏宁	MC. SWAIN BERTRAND	多米尼克	本科生	生物学院	生物技术	无
5	凯比	KAY ZIN THAN	缅甸	硕士研究生	经管学院	林业经济管理	温亚利
6	邱墨	KYAW THU MOE	缅甸	硕士研究生	经管学院	林业经济管理	刘俊昌

（续）

序号	中文姓名	护照姓名	国籍	学生类别	院系	学习专业	导师姓名
7	艾达	IZAIDAH BINTI TALIB	马来西亚	硕士研究生	经管学院	林业经济管理	米锋
8	索维特	SHOVIT KOIRALA	尼泊尔	硕士研究生	经管学院	林业经济管理	谢屹
9	赛克	VONGKHAMHENG CHANSAK	老挝	硕士研究生	经管学院	林业经济管理	周建华
10	希萨	PHIMMACHANH SYTHUD	老挝	硕士研究生	经管学院	林业经济管理	张颖
11	巴琳	BALT GUNJARGAL	蒙古	硕士研究生	经管学院	林业经济管理	陈晓倩
12	巴里	COULIBALY ABDOUBAYE	马里	硕士研究生	经管学院	林业经济管理	王兰会
13	卡西	KOSSI FANDJINOU	多哥	硕士研究生	水保学院	水土保持与荒漠化防治	张克斌
14	黛罗	DIALLO OUMOU	马里	硕士研究生	人文学院	心理学	王广新
15	乌德丽玛	BAASANDORJ UDVELMAA	蒙古	硕士研究生	信息学院	计算机应用技术	袁津生
16	萨拉	CHEN KALOANTSIMO SARAH	马达加斯加	博士研究生	林学院	生态学	李俊清
17	艾丽	ALICE LAGUARDIA	意大利	博士研究生	保护区学院	自然保护区学	时坤
18	夏琳	CHARLOTTE WHITHAM	英国	博士研究生	保护区学院	自然保护区学	雷光春
19	贾斯汀	SHANTI ALEXANDER JUSTINE	英国	博士研究生	保护区学院	自然保护区学	时坤
20	南孝旭	HYOUG NAM	韩国	博士研究生	经管学院	林业经济管理	宋维明

表 16　2016 年在校校际交换生名单

序号	中文姓名	护照姓名	校际交流大学	学生类别	院系	学习专业
1	和田拓巳	TAKUMI WADA	鸟取大学	校际交换生	留学生办公室汉语课程班	汉语
2	杨舒秋	SHUQIU YANG	鸟取大学	校际交换生	经济管理学院	金融学
3	艾瑞克	CARL RRIC ABRAHAM FUSTAF LEIJONHUFVUD	瑞典农业大学	校际交换生	经济管理学院	林业经济与政策
4	金智敏	JIMIN KIM	江原国立大学	校际交换生	留学生办公室汉语课程班	汉语
5	辛娥林	ARIM SHIN	江原国立大学	校际交换生	留学生办公室汉语课程班	汉语
6	萨罗	SALOKANGAS JOONA TAPIO	芬兰赫尔辛基大学	校际交换生	经济管理学院	林业经济与政策

（张　铎　刁雅榕）

【国际会议】　经教育部批准，10 月 17～19 日，学校举办“森林资源可持续经营管理国际学术研讨会”，主题为全球气候变化背景下森林可持续经营管理的理论与政策。本次研讨会正式参会代表 82 人，其中 56 名国内代表来自国内 15 家单位及科研院所，26 名国外代表分别来自美国、加拿大、德国、芬兰、挪威等 9 个国家。研讨会共开展了 9 场主题报告和 46 场相关议题报告。

（项宪光　孔祥彬）

【引智工作】　北京林业大学于 2016 年 6 月出台《北京林业大学外国文教专家管理办法》，确保北林大外国文教专家聘请计划顺利进行，进一步规范外国文教专家经费及效益管理。

2016 年，学校通过教育部海外名师项目、学校特色项目、学校重点项目等形式，共聘请长期语言文教专家 4 人，在校从事英语、日语教学工作；聘请长期科教专家 4 人，在校从事科研教学工作；邀请国外科技专家 113 人，来校短期讲学，从事科研合作等，学科范围涵盖林业、水保、园林、生物、林业经济、森林工业、材料科学、自然保护、人文社科、语言、信息等专业。

执行政府间科技合作项目 3 个，包括中瑞（瑞典）生物质能源合作项目 1 个、中芬生态监

测合作项目1个、中德国际科技合作示范基地建设项目1个。（项宪光　孔祥彬）

【港澳台交流】 2016年，派出因公短期赴香港团组1组1人次，赴台湾团组11组20人次。成功申请香港王宽诚基金会资助1项，资助1名教师赴外参加国际学术研讨会。

7月18～25日，举办教育部重点对台交流项目“情系两岸·缘聚园林”海峡两岸园林学术论坛及研习营活动，台湾13所院校60名师生以及北林大百余名师生参加了本次研习营活动。

2016年，共有12名本科生参与香港寒暑假国际五百强企业实习项目，赴中国香港地区世界五百强企业进行为期1周的实习活动。

表17　2016年香港寒暑期国际五百强企业实习体验项目参与情况一览表

参与时间	姓名	院系	所学专业	类别
2016年寒假	谢沛	经济管理学院	金融	本科三年级
2016年寒假	肖秋祺	经济管理学院	金融	本科三年级
2016年寒假	贺玉聪	经济管理学院	会计	本科二年级
2016年寒假	刘蕊	经济管理学院	会计	本科一年级
2016年寒假	李晓华	经济管理学院	电子商务	本科三年级
2016年寒假	杨雁秋	经济管理学院	工商管理	本科一年级
2016年暑假	李佳妮	经济管理学院	会计	本科二年级
2016年暑假	李一丁	经济管理学院	会计	本科一年级
2016年暑假	杨子夜	经济管理学院	电子商务	本科二年级
2016年暑假	王颖劼	经济管理学院	林业经济管理	本科一年级
2016年暑假	张子涵	经济管理学院	梁希	本科一年级
2016年暑假	王人立	人文社会科学学院	心理	本科一年级

（陈若漪　孔祥彬）

党建与群团工作

组织工作

【学校领导班子调整】 6月22日，学校召开教师干部大会，宣布学校新一届行政领导班子成员及增补的党委副书记人选，党委书记王洪元主持并发表讲话，连任、转任、新任、卸任的校级领导干部分别发言，学校党委委员、纪委委员、中层干部、教授代表等200余人参加大会。

教育部2016年5月24日研究决定：任命宋维明为北京林业大学校长，骆有庆、王玉杰、张闯、李雄为北京林业大学副校长；免去姜恩来、张启翔、王晓卫的北京林业大学副校长职务。

经与中共北京市委商得一致，教育部党组2016年5月24日研究决定：谢学文同志任中共北京林业大学委员会委员、常委、副书记，张闯同志任中共北京林业大学委员会常委，李雄同志任中共北京林业大学委员会委员、常委；免去姜恩来同志的中共北京林业大学委员会常委、委员职务，张启翔同志的中共北京林业大学委员会常委职务。姜恩来同志任中共中国地质大学(北京)委员会委员、常委、副书记。

【党组织基本情况】 截至12月31日，学校党委下设25个院(系)级单位党委、党总支、直属党支部[以下简称院(系)级单位党组织]，其中党委16个，党总支3个，直属党支部6个。党支部314个，其中学生党支部187个(本科生党支部76个，研究生党支部111个)，在职教职工党支部119个，离退休教职工党支部8个。

【党员队伍基本情况】 截至12月31日，组织关系在校党员共计5293人。①政治面貌：正式党员4402人，占党员总数的83.17%；预备党员891人，占党员总数的16.83%。②性别：女性党员3080人，占党员总数的58.20%。③民族分布：少数民族党员328人，占党员总数的6.20%。④职业情况：在职教职工党员1478人，占全校党员的27.92%。其中管理干部党员512人，教师党员691人，其他专业技术人员党员241人，工人党员34人。学生党员3367人，离退休党员334人，其他人员党员114人。⑤学生党员情况：学生党员3367人，占学生总数的18.32%；其中本科生党员1282人，占本科生总数的9.68%；研究生党员2085人，占研究生总数的40.59%。⑥2016年新发展党员情况：2016年新发展党员886人，其中学生党员875人，教职工党员11人。

【基层党组织建设和党员队伍建设】

“两学一做”学习教育 按照中央、教育部党组和北京市委部署，学校党委制订“两学一做”学习教育实施方案，成立学习教育协调小组，分阶段召开工作推进会、座谈会、交流会，指导院(系)级单位党组织开展“两学一做”学习教育。

学校党委以“两学一做”学习教育为契机，集中整顿薄弱教师党支部，研究确定薄弱教师党支部负面清单，通过自下而上逐级自查、自上而下分类排查，共认定薄弱教师党支部27个。调整教师党支部书记31名，校党委与全体支部书记签订《履职承诺书》。组织80名处级以上党员领导干部结对联系80个教师党支部，重点安排校领导、纪委委员、党委职能部门负责人结对联系27个薄弱党支部。举办教师党支部书记培训班，教师党支部书记和所有薄弱支部支委参加，组织先进党支部与薄弱党支部共建。

组织和指导全体党支部深入开展《合格党支部建设规范》和《合格党员行为规范》大讨论，凝练形成《教师党支部建设规范》《学生党支部建设规范》《教师党员行为规范》《学生党员行为规范》。

9月18日、10月18日，学校党委分别在北京市委教育工委、教育部党组举办的“两学一做”学习教育交流座谈会上介绍了经验做法。中组部中央党的建设领导小组、北京市委学习教育协调小组先后4次来学校调研，了解党支部学习教育推进情况，北京20多个单位来学校交流学习。

筹备学校第十一次党员代表大会 根据学校党委的部署，制定筹备工作方案，成立筹备工作机构，组织部（党校）牵头负责组织组工作。拟定组织组工作方案、党员代表大会代表资格审查方案、党员代表大会代表选举工作方案，统筹协调筹备工作日程。

落实基层党建重点任务 按照市委要求和部署，认真开展党员组织关系集中排查、党费收缴工作专项检查、基层党组织按期换届专项检查、社会组织“两个覆盖”4项基层党建重点任务。

一是开展组织关系集中排查。系统梳理学校5200余名在册党员和12 000余名已转出党员（2007年以来），共排查出“口袋”党员31人，失联党员3人，组织关系暂留学校毕业生党员148人。经多方查找，3名失联党员均已找到，制定失联党员规范管理与组织处置工作意见。

二是开展党费收缴工作专项检查。制定学校《党费收缴工作专项检查实施方案》，编写党费自查通用表格，多次召开专项工作部署会、培训会，明确政策要求，落实工作责任，做好教职工的思想引导，推进相关工作落实。

三是指导基层党组织换届。严格按照《中国共产党普通高等学校基层组织工作条例》的规定，指导后勤服务总公司、林大附小两个直属党支部完成换届。排查到届未换届党组织，形成台账，截至2016年年底，所有到届教工党支部均完成换届工作，3个到届学院党委已启动换届程序。

四是开展社会团体党组织覆盖工作。按照市委要求，协调园林学院、离退休处，落实北京插花艺术研究会的党组织覆盖工作。

党组织书记抓党建工作述职评议考核 根据中组部和北京市委有关文件精神，学校党委组织开展2015年党组织书记述职评议考核。学校党委制定考核实施方案，24个院（系）级单位党组织书记提交党建工作述职报告，9个院（系）级单位党组织书记向学校党委进行现场述职，113个教工党支部书记向院（系）级单位党组织书记述职。

基层党建工作支持保障 向学校党委申请基层党建工作专项经费100万元，在各院（系）级单位党组织建立党建工作专用账号，按照年人均300元落实教师党支部活动和党员教育经费，用以支持基层开展党建工作。

党内评优表彰工作 在建党95周年之际，隆重召开评优表彰大会，授予50个党支部“先进党支部”称号，授予78人“优秀共产党员”称号，授予23人“优秀党务工作者”称号，授予50人“优秀党支部书记”称号，授予11人“荣誉‘特邀党建组织员’”称号。刘广超获“北京市优秀党务工作者”称号。

严格党员发展 制定下发《2016年党员发展数量指导意见》，指导院（系）级单位党组织按照要求做好党员发展工作。全年共发展党员857人，其中管理人员8人，教师3人，学生846人。

党员组织生活 下发学校《2016年党员组织生活指导意见》，不断增强党支部组织生活的政治性、原则性、战斗性。制订《北京林业大学“三会一课”模式创新改革试点方案》，试点开展“三会一课”制度建设、“三会”模式创新、探索案例式党课、论坛式和沙龙式党课、盲评式和约谈式党课等新形式。

搭建党员志愿服务平台 继续开展学生党员“先锋工程”，为学生党支部配备理论学习导师、实施“服务先锋”行动计划，开展“助学零距离”“助理零距离”和“志愿服务树品牌”活动。

（李 扬 邹国辉）

【干部工作】

学校干部队伍基本情况 截至2016年年底，学校校级领导干部9人，处级干部199人（其中正处级干部73人），科级干部210人（其中正科级干部191人）。双肩挑处级干部55人，占处级干部总数的27%。女处级干部61人（其中正处级15人）。党外处级干部13人。处级干部平均年龄46岁，65%具有硕士及以上学位，83%具有副高级以上职称。科级干部平均年龄37岁，95%具有大学本科及以上学历。

配合开展专项巡视 按照教育部党组第二巡视组和教育部选人用人专项检查组要求，党委组织部撰写干部选拔任用专项报告，做好材料报送工作，建立干部选任文书档案20卷。先后提供原始档案材料496份，总结、统计、制度性材料51份。巡视结束后，和党政办一道研究制定整改问题清单22项。

配合做好校领导班子考核及干部选任“一报告两评议”工作 全面总结学校2015年度干部选任工作，形成专题工作报告。严格按照上级要求组织干部、教师代表，对学校选人用人工作和新提任处级干部进行了评议。

正处级干部任期聘任和选拔工作 在学校党委的统一领导和部署下，坚持先定规矩、后议人选，制订教学单位院长（主任）选任和正处级干部轮岗交流实施方案，稳步推进正处级干部任期聘任工作。全年共轮岗正处级干部5名，提任正处级干部3名，卸任正处级干部4名，轮岗副处级干部4名，批复科级干部39名。完成7名处级干部试用期考核测评工作。

多途径向外推荐干部 拓展向外输送干部渠道，推荐1名干部任京郊乡镇副职，选派1名青年干部赴日驻外。积极推荐干部到中央国家机关交流、挂职，推荐1名优秀年轻干部参加全国“两会”组织工作，推荐援藏干部1名，选派2名干部对口支援内蒙古兴安盟科尔沁右翼前旗，分别担任副旗长和村第一书记，推荐3名教师分别前往中国教育国际交流协会秘书处、北京市密云区科委、张家口市园林局挂职锻炼，借调年轻干部6名，选拔2人参加国家教育行政学院中青年培训班脱产学习。

干部日常监督管理 制订《北京林业大学干部选拔任用工作纪实办法》，加强选人用人全程监督。按照中组部、教育部“凡提必核”的要求，按照10%比例要求，对22名干部进行个人事项报告随机抽查核实；对196名干部进行了个人有关事项重点抽查核对。认真做好208名处级领导干部个人有关事项报告、录入工作，形成综合汇总报告。落实好审计联席会议制度，委托审计部门对3名处级干部进行离任经济责任审计。制定《北京林业大学领导干部因私出国（境）审批规程》，完成审批事项89项。

完成年度考核工作 按照党委部署，完成2015年度处级单位及领导干部考核结果评定工作，12个单位和38名处级领导干部被评定为考核“优秀”，召开表彰大会予以表彰。

干部档案专项审核 落实中组部统一部署，对全校处级干部的“三龄两历一身份”（即年龄、工龄、党龄、学历学位、工作经历、干部身份）等信息进行复审和集中认定工作。对存在信息记载不一致情况，进行调查核实工作，补充各类证明材料412份。 （南　珏　邹国辉）

【党校工作】

党校工作顶层设计 制订《北京林业大学党委关于新形势下加强党校工作的实施办法》《北京林业大学干部教育培训规划（2016～2020年）》。校党委书记王洪元在北京高校党校协作组年会上作《加强党的理论教育和党性教育，充分发挥党校在学生党员思想入党方面奠基作用》经验交流。

开展习近平系列重要讲话精神学习 为了学习贯彻全国党校工作会议精神，贯彻落实中央“两学一做”学习教育要求，邀请中央党校宋福范教授作《学习习近平系列讲话》专题辅导，党委中心组成员、学校科级以上干部、教工党支部书记共400余人参加了学习。

基层党建工作队伍培训 举办2期教工党支部书记培训班，111名教工党支部书记接受培训。校党委书记王洪元作开班动员和总结讲话，以《践行“两学一做”学习教育，争做优秀党支部书记》为题作专题辅导报告。教育部思想政治工作司副司长王光彦和北京市委教育工委组织处处长李丽辉分别作《加强和改进高校党建工作必须着力把握的几个重大问题》《北京高校基层党建工作创新与实践》辅导报告。组织部和党校负责人分别作《教师党支部工作方法》《教师党支部考核评估办法解读》专题讲座。培训班还组织开展了模拟组织生活、经验交流和学员论坛。

院（系）级单位党组织书记研讨班 利用暑期举办院（系）级单位党组织书记研讨班，围绕“如何履行院（系）级单位党组织书记抓基层党建的主体责任”“如何加强教师党支部建设”“大学生思想入党成熟度指标体系”“大学生思想入党标准”开展研讨。学校党委书记、副书记、各院（系）级单位党组织书记、副书记以及党务职能部门负责人参加了研讨班。

第一期青年马克思主义培训班 为培养一批"信仰坚定、素质全面、模范表率、堪当重任"的青年马克思主义者，发挥他们的思想引领和行为楷模作用，党校组织实施了青年马克思主义者培养计划，举办第一期青年马克思主义培训班。培训班采取"自荐+推荐"相结合的方式，招募学员54人。选聘校党委书记王洪元、中国人民大学马克思主义学院教授王向明、校党委原副书记刘家骐等10位校内外党建专家、学者和思政课教师担任导师，对学员进行全过程指导。培训班为每位学员发放《大道之行》《画说资本论》等书籍12本和红色影片10部。培训班实施"八个一"培养方案(即1次经典阅读、1次读书分享、1项课题研究、1周1次线上讨论、1次社会实践、1次主题辩论、采访1名共产党员、辅导1名入党积极分子)，历时1年。学员们理论素养大幅提升，政治上更加坚定。

实现党员入党前后教育全覆盖 举办2期发展对象培训班，共培训学员818人，培训班以理想信念教育为重点，以学习党的最新理论成果为主线，将习近平总书记"七一"重要讲话精神、社会主义核心价值观、十八届六中全会精神及时纳入党课内容。培训班还邀请延庆区红色故事宣讲团，为全体学员讲述基层党组织和普通党员立足本职岗位奋斗、奉献、为民的真实故事，引导学员向身边优秀党员学习。

举办4期入党积极分子培训班，开展入党前启蒙教育。以十八大党章学习为重点，先后举办2期党校初级班和2期教工、研究生入党积极分子培训班，共培训学员1676名。为增强培训效果，各学院党校组织开展"青春与责任""党员读书会""追寻红色足迹""红色演播室"等主题教育实践活动。

举办2期预备党员培训班，共培训学员859人。培训班开设《习近平同志系列讲话学习辅导》《讲党性、重品行、做表率》《党员如何加强学习》《党的纪律》等专题党课6场。邀请首都师范大学教授李松林，北京怀柔区委常委、组织部部长迟行刚等党建专家和学者为学员授课。通过红色电影展播、组织"我身边的共产党员"主题征文等活动，帮助预备党员坚定理想信念，加强党性修养和锻炼，进一步从思想上入党。

(李　扬　盛前丽)

【党建课题研究】

深入实施"强化大学生思想入党"北京高校党建难点项目 承担"北京高校党建难点项目支持计划"中的"强化大学生思想入党"项目。在摸底调研阶段，设计下发《大学生思想入党状况》4类调查问卷2880份，召开学院党委书记、支部书记和学生党员各层次座谈会10余场，组织350名学生党员对所在班级学生共1238人进行一对一深度访谈，找准大学生思想入党存在的主要问题及影响因素。在实施推进阶段，针对梳理出的问题，广泛听取意见，充分吸收党建专家建议，制订《北京林业大学"强化大学生思想入党"项目实施方案》；划分14个子项目，明确责任主体和具体任务，全面实施。在中期总结阶段，梳理项目进展情况和阶段性成果，查摆难点问题，研究解决措施；落实中共北京市委教育工委常务副书记张雪来校中期检查时提出的意见要求，聚焦"大学生思想入党内涵""大学生思想入党成熟度评价指标体系"两个重点研究方向。在研究深化阶段，通过查阅史料、深入调研、集体研讨、总结凝练，形成3份研究报告、5项制度成果、9个经验材料、3个工作案例，共20个研究成果。在论证应用阶段，邀请教育部、北京市委教育工委、北京高校等14名党建专家对《大学生思想入党内涵研究》《大学生思想入党成熟度评价指标体系》两项重点研究成果的科学性、可操作性进行专门论证；根据专家意见，进一步修改完善，将制度性成果面向全校试点应用。

试点开展"三会一课"模式创新 制订《北京林业大学"三会一课"模式创新改革试点方案》，重点研究解决"三会一课"制度落实不规范、质量不高、制度不健全等问题。召开工作部署会，安排保护区学院、艺术学院、工学院、水保学院和理学院5个试点学院分别承担"三会一课"制度建设、"三会"模式创新、探索案例式党课、论坛式和沙龙式党课、盲评式和约谈式党课新形式，深入试点学院调研，了解试点单位工作进展情况，推动工作深入开展，为提高组织生活质量探索和积累经验。

研究教师党支部发挥作用机制 根据北京高校党建研究会课题研究的总体安排，申请《高校教师党支部发挥作用机制研究》并获得批准立项和经费支持。根据课题开题和中期检查过程中党建专家的意见建议，通过查阅有关文献、调查问卷和个体访谈等方式，对北京高校教师党支部建设的好做法、好经验进行归纳总结，查找党支部发挥作用存在的不足和制约因素，在此基础上，研究新时期高校教师党支部功能定位，对促进其发挥作用的机制进行思考，提出健全领导工作机制、党支部书记选拔培养机制、参与决策机制、管理监督机制、激励保障机制、创新研究机制6个方面的机制。（李 扬 盛前丽）

【北京林业大学2016年七一表彰名单】

先进党支部(共50个)：林学院森培学科教工党支部、林学院梁希学生党支部、林学院13级林学类学生党支部、林学院研森保学生党支部、水保学院院直与实验室党支部、水保学院土木本科生党支部、水保学院硕水保14－3党支部、水保学院水保本科生党支部、生物学院林木遗传育种学科党支部、生物学院硕植物14党支部、生物学院硕林木遗传育种14党支部、生物学院学四党支部、园林学院旅游美术办公室党支部、园林学院城规研究生党支部、园林学院旅游管理研究生党支部、园林学院园林12班党支部、经管学院人资系教工党支部、经管学院14级第二学生党支部、经管学院13级管理学生党支部、经管学院硕15第二学生党支部、经管学院14级第三学生党支部、工学院院直党支部、工学院学生自动化党支部、工学院研工14科硕党支部、材料学院化工系教工党支部、材料学院包装林化学生党支部、材料学院造纸学生党支部、人文学院教工心理党支部、人文学院本科13级国防生党支部、外语学院公外第二党支部、外语学院硕外14党支部、信息学院教工第五党支部、信息学院学生第八党支部、信息学院学生第七党支部、理学院化学与院直党支部、理学院学生第一党支部、自然保护区学院教工党支部、自然保护区学院本科生党支部、环境学院教工第一党支部、环境学院硕环境14党支部、艺术学院教工党支部、艺术学院硕14级学生党支部、马克思主义学院思政部教工党支部、继续教育学院教工第一党支部、图书馆党总支第二党支部、机关党委组织部党支部、机关党委计划财务处党支部、机关党委教务处教评中心党支部、机关党委研究生院党支部、离退休党委第五党支部。

优秀共产党员(共78人)：丁密金、王强、王云琦、王立平、王君雅、王晓静、王雪梅、王晨阳、边宝林、朱庆、朱强、朱逸民、朱锐敏、刘燕、刘双委、刘金霞、刘诗怡、刘晋浩、刘笑非、刘康桥、刘瑞程、刘蓟生、孙承文、纪媛、李宁、李村、李杰、李芝、李超、李如青、李志茹、李国阳、李彦达、李炯炯、李景文、李筱雅、李慧丽、李慧琳、杨帆、杨志华、何政祥、余韵、辛旭、汪沛、沈佩英、宋先亮、张帆、张颖、张志强、张劲松、张振明、张琬琳、陈钊、陈孟曦、苗少波、范朝阳、周博、赵宝宝、赵相华、赵桂梅、赵博识、赵静萱、郝文乾、祝昊、贺刚、贺玮琦、袁明英、贾天宇、徐海昊、徐昕照、高广磊、高云云、高文漪、黄建首、黄焯恒、梁清春、曾暘、虞萍。

优秀党务工作者(共23人)：于翠霞、马静、王勇、王颖、王艳洁、龙晓凡、卢振雷、李军、李香云、李晓凤、杨丹、张敬、陈杰、周峰、庞有祝、赵聪、赵海燕、倪潇潇、郭小平、崔一梅、甄同爱、蔡飞、管凤仙。

优秀党支部书记(共50人)：上官子健、马花如、王刚、王冲、王静、王瑾、王佳思、王雪莲、王雪梅、邓建华、石文玉、付慧、朱宗武、朱洪磊、延晓康、任忠诚、向晓辉、刘为潍、许馨月、孙刘羊子、苏辉辉、李正红、李伟、李涛、李延森、李春平、杨晓东、吴佳臻、吴建平、沙京、张秀芹、张桐、张凌云、金小娟、周旭、周团团、封莉、赵聪、胡涛、南珏、班宁宁、袁理、徐迎寿、郭梦娇、唐伟国、黄月艳、黄德政、盛前丽、谢京平、谭文卓。

荣誉“特邀党建组织员”(共11人)：于莉莉、王礼先、王选珍、申晓风、刘文蔚、刘家骐、沈秀萍、罗菊春、赵绍鸿、班道明、高孟宁。

【北京林业大学2016年度考核结果为“优秀”的处级单位】（共11个单位，排名不分先后）

教学单位(3个)：园林学院、生物科学与技术学院、环境科学与工程学院。

非教学单位(8个)：党政办公室、党委组织部、发展规划处、基建房产处、科技处、研究生院、招生就业处、林大附小。

【北京林业大学 2016 年度考核结果为“良好”的处级单位】（共 51 个，排名不分先后）

教学单位(13 个)：林学院、水土保持学院、经济管理学院、工学院、材料科学与技术学院、信息学院、人文社会科学学院、外语学院、理学院、自然保护区学院、艺术设计学院、马克思主义学院、体育教学部。

非教学单位(38 个)：党委党校、党委宣传部(新闻办公室)、党委统战部、纪委、监察处、审计处、机关党委、党委保卫部(处)、人事处、计划财务处、总务处、教务处、本科教学质量监控与促进中心、苗圃和树木园管理办公室、实验室与设备管理处、党委研究生工作部、国际交流与合作处、党委学生工作部(处)、团委、校友会(教育基金会)、工会、图书馆、标本馆、离退休工作处、林场、期刊编辑部、高教研究室、中国林业教育学会、校医院、信息中心、国家花卉工程技术研究中心、林木育种国家工程实验室、居委会、继续教育学院、中国水土保持学会、国家林业局自然保护区研究中心、后勤服务总公司、综合服务公司。

【北京林业大学 2016 年度考核结果为“合格”的处级单位】（共 1 个）

国家能源非粮生物质原料研发中心。

【北京林业大学 2016 年度考核结果为“优秀”的处级干部】（共 34 名，按姓氏笔画排序）

教学单位处级干部(14 名)：王艳洁、龙晓凡、任元彪、刘燕、关立新、孙德智、张敬、张德强、林金星、庞有祝、房薇、闻亚、徐基良、韩秋波。

非教学单位处级干部(20 名)：丁立建、王立平、田海平、刘宏文、刘金霞、孙丰军、李亚军、邹国辉、张力、张勇(党政办)、张志强、张海燕、孟祥刚、高慧贤、黄薇、崔惠淑、盛前丽、董金宝、覃艳茜、廖爱军。

（李　扬　邹国辉）

宣传新闻

【概　况】 党委宣传部、新闻办公室负责北京林业大学思想政治教育和新闻宣传工作，下设思想政治教育科、网络宣传教育办公室、北林报编辑部、新媒体编辑部、广播台、电视制作组等部门。现有工作人员 14 人，其中部长 1 人，副部长 3 人(其中，1 人在内蒙古兴安盟科右前旗挂职)。

2016 年，党委宣传部、新闻办以习近平总书记系列重要讲话精神为指引，深入学习贯彻党的十八届五中、六中全会精神，贯彻落实“两学一做”学习教育的要求，紧紧围绕把学校建设成为“双一流”大学的目标，以社会主义核心价值观为引领，着力强化思想引领，继续推进创新发展，围绕中心，服务大局，为学校改革发展和人才培养营造良好的舆论环境，提供强有力的思想保证，构建健康、向上、和谐的舆论氛围、文化氛围、理论氛围、校园氛围。

全力做好“两学一做”学习教育宣传，制订《“两学一做”学习教育宣传工作方案》，开通学习教育网站，校园媒体通过开设专题、专栏、专版进行宣传报道。

及时学习习近平总书记系列重要讲话精神，组织开展社会主义核心价值观、意识形态、问责条例、十八届六中全会和林业发展形势的专题报告。以分党委书记专题研讨会带动二级中心组的学习，相关成果获北京高校党建和思想政治工作优秀成果奖。

组织制订《中共北京林业大学委员会意识形态工作责任制实施细则》。启动意识形态研判与追责专项工作，制订《意识形态研判与追责工作实施方案》。

组织青年教师参加北京高校青年教师社会调研成果的申报和评选，获一等奖 5 个、二等奖 9 个。

（王燕俊　廖爱军）

【思想教育】

师生理想信念教育 编印《北京林业大学2016年“七一”表彰先进集体优秀个人事迹材料》。开展五四青年节系列活动，深入开展社会主义核心价值观宣传教育；开展庆祝建党95周年系列活动，广泛宣传党史等相关知识；开展“七一”主题微作品征集展示活动，引导广大党员干部牢记党的宗旨、增强党性意识；开展“向李保国同志学习，做新时期好党员好教师”为主题系列活动，结合教师节进一步挖掘我校教师先进事迹，营造尊师重道校园氛围，加大对优秀典型的宣传力度，引导广大党员教师做“四讲四有”合格共产党员、“四有”好教师和李保国式的优秀党员、教师；开展以纪念红军长征胜利80周年为主题的爱国主义教育和革命传统教育，引导广大青年重温伟大的长征精神。

意识形态工作组织 制订《中共北京林业大学委员会意识形态工作责任制实施细则》，细分校党委、二级党委和24个主要职能部门的责任，并对13个需要追究责任的情形进行了详细规定。开展意识形态工作责任制落实情况自查和专项检查工作。全校二级学院、24个有关部门均完成了意识形态工作责任制的自查工作。组织专项督查工作，对重点部门和学院进行了督查。启动意识形态研判与追责专项工作，制订《意识形态研判与追责工作实施方案》，针对学生、教师、思政课教师等群体制定了专项方案。定期对学校近期意识形态工作进行研判。

青年教师思想政治工作 召开青年教师社会实践交流座谈会，总结学校青年教师优秀调研成果工作，并对相关工作进行部署。开展2016年青年教师社会调研成果评选和立项工作，引导广大青年教师深入首都基层一线开展社会调研，形成高质量调研成果。8个学院43个社会实践项目进行立项，最终提交调研成果19个，经校内专家评审后，推荐15个调研成果参加北京市委教育工委的评选，获一等奖5个、二等奖9个。（沈 静 廖爱军）

【理论学习】 2016年，不断提高校党委中心组外请报告的级别和质量，先后邀请了中央统战部巡视员、政策理论研究室副主任姚植传，全国人大代表、北京工业大学教授侯义斌，中共中央宣传部副部长王世明，北京日报社党组书记、社长傅华，中纪委宣传部副部长杨小平，教育部教育发展研究中心主任、国家教育咨询委员会秘书长张力，国家林业局局长张建龙等来校作统战专题、全国“两会”专题、社会主义核心价值观专题、意识形态专题、党风廉政专题、十八届六中全会专题和林业发展形势专题辅导报告。召开4次分党委书记专题研讨会，专题学习习近平总书记“2·19”讲话精神，研讨意识形态工作责任制、宣传思想工作、意识形态工作等内容，推动二级中心组学习。

加强哲学社科教学科研骨干教师和青年骨干教师理论培训工作，组织学员参加北京市哲学社科教学科研骨干研修班，20名青年教师参加5期北京高校青年骨干教师理论培训班。

（沈 静 廖爱军）

【网络宣传教育】 切实加强网络平台管理，强化校园网络安全意识。严格把好网络安全的重要关口，与信息中心、党政办和科技处等部门协调，加强学校主页相关栏目的内容审核力度，增加内容审定发布环节，重点加强对哲学社会科学类报告会、研讨会、讲座等内容上网的审核。针对网络特点，重点加强对重要时段的网络舆情监控工作。在日常监控工作中，建立工作台账，密切关注网上动向。为进一步加强校园媒体管理，要求校园媒体切实履行好官方微信的职能，在网上正确发声。召开意识形态工作研判会，对各种活动的网上宣传形式和内容进行严格要求，避免庸俗、低俗、媚俗化倾向和追求噱头、怪诞，杜绝亵渎历史、经典、英雄人物等情况，严控明显商业化行为。

加强舆情信息监控和正面引导，推进舆情分级处置。持续加强对微博、微信等新媒体平台的舆情监控，搜集师生关注的热点问题，及时发现和规范处理各种倾向性、苗头性问题，全年编辑发布《网络舆情简报》电子版23期，编辑报送党政办《每周快报》舆情37期。研究制订《北京林业大学舆情处置工作预案》，建立健全舆情处置工作制度。与相关部门紧密配合，及时处置涉校舆情事件。按照上级有关部门的统一部署，全年共组织参与重点时段或教育热点话题的舆论引导工作100余人次。分别向有关部门上报《网络工作周报》3 期、《师生思想动态简报》4 期，向北京市教工委上报《师生思想动态报告》2 期。

（朱天磊　廖爱军）

【新闻宣传】

校级重要新闻宣传　充分利用绿色新闻网、《北林报》、官方微信、官方微博等宣传阵地，积极做好学校重要活动报道和舆论引导。绿色新闻网发布 4436 条消息，学习党的十八届六中全会精神、“两学一做”学习教育、建立迎接学校第十一次党代会等专题栏目 21 个。《北林报》出版 27 期。官方微博发起 26 个主题话题，987 条信息。官方微信推出 330 个主题内容。各媒体完成了教育部部长陈宝生来校调研、部长进校园活动、李保国先进事迹报告会、学校工作会等活动报道任务。对“两学一做”学习教育、学习贯彻十八届六中全会精神、全国高校思政会精神等重要主题进行了必要的广度和深度宣传。

宣传优秀师生事迹　改变作风文风，严把质量关的同时，为了让新闻报道更贴近师生，运用新媒体讲好北林故事。绿色新闻网开设了 13 个师生相关的专题报道，官方微信推出“北林故事”“科技”等主题节目，《北林报》开设了“班主任风采”“身边榜样”等专栏，全方位加大师生新闻比例、事迹内容和展示度。6 个国家级教学中心、5 个重点实验室、60 项科技成果、近 20 个优秀教师团队、优秀学生班集体、创新实验室等以及数千名师生作品、活动在各项报道中得到充分展现。

积极打造高水平媒体平台进一步收紧新闻审核，制定了新媒体联盟章程、二级单位新闻发布审核规定、学校主要党政负责人新闻报道规定等。加强内部管理，新媒体队伍召开主题例会 27 次，《北林报》召开编前会 27 次。提高新闻质量，深入一线，采写要闻占全校总量 11%。精心策划外宣选题，北林报面向全校开展了“两学一做”知识竞赛活动，共2040 余名教师党员、学生党员参与答题。新媒体联合党委研工部、学工部分别组织了“最美北林春之韵摄影大赛”“最美北林之秋”等活动比赛，得到数百名师生参与，收到了作品近千幅。“我眼中的北林”征文活动、“@北林”等校庆活动，在校内外引起数百万的关注点赞，官方微博仅校庆话题阅读量超过 248.8 万次。新闻网的要闻条数比 2015 年同期增长 140%。官方微信图文页阅读人数总计 337 653人次，全年总浏览量与同期提高了 40%。

新闻宣传队伍培训　积极培养教师通讯员、学生记者尊重新闻传播规律，提高业务素养，组织召开全校全体通讯员工作、全校新媒体队伍工作会各 2 次，及时将学校的新闻宣传精神与重点传达给教师新闻队伍，组织开展“提升学校新媒体平台在高校学生工作中的影响力”学术研讨会，邀请兄弟高校同事介绍先进经验。组织开展“社交阅读时代的内容运营”“新媒体时代的新闻报道”主题培训，邀请知名社会媒体人走进校园分享媒体运行优秀案例。为教师通讯员队伍、学生记者团骨干集中开主题培训，包括“新闻写作注意事项”“用创作的思维运营新媒体”。在条件允许的情况下，组织通讯员队伍聆听中心组报告，提高理论素养。建立 QQ、微信工作群，加强对新闻队伍的指导与沟通，及时发现问题，及时处理。发布全年媒体监测数据，协调二级单位媒体运行团队把好内容和质量关。

构建全媒体新格局　成立北京林业大学新媒体联盟，建立首届校园新媒体理事会，新媒体建设推向新的阶段。《北林报》实现了手机版阅读，打破宣传壁垒。绿色新闻网开发探索新技术模式，传统媒体与新媒体积极共享资源，互通协作，聚力发展，推进形成“三位一体”的立体化宣传格局。新闻网“‘两学一做’学习教育”栏目受到全国高校校园网站联盟、中国大学生在线的表彰。官方微信“相约一场秋”进入首都精彩文章排行前十名。在教育官微联盟、首都教育新媒体联盟中的排行和活跃度明显提升。加盟中国大学生在线成立北林校园网络通讯站，加大学校各方面工作及其成果在校外媒体的报道力度。官方微博在教育类微博排名前 40 名，引起新闻媒体、师生校友和社会各界关注。

对外报道　积极争取社会媒体对学校的支持和帮助，建立长效合作机制。及时报道学校的重大新闻、党建思政成果、教学科研成果、最新动态、学术观点，重点宣传学校优秀青年教师、专业领域专家、学校重大科研成果、生态文明建设成果。在主流媒体上发布新闻 476 条，在知名媒体上的报道数量有所增加。

（高大为　廖爱军）

【大学文化】

弘扬中华优秀传统文化 紧密围绕“爱国情·强国志·报国行——礼敬中华优秀传统文化”的活动主题召开了专题研讨会，在全校范围广泛开展具有北林特色的“礼敬中华优秀传统文化”系列活动，紧密围绕弘扬爱国主义精神这条主线，突出学校特色和学科优势，结合“两学一做”学习教育、纪念建党95周年主题和校园文化建设实践，通过课堂讲授、社会实践、校园文化建设等方面广泛开展相关活动。

校园橱窗的文化展示 紧密结合学校中心工作，突出办学理念，体现办学特色，展示40多个专题280多张海报，及时宣传展示学校多项主题活动，充分反映了教学科研、管理建设等方面的信息和成绩，全面呈现了学校多姿多彩的校园文化生活和广大师生积极向上的精神面貌。

营造良好的校园文化环境 把握主旋律，认真审批校园活动的横幅、张贴海报和相关学生活动的内容，维护重大节庆校园环境的布置，全面营造具有学校特色、健康向上的校园文化活动氛围。

网络文化建设与管理 制订《北京林业大学网络文化建设方案》，牵头举办网络文化活动月主题教育活动。与有关部门协作，多种形式开展党风廉政宣传教育活动，努力推进校园廉政文化建设，在网络媒体上积极营造廉政文化建设氛围。以“12·4”国家宪法日为契机，在网上和新媒体平台积极普及宪法知识，大力弘扬社会主义法治精神。 （王燕俊 廖爱军）

【“两学一做”学习教育宣传】 制订《“两学一做”学习教育宣传工作方案》，明确宣传工作的目标和任务。开通“学党章党规、学系列讲话，做合格党员”学习教育网站，重点报道中央、教育部和北京市的相关要求，以及学校贯彻落实“两学一做”学习教育的消息，全年共发布427篇新闻。校园各媒体通过开设专题、专栏、专版，对学校“两学一做”学习教育开展情况进行宣传报道，为学习教育活动的顺利开展营造良好的舆论氛围。《北林报》面向全校开展了“两学一做”知识竞赛活动，共2300多名师生参与答题；官方微信、微博绿色北林同步发布了“两学一做”专题18个。 （沈 静 廖爱军）

纪检监察工作

【概 况】 2016年，校纪委、监察处在中央纪委驻教育部纪检组、北京市教育纪工委和学校党委领导下，深入学习贯彻党的十八大及历次中央全会、习近平总书记系列重要讲话精神和中央纪委历次全会精神，紧密结合学校实际，聚焦监督执纪问责主责主业，贯彻“转职能、转方式、转作风”工作要求，落实党风廉政建设监督责任，把纪律和规矩挺在前面，从严从实推进作风建设，加强惩治和预防腐败制度体系建设，营造风清气正的校园环境，为学校各项事业健康发展提供坚强保证。

（雷韶华 周伯玲 杨宏伟）

【贯彻落实党风廉政建设责任制】 召开党风廉政建设重点工作协调会。2月26日，校纪委、监察处组织全校处级单位负责人召开北京林业大学2016年党风廉政建设重点工作协调会，校党委副书记、纪委书记陈天全部署学校2016年党风廉政建设重点工作。会议要求各单位结合工作实际，制订本单位2016年党风廉政建设单项工作计划。全校62个处级单位向校纪委、监察处提交2016年党风廉政建设工作计划。

协助学校党委起草《中共北京林业大学委员会2016年党风廉政建设重点工作及任务分工》。经校纪委全委会讨论通过后，征求重点工作牵头单位负责人、校领导意见，根据意见建议进行修改和补充，经党委常委会讨论同意印发至校内各单位，包括8个方面25项工作，每项工作均明确牵头单位、协办单位、完成时间、责任领导。

协助学校党委组织召开北京林业大学2016年党风廉政建设工作会议。6月22日，学校党委召开“北京林业大学2016年党风廉政建设工作会议”，全校党委委员、纪委委员，副处级以上干部，各学院学科负责人、教工党支部书记，机关科级干部，各单位财务工作人员共计200余人参加会议。会议深入贯彻落实党中央关于全面从严治党的部署要求，总结、部署学校加强党风廉政建设的工作成效和举措。会议由校长宋维明主持，党委书记王洪元发表讲话，对党员干部提出五点要求。校党委副书记、纪委书记陈天全代表学校党委和纪委作工作报告，总结2015年学校党委履行党风廉政建设主体责任和纪委履行党风廉政建设监督责任的情况，部署2016年党风廉政建设工作任务。会议下发学习材料，要求全校各二级中心组、教工党支部在暑假前召开一次党风廉政建设专题学习讨论会。

协助学校党委组织开展学校各单位党风廉政建设责任制自查并对后勤服务总公司进行检查。12月，学校印发《关于开展2016年度落实党风廉政建设责任制情况检查工作的通知》，将全校各单位划分为各职能部门、各学院及其他单位两类，要求分别对照各自不同的重点工作内容，开展落实党风廉政建设责任制情况自查工作，并撰写自查工作报告。

（雷韶华　周伯玲　杨宏伟）

【参与制订《中共北京林业大学委员会关于落实党风廉政建设党委主体责任、纪委监督责任的实施办法》】 校纪委、监察处贯彻落实教育部、北京市关于落实党风廉政建设主体责任、监督责任的要求，在学校党委的领导下，参与制订《中共北京林业大学委员会关于落实党风廉政建设党委主体责任、纪委监督责任的实施办法》（以下简称《实施办法》），完成其中“纪委监督责任”部分。《实施办法》是学校党委、纪委落实党要管党、从严治党，深入推进党风廉政建设和反腐败斗争的顶层设计文件，清晰、明确地界定了党委、纪委在党风廉政建设和反腐败斗争中应承担的责任。学校各单位还将根据《实施办法》制定具体可行的实施细则。

（雷韶华　周伯玲　杨宏伟）

【拟定整改参考清单】 为落实中央第八巡视组反馈意见，3月，学校党委决定在全校范围内开展整改工作。根据学校党委分工，校纪委、监察处根据中央第八巡视组反馈意见和教育部党组巡视组对部分高校的巡视反馈意见，协助党委列举《职能部门可能存在的问题参考清单》，为学校职能部处提供参考，以便职能部处比照党的六大纪律，梳理本单位存在的类似问题和其他突出问题，形成本单位的问题清单。6月，学校党委发文，列举254项整改问题清单，要求全校各单位明确责任人员、整改时限和整改措施，认真扎实开展整改工作。

（雷韶华　周伯玲　杨宏伟）

【纪委书记向中纪委驻教育部纪检组汇报工作】

根据中纪委驻教育部纪检组的工作安排，11月22日，校党委副书记、纪委书记陈天全向中纪委驻教育部纪检组汇报学校党委、纪委十八大以来落实全面从严治党主体责任、监督责任工作，提交《中共北京林业大学纪律检查委员会履行全面从严治党监督责任工作报告》和《落实管党治党“两个责任”统计表》等相关统计数据。

（雷韶华　周伯玲　杨宏伟）

【重点专项督察】

本科生特殊类型招生监察　组织工作人员先后赴南京、长沙、沈阳、郑州、青岛、佛山等地，对艺术设计专业招生考试进行现场监察，对北京考场、阅卷现场进行巡视；对舞蹈、声乐、西洋乐和民乐等高水平艺术团以及高水平运动员招生考试现场进行监察并参与巡视；参加自主招生等招生领导小组会议，推进招生“阳光工程”制度化。

研究生招生监察　先后参与2016年硕士、博士研究生招生入学考试笔试、复试等各环节的招生监察工作，并对考试全程以及试题发放全程监控录像按要求回看，实现全程监督。

职称评审重点环节监督　按照《关于开展2016年度专业技术职务评审工作的通知》要求，纪检监察部门对学校及各学院（部）的专家评议会议过程进行监督，受理评审过程中和评审结果公示期间的来信来访。2016年，纪检监察工作人员共计参与学校和各学院（部）评审会议近30场次，为职称评审工作做到公开、公正、透明起到积极的促进作用。

监督招标工作　认真落实学校招标管理规定，重点对基建工程、修缮工程、仪器设备采购、图书采购等各类招标进行监督。2016年共计参与招标23次，累计金额近2400万元。纪检监察部门改进、完善监督方法，对校内重要招标项目进行全程录像。

“小金库”专项治理和秋季教育收费自查自纠工作 3月和10月，分别根据中纪委驻教育部纪检组和教育部财务司《关于进一步严肃财经纪律，深入开展“小金库”专项治理工作的通知》、北京市治理教育乱收费局际联席会议办公室《关于开展2016年秋季教育收费检查工作的通知》，在全校范围内开展“小金库”专项治理和秋季教育收费自查自纠工作，并撰写工作报告上报相关上级部门。

督查国有资产专项整改工作 3月，学校党委根据教育部国有资产专项检查反馈意见，开展国有资产专项整改工作，责成监察处对国有资产专项整改工作进行督查。监察处出台督查工作通知，制定督查工作方案，与北林科技召开多次沟通协调会，与深圳北林苑召开多次督查工作推进会并形成备忘录，聘请会计师事务所对深圳北林苑开展专项审计，与北林科技一道赴深圳召开北林苑员工大会，配合北林科技对深圳北林苑有关人员进行调整，学校利益受到保护。 （雷韶华 周伯玲 杨宏伟）

【信访查办和纪律审查】 2016年，纪检监察部门自收和接到上级部门移送反映问题线索共计53件，办结32件，在办21件(包括教育部党组第二巡视组移送问题线索)。信访办理过程中，纪检监察部门强化问题线索管理，按照拟立案、初核、谈话函询、暂存、了结五类标准分类处置，定期清理、规范管理。发现领导干部苗头性问题及时了解核实，采取提醒谈话、诫勉谈话等方式，提醒和教育干部。强化对党风政风的执纪监督，严明政治纪律、组织纪律、廉洁纪律、群众纪律、工作纪律和生活纪律，强化党员干部组织意识和纪律观念。综合运用监督执纪“四种形态”和批评教育、组织处理、纪律处分等手段开展监督执纪，严肃对违规违纪行为的问责处理，让纪律和规矩立起来、严起来，成为不可触碰的高压线。

纪检监察部门根据调查了解到的情况，及时提醒，抓早抓小，对2人进行诫勉谈话，对1个二级单位党组织发出纪律检查建议书。对于违反党纪的党员干部，进行立案调查。全年共立案2件，结案2件，给予3名党员干部党纪处分。严格执行“一案两报告”制度，撰写案件调查报告和案件剖析报告。将受到党纪处分党员的简要案情和处置情况在全校通报，告诫全校党员引以为戒，警钟长鸣。

对2013～2016年接收到的问题线索情况进行细致梳理，完成《北京林业大学关于2013～2016年招生录取工作中问题线索及案件查处情况自查工作的报告》，其中，共有2件涉及招生录取工作。

每月20日前上报《落实中央八项规定精神情况月报表》。每月22日前上报《纪检监察机关反映问题线索处置情况登记表》和《纪检监察机关反映问题线索处置情况统计表》。

（雷韶华 周伯玲 杨宏伟）

【配合教育部党组第二巡视组开展工作】 教育部党组第二巡视组自10月17日至11月25日对学校进行为期40天的巡视。校纪委、监察处从讲政治、讲大局、讲党性、讲纪律、讲原则的高度，认真遵守巡视工作有关规定，全力配合巡视组做好有关工作。在校党委的领导下，对巡视组移送的违反中央八项规定精神问题线索，按照即知即改、立查立改的要求进行查办，并在全校范围内进行通报，开展警示教育。对巡视组移送的其他问题线索，有序进行排查和查办，确保巡视组移送的问题事事有回音、件件有落实，为学校全面推进综合改革提供坚强保障。

（雷韶华 周伯玲 杨宏伟）

【参与学校第十一次党代会筹备工作】 按照学校党委的部署和安排，校纪委、监察处参与学校第十一次党代会筹备工作，起草撰写纪委工作报告，并参与党委工作报告的起草工作。为撰写好工作报告，校纪委、监察处与其他单位一道，到兄弟高校广泛开展调研，学习先进经验；参加校内座谈会，听取老院士、老领导、老教授的意见和建议。 （雷韶华 周伯玲 杨宏伟）

【纪检监察干部队伍自身建设】 1月19日，召开校纪委十届十一次全会，学习贯彻十八届中央纪委六次全会精神，部署2016年重点工作，进一步聚焦监督执纪问责的主责主业。1月20日，召开全校24个分党委、党总支、直属党支部基层纪检委员会议，学习《第十八届中央纪律检查委员会第六次全体会议公报》《中国共产党党章》中关于党的纪律及纪委工作的内容以及《中共北京林业大学纪律检查委员会工作条例》有关内容，加强基层队伍建设，构建覆盖全校的大监督工作格局。校纪委将《中国共产党问责条例》《关于新形势下党内政治生活的若干准则》《中国共产党党内监督条例》等党内法律法规的电子版发给校纪委委员和二级党组织纪检委员，供大家学习。

校纪委书记、副书记分别为全校预备党员和多个学院的入党积极分子讲党课，宣讲党的纪律，宣讲2015年新发布的《中国共产党纪律处分条例》。

作为学校强化党内监督、加强纪律建设的专责部门，纪检监察部门结合“两学一做”学习教育，组织纪检监察干部认真学习《中国共产党章程》《中国共产党廉洁自律准则》《中国共产党纪律处分条例》《中国共产党问责条例》《关于新形势下党内政治生活的若干准则》《中国共产党党内监督条例》等党内法律法规，开展合格党支部建设规范、合格党员标准大讨论。根据学校党委部署和安排，纪检监察部门每个处级干部联系一个教工党支部，深入调研，了解情况，增强共识，促进共建。

纪检监察干部积极参加“全国教育系统纪委书记、监察处长培训班”“全国教育系统纪检干部专题培训班”“北京市教育系统纪检监察业务培训班”等各类学习培训活动，拓展视野，提升能力。

7月和11月，部属高校和省部共建高校纪委第六片组分别在海口和兰州召开党风廉政建设专题研讨会议，校纪委、监察处分别完成并提交《落实“全面从严治党向基层延伸”要求，推进党风廉政建设“两个责任”向高校基层延伸》和《高校运用“第一种形态”的难点浅析和对策初探》两篇理论研讨文章。

（雷韶华　周伯玲　杨宏伟）

统战工作

【概　况】 2016年，党委统战部认真贯彻中央、教育部和北京市统战工作会议精神，在校党委领导下，强化“四个意识”，团结统战人士学习贯彻中共十八大精神，自觉把思想认识统一到党中央大政方针和工作部署上，把行动落实到教书育人具体实践中。统战部注重发挥牵头作用，加强平台、人才、信息、资源整合，找准工作着力点，突出北林特色，搭建党外人士教育培训、参政议政、作用发挥平台，支持侨联、女教协开展活动。全年举办2个高规格、高层次论坛，实现北林大政协委员10人创历史新高，代表人士校外兼职的数量、层次进一步提升，统战领域获得各类集体和个人奖励40余项。

（仲艳维　张　勇）

【民主党派工作】 加强政治领导，根据学校党委部署，做好党派区级、市级领导班子人选培养、考察等工作。3位教授分别当选3个民主党派海淀区委委员，其中，1人被选举为农工党海淀区委副主委，1人担任民盟海淀区委高教专委会主任，1人担任九三学社区委组织部副部长，民主党派成员党派任职层次进一步提升。九三学社支社连续多年被各级九三学社组织评为先进集体、组织工作、宣传工作先进支社，7名民盟盟员、3位农工党党员、9位九三学社社员分别获得党派中央、市委、区委表彰。

（仲艳维　张　勇）

配合海淀区委统战部、民主党派市委做好党派换届区委委员候选人考察等工作。北林3位民主党派成员分别当选党派区委委员：环境学院张盼月教授当选农工党海淀区第四届委员会委员，副主任委员，实现北林大农工党党员进入区委领导班子零的突破；林学院聂立水教授被选举为民盟海淀区第五届委员会委员。北林大侨联获2016年北京市侨联文化节最佳组织奖；张盼月获农工民主的北京市年度优秀党员、海淀区年度优秀党员，参政议政先进个人，信息工作先进个人，优秀提案人，政协北京市海淀区委员会“我为十三五献一策”优秀建议奖；梁英梅、陶嘉玮获农工民主党北京市年度优秀党员；鲍卫东、聂立水、武三安、张岩、张继晓获民盟海淀区委优秀盟员。（仲艳维　张　勇）

2016 年，与九三学社市委共同举办“九三学社林业发展论坛”，是学校民主党派组织活动史上规格最高、影响力最大、参与人数最多的一次活动，受到九三市委高度好评；与农大、地大九三支社共同举办“教育与创新创业论坛”，同园林学院、北林大女教授协会共同举办首届校园菊展。（仲艳维　张　勇）

【党外代表人士】 积极推荐党外代表人士参与挂职锻炼。根据北京市党外人士挂职锻炼项目要求，在听取所在单位党组织、民主党派基层组织负责人意见基础上，结合项目需求和本人专业特长，向市委统战部推荐3位同志作为专家参与相关领域咨询工作。支持张明祥教授作为挂职干部，参与北京市园林局国家公园建设项目有关工作。邀请党外代表人士参与校级行政领导班子换届及校级后备干部民主推荐、考察谈话等重要工作、重要会议，为其参与学校民主管理提供平台。支持代表人士开展专题调研、参政议政和校方合作，及时了解代表人士参政议政、人大代表建议和政协委员提案情况。鼓励党外专家积极参与抚顺市、蓬莱市人才引进项目，积极服务地方发展。进一步拓宽选人用人视野，注重在不同学科中选拔培养党外代表人士，完善现有党外代表人士资料库，加强培养、引导，推荐1名教授参加北京市第九期无党派人士培训班。组织力量采访、撰写党外代表人士专访，搜集充实党外代表人士介绍素材，加大对代表人士的宣传。（仲艳维　张　勇）

【民族宗教工作】 落实民族宗教工作会议精神及工作政策。组织召开北林大民族宗教工作领导小组会议，深入贯彻中央民族工作会议、全国民族教育工作会议、中央宗教工作会议精神，形成多部门共同关心、服务少数民族师生工作氛围，将联席会议固化为工作制度。

支持学工部面向二级单位党组织负责人及相关工作人员，举办民族宗教专项工作培训班。支持指导北林大林学院党委，实施少数民族学生“青松”计划，为少数民族学生量身定制“成才方案”。举办古尔邦节庆祝活动，首次邀请北林大少数民族教师、专家与少数民族同学共同过节，用老师们亲身成长经历激励、鼓励青年学生成长，受到学生欢迎。推荐3名少数民族教师参评高校少数民族代表。（仲艳维　张　勇）

【港澳台侨工作】 2 月，推荐孙筱祥老师填报《第二届北京市华侨华人“京华奖”》，3 月，林震老师牵头申报获批 2016 年北京市侨联理论研究和调查研究课题《北京市推进海绵城市建设调查研究》。4 月 29 日，举行北京林业大学第三届侨联换届大会，组成新一届领导班子，林震担任第三届侨联主席，金笙担任副主席，秘书长由陈亦平担任。5 月 18 日，林震、苏新琴、陈亦平赴门头沟水务局商讨进一步合作事宜。6 月 30 日，为纪念建党 95 周年，林震为门头沟水务局、门头沟区水利学会做“两学一做”教育活动专题党课。9 月 23 日，林震、陈亦平陪同统战部领导看望住院的陈有民先生。苏新琴名誉主席协助家属做好陈老师的晚年养老事宜。10 月 13 日，林震、郭建斌作为海淀区侨联专家委员会成员参加“2016 侨界创新发展论坛”。

（仲艳维　张　勇）

【女教授协会工作】 10 月，召开 2016 年度第二次理事会。届时女教授协会与植物生物学女科学家分会共同举办“植物世界尽芳菲，相约北林赏菊时——植物生物学女科学家校园行北京林业大学站”系列活动。16 位中国植物生物学领域优秀的女性科学家(包括中国科学院及美国科学院院士 3 人、长江学者及杰出青年获得者 5 人、九三学社社员 4 人)被聘为北林大“青年学生成长导师”，为学校师生进行了 8 场前沿学术报告会、4 场成长感悟分享及面对面交流活动；北林大女教授协会与园林学院共同举办首届校园菊展，展出精品菊花 30 个花型，300 多个品种，2600 余件盆花展品和插花盆景作品，设置了包括菊花知识、历史和文化、菊花与生活等内容板块，获得校内外媒体广泛关注。

（仲艳维　张　勇）

机关党建

【概　况】 北京林业大学机关党委负责机关党的思想建设、组织建设、作风建设、精神文明建设和机关工会工作。截至12月31日，机关共有处级领导干部95人，党支部31个，党员326人。9月30日，人事处发文，机关党委设在组织部。机关党委现有工作人员3人。

【思想教育】

理论学习 机关党委布置党支部开展理论学习活动，学习全国“两会”、习近平总书记系列讲话、党风廉政、“两学一做”、学校工作会议等文件，配发相关学习资料。组织党员深入基层开展社会实践活动，部分党支部开展了外出考察、调研等特色活动。

党风廉政建设工作 学校召开2016年党风廉政建设工作会议后，机关党委立即下发通知，要求机关各党支部及时召开专题组织生活会，学习贯彻中央精神和学校有关要求。主要做了以下四个方面的工作：一是认真贯彻落实中央八项规定，改进工作作风，密切联系群众，厉行勤俭节约，遵守廉洁从政的各项要求；二是认真贯彻落实党风廉政建设责任制，开展党风廉政专题教育，提高反腐倡廉自觉性，坚决抵制各种不正之风；三是认真贯彻落实意识形态工作责任制，强化看齐意识和担当意识，确保意识形态工作主体责任落地生根；四是认真对照巡视反馈意见，针对本单位问题清单，研究制订整改方案，稳步推进整改落实，按期完成整改任务。

组织党员外出参观学习 10月28日，组织党员参观“纪念红军长征胜利80周年”主题展。

【组织建设】

参加党支部书记培训 机关31位支部书记先后参加学校组织的两期教工党支部书记培训班，提高了支部书记业务能力和工作水平。

签订党支部书记履职承诺书 9月9日，机关党委与党支部书记签订《履职承诺书》，明确支部书记岗位职责，为考核评价支部书记提供依据。

开展党支部书记述职评议考核 4月26日，召开党支部及述职测评会，8位党支部书记进行了述职测评，促进支部书记相互交流工作，借鉴成功经验。

开展合格党支部建设规范和合格党员行为规范大讨论。

加强支部干部队伍建设，及时配齐配强党支部干部 机关党委对所辖党支部统一进行换届选举，5月6日下发《关于做好机关党支部换届选举工作的通知》，6月全部完成换届，配齐配强党支部书记，机关党委新当选的31个党支部书记中，有11位是部门负责人、16人为部门副职。

指导党支部组织生活 注重加强对党支部组织生活的指导。每月下发当月组织生活建议内容，指导各党支部有针对性地开展组织生活。对支部组织生活质量进行督促检查，要求各党支部结合本单位工作实际开展形式多样的实践活动，丰富组织生活内容。

加强对党支部组织生活开展情况的检查。对机关31个党支部的《党支部工作手册》全部进行检查，分别提出检查意见并反馈给各支部，鼓励各支部探索提高组织生活质量的方法和途径。

加强党支部工作信息交流。充分利用短信、邮箱、网站和QQ群四大信息平台，及时通报上级党组织指示精神，编发反映机关党委和支部工作情况的简报，2016年共编发《机关党委简报》35期，促进支部之间的沟通交流，推进机关党建的健康发展。

“七一”评优表彰 6月29日，机关党委召开表彰大会，7人被评为优秀共产党员4人被评为优秀党务工作者，1人被评为北京市优秀党务工作者，4个单位被评为先进党支部，4人被评为优秀党支部书记，3人被评为优秀共产党员，4个单位被评为先进党支部，3人被评为优秀党支部书记。

按照组织部的部署完成党员核查工作和党费核算补交工作。

组织建设基础性工作 做好处级干部年终考核、党员领导干部民主生活会。做好党员信息库维护、组织关系接转、党费收缴、党内统计报表等工作。

【作风建设】

成立机构制订方案 制订《机关党委关于在机关党员中开展“两学一做”学习教育实施方案》。

指导党支部学习教育活动 每个机关党委委员联系3~4个支部，在“两学一做”学习教育活动的组织、内容、形式、效果上予以精准指导。

精心设计学习教育活动规定动作 在积极倡导“一支部、一特色、一品牌”组织生活理念的同时，还时刻关注国内时政大事、校党委指示精神，及时调整支部学习活动内容和组织生活形式，有针对性地指导支部“两学一做”学习教育活动。

加强学习教育活动宣传 不断加强“两学一做”学习教育的宣传报道力度，积极开展正面引导作用。

【海淀区人大代表选举工作】

2016年海淀区开展了第十六届人大代表换届选举工作，学院路街道选举分会决定以学校为主体组成第十二选区。5月6日，经校党委研究决定，选区选举办公室设在机关党委，机关党委书记担任选举办公室主任。5月10日开始选民的信息采集和录入工作。历经选民登记、选民信息录入和上传，推荐提名和确定候选人，投票选举等4个阶段，11月15日，进行投票选举。全选区共设7个选举站，登记选民19 576人，其中有18 701人参加了投票选举，占选民总数的95.5%。郭素娟教授、副校长张闯当选为海淀区人大代表，选举工作圆满成功。

【机关工会工作】

文体活动 机关工会先后组织开展了系列文体活动：组织机关教职工到教学实习林场进行登山健身活动；举行迎新年大型游艺会；组织参加学校教工球类比赛，组织参加校学教工运动会，报名参加了所有项目比赛。

评优表彰工作 “三八”评优表彰人员：3人被评为校级红旗标兵，2人被评为校级红旗奖章，4人被评为校级红旗手，7人被评为机关工会二级表彰“三八”红旗手，3人被评为校级先进工作者，3人被评为机关先进工作者。

送关爱保健康 发放“三八”妇女节纪念品，协助校工会做好教工体检、困难补助申请、教职工保险、从教30年表彰等工作。 （林雁双）

学生工作

【概　况】 学校学生工作部(处)是学校党委领导下的本科生教育、管理和服务机构，武装部与学生工作部(处)合署办公。学生工作部(处)下设学生管理科、思想教育科、学生资助管理中心、学生公寓管理办公室和心理发展与咨询中心，在职教工13人。

2016年，党委学生工作部(处)深入学习贯彻党的十八大、十八届三中、四中、五中、六中全会精神和习近平总书记治国理政新理念新思想新战略，深刻领会全国高校思想政治工作会议精神，坚持遵循“铸魂强基”的工作思路，扎实开展“两学一做”学习教育，立足学生工作实际，顺利完成全年工作目标。重点在推进学生工作体制改革，加强队伍自身管理建设和提升学生管理服务质量方面取得了实效。

（沙　京　刘广超）

【获奖情况】 2016年，学生工作部(处)多次获得校级以上集体和个人奖励。集体奖励方面，园林13－3班获得2016年北京高校班集体最高荣誉“十佳示范班集体”，这是学校班级连续六年获得此项殊荣；“北京林业大学阳光优材工程探索与创新”获评2014~2015年北京高校党的建设和思想政治工作优秀成果三等奖；校资助中心获评2016年高校学生资助诚信教育主题活动优秀单位，两个项目获评特色案例；学生工作部(处)获评校级安全稳定工作“先进单位”荣誉称号。个人荣誉方面，学校1人获评第八届全国高校辅导员年度人物提名奖，1人获2016年度全国高校辅导员工作优秀论文评选活动二等奖，1人获第五届全国高校辅导员职业能力大赛北京赛区一等奖、华北赛区二等奖和2015～2016年度北京高校“十佳辅导员”荣誉称号，7人获评2015～2016年度北京高校优秀德育工作者，3人获评2015～2016年度北京市优秀辅导员。

（沙　京　倪潇潇）

【思想政治教育】 2016年，北林结合建党95周年、纪念红军长征胜利80周年等重大政治活动，组织各级学生收看系列庆祝活动盛况。契合党的十八届六中全会等重大政治会议事件，开展大学生思想政治状况滚动调查，及时掌握当前青年学生的思想行为特点。组织学生代表赴北京大学百周年礼堂观看史诗话剧《雨花台》。2016年，学校派出辅导员参加省部级培训78人次，组织校内辅导员专业化培训34次。

开展思想政治教育理论研究。全年共设立校级思政课题18个，其中重点课题2个，一般课题5个，支持课题11个。共获批2017年市级课题9个，其中一般课题2个，支持课题5个，辅导员专项课题2个。学校设立15万元专项经费，重点建设校级“辅导员工作室”10个、“辅导员工作室”培育项目5个、“辅导员工作精品项目”6个，推动辅导员职业化专业化发展。

（沙　京　倪潇潇）

【国防教育、征兵、军训工作】

国防教育 2016年，武装部结合国防生工作，开展爱国主义宣传教育和国防知识普及，完成2015级本科学生军训工作和夏季大学生征兵工作。

军训工作 5月2～14日，学校3212名2015级学生完成以“重走长征路·青春再出发”为主题军训。成立学生军训团临时党支部举行了观看长征系列电影活动，重温长征精神；在国防大学第四军训教研室配合下完成2015级学生军事理论课教学工作；与保卫处合作开展消防安全培训和演练；开展急救常识和火灾逃生安全教育培训课程。

征兵工作 6月1日至9月30日，结合夏季征兵，开展爱国主义宣传教育活动。20人通过体检政审合格，经上级征兵部门批准男生19人，女生1人光荣入伍。

（夏芸枫　温跃戈）

【心理素质教育与心理危机预防干预】

设施建设和制度建设 心理发展与咨询中心借鉴周边高校经验，结合自身特点，进一步完善规范《心理发展与咨询中心管理规范》《心理咨询记录规范》《北京林业大学心理咨询师工作规范与工作程序》《北京林业大学实习咨询师管理方案》。严格把关咨询师业务能力，落实咨询业务的过程管理与质量管理。实施“一月一查”制度，每月定期检查咨询师个案记录情况。“一人一档”，确保每一位同学的咨询情况及咨询效果的反馈及时整理记录，妥善保存。保障学生与心理发展与咨询中心利益，提供科学、专业、符合伦理的咨询服务。修订《心理辅导员手册》中关于心理危机干预的章节，细化危机发现线索，规范心理危机的处置措施。

心理健康普及宣传教育 心理咨询中心共接待本、硕、博新生5000余人参观心理咨询室，向家长发放3000多本《大学生心理健康家长手册》；通过宣传手册、海报、微信平台等形式普及心理健康知识，发放宣传手册6000余份，微信平台关注人数2800余人，平均每篇推送点击量200余人次。

开展《大学生心理与生活》《大学生幸福课》心理健康普及课程，举办以“读懂你我，共享青春年华”为主题“5·25大学生心理健康节”，共收到33部心理情景剧、28部心理微电影、96篇班级心理委员实践活动报告、64幅心理公益海报设计作品。其中，多项创作作品及参赛团队在北京市“5·25大学生心理健康节”系列活动中获得奖项，在“大学生欢乐嘉年华暨心理趣味运动会”上获得一等奖和三等奖，在“传递‘爱’，分享‘爱’心理绘本设计大赛”中获得一等奖和三等奖，在心理情景剧展演中获得二等奖，在心理知识竞赛(专业组)获得三等奖和优秀个人。

全年心理健康讲座——“心海大讲堂”邀请校内外的心理学专家和学者来校讲座6场，“成长训练营”开展了包括压力管理、自我管理、人际交往等在内的14场团体辅导活动，由专职教师贾坤开展十一期的“静心沙龙”等活动，全年开展新生班级团辅、班级心理素质拓展共200余场。

心理危机预防与干预 9月，对本校本硕博新生共4758人进行了新生心理测评。2016年首次使用手机移动端作为测评载体，采用大学生人格问卷(UPI)作为测评工具，邀请598人参与新生适应性访谈。全年心理预约咨询745人，接受咨询服务2654人次。相较于2015年心理预约505人，心理咨询1769人次有了大幅增长，心理发展与咨询中心走访学院，与学院心理辅导老师研讨关注方式和内容。发展"T"字形危机干预工作体系，确保学生生命安全。

心理健康教育工作队伍建设 招募有经验的成熟咨询师与合同制专职人员，确保咨询师拥有合格的咨询资质和业务能力。吸纳具有咨询资质的学校辅导员、心理系研究生加入到咨询队伍中，助力学校心理工作的开展。咨询中心新招聘兼职咨询师1名，合同制专职人员3名，辞退工作考核不合格的咨询师1名。组建素质拓展教练团队，围绕班级凝聚力和人际关系等主题，开展素质拓展55场，近1500人次参加。"意林团体心理辅导团队"面向全校开展各种主题的团体心理辅导。 (李东艳 倪潇潇)

【学生日常管理】

学风建设 召开学风建设座谈会，征求学风建设实施意见，完成《北京林业大学学风建设改进意见(讨论稿)》；下发《关于开展考风考纪宣传教育活动的通知》和《关于做好考风考纪宣传教育和监考工作的通知》，加强考风考纪宣传；大一新生中开展考风考纪宣传教育活动主题班会，下发学习材料及签订诚信考试承诺书；联合教务处、关心下一代工作委员会、理学院、外语学院举办基础课培训班，对学习基础相对薄弱的学生进行培训。组织学风督导小组深入课堂，督查结果及时反馈学院；开展廉洁文化教育，倡导毕业生文明离校，以图片展览、签名横幅、口号征集、征文活动为宣传载体，营造廉洁诚信的校园氛围。

班级建设 2016年"十佳班集体"树立20个优秀班集体典型，指导全校468个班级开展班级文化、制度和凝聚力建设。

迎新工作 9月，完成2016级迎新工作。发放《北京林业大学学生学习生活指南》《班主任工作手册》和《班级工作手册》，修订《学生管理规定2016版》，组织新生填写《新生情况基本信息表》，结合历年数据，编写《2016年北京林业大学学生基本情况调查报告》。

入学教育 实施《北京林业大学2016年本科生入学教育工作方案》，开展新生引航工程，上好大学新生入校第一课。

评奖评优 2016年，评选并表彰优良学风班72个、优秀班主任92人以及包括"优秀辅导员""三好学生"和"优秀学生干部"在内的36项荣誉，共奖励6717人次。评选宣传181名北京地区高等学校优秀毕业生。

违纪处分 2016年，处理各类违纪学生137人次，解除纪律处分学生66人。

服务工作 为学生办理公交IC卡3315张，补办902张；为2016级2407名新生办理平安保险，完成大学生平安保险理赔34人次，赔偿金额11万元。 (夏芸枫 温跃戈)

【学生工作队伍建设】 2016年，学校学生工作队伍共111人，其中辅导员75人，在编47人，保研辅导员28人。严把队伍发展入口关，全年招聘辅导员5人、保研辅导员19人，获评副教授职称辅导员5人。加强心理咨询师队伍建设，聘任兼职心理咨询师1人，实习咨询师8人。2016年，北林1人获评第八届全国高校辅导员年度人物提名奖，1人获2016年度全国高校辅导员工作优秀论文评选活动二等奖，1人获第五届全国高校辅导员职业能力大赛北京赛区一等奖、华北赛区二等奖和2016年度北京高校"十佳辅导员"荣誉称号，7人获评2016~2016年度北京高校优秀德育工作者，3人获评2016年度北京市优秀辅导员。加强辅导员培养培训，联合党校举办"辅导员理想信念教育专题研修班"，组织28名辅导员赴革命圣地井冈山实践学习。开展纪念红军长征胜利80周年活动，邀请红军后代讲师团到校，为辅导员、班主任作报告。2016年，学校派出辅导员参加省部级培训78人次，组织校内辅导员专业化培训34次。加强班主任队伍建设，举办新上岗班主任培训班，举办北京林业大学第三届"十佳班主任"评选活动，选树出工学院陈洪波等一批优秀班主任代表。

(沙 京 倪潇潇)

【资助工作】

发放工作 2016年，评选出国家奖学金获得者128人，发放国家奖学金102.4万元；评选出国家励志奖学金获得者394人，发放国家励志奖学金197万元；国家助学金受助者2701人，发放国家助学金920.4万元；社会各界设立奖学金32项，1082人次获得奖金总额231.164万元；社会各界设立助学金15项，747人次获得助学金总额122.692万元。为149名新申请贷款学生办理国家助学贷款316.575万元，为386名贷款学生发放贷款280.075万元，生源地助学贷款983人，发放贷款金额704.2万元。勤工助学岗位发放资助金272.44281万元。发放特殊困难补助2项，金额11.5万元，生活物价补贴2项，金额1119.4545万元，学费和助学贷款代偿40人，代偿金额60.24万元。

家庭经济困难学生培养 2月，举办寒假不返乡家庭经济困难学生座谈会和春节、藏历新年不返乡学生团拜会；4月，举办黄奕聪奖学金座谈会，在鹫峰林场举办了“阳光优材”工程春季素质拓展；6月，举办毕业生资助政策说明会；7月，组织开展了以“重温延安革命史、传承延安精神”为主题的“阳光优材”工程暑期社会实践；9月，央视财经频道《经济半小时》报道我校绿色通道工作；10月，带领“阳光优材”工程学员参观长征胜利80周年展览，举办爱心成就未来发放仪式；11月，举办“阳光优材”工程总结交流会和表彰 & 结业仪式；12月，举办高雅音乐进校园——民乐专场演奏会，举办黄奕聪奖学金座谈会。

国家助学贷款工作 6月，为2016年毕业生办理校园地国家助学贷款还款确认和展期面签，共有124名毕业生进入还款期；11月，为1518人办理了国家助学贷款(含校园地和生源地)新申请和续放。

信息化 推出新版“北林迎新网”，在2016年迎新工作中，北林网络迎新工作由北林迎新网、入学注册系统、“林范er生活”微信公众号、网络虚拟班集体和二维码报到系统组成，提高了工作效率，起到了很好的宣传、教育效果。北林网络迎新工作被《中国教育报》《北京考试报》和《中国科学报》报道。

“绿色通道” 学校通过北林迎新网和“林范er生活”微信公众号，在网络迎新期间推出资助政策专题，利用新生拿到录取通知书到入学的“空窗期”，细致的讲解国家资助政策、申请方式；组织志愿者对家庭经济困难新生进行电话访问，详细介绍国家的资助政策，了解家庭经济困难新生的实际困难和需求，细致描述电信诈骗的常见形式和防诈骗知识；报到当天，学校组织阳光社团的家庭经济困难学生志愿者在绿色通道设置了8个环节，涵盖了家庭经济困难认定、校园地国家助学贷款申请、生源地信用助学贷款办理、勤工助学申请等所有涉及新生的资助业务。让家庭经济困难新生所有最关心的问题可以在报到当天“一站式”解决，帮助新生“卸载”心理负担，轻装上阵拥抱大学新生活。

献血工作 11月，举办“伸出你的臂膀，共同托起生命的希望”献血活动，共有154名学生捐献了230个单位的全血。（李斌 焦科）

【学生公寓管理与服务】

公寓住宿管理与服务 完成全校3294名16级本科新生与1656名研究生新生住宿任务。暑假期间，对学8号楼全部宿舍、学7号楼部分宿舍共计612套学生公寓高架床、1421把学生椅进行更新，并对7号楼20~22层共计81间宿舍进行窗帘更新。学校通过政采渠道统一出资为西区9栋学生楼购买并安装2285台空调，为西区学生公寓更新配备124部吹风机。2016年在信息中心等部门的大力配合下，全年陆续完成学1、2、4、5、6、8、9、11、12号楼共计9栋学生楼信息识别门禁系统的安装设置。公寓办配合总务处对学生楼东区高层12部电梯进行拆除和更换，6部新安装电梯投入使用。在“119世界消防日”期间，学10号楼、学11号楼分别举行2016年学生公寓消防逃生疏散演习，参演师生人数达1500人次。11月末，联合保卫处组织15个学院的学生代表参加反恐防暴知识讲座及现场教学培训，掌握反恐防暴知识。专门设立了意见反馈电子邮箱并在公寓楼内予以公示宣传，鼓励学生通过网络平台及时对物业服务工作提出意见与建议，设立以来收到意见反馈电子邮件24封，反馈电话15次，均已处理解决。

公寓思政工作与文化活动 公寓办为3294名本科住宿学生发放学生公寓生活指南，在学生公寓宣传栏和学生宿舍楼下张贴宣传海报，通过更新学生退宿申请表和增设床位变更申请表，进一步规范学生公寓床位管理和变更程序，组织各物业公司建立了学生物业周反馈制度，组织各学院开展学生公寓微社区创建活动。第十五届学生公寓文化节期间，开展了五星宿舍评比活动，10间优秀宿舍获得校级五星宿舍光荣称号。

全年高度重视党员宿舍管理，为了更加深入贯彻“两学一做”专题教育，3月，对全校721间党员宿舍进行挂牌，并将党员宿舍安全卫生情况定期反馈学院、支部，严格规范党员学生在宿舍内的表现。在为期6周的微社区创建时间里，各院通过粘贴床贴，实现了北林学生宿舍床位实名制；各学院派出专门力量对安全隐患突出、脏乱差“钉子户”宿舍进行了深入辅导和整改，活动期间全校31名公寓辅导员走访宿舍126次，走访频率最高的辅导员平均每周人均走访4次。组织了2016年学生公寓工作先进集体评选交流活动，14个学院参与答辩评选会，并在会上就学院公寓管理的成功经验与做法进行了总结分享，其中10个优秀学院分获一、二、三等奖及优秀奖。（王　巍　焦　科）

安全保卫

【概　况】 党委保卫部(处)是贯彻落实学校党委、行政安全稳定工作任务的职能部门，下设综合管理科、消防安全科、治安交通科、保卫保密科，现有人员14人，其中，干部12人、职工2人。保卫部(处)的主要工作内容是维护学校政治稳定、防火安全、综合治理、交通安全、应急处置、安全教育、科技创安、反邪教工作、国家安全、户籍管理工作。

2016年，保卫部(处)在学校党委、行政的领导下，深化“平安校园”创建工作；做好值班工作，保证校园政治稳定；加强安防、消防工程建设，提高综合防控能力；加强消防、交通、治安、综合管理、户籍管理等工作；通过多种形式，对学生进行安全教育培训；加强调查研究，提高工作针对性和创新性。

学校获首都国家安全工作先进单位、北京市交通安全先进单位等荣誉称号，3人分别获得市级、区级先进个人荣誉称号。

【综合治理工作】 学校综合治理工作坚持“打防并举、标本兼治、重在治本”的工作方针，落实各项工作，营造安全有序的校园秩序，与全校15个学院分别签订2016年度安全稳定责任书。

消防安全　2016年，与各学院签订了消防安全责任书14份，突出加强了对重点要害部位的监督检查力度，签发了隐患整改记录单51份，排查火险隐患86处，现场督促清理堵塞和占用消防通道及安全出口现象32处。

治安防范　2016年，治安交通科破获各类违法犯罪案件8起8人(刑事拘留2人，治安拘留1人，保卫处处理5人)；其中抓获多次盗窃学生笔记本和手机钱包2起，盗窃自行车1起，学生内部盗窃2起，猥亵性骚扰1起；扑救大小火灾以及铲除火患25起；发现排除各类不安全隐患324起。

交通管理　在“两会”“五一”、国庆前，对全校车辆进行统一检测，对所有驾驶员进行了安全教育，并逐人签订安全责任书；对大车司机进行重点教育，严格按条件选派，督促司机严格遵守交通法规；严格长途用车审批制度，对假期外出车辆实行严格检测，各项指标均完全达标，杜绝重大交通事故；加大机动车管理力度，严格巡查制度，及时纠正机动车乱停乱放行为，杜绝车辆的违章行为，纠正机动车违章420多辆；清除破旧自行车800余辆，清理码放堵塞消防通道以及违规非机动车5000余辆；对快餐车辆进行统计登记，对手续合格的车辆和人员共135人发放车证，允许进出校园，其余车辆和人员禁止进入校园；快递车不得入校，阻止快递车辆进入校园154次；办理机动车通行证，协助处理校园受损车辆的保险赔付等工作。

外来人口管理　及时督促各二级单位做好外来人口管理工作，做到外来人员暂住证办理率100%，及时进行网上比对，做好暂住证更换居住卡、证工作。

户籍管理　完成2016级1891名学生身份证照片和指纹采集工作，完成3153名毕业生的户口迁移工作和2454名新生的落户工作及2016级学生身份证发放工作。

【安全教育工作】 首次开展"互联网 + 大学生安全教育前置"工作，入学前，共有2963名大一新生登录平台进行注册，完成安全教育学习和测试的新生占全部新生90%以上。向全校所有的新生、班主任、辅导员免费发放《大学生安全教育》一书，以指导学院进行安全知识方面的学习。2016年，联合八家消防中队举办了1次高层公寓逃生疏散演习；开展了4次反恐防暴讲座与演习，新生军训时，邀请北京市公安局海淀分局、海淀交通支队、八家消防中队对全部新生进行安全教育；举办了国家安全日宣传教育，119消防安全宣传周等活动，组织开展"全国交通安全宣传日"主题活动，利用"平安校园"宣传橱窗全年共发布1710余条安全提示和公益海报。

【科技创安工作】 深入推进平安校园管理服务平台建设，实现了视频监控与消防联动、视频监控与智能交通联动、视频监控与出入口控制联动，以及突发事件的实时监控、快速报警、快速追踪、快速处置。2016年，完成学生公寓1、2、4、5、6号楼烟感清洗；全校14 000多具灭火器材的更换和检修；对学研中心进行了全面隐患排查，发现15大项117个问题隐患，并利用暑假进行了全面整改。对实验楼部分消防设备设施进行了更新改造。

【应急工作】 保卫部(处)制定重大敏感日校园维稳工作方案，实施24小时值班，加大校园巡逻力度，落实重点人管控措施，对重点要害部位进行死看死守，坚决保障校园安全，特别是在"两会""3·14""6·4""7·5"、国庆、元旦等敏感时段的维稳工作中，保卫处按照上级部门的有关要求，统一安排、周密部署，确保校园政治稳定。

【安全稳定工作评比】 依据《北京林业大学2016年安全检查评比方案》，从2016年起，学校组织对7个职能部门和14个学院进行检查评比。通过评比，对表现突出的5个单位和23名先进个人予以表彰和奖励，对发生重大责任事故的单位实施"一票否决"。

【活动安保】 2016年，完成了"绿桥"、就业双选会、运动会等大型活动及艺术生考试、英语四六级考试等活动的安保工作。

【高教保卫学会工作】 作为北京高教学会保卫学研究会的理事长单位，学校保卫处承担学会日常工作，面向首都高校110个会员单位服务。目前，学校保卫处仍承担学会培训部工作，继续为高校保卫事业服务。 (杨　程　王　勇)

离退休工作

【概　况】 北京林业大学离退休工作处(以下简称"离退休工作处")是学校离退休人员综合管理和服务机构，负责落实国家和学校有关离退休人员政策，执行有关离退休人员政治待遇和生活待遇规定，充分发挥离退休人员作用。离退休工作处现有工作人员8人，党支部9个，其中在职党支部1个，离休党支部1个，退休党支部7个，共有离退休党员309人，在职党员6人。截至12月31日，北林大共有离退休人员821人，其中离休人员28人，退休人员793人。2016年新增退休人员33人，去世离休人员2人，去世退休人员15人。

离退休工作处设有老年活动组11个，分别是唱歌组、舞蹈组、交谊舞组、棋牌组、乒乓球组、太极组、手工组、书画组、模特组、门球组和钓鱼组，经常参加组织活动的离退休人员300余人。有北京林业大学关心下一代工作委员会、北京林业大学老教授协会、北京林业大学老科技工作者协会和《流金岁月》编委会挂靠在离退休工作处。

2016年，走访、慰问老同志174人次，发放慰问金5.17万元(含慰问品)；离退休特困经费补助离退休人员30人次，发放困难补助费9.7万元。举办形势报告会、情况通报会、理论学习辅导报告等6场报告会，共406人次参加；组织外出参观和健康休养1次，330人次参加。

【党建工作】

思想政治教育工作 “两学一做”学习教育扎实有序开展。制订实施方案、开展“两学一做”知识问卷答题、集中排查整顿所辖支部；及时传达上级精神，做好党费收缴专项检查；参加学校“两学一做”学习教育督导座谈会和推进会。“两学一做”学习教育全面铺开，党员牢固树立四个“意识”，身份意识进一步增强。党员深入了解理论学习重点。邀请赵绍鸿教授与全体党员共同学习习近平“七一”重要讲话精神；邀请校党委副书记全海与离退休骨干共同学习十八届六中全会精神，学习《准则》和《条例》；向党员发放理论学习资料9种1000余册，并为各支部订阅2017年《北京支部生活——北京老干部》杂志；组织退休局级干部参加北京市局级退休干部读书班，进一步学习《意见》精神。形势报告和情况通报统一离退休同志思想。召开3次情况通报会，校党委副书记全海、基建处负责人、离退休处负责人分别就十八届六中全会精神和学校发展改革情况、学校在建工程和物业、供暖物业改革、学校新学期工作会精神和离退休同志工资调整情况等事项面向离退休同志进行通报。多种形式的活动提高离退休同志参与学习的积极性。组织党员赴首都博物馆参观文化展览，组织观看主旋律电影；开展《北京林业大学退休教职工生活现状与养老需求》调查，了解老同志的生活、思想情况；制定“七一”慰问老党员和困难党员制度，走访慰问34名离退休党员和困难党员。宣传工作到位，使各层面全面了解学校离退休工作。安装新的宣传橱窗和显示屏，制作张贴宣传展板11版；网站全新改版，满足老同志学习、交流、服务等各方面需求；全年通过网站发布离退休工作动态40余条，向上级部门上报信息100余次；编印《林苑红霞》简报两期。

党支部战斗堡垒作用和党员先锋模范作用充分发挥 党支部工作进一步规范。分别制定《党员组织生活记录册》《离退休工作处党委委员联系支部制度》，记录党员参加活动情况，掌握党员思想动态；起草《离退休工作处党委党支部工作制度》，促进支部工作的规范化。离退休骨干理论水平进一步提高。制定2016年分党委重点工作任务分解表发放给分党委委员和党支部书记用于指导全年工作；召开分党委委员会和扩大会议9次，广泛调研、听取意见，研讨各阶段重点工作，布置相关工作任务；组织骨干力量参加《意见》、十八届六中全会、习近平系列重要讲话和国家“十三五”规划讲座等学习培训等。支部战斗堡垒和党员先锋模范作用充分发挥。第五党支部被评为校级“先进党支部”；沈佩英、朱逸民被评为校级“优秀共产党员”；石文玉被评为校级“优秀党支部书记”；王颖被评为校级“优秀党务工作者”。刘家骐等11名老师被授予“荣誉特邀党建组织员”称号。离退休党委表彰吴定新等7名同志为离退休党委“优秀共产党员”；各支部坚持开展党内关怀、传递温暖活动，累计看望生病、高龄党员35人次，送慰问品3509元；各支部组织党员积极开展主题党日活动，特别是第六党支部，开展“重温入党誓词，永葆革命青春”活动，并将活动情况制作成光盘，上报北京市教工委并参加优秀主题党日活动光盘的评选。

【服务管理工作】

举办各种活动，丰富老年生活 举办离退休人员第二十五届老年乐运动会。组织200多名80岁以下的退休人员赴廊坊九天仙谷春游。组织近700名老同志进行健康体检。组织离退休骨干等100余人参观唐山世界园艺博览会，组织大家到平谷金海湖开展健步走活动。举办离退休人员2017年新年联欢会。承办中国老教授协会文艺汇演。各活动小组正常开展各项日常活动。门球场地顺利投入使用。书画组5幅作品参加中国老教授协会庆祝建党95周年、长征胜利80周年纪念活动。交谊舞组舞蹈《五洲同庆》参加北京市教工庆祝建党95周年、长征胜利80周年教育系统老同志西北片文艺汇演。

“敬老月”系列活动 10月为47名80周岁老人进行集体祝寿并表彰10名“健康之星”和6名“长寿老人”。分别组织老同志手工作品展和书画作品展，组织老同志开展乒乓球比赛、麻将比赛、卡拉OK展示欣赏会等活动。走访慰问独居老人、空巢老人和住在养老院的老同志18

人次。

日常工作 2016 年走访慰问离退休同志 164 人次，全年发放纪念品 2000 余份，协助处理后事 17 人次。做好年终慰问和大病帮困送温暖工作，慰问老干部和离休干部 29 人 16 000 元，慰问病困离退休同志 55 人 11 万元。成立离退休处国有资产清查领导小组，完成国有资产清查工作，制订《北京林业大学离退休工作处国有资产管理办法》。制定《北京林业大学离退休人员帮扶慰问制度》。完成 700 多名退休人员社保信息采集工作；完成 300 多名离退休人员物业费供暖费信息核对工作，协助学校完成学院路第十二选区海淀区人大代表选举的相关工作。

【老有所为工作】 关工委继续发挥培育和弘扬社会主义核心价值观的重要作用，支持青年学生思想道德建设，服务青年教师和教学科研。《大学一年级学生学习状况的调查》《北京市大学生"村官"职业发展研究》分别被北京教育系统关工委评为北京市优秀调研成果二等奖和三等奖；村官工作组获得学校村官工作特殊贡献奖。各工作组的工作有序开展，均取得较好成效。老教授协会在国家、行业和京津冀生态环境建设中各学科组充分发挥专业优势，建言献策。全年上报专家建议 30 余项。学校承办中国老教授协会林业专业委员会换届大会，学校老教授协会理事顺利完成换届改选，在中国老教授协会 30 周年总结大会上，学校老教授协会被评为先进集体，老科技工作者协会获北京市老科学技术工作者总会先进集体。第十八期《流金岁月》刊印完成，发表稿件 39 篇。 （曹怀香　孟京坤）

工会和教代会工作

【概　况】 北京林业大学教职工代表大会建立于 1989 年 3 月 17 日。始终围绕三项职权八项权利开展各项工作。截至 2016 年 12 月，已召开 7 届教代会，教代会执委会为教代会常设机构，二级教代会组织机构健全，建有二级教代会 23 个（除机关为 2 个代表组）；已召开十五届工代会，工会现有在编会员 2009 名（非在编人员 131 名），二级部门工会 24 个，工会小组 146 个。校工会现有专职干部 8 人。

【重要会议】 1 月 18 日，女职工委员会召开了 2016 年第一次工作会。1 月 21 日，召开了北林大 2015 年职工小家建设表彰大会，对获奖的 12 个模范职工小家和 13 位优秀工会主席进行了表彰。3 月 3 日，"两委"（扩大）第四次会议，总结 2015 年度工作，讨论确定 2016 年度工作计划、经费预决算方案、"双代会"年度会议主题和议程；研究修改贯彻中央党的群团工作会议精神的具体措施。3 月 28 日，党委常委会专题研究工会工作。4 月 7 日，"两委"（扩大）第五次会议，确定"双代会"第二次会议议程和工会财务管理工作。6 月 7 日，"两委"（扩大）第六次会议，通过上半年工作总结和下半年工作计划，落实中央党的群团工作的具体措施。9 月 14 日，"两委"（扩大）第七次会议，布置下半年工作。10 月 26 日，"两委"（扩大）第八次会议，讨论预算调整方案、内控制度建设、二级教代会考核。11 月 9 日，召开了市级以上模范职工小家工作研讨会，会上，对中共北京市委教育工委、北京市教委、北京市教育工会《关于新时期高等高校工会深入开展建设职工之家工作的意见》和校工会下发的《关于进一步加强职工小家规范化建设的意见》等文件进行了解读。11 月 18 日，召开了 2016 年度二级教代会交流、研讨、考核工作会议，20 个二级教代会主任围绕二级教代会考核 5 项指标、8 个要素、23 项建设内容进行了综合汇报。

【第七届教代会暨第十五届工代会】 4 月 15 日，召开第七届教代会暨第十五届工代会第二次会议，191 名代表参加会议。会议的主题是，"团结动员广大教职工为实现'十三五'规划良好开局贡献智慧和力量"。会议听取审议了校长工作报告、工会、教代会工作报告，讨论通过了学校"十三五"事业发展规划报告。讨论审议了学校财务工作报告（书面），教代会提案工作报告（书面），工会财务工作报告（书面），工会经费审查工作报告（书面），学校福利费使用情况报告（书面）。讨论通过《北京林业大学教职工爱心互助金章程》和《北京林业大学二级教代会工作细则》。第七届教代会、第十五届工代会第二次会议征集提案41件，立案13件，提案办理满意率85%。

【制度建设与提案工作】 制定了《北京林业大学二级教代会考核评估标准和程序》《北京林业大学工会主席（副主席）、教代会执委会主任（副主任）联系二级工会、教代会制度》《北京林业大学工会采购管理办法》《北京林业大学教职工福利费、女职工特殊关怀费、教职工生日专项费、教职工退休慰问费的使用办法与管理规定》《北京林业大学"教代会优秀提案""教代会提案征集先进单位"和"提案承办先进单位"的评选办法》《北京林业大学教职工文体社团（俱乐部）管理暂行规定》。5月19日，教代会提案工作委员会召开提案工作会议，对"双代会"期间征集到的41份提案进行讨论、研究，确定正式立案13件，其他28件确定为建议和意见。11月8日，教代会提案工作委员会召开第二次会议，对提案办理答复情况进行研究。12月9日，学校党政办、校工会联合召开了教代会提案办理落实反馈会，涉及提案的职能部处负责人介绍了各自负责提案工作的办理过程和办理情况，并就提案人提出的具体问题，作了解释和说明。

【教职工职业技能培训】 8月29～30日，工学院副教授康峰代表北京高校参加了第三届全国高校青年教师教学竞赛，荣获工科组一等奖。11月，后勤总公司餐饮人员116人参加技能培训。12月，校内348名青年教师参加第十二届教学基本功比赛。4月22日，师生运动会开幕式上开展了教职工消防演练。

【师德师风与信念教育】 3月8日，召开庆祝"三八"国际劳动妇女节暨表彰大会，对北京市"三八"红旗奖章获得者和评选出的10名学校"三八"红旗标兵、10名"三八"红旗奖章获得者、26名"三八"红旗手进行了表彰。4月29日，召开庆祝"五一"国际劳动节暨表彰大会，会议表彰了"首都劳动奖章"获得者1人，"优秀教师"21人，"先进工作者"18人，以及12个2015年度优秀处级单位，9月8日，由党委副书记全海主持召开主题为"甘守三尺讲台，做'四有'老师"座谈会，校党委副书记全海，校工会主席方国良、老教师代表、模范教师代表、从事教师工作满三十年教职工代表、中青年骨干教师代表、新入职教师代表、部分职能部处负责人等近80人参加座谈，同时举行了新入职教师宣誓活动。6月29日，举办"尊重知识，体面劳动，做一名优秀的教育工作者"专题报告会，邀请2015年"北京市先进工作者"获得者林金星教授和2016年"北京市三八红旗奖章"获得者许凤教授作报告，党委副书记全海出席了报告会。7月16日，"弘扬延安精神，坚定理想信念"培训班在延安大学泽东干部学院开班，学校青年教师36人参加了培训班学习。

【文化体育活动】 3月7日，举行庆"三八"健康万步行活动，全校近600余名女教职工参加了此次活动，党委书记王洪元、副书记全海参加了活动。3月30日，31名教工在奥林匹克森林公园参加了市总工会举办的"健步121，绿色好生活2016年首都职工春季健步走（朝阳站）"活动。3月31日，为期10天的第九届"北林科技"杯教工男子篮球联赛在体育场圆满落幕，共15个队参赛，北林科技队获第一名、机关一队获第二名、园林学院获第三名、水保学院获第四名、信息学院获第五名、工学院获第六名。4月11日至5月6日，第六届"经管院杯"排球联赛在体育场圆满落幕，男、女代表队23支参赛，工学院队获男子组冠军、机关获女子组冠军；男子组、女子组亚军由园林学院、材料学院获得；生物学院和图书馆联队、机关队分别获男子组第三名、第四名；外语学院、经管学院分别获女子组第三名、第四名。4月22～23日，2016春季师生运动会在体育场举行，开幕式上300名女教职工进行了健身球操表演。6月15日，15名教职工在鹫峰国家森林公园参加了由北京市教育工会主办，北京林业大学承办的"魅力教师，健康生活"教职工健步走活动，校党委副书记全海出席了启动仪式。10月21日，举办了庆祝北林大建校64周年"展教师风采　颂北林精神"教职工时装秀表演比赛，近400余名教职工参加了走秀活动，生物学院、机关、工学院荣获表演创意奖，经管学院、人文学院、图书馆、外语学院、后勤服务总公司、林大附小、马克思主义学院、材料学院、环境学院、理学院、水保学院、园林学院、信息学院荣获优秀表演奖。10月30日，首届“天润奥迪杯”大学校园教职工乒乓球联赛在北京科技大学体育馆举行，共有11支队伍参赛，北林大教职工队参赛获第五名。11月20日，举行第四届“材料学院杯”教职工羽毛球联赛。14支代表队共计150余名运动员参加比赛。材料学院获团体赛第一名，机关获第二名，园林学院获第三名，外语学院获第四名，工学院一队获第五名，人文学院和马克思主义学院联队获第六名，经济管理学院获第七名，林学院获第八名，体育教学部获特殊贡献奖。12月6~8日，由国家体育总局社会体育中心主办，河源市体育局承办的第十一届全国木球锦标赛圆满落下帷幕，全国50支木球队，近550余名专业运动员参加了比赛，北林大C组混双获银牌、C组男子团体获银牌、C组女子团体获第四名、B组女子团体获第七名，马宪中获男子单打银牌，刘西瑞获男子单打第七名，康娟获第六名，刘蓟生获一杆进门奖。12月17日，由北京市教育工会主办，北京理工大学工会承办的2016年“海淀驾校杯”学院路高校羽毛球团体赛在北京理工大学体育馆举行，北林大教职工队获第三名。12月18日，举办第五届“园林院杯”教职工乒乓球联赛。14支代表队近100余名运动员参加比赛，图书馆、工学院一队获一等奖，成教学院、园林学院二队获二等奖，保护区学院、水保学院、机关、生物学院一队获三等奖。

【主题讲座沙龙】 3月23日，邀请中国地质大学珠宝学院副院长郭颖教授举办“彩色宝石的鉴别”专题讲座。4月19日，邀请北京肿瘤医院乳腺癌专家祁萌教授举办“关爱女性乳此绽放”专题讲座。4月23日，北京市教育工会心理咨询中心举行“好父母课堂”系列讲座第一讲暨开课仪式。北京市教育工会常务副主席邱爱军出席了启动仪式并做开课致辞，雷秀雅教授作了“父母心中和眼中的孩子”为主题的讲座。9月19日，举办“心脑血管疾病的预防与保健”专题讲座，北京大学第三医院著名心内科主任医师冯新恒教授主讲。9月28日，举办“重视小症状，预防大问题”健康专题讲座，北京妇产医院妇瘤科主任医师王建东教授主讲。

【帮扶慰问送温暖】 3月8日，第106个“三八”国际劳动妇女节。校党委书记王洪元、校长宋维明等校领导赴各学院向教学、科研、管理一线的女同志们进行问候和节日祝福。第105个国际护士节，看望慰问了校医院医护人员。5月9日至10月20日组织在职教职工、离退休教职工、非在编人员和职工家属进行健康体检工作。6月1日，看望慰问附小和幼儿园教师。7月9~13日，组织41名从事教育工作满30年的教职工赴山东开展疗养活动。7月14日，慰问招生录取工作人员。11月11日，赴鹫峰林场看望慰问林场一线防火护林人员。11月18日，看望慰问校卫队队员。2017年“两节”看望慰问教职工，发放慰问金17.8万元。办理女工特殊疾病保险395人，保额3.16万元；教职工重大疾病保险914人，保额8.226万元；住院津贴保险947人，保额5.682万元，出险理赔11人，理赔金额6.394万元。

【获奖情况】 4月29日，由中华全国总工会主办的庆祝“五一”国际劳动节暨全国五一劳动奖表彰大会在人民大会堂隆重举行，工学院青年教师康峰作为2016年“首都劳动奖章”获得者在会上受到表彰。9月，理学院工会获北京教育系统“先进职工小家”称号，材料学院曹金珍、水保学院毕华兴获得“北京市师德先锋”称号。材料学院许凤获“北京市三八红旗奖章”，校工会获得北京市教育工会年度综合考评先进单位和二级教代会考核特色成果奖。 （*赵晶泓　石彦君*）

共青团工作

【概　况】 共青团北京林业大学委员会(以下简称"校团委")下设办公室、组织培训部、宣传部、文体活动部、学生科技创新教育部、生态环保工作部、志愿者工作部、研究生与青年工作部、学生二课堂素质教育中心、社会实践指导中心、学生会秘书处、社团理事会 12 个部门。人员编制 11 人，其中书记 1 人，副书记 7 人，各部、中心设部长(主任)1 人。全校 15 个学院分团委(团总支)，6 个社团团工委，1 个直属团支部。

2016 年，北林共青团深入贯彻中央党的群团工作会精神，深入实施理想信念教育工程、创新实践拓展工程、志愿服务提升工程、校园文化建设工程、绿色引领服务工程、团建凝聚助力工程，搭建思想引导体系、素质教育体系、权益维护体系、组织支撑体系，积极推进共青团组织建设和工作改革创新，充分发挥团组织在大学生思想引领和成长服务中的组织职能。

(姚　莉　辛永全)

【思想引导】 开展"志在，愿行"2016 年学雷锋主题教育实践活动，引导和带动广大青年学生践行雷锋精神。举办团校 2016 ~ 2017 学年新生班级骨干培训班，完成李相符青年英才培养计划第四期招生工作。拓宽理想信念教育渠道，编创拍摄首部 VR 校史短片《林钟回想　穿越北林》，开展"五彩青春，我爱北林"毕业季系列活动。开展"师爱无尘"教师节系列活动，多形式引导广大学生感念师恩。举办"民族的脊梁"北京林业大学庆祝建党 95 周年朗诵会、纪念红军长征胜利 80 周年暨校庆 64 周年音乐会。召开青年学生骨干"学习习近平总书记系列重要讲话，弘扬长征精神"座谈会和纪念"一二·九"运动 81 周年座谈会。开展北京林业大学中华经典阅读演讲比赛。 (陆　惠　辛永全)

【素质教育】 二课堂工作组织召开全校专题研讨会，进一步明确第二课堂工作的科学内容、工作模式和运行逻辑，明确各项工作的育人指向和价值所在，明确第二课堂工作在共青团整体工作中的基础性统揽性地位，重点做好"第二课堂成绩单"工作与学院现有综合素质认证工作的有效融合；以提升"用户体验"为落脚点，面向基层班级支部和社团团支部，实行"牵手"计划，推动学生的全面参与、全员参与；利用二课堂的大数据，分阶段对学生进行综合能力的描述性和量化性评价，为学生成长成才提供科学指导；在学校大型招聘会上，设立"青桥服务站"，为毕业生现场打印证书的同时，向用人单位推介、展示共青团"第二课堂成绩单"，提升用人单位对共青团"第二课堂成绩单"的知晓度、认可度，从而扩大其美誉度；加强骨干培训，建立评奖评优机制，对做出积极贡献的集体、个人以及优秀第二课堂素质教育项目进行表彰和奖励。北京林业大学被确定为全国高校共青团第二课堂成绩单制度试点单位。 (姚　莉　辛永全)

绿色活动　举办 2016 年绿桥、绿色长征活动推进会，首都大学生第 32 届绿色咨询活动、首都大学生青春志愿林种植活动，"精准扶贫·绿色行动"京津冀大学生精品项目推介展。举办第四届百所高校"六·五"世界环境日主题活动，成立"全国六·五世界环境日绿色行动联盟"，实施第二届"百所高校大学生绿色梦想共创计划"。举办"智汇·环保一夏"大学生绿色梦想季活动，第三期京澳青年大学生绿色交流营，"A4210"好习惯养成微行动等。

(杨实权　辛永全)

创新创业工作　举办首届京津冀晋蒙青年环保公益大赛。通过举办大赛推介会，邀请中国环境新闻工作者协会、中国公益研究院等 7 家在公益创业领域有广泛社会影响的机构作为大赛的合作伙伴，聘请权威专家、公益创业导师为创业团队和创业项目提供专业指导；在 5 省份挂牌建立项目孵化基地，推动创业项目落地，为参赛团队的创新实践搭建了多元支撑平台。举办大赛培训班，经过严格遴选进入决赛的 100 支优秀团队代表参加集训，公益环保领域、生态产业领域专家学者、优秀团队为参赛学员进行专题讲解和

“一对一”面谈辅导。10月29日，近百家决赛团队在北京林业大学田家炳体育馆集中进行了项目展示和答辩评审，并与大赛邀请的知名创投机构进行了项目洽谈、资本对接；举办第九届北京林业大学“梁希杯”大学生创业大赛复赛、决赛，依托北林共青团创业就业学校开展专项培训；组织青年学生参加首都及全国“创青春”大学生创业大赛，获得全国银奖1个、铜奖3个，MBA专项赛铜奖1个，北京市银奖6个，铜奖6个，北京林业大学获得首都优胜杯；启动第十届北京林业大学“梁希杯”大学生课外科技作品竞赛，依托北林共青团创业就业学校开展专项培训，邀请校内知名专家教授组成科创筑梦导师团；开展“绿创时光”创新创业沙龙，组织创新创业团队开展交流学习。（姚 莉 辛永全）

志愿服务工作 以北林共青团自主开发的共青团第二课堂成绩单认证系统“青桥网”为统揽，进一步完善志愿服务的认证和记录。以项目化运作方式，通过自主申报、学院推荐、综合评审等环节，确定一批优秀项目给予支持。关爱农民工子女项目、中小学绿色课堂项目等获得上级部门和学校政策及资金支持。以“结对＋接力”的模式对接志愿项目，将志愿服务内容与专业学习相结合，增强志愿项目的吸引力，满足青年学生的成长需求。评选产生年度优秀志愿服务项目和个人，并对获奖项目给予奖金支持。

（王楚平 辛永全）

社会实践工作 以“青春建功 实践我行”为主题，按照“6＋1”的模式推进，即开展6个专项实践项目、确立一批支持实践项目。全校总计组建社会实践团队359支，直接参与人数超过3500人，实践地区覆盖北京、辽宁、四川、贵州、福建、新疆等29个省(区、市)。全年直接支持学院、立项团队资金达到24万元，实践团队申请各类国家级、市级支持经费超过15万元，获得合作单位实践支持经费超过10万元。

（孙 喆 辛永全）

校园文化工作 完善大学生艺术实践课教学体系，开展北京林业大学“青兰”艺术骨干培训计划。举办“春音林韵”文化节开幕式暨2016新年音乐会，“家·圆”北京林业大学2016年新年文艺晚会，“我的大学”北京林业大学2016年迎新晚会，“永远的长征”北京林业大学纪念长征胜利80周年暨校庆64周年音乐会，参加“北京高科联盟秦皇岛新区”京津冀大学生创新创业活动文艺演出等活动。学生合唱团参加第九届中国魅力校园合唱节，荣获金奖；学生民乐团、学生合唱团、学生交响乐团在2016年北京大学生音乐节中共获金奖3个，银奖2个。继续实施青年学生“绿动计划”，开展“关君蔚杯”体育工作最高荣誉奖评选。（马樱宁 辛永全）

【**权益维护**】 发挥“青汀”立体权益服务平台功能，开展“校领导与学生代表面对面”“职能处室与学生代表面对面”活动，充分发挥班级维权工作群的作用，广泛倾听学生诉求；继续开展“归璧”特色活动。召开北京林业大学第三十一次学生代表大会提案信息发布会，广泛征集学生意见，邀请有关职能部门负责人解答学生提案，切实表达学生权益诉求，合理解决学生实际困难。

（陆 惠 辛永全）

【**组织支撑**】 推进团学组织改革，确定改革创新目标和方向。实施“青年马克思主义者培养工程”，强化团校建设，开展新生班级骨干培训班、学生组织骨干青马训练营、“李相符”青年英才培养计划。依托“思·享”沙龙平台，开展系列团干部培训工作，支持团干部开展理论学习与研究。加强基层团组织建设，实施“活力团支部双百工程”，立项100个班级团支部和100个社团团支部给予支持。加强学生组织指导，构建“一心双环”团学组织格局，召开北京林业大学第三十一届学生代表大会、第八届学生社团联合会中期调整大会等。（杨实权 辛永全）

国防生选培

【**概 况**】 2016年，武警部队驻北京林业大学后备警官选拔培训工作办公室(以下简称选培办)认真贯彻教育部、中央军委联合参谋部、武警总部关于依托培养工作的指示精神，落实选拔培养合格乃至优秀国防生的工作，加强与北京林业大学沟通合作，紧紧围绕国防生学员第一任职需要，严格招收选拔，加大训练力度，提升管理质量，加强典型引导，丰富第二课堂，从严从难开展军政训练，进一步打牢国防生政治思想、科学文化、军事技能、作风纪律“四个基本素质”。 （齐立国　汤宛地）

【招收选拔】　截至2016年12月，在校国防生326人，其中，本科国防生243人、硕士研究生干部68人，直读研究生15人。2010级毕业国防生共有30人返校攻读硕士研究生，分布在软件工程、林业专硕、计算机技术、心理学、生态学、土壤学、自然地理、结构工程、农业生物环境与能源工程等专业。2012级毕业国防生共有15人在校直接攻读硕士研究生，分布在林业专硕、软件工程、心理学、生态学等专业。

（齐立国　汤宛地）

【军政训练】

军事训练　按照《普通高等学校武警国防生军政训练计划》和《北京林业大学国防生军政训练计划》，坚持每日早上操课一小时，利用假期和部分课余时间，安排到部队开展实践活动。各学员队制订科学训练计划，定期进行体能素质考核，完成军事训练任务。4月5～30日，组织2013级心理专业国防生前往武警北京总队开展专业实习，期间全体学员全方位体验基层展示生活，贯彻落实部队一日生活制度，圆满完成为基层官兵进行心理排查和团体辅导的任务。4月7～30日，组织2012级82名国防生赴武警吉林森林总队进行当兵实习锻炼，在完成体能、队列素质训练的同时，学员们还利用所学专业知识积极为部队官兵解决问题，确实融入基层部队，实现了思想品德、心理素质、作风纪律、文化修养、军政素质的多方面提升。4月8日，2013级森林防火专业国防生赴武警森林部队机动支队五中队开展专业课程野外实习，学员不仅收获专业知识，更坚定了携笔从戎、投身基层、报效国家的理想信念。5月4～14日，组织2015级69名国防生参加北林大在北京市怀柔高校学生军训基地组织的新生入学军训，承担设置教学场地、夜间流动哨及枪械管理等多项勤务，并成立国旗护卫队、队列班、战术班，出色完成升国旗仪式、阅兵式及格斗演练等多项任务。6月13日，2012级国防生参加由武警总部统一组织的武警部队2016年国防生军政素质达标考核，应考毕业国防生取得合格率100%的成绩，为北京片区四所高校第一，总成绩位列武警部队第三名。7月15日至8月9日，2015级全体国防生完成解放军总政治部于解放军防化指挥工程学院统一组织的暑期驻京高校国防生集中训练任务，获“宣传报道先进单位”“拔河比赛第三名”“优秀组织奖”等称号。12月10日，全体在校国防生进行军政素质考核，检验本学年训练成果，年度期末考核成绩记入学员档案。

思想政治教育　围绕大力培养新一代“四有”革命军人，以《习主席关于国防建设重要论述》《当代革命军人核心价值观宣讲材料》《中国国防生》等资料为基本教材，指导国防生开展“双争”评比活动，进一步调动国防生“比在平时、争在平时”的积极性，增强国防生自觉成才的危机感。3月3日，为了培养新任骨干和班长的军事指挥能力，学员一队、三队利用早操时间在校排球场进行新任骨干培训。3月4日，学员一队、三队进行新任骨干、班长培训授课，两学员队全体骨干、班长参加，选培办张剑干事进行培训授课。3月3～14日，全国“两会”在北京召开，为使全体国防生聚焦“两会”热点、学习“两会”精神，学员四队充分利用黑板报积极宣传“两会”精神。

3月11日，学员二队进行军政理论测试。3月19日，学员三队科学施训，对部分学员进行有针对性地开展体能强化训练。3月25日，学员三队组织学员学习“两会”精神。3月31日，学员四队集体开展以“重基础、严纪律、抓作风、强本领”为主题的“条令条例学习月”活动。4月以来，为切实加强国防生管理教育工作，按照选培办统一部署，各学员队全面开展“条令条例学习月”活动。通过活动，全体国防生进一步增强了政治意识、宗旨意识、法纪意识、军人意识、安全意识和职责意识，严格执行各项规章制度，国防生管理教育工作水平进一步提升。5月4日，学员四队利用晚上课后时间组织全体成员开展“学党章党规、学系列讲话，做合格党员”学习教育。5月29日，林学院举行“两学一做”

专题学习教育报告会，本次报告会邀请到了对越自卫反击战一等功臣、陆军某部研究员、陆军指挥学院兼职博士生导师胡国桥大校讲授“用生命为党旗增辉”专题报告。6 月 1 日，国旗班成员在国防生公寓开展了国旗法专题学习会。6 月 5 日，林学院国防生党支部开展以“弘扬井冈山精神，坚定理想信念”为主题的“两学一做”专题教育会。6 月 8 日，学员四队进行党章党规党纪应知应会常识学习。6 月 26 日，军事科学院世界军事研究部副部长罗援少将，为在校国防生举办了一场国家周边安全环境主题讲座，旨在结合我国目前周边安全形势发展和变化，引导在校国防生增强爱国意识和军人血性，树立国家责任感和使命感。10 月 14 日，研究生干部部队召开任职经验交流会，选培办张剑干事出席交流会。10 月 28 日，学员一队组织学员多渠道深入学习长征精神。12 月 7 日，学员一队组织全体学员学习中央军委关于军队规模结构和力量编成改革工作会议精神。（汤宛地　齐立国）

【教育管理】 落实教育部、解放军总政治部新修订的《国防生培养协议》《国防生教育管理规定》《关于加强国防生军政训练和任职培训工作的实施》等法规文件，修改完善《北京林业大学国防生违约淘汰管理暂行办法》，严格规范国防生思想教育、日常管理、学籍学分、考核奖惩机制。

准军事化管理 选培办根据部队日常管理规定，按照年级将国防生编成 3 个学员队（现只有 2013、2014、2015 级三个队）和 1 个研究生大队，由 2009 级和 2010 级返校读研的 12 名国防生担任学员队骨干，每个学员队下设 2 个模拟区队，区队骨干由综合素质优秀的国防生学员担当，返校读研以及 2012 级直接读研的国防生统一编制成研究生学员队管理。选培办严格落实学员的日常管理，抓严日常养成。对于一日生活，哨位执勤，请销假制度，定期内务卫生检查，队务会、班务会，晚点名等日常制度进行监督管理，做到内务管理正规化，队列集会整齐化，礼节礼貌规范化，组织指挥标准化，努力培养一批“素质过硬，作风严谨”的国防生。

【课余生活】 选培办指导模拟区队开展丰富多彩的课余文化活动，举办 2 届“使命　责任”杯篮球联赛和 1 届“绿色卫士”杯足球联赛等体育活动，同时，组织“橄榄绿”元旦晚会，叠军被比赛，歌唱比赛，端午粽子节，元旦饺子宴等常规活动。参加 2016 全国高校升降旗国旗班比赛，2016 首都高校端午龙舟大赛等大型活动，参加首都高等学校第 55 届学生田径运动会开幕式表演。国防生志愿服务北林附小运动会，儿童节义务出演，以及在重大节日期间志愿为北林幼儿园升国旗。公文写作方面，武警国防生网站全年共刊登新闻 230 余条，跟踪报道校级大型活动 10 余项，中国军网、中国国防生网、国防部网发表新闻 17 篇，《解放军报》《中国绿色时报》等各类媒体刊登新闻 25 篇。

国防生党支部 积极配合校党委工作，国防生党支部已成为学校各学生党支部中的标杆集体，林学院国防生党支部获“校先进党支部”“北京市优秀党支部”等称号。党支部培养了正式党员 64 人，预备党员 65 人。积极推动了学员的爱国爱党的热情，支部建设成为使得国防生坚定理想信念的坚定堡垒。截至 2016 年 12 月，在校国防生党员 129 人，占国防生总数的 53%，全年发展党员 65 人。各学院为国防生党支部配置专职辅导员，对国防生党支部进行重点建设。

荣誉 2016 年，国防生共有 10 人获得国家励志奖学金，19 人被评为校级“三好学生”，26 人被评为校级别优秀学生干部。在 2015 ~ 2016 学年评优表彰中，共有 243 名国防生参评，114 人被表彰，表彰比例达 46.9%。70 多名国防生担任班长或学生会、学生社团主要负责人，60 余人在北京市，校级各类文艺体育活动中获奖。龙舟队在“北京市第七届大学生龙舟锦标赛”中获第七名，“龙魂杯”首都高校武术比赛，国防生 2 人分别获第二名和第五名。“首都高等学校第六届校园铁人三项赛暨全国高等学校第五届校园铁人三项”邀请赛中，1 人获男子小轮车两项项目全国高校组和北京高校组两个第一名，并获“铁人精神奖”。国旗班在全国比赛中获全国第一名。（汤宛地　齐立国）

【爱心活动成功入选北林业大志愿者服务项目支持计划】 3 月 4 日，举行“北京林业大学‘志在，愿行’2016 年学雷锋主题教育实践活动推进会暨‘榜样进校园’专场报告会”，人文学院国防生党

支部“321 爱心助学”项目入选志愿者服务项目支持计划并获奖金 500 元。（汤宛地　齐立国）

【2015～2016 学年第一学期总结暨表彰大会】 4 月 1 日，举行国防生 2015～2016 学年第一学期总结表彰大会，表彰 9 名国防生先进集体以及优秀个人 45 人。选培办和国防生所在各学院负责人分别结合国防生培养工作特点和学生工作实际，从思想政治教育、培养机制完善、学风日常养成、创新平台建设等方面总结一年以来的培养成果以及今后阶段的总体规划。

（汤宛地　齐立国）

【亮剑北京高校定向锦标赛】 4 月 24 日，27 名国防生代表北京林业大学奔赴圆明园九州景区，参加北京高校 2016 年“北斗杯”定向运动锦标赛。（汤宛地　齐立国）

【参加北京理工大学第三届国防生军事体育运动会】 5 月 14 日，6 名学员参加“北京理工大学第三届国防生军事体育运动会”。2012 级学员吴瑶在铁人三项比赛中获季军。

（汤宛地　齐立国）

【第二届北林大武警国防生军体运动会圆满举行】 5 月 22 日，举行“第二届北林大武警国防生军体运动会”，学员一队、学员三队参加本次运动会。（汤宛地　齐立国）

【国防生龙舟队在首都高等学校龙舟锦标赛中斩获佳绩】 6 月 8 日，学校国防生龙舟队在校体育部刘东老师的带领下前往延庆区参加“首都高等学校第六届大学生龙舟锦标赛”并获男子组第七名。（汤宛地　齐立国）

【参加北林大建党 95 周年晚会】 6 月 26 日，举行北京林业大学“民族的脊梁”庆祝建党 95 周年朗诵晚会，校党委书记王洪元、校党委副书记全海参加并全程观看了晚会，其中，国防生学员一队、学员三队参加了本次晚会。

（汤宛地　齐立国）

【国旗仪仗队参加第三届全国高校升旗手交流展示活动并获佳绩】 9 月 30 日，在装备学院昌平士官学院举行，选培办主任金文斌、副主任温跃戈、干事汤宛地亲临现场指导观看。在展示过程中，北林大国防生国旗仪仗队凭借扎实的功底，稳定的发挥，以总分 92.7 分取得第一名的成绩。

（汤宛地　齐立国）

【武警总部赴北京林业大学检查调研国防生依托培养工作】 11 月 14 日，武警总部参谋部训练局选培办副主任万灵武、干事屈舒、干事吴大伟，武警森林指挥部政治部干部处副处长齐立国中校一行莅临学校检查调研国防生依托培养工作，深入了解国防生培养情况，进一步优化国防生依托培养方案。（汤宛地　齐立国）

管理与服务

发展规划

【发展规划制定及执行情况】 2016年，北京林业大学全日制本科招生3306人，毕业3397人，在校生13 271人，本科一次就业率为93.51%；学术型学位硕士招生820人，毕业818人，在校生2450人；专业学位硕士(全日制)招生680人，毕业730人，在校生1446人；博士招生267人，毕业710人，在校生1242人；研究生就业率为98.45%。

2016年，在职人员攻读硕士招收234人，授予学位301人；博士后进站22人，博士后出站42人。

2016年，组织23个一级学科参加第四轮全国一级学科评估。新增9个国家林业局重点学科和重点(培育)学科，林学、林业工程、风景园林学、农林经济管理、生态学和生物学获批一级重点学科；科学技术哲学(生态文明建设与管理方向)、地图学与地理信息系统、国际贸易学(林产品贸易方向)获批重点(培育)学科。

2016年，新增长江学者特聘教授1人，“万人计划”领军人才2人，中青年科技创新领军人才1人，国务院政府特殊津贴3人，国家优秀青年科学基金3人，北京“高创计划”青年拔尖人才1人，北京市优秀人才培养项目5人。顺利完成2016年职称评审工作，共有123名教职工获得职称晋级。深化收入分配制度改革，预调整全体在职人员新聘期绩效津贴，人均年增资2.26万元。

2016年，1个专业通过工程教育专业认证。211部教材入选各类“十三五”规划教材建设项目。联合举办2016全国农林院校“互联网+”教育高峰论坛。新增北京市教学名师1名，1人获全国青年教师教学竞赛工科组一等奖。新增国家大学生校外实践教育基地1个，1个实验教学中心获批北京市级实验教学示范中心，1个创新实践基地获批北京市级示范性校内创新实践基地。完成学位授权点动态调整工作，增设马克思主义理论一级学科。1个专业学位研究生工作站入选全国首批农业实践教育示范基地。继续教育“生态学人e行动计划”被列为国家教育信息化“十三五”规划重点推进项目。

2016年，“林木分子设计育种高精尖创新中心”入选北京市第二批高精尖创新中心，每年将获资助经费1亿元，滚动支持5年。新增1个国家水土保持科技示范园区，1个国家林业局质检中心，2个国家林业局生态系统定位观测研究站。获新立项科研项目487个，其中获批国家自然科学基金项目81个，承担国家重点研发计划课题14项。全年到账科研经费2.34亿元，其中纵向科研经费1.88亿元，横向经费0.46亿元。学校作为第一完成单位获国家科技进步奖二等奖1项，技术发明奖二等奖1项。获高等学校科学研究优秀成果奖6项(自然科学2项，技术发明1项，科技进步3项)，北京市科学技术奖3项，梁希林业科学技术奖8项(一等奖1项)。被SCI收录论文602篇、EI收录101篇、SSCI收录20篇。牵头制定8项林业行业标准，促成科技成果转化12项，转化收益507万元。《鸟类学研究(英文版)》被SCI扩展版收录，《北京林业大学学报》被遴选为“中国高校百佳科技期刊”。

专任教师1193人，具有高级专业技术职务821人(其中教授294人，占专任教师总数的24.00%)；具有硕士以上学位1102人(其中博士学位867人，占专任教师总数的72.00%)。

(吴　琼　孙玉军)

【统计工作】 组织完成2016年度学校各项事业统计报表的编制和上报工作，包括，上报教育部2016~2017学年初高等教育基层统计报表，协调学校其他部门上报北京市海淀区统计局2016年关于学校的财务状况、能源消耗、劳资情况统计表等统计报表的年报及2016年定期报表。

（吴　琼　孙玉军）

【法律事务】 对40余份各类合同、协议进行合法性审查、文本修订并出具法律意见书，主要包括学校与美国佐治亚大学等10余所国外大学、与河南省新乡市人民政府等16家地方政府、国内企事业单位、科研机构进行合作办学、战略合作等。

协助学校相关部门解决纠纷、劳动争议仲裁与诉讼等，如在研究生院处理魏某某学术不端行为、学校审计反馈报告涉及的合同问题、鹫峰国家森林公园（实验林场）与张某某劳动争议仲裁与诉讼等工作中，提供法律咨询、出具法律意见书等。

（张绍全　刘宏文）

【对外合作】 与6家单位建立战略合作关系，包括2个地方人民政府、3家行业龙头骨干企业、1所高等院校。推动与保定市人民政府合作项目建设，加快白洋淀生态研究院、木结构建筑研究和检测中心两个创新平台筹建。与山东菏泽学院签署共建牡丹学院协议，创新工作体制机制，为地方和国家牡丹产业化发展提供科技支撑和智力支持。携手“育、繁、推一体化”的育种企业内蒙古和盛生态科技研究院，共建协同创新中心，设立院士奖励基金，推广林木优良品种。与聊城市人民政府合作，全面推动“森林城市”建设。与河南新乡携手，建设“获嘉油用牡丹工程研究中心（筹）”“乡土树种（杜仲）繁育研究院（筹）”等一批成果推广平台，“校地合作搭建产学研用‘鄢陵模式’协同创新助推地方花木产业转型升级”案例被评为“中国高校产学研合作科技创新十大推荐案例”。对外合作获得横向资金到账1000余万元。

（欧阳汀　刘宏文）

【定点扶贫和对口支援工作】 2016年继续定点扶贫内蒙古科尔沁右翼前旗。党委书记王洪元带队赴科右前旗进行实地考察调研并慰问挂职扶贫干部；编制完成《北京林业大学“十三五”定点扶贫规划》，明确精准帮扶的时间表路线图；志愿服务品牌“研究生支教团”派出8名研究生继续接力支教当地中小学；组织遴选5个优势学科、掌握具有服务贫困地区潜力或应用转化前景技术的8名教授，组成学习李保国同志先进事迹“教授服务团”深入田间地头，开展实用技术推广、短期培训、政策建言、咨询服务等特色帮扶；选拔党委宣传部刘忆、基建房产处郭世怀，派往科右前旗挂职担任政府副旗长、科尔沁镇平安村第一书记，协同当地开展脱贫攻坚；在10月17日第三个国家“扶贫日”当天，组织扶贫日主题宣传，召开“扶贫日活动暨定点帮扶科右前旗工作座谈会”；在教育部直属高校精准扶贫精准脱贫典型项目集中推选活动上，作了“实施碳汇造林　开展绿色扶贫”“青年学子接力支教扶贫　绿色学府情牵绿色草原”两个典型案例报告。

（欧阳汀　刘宏文）

校务管理

【概　况】 党政办公室是校党委、校行政的综合办事机构。现共有1名主任、3名副主任。现共设文秘科（保密工作委员会办公室）、综合联络科（总值班室、信访办公室）、信息科（校务和信息公开工作委员会办公室、学校年鉴编辑部）、事务管理科，档案馆挂靠办公室。

2016年，党政办深入学习贯彻习近平总书记系列重要讲话精神，深入开展“两学一做”学习教育，服务学校落实教育部巡视反馈意见、规程体系建设、领导班子建设、落实全面从严治党主体责任和监督责任等重点工作，发挥综合协调和督查督办职能，提升日常工作运行保障能力，协同相关单位完成教育部部长来校视察、北京市委常委教工委书记来校调研、教育部党组第二巡视组来校巡视、李保国先进事迹报告会、“部长进校园”首都大学生形势政策报告会、弘扬长征精神专题研讨会等重要活动。

（焦　隆　王士永）

【综合事务管理】 完成学校总值班室的全年24小时值班工作，在重要敏感日、节假日坚持强化领导带班、值班制度，认真严格做好印信管理、公务接待、会议安排、会务服务、小车班管理、车辆调度、会议室管理等日常工作。加强用印规范，严格执行印章使用登记、审核制度，全年各类合同、申报材料、证书、证明等用印8万余个。加强会议室管理，做好全校各类会议的查询、预约、审批工作，提供综合楼会议室服务863次。完成学校法人证书、组织机构代码年检工作，修订完善学校各级各类通讯录。服务保障各类大型活动及重要会议。（张建新　王士永）

【信访工作】 全年共接待和处理各类信访事件近30余件，妥善处理好校长信箱反映的各类问题，及时督办领导信访批示。各类信访问题均得到妥善解决，无积案。（张建新　王士永）

【文书文秘工作】 完成包括《党委领导下的校长负责制实施意见》等学校重要文稿的起草工作，牵头拟定向教育部、国家林业局、北京市委等上级部门报送的各类稿件60篇，印发学校2015年党政工作总结和2016年党政工作要点等文件，完成学校领导出席学校庆祝建党95周年大会、开学典礼、毕业典礼、运动会、暑期工作研讨会、校庆座谈会、教师节座谈会等活动的文稿起草以及相关支撑材料的收集、整理和补充等工作。制发《保密工作自查自评标准》，并组织各单位完成保密自查自评工作。

全年共流转各类上级来文和校内文件2500余份，共制发学校文件300份，因工作内容增多，发文数量相比2015年增长36%。较好地完成校党委常委会、校长办公会等会议的材料筹备、会议记录、纪要签发等工作。

（罗　杨　王士永）

【信息公开工作】 完善学院信息公开制度，制定学院信息公开事项清单。拓宽公开载体，维护更新公开网站，依托教代会、公开栏、每周快报等载体，及时公开学校重大事项，完成信息公开年度报告。学校信息公开工作在高校信息公开测评课题组的测评中排名教育部高校第14名，受到教育部通报肯定。（焦　隆　王士永）

【信息报送工作】 拓展信息报送内容，增强信息报送针对性，全年上报教育部稿件13篇，紧急信息11篇。其中1篇稿件，教育部部长陈宝生作专门批示，并在教育部简报刊载。

（焦　隆　王士永）

【年鉴工作】 完成《北京林业大学年鉴（2015卷）》的出版和年鉴2016卷的组稿工作。对在年鉴2015卷工作中表现突出的单位和个人进行表彰，评选出年鉴工作先进单位10个，年鉴工作先进个人10名。（焦　隆　王士永）

人事管理

【概　况】 人事处主要承担学校人员编制规划和管理、机构设置工作；制订人才队伍建设规划，开展人才队伍的引进补充、培养培训工作；各类人员岗位设置、聘用、考核和职称评审工作；教职工调配和离退休审批工作；制订和执行学校教职工薪酬及福利待遇政策，缴纳在编和非在编用工人员社会保险；制定和执行教职工奖惩办法，组织各类优秀人才的选拔推荐及承担专家管理服务工作；教职工长期公派和因私出国的审批；博士后流动站建设和管理工作；对口支援项目人员接收培训和人员派出工作；人才交流中心待岗人员管理、培训、推荐交流工作；全校临时用工的计划管理工作。现设职工管理科、人事调配科、师资科、劳资科、博士后管理办公室、人才交流中心和社保中心，有职工11人。

同时人事处承担学校人才工作小组办公室和学校学术委员会秘书处工作，负责具体运行和日常管理工作。（徐海旻　崔惠淑）

【机构设置调整】 2016年，新成立二级机构3个，成立马克思主义学院、林木分子设计育种高精尖创新中心、国有资产管理处；职能调整及更名3个二级机构，总务与产业管理处更名为总务处；实验室与设备管理处更名为实验室管理处；基建房产处更名为基建处；调整1个二级机构隶属关系，机关党委设在党委组织部；新设置马克思主义学院、审计处2个单位科级机构。

（徐海昊　崔惠淑）

【师资和教职工队伍】　截至2016年年底，全校在册教职工1892人，按岗位类别划分：专业技术岗位1458人，管理岗位375人（含辅导员47人），工勤技能岗位59人。专业技术岗位中，教师岗位1193人，其他专业技术岗位265人。教师岗位按职务级别划分，高级专业技术职务821人，占68.8%；中级专业技术职务341人，占28.6%；初级及未定专业技术职务31人，占2.6%。按学位划分，教师中具有博士学位867人，占72.7%；具有硕士学位235人，占19.7%；具有学士学位91人，占7.6%。按年龄划分，教师中31岁以下100人，占8.4%；31～40岁481人，占40.3%；41～50岁356人，占29.9%；51～60岁239人，占20.0%；60岁以上17人，占1.4%。（吴　超　崔惠淑）

【专业技术职务评审】　2016年度专业技术职称评审工作于5月末正式启动，7月初完成。共有118名教职工获得职称晋级，其中，教师系列21人晋升为教授，48人晋升为副教授；非教师系列2人晋升为正高级专业技术职务，33人晋升为副高级专业技术职务，14人晋升为中级专业技术职务。上述专业技术职务变动人员中符合聘用条件的，均按照第二轮岗位聘用相关规定聘用相应的校内岗位或调整岗位级别。

2016年度，结合职称评审工作开展了教授职务破格评审，有5名教师通过评审破格晋升为教授职务。

2016年度，有1名职工晋级聘用至技术工一级（高级技师）岗位，4名职工晋级聘用至技术工二级（技师）岗位。

2015年，来校的53名教职工，试用期满后经考核合格确定相应专业技术职务及聘用岗位；另外，近两年来校的23名具有硕士学位的专业技术岗位教职工于2016年9月确认中级职称。

新聘7名外聘专家，其中名誉教授4人，兼职教授1人，客座教授2人。聘任到期1人。截至2016年年底，共有15人担任学校外聘专家。新聘专家信息如下表。

表18　2016年度客座教授新聘人员情况表

姓名	工作单位	职务（职称）	聘任单位	聘任名称
Klaus von Gadow	Universidad Juarez del Estado de Durango，Mexico 德国哥廷根大学	教授	期刊编辑部	名誉教授
黄国文	中山大学外国语学院	教授	外语学院	兼职教授
周剑良	河南省鄢陵县人民政府	副县长、花木园区管委会主任	林木育种国家工程实验室	客座教授
Robert R. H. Anholt	北卡罗莱纳州立大学	教授	生物学院	名誉教授
Trudy F. C. Mackay	北卡罗莱纳州立大学	教授、院士	生物学院	名誉教授
Yousry A. El－Kassaby	加拿大不列颠哥伦比亚大学、国际林联副主席	教授	林木分子设计育种高精尖创新中心	名誉教授

（吴　超　徐海昊　崔惠淑）

【校学术委员会】　学校第七届学术委员会2016年度共开展通讯评审6次，评审论证"北京林业大学2016年本科专业按类培养"；对《北京林业大学"十三五"事业发展规划（2016～2020年）》（征求意见稿）和《北京林业大学查处学术不端行为实施细则》（征求意见稿）进行了意见征求和反馈；对"北京市优秀青年人才""2016年享受政府特殊津贴人员""宝钢教育基金优秀教师奖"3个人才项目及奖项的推荐选拔进行了通讯投票评审。（吴　超　惠　淑）

【人才队伍培养】

新教师岗前培训 2016年，学校组织46名新教工参加为期3天的校内岗前培训，组织52名教师报名参加由北京市高师中心举办的第71、72期岗前培训。培训内容包括，《教师职业道德修养》《高等教育法规概论》《高等教育学》《高等教育心理学》和《教学技能技法》5门课程。其中，《教学技能技法》为面授，其他4门课程为网络培训。经培训考核，50人获得岗前培训结业证书。

骨干教师培养 2016年，学校共有42名新进教师完成导师培养制的培养任务，27名新进教师获"新进教师科研启动基金项目"资助、资助金额183万元，30人获批国家留学基金委资助的各类国家公派出国研修项目，在世界一流的高校、科研机构或师从国际一流导师进行研修工作，7人获"国家精品课程师资培训项目"资助，29人参加高级英语培训班。

青年拔尖人才培养 2016年，学校修订了校内杰出青年实施办法，提高校内杰出青年人才住房待遇。继续实施北京林业大学"青年英才培养计划"，5人入选2016年度北京市"优秀人才培养资助项目"，获北京市经费支持18万元。

学历教育 2016年，10名教职工在职取得学位，其中博士学位7人，硕士学位1人，学士学位2人。

教师资格认定 2016年，42人通过北京市教育委员会高等学校教师资格认定。

接收进修教师 2016年，共接收各类进修人员16人，其中新疆和西藏少数民族科技特培骨干学员2人，"西部之光"访问学者5人，教育部国内青年教师一般访问学者项目4人，国内青年骨干教师访问学者项目5人。

（王庭秦　崔惠淑）

【职工管理】

职工考核 2016年，应参加年度考核的全校教职工共计1892人。其中考核结果为优秀286人，合格1563人，基本合格5人，因病、产假及公派出国等原因不确定考核等级或未参加考核38人。

二级人事代理 2016年，与公开招聘补充教职工队伍人员签订人事代理聘用合同书，聘期4年。2016年度人事代理聘用合同到期127人，经过单位考核、学校审批，其中56人晋升为副高级职称或副处级职务且考核合格，不再实行人事代理；12人已签2次以上聘期且考核合格，参照《劳动合同法》规定续签无固定期限合同；57人首个聘期考核合格，续签4年人事代理聘用合同；2人因考核基本合格，续签1年试聘合同，并与学院签订试聘任务书，1年后再根据试聘考核结果决定是否续聘；无不续聘人员。

劳务派遣 2016年度共有在聘劳务派遣人员12人。（吴　超　崔惠淑）

【人事调配】 2016年，新增人员共47人，其中，教学科研岗位29人、辅导员岗位5人、管理岗位10人、实验技术系列1人、会计审计系列1人、工程技术系列1人。新进专任教师29人中，具有博士学位28人、占96.6%，具有硕士学位1人、占3.4%；应届毕业生23人、占79.3%；留学回国2人，占6.9%；出站博士后4人，占13.8%；29人均来自"985""211"等重点院校和研究机构。

各类减员51人，其中，退休33人、调出16人、去世2人。

为22名教职工分批申报解决夫妻分居材料，全年收到批复11份。（徐海昊　崔惠淑）

【工资与福利】 2016年，全年在职职工和离退休人员工资总额46 026万元，在职职工年末正常发放1893人；离休人员年末正常发放28人；退休人员年末正常发放785人。上年考核合格后薪级工资正常晋升1769人次。

2016年，发放防暑降温费60.93万元；发放抚恤金丧葬费共计110.53万元。

（张　月　崔惠淑）

【社会保险工作】 截至2016年12月，学校2278人参加北京市失业保险、工伤保险，其中477人合同制工人和非在编聘用人员参加基本养老保险，433人非在编聘用人员参加生育保险和基本医疗保险。全年缴纳失业保险费241.41万元(含单位缴费、个人缴费)，工伤保险费94.11万元。缴纳合同制工人和非在编聘用人员养老保险费603.08万元(含单位缴费、个人缴费)，缴纳非在编聘用人员生育保险费 18.20 万元，缴纳基本医疗保险费 274.84 万元(含单位缴费、个人缴费)。 (刘尚新 崔惠淑)

【博士后工作】

整体情况 2016 年，学校共有林学、生物学、农林经济管理、林业工程、风景园林、生态学、草学 7 个博士后流动站，在站博士后研究人员 83 人。按招收类型分，流动站自主招收 74 人，工作站联合招收 9 人；按照身份类型分，非定向就业博士毕业生 30 人，无劳动人事关系 16 人，港澳台地区人员 1 人，在职人员 36 人。各流动站在站人数分别是林学流动站 24 人，生物学流动站 15 人，农林经济管理流动站 11 人，林业工程流动站 17 人，风景园林流动站 11 人，生态学流动站 5 人。

进出站人员情况 2016 年，博士后流动站共办理进站 22 人，出站 42 人。其中流动站自主招收 18 人，分别与福建漳州片仔癀药业股份有限公司、北京北农企业管理有限公司、江西省林业科学院、北京市水科学技术研究院等工作站联合招收 4 人。

博士后管理 博士后管理办公室做好博士后进出站手续办理、任务书签订、出站任务完成情况核定、出站报告存档、日常工资等工作。针对博士后公寓管理，采用服务外包形式，与综合服务公司签订维修协议，完成博士后公寓的日常修缮工作。完成博士后日常管理工作，推进以学院为主体的管理模式。加强对新进博士后的进站培训，督促各学院切实完成博士后招收、管理、考核、出站、成果统计等具体工作。对统招统分及无劳动人事关系进站的博士后，开展 2015 年年度考核；调整考核合格及以上等次人员的基本工资待遇。对进站满 1 年的博士后，开展中期考核，调整考核合格及以上等次人员的补贴标准。

基金项目申报情况 2016 年，学校组织 41 人次申报第九批中国博士后科学基金特别资助，第 59 批、第 60 批中国博士后科学基金面上资助项目，最终 12 人获得各类资助，获批经费 106 万元。其中，赵媛媛(生物学)、徐道春(林业工程)、钮世辉(林学)、司静(林学)获第九批特别资助；崔颖璐(生物学)、殷炜达(风景园林学)、陈文婧(林学)、赵海根(林学)、刘树强(林学)获第 59 批面上二等资助；刘祎绯(风景园林学)、徐向波(林业工程)获第 60 批面上一等资助；法科宇(林学)获第 60 批面上二等资助。同时，根据《北京林业大学博士后科学基金资助经费管理办法》，协调科技处、财务处 12 名博士后建立科研账号、财务账号，配合完成经费合同审批事项，落实博士后基金管理制度。

博士后联谊工作 学校推荐博士后倪维秋担任北京博士后联谊会第 27 届理事会理事。5 月 7 日，学校组织 30 名博士后研究人员及其家属参与“2016 北京博士后趣味运动会”。

10 月 17 日，学校组织召开 2016 年新进博士后交流培训会，对新进站博士后人员开展相关培训工作。培训会上介绍了学校博士后的招收、日常管理、薪酬待遇及进出站流程等工作的相关政策，解读博士后进站后的中期考核、成果认定、责任目标等具体要求。同时，介绍了《中国博士后科学会基金资助指南》中的申报须知和注意事项，动员大家做好基金课题项目的申报准备工作。 (徐海昊 崔惠淑)

【离退休工作】 2016 年，共为 33 人办理退休审批手续。其中教师岗位 7 人，管理岗位 8 人，其他专业技术岗位 12 人，工勤岗位 6 人。退休人员名单如下(按退休时间排序)：

刘 佳 刘元新 郎 霞 聂 华
訾 缨 刘东兰 沈 昕 吴恩杰
赵相华 陈 文 刘晚霞 许景荣
丛 薇 刘建丽 关 枫 艾胜芬
陈 欣 郝玉娣 周毓光 安静贤
刘 渝 王建军 孙雨生 任 验
张淑英 刘萧安 王 越 齐 锋
张联树 吴克伦 张 伟 刘 霞
张 琳

(徐海昊 崔惠淑)

财务管理

【概　况】 计划财务处是学校一级财务机构，组织、负责学校各项财务管理和会计核算工作。设置财经管理中心和财务核算中心，分设财经办公室、基建科、计划科、核算科、结算科、综合管理科和科研经费管理科。北京林业大学教育经费监管中心挂靠学校计划财务处，中心主任由计划财务处处长兼任，设一名专职副主任，下设专项经费评估评价科和教育经费信息管理科。计划财务处2016年新进职工1人，现有职工24人。其中高级职称7人，中级职称15人，中级以下2人。

2016年计划财务处在财务制度建设、专项经费管理、科研管理、支出管理、国库管理、报表管理、收费管理、票据管理、工资及公积金管理、独立核算部门工资返还、公费医疗、纳税管理、参与政府采购、固定资产报废、会计档案管理、业务培训等方面开展日常工作，同时在经费筹措、“二上二下”部门预算编制、加强预算执行、落实党风廉政建设责任制、财务信息化建设、落实教育部财务司加强财务队伍建设工作、财务信息公开、科研管理、重点审计工作、配合学校重点工程建设等重点工作方面取得进展，在财力上保证学校各项事业的发展。

2016年全年收入129 000万元(含基建拨款)，较2015年增长9%，增幅为4年来最高。总支出达123 000万元(含基建追加支出)。

【预算管理】 计划财务处于2016年6月开始准备2017年部门综合预算资料，于7~8月编制并向财政部、教育部报送2017年“一上”综合预算，教育部根据“一上”预算下达北京林业大2016年预算指标及部门项目经费，11~12月依据“一下”的预算控制数编制并报送“二上”综合预算，学校2017年收支规模基本确定，综合预算收支预计超过13亿元。

2016年，加大财政存量资金的清理预算执行力度，动态掌握各部门、项目，特别是重大专项执行情况，多次召开清理存量财政资金的相关工作会议。彻底清理了学校历年财政结转结余资金，对于确无支出的财政资金及时上缴国库，2016年度财政资金执行进度接近98.5%。

校内预算编制流程进一步向国家部门综合预算靠拢。校内各单位直接参与预算过程，各部门根据本单位下一年工作任务提出资金需求，编制经费预算明细，预算工作不断细化。计划财务处编制当年校内经费分配草案，并向学校财经领导小组报告，形成预算预案，预案提交学校教代会并表决通过，同时按预算下达数执行。

2016年，校内经费预算围绕学校的中心工作，在保证人员经费较大幅度增长的前提下，2016年在教育教学、重点工程、学科建设、平安校园建设、学校公共服务体系建设方面有所倾斜，全校在职及离退休人员经费突破45 000万元，学生奖助学金安排经费突破10 000万元，在财力有限的情况下，配合国家要求养老保险改革，配合职工的物业费及供暖费货币化改革，全年学校安排的物业费及供暖费达1600万元。

【财务核算与管理】 学校实行“一级核算、二级管理”的财务管理制度，基建项目由基建会计科单独核算。学校财务实行统一收支计划、统一规章制度、统一资源调配、统一业务领导、统一管理校内经济活动，维护学校正常的财经秩序。2016年，依照国家财经法规和学校财务管理办法，组织开展财务核算工作，在审核过程中严格把关，杜绝各类不合理、不合法开支，提高资金使用效益，完成教育事业费、科研经费、财政专项经费、公费医疗、基建经费核算工作。

往来账管理方面 及时清理暂存暂付等挂账业务，杜绝资金的不合理占用。加大对个人借支的催收力度，严格控制个人长期占用公款现象。

科研经费平稳增长 进行科研收支核算与经费管理及其配合科研审计等事务性工作。

银行及现金管理方面 严格按照国家有关支票、转账及现金管理办法，保证业务规范及资金安全，及时进行银行票据结算。

银行对账管理 按月对账，银行调节表实行审计、财务双签制度。

公费医疗方面 全年门诊药费报销达6000人次、住院费报销达到500人次，公费医疗支出2296万元。

住房基金核算 全年完成购房补贴、住房公积金、提租补贴等住房基金核算业务4330万元。

【科研经费管理】 参与制定最新科研管理办法，制定最新的科研经费报销规范。在科研经费管理过程中，严格执行科研预算，规范科研经费报销，配合科研检查、审计。全年科研经费(财务口径)到账突破20 000万元，继续保持稳定增长。

2016年，学校主持的课题结题验收的情况有：国家林业局行业公益专项10个，国家林业局“948”和局重点项目12个，自然基金57项，北京市科委项目5个，参与课题结题200余个。

8月牵头起草《北京林业大学差旅费管理办法》和《北京林业大学会议费管理办法》，坚持“放管服”结合，改革和创新科研经费使用和管理方式，提升财政科技资金使用效益。

【收费管理】 对历年未收的学费进行补收，并与学生处、教务处、各院系密切配合，制定出相关收费措施，逐步完善学校的收费制度，2016年学校共收到学费、培训费、住宿费等14 000万元，所收行政事业性收入已全部上缴财政。

与学生处密切配合与银行联系，帮助学生取得学费贷款，鼓励学生利用贷款交纳学费，保证学校学费收入及时足额收取。2016年共从中国银行取得助学贷款380万元，贷款学生515人，生源地贷款金额598万元，贷款学生927人。

【加强筹资能力】 2016年，除批复的拨款经费外，获教育部追加的系列财政拨款，主要有：第一，财务综合绩效奖励1900万元，奖励学校在预算执行、财务管理、学生资助等工作中的优良表现，该款项直接纳入学校预算，弥补学校人员经费支出；第二，“双一流”引导专项资金4500万元，用于学校学科建设及人才队伍建设。同时合理安排校内支出预算，保障学校基本建设工程、重点维修工程、人员经费、学校后勤水电暖及物业运行经费需求，安排校内教学项目和师资队伍建设等资金需求。

【专项经费管理】 2016年，教育部及北京市教委下达的专项经费主要有中央修购专项经费、优势学科创新平台建设运行经费、长效机制专项、基本科研经费、基建经费、质量工程、学生国家奖学金、励志奖学金、助学金、困难补助、中央高校与地方共建经费等，累计25 000万元。

【基建工程核算】 2016年，学校在建重点工程有学生公寓食堂、学研中心、地下锅炉房，基本建设筹集及支付工作顺利完成。2016年基本建设项目资金总计安排13 387万元，其中，国拨基建经费7700万元，改善办学条件专项支持2687万元，自筹资金安排3000万元，资金支付19 000万元。经学校党委常委会审议，2017年春节前，学研中心、学生公寓及食堂两个项目仍需继续支付工程款6000万元。

【国库集中支付】 2016年是北京林业大学推行国库集中支付工作的第六年，国库集中支付的范围进一步加大，主要包括人员工资及学生奖助学金、水电费、物业费、供暖费、校内经费下达的日常支出及中央改善办学条件专项、基本科研业务费、基本建设经费等重大专项支出，截至12月25日，国库基本经费支出已全部执行完毕，国库项目经费执行进度接近99%。2016年通过国库集中支付下达的资金超过70 000万元。

【审计、检查与纳税工作】

审计、检查工作 2016年针对学校预算执行、改善办学条件专项、科研经费管理、公费医疗经费的政府审计、社会审计及经费检查主要有：7月，财政部委托事务所来校进行改善办学条件评审2017年度、检查2015年度改善办学条件专项工作；9月，财政部驻北京专员办公室核查2016年度捐赠配比专项；10月，北京市医保中心检查学校2015年度公费医疗管理情况。

配合相关部门巡视、审计或检查的事项有：10～11月，教育部对学校巡视中，配合党政办完成财务报告、制度、凭证等材料的提供及解释工作；3～7月，配合完成国有资产清查，涉及2008～2016年所有收支、预算决算、对外投资、往来款、资产处置收入、上缴等财务事项；9月，配合设备与实验室管理处完成国有资产专项检查整改；11～12月，配合完成校长经济责任审计整改工作。

内部控制规范建设 2016年，开展了内部控制规范建设工作，成立内部控制建设领导小组，负责组织制订学校全面推进内控建设工作方案、协调解决重大事项、监督指导工作。领导小组下设建设工作小组，由计划财务处牵头，组织梳理学校各类经济活动的业务流程，明确业务环节，系统分析经济活动风险并选择应对策略，组织建立健全各项内部管理制度并督促执行。截至12月底，学校内控建设已完成流程梳理、基础性评价、风险评估、体系建设等工作。

纳税管理 2016年，配合税务部门完成“营改增”推进相关工作。地税方面，完成个人所得税、印花税、房产税、土地使用税等税收的缴纳工作，启用劳务申报系统，实施全员实名申报，严格税务管理，依法纳税。10月开始，按照税务部门的统一部署，开展了房产税、城镇土地使用税、营业税的自查工作。（于志刚 刘金霞）

审计工作

【概 况】 审计处是学校内部审计机构，主要职能是依照国家法律、法规、政策以及上级部门和学校的规章制度，对学校及所属单位有关经济活动的真实、合法和效益行为进行独立的监督和评价。审计处共有工作人员5人，负责经济责任、财务收支、基建和修缮工程和科研经费等专项审计工作。2016年，审计处共组织配合各类审计68项，审计总金额11.22亿元。其中基本建设审计7项，修缮工程审计46项，科研经费审计11项，专项审计1项，经济责任审计3项。出具审计报告85份，编制基建及维修项目控制价17份。

【经济责任审计】 2016年，共完成经济责任审计项目3项，审计总金额1.68亿元，出具审计报告3份，分别对人事处原处长、水土保持学院原院长和园林学院原院长进行经济责任审计，重点审查其国家财经政策执行及内部控制制度情况、财务收支及专项经费使用情况和“三重一大”政策执行情况。

【基建、修缮工程结算审计】 2016年，共完成实验楼装修工程、实验林场供暖改造工程和学生公寓电缆敷设工程等46项修缮工程结算审计，审计总金额2714.87万元，出具审计报告46份。

【基建工程全过程审计】 2016年，按照《北京林业大学建设工程和修缮工程全过程审计实施办法》的要求，对学研中心、新建学生食堂公寓和地下锅炉房工程实施全过程跟踪审计。

学研中心工程 审计处审定总包及精装、石材等6个专业分包的竣工结算，审计金额3.85亿元，出具审计报告7份。至此，学研中心工程结算工作全部完成。

新建学生食堂、公寓工程 参与暂估专业招标、总包及专业分包进度款审核、变更洽商估算审查等工程管控环节，完成对墙地面石材、实木装饰门和卫生间隔断等14个暂估专业的招标文件、答疑文件、工程合同等文件审核，出具招标工程量清单及控制价审核意见书14份，累计金额3129.38万元，审核总包及专业分包工程进度款34笔，完成对土建、安装等共5份变更洽商估算的审核。

地下锅炉房工程 参与工程前期设计方案、设计概算、施工图纸、招投标文件和施工合同等资料和文件的审核工作，编制招标控制价2份，累计金额4172.76万元。

【科研经费审计】 2016年，对科技处委托的11个科研项目的经费使用情况进行了审计，审计总金额1586.5万元，出具审计报告11份。

【专项经费审计】 2016年，落实教育部国有资产检查问题整改工作，对深圳北林苑进行专项审计，重点审查北林苑2000年以来财务管理、业务合同、营运方式、发展模式、绩效管理等有关经济活动的合规合法性，审计金额5.26亿元，出具审计报告1份。

【校长经济责任审计整改落实】 2016年，组织协调有关单位完成校长经济责任审计报告征求意见稿意见反馈工作。在审计报告整改阶段，牵头组织召开整改工作会议，明确责任清单，落实责任单位，汇总整改落实情况，完成整改报告。

【审计培训】 2016年，多次参加高校财务审计、工程管理审计培训班和研讨会，学习掌握最新的审计政策和理论，定期召开处务会。此外，参加工程计价软件和审计软件培训，推动学校全过程审计软件平台建设，服务校内基建全过程审计工作。

（武元浩　刘　诚）

设备管理

【概　况】 实验室管理处主要职责是根据相关法律、法规和其他有关规定，制定学校科研类实验室（国家级、省部（市）重点实验室、工程中心、野外台站）等科研平台管理的规章制度与建设规划，重点实验室的立项、评估及检查验收；大型仪器设备的开放共享；管制化学试剂的申报与管理；公共分析测试中心的建设与运行管理等工作。

4月，发布大型仪器设备开发共享平台统一结算通知，并于11月进一步完善学校大型仪器设备开发共享使用流程；公共分析测试中心获得中国国家认证认可监督管理委员会检验检测机构资质认定证书（CMA）；发布《关于开展科研实验室危险废物环境管理自查的通知》。6月，发布《北京林业大学科研实验室安全事故防范措施与应急预案》。7月，按照教育部通知要求组织开展林木、花卉遗传育种教育部重点实验室和森林培育与保护教育部重点实验室的评估工作。8月，向教育部推荐“2016最美野外科技工作人员”。9月，发布《北京林业大学关于开展2016年度科研实验室安全检查的通知》；组织提交国家林业局牡丹工程技术研究中心的建设申请，发布调整森林培育与保护教育部重点实验室学术委员会的通知，发布林木、花卉遗传育种教育部重点实验室主任和学术委员会主任聘任、学术委员会委员聘任、木质材料科学与应用教育部重点实验室主任和学术委员会主任聘任的通知。10月，组织国家花卉工程技术研究中心开展第五次评估工作。11月，组织精准林业北京市重点实验室、花卉种质创新与分子育种北京市重点实验室、林木有害生物防治北京市重点实验室、北京市水土保持工程技术研究中心开展绩效考评工作，组织科技部协同《人民日报》等10多家媒体单位在北京林业大学召开“最美野外科技工作人员”宣传座谈会。12月，根据教育部科技司《关于征集“十三五”教育部重点实验室重点建设指南的通知》，经学校研究决定，推荐3项教育部重点实验室重点建设指南上报教育部，分别是森林生态系统管理教育部重点实验室、树木发育与逆境生物学教育部重点实验室和森林作业特种装备教育部重点实验室。

（程雨萌　万国良）

【国有资产管理工作】 根据财政部和教育部要求，4～7月组织开展学校国有资产清查工作，制定《北京林业大学国有资产清查实施方案》《北京林业大学资产清查操作指南》，清查涉及资产总量约37亿元，聘请第三方审计机构全程参与，制定清查方案、监督清查、出具资产清查报告和审计报告，确保资产清查的专业、有效。

落实教育部国有资产专项检查整改工作，编写《北京林业大学关于国有资产专项检查发现问题整改情况的报告》，上报整改工作主体责任落实情况说明和整改落实情况表。

印发《关于开展固定资产实时清点工作的通知》，建立固定资产实时清点与定期核查相结合的资产清点机制，确保学校的国有资产管理能够长效的保持账实相符。完善对账机制，建立“账账相符”长效机制，对学校大财务、后勤公司、附小3个财务独立核算单位的资产入账情况进行核对。与财务处协商，确定增加设备安装类在建工程，把不能一次性完成付款和验收的设备类资产先登记为在建工程，最终验收后进行转固。

9月19日，经学校第十八次党委常委会研究决定成立国有资产管理处。

根据2016年国有资产决算报告，学校资产总计405 344.77万元，固定资产196 996.96万元，负债20 150.86万元，净资产385 193.91万元；学校年初资产总计373 236.56万元，负债12 218.02万元，净资产361 018.54万元。2016年度学校净资产增长率为6.70%。全年共报废固定资产4058台件，价值3029.62万元，通过北京市产权交易所公开拍卖5批报废资产，上交学校财务处固定资产变价收入26.96万元，上报教育部备案核销处置报废资产12批次。

（李　傲　范朝阳）

【国有资产信息化建设】 2016年，国有资产管理系统进一步强化，增加固定资产实时清点模块，通过该模块完成2016年学校国有资产清查工作。系统与财务管理信息系统建立对接机制，与教育部行政事业单位资产管理系统对接。

（李　傲　范朝阳）

【大型仪器设备共享】 根据大型仪器设备开放共享系统监测统计：截至2016年12月，实验楼纯水系统为实验楼提供实验纯净水27 800升，平台入网大型仪器设备157台，213名老师的559名研究生预约使用，其中预约36 320次，使用10 752次，使用总机时284 685小时，计费机时40 134小时，总收费142万元，充值虚拟币167万元，使用142万元，结算58万元。根据科技部文件要求，总结汇报学校大型仪器设备开放共享平台建设情况，向国家网络管理平台上传学校仪器设备共享管理制度和单价50万元以上的39台大型仪器设备信息，初步实现与国家网络管理平台的系统对接工作。

（程雨萌　张睿超）

【学校分析测试平台建设】 4月，公共分析测试中心获得中国国家认证认可监督管理委员会检验检测机构资质认定证书(简称CMA)。目前，公共分析测试中心已具有CNAS和CMA两个资质。2016年公共分析测试中心承担5门研究生课程，完成课程改革。主持编写《电镜原理与应用》研究生实验教材1部，发表SCI论文3篇，ISTP论文1篇，获国家发明专利1项，核心期刊论文1篇。共接受校内外测试样品近20 000个，有效机时75 477小时，本年度对外开放有效机时75 477小时，样品数近20 000个，出具检测报告300份。

（程雨萌　孙月琴）

【设备采购】 开展学校2016～2017年度招标代理机构及进口代理机构的遴选工作，遴选出各4家招标代理机构、4家外贸代理机构。严格执行政府集中采购，2016年公开招标12次，其中委托国管局招标2次，委托代理机构公开招标10次。根据教育部通用耗材定点采购有关事宜的要求，把通用耗材纳入到政府采购范围内，委托国管局公开招标，完成学校部分宿舍楼空调的采购和安装工作。

（李　傲　李　青）

【仪器设备管理】 修订《北京林业大学仪器设备管理办法》，加强“谁领用，谁负责”的管理模式。全年共登记仪器设备类资产(包括设备、家具、汽车等)5405台件，价值4159.05万元，其中教学科研用仪器设备2372台件，价值3042.87万元，占总价值的73.1%；其中10万元以上36台件，价值1390.40万元，占教学科研设备总价值的45.7%。

（李　傲　范朝阳）

【化学试剂管理】 颁布《北京林业大学科研实验室安全事故防范措施与应急预案》，重新修订《北京林业大学管制化学品管理办法》。对科研实验室的基本信息、危险源、风险评估进行备案。坚持施行月查制度，督促各科研类实验室做好安全稳定工作。组织在校的实验室工作人员参加安全教育培训讲座。协同各学院对科研实验室进行自查与整改。2016年全年申报化学试剂782千克，收取危险废物5796.2千克。获得“一种化学式安全管理柜”的发明专利一项。

（程雨萌　刘　洋）

基建与房产管理

【概　况】　基建房产处承担学校基本建设和房地产管理工作，下设综合科、工程管理科、造价管理科、房地产管理科和人防管理办公室。主要工作内容有制定基建及房地产管理规章制度、组织工程项目招投标、工程施工管理、公用房管理、周转房管理、房补发放等管理职能。

2016年，学校基本建设工作主要集中在学生食堂公寓工程建设、地下锅炉房工程建设、推进新校区建设工作和社区卫生服务中心(校医院)改造项目等。房地产管理工作主要是公用房资源优化配置改革、物业管理和供暖费改革、行政办公用房清理整改、房补发放、物业费及供暖费报销核算、周转房管理等。

（孟凡君　李亚军）

【学生食堂、公寓工程】　学生食堂公寓工程项目总建筑面积114 247平方米，是继学研中心工程后又一项改善办学条件、提升办学实力的工程。新建学生食堂、公寓工程按照既定目标实施，截至2016年年底，已完成室内二次结构墙砌筑、抹灰、腻子层施工；墙地砖、地面石材等湿作业工作；室内木门、防火门的安装工作；电梯厅墙面石材干挂、吊顶龙骨、石膏板的安装；外立面陶土板、铝板、玻璃幕墙、窗户的安装；地下车库耐磨地面施工，人防门安装；下沉庭院防水层及防水保护层施工；部分室外管线施工；机电设备、机电管线的安装等工作。该项目已两次高分通过结构长城杯金奖验收，基本达到“国优奖”标准，获得了“北京市文明安全样板工地”称号。

（孟凡君　刘雄军）

【地下锅炉房工程】　12月3日，学校地下锅炉房工程正式开工。该项目总建筑面积2190平方米，总投资5465万元，满足正在建设的学生宿舍和食堂供热需求，还将为学校今后长期发展预留出热源条件，是学校改善办学条件的一项保障工程。

（陈彦东　孟凡君）

【筹备社区卫生服务中心(校医院)改造项目】

为改善师生员工的就医条件，计划对现状东区办公楼(原四教)进行改造，改造后作为校医院使用。该项目建筑面积4600平方米，计划2018年改造完成并投入使用。该项目已取得环评批复，设计招标工作已经完成，目前正在根据校医院的使用需求进行平面布局和方案设计。为争取建设资金，按照学校的工作安排，该项目申报了2018年中央高校改善基本办学条件专项资金。

（陈彦东　孟凡君）

【新校区建设工作】　参与新校区的申报工作，对用地规模、建设规模、投资规模进行测算，完成新校区申报文本的编写、上报以及与教育部相关部门的沟通工作，解决制约学校发展的基本办学条件瓶颈问题。

（陈桂成　孟凡君）

【启动公用房资源优化配置改革】　起草《北京林业大学公用房管理改革方案》，对全校135栋建筑物、10 283个房间进行了实地测量，并绘制完成CAD图纸，开发完成与改革相配套的房地产管理信息系统。上半年配合学校资产清查小组清查房屋建筑物及土地固定资产，以此作为依据，进一步完善公用房和土地信息。着手研究学生食堂、公寓建成后，对部分办公用房使用配置进行优化调整，在满足基本办公需要的前提下向教学和科研倾斜。

（柴　宁　孟凡君）

【物业管理和供暖费改革】　加强保障体系建设，做好物业管理和供暖费改革落实工作。按照五部委联合下发的《关于在京中央和国家机关职工住宅区物业管理和供热采暖改革的意见》要求，编制完成学校物业管理和供暖改革实施方案，成立“住宅物业服务和供热采暖改革工作领导小组”，对学校物业服务和供暖补贴发放工作进行专题研究。逐项检查第一批发放的1438名教职工的信息，并制作表格请每位教职工进行核实确认，截至12月底，为1435人发放物业服务和采暖补贴1375.78万元。与总务处完成柏儒苑小区、校内东西家属区供暖费收取工作交接，开始产权人应发物业服务和采暖补贴测算和核对工作。

（孟凡君　柴　宁）

【公用房资源配置改革】 出台《北京林业大学公用房管理改革方案》，对全校 135 栋建筑物、10 283 个房间进行了实地测量，绘制完成 CAD 图纸，开发完成了与改革相配套的房地产管理信息系统。配合学校资产清查小组清查房屋建筑物及土地固定资产，完善公用房和土地信息。调整新建学生食堂、公寓部分办公用房使用配置，在满足基本办公需要的前提下向教学和科研倾斜。

规范学校行政办公用房配备工作。落实教育部党组第二巡视组巡视学校的有关要求，明确学校行政办公用房配备问题，要求各单位重新对照通知要求规范行政办公用房管理和使用，做到立行立改。准备学研中心、柏儒苑二期房产证材料办理，学研中心进行确权以及人防产权备案工作，柏儒苑二期进行测绘数据备案的准备工作。

（孟凡君　柴　宁）

【住房管理】 维修改造部分周转房，为 2016 年入职的新教工提供床位 36 个；加强周转房的安全检查工作，落实全面检查方案，确保周转住房无安全事故发生；完成 16 套周转住房的配租工作。本年度为 1065 名教职工发放住房补贴和安置费共计 1746.81 万元。（孟凡君　柴　宁）

【内部管理】 加强政治业务学习，多次开展培训和研讨活动，并到其他高校进行学习调研。深化基建和房产管理综合改革，完成基本建设制度的修订并正式发布。（陈桂成　孟凡君）

总务管理

【概　况】 2015 年 12 月 17 日，总务与产业管理处更名为总务处。现有事业编制职工 12 人，非事业编制职工 28 人。下设节能办公室、物业管理科、环境科和修缮科，主要工作内容有节能管理、校园环境建设、校园维修和办公区域物业管理；代表学校，作为甲方负责监督管理综合服务公司的工作，同时配合学校招标领导小组，做好学校修缮服务类招标组织工作。

2016 年，总务工作以校园环境综合治理、节能技改、维修改造、物业管理为工作重心，加强日常能源管理和校园绿化美化管理，继续推进校园环境改造建设和节约型校园建设，为全校师生教学、科研、学习、生活以及学校综合改革提供基础保障。（许红芹　刘雄军）

【节能工作】 制订学校能源管理规划及节能技改方案，管理监督能源使用及其运载设备、设施的运行，进行能源数据统计分析以及水电暖费用的收缴工作。

日常管理工作　2016 年，全校年用水量 82.66 万吨，年用电量 3144 万度、折合标煤 3864.85 吨，年用燃气 510.09 万立方米，汽油 3.29 万升。能源消费总计折合 10 922.35 吨标准煤。

准确把握政府节能政策支持，争取节能经费申请获批电力需求侧节能改造奖励资金 3 万余元。6 月，申请获批国管局节能开水器 47 台。8 月，成功申请中国教育后勤协会《高校能源与碳排放管理体系建设研究》课题立项。11 月，获批教育部学校规划建设发展中心《能效领跑者示范项目》建设试点单位。

积极开展宣传活动，提高师生节能意识。6 月，结合全国节能宣传周，以“坚持节水优先，建设海绵城市”为主题，开展节能宣传周系列活动。旨在增强师生的环保意识，养成节约资源的良好习惯。学校绿手指环保社团作为发起单位组织参加“中国绿色校园社团联盟”组建新闻发布会。

推进精细化管理，完成 2012 年以来采购的电磁开水器账目清算，签订维保合同，加强监督管理，做好开水器维保及滤芯更换工作，切实保障师生的饮水安全。将新装浴室及开水器的刷卡设备移交信息中心管理，解决了刷卡器频繁出现故障影响师生使用的困扰。完成柏儒苑配电室高压设备监测与分项计量表计安装工程，实现柏儒苑一期和二期家属区电费单独核算费用。及时完成教育部、国管局、市发改委及市教委等部门要求的月报、季度报和半年报数据报表的上报工作。完善校内部分二级计量水表、三级绿化水表以及实验楼分户计量电表，保证学校能源计量系统的完整性；继续推进学校二级单位能耗定额管理的试点工作，试点已从图书馆、教学楼建筑扩展到部分学院楼宇。

重点改造工程 箱式变电站改造工程，6月，箱式变电站改造工程在校内进行招标，由盛隆电气集团电力工程有限公司进行施工。8月31日竣工，该工程主要更换了两套(4台)高压开关柜和5个断路器，解决了操场箱变所辖供电区域与西家属区的电力保障隐患问题。

静淑苑小区供暖管线改造工程，9月，通过校内竞争性磋商方式从中央政府采购网目录中选定了施工单位，由北京八达岭金宸建筑有限公司进行施工。10月底竣工，该工程对静淑苑小区所有楼宇的室外入户管线和阀门等供暖设施进行维修更换，为外供小区的供暖移交提供了基础保障。

锅炉低氮改造工程 10月，锅炉低氮改造工程在校内进行招标，由北京福诺维得能源技术有限公司进行施工，竣工后将实现西浴室和苗圃锅炉房氮排放量达到75毫克/立方米的标准，达到2017年北京市环保局关于氮排放浓度的要求。

供暖维修改造工程 供暖季结束后，先后对校区学生宿舍楼及食堂加工间的老旧供暖管线进行更换，对西家属区和苗圃区部分管线和阀门进行更换，将生物学院苗圃实习中心管道进行改造，接入北林科技供暖支线以保障实习中心的供暖，更新了苗圃锅炉房的燃气报警设备。

节能改造工作 教学楼空调控制系统与供暖智能控制系统升级项目。1月，完成教学楼分体空调控制系统与供暖智能控制系统升级改造工程，并通过验收。

校园地下管网信息管理系统建设工程 6月，校园地下官网信息管理系统建设工程竣工并通过验收。项目建成后，三维立体地下管网综合管理系统将更加直观、高效地服务于学校后勤管理工作。在新建食堂公寓项目施工、锅炉房施工设计、校园地下管网日常维修等工作中发挥了重要作用。

教学办公楼公共区域LED灯具改造工程 8月，从中央政府采购目录中供货商－北京恒星耀华节能技术服务有限公司集中采购了6800多套LED灯具，对16栋教学办公楼宇的公共区域照明进行改造，节电量达30%以上。

完成碳核查及履约工作 1月底，选定学校碳排放第三方核查公司3月初完成填报工作。5月中旬，以同时期最低价购买了1554吨碳指标，提前一个月完成履约。（满 达 刘雄军）

【校园环境建设工作】 负责全校绿化美化、校园公共区域的卫生保洁、垃圾清运。承担全校19万平方米的绿化养护、11.7万平方米的室外保洁任务。

绿化美化工作 2016年，完成校园绿地基础养护任务。春季重点开展补植和树木移栽工作，通过绿化优化工作保证校园绿地的完整性和绿化景点的美观性。完成综合楼东侧广场绿化苗木及景石移植；在校门、校内主要区域补种花草；重新设计图书馆西南角绿地；完成学生及教工宿舍区外墙爬山虎修剪工作；组织开展夏季病虫害防治、秋季清扫落叶、冬季树木防寒保护等养护工作；配合园林学院开展植物修剪实习；入秋后重点完成银杏大道的保护和美国白蛾第三代幼虫的防治工作；做好迎新的各项环境保障工作，组织清理环境死角，做好草坪、绿篱的修剪，更换调整花带、花池、花镜的种植。

银杏大道复壮工作 对银杏大道两侧银杏树开展定期浇水、施肥、除虫，在土壤周围铺洒树皮。着力解决西配楼屋顶花园使用问题。7月，委托有经验的防水队伍对西配楼屋顶花园进行防水修缮，解决了屋面雨落管堵塞、西侧和北侧外墙漏雨，屋面防水不足、防水层上卷高度不够、女儿墙未做滴水檐等问题。

清除体育场馒头柳安全隐患 多次召集养护单位和绿化专家进行论证，对景观带上的中空柳树进行箍圈、灌注水泥处理，并在冬季时对树木进行整体修建使冠形适当减小；对于角落、不具备景观效果的柳树，严重中空腐朽的申请伐除，可以加固保留的进行加固。

校园绿化养护工作交接 2016年与原单位的养护合同交接，为实现校园绿化和东西家属区绿化统一管理的既定目标，通过招标方式确定了新一年的绿化养护单位，并在原合同到期之前，平稳完成工作交接。

结合季节特点，组织开展夏季病虫害防治、秋季清扫落叶、冬季树木防寒保护等养护工作，重点完成美国白蛾第三代幼虫的防治工作。

环境卫生工作 分区划片责任到人，随时检查，全天保洁。对教学办公区等重点部位，加强日常管理与检查。

2016年，完成校园保洁任务。接管学研中心的环卫保洁管理工作，加强垃圾清运站的管理，强化教学办公区的校园环卫管理，细化东西家属区的保洁服务。注重基础工作，对日常的环卫保洁工作高要求、勤检查、严管理，抓细节，保证卫生质量，加强人员管理，为师生创造舒适健康的学习工作环境。

1～12月，积极响应《北京市控制吸烟条例》，净化育人环境，争创“无烟校园”，组织开展校园控烟及宣传工作，在校园中设置多处室外吸烟点，在各教学办公楼、学生公寓楼、学生餐厅等各类公众场所张贴控烟宣传海报、禁烟标识和《北京林业大学控烟公告》，在校内公共场所、工作场所的室内区域全面禁烟。11月，通过北京市爱卫会与卫生局的控烟检查。

1～12月，认真开展校园环卫保洁工作，加强对垃圾转运站、保洁公司等乙方工作的监督和管理，整体加强校园环卫管理，做好各教学办公楼内的保洁服务，为师生创造舒适健康的学习工作环境。

结合季节特点，适时开展夏季灭杀蚊蝇、秋季清理绿地、冬春季扫雪铲冰等工作，并长期进行小广告清理、爱国卫生宣传等专项工作。

（孟玲燕　刘雄军）

【校园维修】 负责学校年度重点修缮项目的资金申报，负责校内大中型修缮工程的全过程管理，根据国家法律法规及学校规定完善校园维修制度体系，负责组织实施中小型修缮改造工程。2016年年初，成立房屋维修、基础设施类项目方案制定领导小组，统筹协调校内年度房屋维修、基础设施类项目的申报组织及审议。制定《北京林业大学修缮、服务类项目采购招标规程》《修缮项目立项管理规程》，建立竣工结算、“初审＋终审”审计程序。

重点维修工程 完成学11、12楼电梯改造工程。1月，召集学生处，以及蒂森、三菱、东芝、奥的斯等知名厂家现场踏勘，研究制定项目实施方案，项目委托国采中心立项公开招标后实施。

完成体育场看台修缮改造工程，主要包括屋面防水新做、楼内卫生间更新改造、楼宇西立面渗水修缮、一层跑廊健身区改造、教室门更换等内容。经过学校采购小组评议，项目按照政府采购招标程序确定施工单位。经过紧张有序施工组织，项目在2016年暑假期间施工并于9月开学前顺利竣工。

完成科贸楼修缮改造工程，主要包括楼顶大字更新改造、校产楼防水新作、室外污水管道更新、给水主管道改造修缮、室外供暖管道修缮、新作室外化粪池及室内热水系统改造等内容。

中小型维修工程 完成西配楼阳光房改造项目，为信息学院增设一处排练场地、一处会议场地。完成二教卫生间小项维修，对部分空鼓严重，存在脱落安全隐患的区域进行排查复修。完成体育馆二层办公室粉刷、校内垃圾箱粉刷、环境楼氧气房制作项目，按期完成老干部门球场建设项目，在校园面积局促、活动空间有限的条件下，利用闲置空地为退休老同志新建一处室外门球场。完成环境楼隔音外窗改造项目，将剩余外窗改造后安装在环境楼二、三层办公室，有效解决隔音较差的问题。完成西配楼防水修缮排查项目，解决西配楼渗水问题。完成材料学院木工车间实验室修缮项目，主要包括更换苗圃教学实习区铁门、院内场地平整、防盗门更换、屋顶防水新作等内容；完成更换修缮学11楼北侧遮阳板、维修更换体育场水泵、修缮学4楼5层吊顶、检修学3楼女儿墙、三教地下室粉刷以及西配楼粉刷等项目。

（邓立奇　刘雄军）

【校园综合治理工作】 持续推进物流服务中心建设。随着校内快件量持续增长，目前快递格口数量已难以满足使用需求。为解决快递格口容量不足的问题，在西区学5楼南侧新增1040个格口，使快递接纳能力提升了将近50%。

6月，全面启动校园迎汛、防汛工作，及时调整防汛工作领导小组，修改补充防汛工作方案，组织召开防汛工作协调会，分解任务，布置工作，明确责任，准备防汛物资，灌装800个防汛沙袋，分送到各单位。同时统计校园枯死树木，申报伐除手续，重点做好枯死树木的清理和危险树木的支撑工作。（邓立奇　刘雄军）

【招标组织工作】 作为修缮和服务招标组长单位，负责组织房屋修缮、拆改建、基础设施改造与校园环境整治工程的设计、施工、监理及主要工程材料的招标工作。

1月，组织学11、12号楼智能电表改造工程招标，经专家评审，北京北方瑞德仪器仪表有限公司中标；组织学11、12号楼无线网建设工程招标，经专家评审，北京浩普诚华科技有限公司中标。

2月，组织蹲便节水器改造工程竞争性谈判，经专家组谈判，由北京金禾元节能技术有限公司承做。

3月，组织2016、2017工程服务类机构（招标代理）遴选项目，经专家评审，中建精诚工程咨询有限公司、中钢招标有限公司、新华招标有限公司三家单位入围；组织2016、2017工程服务类机构（设计）遴选项目，经专家评审，北京中建恒基工程设计有限公司、中建一局集团装饰工程有限公司、北京新纪元建筑工程设计有限公司三家单位入围；组织2016、2017工程服务类机构（造价咨询）遴选项目，经专家评审，天职（北京）国际工程项目管理有限公司、华诚博远（北京）投资顾问有限公司、北京筑标建设工程咨询有限公司三家单位入围；组织2016、2017工程服务类机构（监理）遴选项目，经专家评审，北京中协成建监理有限责任公司、北京高屋工程咨询监理有限责任公司、北京华捷工程建设管理有限公司三家单位入围；组织校园绿化养护工程招标，经专家评审，北京北林科技股份有限公司中标；组织校园停车管理服务项目招标，经专家评审，北京市海岸停车管理有限责任公司中标。

4月，组织2016年国有资产清查审计项目社会中介机构遴选，经专家评审，中证天通会计师事务所中标；组织教工体检医疗机构奇谈项目，经专家评审，由慈铭专业体检中心承接。

7月，组织操场看台修缮改造工程招标，经专家评审，神州必晟建设发展有限公司中标；组织实验楼污水处理站改造工程招标，经专家评审，博天环境集团股份有限公司招标，后该公司解除合同，由北京金凯达水务工程有限公司施工；组织箱式变电改造工程招标，经专家评审，盛隆电气集团电力工程有限公司中标。

9月，组织科贸楼改造工程招标，经专家评审，北京市市政一建工程有限责任公司中标；组织静淑苑小区供暖管线改造工程招标，经专家评审，北京八达岭金宸建筑有限公司中标。10月，组织锅炉设备低氮改造工程招标，经专家评审，北京福诺维得能源技术有限公司中标。组织学8楼无线网建设工程招标，经专家评审，北京同天科技有限公司中标。

12月，完成北京林业大学学生军训汽车租赁项目采购，采用政府采购电子反拍方式确定，此方式是学校购买汽车租赁服务招标的首次尝试；委托中央机关国家政府采购中心完成北京林业大学消防维保服务项目招标工作，项目包括保卫处2017年、2018年度消防维保服务、2017～2019年度灭火器检修服务、2017～2019年度电消检服务3个包；委托招标代理公司完成北京林业大学附属小学科普读物设计出版项目招标工作；委托招标代理公司完成北京林业大学附属小学校园宣传片设计项目招标工作。

（许红芹　刘雄军）

【物业化管理】 负责教学办公区17栋楼宇的物业管理工作。管理监督物业公司做好所辖楼宇的设备设施的维修维护和楼内保洁，物业服务面积达23万平方米。

日常监管工作 按照物业合同的服务标准从物业人员的上岗资质、保洁及维修方面进行定期检查，发现问题及时提出整改意见，复查整改结果，对严重违规事件进行处罚，对处理突发事件结果良好的予以奖励，奖罚结合，有效管理。

保洁工作 教学区17栋楼宇公区全年大清扫48次。包括墙面、玻璃、地面（洗地机）、楼梯台阶的清理，卫生间大清扫6次。

维修工作 教学区总维修7145次，电气类维修2058次、水暖类维修2034次、土木类维修

889 次、综合类维修 2164 次，清洗风机盘管 1235 套，清洗排风扇 214 组，清洗浴室水龙头 586 个，清洗灯罩及格栅 5031 件，清洗空调 8 台。

其他，会议服务 278 次，报告厅(含学研中心、二教、图书馆)使用 315 次，应对跑水、停电、电梯困人各项突发事件 50 起。

大设备规范管理 监督空调维保公司和物业公司完成教学区 8 个中央空调机组的维修、保养及运行工作，保障中央空调正常运行。4 月，完成中央空调开机前的设备清洗工作，其中对 8 台机组及 3 组冷却塔 56 640 片填料进行清洗。

监督电梯维保公司和物业公司完成 27 部电梯的半月保、月保、季度保的专业保养，27 部电梯全部年检合格，保障电梯安全运行。

(王　毅　刘雄军)

产业工作

【概　况】 北京林业大学的经营性资产组成，主要包括北京林大资产经营有限公司、北京林大林业科技股份有限公司、北林科技园有限公司、北京林和物业有限公司、北林先进生态环保技术研究院有限公司以及北林宾馆、北林印刷厂、京林加油站等 9 家企业。截至 12 月 31 日，资产总计约 101 134.34 万元，合并净利润额 8672.94 万元，实现国有资产保值增值。

【科技产业管理】 2016 年，校办科技产业继续完善产业管理体系建设，规范治理结构，强化制度建设与实施，截至 2016 年年底，校办科技产业实现总产值 9.6 亿元。

【北京林大资产经营有限公司】 北京林大资产经营有限公司是由北京林业大学出资设立的法人独资有限责任公司，注册资本人民币 3000 万元，主营业务是国有资本、股权的经营和管理。公司主要职责是代表学校管理、持有所投资企业的股权，对北京林业大学授权经营的国有资产完成保值增值任务。

6 月，根据学校党委常委会决议，启动北京林大林业科技股份有限公司股份减持工作。经过学校决策、资产评估、教育部备案等工作，按照学校股权减持领导小组批示确定的交易条件及挂牌价格，在北京产权交易所挂牌公示，征集到唯一受让方——宁波联泰至盛投资管理合伙企业(有限合伙)。

10 月，与宁波联泰至盛投资管理合伙企业(有限合伙)签署《产权交易合同》，将北京林大林业科技股份有限公司 1000 万股，转让给宁波联泰至盛投资管理合伙企业(有限合伙)。

【北京林大林业科技股份有限公司】 6 月，连续 9 年被北京市园林绿化行业协会授予“AAAA”诚信企业称号。

10 月，获得商务部颁发的 2016 年度“企业诚信 3A”证书、2016 年度“中关村信用双百企业”。

10 月，由北林科技承建的“北京市昌平区北七家镇公建混合住宅用地(配套公共租赁住房)项目景观工程总承包工程”获北京市园林绿化局、北京市园林绿化行业协会颁发的“2016 年度园林绿化优质工程”奖。

【北京北林科技园有限公司】 2016 年，科技园党建平台获得资金补贴 5 万元，发展 12 名党员，组织开展多次“两学一做”讨论会。

2016 年，北京市怀柔区平原造林地块林下经济产业技术示范区建设完成以下工作。

林下种植 413 333 平方米，其中栽植及花卉育苗 386 666 平方米，包括太行菊系列、北京夏菊系、押花花材及园艺花材等 106 个品种；种植药材 2666 平方米，包括黄芩、射干、丹参、石竹、黄精等 28 个品种。

汇集北京林业大学、北京农林科学院等 8 家高校科研单位，专家教授 30 余人完成示范平台搭建工作，承接科研项目 3 项，落地科研成果 5 项，优新品种 30 余种。

完成林木管护配套设施建设，购置林木管护机械 20 余套，组建技术人员和村内劳动力相结合的施工队伍，林下节水灌溉设施铺设 466 666 平方米，更新浇灌井3眼及附属配套井房，有效提升示范区林木养护水、肥使用频次和管护效果。

孵化专业种植合作社(北京上台子种植专业合作社)，促进当地农民就业，合作社发展录入农户44户、社员75人，帮扶种植金花葵、金银花、黄芩533 333平方米，发展野山参1 333 333平方米。

示范区项目自实施建设以来，农忙季节园区内提供就业岗位日均120个，非农忙季节日均40个，累计雇佣本地劳动力20 000多人次，日均58人次，其中前辛庄村日均42人次，北宅及后辛庄村日均16人次，直接发放劳务费用200多万元。

2016年，科技园获得多项奖励。3月，获北京市科学技术委员会授予“北京市众创空间”称号；5月，获首都科技志愿服务联合会授予“首都科技志愿服务站”称号；6月，获北京市科委“创新创业服务建设促进专项资金”40万元；7月，获中关村管委会“中关村创业服务平台支持资金”15万元；11月，获北京市人社局授予“北京市创业孵化示范基地”称号及支持资金4.5万元；12月，获北京市经信委“北京市小企业创业基地奖励资金”200万元。

【北京北林先进生态环保技术研究院有限公司】 2016年，研究院制定技术转移中心的建设方案，发挥其作为国家技术转移示范机构的示范带动作用，探索大学与社会企业之间实现技术转移的模式和途径，初步建立了研究院实现技术转移的机制和体制，拟定了技术转移基本规章制度，为进一步开展技术转移中心的建设开展了基础性的工作。

研究院完成70名硕、博士研究生的培养工作，培养方向包括林业、保护区、食品加工与安全、工程硕士、软件工程、林业工程、风景园林、国际商务、会计、环境工程等专业，以科技园、产业研究院为依托，采用校企双导师制，进行产学研联合培养，为企业定向培养专业化，应用型人才。

依托生态环保学科优势和行业龙头企业、机构合作，从园林绿化及生态环境治理方面入手，并结合协同创新平台、产业链上下游企业，推动北京市怀柔区林下经济产业技术示范区建设，完成林下种植317 200平方米。

2016年，研究院获得多项奖励。6月，获海淀园管委会支持资金80万元；10月，获中关村支持研究院发展的专项资金165万元。研究院通过与入园大型企业共建研发中心，实现园区内企业与学校的实验室、科技成果和技术服务平台的资源共享。2016年，研究院为学校吸引企业横向科研经费470万元。 (蔡　飞　徐　军)

后勤服务

【总公司】 后勤服务总公司(以下简称总公司)成立于2000年5月，职责是为学校提供安全高效的餐饮、学生公寓、幼教、超市等后勤保障服务，实行主管校长领导下的总经理负责制，按照事企分开、两权分离、产权明晰、权责明确原则，实行公益性全成本服务，下设行政部、财务部2个部，饮食服务、学生公寓、幼儿园3个中心，拥有固定资产1037.4万元(不含房屋建筑和公寓家具)，共有正式职工19人，退休返聘职工9人，劳务派遣职工9人，合同制职工479人(包括合作经营餐厅员工190人)，其中，研究生学历1人、大学学历36人、大专学历33人；正高职1人、副高职3人、中职13人；高级技师2人、技师6人。

管理平台 完成内部审核和管理评审工作，通过中安质环认证中心监督审核；通过海淀区食药局食品卫生场所/管理A二星和B三星年度复验；通过一级一类幼儿园复检验收并被评为海淀区级示范幼儿园；持续推进标准化食堂、标准化学生公寓建设。各单位不断强化“五T”现场管理平台建设，推进精细化管理，总公司评选了“五T”先进集体和个人。

改善条件 2016年，总公司共投入260万元改善后勤服务条件，其中饮食服务中心全年共投入200万元对电梯、电子监控等基础设施进行维保，添置电瓶车等办伙设备，并配合学校信息部门完成售饭系统的改造升级；学生公寓中心配合学校为所有学生宿舍加装了空调，为部分宿舍更换家具、空调、清洗感烟探测器；幼儿园投入60万元用于户外活动场地翻新、校园环境绿化美化、户外墙体设置游戏功能、更换玩具、购买办公设备等。

队伍建设 调入水电高级技师1名。实施中层以上干部工作日志式管理。开展全员消防安全、食品卫生、交通安全培训各1次，邀请顾问赵相华作《规划人生立使命 天道酬勤长精神》励志报告1次。各单位组织“5T”现场管理、岗位履职、安全消防、炊事技术等行业知识和岗位技能培训41次。饮食服务中心进行第十六届炊事技术等级考核，共113人次参加。选派管理干部、业务骨干参加政府主管部门、行业协会组织的安全管理、伙食管理、烹饪技术、幼教管理、行业标准化等教育培训12次。做到全员持证上岗，依法用工，全员上全社会保险。总公司组织开展年度先进基层集体和个人评选活动，评选先进集体7个、先进个人42个。

民主管理 总公司定期通过伙委会、宿管会、家长会通报工作情况，积极解答学代会提案，举办饮食文化节、公寓文化节系列活动，由学生评选最佳食堂、十佳菜肴、十佳炊事员、物业之星。伙食原材料采购、工程和服务招标等重大事项主动向纪监委汇报并请监察处、工会、学生处等相关处室全程参加。安排专人每天关注校园网络论坛和网站邮箱，及时回复意见建议。幼儿园开展师德演讲比赛，评选师德标兵。坚持学生值班经理制度、家园联系册和家长会制度，引导学生参与后勤服务、加强自我管理。2016年，总公司共发放线下调查问卷3550份、线上调查问卷657份征求意见和建议，后勤服务满意率达到87.06%。

党建工作 后勤直属党支部共有党员21人。2016年，党支部按时完成换届选举工作。完成北京高校党员年终统计，通过听报告、讲党课、召开专题会议研读文件和讲话等形式开展“两学一做”学习教育活动23次。完成党费收缴工作专项检查，完成《支部建设规范手册》和《合格党员行为规范》的编制。对干部员工加强廉政教育，提高廉洁自律意识和拒腐防变能力，与各单位负责人签订“廉政建设责任书”。

校际交流 全年共有南京大学、武汉大学、湖南大学、华南师范大学、河南省寓专会、海淀区全区幼儿园保健医等数十所高校、单位前来参观学习。 （刘 鹤 李春启）

【饮食服务中心】 饮食服务中心（以下简称中心）负责全校师生的餐饮保障工作，下设办公室、采购部、维修部、总库房、微机室5个部门和学生一食堂、学生二食堂、学生三食堂、清真食堂、风味餐厅、沁园食堂、莘园餐厅7个食堂餐厅以及超市，拥有员工393人，其中，学校编制正式工9人、劳务派遣职工5人、退休返聘职工3人、中心所属合同工179人、合作经营餐厅员工190人；高级技师2人、技师6人；高级厨师60人、中级厨师50人，全年营业收入6300万元，承担全校2.4万名师生员工的餐饮服务。

稳定伙食价格 继续贯彻实行精简高效、强化管理、节能降耗、严格核算、品种调剂、合理用工等措施，坚持倒挂成本补贴办伙举措，动用政府补贴和往年积累补贴270万元，以保持饭菜价格基本稳定。

联合采购 完成2017年度蔬菜供应商的招标工作。积极参与北京高校第十七届和十八届伙联采、农校对接直供基地建设等工作，主要办伙原材料均从联采和基地平台采购，坚持“质量第一，价格第二，安全卫生一票否决”的采购原则，全年伙食原材料采购金额2246万元。坚持采购过程与库管过程分开的管理机制。

烹饪大赛 11月，举办第十六届炊事技术等级考核暨全员烹饪大赛，共有113人次参加（其中，合作经营餐厅15人），比赛项目包括主食、副食、冷荤、切菜，考核成绩与员工岗位、报酬挂钩。

改善服务条件 全年中心共投入200万元对电梯、电子监控、灶具等基础设施设备进行日常维保，添置电瓶车，为员工宿舍修补屋顶。

新食堂建设 配合基建部门完善新餐饮大楼的地砖、下水道篦子、燃气管线、水电点位调整、明厨亮灶观察窗、灯箱片、教工餐厅和招待餐厅装修等施工方案，并于6月完成设施设备的中央高校专项资金申报。

社会工作 饮食服务中心承办了中国教育后勤协会伙食专业委员会30周年庆典筹备会。

顾问赵相华被教育部学校建设与规划发展中心聘为专家，并受市教委委托带领相关团队主持起草2016版标准化食堂标准，作为教委文件下发高校执行；受邀在全国高校清真食堂管理高峰论坛、全国伙专会年会等会议上作主旨报告；受中国教育后勤协会委托主持编纂全国伙专会30周年庆典论文集，并公开出版；负责组建全国伙专会专家委员会。（刘　鹤　李春启）

【学生公寓中心】　学校现有11栋学生公寓，总建筑面积15.52万平方米，入住学生18 000人。学生公寓中心承担了其中9栋本科生和研究生公寓的物业管理和服务，建筑面积10.48万平方米，入住学生约13 000人。学生公寓中心下设办公室、质量监督检查部、高层公寓管理部、多层公寓管理部。拥有员工97人，其中，正式工2人、退休返聘1人、合同工及劳务人员77人、保安员16人。组建5支管理服务队伍，即管理员（兼消防中控）、值班员、保洁员、电梯司机、保安员队伍。

日常服务　依托ISO 9001质量管理体系、标准化公寓管理、“五T”现场管理平台，通过规范工作流程、定期与不定期检查、业务知识培训、狠抓管理、全天候值班、天天检查考核等精细化管理措施，促进门岗值班、楼宇保洁、电梯服务、安全管理、中控值班、设施设备维护、工程维修监管等日常管理服务工作有序开展，全年未发生安全责任事故。完成学生公寓中心第4版制度汇编的全面修订工作。完成本年度毕业生离校和迎接新生各项工作任务。

工程监管　配合学校对低层学生公寓楼进行电力增容改造，为西区学生公寓2285个房间加装了空调，配合厂家逐个房间进行安装调试，全程监管施工安全、协调各项工作，已于6月1日投入使用。6月，对学10号楼的607间宿舍空调进行了全部扩容更新，彻底解决学10号楼频繁跳闸的问题。配合厂家做好暑期学生公寓维修改造工作，对学7号楼新生房间进行粉刷、学7号公寓楼23层自习室进行改造装修，更换学7号、8号楼的新生房间家具等。

安全工作　层层签订2016年度安全责任书，执行安全检查及考核制度，实行值班员日检、主管巡检、部门经理周检、中心抽检的四重安全检查措施。定期开展消防安全、业务知识等方面的学习培训，全年共派出8人次参加校外安全和业务知识培训，自行组织员工消防、电梯、防恐演练6次。学生公寓中心自2016年起参与学生宿舍内的日常安全卫生情况检查。由公寓主管（或管理员）、保安员、学生助管组成学生宿舍检查小组，每周一次对所属全部宿舍进行安全卫生检查，并将查出的违章电器、无人充电、脏乱差宿舍及时反馈给学生处及各院系。配合院系辅导员做好学生的思想教育、安全稳定工作，及时报告、处理各类突发事件和紧急事件58起，本年度及时发现并有效处置违章电器引发的火情2起。配合学校履行对电梯运行的监管职责，做好对所属12部电梯年检工作，全部取得合格证。配合维保单位对学7号、10号楼电梯进行维修改造，涉及四大类共计12项，确保电梯安全稳定运行。配合保卫处对学1号、2号、4号、5号、6号楼的感烟探测器进行清洗，提高了感烟探测器的灵敏度，增强了设备的安全防范能力。对学生7号、10号楼的屋面防水进行维修，使电梯机房漏水的安全隐患得以排除。

民主管理　通过值班窗口、学生提案、公寓例会、网络、顾客满意率调查等方式，了解学生需求，关注学生动态，积极采取管理服务和应急措施；接待10所京内外高校及行业协会同行的参观、考察与交流工作；配合学生处做好学生的思想教育工作，重点关注少数民族学生、问题学生，强调文明服务、温馨服务，避免与学生发生冲突；与学生处联合举办第十五届“公寓文化节”系列活动，经过学生代表投票评选，学生公寓中心有6名管理员获“先进或优秀管理员”称号，并分获一、二、三等奖；与学生处密切配合，每日沟通交流信息，及时反馈情况、反映问题、听取意见和建议；定期参加保卫处的例会，了解安全形势和治安要点，及时向各公寓楼反馈情况。（李慧丽　李春启）

【幼儿园】　幼儿园负责全校教职工二代、三代幼儿的保教工作。现有教职工53人，其中，正式职工6人、合同工47人，区级学科带头人1人、区级骨干教师3人，带班教师中80%为大专以上学历。现有10个教学班，在园幼儿350人。

管理工作 幼儿园领导班子成员团结协作，各司其职，创新工作，处处为教职工做表率。加强制度建设，印制新版制度。推进“五 T”现场管理，修改“五 T”标准、印制员工手册，学习“五 T”标准，全员参与，严格执行。以高分通过“五 T”年度验收。顺利通过海淀区督学工作、北京市一级一类幼儿园复检验收工作，完成海淀区区级示范园验收工作。

硬件条件 幼儿园投入 5 万元购买办公设备，改善办公条件。投入 55 万元更换户外大型玩具，满足幼儿发展需求。完成楼道美化、户外活动场地翻新、校园环境绿化等工作。

家长工作 通过多种途径与家长进行沟通，使用飞信、短信、QQ 等媒介发放通知，通过家园联系册、家长会，让家长了解幼儿园的作息时间、保教内容、安全教育内容，通过组织家长开放活动、让家长观摩教学活动，以及幼儿的表现、让家长了解孩子在幼儿园一学期来的生活、学习上的收获。利用网站、宣传橱窗、家园联系栏，向家长广泛介绍，保教、安全等方面的知识。开展幼儿自助餐、大班毕业典礼、家长开放日等活动。

安全工作 修改完善安全管理制度和应急预案，与全体员工签订安全责任书，把责任落实到人。坚持每日离岗的安全自查、行政值班复查、玩具安全检查、园舍安全检查、机械设备安全检查。早入园晚离园高峰时段大门口行政人员值班，家长接送幼儿刷卡入园。加强安全宣教，开展安全教育活动，提高全体教职工安全意识。班级开展安全教育活动，使幼儿了解一些安全知识，掌握一些安全常识及自救方法。严把食品安全质量关、出入关，保证饮食安全。

卫生保健工作 加强卫生消毒传染病防控工作的检查与指导的力度。做好全园幼儿计划免疫的查漏补种、接种工作。保证每个适龄幼儿能按时得到接种，保证计划内免疫接种率达到国家要求。做好各项健康检查工作，严格执行健康体检制度。开展家园互动活动，制作保护牙齿图书并在园内进行交流展示。班级在日常工作中落实“五 T”现场管理，物品摆放规范有序，所有物品有名有家，确保各岗位人员工作流程化、规范化、工作习惯制度化，被食品药品监督管理所树为标杆，由 B 级升级为 A 两星。本年度迎接 10 所姐妹园 100 余人次参观我园班级和食堂“五 T”现场管理，完成海淀区托幼园所卫生保健观摩活动。 （王 春 李春启）

综合服务

【概 况】 综合服务公司是学校进一步深化后勤社会化改革后的后勤服务实体单位，实行企业化运行管理，独立核算，自负盈亏。下设日常维修、修缮工程、茶浴供暖、交通服务 4 个中心。公司按照企业化模式运行，接受学校委托的服务事项，达到相应的服务标准或工作要求。主要负责学校委托的房屋、机电设备、道路、供水供电系统、排水排污系统、供暖系统等维护保养及小修；校内重点修缮工程；茶浴锅炉房的运行管理；冬季采暖；交通服务；毕业生行李发送，新生行李接取发放；寒、暑假学生火车票团购以及完成学校交办的其他工作。

现有职工 35 人，其中在编职工 8 人，非在编员工 27 人；副高级职称 2 人，技师 4 人；大学学历 3 人，大专学历 3 人，中专学历 1 人；中共党员 5 人。

【队伍建设】 公司重视队伍建设与人才培养。1 月 22 日，公司邀请海淀交通支队及清河消防中队警官为全体员工进行交通安全及消防安全知识培训；8 月 31 日，邀请海淀交通支队清河交通队事故处理警官为公司全体驾驶员进行安全驾驶及事故预防培训；邀请厦门金旅汽车售后服务技术工程师为公司驾驶员进行驾驶操作及维护保养培训并进行实操演示。

张全玉等 2 人参加北京建筑节能供暖专业协会培训，23 人次参加电工、司炉工、水质化验、汽车驾驶员等特殊工种资质培训及审验。

【党建与团群工作】 加强党支部建设，开展践行“两学一做”主题活动，学习宣传贯彻全国高校思想政治工作会议精神和习近平总书记的系列讲话精神，积极发挥党支部的政治核心和战斗堡垒作用；向党委述职基层党建工作。

党支部组织党员和积极分子开展特色活动；2名入党积极分子列入发展计划。

学习贯彻群团会议精神，服务会员；积极参与学校工会组织的各项活动，以工会小组为单位开展各类文体活动。（李义方　赵桂梅）

【日常维修中心】 日常维修中心现有在编员工1人，非在编员工12人。2016年，共完成日常维修任务20 000余项，派工21 000余人次。负责合同范围内317 475平方米校舍的水、电、暖、设施、设备，道路、场院等维护维修；负责301 985.7平方米供暖设施维护小修，管道总长共计7315米（单管），管井161个，阀门257个，直埋管2384米；维修维护室外下水管道4000米、地井755个、雨水篦子617个、化粪池110个、路灯243盏、草坪灯255盏；负责校园内广场及路面的检修和保养工作，沥青路面11 243.6平方米，人车混行大理石路面29 262.75平方米，水泥路面1372平方米，人行道32 908.7平方米，校园内大小广场约22 780平方米；主楼"北京林业大学"LED发光字保洁和照明维护工作。

2016年，日常维修中心在保证学校基础设施、设备正常运行前提下，完成学7楼21、22、23层宿舍粉刷，主楼自来水管线更换，新建锅炉房自来水改线，行政楼东侧花园渗水砖拆除，图书馆北侧路面加宽，学3楼暖气管更换，学11、12楼维修，眷3号、4号楼和体育部楼顶防水层更新等任务。（李喜才　赵桂梅）

【修缮工程中心】 修缮工程中心现有在编员工2人。主要负责学校重点修缮工程的施工方案设计、施工材料选购、施工队伍组织、施工现场管理、工程预算、工程结算等工作。2016年完成一教北侧污水井的改造工程、学校二教污水井及管道改造工程，图书馆西南角污水井改造工程、基建周转房维修等。共完成工程82.3万元。协助日常维修中心编制工程预、决算30多项并绘制工程竣工示意图。（李义方　赵桂梅）

【茶浴供暖中心】 茶浴供暖中心现有在编员工4人，非在编员工4人，季节司炉工4人，中心下辖茶浴室和供暖锅炉房两个部门。负责学校浴室锅炉房运行管理，为师生提供了120多万人次的洗澡服务；冬季采暖，完成478 274平方米（校外117 687平方米）供暖任务；寒暑期学生火车票团购及新生行李接取、毕业生行李托运服务。

2015～2016年度安全达标供暖131天，比上一个供暖季多8天，供暖季燃气用量4 264 907立方米、单方气耗8.92立方米/季·平方米，用水量9265吨、单方水耗19.37千克/季·平方米。

2016年完成新生行李接取850件，毕业生行李托运2300件，车票预定300余张。

（张全玉　赵桂梅）

【交通服务中心】 交通服务中心人员编制，在编员工1人，非在编员工11人。大型客车13辆，小型车辆10辆，开通有回龙观、西三旗、亚运村3条班车线路，共4辆班车，开通教学实习基地50多条线路，2016年固定资产达14 101 446.23元。

全年共出动9461车次，安全行驶约38.97万千米，运送师生340 230人次。其中接送教职员工上下班1401车次，运送140 420人次；接送学生往返教学实习基地6005车次，运送177 190人次；会议、迎新送旧、科研课题、生活用车等2055车次，运送22 620人次。

2016年，自筹资金85万元更新2台车辆（55座大客车和10座面包车）。

2016年，学校已连续12年被授予"海淀高校系统交通安全先进单位"荣誉称号。肖安、张桂芬被授予海淀区高校系统"优秀驾驶员"荣誉称号；赵桂梅被海淀区交通安全委员会授予"优秀管理干部"荣誉称号；赵桂梅被授予北京林业大学"优秀共产党员"荣誉称号。

（艾胜兰　赵桂梅）

校友联络和教育基金会

【概　况】 校友工作办公室负责校友会和教育基金会工作。现有专职工作人员3人。北京林业大学校友会(以下简称“校友会”)于2014年2月11日在民政部注册，属于社会团体，注册资金10万元。已成立22个地区校友会，12个学院分别成立北京校友会。2006年，开始编印校友简报，共编印15期，2009年更名为《北林校友》，共编印33期，向全国各地校友免费邮寄，截至12月31日，已寄发45.2万册。2007年，建立校友会网站及校友数据库，现已收集11万余名校友资料，并实现信息化管理。自2009年起，每两年召开1次校友工作会议，交流各地校友会工作开展情况及经验；建立校友工作联络员制度，在毕业班设立班级、专业、学院和学校校友工作联络员，每年召开毕业生校友工作联络员聘任大会。

北京林业大学教育基金会(以下简称“教育基金会”)于2006年在北京市民政局注册，属非公募基金会，注册资金200万元。教育基金会为学校发展提供资源，围绕人才、教学、科研等学校中心工作，开展大量奖学、助学、奖教、助教等公益慈善活动。2016年，收入1245.20万元，自成立至2016年12月31日，累计收入15 352.79万元，其中，捐赠收入、投资收益及利息收入总计10 399.79万元，财政部、教育部配比资金4953万元，总支出5301.05万元，受益人数13 857人次。　（李永花　王　平）

【校友会年检】 5月，根据《民政部关于开展全国性社会团2015年年度检查的函》的要求，准备并报送各项年审材料；11月，通过民政部年检审核。同时，按上级主管单位要求，完成《北京林业大学校友会调研报告》，并提交教育部社团管理办公室。　（崔建国　王　平）

【校友会建设】

组织建设　校友会在2016届本科生和研究生毕业班级中推举和聘任186名校友工作联络员，在校友工作联络员聘任仪式上，校友工作办公室主任王平宣读聘任决定以及校友工作联络员的权利与义务，副校长张闯向联络员颁发聘书并讲话。

文化建设　从2011年开始，校友会为每一名毕业生制作纪念T恤，2016年向4700余名毕业生赠送纪念T恤。毕业生纪念T恤的设计是将校徽中的主题元素提取出来，并选取手绘风格的花卉和绿植加以运用，形成花枝绿叶从校徽中生长蔓延的视觉效果，表现毕业生们在北林这片沃土上，从破壤萌芽到枝繁叶茂然后欣然绽放的成长过程。

信息化建设　为拓宽校友捐赠渠道、丰富校友活动信息发布、提高校友工作网络化程度，安装“灵析捐赠人管理系统”。全年共发出电子邮件3000多封，拨打联系电话1000多次，对现有校友数据信息进行大规模补充、完善和信息变更。

校友联络交流　2016年，校友会走访上海、广州、深圳、杭州等地区的校友，推动地方校友组织活动的开展。全年共编撰《北林校友》4期，印发48 000册寄往全国各地校友。

（崔建国　王　平）

【校友活动服务】 在原有基础上，重新改组并扩充校友志愿者服务队伍，全年共接待水保62、林业82、林经92、木工02等22个班级校友返校聚会，为校友们提供纪念衫、志愿服务接待、联络参观林场、标本馆等事宜。针对大部分返校校友都想参观博物馆和图书馆的情况，与博物馆和图书馆沟通，协商制定了《博物馆、图书馆校友返校参观接待函》。　（崔建国　王　平）

【获得奖励及荣誉】 北京林业大学校友会荣获中国高等教育学会校友工作研究分会“第四届全国高校校友工作优秀单位”，李嘉斌被评为“高校校友工作先进工作者”。　（崔建国　王　平）

【捐赠管理】 2016年，共接受社会捐赠12 451 978.81元，投资收益2 032 933.41元，利

息收入 11 388.95 元，合计 14 496 301.17 元。

教育部、财政部对高校基金会募集资金 10 万元以上捐赠项目进行资金配比，2016 年教育基金会获配比资金 312 万元。

【第二届理事会换届】 5 月开始进行基金会换届前期准备工作，经学校党委常委会议审核，提出新一届理事会的人选。7 月 30 日，召开由理事长、副理事长、捐赠人、校领导组成的换届小组会，进一步确定换届流程及最终人选名单，经报请教育部、校组织部通过任职资格审核后，报北京市教委审核，最终确定 9 月 11 日召开第二届理事会换届及第三届理事会第一次会议，会议选举产生第三届理事会机构及领导机构。换届后进行基金会法人证书变更、地址变更，换届材料备案等工作。 （李永花　王　平）

【年检合格】 经北京建宏信会计师事务所有限责任公司审计，北京市民政局基金管理处、北京市教育委员会审核，在 2015 年度检查中，符合《基金会管理条例》和《基金会年度检查办法》的有关规定，年检合格。

中国社会组织评估。6 月 28 日，北京市民政局评估专家组一行 8 人来基金会实地考察，通过评估达到以评促建、查缺补漏、寻找不足，进一步梳理规范基金会各项工作的目的。经过评审，获北京市民政局颁发的中国社会组织评估等级 3A 级证书。 （李永花　王　平）

【税收优惠及奖励政策】 4 月 19 日，北京市财政局、北京市国家税务局、北京市地方税务局、北京市民政局四家联合下发京财税〔2015〕612 号文件通知，基金会获 2015 年度公益性捐赠税前扣除资格。

5 月 5 日，出台募集捐赠奖励政策。北林校发〔2016〕17 号文件签发了《北京林业大学募集捐赠奖励办法》，鼓励个人及集体募集捐赠资金。

（李永花　王　平）

【奖助项目】 2016 年，设有各类奖助项目 40 个，发放各类奖学金、奖教金、助学金、助教金 4 116 480元，奖励资助教工、学生 1990 人次。

海峡两岸林业敬业奖励基金由祁豫生先生于 1995 年设立，奖励林业行业知名专家和从业人员，2016 年获得祁豫生先生的信托基金捐赠 1 150 974.24美元，折合人民币 7 494 308.81 元。12 月 6 日，召开 2016 年海峡两岸林业敬业奖励基金颁奖仪式暨颁奖 20 周年纪念活动，邀请新老获奖人共同出席纪念活动。2016 年共 6 名林业工作者获奖，奖金每人 30 000 元，常建民教授、张帝树教授获奖。1995 ~ 2016 年，20 年间累计奖励 100 人，通过整理 2007 年以来 46 位获奖人材料，编辑制作了颁奖 20 周年纪念册。

家骐云龙奖学金是由北京千禧福临房地产开发有限公司 2002 年设立，用于奖励家庭困难、品学兼优的本科生。2016 年，奖励学生 20 人，每人 5000 元。

为鼓励学校青年教师在教学和教学研究工作中做出优异成绩，在校友杨云龙的支持下，设立“家骐云龙青年教师教学优秀奖”项目。2016 年，家骐云龙青年教师教学优秀奖共评选出 21 位获奖青年教师，奖金 12.6 万元。

黄奕聪慈善奖学金资助学生 13 人，每人 5000 元。

新科鹏举千人奖助计划，资助、奖励学生 96 人，每人 1800 元。

丰华镇远攀登助学金，资助学生 50 人，每人 4000 元。

卓越人才培养基金，奖励梁希班及工学院学生 28 人，每人 7000 元。

2016 年，就业基金项目共资助 233 人，每人 1000 元，总计发放 23.3 万元。

“我爱母校校友年度捐款”项目，2016 年，共 32 位校友参与，捐款 9150 元。

（李永花　王　平）

【新设项目】 康师傅奖学金。与康师傅控股有限公司签订捐赠协议，捐资 23 万元设立。

朱之悌奖励基金。内蒙古和盛生态科技研究院有限公司捐赠 100 万元人民币设立朱之悌奖励基金项目。

首届京津冀晋蒙青年环保公益创业大赛中国青年创业就业基金会捐赠 100 万元，资助我校开展首届京津冀晋蒙青年环保公益创业大赛活动。

中博诚通教育创业基金。北京中博诚通国际技术培训有限责任公司捐赠100万元，设立中博诚通教育创业基金，执行期五年。

（李永花　王　平）

【学习交流】 11月9～10日，参加在复旦大学召开的中国高等教育学会校友工作研究分会第四届会员代表大会暨全国高校校友工作第二十三次研讨会。12月1～3日，参加在汕头大学举行的中国高等教育学会教育基金工作研究分会第十八次年会。（李永花　王　平）

表19　2016年家骐云龙青年教师教学优秀奖

学院	姓名	学院	姓名
人文学院	金灿灿	生物学院	朱保庆
工学院	文　剑	生物学院	杨海灵
林学院	姜　超	保护区学院	谢　磊
林学院	敖　妍	信息学院	王海燕
理学院	罗柳红	经管学院	付亦重
环境学院	程　翔	经管学院	樊　坤
体育部	张　毅	园林学院	段　威
外语学院	杜景芬	园林学院	李　倞
材料学院	漆楚生	艺术设计学院	程旭峰
材料学院	张学铭	马克思主义学院	杨志华
水保学院	齐元静		

（李永花　王　平）

高教研究

【概　况】 北京林业大学高教研究室创建于1988年，1993年在此基础上成立原林业部高等教育研究中心，1999年由于学校机构调整，中心与学校编辑部合并，成立北京林业大学教育发展研究中心，2001年恢复独立建制。中心现有成员6名，其中，研究人员4名。

研究中心的主要工作职责是承担教育部、国家林业局和学校等有关部门的教育科研项目；承担教育经理与行政管理教学任务；编辑《高教信息摘要》；为全校师生提供高教信息与资料服务；承担全国农林高校高教期刊论文索引编写任务；承担有关学术团体和学校交办的其他工作等。

“九五”以来，中心先后承担或完成了教育部、国家林业局、北京市、中国工程院和学校等来源的课题近30余项，组织和参与编写出版专著10余部；在教育类刊物(包括核心刊物)发表论文100余篇，获各类教育科研奖励20余项。中心于2000年和2006年分别被美国波士顿大学国际高等教育研究中心收录在《世界著名高等教育研究机构指南》一书中。2011年首次获得北京市优秀高等教育研究机构荣誉称号。

2016年，中心紧紧把握国家高等教育宏观形势要求，主动对接学校“十三五”开局中心工作，坚持统筹学术研究和实证研究两个重点，努力为学校发展提供咨询支撑，获得北京市优秀高等教育研究机构荣誉称号。

研究中心注重学术交流与联系，与国内外多所著名大学相关研究机构保持着学术交流关系。研究中心坚持“立足学校、面向全国、放眼世界”的发展思路，努力建成国内高水平、有一定国际影响力的院校研究机构。

【研究工作】 2016年，高教研究中心开展行业型大学能力建设系列研究，系统总结学校在特色大学能力建设方面的实践和案例，在《管理观察》发表研究专题系列文章和案例分析；积极参与学校科技成果转移体制机制创新的相关研究，提交相关建议；承担北林生态环保产业技术研究院产业研究中心发展、生态环保研究院建设等有关研究工作。同时，加大学校有关政策咨询研究力度，结合学校党政中心工作，完成高校管理机构设置改革动态调研、大学文化与校史编纂研究经验梳理等多项调研报告；围绕国际农林一流学科建设的形势，开展有针对性的分析比较研究，完成了学校党代会报告形势部分起草的前期准备工作。此外，结合发展规划、教学改革、国内合作等中心工作，从理论探索和实践总结两个层面，参与“十三五”规划修改完善、政产学研用办学模式总结等多项重点工作。参加国内外林科研究生课程体系调查研究。田阳作为主要参与人成功申报中国科学技术学会学科史研究项目《中国水土保持与荒漠化防治学科史》。主持申报《全国林科大学生绿色科普创新项目》，获得2016年全国林科科普项目立项，支持经费10万元。牵头教务处、研究生院等单位，完成中国高等教育学会专题研究报告，获得经费支持1万元。李勇主持中国学位与研究生教育学会项目《我国林科研究生课程体系建设研究》；主持完成中国林科院委托项目《世界林业教育现状与发展趋势研究》；参加国务院学科评议组《林学研究生课程建设研究》。胡涌承担学校委托高教研究中心进行的建校70周年校史研究、出版的主要调研工作，参加全国大学校史研究会年会。以北京林业大学国家大学科技园咨询专家和北林生态环保技术研究院副院长的身份，负责学校政产学研用协同创新与科技成果转化实践平台的战略规划与调研实施。对教育部特批学校的全国首例产学研联合培养研究生项目的实施情况进行调研，并就改进和提高培养质量组织相关研究。高淑芳参加学校组织的《弘扬雷锋精神，践行社会主义核心价值观》研讨会，作《弘扬雷锋精神，加强大学生素质教育》主题发言；参加《首都高校女性科技工作者科研环境研究》《林学研究生课程建设研究》和《大学生公民意识教育教学研究》等课题调研。

【科研成果】 2016年，高教研究中心研究人员主持的中国学位与研究生教育学会课题《我国林科研究生课程体系建设研究》、中国林科院委托课题《世界林业教育发展现状与趋势研究》，取得阶段性研究成果。参加中国高等教育学会《高等林业院校人才培养质量标准体系的研究与实践》，参加亚太地区林业教育合作项目《亚太地区林业高等教育现状研究》。参加教育督导新闻宣传工作创新等项目研究。李勇公开发表论文2篇：在《民族教育研究》(C刊)发表论文“新疆普通高等教育发展状况的比较研究”、在学校教务处组织出版的《北京林业大学教学改革论文集》发表论文“我国林业工程类本科人才培养目标和培养标准的研究”。撰写研究报告2份：《世界林业教育现状与最新趋势研究》《国外著名大学林科研究生课程体系研究》。《世界林业教育现状与发展趋势研究》项目报告得到了专家的高度评价，有关情况在《中国科学报》《中国绿色时报》《光明日报》等多家媒体作了报道。胡涌担任国家新闻出版署课题“中国数字森林博览馆的研建”子课题的副主持人，负责博览馆内容的规划设计；申报2017年北京市科委和中关村管委会课题两项，初审通过；与研究生合作发表论文《美国环境政策决策科学化研究》。高淑芳发表论文《图书馆信息资源利用与大学生信息素养教育途径》；参加北京市科技协会“第十九届北京科技学术月——推动信息服务发展创新高层论坛”，获北京科技情报学会“2016年度社会实践先进个人”。

【服务学校】 高教研究中心参与学校深化本科教育教学改革总体方案的起草制定工作。继续协同党政办公室、党委宣传部等部门，深度参与学校生态安全教育总结、学习李保国同志先进事迹研讨、迎接教育部部长陈宝生工作汇报、迎接教育部巡视工作汇报等多项综合文稿总结提炼工作。参与学校党委整顿薄弱党支部、推进“三会一课”模式创新等党建理论实践课题研究，使研究工作与党委重点工作形成了互动融合。作为第十一次党代会两委工作报告起草组成员单位，参与两委报告起草的调研工作。李勇对国外林科研究生课程进行调研，提交阶段研究报告；参与校党代会汇报的撰写工作，提交国内外一流大学建设状况材料。抓好行政管理学科的研究生培养等教学工作，指导教育行政管理硕士研究生5名。

【学术交流与信息工作】 李勇组织召开世界林业教育现状与发展趋势学术研讨会；参加中国工程院和清华大学主办的第六届“国际工程教育学术研讨会”；参加中国教育发展战略学会和中国教育财政研究所主办的双一流背景下的高校财政学术研讨会；参加教育部、中国高教学会和浙江大学主办的工程人才培养研讨会；参加北京市教委组织的首都“十三五”教育规划专家咨询会。田阳、胡涌参与中国高等教育学会校史研究会学术年会。胡涌参加中国高教学会大学校史分会年会、中国园艺学会压花分会年会、中国林业产业协会森林康养促进会学术研讨会。此外，高教研究中心参与“十三五”林业教育培训、人才规划编制工作，牵头完成高等教育部分规划编制。2016年编辑出版《高教信息摘要》15期。

【高等教育分会工作】 高教研究中心协同学校教学质量监控中心等力量，完成高教分会2016年工作会议的组织工作，启动高教分会换届工作。成功举办7月8日生态文明贵阳国际论坛生态福利与美丽中国主题论坛。论坛邀请到中国生态修复产业创新技术战略联盟的20多家企业参会，发布了理论和实践成果4项，成为学校发布生态文明研究成果的制度化平台，扩大了学校生态文明建设影响力。论坛筹备组织工作与论坛智库机制探索有机结合，圆满完成了嘉宾邀请、成果准备等大量筹备工作，得到了国际论坛组委会的高度认可，成为国际论坛品牌特色论坛，编辑出版了《生态文明论丛2015》。

（高淑芳　田　阳　李　勇）

中国水土保持学会

【概　况】 中国水土保持学会(Chinese Society of Soil and Water Conservation)是由全国水土保持科技工作者自愿组成依法登记的全国性、学术性、科普性的非营利性社会法人团体。于1985年3月由国家体改委批准成立，同年加入中国科学技术协会成为其团体会员。

中国水土保持学会于1986年5月、1992年5月、2006年1月和2010年12月在北京分别召开了第一、第二、第三和第四次全国会员代表大会，杨振怀任第一、第二届理事会理事长，鄂竟平任第三届理事会理事长，刘宁任第四届理事会理事长。2016年12月22日，在北京召开了第五次全国会员代表大会，水利部副部长刘宁任第五届理事会理事长。

中国水土保持学会下设14个专业委员会，全国共有28个省级水土保持学会。

（郑　慧　丁立建）

【党组织建设】 12月29日，中国水土保持学会党委经中共中国科学技术学会科技社团委员会批复成立，学会理事长刘宁担任党委书记，副理事长吴斌担任副书记，副理事长蒲朝勇、王祝雄、谢建华担任委员。（郑　慧　丁立建）

【水平评价】 2016年，学会对原持有“生产建设项目水土保持方案编制资格证书”且自愿申请水土保持方案编制单位水平评价的1558家单位开展水平评价，统一换发生产建设项目水土保持方案编制单位水平评价证书，其中四星级单位131家、三星级单位694家、二星级单位733家。

12月，学会印发了《生产建设项目水土保持方案编制单位水平评价管理办法(试行)》(中水会字〔2016〕第64号)。

2016年，分3批完成了生产建设项目水土保持方案编制单位和监测单位水平评价证书变更工作，其中方案编制单位212家，监测单位37家。

（宋如华　丁立建）

【教育培训】 6月3~6日，在成都举办“第一期生产建设项目水土保持设施验收技术评估技术人员培训班”，培训学员600余人。

7月16~19日，在西安举办“第二期生产建设项目水土保持设施验收技术评估技术人员培训班”，培训学员360余人。

7月16~18日，在西安举办“生产建设项目水土保持设施验收技术评估管理人员培训班”，培训学员100余人。

12月4~8日，在南宁举办“长江流域等防护林工程建设技术培训班”，培训学员100余人。

（方若柃　丁立建）

【项目资助】 2016年，学会获批中国科学技术学会开展的项目14个，获得资助260余万元。其中，择优项目3个，承接政府转移职能与科技公共服务工程项目3个，学科发展引领与资源整合集成工程项目2个，第十八届中国科学技术学会年会分会场活动1个，第十八届中国科学技术学会年会咨询服务专题调研项目1个，创新驱动助理工程试点单位及调研课题1个，中国科学技术学会十百千特色活动1个，中国科学技术学会资助出国参加国际会议1个，青年人才托举工程1个。（程　云　丁立建）

【学会建设】 学会完成了水、林、农三部局委托项目，中国科学技术学会2015年统计年报工作，2015年度全国学会财务决算工作，民政部2015年年度检查工作，以及各业务主管部门年鉴报送工作。

学会在中国科学技术学会信息中心《中国科学技术协会年鉴2015卷》编纂工作中分别获得单位及个人表彰。

学会获得中国科学技术学会计划财务部“2015年度全国学会财务决算工作先进单位”荣誉称号。

学会选派人员参加中国科学技术学会、中国科学技术学会服务中心、民政部、中国科学院和国家新闻出版广电总局等举办的各级各类研修与培训班。

4月13～15日，在西安召开秘书长工作会议。14个专委会、29个省级学会的秘书长，尚未成立省级学会的3个省份主管水土保持工作的领导和学会秘书处人员70余人参加了会议。

2016年，泥石流滑坡专业委员会和小流域综合治理专业委员会2个专委会完成了换届选举工作。（宋如华　丁立建）

【国际学术交流】 6月14日，学会与JSPS（日本学术振兴会）中国同学会主办了“中日水土保持学术交流暨JSPS相关资助项目说明会”，会议主题为“山地灾害预测预报与灾后植被恢复、重建技术”，来自大学、研究所和水土保持公司等单位的专家学者50人参加会议，其中，日本和国内的专家学者作了特约主题报告。

8月9～15日，由中国环境资源与生态保育学会主办、中国水土保持学会等单位协办的“可持续高产农业系统—东亚和北美的经验”在加拿大温哥华不列颠哥伦比亚大学举办，会议主题为“可持续高产农业系统—东亚和北美的经验”，74名专家学者参加会议。

8月22～26日，由世界水土保持学会主办、中国水土保持学会等单位协办的第三届国际水土保持科技大会在塞尔维亚贝尔格莱德举办，33个国家和地区的200余名水土保持科技工作者参加会议。（宋如华　丁立建）

【海峡两岸学术交流】 10月24～30日，学会与台湾中华水土保持学会在台湾中兴大学共同举办海峡两岸水土保持学术研讨会。会议主题是“水土保持提升生态环境永续能力”。来自中国大陆和中国台湾地区的100余名专家、学者参加了会议，中国大陆代表20人参加了学术交流。

12月21～25日，学会协办的第十七届海峡两岸三地环境资源与生态保育学术研讨会在中国香港召开。会议主题是“社会与自然和谐、城市与乡郊共荣”。（程　云　丁立建）

【国内学术交流】 7月9～10日，工程绿化专业委员会在北京召开“存量垃圾无害化及其在工程绿化中资源化应用技术研讨会”。会议主题是“存量垃圾无害化、减量化、资源化利用的新理论、新技术、新成果”，8名专家学者进行了学术交流和经验交流，参会代表70余人。

7月28日，在西安市召开学会承担举办的第十八届中国科学技术学会年会咨询服务专题调研项目“渭河治理与保护——加强水库库区综合治理，提升渭河流域生态和经济安全”专题调研座谈会。会议围绕渭河流域水土保持与水资源保护问题，渭河流域内水库现状、功能和存在问题及渭河流域水库管理与流域综合功能提升等方面进行了探讨，参会代表30余人。

9月4日，学会在北京召开“中国水土保持与荒漠化防治学科史研究”项目启动会暨学术研讨会。中国科学技术协会学术部领导出席会议并介绍了学科史研究的相关规定和要求。会议咨询专家、全体与会人员就项目实施方案、编写大纲、任务分工等内容深入讨论，并部署了项目后续实施计划，明确本年度任务和关键时间节点，参会代表20余人。

9月14日，学会在北京召开“水土保持与荒漠化防治学科发展研究”项目启动会暨学术研讨会。会议对项目主要任务开展交流讨论，制定项目技术路线。同时，就项目实施方案、编写大纲、任务分工等深入讨论，并部署项目后续实施计划，明确本年度任务和关键时间节点，参会代表20余人。

9月24～26日，学会与中国科学院水利部水土保持研究所、西北农林科技大学水土保持研究所、陕西省水土保持学会在西安联合承办第十八届中国科学技术学会年会分会场学术交流活动，主题为“水土保持与生态服务”。来自全国各地的8名专家学者和44名代表进行了交流。会议共收到论文和摘要66篇，参会代表200余人。

9月29日，由学会、中国科学院水利部成都山地灾害与环境研究所、中国科学院青藏高原研究所、水利部长江水利委员会长江科学院、西藏自治区水利厅联合主办的“把脉生态文明 问道雪域高原——西藏水土保持与生态文明高端论坛”在拉萨举办。主题为“西藏水土保持与生态文明建设”，来自国内的相关科研机构、高等院校和西藏区直相关单位、水利系统代表参会150余人，其中，中国科学院王光谦院士、崔鹏院士作了主题报告，中国科学院院士姚檀栋委托人员在论坛宣读报告，中国工程院院士多吉出席论坛。此次论坛是西藏首次举办的以水土保持为主题的大型研讨活动。

10月26~28日，水土保持规划设计专业委员会在成都召开“中国水土保持学会水土保持规划设计专业委员会2016年年会暨学术研讨会”。会议主题为我国水土保持规划设计、生产建设项目水土保持监测和验收、水土保持监测信息化、小流域综合治理、水土保持科技示范园建设、水土保持顶层设计、新形势下水利水电工程水土保持技术新要求等，参会代表160余人，其中，29名专家进行了学术交流。会议共收到论文81篇，其中评选优秀论文12篇。会后，会议组织考察了紫坪铺水利枢纽工程。

11月4~8日，由学会主办，泥石流滑坡专业委员会、西南大学、重庆市水土保持学会等单位联合承办的“长江经济带水土保持与防灾减灾学术研讨会暨高层论坛”在重庆召开。会议设置了“水土保持组”“生态恢复组”和“防灾减灾组”三个分会场，参会代表150余人。与会专家学者围绕长江水安全与小流域山洪灾害非线性预报方法、长江经济带绿色生态廊道建设策略、长江经济带生态环境保护战略的思考等热点做了主题报告。新华社、重庆电视台、《重庆晚报》等媒体进行了宣传报道。

12月9日，由中国科学技术学会主办、中国水土保持学会等协办的第六届中国湖泊论坛在南昌举行，论坛主题为“流域综合管理与生态文明”。与会代表围绕湖泊流域水环境管理与生态修复、土壤环境污染防治、生态系统动态监测与环境健康诊断、绿色经济与产业发展、综合管理的探索与实践5个专题交流研讨，收集并汇编学术论文58篇。

12月22~24日，学会围绕当前我国水土保持科技发展、生产实践等热点问题，在北京举办了全国水土保持领域高水平学术年会，会议主题为“水土保持与生态文明”。共设置8个分会场，分别为：林业生态与建设工程生态防护学术研讨会；小流域生态治理与生态文明建设学术研讨会；泥石流滑坡专业委员会换届暨学术研讨会；科技协作工作委员会2016年年会；水土保持生态修复理论与技术体系高端专题论坛；城市水土保持学术研讨会；水土保持产业论坛；第二届全国水土保持与荒漠化防治青年学术论坛。议题涵盖了防护林、水土保持规划、工程绿化、小流域综合治理、泥石流滑坡、科技协作、生态修复、城市水土保持、水土保持产业等水土保持领域的不同专题方向，以论坛、学术交流、专题讨论等形式，召集农业、林业、水利、地质、矿产、环保、电力、交通和城市建设等多行业的900多名专家学者，开展了水土保持与生态文明建设高水准交流会，同时组织水土保持与生态文明建设高新技术成果及产品展览会。

12月24日，由中国科学技术学会资助，学会主办的“水土保持生态修复理论与技术体系高端专题论坛”在北京举行，论坛主题是“生态修复与生态建设”。来自全国各大高校、研究院所等48个单位的150余名代表参与此次论坛，中国科学院傅伯杰院士、刘昌明院士和中国工程院唐孝炎院士出席论坛并作报告。与会代表与院士面对面就目前生态修复和生态建设方面的热点问题进行了深入的探讨。（宋如华　丁立建）

【学术期刊】 2016年，学会完成《中国水土保持科学》编委会换届工作。

学会会刊《中国水土保持科学》出版正刊6期，总印数6000余册，刊出文章112篇。

经中国科学技术学会和国家新闻出版广电总局批复，《中国水土保持科学》由原来的中文版变更为中英文版。

与中国知网签订优先出版协议，实现期刊纸质版印刷之前，电子版优先在线发表。

（程　云　丁立建）

【科普工作】 2016年，《水土保持读本(小学版)》印刷2万册，已累计印刷8次，发行9.5万册，在全国19个省(区、市)得到了广泛推广。

5月11日，学会联合四川省水土保持学会在四川大学开展了2016年全国防灾减灾日科普宣传活动，活动的主题是“减少灾害风险，建设安全城市”。特邀中国科学院成都山地灾害与环境研究所的2名专家进入现场咨询答疑，发放“山地灾害防灾减灾科普知识”画册、水土保持科普读本、宣传水土保持法的扑克牌等科普宣传材料，悬挂了《中华人民共和国水土保持法》图解连环画，并开展现场互动答题。400多名四川大学的学生参加了宣传活动。

(宋如华 丁立建)

【评优表彰与举荐人才】 学会评选第八届中国水土保持学会科学技术奖8项，其中一等奖2项、二等奖3项、三等奖3项。

学会评选第十届中国水土保持学会青年科技奖，5名青年科技工作者获奖。

学会评选第一届中国水土保持学会突出贡献奖，共66名同志获奖。

学会向中国科学技术学会推荐的中国科学院水利部水土保持研究所刘国彬、北京师范大学刘宝元、北京林业大学余新晓3人荣获中国科学技术学会第七届“全国优秀科技工作者”称号。

学会向中国科学技术学会推荐的中国科学院水利部成都山地灾害与环境研究所苏立君研究员、北京林业大学水土保持学院王彬博士、中国科学院水利部水土保持研究所王飞研究员3人获得中国科学技术学会国际联络部“2016年中国科学技术学会青年科学家参与国际组织及相关活动”项目资助。 (程 云 丁立建)

中国林业教育学会

【概 况】 中国林业教育学会系国家一级学会，是学术性、科普性、公益性、全国性的非盈利性社会团体。学会由教育部主管，业务挂靠国家林业局，秘书处设在北京林业大学，专职工作人员4人。学会设有高等教育分会(挂靠北京林业大学)、成人教育分会(挂靠国家林业局管理干部学院)、职业教育分会(挂靠南京森林警察学院)、基础教育分会(挂靠黑龙江森工总局)、教育信息化研究会(挂靠北京林业大学)、毕业生就业创业促进分会(挂靠国家林业局人才开发交流中心)6个二级分会，同时设有组织、学术、学科建设与研究生教育、专业建设指导、教材与图书资源建设、交流与合作6个内设工作委员会。团体会员单位规210个，覆盖全国设有林科专业的本科院校，科研机构和高职高专院校。涵盖70余个各级政府主管部门、20家涉林企业、20个基层林业管理部门和部分林区中小学。学会网址：http：//www.lyjyxh.net.cn，会刊《中国林业教育》。

截至2016年年底，中国林业教育学会共有理事179人，常务理事57人。 (康 娟 田 阳)

【组织工作】 11月15~16日，中国林业教育学会第五次会员代表大会，完成学会理事会换届选举，系统部署今后五年的工作。全国部分省、市自治区林业厅(局)、林(农)业高等院校、中等职业院校、林区教育管理部门及林业企业等170名代表参加会议。

会议选举产生第五届理事会、常务理事及领导机构，国家林业局党组成员、副局长彭有冬当选第五届理事会理事长，北京林业大学校长宋维明当选常务副理事长，国家林业局管理干部学院党委书记李向阳当选副理事长(法人代表)，北京林业大学副校长骆有庆当选副理事长兼秘书长，国家林业局人事司副司长王浩等19人当选副理事长，于志明等57人当选第五届常务理事会常务理事，丁贵杰等179人当选第五届理事会理事。

会议审议通过第四届理事会工作报告、财务工作报告、学会章程修订案、会费收取管理办法、聘请第五届副秘书长的决定，表彰优秀团体会员单位33个，特殊贡献奖1人。

表 20　中国林业教育学会第五届理事会理事长、副理事长名单

学会职务	姓名	性别	所在单位及职务
理事长	彭有冬	男	国家林业局党组成员、副局长
常务副理事长	宋维明	男	北京林业大学校长
副理事长(法人代表)	李向阳	男	国家林业局管理干部学院党委书记
副理事长	胡章翠	男	国家林业局科学技术司司长
副理事长	王　浩	男	国家林业局人事司副司长
副理事长	黄正秋	男	国家林业局造林司副司长
副理事长	叶　智	男	中国林业科学研究院党组书记
副理事长	李凤波	男	国际竹藤网络中心副主任
副理事长	厉建祝	男	国家林业局科技司巡视员
副理事长	刘东黎	男	中国林业出版社总编辑
副理事长、秘书长	骆有庆	男	北京林业大学副校长
副理事长	李　斌	男	东北林业大学副校长
副理事长	王　浩	男	南京林业大学副校长
副理事长	罗　军	男	西北农林科技大学副校长
副理事长	杜官本	男	西南林业大学副校长
副理事长	廖小平	男	中南林业科技大学校长
副理事长	兰思仁	男	福建农林大学校长
副理事长	沈月琴	女	浙江农林大学副校长
副理事长	陈晓阳	男	华南农业大学校长
副理事长	张高文	男	南京森林警察学院院长
副理事长	范双喜	男	北京农学院副院长
副理事长	罗掌华	男	广西生态工程职业技术学院院长
副理事长	邹学忠	男	辽宁林业职业技术学院党委书记

(康　娟　田　阳)

【课题研究】　完成林业软科学课题《林业行业关键、特殊岗位建立准入制》的研究工作，组织开展结题验收。申报中国高等教育学会分支机构年度发展报告项目，组织编纂林业高等教育发展进展。成教分会成功申报“林业教育培训信息化管理系统建设研究”林业软科学课题。面向各个分会，认真做好学会立项的林业教育研究课题的检查、评审。

【创新创业教育】　联合毕业生就业创业促进分会组织北京林业大学、南京林业大学、浙江农林大学及杨凌职业技术学院等多所院校的十余项大学生绿色科普创业作品参加2016年全国林业科普活动周启动、2016年杨凌国际农业高新技术博览会，为林科大学生绿色科普创新作品搭建了展示平台。秘书处申报的“林科大学生绿色科普创新项目”入选2016年国家林业局科普项目。

【服务中心工作】　发挥社团优势，为林业教育培训中心工作提供支撑服务。学会秘书处、国家林业局成教中心、职教中心及二级分会全面参与“十三五”林业教育培训规划、人才规划的制定工作，组织完成《国家林业局重点学科(2016)》的框架设计、材料汇编等工作；调动有关二级分会和相关高校力量，完成全国林业教学名师遴选工作方案、指标体系构建等前期工作，完成《国家林业局重点学科建设管理暂行办法》的起草工作，拟定涉林院校学生就业创业联盟工作方案，完成国家林业局共建院校座谈会的会务工作。

【学术会议】　7月28～29日，联合国家林业局院校教材建设办公室、中国林业出版社组织召开“2016年农林高等教育教材工作研讨会”，来自46所农林院校及相关单位的110名代表参加会议，会议围绕我国高等教育现状与教材“十三五”规划展开研讨，对“十三五”林业教育与教材建设工作进行了部署。

【**出版刊物**】 2016年，编辑出版《中国林业教育》正刊6期，秘书处编辑发行《高等林业院校林业教育信息简讯》(电子版)2期，职教分会秘书处编辑、发行《林业职业教育动态》(纸质版)5期。

【**分会工作**】

高教分会 11月16日，分会在福州市召开2016年工作会议，研讨筹备召开高教分会第四次会员代表大会相关工作。

成教分会 成功申报“林业教育培训信息化管理系统建设研究”林业软科学课题。组织相关会员单位开展《林业基础知识读本》《林业政策法规读本》《林业改革知识读本》《林业教育培训基础知识读本》《森林防火知识读本》等干部培训教材建设。开展2011~2015年优秀论文评选、“绿水青山和金山银山”优秀微课程评选活动，举办全国林业行业教育培训师资微课程制作与PPT优化专题班。

11月17日，在福州市召开“中国林业教育学会成人教育分会2016年年会”，总结前段分会工作，布置2017年工作，对成教分会2011~2015年优秀论文获奖者，表彰优秀微课程获奖者23人。

职教分会 12月2~4日，职教分会第四次会员大会在武汉召开，选举产生第四届委员会，常务委员单位共计40个，南京森林警察学院校长张高文当选第四届委员会主任委员。

通过召开全国林业职业院校协作会2016年度会议、2016年林业工程类专业教学指导委员会工作会议，协同全国林业职业教育教学指导委员会围绕林业职业教育的教学改革、课程建设、教材建设等热点问题开展学术研讨。分会开展第二届全国职业院校林业职业技能大赛赛项征集工作。配合林业行指委修订林业类技工学校专业目录并上报国家人社部，完成涉林职业教育与培训数字化资源信息收集工作。

基教分会 组织林区“骨干教师送示范课活动”，开展走出去请进来的全方位教学交流活动，聘请黑龙江省不同学科专家、一线名师赴森工林区开展“送教下乡”活动。现有林业局学校与哈尔滨师大附中、哈尔滨风华中学、哈尔滨第二十二中学、哈师大附小等学校建立校际交流协作体，加强林区教师队伍建设。

教育信息化研究会 5月20日，在南京林业大学召开第一届理事会第二次全体理事会议暨第一次学术年会，来自全国涉林行业24个单位40余名代表，围绕“信息技术和教育教学实践的深度融合”，进行专题报告和研讨，分会面向各理事单位开展教育信息化课题申报工作。

毕业生就业创业促进分会 启动分会就业创业网站改版，更新微信公众平台设计，完善全国林科十佳毕业生评选投票平台，完成《全国涉林院校学生就业创业联盟工作方案》制订。

(康 娟 田 阳)

【**2016届全国林科十佳毕业生评选**】 5~12月，经过个人申报、院校推荐、组委会审核、微信公众投票、专家组综合评审、向社会公示等环节，完成2016届全国林科十佳毕业生评选。评选出全国林科十佳毕业生30人、全国林科优秀毕业生120人。其中研究生组十佳毕业生10人，优秀毕业生40人；本科生组十佳毕业生10人，优秀毕业生40人；高职生组十佳毕业生10人，优秀毕业生40人。活动于5月25日在云南林业职业技术学院启动，颁奖仪式和大学生就业创业论坛于12月20日在山东农业大学举行，彭有冬理事长出席活动。

活动由北美枫情(上海)商贸有限公司冠名，中国林业教育学会、国家林业局人才开发交流中心联合主办，43家参评单位的414名候选人参评。

表21 “北美枫情”2016届全国林科十佳毕业生名单

研究生组十佳毕业生名单(按姓氏拼音排序)

陈 仲	男	北京林业大学
邓健超	男	国际竹藤中心
邓丽丽	女	西南林业大学
黄 雄	男	四川农业大学
黄曹兴	男	南京林业大学
贾闪闪	女	中南林业科技大学
连博琳	女	东北林业大学
闫伟明	男	西北农林科技大学
姚秋芳	女	浙江农林大学
赵先海	男	华南农业大学

表 22 本科生组十佳毕业生名单（按姓氏拼音排序）

郭雅洁	女	福建农林大学
哈虹竹	女	东北林业大学
黄楚梨	女	四川农业大学
黄笑宇	女	浙江农林大学
李家琪	男	中南林业科技大学
刘 易	女	华南农业大学
刘同彦	男	北京林业大学
刘显娅	女	西南林业大学
秦昕璐	女	山东农业大学
史佳慧	女	南京森林警察学院

表 23 高职生组十佳毕业生名单（按姓氏拼音排序）

何家岐	男	辽宁林业职业技术学院
黄美玲	女	福建林业职业技术学院
李 琦	女	广西生态工程职业技术学院
李秋烛	女	黑龙江生态工程职业学院
刘 佳	男	江苏农林职业技术学院
刘世文	男	云南林业职业技术学院
罗玛妮娅	女	云南林业职业技术学院
倪 喆	男	湖北生态工程职业技术学院
赵倩茹	女	杨凌职业技术学院
周 涛	男	丽水职业技术学院

（康 娟 田 阳）

国家林业局自然保护区研究中心

【概　况】 国家林业局自然保护区研究中心成立于 2001 年 12 月 18 日，挂靠北京林业大学，协助国家林业局野生动植物保护与自然保护区管理司（以下简称保护司）组织国家级自然保护区评审、自然保护区学术研究、自然保护区管理者培训以及中国自然科学博物馆协会自然保护区专业委员会（以下简称自然保护区专委会）秘书处工作。下设科室 2 个，国家林业局自然保护区研究中心办公室、中国自然科学博物馆协会自然保护区专业委员会办公室。2016 年，协助保护司完成全国林业系统国家级自然保护区评审，自然保护区政策研究及相关文件制定；与内蒙古赤峰市林业局联合开展培训；专委会办公室组织自然保护区类会员单位开展活动、提供服务，中心网站运营维护等工作。

（刘文敬　张燕良）

【评审工作】 协助国家林业局保护司组织 2016 年“全国林业系统国家级自然保护区晋升评审会”，会议确定 8 个自然保护区晋升国家级自然保护区，2 个国家级自然保护区调整范围和功能区。完成 2016 年全国林业系统省级晋升国家级保护区材料的整理归档工作。

协助保护司组织 2016 年国家级自然保护区晋升预审工作，16 个自然保护区通过晋升预审，22 个国家级自然保护区通过调整范围和功能区预审。评审专家分组对新疆甘家湖梭梭等 22 个保护区申请调整范围和功能区的国家级自然保护区和 1 个申请晋的自然保护区进行了现场考察，为自然保护区提出了意见和建议并出具考察报告。

协助国家林业局保护司组织专家评审《国家级自然保护区总体规划》33 个，复审《国家级自然保护区总体规划》51 个，组织专家赴现场评审湖南借母溪等 29 个国家级自然保护区的基础建设项目规划。（杜　华　张燕良）

【中国自然科学博物馆协会自然保护区专业委员会工作】 组织会员完成《2014 年度自然科学博物馆协会年鉴》编写工作。设计制作对外交流活动纪念品。协助国家林业局保护司完成《林业系统国家级自然保护区》一书。举办协会培训、工作年会、联络员会议、年度评优等活动。

举办内蒙古自然保护区建设与管理培训班。8 月 15 ~ 18 日，在赤峰市林业局，培训内蒙古赤峰市 28 个自然保护区（其中，国家级自然保护区 8 个、自治区级自然保护区 9 个、市级自然保护区 3 个、旗县级自然保护区 8 个）工作人员 100 余人，培训邀请中国科学院、北京林业大学等科研院所的专家讲授自然保护区监测巡护专业课程。

制订《国家级自然保护区基础建设总体规划评审办法》，进一步规范自然保护区基础建设规划评审工作。配合国家林业局保护司制订《第六届评审委员会组织和工作规则》，进一步指导新一届评审委员会工作。修订《国家级自然保护区晋升、调整申报指南》，进一步指导自然保护区晋升、调整申报评审工作。

参与国家林业局"关于国家开展生态补偿转移支付"落实情况调研工作。与国家林业局计财司、保护司赴四川对各级保护区生态补偿资金的落实、使用情况进行为期4天的深入调研，并撰写调研报告。（刘文敬　张燕良）

【国家林业局"中央投资计划执行情况"报送工作】　中心继续承担国家林业局保护司"中央投资计划执行情况"数据统计工作。中心工作人员每季度向各省林业厅保护区管理部门了解情况收集数据，并将结果报送国家林业局保护司。2016年，共统计报送国家级自然保护区基础建设项目103个。（张改利　张燕良）

校医院

【概　况】　北京林业大学医院（以下简称校医院）创建于1952年，是一所一级甲等医院，北京市医疗保险定点医院及社区卫生服务中心，隶属北京林业大学，为学校教辅单位。建筑面积2500平方米，现有在编职工22人，退休返聘7人，合同工3人。其中卫生技术人员29人（包括主任医师1人，副主任医师3人，副主任检验师1人，副主任药剂师1名、主治医师、主管护师、主管药师21人，医师1人，检验士1人）。校医院设有全科、内科、外科、口腔科、妇幼保健科、中医科等普通门诊，护理部（输液、注射、换药、免疫接种）、医技检查、预防保健、急诊、中西药房、中医理疗、精神病防控等业务科室，负责全校师生员工日常医疗服务及学校突发公共卫生事件的应急处理工作。

校医院现有通过北京市社区医学考试合格证书的全科医生10人、社区护士10人，24名在编人员均拿到了不同岗位的社区准入证。2名中医医师通过北京市中医（全科）住院医师规范化培训考试，2016年，校医院医技护人员均完成国家级医学继续教育课程、北京市社区卫生岗位必修课程、海淀区区县社区卫生岗位必修课的学习并顺利通过年终审核再注册。

（朱　彤　贺　刚）

【社区卫生服务和日常医疗服务】　2016年，校医院门急诊量67 615人次，护理治疗各类患者17 000人次，各种健康体检（学生、儿童、职工）13 755人次，预防免疫接种8021人次。为不便60岁以上老人和家庭上门出诊服务290人次，为社区育龄妇女、新生儿提供生育指导187人次，上报传染病例10例，访视监控传染病31人次，访视精神病153人次，给精神病人免费投药20人次。承担了北京林业大学各种重大学术活动、大学新生军训、学生教职工运动会等活动的会议医疗服务，完成了学校功能社区内预防、保健、医疗、康复、健康教育及计划生育"六位一体"的卫生服务任务。

预防保健和健康教育　发放健康教育宣传材料13 250份，告知信息72 483人次数，健康评估11 686人次数。建立家庭电子档案2005份，个人健康档案25 800份。免费举办各种健康讲座30次，健康促进活动24次，受益人数26 138人次。

公费医疗工作　2016年获得北京市医保中心奖励补助。2016年，校医院继续落实社区药品零差价出售的优惠政策。发挥传统中医药在基层社区医院的作用，继续与中医科学研究所协作，邀请西苑中医院两位专家医师每周二、周四上午坐诊，受益人数3589人次。接受针灸、拔罐、红外线中医保健康复380人次。

2016年，校医院通过海淀区卫生局、海淀疾病控制中心、海淀区防疫站、海淀区结核病防治所、海淀区妇幼保健院、海淀区计量管理所、海淀区医药管理中心等上级业务主管部门组织的各种绩效考核和评审。（朱　彤　贺　刚）

【医疗服务改造】 1月，校医院进行了一卡通接口改造，实现对病人信息的统一管理，通过HIS系统与校园一卡通系统人员的对接，提升医疗服务质量。改造检验信息系统(LIS)。通过计算机信息处理技术，将医院检验科的检验数据进行自动收集、存储、处理、提取、传输和交换，并与新社区卫生服务综合管理系统(HIS)、体检系统(PES)对接，方便临床医师即时阅读查看临床报告。开展一卡通自助挂号缴费。公费医疗患者可使用自助系统，查阅医院各科室信息、服务内容和挂号费(专家、普通、优老号)等信息。系统支持校园一卡通，并打印挂号条和缴费单。

(朱 彤 张 伟)

【荣誉与奖励】 2016年，校医院获得海淀区非区属医疗机构综合业务绩效考核第三名；北京市临床检验中心的优秀检验室；北京市高校红十字会先进个人1人，获得海淀区社区卫生服务优秀护士1人；获得北京市临床检验中心优秀质量管理员1人。2016年，校医院共撰写发表论文5篇。

(朱 彤 贺 刚)

人口与计划生育

【概 况】 北京林业大学人口和计划生育委员会成立于1979年12月20日，委员会设主任1人，副主任4人。人口和计划生育办公室是学校人口与计划生育服务的综合管理部门，2016年，办公室设专职干部2人，兼职干部45人，学生管理干部18人。

2016年，学校职工育龄妇女795人，流动育龄妇女370人，学生育龄妇女11 707人，办理生育登记31人，领取独生子女光荣证20人，申请两孩家庭41个，年内生育子女30人。

2016年，贯彻落实北京市“全面两孩”政策，完善人口与计划生育工作制度，修订出台《北京林业大学人口与计划生育管理规定》，制定《人口与计划生育办公规程》，召开人口与计划生育工作会。完成计生目标考核、生育信息报告和各项奖励费用发放等工作21项，举办教职工生殖健康讲座1场，举办大学生生殖健康讲座3场，承办“健康青春，你我同行”3所高校校演讲比赛，举办“知艾防艾”知识竞赛，完成中国计生协青春健康高校项目1个。

(郭海滨 葛东媛)

【制度建设】 2016年，宣传和落实北京市“全面两孩”政策，6月，完成《北京林业大学人口和计划生育管理规定》的修订。7月，经学校校长办公会审议通过。9月，颁布时，北京林业大学是国家在实施全面两孩政策后，首个修订出台人口与计划生育管理规定的高校。

2016年，加强和完善人口与计划生育工作制度化建设，提高服务质量，制定《北京林业大学人口与计划生育办公规程》，其中包括《教职工生育登记办理规程》《在校生生育登记办理规程》《教职工婚育证明办理规程》和《在校生婚育证明办理规程》。

11月29日，组织召开学校人口与计划生育工作会，汇报学校2016年人口与计划生育工作总体情况，对新修订出台的《北京林业大学人口与计划生育管理规定》和《北京林业大学人口与计划生育办公规程》进行说明，对大学生青春健康宣传教育工作做了介绍。贯彻落实全面两孩政策，提高学校人口与计划生育工作的管理和服务水平。学校领导、相关职能部门负责人和计生干部45人参加会议。

(郭海滨 葛东媛)

【平台建设】 2016年，人口和计划生育办公室人口完善计划生育工作数据管理信息系统建设，对子系统“在职教职工独生子女管理系统”进行优化和调试。

11月，完成人口和计划生育办公室网站改版设计，修订和完善网站版面内容。

(郭海滨 葛东媛)

【科学研究】 2月，中标中国计划生育协会2016年青春健康高校项目，项目期限为一年。4~12月，举办同伴教育课堂15场、性与生殖健康知识讲座3场、“健康青春，你我同行”演讲赛1场和“知艾防艾”知识竞赛1场，开展“性与生殖健康”“计生工作，深入求实”主题暑期社会实践活动，共选拔16名学生参加中国计划生育协会和北京市计划生育协会举办的同伴教育主持人培训班，制作同伴课堂宣传教育光盘1套。12月，该项目顺利结题。

（郭海滨　葛东媛）

【青春健康教育】 6月，在禁毒宣传教育月期间，举办禁毒系列活动。在校内外人行步道旁举行禁毒签名宣传和禁毒知识科普活动，吸引百名同学和公众参加。

7月10～13日，学校青春健康同伴社志愿者组成暑期实践队伍，深入京津两地社区开展社会实践活动。志愿者采用向公众发放调查问卷和预防艾滋病宣传品等方式，加深社会公众对防治艾滋病知识的了解。在玛丽斯特普国际组织中国代表处(MSIC)，志愿者与代表处工作人员进行学习交流，共同探讨未来防治艾滋病工作计划。志愿者与同伴教育者刘明瑶进行经验交流；探访深蓝公共卫生咨询服务中心总部和罕见病救助中心，了解艾滋病防治工作，探讨同伴教育的重要性，寻求高校开展防治艾滋病宣传教育的方式方法。

9月，举办青春健康和避孕知识讲座。活动邀请北京市海淀区妇幼保健医院体检中心主任张凤霞教授为大家授课，教授详细讲解了生殖保健、如何避免不安全性行为和意外怀孕等方面的知识。最后，人口和计划生育办公室老师对近年来青少年怀孕和流产等情况进行通报，倡导同学们学习和掌握性与生殖健康知识和生活技能，提高自我保护意识，减少因不安全性行为、非意愿妊娠等所造成的意外伤害，对自己的生殖健康和未来负责。

11～12月，开展“携手抗艾，重在预防”主题系列宣传活动。此外，设计制作2版防治艾滋病宣传橱窗，学校青春健康同伴社志愿者在学校食堂门口开展防治艾滋病宣传活动，发放各种宣传防治艾滋病知识折页，解答师生相关艾滋病问题。11月22日，邀请中国人民大学和红教授作“预防艾，拥抱爱”性与生殖健康讲座，主讲人用详实的数据和照片，对艾滋病的发展史、流行概况、传播途径等方面知识做详细讲解，纠正学生对于艾滋病的认识误区，呼吁学生关爱和接纳艾滋病患者和感染者，120名大一新生参加活动。11月26日，举办“知艾防艾”知识竞赛，比赛分3轮，必答题、小组抢答和个人限时答题3个环节，选手对艾滋病危害、传播途径、预防措施等方面知识进行快速抢答。本次活动有80名参赛选手，最总评出一等奖1名、二等奖2名、三等奖3名和优秀奖9名，200名学生参加活动。

4～12月，举办同伴教育课堂15场，开展性与生殖健康教育，带领学生认清性别角色、冒险行为和表达感情等方面的态度和观念，练习交流、拒绝和应对压力等技能。

（郭海滨　葛东媛）

【举办“健康青春，你我同行”高校演讲比赛】 5月28日，举办3所高校大学生“健康青春，你我同行”主题演讲比赛，这次比赛由北京市计划生育协会、北京林业大学、中国地质大学、中国矿业大学联合举办，比赛评选出一等奖1名、二等奖2名、三等奖3名和优秀奖9名，其中北京林业大学1人获一等奖，1人获三等奖。

（郭海滨　葛东媛）

社区工作

【概　况】 北京林业大学社区居民委员会(以下简称居委会)是党领导下的社区居民实行自我教育、自我管理、自我服务、自我监督的群众性自治组织，是社区建设、社区服务、社区管理的基层组织，是党和政府联系群众的桥梁和纽带。本社区占地10万平方米，共有住宅楼27栋，住宅面积16万平方米，常住居民1900余户，5000余人。社区居民中离退休人员1300余人，低保人员2户4人，残疾人55人。

社区现设社区党支部、社区居委会、社区服务站、社区妇女联合会。其中，社区居委会设主任1人、副主任2人、委员4人；下设社会福利、综合治理、人民调解、公共卫生、人口计生、文化共建6个下属委员会。社区党支部设支部书记1人、专职副书记1人、组织委员1人、宣传委员1人，在册党员56人。

2016年，按照学校党政工作的总体部署，以及学院路街道工委和办事处的要求，依法组织居民开展各项自治活动。

【社会福利】

老年人工作 2016年，为271位80岁以上高龄老人进行了生存审核。为46位持旧养老助残卡的高龄老人办理更新北京通—养老助残卡手续。10月开始发放65～79岁北京通—养老助残卡445人。全年共申请核发老年优待证45人、老年优待卡108人、养老助残卡56人，高龄津贴3人。免费为27户80岁以上老人家庭安装“一键式”家庭医生智能服务系统终端。为3位独居老年人安装了“一按灵”。继续开展老年互助社“一帮一”工作，结帮扶11对，结对成员（含志愿者）达52人。

残疾人工作 2016年，本社区残疾人55人（新增残疾人3人）。本年度为社区55位残疾人发放残疾人一卡通并完成激活工作。为8位“一老一小”以及无业残疾人审核发放医疗保险补贴。带领社区3名残疾人参加第六届学院路街道残疾人秋季趣味运动会。配合街道残联广泛开展爱眼日、爱耳日、助残日等主题宣传活动，发放宣传品96份。为11名精残障碍患者监护人办理监护补贴的登记、审核上报工作。

社会保障工作 全面掌握社区灵活就业人员底数，摸清就业现状，督促灵活就业人员签订《灵活就业社会保险补贴申请表》《灵活就业人员享受社会保险补贴协议书》和《实地核查记录表》《享受社会保险补贴人员管理台账》，建立完善社区灵活就业人员52人的基本信息。开展“就业帮扶 真情相助”为主题的就业援助月活动。征集社区内外各类用工信息30余份，为失业人员提供就业援助服务。完成6位领取失业金人员家庭困难情况摸底调查。为10名异地社会化退休人员进行资格认证审核。组织社会化退休人员参加街道组织的参观、采摘活动。做好失业人员免费技能培训工作。

社会救助工作 为高龄老人、地退人员、低保家庭、困难残疾人家庭32人送去慰问品和慰问金。对2户低保人员家庭完成2次审核，为他们申请领取发放慈善爱心卡。为社区困难户申请临时救助，发放慰问金3500元。重阳节为社区高龄特困老人发放慰问金1000元及食用油、大米、白面等慰问品。为2位残疾人申请拐杖和助视器等康复器具，给予3名残疾人子女和残疾人学生扶残助学补助。为社区困难残疾人家庭发放慰问金500元。为困难归侨发放慰问金2000元。为23名90岁以上高龄老人送去牛奶、鸡蛋、食用油、大米等慰问品。建军节、国庆节为社区军籍人员家庭送去大米、食用油、鸡蛋、礼盒等慰问品。

慈善募捐 开展“春雨行动”捐赠活动，募得捐款940元。开展“冬衣送暖”募捐活动，募捐棉衣被111件。开展“博爱在京城”募捐工作，募得善款1051元，所得善款衣物全部上交学院路街道。

【综合治理工作】 落实元旦、春节、国庆节、“两会”“G20”等国内重大活动、节日期间等级防控工作，严格上岗时间及巡逻范围，部署发现情况及时报告、处置办法。做好冬季防火宣传工作，对社区重点部位进行安全检查，并及时排除安全隐患。配合校保卫处为东、西社区公共区域内配置6个消防柜。对社区便民网点进行全面安全检查。对物业管理进行指导与沟通，落实辖区重点部位监管。完成2016年度养犬年检及新登记工作。

开展社区矛盾、民事纠纷调解30余起，调解成功25起。协调有关部门解决多起居民反映的各类问题，如占用绿地停车、开园种植等。组织社区矫正评议员开展社区矫正工作。1名社区服刑人员解除社区服刑，转入帮教阶段。

开展环境卫生整治宣传，迎接全国文明城区复检，开展公共区域灭鼠、控烟、清理小广告，以及食品药品安全宣传活动。动员居民清理门前屋后堆放的杂物。发动楼门组长协助检查、清理居民小院，向隐患住户发通知、督促清理。配合街道开展“废旧自行车回收置换”试点工作。完成社区污染源排查，对辖区内各类企事业单位逐户进行污染物排放检查，做到底数清。开展全国水源调查，摸清社区内自备井使用情况。协助街道食药所对本市下架食品名单进行张贴宣传。组织绿化知识答题活动增强居民爱绿护绿意识。

【计生工作】

人口计生 进一步修改、补充、完善全员人口信息系统，补充新增人员41人。全年共办理一孩生育服务证13人，二孩生育服务证15人，流动人员6人。办理独生子女证3个。办理1户新增伤残特扶家庭手续和1户年审手续。电话走访18名新生儿家长，采集新儿身份证号。办理2位年老时一次性奖励。为14位社区居民办理转档手续。社区内共安装5台自动发套机，全年共发放避孕工具16 000只。为36个独生子女家庭办理年审、核发工作。为2户伤残特扶家庭送去慰问品。

流动人口权益保障 加强流动人口管理，带外来流动育龄妇女参加孕情检查。协助校医院对辖区非北京籍外来务工人员家庭0~6岁儿童开展查漏补种疫苗工作。完成非北京籍外来务工人员适龄儿童就近入学的社区五证材料审核、入户核实工作。

【文化共建】 组织社区居民开展全民健步行活动、参加地区“五月鲜花”文艺汇演。组织开展“第四届居民健身运动会”。组织居民参加“纪念红军长征胜利八十周年”的征文活动。推荐居民参加“身边好邻居”评选活动，有两户居民被评为“身边好邻居”。

【社区妇女联合会工作】 开展多种形式的妇女维权行动，为社区妇女提供有关婚姻家庭等方面的法律咨询帮助。做好来访接待工作，做好妇女的情绪疏导、纠纷调解、矛盾化解等工作。关爱妇女儿童，走访慰问7名患病、困难妇女。

开展妇联特色活动。春节前夕组织辖区青少年开展“迎新春 美化环境 送福字”社会实践。3月，开展“法援真情，关爱女性”法制知识竞赛，开展“3·15权益保护及反家庭暴力”主题宣传活动。7月，举办模拟法庭、法律宣讲活动，同月开展“草木染”绿色宣传活动。10月，开展社区趣味运动会及“和谐生活，健康走出来”健步走活动。11月，组织获“最美家庭奖”家庭成员参观双清别墅；开展环保宣传活动。12月，开展“迎新年妇女联欢会”。配合街道开展品牌家庭的创建活动，上报1户“海淀区最美家庭”，上报1户“学习型家庭”。

【全国1%人口抽样调查工作】 8~12月，编制户主姓名底册，完成2016年1%人口抽样调查季度报表和年度报表的入户调查工作。年度报表社区调查户数69户，其中，家庭户59户、集体户5户、空房户5户。调查人数213人，调查时间时点居住在本调查小区165人(包括，户在人在136人、人在户不在29人)，户在人不在48人。

【人大代表选举工作】 完成选民登记、资格审查、资料汇总、公示等选举工作。社区预登记选民4820名，正式选民294名，投票选民181名，投票率62%，圆满完成人大代表的选举工作。

【为民办实事】 为缓解林大社区(西区)机动车停车压力，对西家属区现有停车位进行了清点，召开林大社区居民代表常务委员会扩大会议，邀请校保卫处、社区警务工作站、中国科学院社区居委会、林大社区居委会工作人员参加，听取居民代表及各方面意见建议，开展机动车通行卡预登记工作，为拟定《北京林业大学(社区)西区机动车管理办法(试行)》做准备。

(夏巍青 刘西瑞)

附属小学

【概　况】 北京林业大学附属小学(Subsidiary elementary school of Beijing Forestry University，以下简称林大附小)创建于1960年，坐落于北京林业大学校园内，占地6306平方米。林大附小属于北京林业大学公办性质，主要解决北京林业大学在职教职工二代子女就学问题。林大附小坚持遵循“勤学、博思、明理、笃行”的校训，以培养出具有高尚品德、遵规守纪、勤奋上进的人才为育人宗旨，全面推进学校的发展建设。

截至2016年年底，林大附小共有教学班13个，在校学生591人，教职工41人。设有教育中心、教学中心、科研与课程中心、综合服务中心4个行政处室，开设语文、数学、英语、体育、科任5个教研室。（柏 彤 高慧贤）

【校园建设】 林大附小秉持“学生幸福成长，教师幸福工作，勇于担当责任，提高生命品质”的办学理念和“真心做事、磊落做人、用心做教育”的教风，致力于形成学校的特色思想文化。学校全员参与建设优美的环境文化，加强校园物质文化建设。依法治校，依法执教，深化教育教学管理，促进校园制度文化建设。提高教学效率，开发校本课程，抓好校本教研，创新学生综合素质评价体系，促进校园课程文化建设，传承绿色文化，弘扬林人精神，促进校园的全面发展建设。

8月，改善教师办公室基础设施。11月，全校教室、办公室安装新风空气净化系统。

（柏 彤 高慧贤）

【德育教育】

系列主题教育活动 2~7月，在全校开展“俭以养德，从小做起”勤俭节约主题教育活动。9月至次年1月，在全校开展“世界因我而美丽”生命认知主题教育活动。

节日庆祝及实践活动 3月5日，少先队开展学雷锋活动。3月8日，三八妇女节感恩活动。3月22日，“梦东方”实践活动(春游)；3月28日，消防安全教育活动。3月31日，六年级鹫峰梅花科普实践活动。5月20日，参加海淀少年宫手工体验活动。5月23日，“传递温暖，共创平安”交通安全志愿者启动仪式。5月30日，一年级入队仪式。6月1日，“筑梦童年，梦开始的地方”庆“六一”活动。6月27日，“红领巾心向党”主题教育活动。6月28日，“毕业季·带着梦想起航”林大附小毕业典礼暨结业典礼。8月31日，一年级新生迎新活动。9月1日，“让世界因我而美丽”开学典礼。9月5日，“大手拉小手”民警平安护校暨林大附小少先队员向民警敬队礼活动。9月10日，教师节庆祝活动。9月20日，少先队干部授标仪式。9~10月，纪念红军胜利80周年系列活动。10月19日，迎接海淀教委调研学校教育工作。10月21日，一年级绿植认知活动。11月1日，三年级农耕体验活动。11月3日，迎接教育部专家组监测学生体质工作。12月2日，“暖心义邮”冬衣捐赠活动。12月5日，观看《勇士》爱国教育活动。12月23日，参加林大老干部处、校团委、园林学院、艺术设计学院元旦联谊晚会。

心理健康教育 创设优质的教育环境，倡导教育实施的科学性，林大附小与北京林业大学人文学院心理系共建小学心理教育，主要开展活动：3月，组织北京林业大学人文学院心理系4名学生到小学实习，为高年级做心理团体辅导课；6月14日，举办“幸福的小女生”青春期健康教育讲座；9~10月，分年级举办第四期家校课堂“心理教育讲座”；12月9日，举办“培养健康的小男子汉”青春期健康教育讲座。

德育队伍建设 2016年，《林大附小立德树人德育课程建设研究》获“北京市基础教育课程建设优秀成果一等奖”。学校获“海淀区首批市级中小学文明校园创建单位”称号。1个班级获“海淀区优秀班集体”称号。1名教师获“海淀区优秀班主任”称号。1名教师获“海淀区区级班主任带头人”称号。（柏 彤 高慧贤）

【教学管理】

提升教师执教科研能力 开展学科负责人展示课，开展学科带头人、骨干教师的风采展示课，教研组开展课标学习与验收和学科实践活动，青年教师成长团队带领全校教师开展“不做这样的老师”培训活动。

培养学生思辨表达能力 推进“心情课表”之“课堂展示语”活动，聘请校外专业教师，讲授演讲与表达的知识技巧，每班每周一节课；教师制订并落实学科“课堂展示语”实施方案，学校通过听推门课和研究课检查落实效果；完善评价、奖励机制，促进教与学的改进，借力于课程科研中心的“家庭演讲台”手册，家校合力，共同培养学生表达能力。

学科活动 2月29日，“闹元宵，心欢悦”四、五年级语文实践活动。3月17日，“我爱我家”三年级语文实践活动。3月17日，“我与历史遗迹的对话”六年级语文实践活动。4月22

日，“浸润书香，悦享童年”全校阅读节活动。5月9日，“悦读悦美”1～3年级阅读体验活动。5月17日，“三个‘赞’”数学实践活动。

常规工作 深入课堂，坚持听推门课、研究课和走班听课制度，了解教师的教情和学生的学情，及时沟通反馈，落实课堂实效。每周安排校领导听课，每学期教研组长听课15节，教师听课10节。加强期末听课笔记的检查。继续开展读书角活动，培养学生读书习惯及兴趣，每学期检查教案3次。期初主查假期备课，期中主查复备课，期末主查复习课备课。加强学籍档案管理工作，完成新生课堂学科习惯检查工作。指导教师继教工作；推进与落实大学支持附中附小项目；科研论文课题的申请与报送；引导学生关注学习过程，继续开展“优学奖章”进阶活动。

（柏 彤 高慧贤）

【第二课堂选修课】 在原有31门选修课程基础上，2016年新增花样跳绳、节奏体语、动漫插画3门选修课。

【校园体育】 3月24日，举办“跃动活力，挑战自我”跳绳比赛。4月30日，举办第三届春季田径运动会。10月17日，举办“发洪荒之力，享亲子之乐”第五届亲子运动会。

（柏 彤 高慧贤）

学校公共体系

信息化建设

【概　况】 北京林业大学信息中心承担学校网络建设与管理、信息化建设、信息安全管理、网络资源平台建设、校园一卡通运行、基础数据通信管理6项工作职能，下设网络管理科、系统运行科、数据研发科、基础业务维护科、信息安全科、用户服务部6个科室。

2016年，信息中心围绕学校重点工作清单，完成了学校“十三五”信息化发展规划制订，开启了校园无线网一期建设，建成学校公共数据中心，落实在线教育平台技术筹备，不断加强网络与信息系统安全工作，努力推进我校信息化建设。

【校园网情况】

校园网升级与优化 2016年校园网出口带宽较2015年提升25%，增至3.9G。校园网络测试与优化工作不断推进。定期例行巡检机房保障设备，提高机房运行可靠性。

实施校园办公楼宇无线网覆盖项目一期工程，完成森工楼、基础楼、生物楼、环境楼、实验楼、学8号楼无线网建设项目并顺利通过验收投入使用。学校千兆无线网精细化部署初具规模，为师生移动学习、移动办公、移动沟通与协作提供了良好的无线网环境。

完成高性能计算平台项目的建设与验收，注册高算平台的科研团队达12个，全年用户作业总数累计达11 064项(约合54万核·小时)，有力地支持了我校师生开展科研工作。

综合服务 受理各楼宇信息屏的信息及视频发布需求200余次；受理主机托管4台；创建虚拟机15台；迁移虚拟机40余台·次；完成数字校园、一卡通等13类重要数据的备份工作，完成全部虚拟机的备份和快照工作1000余次，完成数字图书馆系统电子资源更新等技术维护30余次。

积极争取社会资源，引进中国移动参与投资建设校园一卡通系统，完成校园刷卡POS机的TCP改造，对校园一卡通软件平台进行升级，提高系统的可用性与稳定性。完成校园一卡通第二阶段建设方案的制订与论证工作，为推进一卡通系统与设备升级换代奠定基础。开展校园医疗信息系统的建设工作，基于一卡通为广大师生提供医疗挂号和缴费服务，为师生就医提供便利。

【数字校园与信息化建设】

“十三五”信息化发展规划 基于大量校内外调研基础，组织学校信息化专家组专题研讨学校“十三五”信息化发展规划，立足校情细致开展规划编制工作。12月，组织清华大学等校外专家和校内信息化专家召开现场论证会，顺利通过专家论证。规划明确10项重点工程30余项具体建设任务，将成为学校“十三五”信息化发展的重要指南。

学校公共数据中心 进一步对学校基础数据库进行完善，完成《北京林业大学校务数据管理办法》和《北京林业大学校务数据标准》建设，继续推进各相关校务数据的集成与共享，建立规范、安全的数据管理与共享交换机制。目前已完成教师、学生、设备等基础信息的采集与共享，建成学校公共数据中心，为进一步开展更深层次的数据集成、共享与应用工作打下坚实基础。

在线教育平台技术筹备工作 根据学校开展在线教育的发展战略，开展有关技术筹备工作，对教务处、研究生院、继续教育学院有关在线教育需求及主要软件厂商的解决方案与产品情况进行调研，结合学校实际制定技术方案并完成论证。完成亚太森林在线教学平台的开发建设，发布6门林业可持续经营的英文在线课程。

信息化应用建设 完成正版化软件平台二期建设的论证工作，完成校医院信息系统建设并实现与校园一卡通的对接，实现一卡通挂号、缴费等服务。进一步优化计费系统，增加连接数个数，配合财务处对取号及叫号系统进行多次升级调整；承担微信迎新系统技术保障工作，圆满完成2016级新生迎新报到工作。完成图书馆、招生办、科技处、研究生院等17个网站的新建工作，完成45个网站的修改工作。

【网络与信息系统安全】

网络与信息系统安全防护 2016年，信息中心不断增强网络与信息系统安全工作，向北京林业大学党委常委会系统汇报学校网络与信息安全工作有关情况及未来工作任务。组织学校网络安全和信息化领导小组成员观看北京市公安局提供的“网络与信息安全事件应急演练视频”。12月2日，学校召开网络安全和信息化领导小组第一次工作会议。

网络安全日常工作 认真执行日常值班、运行监控和网络舆情监控工作，主动开展信息安全自查、等级保护等相关工作，积极完善各项安全制度，修订、完善《北京林业大学网络与信息安全事件应急预案》。组织师生参加高教学会教育信息化分会组织的线上培训，带领学生参加高校安全管理运维挑战赛。积极落实“国家网络安全宣传周”宣传活动，与北京山石网科信息技术有限公司共建了网络安全联合实验室。

图书馆

【概　况】 2016年，北京林业大学图书馆有职工68人，在编48人，非在编20人；女职工49人，男职工19人；具有副高级职称25人，中级职称16人，初级职称5人，工人编制2人，非在编20人。下设办公室、资源建设部、资源推广部、流通部、阅览部、技术部、特藏部、教材发行部8个部室。“全国林业院校图书情报工作委员会”“北京科技情报学会高等院校科技情报专业委员会”设在该本馆。图书馆现有阅览座位3258个，纸质文献186.28万册，已购数据库65个，为师生提供多类型的数字资源，包括报纸、期刊、图书、论文、工具书、专利、引文、年鉴、音视频资料等，其中本地资源约51TB；当年试用的70余个数据库和收集整理的开放存取资源有效的补充了已购数据库。

2016年，开发完成“阅读记忆”系统第一版、“网站安全监控填报”系统(FTP版)两个应用系统；更换运行文献信息服务系统的硬件设备，将双机集群升级为ORACLE RAC，新增两台业务服务器；文献信息服务系统由5.0升级为5.5，打造大数据云服务；目前拥有整体性能较好的信息化基础平台和设备，文献信息服务系统、自助借还系统、门禁系统、即时通讯系统、一卡通同步系统、自助复印系统、IT运维管理平台运行稳定；面向全校师生提供工作时间自助借阅、全天24小时自助还书、电子图书阅览、资源检索和下载等服务。　　(袁明英　钟新春)

【读者服务】 2016年，图书馆共接待读者137万人次，其中借阅6万人次。接待临时阅览1595人次。接待读者咨询1100余人次。修改读者一卡通数据18 324条。完成28万册图书的借还服务，定位新书7433册。接收中外文期刊13 614册；完成中外文过刊4080册的装订和上架工作；完成1267册学位论文上架整序任务；送漂书刊4000余册。

完成了在建特色库的数据录入和审核，本年度共扫描图片2722张；已发布图片1313张，总共完成9191条数据项。完成9438张随时光盘的修改及核查；193张新盘的压缩上传。本年度共试用电子资源数据库70多个。

读者培训 完成研究生《学科专题信息检索》本科生公选课《文献检索与利用》，梁希班选修课《文献检索与利用》，总教学148学时的教学任务。共举办各种培训20余场次，内容包括新生教育培训、馆藏文献资源利用、中外文数据库利用、SCI专题、学位论文提交、NE软件等。

2016年，新生入馆教育依托北京智信数图科技有限公司平台，与信息中心等相关部门协调，采取了新生网络培训学习闯关模式(即通过学习闯关达到标准后，系统自动开通借阅权限)。按照图书馆馆藏资源与服务特点，完成了题库、学习资源、闯关内容的搭建，并通过馆主页、公众号、易拉宝、每个阅览室和咨询台设置二维码等进行宣传指导，并及时解答新生入馆教育的问题咨询。为新开通借阅权限的小学生开展入馆教育和图书利用培训。

资源宣传推广 开展“资源宣传推广月”活动。制作馆藏数据库资源等主题宣传专栏和资料，开展内容涵盖SCI、EBSCO平台、ProQuest平台、Springer、NE、超星移动图书馆等旨在提高馆藏资源利用率的馆藏数据库讲座。此外还开展了以下主题推广活动：“林语杯”英语口语大赛：联合外语学院及3E多媒体英语资源库共同举办了2016年北京林业大学“林语杯”英语口语大赛并进行了表彰。积极组织开展3E“图书馆杯”北京地区口语大赛，北林大10名学生获奖，图书馆获“优秀组织奖”。“EPS”搜索大赛：在第三届“EPS”杯北京高校数据搜索分析大赛，北林大读者获二等奖1名、三等奖2名，图书馆获“优秀组织奖”。“我心目中的好书评选”：通过填写推荐书单、邮件、微信等多途径征集“我心目中的好书”，并汇总整理查询馆藏有无，将有馆藏的罗列索书号等信息。同时，将推荐TOP20的图书通过微信展示发布作为“暑假阅读北林人自己的书单”阅读推荐。“军训文创大赛”：与思源读书会共同举办以军训为主题的征文大赛并进行评比表彰。统计发布“2015年阅读达人榜”“借阅榜”：为了宣传利用图书馆资源典型，树立阅读榜样，营造良好阅读氛围，统计了2015年度“阅读达人榜”“借阅榜”并在图书馆微信平台宣传。开展“好书推荐”活动，完成1100条数据的采集整理提交，图书馆获“优秀组织奖”。完成北京高校图工委BALIS统一检索平台的馆藏数据库数据采集和报送，图书馆荣获“贡献奖”。

多形式多途径开展宣传推广。完成图书馆微信公众号年度认证审核，并结合图书馆工作和馆藏资源及时进行维护更新发布。结合馆藏资源与服务的更新，有针对性地进行修改和完善《北京林业大学图书馆读者指南》的工作，方便新生快捷地了解并熟悉图书馆。从图书馆资源与服务概况、使用方法以及年度利用报告等方面编制《北京林业大学图书馆资源与服务利用白皮书》。通过多渠道开展“书香北林”的利用宣传，毕业季为毕业生印制发放宣传小册。

积极开展“中小学开放日”暨“北林附小共建活动”，日常为北林附小统计分析借阅情况；完成《读者指南——开放日专版》的编印和发放，对新开通借阅的同学进行培训。在“世界读书日”与北林附小共同组织策划读书节活动，为其开展“阅读之星”评选。图书馆“开放日活动”，荣获北京高校图工委一等奖。

馆藏资源评价 以图书馆订购数据库1～11月的访问量、检索量、下载量(视频类：点播量、点播时长、下载量)，数据库资源的更新情况(新内容、新服务)，接待图书馆读者咨询及问题解答情况，回访图书馆及培训指导情况等指标并结合部门对数据库的内容、北林大的学科专业结构、部分读者的调查分析，完成馆内2016馆藏电子资源利用情况报告。

学位论文验收管理 完成2016年全校1428份(不含涉密)博硕士论文的电子数据审核、纸本论文验收工作(其中博士论文153册，硕士论文622册，专硕论文544册)。

教材发放服务 2016年，集中发放教材561种85 015册，科技书店零散供应教材及教辅书籍2096种16 605册，为教师免费发放各类教材268册，配合留学生办公室办理留学生领用教材事宜。 (石冬梅 钟新春)

【馆际交流】 2016年，馆际交流与合作在持续稳定的基础上有了一定发展。馆际互借合作馆80家，图书馆提供高校联合体人工馆际互借和BALIS(北京高校文献资源保障体系)网上馆际互借两种方式的借阅服务；拥有CASHL(中国高校人文社会科学文献中心)、BALIS、超星读秀中文学术搜索等原文传递服务系统，为广大读者提供全方位、多学科、多渠道的原文传递服务，BALIS原文传递成员馆达95家。本年度，新增馆际互借读者114人，借阅图书132册；新增原文传递读者93人，发送接收原文传递申请174份。原文传递360余篇。 (安俊英 钟新春)

【文献资源建设】

纸本文献建设 截至2016年12月，纸本文献建设新增中文图书11 534册，新增外文图书525册，新增中文期刊合订本3975册，新增外文期刊合订本800册，新增本校博硕学位论文

1366册。订购中文期刊1099种，报纸54种，外文报刊110种。

电子文献建设 续订CNKI等49个中外文数据库，新购7个数据库。

接受文献捐赠 2016年，共接收校内外作者赠书2232册，赠刊2870余册。其中7月接受国家林业局及中国林业出版社赠送的《中国湿地资源》系列图书，赠书活动同时还邀请了《人民日报》《人民日报海外版》、新华社、中央电视台、《光明日报》《经济日报》《中国日报》《中国新闻出版广电报》《中国绿色时报》等多家媒体参加。

举办新书展 在图书馆大厅举办中文书展及外文原版图书新书展4次。3月，举办“雷锋”主题的中文图书展。4月，举办“两学一做”为主题中文新书展。11月，举办“我爱读书”主题的中文图书展，现场共计推荐图书3000余种。11月，在图书馆举办外文原版图书展览，涉及农业科学、生物科学、工业技术、环境科学、经济学等各学科。汇集了Wiley-Blackwell、Oxford、Cambridge、Taylor&Francis、Ashgate、Edward Publishing、Springer等20余家国外著名出版社1000余种学术图书。

资产清查工作 4~9月，图书馆配合学校全面开展资产清查工作，对建馆以来的所有纸质文献，包括中外文图书、中外文期刊、论文、报纸进行一次全面的清查工作，将7万余册没有条码的文献进行回溯工作，统一录入图书管理系统。对27万册文献贴RFID标签，并注册，经过这项工作，可以对所有纸质文献进行统一清查、统计管理。

文献建设开创合作新模式 为了更好地服务于学校学科建设，2016年图书馆与科技处在文献采购上广泛开展合作，共同聘请各院系、各职能处室专家对我校长期试用、专业急需的各中外进行拟购数据论证，共同选定了7个国内外知名数据库进行购买。 （冯 菁 钟新春）

【课题研究】 7月，组织全国林业院校图书情报工作委员会暨中国林业教育学会图书馆工作委员会第25次会议在内蒙古农业大学图书馆顺利召开。

10月14日，承办《北京科协第十九届北京科技学术月——推动信息服务创新发展高层论坛会议》。骆友庆副校长在开幕式上发表。图书馆钟新春馆长在大会上做了“图书馆在现代信息条件下服务模式的转型升级”的主题报告。

积极参加CALIS全国农学文献信息中心组织的课题研究，4月，刘彦民、李锐、张丰智、袁明英分别主持的4个课题被CALIS全国农学文献信息中心立项，研究时间为1年。2016年，图书馆职工在外发表专业论文1篇。

7月，图书馆被华北地区高校图协评为2012~2016年度“先进集体”，石冬梅、袁明英评为先进个人；张丰智被CALIS全国农学文献信息中心评为先进个人；12月，图书馆被北京地区高校图工委评为“北京地区高校图书馆先进集体”，冯菁、李锐、郑勇被评为先进个人。

（袁明英 钟新春）

期刊工作

【概 况】 2016年，期刊编辑部面向国内外公开发行出版《北京林业大学学报》《北京林业大学学报(社会科学版)》《森林生态系统(英文)》《中国林业教育》《鸟类学研究(英文)》5种期刊。

2个英文期刊在Springer出版平台开放获取，作者投稿经同行评议通过，成熟一篇上传一篇到开放获取平台，按需印刷。

6月，《森林生态系统(英文)》向SCI递交评估材料。12月，《北京林业大学学报》开通微信公众号。

现有正式在职人员19人，其中，正高级职称2人、副高级职称15人、中级职称1人、编务1人。 （张铁明 赵秀海）

【组稿工作】 《北京林业大学学报》《北京林业大学学报(社会科学版)》《中国林业教育》《森林生态系统(英文版)》《鸟类学研究(英文版)》全年按期出版。 （张铁明 赵秀海）

【国际学术会议】 5月17~19日，“森林生态系统春季国际学术研讨会(Forest Ecosystems Spring Workshop)”在学研中心举行，来自美国、德国、西班牙、芬兰等国家的9名国际学者和2名国内学者作主题发言，百余名代表参会。研讨会上，Klaus v. Gadow教授被授予北京林业大学“名誉教授”，校长宋维明教授向其颁发聘书并致辞。9月19~24日，“森林生态系统秋季国际学术研讨会(Forest Ecosystems Autumn Workshop)”在学研中心举行，15名国外专家参会并作学术报告，李雄副校长出席并致辞。两次会议论文择优在《森林生态系统(英文)》出版。（张铁明　赵秀海）

【主要成绩】 4月，《鸟类学研究(英文)》(《Avian Research》)收到美国汤森路透集团(Thomson Reuters)通知，被Science Citation Index Expanded(SCIE)收录。被检索论文可回溯至2014年。

《森林生态系统(英文)》(《Forest Ecosystems》)《鸟类学研究(英文)》(《Avian Research》)入选2016年《中国学术期刊(光盘版)》电子杂志社、清华大学图书馆、中国学术文献国际评价研究中心发布的“中国国际影响力优秀学术期刊(TOP 5%~10%)”。

《北京林业大学学报》被中国高校科技期刊研究会遴选为“中国高校百佳科技期刊”。

《北京林业大学学报(社会科学版)》被中国社会科学院中国社会科学评价中心收录为“中国人文社会科学综合评价AMI扩展期刊”。

（张铁明　赵秀海）

档案工作

【概　况】 北京林业大学档案馆(以下简称档案馆)是学校档案工作的职能管理部门，也是永久保存和提供利用本校档案的科学文化事业机构，主要负责全校各门类档案的立卷归档的监督指导和档案材料的收集、整理、编目、保管、借阅、统计、鉴定、利用、编辑研究以及档案的信息化建设。

档案馆下设综合档案室和人事档案室，有专职档案员5人，其中副研究馆员2人，馆员2人，助理馆员1人。档案馆共有1个全宗，包括党群、行政、人事等14类档案，库藏档案105 006卷。档案用房870平方米，设有综合档案库房、人事档案库房、阅览室、办公室，案卷排架总长度923米。（李伟利　张月桂）

【档案管理】 2016年，档案工作在资源整合、档案基础工作、档案信息化建设、档案编研和宣传以及完善管理手段方面开展档案管理工作，以程序化建设为基础，重点落实归档制度、审核制度、催办制度和监管制度，并完成2016年度校档案工作先进单位和先进个人评比表彰活动。

信息化建设 2016年，人事档案室完成全校在职、退休、已故、调出、调入、博士后、科研助理等人员数据库的更新和维护。综合档案室继续对历史老档案进行全面整理与录入，对利用率较高的学生录取底单按计划、分步骤逐年逐省进行扫描，已完成32年学生高考录取底单的扫描。规范网络环境下电子档案的接收工作，档案馆加大力度收集、整理和利用现行电子文件并借助档案网络系统平台全面实现档案资源共享，加快实现电子文件与纸制文件同步归档和有效管理，促进档案信息化建设的实施。

定期清查借阅 5月和12月，两次清理、核对3个档案库房，对综合档案库中研究生学位授予材料，按照档案台账进行核对，确保账物相符。干部人事档案库，按照库存档案名册对所保管的档案清查核对，并将借出未按时归还的档案及时追回。学生档案库对编籍生、休学生、复学生等特殊情况的学生登记签单，补充与合并不完整档案。与学院核对在库的研究生档案中本校连续培养学生的1281卷档案信息，并严格审查其各学历阶段档案的完整性。

人事档案工作 7月，毕业生档案集中归档并寄出，逐份审核并密封寄出1359名研究生和3196名本科生的档案，同时，建立档案转寄信息查询系统。9月，接收新生档案5059卷，接收新教工、博士后档案62卷。补充学生档案材料23 000份，补充干部人事档案材料5213份，转出教工档案62卷，转出学生档案4554卷。

积极充实干部档案内容，确保档案信息齐全

完整，主动收集派遣单、学历学位证书等十大类材料，并配合学校组织部、人事处对全校处级干部档案中涉及的年龄、工龄、党龄、学位、学历、经历、身份按照有关政策规定予以核对、确认、补充和完善，确保档案信息齐全完整。

档案工作会 4月，档案馆召开第20次全校档案工作会议，总结布置工作，并安排2016年的档案工作。同时，举办档案知识竞赛和网络系统的应用讲座。

档案管理规程 修改、充实、完善13项档案管理工作规程，包括《档案借阅规程》《档案整理规程》等，重点完善学生档案管理规章制度，新制定学生档案建档、查档等4个方面的工作规程，明确档案事务办理流程。

档案收集工作 2016年，收集整理历史资料并分类立卷222卷，填补了学校档案库空缺的1964年毕业生分配名单、1975年干部名册，1977年学生名册、1978年教工名册等、丰富了馆藏资源。 （李伟利　张月桂）

【档案开发利用】 2016年，档案馆共接收各类档案案卷11 121卷，补充各类材料28 213份。其中接收综合类档案6000卷，新教工档案62卷，新入校学生档案5059卷。为教学、科研、管理工作提供全方位的档案信息服务，利用档案网络查询系统提供档案查询服务。配合教育部巡视组调阅档案459卷。配合中组部、教育部在全国范围内开展干部档案“三龄两历一身份”的审核，查询当年学生从入学成绩到学位授予逐份材料复印盖章819份。配合各学院毕业生就业单位，接待用人单位对学校毕业生政审档案查阅230卷。2016年共借出、复印、查阅综合档案2471卷，查阅干部人事档案700卷，查阅学生档案2117卷，电话查询912人次，配合教育部学位学历认证102人次，配合各学院党员组织关系清查提供相关档案360卷。

10月，完成“档案里的北林”14册编研成果的最终审核并装订成册。完成1952～2015年干部任免、职称聘任、组织机构沿革等编研成果的维护升级工作。

（李伟利　张月桂）

教学实验林场

【实验林场概况】 北京林业大学实验林场(以下简称实验林场)原名北京林业大学妙峰山教学实验林场，建于1952年，是在北京林学院成立后合并北京农大林专林场及中林所西山造林实验场基础上建立起来的。

实验林场位于北京市海淀区西北部苏家坨镇，北纬39°54′，东经116°28′，横跨海淀和门头沟两个区，面积765.19万平方米，森林覆盖率96.4%，最高海拔1153米，共划分六大经营区、12个林班、106个小班。经调查实验林场范围内共有陆地植物121科447属955种(包括变种、变型)，昆虫14目122科539种。实验林场现在主要任务是为教学实习科研服务、营林防火、病虫害防治和森林旅游。

截至2016年年底，实验林场拥有教职工35人，其中高级职称4人、占总人数的11.43%，中级职称13人、占总人数的37.14%，具有大学本科以上学历7人、占总人数20%。实验林场现有场长1人、副场长2人，下设办公室、财务科、总务科、林业管理科、防火办公室和教学科研实习管理科6个科室。

【教学实习和科研】 实验林场是北林大重要的教学、科研、实习基地，中心任务是为学校教学和科研工作提供服务。

教学实习 2016年，实验林场共接待北林大教学实习师生9980人次，其他兄弟院校实习师生1188人次。实验林场教学实习的课程有营林生产实践、林木种苗培育技术、土壤学、地质与地貌、生态学、昆虫分类学、果树概论、植物学、园林树木学、气象学、地图学、苗圃学、园林设计、旅游规划、森林保护、环境规划、森林防火。

科研服务 协助水保学院、林学院、生物学院、工学院等有关科研项目在林场顺利开展，截至2016年12月31日，在实验林场开展的科研项目，包括遗传育种、水土保持、干旱地区造林、梅花和牡丹芍药方面，科研项目具体情况如表24所示。

表 24　北京林业大学实验林场开展的科研项目情况

序号	科研项目名称	项目负责人	项目地点
1	梅花品种的保存研究	张启翔	梅园
2	梅花与牡丹分子育种与品种创新	成仿云	牡丹园
3	基于 cpDNA 和 SSR 分子标记的紫斑牡丹栽培品种起源研究	成仿云	牡丹园
4	牡丹、月季种业关键技术研究	成仿云	牡丹园
5	北京牡丹新品种培育	成仿云	牡丹园
6	牡丹花型等重要性状的 QTLs 定位研究	成仿云	牡丹园
7	森林植被对降水输入过程的调控机制	谢宝元	秀峰寺以西
8	“十二五”国家科技支撑计划项目“三北”地区水源涵养林体系构建技术研究与示范	余新晓	锅炉房以南以及云岫亭西侧
9	国家林业局林业公益性行业科研专项项目典型森林植被对水资源形成过程的调控研究	余新晓	锅炉房以南以及云岫亭西侧
10	国家林业局林业行业公益专项项目“森林对 PM2.5 等颗粒物的调控功能与技术研究(201304301)”	余新晓	锅炉房以南以及云岫亭西侧
11	国家林业局林业标准化项目“防护林生态效益评价技术规范”	余新晓	锅炉房以南以及云岫亭西侧
12	国家自然科学基金面上项目基于氢氧同位素技术的植被－土壤系统水分运动机制研究	余新晓	林场办公区北侧气象站区域
13	蓝莓定向高效培育及加工利用技术研究	侯智霞	普照院
14	能源林培育技术	马履一	普照院
15	灌木能源林树种选育与高效培育技术	马履一	普照院
16	华北主要造林树种容器苗稳态营养加载技术研究	李国雷	普照院
17	红花玉兰种质资源收集保护、遗传测定与开发	马履一	普照院
18	中法生物质能源树种良种基地建设与培育	彭祚登	普照院
19	面向森林监测的无线传感器网络关键技术研究	黄心渊	鹫峰前山
20	北京城市污水处理厂污泥与园林废绿化剩余物协同利用关键技术研发与示范	周金星	牡丹园温室
21	森林土壤温差发电中的热源分布及其传递规律	徐道春	鹫峰梅园
22	散射辐射变化对华北山地人工林碳吸收和水分利用影响	同小娟	鹫峰前山

【营林与防火】　实验林场的营林管理工作重点是林相改造、护林防火和病虫害预防监测等生态维护。

营林工作　2016 年，实验林场参与实施太行山造林和大西山彩化两个重点工程完成竣工验收，现已进入后期养护阶段。完成鹫峰前山梅花嫁接 500 株，为早春鹫峰前山的景观增添亮色。对办公区、梅园等重点区域进行环境整治，环境综合治理 2 万平方米，提升了鹫峰中心区的环境绿化美化水平。

2016 年，接待社会单位 410 余人次到实验林场参加植树活动，共栽植各种苗木 455 株，栽植面积 1.33 万平方米；以抚育幼树、抚育野生树、完成一树一库抚育、修林间道路、打防火隔离带等，折合植树 37 245 株，66.67 万平方米抚育管理工作；完成国有林场改革方案和林场森林经营方案的编制。

护林防火工作　2016 年，按照年度森林防火计划。10 月 23 日，组织召开义务植树单位森林防火工作会，同时签订与各义植单位责任书 6 份。10 月 30 日，召开林场职工森林防火总结动员会，与护林员、义务植树单位、驻场单位、住户签订森林防火责任书 50 余份，并进行防火演习。10 月 31 日前完成扑火队员招聘。11 月 15 日，完成防火小道打割、长 20 千米；打设森林防火隔离带 43 万平方米；新增油锯 2 台、背负式风力灭火器10台、灭火水枪30套、手抬机动消防泵3台、灭火弹500发、二号工具200把、铁锹50把、移动储水池2吨2套、消防斧10把、水桶20个、防毒面具30具、强光手电10支、帐篷1顶、割灌机2台、语音提示宣传杆5套。

病虫害防治工作 实验林场共设置6个观测点、10处美国白蛾诱捕器、5处黑光灯，4～10月每天进行观测，并把观测记录报送海淀区林业工作总站。4～9月在林场重点区域、重点部位进行药物防治多次，对林场海拔高度较大的区域，通过释放肿腿蜂、周氏啮小蜂等进行生物防治。

【实验林场基本建设】 2016年，林场自有资金完成秀峰寺、办公区仿古屋面的修缮工作，修缮面积3000平方米。完成彩钢板房超市改造工程240平方米。完成防火值班室、秀峰寺后七间房屋面层的修缮工作200平方米。为萝卜地瞭望塔、大门坨瞭望塔安装低温空气源供暖机组。更换林场南北水井不锈钢深井泵两台，更换办公区供水管线100延米。在寨尔峪、萝卜地瞭望塔、大门坨瞭望塔安装生态气象观测站基座3处，安装围挡200平方米。完成秀峰寺室内修缮工作。对学生餐厅、秀峰寺后七间、萝卜地瞭望塔的屋面防水层进行重新铺设，铺设防水面积800平方米。完成林场部分供电线路的改造，更换夏令营基地电线100延米，新装配电箱两座，更换寨根供电线路30延米，修复林场路灯7处。

【北京鹫峰国家森林公园】 2016年，公园先后举行"鹫峰梅花节""鹫峰生态文化节""鹫峰登山节"和"鹫峰彩叶节"等活动，其中"鹫峰赏梅"和"鹫峰红叶"分别被北京市园林绿化局列为向市民推荐的旅游项目，"鹫峰生态文化节"被北京市旅游委列为向市民推荐旅游活动。公园全年接待游客9万人次，门票收入80万元。

【重要事件】 2016年，完成在林场内的太行山造林和大西山彩化两个重点工程。太行山造林工程总投资356万元，其中326万元由北京市政府投入，30万元由实验林场自筹，主要工程为改造鹫峰前山区66.67万平方米低效林，封山育林其他区域533.33万平方米；大西山彩化工程总投资约为1400万元，由海淀区政府投入，主要为梅园内道路提升改造、防火公路两侧绿化景观提升改造、寨尔峪古香道维修。两项工程总计完成种植苗木约3.5万株，栽植五叶地锦6万株。

3月23日，副校长骆有庆带领林场相关人员前往市园林绿化局与副局长朱国成、计财处负责人、林场处负责人等相关领导就国有林场改革实施方案事宜进行沟通洽谈。5月23日，学校党委常委会要求林场抓住北京市国有林场改革重大机遇，深入学习研究中央和北京市改革方案，吃透文件精神，调研借鉴同类单位改革经验，理顺林场与森林公园关系。林场按照党委常委会会议要求于9月底编制完成国有林场改革方案并上交北京市国有林场改革领导小组办公室。

4月14日，国家林业局各司局直属单位近50名司局级干部在实验林场开展义务植树，共栽植银杏大苗20株。自1982年起，国家林业局(原林业部)每年都组织人员前往实验林场参加义务植树造林活动，至今已连续35年。

10月23日，由北京市教委和北京市大学生体育协会联合举办的"首都高等学校第十三届越野攀登赛"在鹫峰国家森林公园内举行，来自北京30所高校的代表队报名参赛。北京林业大学代表队在甲组12个院校中取得第三名。

苗圃和树木园

【概　况】 北京林业大学苗圃和树木园管理办公室，成立于2010年10月26日，挂靠学校教务处。该办公室是学校的实践教学单位，负责建设和管理教学实习苗圃和树木园，为本科教学提供实习实验平台，开展本科教学实习，为教师和学生实习服务。管理办公室现有主任1名、副主任1名，暂设生产业务科和教学实习科2个科室，分别由1人负责，采用劳务外包方式进行日常作业。

苗圃位于北京市海淀区双清路西侧，北京地铁13号线东侧，八家村委会北侧，海淀区八家郊野公园南侧，距北林大校本部西北门约300米，总面积31 181平方米，由西院、东院和东南院3部分组成，已完成规划建设，投入使用。

2016年，是教学实习苗圃建设发展的第六个年头。苗圃的基本建设任务完成之后，实习苗圃处于建设发展的成熟期和稳定期，苗圃和树木园管理办公室工作思路是对工作的优化和深化，其工作重点就是围绕这个思路展开的。

2016年度，苗圃和树木园管理办公室共接待本科生实习课程36门，接待林学、生物、草业、园林、园艺、风景园林、水保、森保、林业经济、信息、应用心理学、梁希班12个专业，76个班，123班次，开展各课程的实习、服务实习学生2280人。

【“两学一做”学习教育】 2016年，是深化改革、反腐倡廉、规范管理、践行“三重一大”“三严三实”作风的关键年，也是开展“两学一做”活动的关键年，苗圃和树木园利用单位例会和党支部组织生活，认真学习十八届六中全会精神，积极开展“两学一做”活动，在学校的领导下开展各项工作，按照“三重一大”“三严三实”的要求，认真检查、规范制度、促进各项工作的开展。

通过学习李保国事迹，苗圃和树木园工作人员更深刻地认识到，做合格的党员、做优秀的员工，要像李保国那样，树立为人民服务的意识，将学到的知识用到最该用的地方，充分发挥知识的作用，虽然身份普通，心系百姓，为老百姓服务，为国家分忧。苗圃和树木园的工作内容与李保国教授相仿，更要树立为实践教学服务、为师生服务意识，提高服务的主动性、积极性，提升服务水平。

【基本建设】

岩石园绿化基本框架完工 岩石园基建工程完成后，利用苗圃现有苗木，进行岩石园植物的种植规划，效果较好，基本框架业已完成，以后还需要细部的精心雕琢。

屋顶花园和彩色植物园改造 2016年，苗圃和树木园对屋顶花园的种植进行重新设计，以观赏草为主，并对彩色植物园的地被植物进行改造和补植。

改造门区景点模纹绿墙 苗圃和树木园在2015年建造的门区景点模纹绿墙基础上，对部分植物予以调整，其中教学实习苗圃的植物标识改成四季秋海棠；在生长季节，门区景点背景植物采用五色草，提升景观质量，增强节日气氛。

更新苗床基质、优化用地效果 根据生产节令和实习需要，2016年春季苗圃和树木园更新了地面苗床基质。同时，苗圃和树木园对荫棚南侧的用地进一步优化，铺设地布便于管理，并使该区域实验利用率和感官效果明显提高。

温室绿墙改造 2016年，苗圃和树木园联系园林学院和铁汉园林，促成两单位对园林教学试验示范中心（苗圃大温室）的绿墙进行改造，为教学实习提供更好的服务。

苗圃圃容美化工程 根据之前确定的将教学实习苗圃建成花园式苗圃的目标，2016年对教学实习苗圃的种植进行统一规划。在满足师生教学实习实际需求的基础上，对苗圃园路两侧以及一些关键节点区域，进行绿化美化。增加观赏类草本花卉的种植量，主要包括马鞭草、紫罗兰、薰衣草、毛地黄、石竹、矾根和佛甲草类植物；并对观赏草进行整合，集中种植，便于管理，也便于形成统一的景观效果。

2016年，苗圃和树木园继续绿化美化水生植物园区，利用2015年生产的二茬球根花卉郁金香、风信子、大花葱等进行再种植，长势良好，形成很好的景观效果。球根花卉花期过后，又将温室里2015年冬季培育的草花种植在水生植物园和花坛中，两处景观效果很好，吸引大批学生、教师及社会人员前来参观。2016年下半年，苗圃和树木园利用园林学院提供的水生植物花卉，在园林学院老师帮助下，补充种植水生植物30余种，更加丰富了水生植物园区的生物多样化景观。

【苗圃生产】 苗圃生产过程包括苗圃生产作业安排、劳务工人工作安排、机械管理、生产资料组织等。从2015年开始每年都开展一些温室生产项目。

大田生产 2016年，苗圃生产管理全方位配合教学实习相关工作、大学生创新实验项目及科研训练等教学实习任务，做好统一规划、现场技术指导、现场及后续服务等相关工作。

苗圃东西院围墙内的国槐树冠逐年长大，树冠遮光严重，影响苗圃地采光，干扰小苗生长。2016 年春季，对部分国槐隔株移除处理，移走国槐大树 20 多株；冬季又对剩余的国槐进行大规模修剪，同时对园林学院学生实习留用的碧桃进行了修剪。

配合学校锅炉房建设，为建设工地移栽的 20 多株樱花提供临时栽植场地。

温室生产 2016 年，对苗圃大温室里的植物进行了调整，新培育种植了一些以前没有培养过的花木，供学生实习和苗圃工作人员积累经验、探索技术和员工作业培养。

2016 年，充分利用温室空间，生产培育各类花卉 3 万多株(盆)，同时进行全红杨、木香等木本植物的扦插繁殖，获得较高的成活率。这些植物都被用于教学实习苗圃 7 个景点的绿化美化。

【教学实习】 苗圃和树木园为林学院、园林学院、自然保护区学院和水土保持学院相关实践课程提供服务，如森林培育学(育苗部分)、草坪学、牧草、切花生产、盆花生产、野生花卉学、园林植物景观设计、园林植物栽培养护、花卉种苗与园林苗木生产学、园林植物遗传育种学、园林苗圃学、盆景学、果树与蔬菜园艺学等课程的实践环节。

3 月初，苗圃教学实验科收集汇总各学院本科教学实习申请表，协调各门课程到苗圃开展各项实践环节的时间安排，及时向各学院反馈并沟通苗圃可承担的实习内容，为本科生实习做好前期各类工具、生产资料、苗木植株和土地修整、灌溉、作床的准备；学生实习期间师生接待工作，协调工具和生产资料的供求，及时解决各类突发事件，保证学生实习安全；记录学生实习过程主要技术环节，并为学生实习拍照留影以备存档；学生实习后安排苗圃工作人员进行管理，及时撤除覆盖物、灌溉、松土、除草、间苗、追肥、移栽等，督促实习班级学生做少量管理工作，并进行定期数据调查。

4 月，苗圃和树木园管理办公室积极安排、配合学生比较集中的实习周相关工作，做好统一规划、现场技术指导、工人现场及后续服务等相关工作。

全年度共接待本科生实习课程 36 门，42 门次，接待林学、生物、草业、园林、园艺、风景园林、水保、森保、林业经济、信息、应用心理学、梁希班 12 个专业，76 个班，123 班次，开展各课程的实习，服务实习学生 2280 人。

详情请见下表。

表 25 北京林业大学 2016 年度苗圃实习课程及班级一览表

实习课程	起止时间	实习班级	任课教师	备注
土壤理化分析	3 月 21 日	草业、生物 15	耿玉清	采集土样
土壤学	3 月	水保 15－1～3	查同刚	采集土样
园林苗圃学	4 月 12～15 日	园林 14－1～6	罗 乐	做高低床播种等
林木种苗学	4 月 11～15 日	林学 14－1～2，梁希 14－4	郭素娟	做高低床播种等
城市种苗学	4 月 11～15 日	城市林业 14	侯智霞	做高低床播种等
种苗与苗圃学	3 月 22 日	园艺 14－1～2	吕英民	种植百合、萱草
植物设计与应用	4～6 月	园艺 14－1～2	高亦珂	补植花境
盆景学	5 月 27 日	园艺 14－1～2	李庆卫	制作盆景上盆后养护管理
林学概论	4 月 20 日	梁希 15－1	敖 妍	做高低床播种等
林学概论	4 月 20 日	信息 15－1～2	敖 妍	做高低床播种等
林学概论	4 月 18～22 日	林经 15－1～3	贾忠奎	参观苗圃
森林培育学 B	5 月 10 日	水保 14－1～3	贾忠奎	参观苗圃
园林植物基础	5～6 月	园林 15 级风景园林 15 级	王美仙等	苗圃花卉识别

（续）

实习课程	起止时间	实习班级	任课教师	备注
建筑设计	全年	风景园林 14	郦大方等	
园林花卉学 A	4～6 月	园林 14－1～6，园艺 14－1～2	刘燕、杨秀珍、高建洲、何恒斌	春播、间苗、移苗、定植
城市花卉学	4～6 月	城林 13	王　珏	春播花卉 花卉识别
草坪学(双语)	4 月 18 日	草业 14	尹淑霞	补充种植草坪草
专业英语	4 月 24 日	草业 14	尹淑霞	草种认知、草坪建植示范
草业综合实习	7 月 1～20 日	草业 13	尹淑霞	综合实习
森林培育与管理	5 月	森保 14	彭祚登	参观苗圃
花卉写生	5 月	数字艺术 14	李汉平	
城市森林医学	5 月 25 日	城林 13	陶　静	灯诱昆虫
切花生产	4 月 12、26 日至 7 月	园艺 13－1～2	潘会堂、王四清	温室播种、大田定植
建筑空间绿化	5 月	园艺 13－1～2	赵惠恩	屋顶绿化施工
风景园林工程	全年	风景园林 13	王沛勇	
园林植物基础	9 月	园林 15 级风景园林 15 级	王美仙	苗圃花卉识别
草坪学(双语)	9 月 10 日至 11 月 20 日	草业 15	尹淑霞	草坪草种识别草坪修剪管理
林木种苗学	9 月	林学 14－1～2	郭素娟	该课程设计部分
草地植物遗传育种学	10～12 月	草业 14	许立新	草坪干旱处理和优良选拔
草地植物栽培学	9～10 月	草业 14	王铁梅	牧草播种
野生花卉引种驯化	10～11 月	园艺 14－1～2	高亦珂	
园林草坪与地被	9～11 月	园林 14－1～6	李秉玲等	草种鉴别与种植
土壤学与土地资源学	11 月	园林 15－1～6	王海燕	分地块采集土样
插花艺术花艺设计	10～12 月	园林 14－1～6	李秉玲	
植物设计与应用	9～11 月	园艺 14	高亦珂	花境管理
园林花卉学 A	9～11 月	园林 15－1～6 园艺 15－1～2	刘燕、杨秀珍、高建洲、何恒斌	秋播花卉、移苗、打阳畦
团体心理咨询	10 月 22 日	应用心理学 14－1	丁新华	园艺团体辅导小组实验
环境与生态心理学	11 月 1 日	心理 14－1～3	吴建平	园艺疗法
园林植物遗传育种学	10 月 24 日	园艺 14－1～2	黄　河	菊花培育
观赏植物遗传育种学	10 月 26 日	园林 14－1～2	黄　河	菊花培育

其中，2016 年度苗圃新开设实习课程 5 门，春季学期 1 门，秋季学期 4 门。分别为信息专业的林学概论、团体心理咨询、环境与生态心理学、园林植物遗传育种学、观赏植物遗传育种学，此外，还承担学校留学生苗圃考察实习 1 次。

2016 年，苗圃接待本科生国家级创新实验及大学生科研训练 13 项，本科毕业论文 7 项。

本着积极服务教学的一贯原则，苗圃和树木园 2016 年首次为人文学院应用心理学课程提供实习服务，接待实习学生 4 个班 80 多人。

此外，充分挖掘潜力为教学服务，2016 年为自然保护区学院鸟类养殖提供了约 20 平方米的空间，解决了自然保护区学院的教学之需。为材料学院研制的木质景观建筑的防腐测试提供了安装测试场所。

【日常管理工作】 落实中央八项规定精神根据上级要求和2016年党风廉政工作计划，积极完善工作制度，共制定5项工作制度，并于5月1日前公布施行。

苗圃和树木园管理办公室单位财务管理内部控制制度；苗圃和树木园管理办公室财务审批"一支笔"制度；苗圃和树木园管理办公室固定资产管理和使用制度；苗圃和树木园管理办公室经费使用办法；苗圃和树木园管理办公室创收收入分配使用办法。

温室管理 2016年年初，配合开展了园林学院国家级教学实验示范中心的安全验收工作。

园林学院国家级教学实验示范中心的安全由园林学院负责，但苗圃和树木园依然派专人经常对实验中心进行检查、巡视，协助、督促园林学院做好管理工作，并在12月15日借园林学院领导来苗圃大温室检查示范中心的安全工作之际，向他们提出加强管理的要求和意见。

交通安全管理 为改善通行条件，2016年八家村委会将苗圃周围道路进行了改造修缮，为防止车速过快带来的安全隐患，苗圃和树木园积极与八家协商，在苗圃东院、西院两个门口安装了两条减速带。

工人管理 为了进一步提高现场工人工作效率，苗圃和树木园继续探索工人管理模式，对现有管理模式进行调整，2016年实行包地到人与集体劳动相结合的工作模式，使工作效率明显提高。

【科学研究】 2016年，苗圃工作人员正式发表管理论文3篇，分别是《校内实习基地深化、细化建设管理举措及对学生实习的作用——以北京林业大学教学实习基地为例》《探索教学实习苗圃景观建设对本科人才培养的作用》和《如何加强培养学生实践动手能力的探索——以林业院校园林及相关专业为例》，第一篇发表在《中外企业家》2016年1月，另外两篇发表在中文核心期刊《经济研究导刊》。

此外，发表苗圃技术管理类文章4篇。

2016年，苗圃生产科利用成型育苗容器，结合温度、光照控制技术，采用嫩枝扦插方式，培育锦带花成活率达到95%以上，获得2600余株苗木。

（王　珏　刘宏斌）

标本馆

【概　况】 标本馆从1923年原北京大学农学院森林系树木标本室至今已有93年的历史，2010年6月，成立标本馆建设领导小组和筹建办公室；2011年10月19日，标本馆正式成立并开馆；2012年10月，完成二期建设；2013年年底，完成三期建设，建设工作全部完成。标本馆现有工作人员6人，主要收集森林、湿地、荒漠三大生态系统中珍稀濒危动植物标本，并已形成集森林植物、森林昆虫、森林动物、生物进化、木材、菌物病害、土壤、矿物与岩石等资源，综合标本收藏与展示一体，承载着教学育人、科学研究、科学普及和文化传承的自然博物馆。

目前，馆内收藏各类标本约33万份。其中植物标本20万余份，昆虫标本11万余份，动物标本2000余份，木材标本1万余份，菌物病害标本4650份，土壤与矿物岩石标本约700份，模式标本277份。目前馆藏国家一级保护动物58种101件，其中森林类35种57件，荒漠类7种15件，湿地类15种28件，二级保护动物100种183件，其中森林类71种134件，荒漠类10种18件，湿地类15种23件，海洋类一级1种1件，二级4种8件。展出国家一级保护动物56种，一级保护植物11种。

标本馆现有展览面积2300平方米，设有哺乳动物展厅、昆虫展厅、鸟类与爬行动物展厅、发育与进化展厅、植物展室、种子展室、木材展室、菌物病害展室、土壤展室、矿物与岩石展室10个常设基本展陈布局。

截至2016年年底，一层大厅展示哺乳动物标本88种130件；二层大厅展示昆虫和虫害木标本2105件；三层大厅展示鸟类标本243种344

件；展示爬行动物标本26种31件；四层大厅展示各类标本390种495件。展出植物标本587件、种子标本318种、木材标本763种、菌物标本170件、病害标本425件、土壤标本199件、岩石与矿物标本341件、沙样标本135件。

2016年，标本馆接待各类教学实习参观11 458人次，其中教学实习师生2002人次，其他接待9456人次。（王红缨 张 勇）

【标本征集工作】 标本征集工作是标本馆历来的重点工作，标本馆坚持动物标本以接受捐赠为主，植物、菌物和病害标本以自行采集为主，少数标本进行购置为辅的方针和以收集森林珍稀濒危保护动植物为主体的建设思路，主动联系各地林业主管部门和各自然保护区，并依托校友资源，以接受捐赠的方式成功征集到朱鹮、秦岭细鳞鲑等国家一、二级保护动植物标本，共接受捐赠6批166件各类标本。

赴西藏、新疆、云南、海南、广西、北京山区等地采集植物标本7次，采集标本1700号，新入库标本182科，8275份；赴西藏林芝地区、云南西双版纳国家级自然保护区等采集昆虫标本5次，共采集标本4500余号；赴西藏、新疆、吉林、山东等省市采集菌物、病害标本4次，共采集标本620号，新增模式标本8份，与国内机构交流病害标本24份。（王红缨 张 勇）

【展览工作】 为适应“互联网+”时代标本馆发展趋势，更好地向社会宣传普及生物多样性保护工作和成就，开发了北京林业大学虚拟标本馆全景漫游V1.0版，共完成90多个场景近400个热区，使观众足不出户即可欣赏北京林业大学标本馆的各个展陈和重点藏品。该应用分别为电脑和手机开发了两个版本，电脑版为高清版，手机版则内置了VR(虚拟现实)。上线后在标本馆志愿者微信公众号“银蝶志愿服务团”进行了推送，成为现场参观的有效补充。

（王红缨 张 勇）

【银蝶志愿服务团工作】 银蝶志愿服务团是标本馆组建的学生讲解服务团队，坚持教师指导下学生自主管理模式，学生参与编写中英文讲解稿，自主组织培训和考核，2016年对新老队员进行了2次中文讲解业务集体培训，1次英文讲解业务集体培训，新成员考核1次，老成员考核2次，在考核增加笔试环节。自主组织多次宣传和参观考察活动，在国际博物馆日开放、毕业季开放、迎新开放等活动中自主多次设计宣传海报，对博物馆及展品进行宣传，扩大博物馆的知名度，完成活动新闻稿21篇。运营微信公众号“银蝶志愿服务团”，推送活动通知、新闻并每周推送1～2期科普。

3月4日，银蝶志愿服务团获“首都精神文明建设委员会第二批首都学雷锋志愿服务站”称号并颁发志愿服务站站牌。

6月9～12日，组织第三届银蝶志愿服务团成员44人赴上海博物馆、上海自然博物馆、上海科技馆、辰山植物园和中华艺术宫参观考察。

9～10月，招新补充26名新队员，对银蝶志愿服务团进行换届，组建第四届银蝶志愿服务团，在优化内部部门职能基础上增设了策划部，负责团队各种活动的策划，目前该团有队员61人，以大学一年级和二年级学生为主组成，涵盖12个学院23个专业和梁希实验班，其中，双语讲解队成员20人。对银蝶志愿服务团第三届队员中16名优秀志愿者进行了表彰。

11月26日，组织第四届服务团成员赴自然博物馆参观学习。

12月，银蝶志愿服务团在2016年学校的志愿服务评优活动中再次被评为北京林业大学十大优秀志愿项目，1名志愿者被评为北京林业大学2016年十大优秀志愿者，1名志愿者在北京中医药大学博物馆做交流志愿者。

2016年，继续使用“志愿北京”北京志愿服务综合信息平台记载团队成员的志愿服务时长。

（王红缨 张 勇）

【服务接待工作】 2016年，接待观众275批11 458人次，其中以标本馆为平台为北京农学院、学院路共同体的29门课程提供实践教学活动，共计60批2002人次。其他接待215批9456人次。412人次志愿者为8524人次观众提供组织、引导和讲解志愿服务188场，为近百名外国观众提供英文讲解服务。

7月28日，接待教育部部长陈宝生一行来标本馆调研。

4月、9月、10月、11月分别接待教育部科技司司长、规划司司长、国家林业局副局长、教育部综改司司长。

11月1日，接待包括美国科学院院士1人、中国科学院院士2人、国家自然科学基金委杰出青年获得者4人在内的16位植物生物学女科学家。

9月4~9日，11月21日至12月2日为15个学院的本科和研究生新生114个班2955人提供124人次的入学教育讲解服务。

2016年，有30个非工作日接待观众47批1161人次，其中，接待校友15批460人次、夏令营5批135人次。（王红缨　张　勇）

【开放日活动】 5月18日，国际博物馆日开放活动接待观众1698人次，15名志愿者提供服务。

6月28日，毕业季开放活动接待观众402人次，志愿者提供9人次服务。

9月3日，迎新开放活动接待观众1283人次，志愿者提供10人次服务。

（王红缨　张　勇）

【对外联系与业务合作交流】 为帮助中国农业大学建设饲料博物馆，为其专题采集制作了北京饲料植物标本50种80余件用于展出，目前该馆已开馆试运行。

考察西藏珠峰、新疆塔里木等26个国家级自然保护区，征集标本和科研教学合作。

接待北京交通大学、华南农业大学、河南师范大学、保定学院等单位博物馆的来访，介绍了建馆经验，交流了博物馆建设思路。

负责人参加博物馆及博物馆相关新产品博览会，参加全国高校博物馆育人联盟会议年会。

负责人参加全国高校博物馆馆长论坛，并在会上作“高校虚拟博物馆应用”的主旨发言。

参加北大附中博物课程教学，为中学生讲授昆虫学相关科普知识。

参加秦岭长青国家级自然保护区中学生夏令营，指导中学生野外昆虫实习。

参加汉石桥湿地自然保护区“探寻夜幕下的昆虫”等宣教活动，指导公众识别动植物，宣传湿地保护重要性。（王红缨　张　勇）

【其他工作】 承担各类科研课题3项，发表SCI收录论文11篇，其中馆藏标本支持发表SCI收录论文9篇，中文核心期刊2篇。培养毕业生博士1人，硕士3人。

1人受聘第六届国务院国家级保护区评审委员会委员。作为环境影响评审专家参与北京冬奥会工作。

完成科技部基础平台建设项目植物标本数字化专题2016年任务量10000号，并承接2017年科技部基础平台建设项目植物标本数字化专题植物标本数字化任务20000号。

（王红缨　张　勇）

专　文

党发重要文件选编

中共北京林业大学委员会
关于开展学雷锋系列活动的通知

北林党发〔2016〕3号

各单位：

2016年3月5日是第53个全国学雷锋日。为进一步学习贯彻党的十八大及十八届三中、四中、五中全会和习近平总书记系列讲话精神，大力弘扬和践行雷锋精神，培育社会主义核心价值观，学校党委决定在全校范围内开展2016年学雷锋系列活动，现就有关安排通知如下。

一、工作安排

1. 专题学习领会习近平总书记关于学雷锋重要讲话精神

各单位要认真学习领会习近平总书记关于学雷锋的讲话精神，以学雷锋为主题组织专题学习研讨。广大党员干部要带头学习。要把学习雷锋精神和培育、践行社会主义核心价值观结合起来，和"三严三实"专题教育活动结合起来，和学校深化综合改革、做好本职工作结合起来，让雷锋精神在全校蔚然成风。

学校将于3月4日组织召开弘扬雷锋精神座谈会。相关职能部门、各学院要积极组织召开座谈会、研讨会，畅谈对雷锋精神的深刻认识、学习体会、实践心得。

2. 深入开展雷锋事迹、雷锋精神和雷锋式先进人物宣传教育

校园宣传媒体要加大宣传力度，把握正确舆论导向，积极营造浓厚的舆论氛围。宣传橱窗、新闻网、广播台、微博、微信等要开设专栏，深入开展雷锋事迹、雷锋精神和雷锋式先进人物的宣传报道，深刻阐释雷锋精神的时代内涵，充分报道学雷锋活动的最新动态，大力宣传校园先进典型和身边的榜样，引导广大师生努力成为传播、弘扬和实践新时代雷锋精神的先锋。

相关职能部门、各学院要采取多种形式，开展雷锋事迹、雷锋精神和雷锋式先进人物宣传教育活动。

3. 广泛开展学习雷锋主题教育实践活动

相关职能部门、各学院要广泛开展学雷锋主题教育实践活动。组织党团组织、班级、学生社团等通过推进会、主题班团会、报告会、座谈会、读书征文、志愿者服务等丰富多彩的形式，广泛开展学习雷锋主题教育实践活动，引导学生在新的历史条件下，自觉学习、弘扬和践行雷锋精神，争做时代楷模。

4. 认真开展雷锋精神研究

各单位应结合实际，积极开展雷锋精神的研究，努力探索新时期学雷锋活动常态化、机制化的模式与方法，不断推动学雷锋活动的深入开展。

二、相关要求

1. 高度重视，加强组织领导

各单位要高度重视，充分认识新形势下广泛深入开展学雷锋活动的重要意义，加强组织领导，紧密结合实际，精心组织，认真落实相关安排。

2. 注重实效，建立长效机制

各单位要注重学雷锋活动的实际效果，防止在学雷锋活动中搞形式主义。相关职能部门、各

学院要建立学雷锋长效机制，将学雷锋活动作为一项常态工作来抓，列入年度工作计划和安排。把学雷锋活动纳入学生综合素质评价体系，将学雷锋活动与道德教育和学生思想政治教育相结合、与实践育人工作相结合、与校园文化建设相结合。

各单位要认真总结，及时将此次学雷锋系列活动的开展情况报送至党政办公室。

中共北京林业大学委员会
2016 年 2 月 24 日

中共北京林业大学委员会关于表彰“三八”红旗标兵“三八”红旗奖章和“三八”红旗手的决定

北林党发〔2016〕5 号

为了大力宣传和表彰女教职员工在教学、科研、管理、后勤等岗位上做出的突出贡献，展示她们爱岗敬业、积极进取、努力拼搏、勤奋工作的精神风貌，引导和激励广大女教职员工弘扬“自尊、自信、自立、自强”的精神，在“三八”国际劳动妇女节来临之际，学校开展了评选“三八”红旗标兵、“三八”红旗奖章和“三八”红旗手活动。

经各单位民主推荐、被推荐人答辩和评选小组投票，此次活动共评选出“三八”红旗标兵 10 名，“三八”红旗奖章 10 名，“三八”红旗手 26 名。另外，1 名教师被评为北京市“三八”红旗奖章。具体名单如下(按姓氏笔画排序)：

北京市“三八”红旗奖章(1 人)

许　凤

“三八”红旗标兵(10 人)

兰　超　刘　燕　李华晶　张海燕(机关)
胡冬梅　段克勤　曹金珍　崔惠淑　覃艳茜
戴秀丽

“三八”红旗奖章(10 人)

王　春　王艳洁　孙信丽　李　敏　李昌菊
张　岩　周仁水　赵建梅　高　林　郭素娟

“三八”红旗手(26 人)

王振兰　牛健植　石　娟　延晓康　刘　伟
刘　炜　刘丽萍　孙爱东　杜　芳　李　芝
李　颖　李红丽　杨　华　沈　静　张丰智
张海燕(学院)　陈　菁　陈丽华　林　箐
聂丽平　夏新莉　柴　宁　黄　娟
龚　锐　梁英梅　樊阳程

学校决定对以上获奖个人予以表彰，希望获奖的女教职员工在今后的工作中争取新的进步、取得新的成绩。同时，学校号召全校教职员工向她们学习，在各自的岗位上，为学校的改革和发展事业做出更大的贡献。

中共北京林业大学委员会
2016 年 3 月 7 日

中共北京林业大学委员会关于印发《北京林业大学 2015 年工作总结》和《北京林业大学 2016 年工作要点》的通知

北林党发〔2016〕6 号

各单位：

现将《北京林业大学 2015 年工作总结》《北京林业大学 2016 年工作要点》印发你们，请认真贯彻落实。

附件 1：北京林业大学 2015 年工作总结
附件 2：北京林业大学 2016 年工作要点

中共北京林业大学委员会
2016 年 3 月 15 日

附件 1

北京林业大学2015年工作总结

2015年是“十二五”的收官之年，学校深入学习贯彻习近平总书记系列重要讲话精神，以“三严三实”专题教育为主线，全面推进从严治党，全面深化综合改革，圆满完成年初制定的28件实事，在人才培养、科学研究、社会服务、文化传承与创新各项事业发展中取得了可喜成绩。

一、深入开展“三严三实”专题教育，全面推进从严治党

1.“三严三实”专题教育成效显著。学校在“三严三实”专题教育中，深入学习习近平总书记系列重要讲话精神，学习中国共产党廉洁自律准则和纪律处分条例，深入查摆不严不实问题。校领导和校外党建专家上党课、做专题辅导报告8场。走访调研22个基层单位，听取老领导、老教师意见建议，聚焦“四风”，梳理查摆不严不实问题，做到边查边改，立行立改。经过学习教育，学校党员干部纪律和规矩意识进一步增强，凝神聚力、从严从实促发展的合力显著提升。教育部党组和市委教育工委对我校“三严三实”专题教育给予了充分肯定。

2. 加强学校领导班子建设。学校认真落实教育部党组的部署，顺利完成了党政班子调整工作。调整后的党政班子认真执行党委领导下的校长负责制，坚持民主集中制，健全集体领导和个人分工负责相结合的制度，落实“三重一大”制度，推进科学民主决策。研究制定《党委领导下的校长负责制实施细则》《党委行政议事规则》，落实校领导班子联系人制度和《每周快报》制度，进一步完善了学校领导体制和运行机制。

3. 强化基层党组织建设。下发《2015年党员组织生活指导意见》，实施“强化大学生思想入党”项目和学生党员先锋工程，成立15个“党建创新工作室”，举办基层党建工作队伍培训班、发展对象培训班、入党积极分子培训班、首期青年马克思主义者培养班。注重党员发展质量，全年共发展党员870人。

4. 宣传思想工作取得多项奖励。成立马克思主义学院，巩固马克思主义理论在学校各项工作中的指导地位。认真组织党委中心组理论学习。主持北京市委教工委专项课题，获北京高校宣传思想工作研究课题立项4项，设立分党委书记专项委托课题。学校官方微博获新浪微博“2015年全国高校新媒体发展贡献奖”“2015京津冀高校最具创新价值官方微博”称号。在北京高校2014年度好新闻评选中，获一等奖4项、二等奖1项、三等奖2项。青年教师社会调研成果在北京市委教工委组织的评选中获3个一等奖、8个二等奖。校园文化建设1项目获全国高校“礼敬中华优秀传统文化”特色展示项目。

5. 从严抓好干部队伍建设。制定《北京林业大学干部选拔任用工作纪实办法》。选派14名干部参加上级主管部门专项培训。提任正处级干部3名，轮岗1名；提任副处级干部6名，轮岗3名，提任正科级干部17名，副科级干部10名；轮岗交流正科级干部11名，轮岗副科级干部1名。推荐6名优秀年轻干部到中央国家机关和地方挂职锻炼。组织212名处级领导干部对个人有关事项进行填报。印发《北京林业大学领导干部因私出国（境）管理办法》，对全校239名校、处级领导干部的因私出国境证件进行集中管理。制定《北京林业大学领导干部因私出国（境）审批规程》，完成审批事项123项。重点审核认定213名处级干部的“三龄两历一身份”等信息。

6. 切实落实党风廉政建设两个责任。起草《中共北京林业大学委员会关于落实党风廉政建设党委主体责任、纪委监督责任的实施办法》。召开党风廉政建设工作会议，组织开展党风廉政建设方面存在的突出问题和隐患自查自纠，贯彻落实教育部“违反中央八项规定精神问题通报会”要求。加大执纪问责力度，加强对招生、干部任免、职称评审、招标、办公用房清理整改、公务用车、领导干部兼职取酬、“小金库”等重点部位和重点环节的检查监督。全年共受理信访8件。学校公务接待费支出较2014年下降44%，较2013年下降81%，党风廉政建设工作呈现出新局面。

7. 大力推动统战、离退休、工会工作。学习贯彻中央统战工作会议和全国高校统战工作会议精神，成立统战工作领导小组，构建高规格、多部门协同参与的大统战工作格局。发挥离退休老同志优势作用。强化工会、教代会建设，召开第七届教代会暨第十五次工代会，深化职工小家建设。

8. 巩固平安和谐校园建设。召开学校安全稳定工作会，全面落实安全措施，层层落实安全责任。加强安全教育宣传，强化敏感时期、重要节假日的安全保障，建成消防设备设施监控管理平台、完善综合服务管理平台、更新智能交通管理系统，提高综合防范能力，确保校园治安、消防、交通、实验室等安全。

二、加强顶层设计，深入推进综合改革和“十三五”规划

1. 综合改革方案制订完成。学校分阶段召开深化综合改革研讨会。《北京林业大学综合改革方案》在国家教育体制改革领导小组办公室备案，明确了以“目标系统、动力系统和保障系统”为核心的综合改革框架，以及干部和人事制度、人才队伍、学科建设、教育教学、科研管理、资源配置和管理等六大重点改革领域。

2. 扎实推进“十三五”规划编制工作。深入研究制定未来五年学校发展目标、建设任务以及保障机制，努力为学校长远战略目标的实现奠定坚实基础。目前，“十三五”事业发展规划已进入意见征求阶段。

3. 不断完善现代大学制度建设。《北京林业大学章程》经广泛征求意见、反复讨论修改，严格完成各项法定程序，6月正式获教育部核准。着手建立落实章程的制度体系，初步搭建起了符合学校章程的制度体系框架。围绕大学理事会建设，拟定学校大学理事会筹建方案。

三、深化学科综合改革，学科建设成效显著

1. 学科实力显著提升。学校两次进入基础科学指标(ESI)植物与动物科学、农业科学学科排名的全球前1%。在国际高等教育研究机构(QS)世界大学农学林学排名中，学校进入全球前51～100位，位居我国农林高校前列。《美国新闻和世界报道》大学排名中，学校进入全球750强，位列712，是中国唯一进入榜单的林业大学。

2. 强化学科顶层设计。结合《统筹推进世界一流大学和一流学科建设总体方案》精神，召开多次学习研讨会，积极探索符合学校实际的一流学科建设路径，科学编制“十三五”学科发展规划和一级学科“十三五”发展规划。

3. 学科建设管理进一步完善。制定了《北京林业大学学科建设管理经费分配与使用暂行办法》和分配方案，投入了学科建设管理专项经费260万，推动了学科建设工作的顺利开展。制定了学科负责人评价指标体系，健全学科负责人考核机制，完善学科管理和运行机制，34位教授受聘为学科负责人，极大地推动了学校学科建设工作的成效。做好重点学科建设和管理工作，完成国家林业局一级重点学科6个、培育学科(方向)6个的申报工作。

四、以立德树人为根本任务，提高人才培养质量

1. 深化本科教学改革。6个项目获批北京高等学校教育教学改革项目。2015版本科人才培养方案正式实施，系统推进卓越农林人才培养计划改革试点工作，实现分类分层培养，推进拔尖创新型和复合应用型人才培养模式。组建“本科教学质量监控与教学促进中心”，改革青年教师教学基本功比赛。教育教学成果丰硕，新增1名北京市教学名师，2人获北京高校青年教师基本功赛一等奖，2门课程获批国家级精品视频公开课，7门“精品视频公开课”被列为北京市精品视频公开课建设项目，22种教材获评全国林(农)类优秀教材。强化实践教学，实践教学中心多项建设项目获国家审批，农林业经营管理虚拟仿真实验教学中心获批国家级虚拟仿真实验教学中心。学生创新创业教育显实效，191项大学生创新创业项目获得北京市级以上资助，1个项目入选全国大学生创新创业年会，摘得两大奖项，创历史最好成绩。共获162项北京市级以上学科竞赛奖励。

2. 研究生教育质量稳步提升。全面启动学位授权点合格评估，编制完成一级学科和专业学位类别学位授予标准、合格评估评价要素和标准；顺利完成数学一级学科和8个专业学位授权点专项评估，新增艺术硕士美术领域授权。研究生招生改革进一步深化，招生计划与学院绩效挂钩，单列招生计划规模进一步扩大，13个学科采取“申请－审核”方式招收博士研究生。提升课程教学质量，出台《研究生课程建设总体方案》，启动107个课程建设项目；1个课程教学案例首次被评为全国优秀案例；2个专业学位研究生实践基地被评为全国优秀示范基地。高质量论文不断涌现，以研究生为第一作者发表SCI、EI收录论文511篇，比上年净增93篇，占全校收录论文总数的78.1%，其中SCI影响因子大于5的论文达到30篇。

3. 继续教育工作扎实开展。稳步发展学历教育，全面促进远程教育手段在学历、非学历教育中的应用，深化与社会各界的培训项目合作及基地建设。学校成为教育部继续教育在线开放联盟成员单位和中国林业产业协会人力资源促进会理事长单位。

五、人才队伍建设成果丰硕，科研水平显著提升

1. 人才强校战略进一步实施。多渠道、多方式引进人才，成功引进第11批“千人计划”青年项目入选者1人，中国科学院“百人计划”“国家杰出青年科学基金”获得者1人，加拿大麦克马斯特大学博士后1人。11人次获批“千人计划”“万人计划－青年拔尖人才支持计划”等国家级、省部级人才项目。50名教师获得“北京高校青年英才计划”专项经费持续资助。分阶段、分层次推进新教师基础能力培养、骨干教师创新能力培训、校内外拔尖人才培育项目实施等。

2. 师资队伍结构不断优化。总结本轮岗位聘用改革的成效与影响，拟定下一轮岗位聘用方案，完成职称评审工作，123名教职工获得职称晋级。其中，教师系列15人通过教授职称评审，49人通过副教授职称评审；非教师系列26人通过高级职称评审。启动了养老保险制度改革。推进博士后科学基金管理改革，制定《北京林业大学博士后科学基金资助经费管理办法》，18名博士后获博士后基金资助。新补充教学科研人员43人。

3. 科研项目及成果质量持续提升。落实深化科技体制改革实施方案，强化科技工作长远发展的顶层设计。编制学校科技中长期研究计划，重点培育一批创新能力强的中青年科研团队，确定中长期科研发展方向32个，科研项目41项。学校2015年共申报各类科研项目542项，其中国家自然科学基金资助项目数量、经费总额、面上项目数和重点项目数均创学校历史性突破。全年到校科研经费达1.98亿元，其中纵向经费1.49亿元，横向经费0.49亿元。高水平科技成果数量持续增长，发表SCI论文546篇，同比增长10%；EI论文97篇，同比增长39%；影响因子大于5的SCI论文48篇，同比增长60%。同时，还获授权发明专利91项、实用新型专利31项、软件著作权406项、外观设计1项、植物新品种2项。获高等学校科学研究优秀成果奖(科学技术)科学技术进步奖一、二等奖各1项，获“梁希奖”1项，“梁希青年科技奖”2项。

4. 科技平台发挥支撑作用。积极筹建高精尖创新中心。制定国家级科技平台考核指标，完成国家花卉工程中心、林木育种国家工程实验室中期绩效考核。制订《北京林业大学科研基地管理办法》，推进南北方综合实习基地及河南鄢陵基地、河北保定的科研合作，发挥基地的支撑作用。建立大型仪器设备开放共享平台有效管理运行机制，出台学校仪器设备开放共享平台管理办法，进一步提高大型仪器设备使用率。公共分析测试中心通过实验室资质认定评审。

六、深入开展国际合作和开放办学

1. 深入推进“政产学研用”一体化建设。继续积极探索“政产学研用”一体化办学模式实践，推动协同创新融合发展，先后与北京协和医学院、中国疾控中心、四川省林业厅、棕榈园林、山东临沂市、鲁能集团、河北保定市签署合作协议建立长期战略伙伴关系。深入推进与河南鄢陵、内蒙古林业厅、贵州省林业厅的协同发展，到校横向合作经费近千万元。学校在鄢陵的协同创新中心正式投入运行，国家林业局张建龙局长莅临考察并给予“鄢陵模式”充分肯定；在保定谋划“一线、双核、三驱、多方位”合作布局，建设“北京林业大学白洋淀生态研究院”和“北京林业大学木结构建筑研究与检测中心”，助力国家京津冀协同发展战略；在山东临沂市、江苏徐州市等地实现学校科技成果“生物质无醛胶黏剂”产业化应用，引领产业转型提质升级。北京林业大学生态环保产业技术研究院被科技部授牌为“第六批国家技术转移示范机构”，与10余家行业龙头企业共建研究中心。北林科技园入驻百余家企业。

2. 充分发挥生态文明建设智库作用。成功举办生态文明贵阳国际论坛2015年年会生态治理与美丽中国主题论坛，发布中国生态治理机制创新与能力建设政策建议书。与中国农工民主党中央等四家单位共建“生态与健康”研究院，打造国家战略科学决策的特色智库。与生态环境建设相关的大学、科研机构和企业共同发起成立了中国生态修复产业技术创新战略联盟，努力提升我国生态修复产业的整体水平。

3. 国际合作交流不断扩大。与不列颠哥伦比亚大学的本科合作办学项目保持良好运行态势，与11所海外高校新签续签校际合作协议，执行政府间科技合作项目4项。通过海外名师计划等项目聘请百余位专家学者来校交流。43人获国家留学基金委公派留学资助，公派项目类型和人数均取得新突破，公派人员总数较去年增长16.2%。招收47名留学生。举办“2015世界风景园林师高峰讲坛”，开展商务部发展中国家援外项目培训。亚太地区林业院校长会议机制协调办公室工作稳步推进。

七、加强学生工作，促进大学生德智体美全面发展

1. 强化学生思想政治教育。举办首届校级大学生思想教育工作实效奖评选活动。1项研究成果获评北京市“丹柯杯”优秀研究成果一等奖第一名。1个班级获评北京高校“十佳示范班级”。研究生思想政治教育工作不断创新。研究生德育精品项目建设工作实现14个学院全覆盖。生态文明博士生讲师团全年完成宣讲110场，团队获评2015年全国大中专学生“三下乡”社会实践活动优秀团队。研究生“树人”学校开展春秋两季6个培训班。研究生学术文化节举办活动136场。

2. 体育、美育和生态文明教育效果显著。做好绿桥、绿色长征等绿色品牌活动，举办绿桥20年高峰论坛。艺术精品培育不断推进，加强学生艺术教育中心建设，完成北京大学生艺术团的验收评审。实施增强青年学生体质“绿动计划”，举办首届学生体育文化节，设立体育工作最高荣誉奖，进一步推动全民健身活动。学校获首都高等学校阳光体育联赛优胜奖和朝阳杯群体竞赛优胜奖。

3. 招生就业工作稳步推进。完成招收本科生3400人，硕士研究生1469人，博士研究生266人。其中本科一志愿录取率达到99.36%，理科平均高出重点线65分，文科高出重点线47分，创历史新高。出台《北京林业大学就业创业工作标准化考评体系》，成立于翠霞工作室、邹秀峰工作室和学生创业团队联盟，举办大型招聘会4场，小型招聘会和专场宣讲会80余场，新建就业实践基地11家。2015年，本科生就业率达到94.64%，研究生就业率达到98.01%。学校入选北京地区高校示范性创业中心。

4. 辅导员队伍专业化水平不断提高。举办首届辅导员职业技能大赛；“刘伟学业辅导工作室”获北京市首批辅导员工作室，“微团体、微运动”项目入选2016年35项教育部精品项目名录；启动首批辅导员工作精品项目培育工作，配套专项经费资助7项辅导员工作精品项目。制定《北京林业大学关于加强本科生学业辅导工作的实施细则》，提高本科生学业辅导工作实效。创新实施研究生兼职辅导员制度。心理健康教育，评优、资助，公寓管理等服务学生工作扎实开展。

八、提高办学资源利用率，有效激活办学活力

1. 基础建设工作扎实推进。学研中心工程获“鲁班奖”。学生食堂、公寓工程建设项目结构封顶，圆满完成了年初确立的进度目标。地下锅炉房项目前期准备工作扎实推进。起草了《北京林业大学公用房管理改革方案》，并开发了与之配套的房地产管理信息系统，为下一步深入推进公用房管理改革打下坚实基础。

2. 严格规范财务和国有资产管理。积极筹措资金，增强财务运筹能力，学校2015年总收入11.5亿元。深化国有资产清点工作，开展账实核对、账账核对，做好资产处置与捐赠资产登记，稳步推进国有资产管理信息系统的建设，顺利完成教育部国有资产管理专项检查。

3. 规范校办产业管理。印发《关于加强大学科技园建设深化科技产业改革的决定》，进一步明确大学科技园、科技产业定位和发展目标，完善管理体制和运营机制，明确资产公司对经营性资产保值增值的责任。2015年资产公司总收入8.39亿元，净利润4300万元，保持稳定增长。北林科技在全国中小企业股份转让系统中正式挂牌，标志着公司发展取得历史性的突破。

4. 积极发挥校友会、基金会的作用。制定《学院校友工作岗位与职责管理办法》，加强校友工作队伍建设，顺利通过民政部首次年检。拓展资金筹措渠道，教育基金会收入 1231.46 万元，新设陈俊愉园林教育基金项目。

九、加强校园综合治理，保障服务工作扎实有力

1. 加大校园环境治理力度。深入推进校园环境综合治理，完成学校地下管网系统建设和校园植物信息系统建设，开通林业楼南侧道路，完成校园西区快递点建设，监测银杏大道树木健康状况，养护校园绿地，使校园环境逐步美化。

2. 提升公共服务效能。信息化建设稳步推进，完善教师信息系统、推广综合办公系统、完成学生工作管理系统，发布了新版“数字北林”校园门户，建成了“数字北林”微信服务平台。稳定伙食价格，后勤管理高效运行。图书馆、博物馆馆藏不断丰富，林场、苗圃教学的实习服务功能充分发挥，高教研究室、期刊编辑部、档案馆、校医院、计划生育、居委会等工作扎实推进。

3. 高度关注民生。自 2014 年 10 月 1 日起，调整在职人员基本工资，增加离退人员的基本离退休费，并于 2015 年 7 月调整补发到位；2015 年 1 月再次调整，提高了在职人员及离退休人员收入水平。重视学生资助工作，全年发放各类本科生奖助学金 3200 余万元，研究生奖助学金 7100 余万元；改善学生学习生活条件，改造新增自习室面积 600 余平方米、宿舍面积 800 余平方米，11、12 号楼空调已经投入使用，完成学生东浴室的改造；倾听学生意见，举行校领导与学生代表面对面交流活动。

附件 2

北京林业大学 2016 年工作要点

指导思想：全面贯彻党的十八大和十八届三中、四中、五中全会精神，以邓小平理论、“三个代表”重要思想、科学发展观为指导，深入学习贯彻习近平总书记系列重要讲话精神，牢固树立和贯彻落实创新、协调、绿色、开放、共享的发展理念，抢抓机遇，深化改革，加快发展。

总体要求：全面加强党的领导，全面贯彻落实党的教育方针，坚持依法办学、依章程治校，着力提升治理体系和治理能力现代化水平。以内部管理机制改革为切入点，以加强学科建设为目标，推进综合改革。进一步加强人才队伍建设和科研平台建设，拓展开放办学的领域和渠道，全面落实人才培养、科学研究、社会服务、文化传承创新的各项任务，为“十三五”开好局、起好步，努力推动各项事业实现新突破新跨越。

一、落实全面从严治党的要求，坚持正确办学方向，为学校改革发展提供坚强保证

1. 深入学习贯彻习近平总书记系列重要讲话精神。把讲话精神作为党委中心组学习的重要内容，按照中组部、教育部、北京市委统一部署，学党章党规、学系列讲话，做合格党员。巩固“三严三实”专题教育成果，推动整改落实工作取得实效，推动践行“三严三实”要求制度化、常态化、长效化。

2. 切实加强党建工作。全面贯彻落实党委领导下的校长负责制。着力加强基层党建，建立基层党组织党建工作考核评价体系，开展基层党建述职考核评议工作。开展“强化大学生思想入党”项目。实施“教工党支部组织生活质量提升”计划。加强在高层次人才中发展党员工作，做好“先锋工程”总结。做好学校党代会的筹备工作。

3. 全面加强党风廉政建设。完善党风廉政制度，全面落实《党风廉政建设党委主体责任和纪委监督责任实施办法》，推动二级单位制定实施细则。开展党风廉政建设法规制度宣传教育和典型案例警示教育。加强廉政风险防控管理，强化重点部位和关键环节的监督检查，推进重点单位构建内部监督制约机制。扎实推进信访查办和纪律审查工作。运用好“四种形态”监督执纪。开展惩防体系制度执行落实情况自查自纠和检查抽查。加大审计力度，做好基建工程、科研项目、国有资产、干部经济责任审计等工作。

4. 加强宣传思想政治工作。制订党委领导意识形态工作责任制。加强马克思主义学院建设，强化校园意识形态阵地管理。改进和完善教师特别是青年教师的思想政治工作。切实加强新闻宣传和校园文化建设，维护校园信息安全，保持正确舆论导向。

5. 加强干部队伍建设和党校工作。稳步推进干部轮岗交流工作。做好干部选拔任用和后备干部选拔培养。加强干部管理监督，改进干部年度考核工作。制定《北京林业大学干部教育培训5年规划》。开展入党积极分子“精品一课”评选活动。成立青年马克思主义者研究会。举办第2期青年马克思主义者培训班。做好基层党组织负责人队伍、入党积极分子和党员教育培训。

6. 加强和改进大学生德育、体育、美育工作。培育和践行社会主义核心价值观，加强大学生思想政治教育。契合重要节点，组织主题鲜明、形式多样的主题教育活动。推进研究生德育精品项目建设工程和“学术成长”工程，深化研究生科学道德培育工程建设。强化“树人”学校培养实效，推进研究生社会实践和挂职锻炼工作。实施“互联网+学生工作”计划，加强网络思想政治教育。加强绿色发展理念教育，深入实施“A4210好习惯养成计划”。举办2016年绿桥、绿色长征系列活动。提升“生态文明”博士生讲师团的品牌效益和社会服务能力。实施阳光体育运动计划，召开全校师生运动会。申报高水平足球队。积极开展美育教育活动，发挥艺术团的艺术教育作用，重点引入高水平展览进校园。做好学业辅导、心理健康教育，评优、资助，公寓管理等重点工作。

7. 加强辅导员工作队伍建设。召开北京林业大学辅导员工作会，落实《北京林业大学辅导员队伍实施办法》。探索1:200辅导员工作模式，试点实施辅导员团队支撑计划。建立辅导员“学・思・享”培养培训模式，制订工作方案。制订《北京林业大学学业辅导工作实施细则》，推动学业辅导工作。

8. 加强统战、群团和离退休老同志工作。加强政治引导，举办统战骨干成员理论培训班，开展民主党派基层组织创新示范工程。支持民主党派自身建设，加大党外人士的培养力度。贯彻落实《中共中央关于加强和改进党的群团工作的意见》，制订实施办法。加强校院两级教代会、工会组织建设。进一步发挥团组织以及学生会、研究生会、学生社团等在学生思想引领和成长服务中的重要作用。搭建“青汀”平台，加强学生与校领导对话机制。创新服务方式，完善管理机制，做好离退休老同志的服务工作。发挥关工委、老教协服务学生、服务青年教师、服务教学科研的作用。

9. 加强校园安全稳定工作。做好校园及周边环境的综合治理。强化二级单位安全责任体系建设。加大师生安全教育力度。做好重大节日和敏感期的预警研判。提高应对突发事件的能力和水平。完善校园综合防控体系。开展保密管理工作自查自评。做好信访过程中的安全稳定工作。

二、加强依法治校，做好顶层设计，统筹规划学校事业发展整体布局

10. 做好学校“十三五”规划落实工作。编制完成《北京林业大学“十三五”事业发展规划》并做好宣传工作，推动规划的落实和执行。建立规划执行期的保障与实施机制。

11. 细化综合改革重点项目实施方案。把握学校综合改革整体框架，细化综合改革实施方案，制定重点项目实施路线图和时间任务表，推动改革措施落地生效。

12. 推进现代大学制度建设。制定《北京林业大学理事会章程》，启动大学理事会筹建工作。修订校学术委员会章程及工作细则，出台院级学术委员会建设指导性文件，开展学术委员会换届工作。围绕《北京林业大学章程》，开展配套制度体系建设工作，推动学校治理体系和治理能力现代化。

三、坚持创新发展，深入推动综合改革各项工作

13. 深化人事制度改革。建立多种模式并存的用人机制，统筹编制内和编制外两支队伍建设和发展。完成全校第二轮聘用考核、第三轮岗位设置及聘岗工作。加强人才培养在政策导向中的力度，引导教师加大教学投入，提高教学质量。全面梳理管理队伍岗位职责，理顺机构职能，形成以岗位目标责任制为主体的制度体系和管理模式。完成绩效工资、奖励激励制度和养老保险制度改革。

14. 提高学科发展水平。按照教育部“双一流”实施办法，制定一流学科建设方案。进一步优化学科结构，凝练学科方向，调整布局，构筑传统优势学科和新兴先锋学科合理的研究领域体系。做好迎接全国第四轮一级学科评估的准备工作。

15. 加强学科人才队伍和科研优势团队建设。加强重点领域关键性人才的引进和培养力度。开展以"基础能力培养""创新能力提升""拔尖人才培育""领军人才和团队支持"为主要内容的人才培养工作。加强对教师队伍职业生涯规划的指导和实践。推动青年教师参与科技中长期研究项目，打造青年科技创新团队。做好团队科研项目的验收考核。做好国家科技项目的引导申报。做好重点研发计划项目的组织工作。加强师德师风建设。扩大博士后招聘规模，落实以学院为主体的管理模式。

16. 优化学科平台建设。全力筹备国家重点实验室申报。积极推动高精尖创新中心的建设申报工作。加强北京实验室和国家级平台宏观管理。推进各级科技平台的实体化改革，制订《科技平台建设与管理办法》和《科技平台运行经费管理办法》。深化大型仪器设备开发共享平台建设，推进学校公共分析测试中心的建设和国家认证。

17. 深化科研体制改革。实施"十三五"科技发展规划。开展新一轮创新计划。探索科研成果与教学资源之间、科教成果与现实生产力之间的"双循环"长效机制。推进产学研协同创新科技合作；修订《北京林业大学知识产权管理办法》推进成果转化落地；完善科技成果奖励和人才评价机制。提升科技管理服务水平，强化科技流程管理和"一站式"信息化管理。加强科研项目经费日常监管力度。推动科研项目经费审计工作制度化。

18. 全面推进创新创业教育和实践教育。挖掘创新创业教育资源，完善创新创业教育课程体系，强化创新创业实践。设立创业实验班。扩大学科竞赛覆盖面，推进"一院一赛事"运行模式。推进实验教学改革及实验室开放工作。加强现有国家级、市级实践平台建设，建设和拓展大学生校外实践教育基地。建设高水平实验教学中心，重点改善工科类实验教学条件。

19. 深化教育教学改革。探索建立"双创"人才培养机制。全力做好"十三五"规划教材的立项申报工作。加强在线网络课程的建设。开展教学改革的研究工作。加强教务管理网络系统建设，开发"家长督学系统"。探索以研促教，全方位将科研成果转化为教学资源的长效机制。

20. 做好本科教学质量监控与促进工作。建立在岗教师兼职督导机制。启动本科专业校内评估指标体系研建工作。完善教学质量信息反馈系统。完善青年教师教学能力提升平台，办好青年教师基本功竞赛。

21. 完善研究生培养体系。加强导师队伍建设，建立导师招生资格年度审核与导师遴选相挂钩的办法。成立一级学科研究生培养指导委员会和各专业学位研究生培养指导委员会，研究制订跨学科研究生培养相关制度与政策。完善产学结合的专业学位研究生培养配套制度。建立研究生课程教学内容与质量反馈机制，开展淘汰工作。完善研究生创新培养体系和质量保证体系建设，制订学位授予标准、合格评估实施细则、合格评估评价指标体系及合格标准。制定学位授权点动态调整实施办法。

22. 做好招生就业工作。健全本科"招生—培养—就业"联动机制。加强特殊类型招生的管理。适应高考招生制度改革，逐步推进按类招生。深化研究生招生改革，扩大"申请—审核"制博士研究生招生工作试点。研究制订"研究生选拔考核体系"，建立复试考核标准。提高精准化就业指导服务水平。加强拓展京外重点区域和林业大省的就业市场，积极引导毕业生到基层和主流行业就业。建立大学生创业项目、创业团队动态数据库，扶持特色创业项目，为创业大学生提供全面服务。

23. 做好继续教育工作。升级现有网络教育平台。组织召开"生态学人 e 行动计划"研讨会。成立全国林业院校继续教育网络课程资源联盟。扩大非学历教育办学规模和领域，积极拓展国际合作办学规模。举办继续教育六十周年纪念活动。

四、坚持开放发展，积极拓展办学空间和领域

24. 深化政产学研用一体化办学实践。积极拓展社会办学资源和空间，继续与已签订协议的企事业单位、行业主管部门、地方政府对接，深化政产学研用一体化办学实践。继续推进政校结合、产教融合、校企合作，优化协同发展区域、行业布局，完善运行机制，实现对学校的反哺、输血和提升，为促进"双循环"提供实践空间。

25. 提升国际化办学水平。逐步将国际标准和体系引入专业、学科评价中，提升学科的国际认可度。推动国际学院实体化。扩大留学生规模。制定《北京林业大学中外合作办学管理规定》。继续实施“海外名师计划项目”，加大聘任国外高水平专家的力度，举办高层次国际学术会议。落实好“亚太地区林业院校长会议机制”相关工作。

26. 做好校办产业工作。推动北林东升科技园改造、怀柔牡丹产业示范园区、北林张家口科技分园等产业发展空间建设。强化“众创空间”建设，为创业孵化提供优质服务。加强与社会投融资平台和社会基金的合作，推动北林生态环保创投基金的发展。规范产业管理，推进校办产业稳定发展。

27. 加强校友会、基金会建设。努力提升校友会服务校友、服务学校、服务地方经济发展的能力。完成教育基金会理事会换届工作。采取激励措施，提高筹款水平。

28. 做好定点扶贫工作。帮助科右前旗进一步实现脱贫致富，在生态环境保护、旅游资源开发、优势特色产业发展、碳汇造林试点与交易研究、基础教育志愿服务、人才培养培训合作等重点领域做好帮联共建，工作到村、扶贫到户。

五、坚持协调发展，全面统筹学校各项事业协同建设

29. 深化财务管理改革。科学编制财务预算、控制预算执行。做好预算精细化管理、经费筹措、支出管理、二级财务监管等工作。多渠道筹措资金，增加学校办学收入。

30. 完善国有资产管理体系。健全资产管理制度，初步建立国有资产管理制度体系。启动固定资产核查机制，实现资产实时清点与定时核查。建立资产数据分析和报告机制。

31. 加快推进基建项目建设。紧抓京津冀一体化协同发展机遇，努力破解学校空间不足瓶颈。加强项目施工的组织和监控，保障学生食堂及公寓工程项目质量，年底前基本完成室内外装修和机电安装。稳步推进地下锅炉房项目，完成项目立项、施工图设计以及施工、监理等招标工作。做好校医院改造项目前期准备工作。力争完成学研中心、柏儒苑二期房产证办理。制定《北京林业大学公用房管理办法》。编制完成学校物业管理和供暖改革实施方案。

32. 强化公共服务保障体系。推进学校能耗定额管理改革试点。完成 11、12 号楼学生公寓电梯、实验楼改造、西区学生公寓电力改造项目。加强校园信息化建设，加大数据中心建设与应用力度。提升图书馆管理服务效益。加快数字化博物馆建设。推进实验林场改革。完善教学实习苗圃基础建设。发挥高教研究中心作用，为教学科研综合改革提供理论支持。做好期刊编辑出版工作，提高刊物质量。提升后勤服务水平。加强社区管理。关注师生身体健康，做好体检和计划生育工作。

中共北京林业大学委员会关于印发《在全校党员中开展“学党章党规、学系列讲话，做合格党员”学习教育的实施方案》的通知

北林党发〔2016〕9 号

各党委、党总支、直属党支部：

《关于在全校党员中开展“学党章党规、学系列讲话，做合格党员”学习教育的实施方案》经学校党委常委会讨论通过，现印发给你们。

各党委、党总支、直属党支部（以下简称“基层党组织”）要把开展“两学一做”学习教育作为重大政治任务，融入党员经常性学习，结合实际制定具体实施方案。要指定专人担任信息员，及时将本单位“两学一做”学习教育方案、开展情况和特色工作上报党委组织部。

附件：在全校党员中开展“学党章党规、学系列讲话，做合格党员”学习教育的实施方案

中共北京林业大学委员会

2016 年 4 月 27 日

附件

在全校党员中开展"学党章党规、学系列讲话，做合格党员"学习教育的实施方案

为深入学习贯彻习近平总书记系列重要讲话精神，推动全面从严治党向基层延伸，巩固拓展党的群众路线教育实践活动和"三严三实"专题教育成果，进一步解决党员队伍在思想、组织、作风、纪律等方面存在的问题，保持发展党的先进性和纯洁性，根据中央、教育部党组、北京市委和教育工委等上级党组织有关文件精神，结合我校实际，现就2016年在全校党员中开展"学党章党规、学系列讲话，做合格党员"学习教育(以下简称"两学一做"学习教育)，制定以下实施方案。

一、总体要求

开展"两学一做"学习教育，是落实党章关于加强党员教育管理要求、面向全体党员深化党内教育的重要实践，是推动党内教育从"关键少数"向广大党员拓展、从集中性教育向经常性教育延伸的重要举措，是协调推进"四个全面"战略布局特别是推动全面从严治党向基层延伸的有力抓手，是加强党的思想政治建设的重要部署。对于加强党对高校的领导，夯实党在高校的组织基础，办好中国特色社会主义大学具有重要意义。

开展"两学一做"学习教育，基础在学，关键在做。全校各级党组织要充分认识开展"两学一做"学习教育的重要意义，通过学习教育，教育引导广大党员尊崇党章、遵守党规，以习近平总书记系列重要讲话精神武装头脑、指导实践、推动工作；通过学习教育，着力解决党员队伍在思想、组织、作风、纪律等方面存在的问题，努力使全校党员进一步增强政治意识、大局意识、核心意识、看齐意识，坚定理想信念、保持对党忠诚、树立清风正气、勇于担当作为，在人才培养、教学科研、管理服务和学习生活方面充分发挥先锋模范作用；通过学习教育，进一步严肃党的组织生活、严格党员教育管理、严明党建工作责任，激励基层党组织和全校党员干事创业、开拓进取，为协调推进"四个全面"战略布局、贯彻落实五大发展理念、推动学校"双一流"建设提供组织保证。

开展"两学一做"学习教育是2016年学校党的建设工作的龙头任务。要重点加强基层党组织建设，着力破难题、补短板，增强基层党组织创造力、凝聚力和战斗力，提升基层党组织工作的整体水平。要加大对基层党组织的指导、协调、督查力度，建立健全基层党组织把好"政治关、师德关"的工作机制，严格党内政治生活，贯彻好"三会一课"、组织生活会、民主评议党员、党员教育培训等制度要求，在提高党支部组织生活质量上下工夫，在提升党支部理论学习和党员教育培训的针对性实效性上下工夫，使党的组织生活和党员教育管理真正严起来、实起来。要认真开展党员组织关系集中排查工作，努力使每名党员都纳入党组织有效管理，参加学习教育。

二、基本原则

1. 坚持正面教育为主。要引导广大党员读原著、学原文、悟原理，结合党的十八大以来党的理论创新和实践创新进程，结合党和国家事业发展的新成就，深入学习党章党规和习近平总书记系列重要讲话精神，全面提升党员队伍思想政治素质。

2. 坚持学用结合。要把思想建设、作风建设、纪律建设融为一体。促使党员不仅要认真学习、深刻领会，更要入脑入心、外化于行，做到学而信、学而用、学而行。要更加自觉地尊崇党章、履行党员义务，更加爱党忧党兴党护党，更加主动地立足岗位作贡献。

3. 坚持问题导向。要以解决问题为牵引来开展学习教育，同抓好党的群众路线教育实践活动和"三严三实"专题教育、中央巡视组巡视、上级有关部门对学校的检查、审计等指出的问题整改结合起来，持续深入地纠正"四风"，抓好不严不实突出问题整改。"学"要带着问题学，"做"要针对问题改，把解决问题贯穿学习教育全过程，确保取得实效。

4. 坚持以上率下。领导干部要作表率，要有更高标准，在"两学一做"学习教育中走在前面、深学一层，层层示范、层层带动。党员校级领导干部，既要严格执行双重组织生活制度，以

普通党员身份参加所在支部组织生活，与党员一起学习讨论、一起查摆解决问题、一起接受教育、一起参加党员民主评议；又要带头讲党课、带头开展批评和自我批评、带头解决自身问题、带头立足岗位作贡献。每位校级、处级党员领导干部都要联系一个基层党支部，指导协调“两学一做”学习教育扎实有效开展。

5. 坚持分类指导。针对领导班子、领导干部和普通党员的不同情况作出安排，根据教师、学生、机关干部等不同群体党员实际提出不同的目标要求和办法措施，把学习教育的任务具体化、精准化、差异化；离退休教职工党员及年老体弱党员，既要体现从严要求，又要考虑实际情况，以适当方式组织他们参加学习教育。对流动党员，按照流入地为主的原则，把流动党员编入一个党支部，就近就便参加学习教育。

6. 坚持从严从实。从严要求和管理党员，严肃学习纪律、组织纪律，严格考勤制度，在专题组织生活会上进行严肃认真的批评和自我批评，扎实开展民主评议党员工作。充分发挥党支部自我净化、自我提高的主动性，留出足够空间，鼓励基层党组织结合实际探索创造，有针对性地确定学习方式、学习重点、学习计划，充分利用各种阵地设施、资源手段来开展学习教育，防止大而化之，力戒形式主义。

三、学习教育内容

把学习党章党规与学习习近平总书记系列重要讲话统一起来。学校党委将列出学习书目清单，编印习近平总书记系列重要讲话资料。广大党员要在学系列讲话中加深对党章党规的理解，在学党章党规中深刻领悟系列讲话的基本精神和实践要求。

1. 学党章党规。学党章要着眼明确基本标准、树立行为规范，逐条逐句通读党章，全面理解党的纲领，牢记入党誓词，牢记党的宗旨，牢记党员义务和权利，引导党员尊崇党章、遵守党章、维护党章，坚定理想信念，对党绝对忠诚。学党规要认真学习《中国共产党廉洁自律准则》《中国共产党纪律处分条例》《中国共产党党员权利保障条例》等党内法规，学习党的历史和学校历史，学习革命先辈和先进典型，学习在学校建设发展中做出突出贡献的先进人物，从周永康、薄熙来、徐才厚、郭伯雄、令计划、吕锡文等严重违纪违法、涉嫌犯罪反面典型中汲取教训，肃清恶劣影响，发挥正面典型的激励作用和反面典型的警示作用，引导党员牢记党规党纪，牢记党的优良传统和作风，树立崇高道德追求，养成纪律自觉，守住为人、做事的基准和底线。学高校重要规章制度要认真学习《中华人民共和国高等教育法》《中国共产党普通高等学校基层组织工作条例》，学习教育部《关于建立健全高校师德建设长效机制的意见》，自觉按要求规范行为。

2. 学习系列讲话。着眼加强理论武装、统一思想行动，强化看齐意识。认真学习习近平总书记系列重要讲话精神，重点学习习近平总书记2014年5月4日在北京大学重要讲话、2014年9月9日在北京师范大学重要讲话等关于高校的重要讲话精神以及对高校党建和思想政治工作的重要批示精神，引导党员深入领会习近平总书记系列重要讲话的丰富内涵和核心要义。学习习近平总书记系列重要讲话要同学习马克思列宁主义、毛泽东思想、邓小平理论、“三个代表”重要思想、科学发展观结合起来，深刻理解党的科学理论既一脉相承又与时俱进的内在联系，坚定中国特色社会主义道路自信、理论自信、制度自信。普通党员要注重学习领会习近平总书记系列重要讲话的基本精神，学习领会党中央治国理政新理念新思想新战略的基本内容，掌握与增强党性修养、践行宗旨观念、涵养道德品格等相关的基本要求。处级以上党员领导干部要注重学习领会习近平总书记关于改革发展稳定、内政外交国防、治党治国治军的重要论述，领会贯穿其中的马克思主义立场观点方法，领会贯穿其中的坚定信仰追求、历史担当意识、真挚为民情怀、务实思想作风，将学习教育与全面贯彻党的教育方针结合起来，与落实立德树人根本任务结合起来，与提高教育教学质量结合起来，更好地指导和推动各项事业发展。

3. 做合格党员。着眼党和国家事业的新发展对党员的新要求，坚持以知促行，强调政治合格、执行纪律合格、品德合格、发挥作用合格，做“讲政治、有信念，讲规矩、有纪律，讲道德、有品行，讲奉献、有作为”的“四讲四有”合格党员。引导党员强化政治意识，保持政治本色，把理想信念时时处处体现为行动的力量；坚定自觉地在思想上政治上行动上同以习近平同志为总书记的党中央保持高度一致，经常主动向党中央看齐，向党的理论和路线方针政策看齐，做政治上的明白人；坚持按党的组织原则办事，按时参加党的组织生活，按时足额交纳党费，认真完成党组织分配的任务，自觉做遵守党纪国法、校规校纪的模范；践行党的宗旨，保持公仆情怀，牢记共产党员永远是劳动人民的普通一员，密切联系群众，全心全意为人民服务；加强党性锻炼和道德修养，心存敬畏、手握戒尺，廉洁从政、廉洁治学、廉洁施教、从严治家，筑牢拒腐防变的防线；始终保持干事创业、开拓进取的精气神，平常时候看得出来，关键时刻冲得上去，在"十三五"规划开局起步、深化学校综合改革中奋发有为、建功立业。党员干部要自觉做信念坚定、为民服务、勤政务实、敢于担当、清正廉洁的好干部。教师党员要做"有理想信念、有道德情操、有扎实知识、有仁爱之心"的好老师，做学生健康成长的指导者和引路人。学生党员要做勤学修德明辨笃实的表率，坚定理想信念，练就过硬本领，勇于创新创造，矢志艰苦奋斗，锤炼高尚品格，不断增强道路自信、理论自信、制度自信，增强社会责任感、创新精神和实践能力。

四、重点解决问题

开展"两学一做"学习教育，要增强针对性，重点查摆我校党建工作、基层党组织和党员队伍中存在的问题，瞄着问题去、对着问题走，把自己摆进去，对照标准检视和改进自己。

在党员层面，要着力解决一些党员理想信念模糊动摇的问题，主要是对共产主义缺乏信仰，对中国特色社会主义缺乏信心，精神空虚，推崇西方价值观念，组织、参加封建迷信活动等。着力解决一些党员党的意识淡化的问题，主要是看齐意识不强，不守政治纪律政治规矩，在党不言党、不爱党、不护党、不为党，组织纪律散漫，不按规定参加党的组织生活，不按时交纳党费，不完成党组织分配的任务，不按党的组织原则办事等。着力解决一些党员宗旨观念淡薄的问题，主要是利己主义严重，与民争利、办事不公、吃拿卡要、假公济私、损害群众利益等。着力解决一些党员精神不振的问题，主要是工作消极懈怠，不作为、不会为、不善为，逃避责任，不起先锋模范作用等。着力解决一些党员道德行为不端的问题，主要是违反社会公德、职业道德、家庭美德，不注意个人品德，贪图享受、奢侈浪费等。全校教师党员还要对照高校师德"红七条"和学校相关规定，查找、解决育人意识淡薄、违反讲台纪律、学术不端、师德失范等问题。学生党员还要对照"成才表率"标准，查找、解决入党动机不纯、入党后消极、不主动发挥作用等问题。

在基层党组织层面，要推动解决一些基层党组织建设薄弱的问题，主要是：基层党组织地位不高、功能弱化、发挥作用层层递减，"最后一公里"问题尚未有效解决；对党支部建设重视、支持、指导不够，教师党支部相对学生党支部更加薄弱；党支部发挥作用的工作机制不健全，把好"政治关、师德关"的制度机制不完善，教师党支部参与讨论决定本单位重要事项的工作机制和学生党支部、团支部、班委会协同工作机制不完善；落实"三会一课"制度不认真、不经常，组织生活质量不高；专职党务干部配备不足、发展空间狭窄，兼职党务干部缺乏有力的待遇保障，党支部工作和活动经费落实不到位等。

五、主要措施

开展"两学一做"学习教育，要以党支部为基本单位，以"三会一课"等党的组织生活为基本形式，以落实党员教育管理制度为基本依托。

1. 加强党支部书记选配和培训。机关及教辅部门党支部书记原则上要由处级领导干部担任，教学单位党支部书记原则上要由具有高级职称的党员教师担任。"两学一做"学习教育启动前，各基层党组织要对所辖党支部进行认真排查，对于不能正常开展组织生活，不履职尽责、不发挥党员作用的党支部书记要果断调整更换，配齐配强党支部书记。各单位要落实党支部书记待遇，讨论重要事项要有支部书记参加。学校将分批开展党支部书记培训，帮助他们掌握工作方法，明确工作要求，提高思想政治素质和党务工作水平。

2. 围绕专题学习讨论。各基层党组织要把个人自学与集中学习结合起来，明确自学要求，引导党员搞好自学，结合实际制订学习计划。按照"三会一课"制度，党小组每月至少要组织党员进行 1 至 2 次集中学习；不设党小组的，以党支部为单位集中学习。创新集体学习方式方法，通过集体读原文、“主讲主问”等多种方式，提升学习实效。党支部每季度召开1次全体党员会议，每次围绕1个专题组织交流讨论。讨论的主题可以围绕“忠诚于党，忠诚于党的教育事业，做合格党员”“严守纪律，不破党员底线、不越师德红线、不触法纪高压线，做合格党员”“敬业修德，献身党的教育事业，做合格党员”来确定，也可以结合实际自行确定。针对党员多样化学习需求，充分利用各类网络媒体、北京高校党员在线、手机报、微信易信等，引导党员利用网络自主学习、互动交流，扩大学习教育覆盖面。开发制作形象直观、丰富多样的学习资源，及时推送学习内容。

学习讨论要紧密结合现实，联系个人思想工作生活实际，聚焦领导干部、教师、学生等不同群体党员身份，看自己在新任务新考验面前，能否坚守共产党人信仰信念宗旨，能否正确处理公与私、义与利、个人与组织、个人与群众的关系，能否努力追求高尚道德、带头践行社会主义核心价值观、保持积极健康生活方式，能否自觉做到党规党纪面前知敬畏守规矩，能否保持良好精神状态、积极为党的事业担当作为。通过学习讨论，真正提高认识，找到差距，明确努力方向。

党员领导干部要参加所在党支部的学习讨论。校、院两级党委（党总支）要召开会议进行专题学习，以中心组学习等形式组织集中研讨，深化学习效果。要按照习近平总书记重要批示精神，安排专题学习毛泽东同志的《党委会的工作方法》，学习掌握科学的工作方法和领导艺术，学习掌握其中蕴含的政治纪律和政治规矩，全面加强领导班子的思想政治建设、作风建设和能力建设。

3. 创新方式讲党课。讲党课一般在党支部范围内进行。党支部要结合专题学习讨论，对党课内容、时间和方式等作出安排。“七一”前后，党支部要结合开展纪念建党95周年活动，集中安排1次党课。思政课教师要到基层党支部讲党课。可组织专家学者、先进模范、讲师团及理论宣讲团成员等到基层党支部讲党课。鼓励和指导基层党支部书记、普通党员联系实际讲党课。注重运用身边事例现身说法、答疑释惑；注重运用微视频、动漫、微信等多媒体手段，强化互动交流，增强党课的吸引力和感染力。按照市委教育工委部署，各基层党组织要做好“两学一做”专题精品党课、微党课、微视频、微动漫等征集推广活动。

党员领导干部要在所在党支部讲党课，同时要到联系的基层党支部讲党课，深入浅出地宣讲中央、教育部、市委和学校的有关部署、交流学习体会、分享个人成长经历，进一步增进和广大师生员工的感情。

4. 召开党支部专题组织生活会。年底前，党支部要召开专题组织生活会。党支部委员及其成员要带头对照职能职责，进行党性分析，查摆在思想、组织、作风、纪律等方面存在的问题。要面向党员和群众广泛征求意见，严肃认真开展批评和自我批评，针对突出问题和薄弱环节提出整改措施。组织全体党员对党支部班子的工作、作风等进行评议。党小组可参照党支部要求，召开专题组织生活会。

党员领导干部要以普通党员身份参加所在党支部的专题组织生活会，校、院两级领导班子年度民主生活会要以“两学一做”为主题，领导班子和领导干部要把自己摆进去，查找存在的问题。

5. 开展民主评议党员。以党支部为单位召开全体党员会议，组织党员开展民主评议。对照党员标准，按照个人自评、党员互评、民主测评、组织评定的程序，对党员进行评议。党员人数较多的党支部，个人自评和党员互评可分党小组进行。结合民主评议，党支部班子成员要与每名党员谈心谈话。党支部综合民主评议情况和党员日常表现，确定评议等次，对优秀党员予以表扬。对有不合格表现的党员，要区别不同情况进行处置，对愿意接受教育并决心改正的，要研究落实教育帮助的具体措施，促其改正；对经教育仍无法改变的，要稳妥慎重地给予组织处置，并做好包括思想政治工作在内的相关工作。

党员领导干部要以普通党员身份参加所在党支部组织的民主评议党员工作。

6. 立足岗位作贡献。基层党组织要以“亮明身份、公开承诺、示范带头、接受监督”为主要内容，根据岗位特点和工作实际自主创新活动方式，教育引导党员在任何岗位、任何地方、任何时候、任何情况下都铭记党员身份，积极为党工作，立足岗位、履职尽责。党员干部给普通党员示范，普通党员给群众示范，主动接受党内监督和群众监督。实施"教师党支部组织生活质量提升"计划，组织教师党员采取佩戴党员徽章、设立党员示范课堂等方式亮出身份，通过承诺践诺、专题实践活动等方式，引导教师党员模范遵守讲台纪律，在教书育人的本职岗位上争做"育人标兵"。推进"强化大学生思想入党"项目，举办青年马克思主义者培训班、"树人"学校，继续扎实推进学生党员先锋工程、红色"1＋1"活动、党员宿舍挂牌等工作，深入实施"成才表率"培育计划、"服务先锋"行动计划，抓好"助学零距离""助理零距离""志愿服务树品牌"及学生党员责任区等工作，健全学生党员承诺践诺长效机制，促使学生党员进一步亮明身份、发挥作用。通过研究解决党建重点难点问题和一件件具体工作，让广大师生员工感受党员队伍的新变化。

党支部要把"两学一做"学习教育内容贯穿到日常活动中，坚持边学边做，学要聚焦、做要扎实，每季度至少组织1次党员活动，广泛开展主题党日、警示教育、志愿服务、联系服务群众等活动，"七一"前后要集中组织1次主题党日活动。

六、组织领导

1. 强化落实责任。学校党委成立"两学一做"学习教育协调小组，指导学习教育开展，统筹推进有关工作。协调小组采取专题调研、随机抽查等形式，对全校各基层党组织"两学一做"学习教育开展情况进行督查指导。协调小组要定期听取基层汇报，及时指导学习教育中出现的新情况新问题。

各基层党组织要成立本单位学习教育协调小组，党委(党总支、直属党支部)书记任组长，是本单位"两学一做"第一责任人。要把开展"两学一做"学习教育作为一项重大政治任务，对工作方案亲自审定，对重要任务亲自部署。要切实履行主体责任，周密安排部署、精心组织推动，定期听取汇报、定期研究分析，层层传导压力，从严从实抓好学习教育。

各党委(党总支)要对所辖党支部进行全覆盖、全过程的现场指导，帮助党支部制定学习教育计划，派人参加党支部各项活动。党支部要充分发挥作用，切实担负起从严教育管理党员的主体责任，结合实际对本支部的学习教育作出具体安排，确保组织到位、措施到位、落实到位。

2. 强化工作统筹。要坚持围绕中心、服务大局，把"两学一做"学习教育与坚持社会主义办学方向、落实立德树人根本任务相统筹，努力提升人才培养质量；把"两学一做"学习教育与干部选拔任用工作相统筹，强化在日常工作中考察干部；把"两学一做"学习教育与党建研究相统筹，推进北京高校党建研究会A类课题的研究工作，着力解决党组织、党员发挥作用机制上存在的问题；把"两学一做"学习教育与党校教育培训相统筹，将学习教育作为党员干部培训的重要内容，列入党校培训班次，切实提高党员干部践行"两学一做"的思想自觉和行动自觉。要以纪念建党95周年为契机，评选表彰优秀共产党员、优秀党务工作者、先进基层党组织，展示我校党员的良好形象和精神风貌，引导广大党员学习先进、礼敬先进、争做先进。

3. 强化宣传引导。要充分运用校报校刊、校园网等各类媒体，通过召开座谈会、专家报告等形式，深入宣传"两学一做"学习教育的重大意义、决策部署和进展情况。要注重发挥微博、微信、客户端等新媒体作用，广泛宣传广大党员学习党章党规、坚定理想信念的新实践，学习系列讲话、统一思想行动的新成效，形成良好的舆论氛围。要大力宣传先进典型，展现广大党员立足岗位作贡献、发挥先锋模范作用的新风采。

4. 强化过程指导。编撰学校《两学一做简报》，及时传达中央及上级部门关于"两学一做"学习教育的最新指示精神，总结推广基层党组织在"两学一做"学习教育中创造的鲜活经验，介绍兄弟院校学习教育的创新做法，大力宣传优秀教师、先进工作者、优秀共产党员、优秀党务工作者、育人标兵、成才表率等先进事迹，树立身边榜样；曝光不合格党员、后进基层党组织；及时发现和纠正苗头性倾向性问题。各基层党组织要重视学习教育过程中的信息报送工作，指定专人担任信息员，及时报送学习教育开展情况和特色工作。年底学校党委将开展信息报送评优表彰工作。

中共北京林业大学委员会关于印发《北京林业大学辅导员队伍建设实施办法》的通知

北林党发〔2016〕12号

各单位：

为深入贯彻中央、教育部和北京市关于加强高校辅导员队伍建设的精神，在广泛征求各单位意见的基础上，经学校党委常委会研究，制定了《北京林业大学辅导员队伍建设实施办法》，现予印发。请各单位认真学习，遵照执行。

附件：北京林业大学辅导员队伍建设实施办法

中共北京林业大学委员会

2016年5月5日

附件

北京林业大学辅导员队伍建设实施办法

第一章　总　则

第一条　为深入贯彻中央、教育部和北京市关于加强高校辅导员队伍建设的精神，进一步总结经验，落实政策，增强实效，切实加强辅导员队伍专业化职业化建设，结合学校实际，特制定本办法。

第二条　辅导员是学校教师队伍和管理队伍的重要组成部分，具有教师和干部的双重身份。辅导员是大学生思想政治教育的骨干力量，是高校学生日常思想政治教育和管理工作的组织者、实施者和指导者。加强辅导员队伍建设，是全面贯彻党的教育方针、培养中国特色社会主义事业合格建设者和可靠接班人的重要组织保障，对于加强和改进大学生思想政治教育具有十分重要的意义。

第三条　学校围绕立德树人根本任务，把辅导员队伍建设作为教师队伍和管理队伍建设的重要内容。应当坚持育人为本、德育为先，促进高等学校改革、发展和稳定，遵循优化结构、提高素质、专兼结合、优势互补的原则，选拔政治素质和思想作风好，事业心强，具有专业背景和较强组织能力，善于做学生教育与管理工作的同志从事学生工作，逐步形成专业化、专家化为导向，专兼结合、合理流动、相对稳定的队伍格局。

第二章　要求与职责

第四条　辅导员工作的要求是：

（一）爱国守法。热爱祖国，热爱人民，拥护中国共产党的领导，拥护中国特色社会主义制度。遵守宪法和法律法规，贯彻党的教育方针，依法履行教育职责，维护校园和谐稳定。不得有损害党和国家利益以及不利于学生健康成长的言行。

（二）敬业爱生。热爱党的教育事业，树立崇高职业理想，以献身教育事业、引领学生思想和服务学生成长为己任。真心关爱学生，严格要求学生，公正对待学生。不得损害学生和学校的合法权益。在职责范围内，不得拒绝学生的合理要求。

（三）育人为本。把握思想政治教育规律和大学生成长规律，引导学生培育和践行社会主义核心价值观。增强学生社会责任感、创新精神和实践能力。尊重学生独立人格和个人隐私，保护学生自尊心、自信心和进取心，促进学生全面发展，为党和人民事业培养合格建设者和可靠接班人。

（四）终身学习。坚持终身学习，勇于开拓创新，主动学习思想政治教育理论、方法及相关学科知识，积极开展理论研究和实践探索，参与社会实践和挂职锻炼，不断拓展工作视野，努力提高职业素养和职业能力。

（五）为人师表。学为人师，行为世范。模范遵守社会公德，引领社会风尚，以高尚品行和人格魅力教育感染学生。不得有损害职业声誉的行为。

第五条 辅导员的主要工作职责是：

（一）深入开展中国特色社会主义理论宣传教育，帮助高校学生树立正确的世界观、人生观、价值观，确立在中国共产党领导下走中国特色社会主义道路、实现中华民族伟大复兴的共同理想和坚定信念，不断增强中国特色社会主义的道路自信、理论自信、制度自信。积极引导学生不断追求更高的目标，使他们中的先进分子树立共产主义的远大理想，确立马克思主义的坚定信念。

（二）深入开展社会主义核心价值观教育，综合运用教育教学、实践养成、文化熏陶、研究宣传等方式，把社会主义核心价值观落实到学生日常管理服务各个环节，形成高校学生的日常行为准则，使学生自觉将社会主义核心价值观内化于心、外化于行。

（三）开展心理健康教育与咨询工作，协助学校心理咨询与发展中心开展心理筛查，对学生进行初步心理排查和疏导，组织开展心理健康教育宣传活动，引导学生养成自尊自信、理性平和、积极向上的良好心态，增强学生克服困难、经受考验、承受挫折的能力。

（四）积极学习和运用现代信息技术，构建网络思想政治教育阵地，加强与学生的网上互动交流，围绕学生关注的重点、难点、热点进行有效舆论引导，丰富网上宣传内容，努力把握网络舆论的话语权和主导权；及时了解网络舆情信息，密切关注学生的网络动态，敏锐把握一些苗头性、倾向性、群体性问题。

（五）了解和掌握学生思想政治状况，针对学生关心的热点、焦点问题，及时进行教育和引导，化解矛盾冲突，参与处理有关突发事件，维护好校园安全和稳定。

（六）做好学生日常事务管理工作，开展新生入学教育，做好毕业生离校教育、管理与服务工作，组织好学生军训工作，有效开展助、贷、勤、减、补工作，做好学生奖励评优和奖学金评审工作，为学生日常事务提供基本咨询，指导学生开展宿舍文化建设。

（七）积极开展学业指导，组织开展学风建设、课外学术实践活动，指导学生养成良好的学习习惯，增强学生的专业认同和学习热情；开展职业规划和就业指导工作，为学生提供高效优质的就业指导和信息服务，帮助学生树立正确的就业观念，引导毕业生到基层、到西部、到祖国最需要的地方建功立业。

（八）指导学生党支部和班团组织建设，做好学生骨干的遴选、培养、激励工作，做好学生入党积极分子培养教育工作，做好学生党员发展和教育管理服务工作，指导开展主题党、团日等活动，参与学生业余党校、团校建设，讲授党课、团课。

（九）组织、协调班主任、研究生导师、思想政治理论课教师、组织员和学业辅导员等工作骨干共同做好经常性的思想政治工作，在学生中间开展形式多样、有针对性的教育活动。

（十）努力学习思想政治教育的基本理论，运用理论分析、调查研究等方法开展思想政治教育工作的理论和实践研究。

第三章 配备和选聘

第六条 学校按师生比不低于1∶200配备本科生一线专职辅导员，研究生总数超过200人的学院，至少配备1名专职研究生辅导员，从事研究生思想政治教育工作。研究生导师在研究生思想政治教育工作方面要担负首要责任人职责。辅导员的配备以专职为主、专兼结合。

第七条 辅导员选聘基本标准：

（一）政治强、业务精、纪律严、作风正。

（二）中国共产党党员，具备研究生以上学历，德才兼备，乐于奉献，潜心教书育人，热爱大学生思想政治教育事业。

（三）具有思想政治教育工作相关学科的宽口径知识储备，具备较强的组织管理能力和语言、文字表达能力，及教育引导能力、调查研究能力。

（四）注重在具有基层工作、学生工作经验的青年人才中选拔辅导员。

第八条 辅导员选聘工作在党委统一领导下通过组织推荐和公开招聘相结合的方式进行，成立由学生工作、组织、人事、纪检等相关部门和学院组成的辅导员招聘工作组负责具体招聘工作。面向校内外应届毕业生选聘辅导员的程序是：经自愿报名、资格审查、笔试、面试、心理测试后，报学校审定。面向校内在职教师、党政管理干部选聘辅导员的程序是：经所在学院考核，党政联席会议研究通过后，报学校审定。

第九条 应届毕业生选聘为辅导员的，原则上应在辅导员岗位上工作满 4 年，方可转岗。辅导员可兼任学生党支部书记、学院团委书记等相关职务，支持其承担思想道德修养与法律基础、形势政策教育、心理健康教育、就业指导等相关课程的教学工作。

第四章 培养与发展

第十条 辅导员的培养纳入学校师资培训规划、人才培养计划和干部队伍建设规划，享受专任教师和干部培养同等待遇。学校按照辅导员职业能力标准，根据专业培养目标和教学培训计划，每年组织不少于 4 次思想政治教育专题培训，培训学时不低于教育部规定的基本培训期限。制定参训规划，组织辅导员参加教育部和市委教育工委开展的辅导员基地培训项目、赴国外大学进修学习、到党政机关和兄弟高校挂职锻炼等，不断提高辅导员综合素质和专业化水平。

第十一条 学校鼓励辅导员专业深造。支持辅导员攻读思想政治教育专业、学生事务管理专业的博士学位，凡在辅导员岗位连续工作满 4 年考取以上专业博士研究生且毕业后继续从事辅导员工作的，学校报销相应学费。鼓励和支持专职辅导员立足本职岗位，走专业化发展道路，成为思想政治教育工作方面的专门人才。

第十二条 学校鼓励并支持辅导员结合大学生思想政治教育工作实际开展科学研究，不断探索和创新大学生教育、管理和服务的思路和方法。学校设立专项研究基金用于大学生思想政治教育研究，培育一批辅导员工作室和辅导员精品项目，支持辅导员积极申报国家、北京市和学校的研究课题，并对优秀研究成果给予奖励。

第十三条 学校根据辅导员工作的特点，采取双重领导、双重管理、双线晋升的原则加以重点建设，为辅导员专业技术职务和行政职级发展建立制度保障，增强辅导员工作岗位的吸引力。

（一）学校设立辅导员（教师）系列专业技术职务评聘序列，独立评聘、指标单列。学校保证辅导员评聘序列的岗位职数，按照岗位需要逐步提高高级专业技术职务比例，评聘标准要突出辅导员从事学生工作的特点，坚持工作实绩、科研能力和研究成果相结合的原则，对于副教授及以下职务应侧重考察工作实绩。

（二）根据任职年限及实际工作表现，定期进行辅导员行政职级评定，实现辅导员队伍职业化。在行政职级晋升方面，硕士研究生聘为辅导员的，在考核合格的前提下，原则上工作一年后定为副科级，四年后定为正科级，七年后实绩特别突出的，根据学校干部选拔办法，可定为副处级；博士研究生聘为辅导员的，在考核合格的前提下，原则上工作一年后定为正科级，四年后实绩特别突出的，根根据学校干部选拔办法，可定为副处级。任副处级后担任辅导员 10 年及以上，实绩特别突出的，根据学校干部选拔办法，可定为正处级。

（三）副处级辅导员任职 1 年以上，在学校选拔副处级实职岗位人选时，同等条件下可优先选用，经党委常委会研究，可直接确定为考察人选。

（四）从其他岗位转入辅导员队伍人员，其行政职级晋升，可按以上辅导员行政职级晋升规定执行，起始职级以转入时学校所认定为准，之后享受高一级行政职级待遇，所需年限按辅导员行政职级晋升两级之间年限差计算，学历以转入时为准。从辅导员队伍转出到其他管理岗位人员，行政职级待遇不变。我校保研辅导员研究生毕业后留校从事辅导员工作，其行政职级晋升比规定年限相应减少一年，但副科级待遇需工作一年后才能享受。

第十四条 学校把辅导员队伍作为党政后备干部的重要来源，建立机关干部从辅导员队伍中选拔的长效机制，在保证队伍相对稳定、专业化水平不断提高的基础上，有计划地向校内管理工作岗位选派或向校外组织部门推荐优秀辅导员。

第五章 管理与考核

第十五条 辅导员实行学校和学院双重领导，学校把辅导员队伍建设放在与学校教学、科研队伍建设同等重要位置，统筹规划，统一领导。党委学生工作部是学校管理辅导员队伍的职能部门，负责辅导员的招录、培养、培训和考核等工作，同时要与学院共同做好辅导员日常管理工作。党委组织部负责辅导员行政职级确定。人事处负责核定辅导员编制、辅导员专业技术职务评聘及相应经济待遇管理。学院要对辅导员进行直接领导和管理。

第十六条 辅导员工作的基本模式是横向带班，负责6～7个班级学生的思想政治教育和日常行为管理。辅导员工作安排应符合其职业功能，突出育人工作导向。

第十七条 学校按照专职辅导员数量人均不低于3000元标准设立辅导员队伍建设专项经费，列入学校年度预算。学校按照既定办法，保证北京市辅导员岗位津贴按时足额发放。

第十八条 学校根据辅导员职业能力标准，制订辅导员工作考核的具体办法，健全辅导员队伍的考核体系。辅导员的考核工作由学生工作部门牵头，组织人事部门、学院和学生共同参与。考核结果要与辅导员的职务聘任、奖惩、晋级等挂钩。

第十九条 学校对考核优秀、表现突出的辅导员授予“北京林业大学优秀辅导员”称号，并进行表彰奖励。推荐校级优秀辅导员参加“北京市优秀辅导员、十佳辅导员”“全国辅导员年度人物”评选，建立辅导员重大荣誉配套奖励机制，在全校范围内进行表彰宣传其先进事迹，充分肯定辅导员在学生培养中的贡献。

第二十条 对于不服从工作安排、未认真履行辅导员工作职责、因疏忽造成工作失误以及年度考核不合格的辅导员，学校将追究责任，并视具体情况给予扣发岗位补贴、当年不考虑晋职晋级、取消辅导员资格或进行行政处分等处理。对辅导员的处分，按照学校有关规定执行，应当做到程序规范、证据充分、处分适当。

第六章 附 则

第二十一条 本办法适用于我校辅导员队伍建设。我校大学生思想政治教育其他工作队伍建设可参照本办法执行。

第二十二条 本办法自颁布之日起施行。其他有关文件与本办法不一致的，以本办法为准。

中共北京林业大学委员会关于印发《落实党风廉政建设党委主体责任、纪委监督责任实施办法》的通知

北林党发〔2016〕16号

各单位：

现将《中共北京林业大学委员会关于落实党风廉政建设党委主体责任、纪委监督责任的实施办法》印发给你们，请认真贯彻落实。

附件：中共北京林业大学委员会关于落实党风廉政建设党委主体责任、纪委监督责任的实施办法

中共北京林业大学委员会

2016年6月20日

附件

中共北京林业大学委员会关于落实党风廉政建设党委主体责任、纪委监督责任的实施办法

为深入贯彻党的十八大、十八届三中、四中全会和习近平总书记系列重要讲话精神，落实党风廉政建设党委主体责任和纪委监督责任，根据《中国共产党章程》，按照《中共教育部党组关于落实党风廉政建设主体责任的实施意见》《中共教育部党组关于落实党风廉政建设监督责任的实施意见》和《中共北京市委关于落实党风廉政建设责任制党委主体责任和纪委监督责任

的意见》的要求，结合学校实际，制定本实施办法。

一、落实党风廉政建设主体责任和监督责任的总体要求

党的十八届三中全会指出，落实党风廉政建设责任制，党委负主体责任，纪委负监督责任，这是落实党要管党、从严治党，深入推进党风廉政建设和反腐败斗争的根本要求。全面落实“两个责任”是深化综合改革，促进学校科学发展的基本保障。学校各级党组织要深刻认识加强党风廉政建设和反腐败工作的政治意义，增强不抓党风廉政建设就是失职的意识，准确把握“两个责任”的基本内涵，把党风廉政建设作为党的建设工作的重要方面抓细、抓实。

学校党委是全校党风廉政建设和反腐败工作的责任主体，负有落实全面从严治党要求，贯彻落实中央和上级关于党风廉政建设和反腐败工作部署的职责，是把主体责任落实到党的建设和学校改革发展稳定各个方面，以及党风廉政建设决策和执行全过程的领导者、执行者、推动者。

学校纪委是党内监督专门机关，负有全面落实监督责任，协助学校党委加强党风廉政建设和组织协调反腐败工作的职责。主要任务是聚焦党风廉政建设和反腐败斗争中心任务，突出主业主责，转职能、转方式、转作风，切实履行监督、执纪、问责职责。

二、全面落实党委主体责任

（一）党委领导班子的集体责任

1. 加强组织领导。贯彻落实上级关于党风廉政建设的部署和要求，把学校党风廉政建设列入学校领导班子的议事日程和党政年度工作计划；定期听取党风廉政建设和反腐败工作情况汇报，分析党风廉政建设的新形势，研究制定党风廉政建设工作计划、目标要求和具体措施；每年召开专题研究党风廉政建设的党委常委会，组织召开党风廉政建设工作会议，布置党风廉政建设年度重点工作，并对工作任务进行责任分解，明确领导班子、领导干部在党风廉政建设中的职责分工；每年对校内各单位落实党风廉政建设责任制执行情况进行检查，确保各项工作任务落到实处。

2. 健全体制机制。进一步优化党风廉政建设领导体制和工作机制，完善以党委书记、校长为组长的学校贯彻落实党风廉政建设责任制领导小组职能，明确职责任务。健全党委议事决策制度，认真执行《北京林业大学“三重一大”决策制度》；落实校院两级领导干部廉政专题民主生活会，完善干部述职述廉制度、谈话制度、党政领导干部任期经济责任审计等制度；严格按规定做好党员领导干部报告个人有关事项工作；督促二级党组织切实履行主体责任，形成抓党风廉政建设的整体合力。

3. 选好用好干部。坚持党管干部原则，坚持正确用人导向，严格遵守《党政领导干部选拔任用工作条例》。深化干部人事制度改革，健全科学的选人用人机制，严格执行学校《党政领导干部选拔任用工作实施细则》《领导干部职务任期、交流和任职回避工作实施细则》等制度。强化党委在干部选拔任用中的作用和干部考察识别的责任，落实“一报告两评议”制度，坚决防止和纠正选人用人上的不正之风。

4. 抓好作风建设。严明党的“六大纪律”，深入贯彻落实中央八项规定精神，坚决纠正“四风”，巩固和拓展党的群众路线教育实践活动成果，树立持续整改、长期整改思想。严格落实学校改进工作作风、密切联系群众实施办法，改进文风、会风，严控“三公”经费支出，坚决查处公款吃喝、公款旅游、借婚丧嫁娶大肆敛财等损害群众利益的行为，改进党风政风、师德师风、教风学风，健全作风建设长效机制。

5. 领导和支持查办案件。认真贯彻落实中央关于反腐败体制机制改革的重大部署，领导、组织并支持纪检监察等执纪单位依纪依规履行职责，及时听取工作汇报，专题研究部署，做到有案必查、有腐必惩，始终保持严惩腐败的高压态势。重视纪检监察队伍的教育、培养和使用，严格要求、严格监督、严格管理、严格考核，不断提高纪检监察干部的责任意识、职业素养和能力水平。

6. 深入推进源头治理。深入落实《中共教育部党组关于深入推进高等学校惩治和预防腐败体系建设的意见》和北京市相关规定，健全惩治和预防腐败体系建设，依法治教，依法治校。深入开展党风廉政教育和警示教育活动，加强校园廉政文化建设，完善党风廉政建设制度体系，积极探索符合学校特点的反腐倡廉新思路、新举措，形成不敢腐、不能腐、不想腐的长效机制。

7. 强化权力制约和监督。建立健全决策权、执行权、监督权既相互制约又相互协调的权力结构和运行机制。完善学校内部治理结构，加快构建以学校章程为统领的制度体系，构建廉政风险防控体系。优化管理流程，坚持用制度管权管事管人，推进权力运行程序化和公开透明，深化党务、校务、信息公开，畅通群众监督和反映意见的渠道，推动阳光治校。强化权力监督，落实集体领导和分工负责、民主生活会、谈话和诫勉等监督制度，加强和改进对主要领导干部行使权力的制约和监督。

（二）党委领导班子成员的个人责任

1. 学校党政主要领导履行第一责任人职责。学校党委书记、校长是学校党风廉政建设和反腐败工作第一责任人，当好廉洁自律表率，切实管好班子、带好队伍，坚持原则、敢抓敢管，坚持对学校党风廉政建设和反腐败重要工作亲自部署、重大问题亲自过问、重点环节亲自协调、重要案件亲自督办，督促领导班子成员履行好党风廉政建设主体责任。

2. 学校领导班子副职履行“一岗双责”责任。学校领导班子其他成员根据工作分工，认真履行“一岗双责”责任，定期研究、布置、检查和报告分管范围内的党风廉政建设工作情况，把党风廉政建设要求融入到分管业务中，完善制度规定，加强风险防控。

3. 切实加强督促检查。校领导班子成员要加强对分管部门、分管领域，联系院系的党员干部经常性教育管理和检查督促，分解细化廉政责任，形成责任传导机制。

4. 定期接待来信来访。完善信访机制，坚持执行“校领导接待日”制度，认真处理群众来信来访，切实解决师生反映强烈的热点难点问题。

5. 做清正廉洁的表率。学校领导班子成员要带头遵守党纪国法，严格执行廉洁从政和改进作风的各项规定，践行“三严三实”要求，坚持以身作则，不以权谋私，管好自己，管好亲属和身边工作人员，自觉接受组织和群众的监督，树立清正廉洁的良好形象。

（三）各二级单位主体责任

各二级单位要按照学校党委要求制定党风廉政建设工作计划，抓好对广大党员干部的教育管理和监督，强化领导干部作风建设，建立健全内部管理制度，认真执行“三重一大”决策制度，深入推进廉政风险防控管理工作。

各二级单位主要负责人是本单位党风廉政建设和反腐败工作第一责任人，履行职责范围内党风廉政建设和反腐败工作第一责任人责任。领导班子其他成员根据工作分工，承担其分管范围内的党风廉政建设责任。行政主要负责人为非中共党员的，对职责范围内的廉政建设和反腐败工作负第一责任人责任。

三、全面落实纪委监督责任

1. 协助校党委抓好党风廉政建设和反腐败工作。及时向学校党委报告上级纪委关于党风廉政建设和反腐败工作的决策部署，提出党风廉政建设和反腐败工作的建议。在学校党委的统一领导下，协助、督促校党委研究党风廉政建设和反腐败工作重要问题。协助校党委抓好党风廉政建设和反腐败工作任务分解和责任落实，督促检查相关部门落实惩治和预防腐败工作。督促党委书记、校长履行党风廉政建设和反腐败工作第一责任人职责，督促领导班子成员坚持“一岗双责”，根据分工抓好职责范围内的党风廉政建设和反腐败工作。督促各二级单位负责人履行主体责任，加强业务监管，落实“一岗双责”，切实解决党风廉政建设和反腐败工作中的突出问题，发挥反腐败组织协调作用。

2. 维护党的纪律。维护党章和其他党内法规，检查党的路线、方针、政策、决议和中央重大决策部署贯彻落实情况，加强对学校党委重大决策部署贯彻落实情况的监督检查，确保政令畅通。依纪依法严格审查和处置违反党纪政纪、涉嫌违法的行为。认真受理涉及党员、党组织及行政监察对象的检举、控告和申诉，保障党员的权利，维护纪律的严肃性、权威性。

3. 加强党内监督。对学校各级领导班子及其成员落实党风廉政建设责任制、民主集中制和“三重一大”决策制度等情况进行监督。重点监督执行党的“六大纪律”和作风建设、廉政勤政等情况。强化对各级领导班子主要负责同志、重要岗位干部的监督。

4. 深化作风督查。加强对中央八项规定精神落实情况的监督，严肃查处违反中央八项规定精神的问题。持之以恒纠正“四风”，督促解决群众反映强烈的问题。严格执行党中央、教育部党组、北京市委的有关规定，督促主责部门健全完善解决“四风”问题的各项制度，强化对领导干部办公用房、公务用车、公务接待、兼职兼薪、因公因私出国(境)等执行情况的监督。

5. 严肃办信办案。坚持有信必办、有案必查、有腐必惩，重点查处党的十八大以后不收敛不收手，问题线索反映集中、群众反映强烈的领导干部。严肃查办领导干部违反“六大纪律”的行为，严肃查处滥用权力违反程序选拔任用干部、干预职称评定、违规招生等问题，严肃查处利用职权插手基建后勤、科研项目、所属企业、招标采购等领域的问题。加大惩戒力度，严格责任追究，实施“一案双查”，对发生重大腐败案件和不正之风长期滋生蔓延的单位，既要追究当事人责任，又要追究相关领导责任，特别是主要负责人的责任。

6. 强化监督执纪问责。强化监督和执纪职能，突出对各级领导班子和领导干部特别是一把手履行主体责任的监督，突出对重点部位和关键环节内部监督的再监督，突出对权力的制约和监督。强化问责职能，按照有关规定，对领导干部在工作中违反规定或未能履行相关规定职责的予以问责，严肃责任追究。

四、实行严格的责任追究制度

对发生重大腐败案件和严重不正之风的校内各单位，进行责任追究。

(一)责任追究的情形

1. 对学校和上级主管部门交办的党风廉政建设事项不传达、不部署、不落实；

2. 发生腐败窝案、串案，或在短期内连续发生重大腐败案件；

3. 在本单位领导班子成员中，届期内发生多起腐败案件；

4. 发生严重违反中央八项规定精神和违反学校相关规定的问题；

5. 发生严重损害群众利益的问题，引发群体性事件或在社会上造成恶劣影响；

6. 发生严重违反《党政领导干部选拔任用工作条例》的问题，或在选人用人上发生严重不正之风，以及拉票、贿选问题；

7. 发生对违纪违法问题不制止、不查处、不报告以及执纪不严的问题；

8. 发生其他严重违反党风廉政建设责任制的问题。

(二)责任追究的程序

1. 调查。对发生责任追究情形的部门和单位，由校纪委向校党委提出启动责任追究程序的建议，按照违反党纪政纪案件的调查处理程序办理。

2. 处理。经调查，需要给予纪律处分的，由校纪委按照党内审查审批程序办理；需要给予组织处理的，按照干部管理权限由组织人事部门办理。

(三)责任追究的方式

1. 对领导班子的责任追究。情节较轻的，责令作出书面检查；情节较重的，给予通报批评；情节严重的，进行调整处理。

2. 对领导干部的责任追究。情节较轻的，给予批评教育、诫勉谈话，责令作出书面检查；情节较重的，给予通报批评；情节严重的，给予党纪政纪处分或组织处理。

五、落实党风廉政建设主体责任和监督责任的保障措施

(一)健全工作机制

完善党风廉政建设的领导工作机制，建立健全责任分解和落实机制，建立上下贯通、层层负责的责任体系，形成一级抓一级、层层抓落实的工作格局。学校贯彻落实党风廉政建设责任制领导小组负责组织落实学校党委的决策部署，检查考核学校各二级单位党风廉政建设责任制的执行情况。落实党委主体责任的日常工作由党政办公室负责，落实监督责任的日常工作由纪委办公室、监察处负责。

(二)落实工作制度

1.“两个责任”报告制度。严格执行定期报告制度、处置反馈制度等。学校党委定期向上级党委和纪委报告履行党风廉政建设主体责任的情况。学校纪委定期向学校党委和上级纪委报告履行党风廉政建设监督责任情况。校内各二级单位每年年底向学校贯彻落实党风廉政建设责任制领导小组报告本单位党风廉政建设工作情况。

2. 工作约谈制度。对党风廉政建设工作存在问题较多、师生来信来访反映较多、民主测评满意度较低的单位，由学校党委、学校纪委负责人约谈相关单位领导干部，督促解决苗头性倾向性问题。

3. 谈话提醒制度。学校党委根据有关规定对相关党员领导干部进行提醒谈话，对新提任的处级干部开展集体谈话；各分党委（职能处、部）对新提任的科级干部开展任前谈话；对反映有违纪违规行为的干部，按规定进行调查核实，并及时开展诫勉谈话工作。

4. 约束监督制度。对纪检监察干部严格要求、严格教育、严格管理、严格监督，进一步规范信访举报处置权、案件检查权、定性量纪权、执纪监督权的行使，改进工作方式方法，做到敢于监督、善于监督又自觉接受监督。

（三）加强检查考核

根据《中共北京林业大学委员会贯彻中共中央、国务院〈关于实行党风廉政建设责任制的规定〉的实施办法》《党风廉政建设重点工作及任务分工》，每年学校贯彻落实党风廉政建设责任制领导小组对各单位落实党风廉政建设责任制情况进行检查，不定期进行考核、评优，把落实主体责任作为检查考核的重点内容，及时通报检查考核情况，对存在问题的单位限期整改，对表现出色的单位予以表彰。

学校与全校各二级单位签署党风廉政建设责任书，对不履行或不正确履行党风廉政建设主体责任或监督责任，导致不正之风长期滋长蔓延，或出现腐败问题而不制止、不查处、不报告的，实行责任倒查追究，既要追究第一责任人的责任，又要追究主管领导的责任，还要追究参与决策的相关领导干部的责任。

（四）抓好廉政宣传教育

不断完善反腐倡廉“大宣教”工作格局，扎实开展理想信念、社会主义核心价值观、党性党风党纪和廉洁从政教育。校领导班子成员要带头讲好廉政党课，组织党员、领导干部学习党风廉政建设理论和法规制度，增强党员干部的廉洁自律和遵纪守法意识。要通过新媒体、新技术创新廉政教育方式方法，在师生员工中开展多种形式的廉政文化宣传教育活动，营造以廉为荣、以贪为耻的良好氛围。

中共北京林业大学委员会关于组织开展深入学习李保国同志先进事迹的通知

北林党发〔2016〕22号

各单位：

最近，中央组织部、中央宣传部、教育部党组联合印发《通知》，要求各级党组织认真学习贯彻习近平总书记重要批示精神，广泛开展向李保国同志学习活动。为了深入贯彻落实习近平总书记重要批示和上级有关通知精神，在我校迅速掀起向李保国同志学习的热潮，现通知如下。

一、迅速掀起学习热潮

李保国同志的先进事迹感人至深，为师生员工树立了新的标杆标准和学习榜样。我校各级党组织要将学习宣传纳入“两学一做”学习教育整体安排。把李保国同志等先进典型作为“两学一做”学习教育的鲜活教材，迅速掀起学习热潮。各级党组织都要高度重视、精心部署、科学组织学习活动。校党委带头深入学习领会习近平总书记重要批示精神，组织全校各级党组织做好学习宣传教育引导工作。各二级单位党组织要以“面向林业和生态文明、服务小康社会建设和扶贫攻坚，推进教学科研改革”为主题，深入学习李保国同志先进事迹，研讨教学科研改革举措。全校教师党支部要以“向李保国同志学习，做新时期好党员好教师”为主题，深入研究讨论向李保国同志学什么做什么。依托“三会一课”，利用好政治理论学习时间，开展丰富多彩的学习活动。

二、注重弘扬优良传统

教学科研与生产实践结合是我校长期形成的优良办学传统，曾被中央领导批示称赞为“把论文写在大地上”，涌现出了大批先进典型。各级党组织要将学习宣传李保国同志先进事迹，与传承弘扬我校优良传统作风紧密结合起来。结合建党95周年、教师节等重要时间节点，进一步挖掘我校的先进事迹、典型做法，加大对优秀典型的宣传力度，引导广大党员教师做"四讲四有"合格共产党员、"四有"好教师和李保国式的优秀党员、教师。

三、注重加强教育引导

要积极组织学习会、讨论会、座谈会等多种学习活动，教育引导广大教师发扬愚公移山和钉钉子精神，进一步端正教学科研指导思想，面向农村基层第一线，面向林业和生态文明主战场，面向小康社会建设和扶贫攻坚最前沿，把更多更精彩论文写在祖国大地上；教育引导青年学生牢固树立为祖国和人民服务的志向抱负，以国家建设需要、基层群众生产实践需要为自己的第一追求，走与人民群众和生产实践相结合的成长成才道路，扎根基层建功立业；各级党员干部要联系工作实际和思想实际，身体力行，率先垂范，切实发挥好模范带头作用。

四、注重增强学习成效

各基层党组织要充分认识开展学习习总书记重要批示精神和学习宣传李保国同志先进事迹活动的重要意义，加强对学习活动的组织领导，严格要求不走过场。要立足实际，精心设计，突出活动特色，切实增强活动的针对性和实效性，力使活动收到明显成效；要充分利用校报、新闻网、广播、橱窗、微博、微信等校园媒体，通过征文、演讲、微视频大赛等形式，把学习活动引向深入。全校党员干部、师生员工要切实把学习李保国同志先进事迹转化为实际行动，为把我校建设成为国际知名、特色鲜明、高水平研究型大学而努力奋斗。

中共北京林业大学委员会
2016年6月29日

中共北京林业大学委员会关于印发纪念红军长征胜利80周年工作方案的通知

北林党发〔2016〕28号

各单位：

今年是中国工农红军长征胜利80周年。根据上级有关文件精神，学校结合实际开展系列纪念活动，现将工作方案印发给你们，请各单位认真贯彻落实。

附件：北京林业大学纪念红军长征胜利80周年工作方案

中共北京林业大学委员会
2016年9月30日

附件

北京林业大学纪念红军长征胜利80周年工作方案

一、开展主题党日活动。党委组织部、党校印发《关于在学校基层党支部开展纪念红军长征胜利80周年主题党日活动的通知》。要求各基层党支部以"弘扬长征精神，继承红色基因"为主题，举办演讲比赛、红色影片观赏、学唱红色经典歌曲、讲英雄故事等形式多样的教育活动。

二、开展主题教育实践活动。党校举办"弘扬长征精神，争做合格党员"主题演讲比赛。党委研工部开展重走长征路"百名博士老区行"科技服务活动及"知国情、体民情、察林情"研究生创新实践教育活动；开展"我眼中的红军长征"演讲比赛；开展"弘扬长征精神做合格研究生"党建沙龙系列活动和主题班日活动；邀请老红军后代来校做专题报告。党委学工部组织基层班级开展学习实践、志愿服务、知识竞赛等形式多样的主题班日活动，纪念红军长征胜利80周年。

三、开展文艺纪念活动。校团委举办纪念红

军长征胜利80周年暨建校64周年专场音乐会。

四、营造浓厚的纪念活动氛围。党委宣传部充分利用宣传橱窗、新闻网、广播台、微博、微信等各类校园媒体和宣传阵地，加大宣传力度，把握正确的舆论导向，积极营造浓郁的舆论氛围。宣传橱窗、新闻网、广播台、微博、微信等开设"纪念红军长征胜利80周年"专题、专栏，集中刊发纪念文章、相关图片和资料，播出电视专题片和视频资料。大力宣传学校各单位开展纪念活动的情况。

五、党委组织部、党校、党委研工部、党委学工部、校团委等部门组织师生参观纪念红军长征胜利80周年主题展览。

六、各二级单位党组织做好组织师生员工收看纪念红军长征胜利80周年大会工作，其中学生党员和入党积极分子采取集中收看的方式。

七、各二级单位党组织认真组织师生员工深入学习贯彻习近平总书记在纪念红军长征胜利80周年大会上的重要讲话精神。

八、党委宣传部召开学习习近平总书记在纪念红军长征胜利80周年大会上的重要讲话座谈会。

九、各学院(部)结合本单位实际，制定纪念红军长征胜利80周年工作方案，开展主题鲜明、各具特色的纪念活动。马克思主义学院围绕"铭记历史壮举，弘扬长征精神"主题，深入开展理论研究阐释。

中共北京林业大学委员会关于印发《认真学习贯彻党的十八届六中全会精神总体方案》的通知

北林党发〔2016〕33号

各单位：

党的十八届六中全会是在我国进入全面建成小康社会决胜阶段召开的一次十分重要的会议。10月28日教育部党组书记、部长陈宝生同志来信对学校党委学习、宣传、贯彻六中全会精神提出四项要求。

学习好、宣传好、贯彻好党的十八届六中全会精神，是学校当前和今后一个时期的重大政治任务；全面落实陈宝生部长来信精神和四项要求，是学校党委重大政治责任。按照教育部党组、北京市委相关文件精神，制定总体方案如下：

一、总体要求

1. 把握学习重点。学习宣传注意把握以下重点内容：深入学习领会党的十八届六中全会的重大意义，深入学习领会习近平总书记在全会上的重要讲话精神，紧密团结在以习近平同志为核心的党中央周围，准确把握《关于新形势下党内政治生活的若干准则》的基本精神以及《中国共产党党内监督条例》的基本要求，营造良好氛围迎接党的十九大胜利召开。

2. 强化责任担当。全校各级党组织要切实承担主体责任和第一责任，坚定不移维护党中央权威，坚决带头执行《准则》和《条例》，抓好六中全会精神的学习、宣传、贯彻落实的各项任务。纪委要切实履行监督执纪问责职责。全体党员要切实履行党员义务，进一步增强"四个意识"，特别是核心意识、看齐意识，自觉在思想上行动上与党中央保持高度一致，争做"四讲四有"合格党员。

3. 统筹协调推进。把学习、宣传、贯彻六中全会精神与学习宣传党中央治国理政新理念新思想新战略紧密结合，与落实巡视整改各项任务紧密结合，与推进学校改革发展稳定各项工作紧密结合，与落实从严治校、从严治学和完善学校治理体系、提升治理能力目标要求紧密结合，切实加强党的领导，加强和改进党的建设，全面推进从严治党。

二、主要任务

(一)深入学习领会六中全会精神，营造学习宣传贯彻浓厚氛围

1. 将深入学习领会六中全会精神纳入"两学一做"学习教育重要内容。召开"两学一做"学习教育推进会。组织党支部以"三会一课"形式全面学习习近平总书记在全会上的重要讲话精神，学习六中全会公报以及《准则》《条例》；组织开

展“讲政治、守规矩”专题研讨；以“两学一做”学习教育和增强“四个意识”为主题，召开专题民主生活会和组织生活会。遴选、展示基层党支部学习贯彻全会精神的典型案例和组织风采。组织“党员合格标准”和“党支部合格标准”大讨论，凝练形成《教师党员合格标准》《学生党员合格标准》《党支部合格标准》。（责任单位：“两学一做”学习教育协调小组办公室）

2. 分层分类学习研讨。党委常委会、党委全委会，以及纪委全委会、党委理论中心组分别组织专题学习。党校将六中全会精神纳入党员干部教育培训各班次和党校教学内容。面向离退休老同志、民主党派和无党派人士、教代会代表召开学习座谈会、情况通报会。依托“青马”班、“树人”学校等开展学生骨干学习教育活动。面向广大学生开展多种形式学习宣传教育活动，组织“学习六中全会精神，践行社会主义核心价值观”主题班会、团日活动。（责任单位：宣传部、党政办、纪委、党校、统战部、离退休处、工会、学工部、研工部、团委）

3. 组织理论宣讲。组织“两学一做”暨党的十八届六中全会精神思政课教师宣讲团深入各级党组织开展理论宣讲，引导广大师生深入学习六中全会的精神实质和基本要求，学习以习近平同志为核心的党中央治国理政新理念新思想新战略的时代背景、理论渊源、重大意义、核心要义、精神实质、主要内容和科学内涵等，进一步增强师生“四个自信”和“四个意识”。（责任单位：马克思主义学院）

4. 加强舆论引导。充分利用新闻网、宣传橱窗、校报、微博微信等校园媒体和宣传阵地，开辟“学习贯彻党的十八届六中全会精神”专栏、专题和专版，及时报道学习动态，采编报道一批基层党支部书记学习体会，推广党内经常性学习教育的有益探索，充分反映各部门贯彻落实全会精神的具体举措和实际行动。二级单位党组织通过自有媒体对学习贯彻活动进行宣传报道。（责任单位：宣传部）

（二）深入贯彻落实《准则》《条例》基本要求，健全从严治党长效机制

5. 落实巡视整改和自查自改任务。结合教育部党组巡视组对我校开展的巡视工作，对反馈意见做到立行立改、即知即改。组织党内监督执行情况自查自改，围绕党风廉政建设责任制执行情况、“三重一大”等规章制度建设和执行情况，全面查找、整改党的领导弱化、党的建设缺失、全面从严治党不力，党的观念淡漠、组织涣散、纪律松弛，管党治党宽松软等问题。（责任单位：党政办、纪委、组织部）

6. 构建“三个体系、一个规范”党内监督机制。构建覆盖全部用权行为的权力监督体系；构建履职责任体系，制定每个岗位任职标准，出台干部履职责任清单、负面清单；构建责任追究体系，制定失职失责行为鉴定标准、追究程序、处分办法；制定各级干部行使权力的行为规范，扎紧制度笼子。对照党章党规党纪，建立学校党内监督制度体系框架。（责任单位：党政办、纪委、组织部、人事处）

7. 加强基层党组织建设。规范基层党组织党内政治生活，严格党员组织关系管理，规范党费缴纳工作，严肃稳妥处理不合格党员。坚持“三会一课”制度，探索符合学校实际的党课新形式，总结推广“三会一课”模式创新理论成果、实践成果。持续推进基层党建工作述职评议。推进质量建党试点工作，实施“教师党支部组织生活质量提升计划”，制定《关于加强和改进教师党支部建设的意见》，明确工作职责，加强激励约束。（责任单位：组织部、党校）

8. 加强干部选拔、任用、管理工作。以六中全会精神做好干部任期聘任、选拔工作，强化忠诚、干净、担当的选人用人导向，强化党组织的领导和把关作用，落实民主集中制，落实干部选拔任用工作纪实制度。完善干部综合考核评价体系，制定出台《关于从严管理干部实施办法》《关于对领导干部进行提醒、函询和诫勉实施细则》，完善领导干部任期制度，轮岗交流制度，离任交接、审计制度，重要情况和个人有关事项报告制度，进一步做好干部的过程管理和动态监督。（责任单位：组织部、纪委）

（三）推进改革发展稳定重点工作，为迎接党的十九大胜利召开营造良好氛围

9. 筹备召开学校第十一次党员代表大会。以党的十八大以及十八届三中、四中、五中、六中全会精神为统领，全面总结学校改革发展的规律认识、梳理战略任务、明确改革发展的目标举措任务，统一思想，凝聚力量，扎实推进改革发

展稳定各项工作。（责任单位：党员代表大会筹备工作组）

10. 落细落实学校《意识形态工作责任制实施细则》。探索建立意识形态研判追责体制机制，加强对重点人的教育、管理，特别是潜在重点人的教育引导和转化。推动实施相关改革试点工作。（责任单位：宣传部、学工部、研工部，各二级单位党组织）

11. 加强思想文化阵地管理。严格执行哲学社会科学报告会、研讨会、讲座、论坛管理制度。召开学生社团建设推进会，加强对学生社团指导力度。防范境外敌对势力等的反宣渗透。（责任单位：宣传部、保卫部、研工部、学工部、团委，各二级单位党组织）

12. 建立应急处突快速反应机制。组织开展安全稳定责任和安全隐患排查工作落实情况的监督检查。修订和完善《学校突发事件应急处置预案》，开展相关培训和演练。完善学校心理危机预防与干预体系，降低心理危机事件发生概率。完善突发事件信息报送机制。（责任单位：党政办、保卫部、学工部、研工部）

三、具体安排

1. 细化落实方案。各责任单位要细化各项任务具体实施方案。各二级单位党组织要按照学校党委总体要求和各项具体任务安排，结合实际制定具体实施方案。实施方案及工作进展情况一周内报党政办公室，党委分管领导听取汇报、审定方案。

2. 把握节奏效果。结合中央、部党组关于学习贯彻六中全会精神总体部署安排，教育部巡视我校工作进度，以及学校党代会筹备相关重要时间节点，有序、有效、有力推进各项工作任务，寒假前要迅速形成学习宣传浓厚氛围，寒假后要在长效机制上见行动、见初步成果，确保工作实效。

3. 加强指导监督。校党委领导班子成员要专题听取分管领域、分管单位关于学习贯彻全会精神、深入推进“两学一做”学习教育工作汇报，指导所联系的基层党组织有质量地推进各项任务。各部门、二级单位党组织要加强对相关领域、下属组织的指导、督促和检查。贯彻落实工作纳入年底党建述职考评内容。校党委组建督导组，检查指导任务落实情况。

中共北京林业大学委员会
2016 年 12 月 1 日

核发重要文件选编
北京林业大学关于开展庆祝 2016 年“三八”国际劳动妇女节系列活动的通知

北林校发〔2016〕3 号

各单位：

为隆重纪念“三八”国际劳动妇女节 106 周年，进一步团结和动员全校女教职员工为学校发展做出更大的贡献，学校决定开展庆祝 2016 年“三八”国际劳动妇女节系列活动，现将有关事宜通知如下。

一、做好庆祝、表彰、慰问和座谈等工作

节日期间，学校将开展系列庆祝活动：评选、表彰“三八”红旗标兵、“三八”红旗奖章；向全校女教职员工致信祝贺节日；发送个性化祝福短信；走访慰问一线、离退休和生病女教职员工。

各单位要结合自身实际情况开展相应的庆祝、表彰、慰问和座谈等活动。各学院（部）要组织 1 次女教职员工座谈会，同时表彰一批先进。各单位要通过丰富多彩的活动，表达对女教职员工的祝福和问候，营造尊重女教职员工的良好风尚，引导她们为学校的发展做出新的更大贡献。

二、评选、表彰“三八”红旗标兵、“三八”红旗奖章活动

（一）评选活动宗旨

大力宣传和表彰为学校发展做出贡献、为学校争得荣誉、在工作中取得优异成绩的女教职员工，展示她们爱岗敬业、勤奋努力的精神风貌，引导全校女教职工向她们学习，做“自尊、自信、自立、自强”的新女性。

（二）评选范围和要求

在教学、科研、管理、后勤服务工作1年以上的女教职员工，工作成绩突出。同等条件下，2014年1月至2016年1月获得国家级、省部级、北京市级荣誉称号的女教职员工优先。

（三）评选条件

1. 全面贯彻落实党的教育方针，忠诚教育事业，积极投身学校的各项工作，具有良好的职业道德和敬业精神，工作表现突出，在群众中有一定的威信；

2. 认真完成教育教学工作任务，在教学改革和提高教学质量方面有较突出的成绩，教育思想端正，关心学生全面成长，为人师表、教书育人，在人才培养方面有较大贡献；

3. 在科学研究、社会服务等方面做出突出贡献；

4. 在管理、后勤服务和产业创收等方面任劳任怨，成绩显著，受到群众一致好评。

（四）奖励名额及评审办法

按照优秀率占女教职员工总人数5%的比例决定各单位推荐名额（各单位推荐名额见附件1）。“三八”红旗标兵、“三八”红旗奖章由各单位评比后上报候选人，学校组织候选人进行答辩，由校领导和相关职能部门负责人组成的评审小组进行评审，经评审小组会议投票评选出20人。其中，排名前10名获得“三八”红旗标兵荣誉称号，其余10名获得“三八”红旗奖章荣誉称号。学校将对评选出的“三八”红旗标兵、“三八”红旗奖章的先进事迹进行表彰和宣传。

（五）具体要求

1. 评选、表彰“三八”红旗标兵、“三八”红旗奖章活动是一项严肃认真的工作，各单位须认真组织好评选。

2. 评选过程要严格掌握条件，充分发扬民主，认真听取广大女教职员工意见，做到优中选优。

3. 请各单位于3月2日（周三）下班前，将候选人名单报党政办综合科（行政楼101，电话：62338279）。

4.“三八”红旗标兵、“三八”红旗奖章候选人答辩会于3月4日（周五）14:00在行政楼第一会议室召开，请候选人准时参加答辩，同时将登记表（见附件2）及答辩材料一并上报。

5. 橱窗宣传材料上交时间及要求：请各单位于3月2日（周三）下班前上交相关材料。“三八”红旗标兵、“三八”红旗奖章候选人需提交一张横版生活照及300字以内的文字材料（姓名、单位、工作中最突出的成绩、重要奖项等）。材料以纸质版和电子版提交党政办综合科，电子邮箱地址 dangzhengban@ bjfu. edu. cn，照片像素要求在3M以上。

（六）表彰大会

1. 时间：3月8日（星期二）14:00；地点：图书馆五层报告厅。

2. 参会人员及要求：参会人员包括校领导，各职能部门、各学院负责人，教代会执委、工会委员，女教职员工代表，获奖的女教职员工。参会男士着正装，获奖人员着节日盛装。

附件：1.“三八”红旗标兵、“三八”红旗奖章推荐名额分配表（略）

2.“三八”红旗标兵、“三八”红旗奖章候选人登记表（略）

北京林业大学

2016年2月23日

北京林业大学关于做好2016年就业创业工作的通知

北林校发〔2016〕11号

各单位：

为贯彻落实党的十八届五中全会精神，按照《国务院关于进一步做好新形势下就业创业工作的意见》（国发〔2015〕23号）和《教育部关于做好2016届全国普通高等学校毕业生就业创业工作的通知》（教学〔2015〕12号）等文件要求，不断改进就业创业工作的理念和方式，进一步提升就业创业服务能力，全面推进我校就业创业工作快速发展，现就做好2016年就业创业工作通知如下：

一、全面加强大学生创新创业教育工作

（一）强化大学生创新创业教育指导委员会的工作职能。充分发挥大学生创新创业教育指导委员会的主导作用，统领全校各相关部门积极参与、相互配合开展创新创业教育活动。指导委员会每学期召开一次联席会议，建立信息共享制度，通过加强组织领导，统筹规划，精心组织，指导实施，把开展创新创业活动的各项工作落到实处，形成各部门共同配合，全体教职员工和学生积极参与的领导体制和工作机制。加强大学生创业教育指导办公室建设，具体负责全校创业教育工作的沟通协调和资源整合。

各学院要加强对创新创业教育工作重要性的认识，组织成立大学生创新创业活动领导小组，为学生的创新创业活动提供强有力的支持。继续发挥部分学院和专业的行业优势，加大力度推进“创新、创业、创意”服务机构的建设工作，在全校范围内营造良好的创新创业氛围。

（二）丰富创新创业课程的教学模式。要把创新创业教育有效纳入教育教学计划和学分体系，在开设必修课和选修课同时，采用网络课程，集中培训、个体辅导等多种方式，建立多层次、立体化的创新创业教育课程体系，并设立创新创业实践学分，推行学生参加创新创业活动学分认定制度。改革教学方法，突出学生的主体地位，开办创业教育实验班，举办创新创业实践实训活动，培养学生的创业意识，增强学生的创业体验，使学生更好地掌握创新创业知识和创业技能。

（三）加强创新创业课外活动的组织与实施。相关部门协同，广泛开展各类创新创业竞赛、社会实践活动、学生社团等活动。打造北京林业大学大学生创业大赛，优秀校友初创企业评选，创业沙龙等精品活动，注重宣传推广，树立品牌效应。通过多样化的创新创业实践活动，实现不同专业、不同年级学生的交流，形成浓郁的创新创业文化氛围。

开展学生创业团队创新创业项目立项答辩，选拔优秀创新创业项目，支持学生自主开展创新创业实践，促进学生创新创业团体的沟通和交流。依托北京林业大学创新创业暑期社会实践基地，开展暑期创业实践体验活动，培养学生创新精神，激发学生创业兴趣，提升学生创新能力。

（四）加强创新创业教育师资队伍建设。做好校院两级就业专职人员的培训工作，引导就业指导专职人员积极开展创新创业教育方面的理论、课题和案例研究，定期组织就业专职人员参加实训和交流，不断提高就业专职人员指导学生创新创业实践的水平。聘请企业家、创业成功人士、专家学者等作为兼职创新创业教师，建立一支专兼结合的高素质创新创业教育教师队伍。

继续发挥北京林业大学就业创业教育研究会邹秀峰工作室在创业指导方面的优势，做好创业沙龙、创业讲堂、创业辅导、创业帮扶等工作。学校要建立奖励机制和保障政策，从教学考核、培训培养、经费支持等方面给予倾斜支持，激发专兼职创新创业教师的工作热情。

（五）加强学生自主创业扶持体系建设。要加大创新创业教育专项资金投入，将创新创业教育所需经费纳入学校年度预算，同时通过学校投入、社会捐助的方式，建立大学生创新创业教育基金，用于支持学生团队的创新创业实践，扶持重点创业项目，为大学生创业实践和成果孵化提供资金支持。

建立大学生创业项目、创业团队动态数据库，对有创业意愿，或者已经投入实践的创业项目定期进行追踪和调查。依托学校国家大学科技园，开展大学生优秀创业项目支持行动，为创业大学生提供政策指导、创业培训、项目开发、融资服务、孵化扶持等“一条龙”服务。

（六）加强创新创业成果总结和展示工作。要做好创新创业成果展示和管理工作，继续整合校内资源，增加空间的使用功能，利用学研中心、图书馆、东办公楼等创业教育公用空间，做好学校创新创业工作展示区域、创新创业工作成果陈列区域、优秀创新创业团队展示区域、自主研发产品和创意产品展示区域的升级改造，依托场地资源举办各类展览展示和创新创业主题活动，引导广大同学关注创业教育、展现创业本领、感受创业氛围，搭建学生创新创业项目展示平台，为大学生创新创业活动提供必要的场所支持。创造条件，为学生创业团队和企业开展经营活动提供帮助。

二、全面提升就业市场拓展力度和招聘服务水平

（七）开展三项计划，积极占领主流就业市场。大力加强就业市场拓展工作，从国家生态文明建设和学校发展的大局设定工作方式和目标，立足长远，着眼未来。一是开展"推优计划"，加强与各省人才管理部门的沟通联络，收集各省市地区人才引进相关信息，推荐优秀人才进入党政机关和重点事业单位。二是开展"爱林计划"，积极与国家林业局和各地方林业主管系统沟通，在人才招考工作中，选聘条件设置向林业相关专业倾斜，推动毕业生进入林业系统就业。三是开展"精英计划"，与重点林业企业和就业实践基地建立更加紧密的合作关系，通过有计划的实习实践活动，增强学校与重点企业之间的互动，同时加强毕业生后续成长的关注，培养我校在主流行业内的骨干力量。

（八）围绕京津冀协同发展，拓展北京周边区域就业市场。要抓住京津冀协同发展的大好机遇，结合我校在生态文明建设中的特殊地位，利用好教师与校友、行业协会、人事部门、媒体四类资源，进一步加强与北京周边地区的主流行业和重点单位的联络。要继续加强就业实践基地建设工作，挖掘与就业实践基地合作的深度和广度，整合京津冀地区的市场资源，优化招聘服务，组织京津冀企业专场招聘会。

（九）继续做好各类基层就业项目。做好基层就业的宣传引导工作。继续做好"三支一扶""西部计划""大学生村官"等基层项目的宣传工作，根据毕业生求职需求，分时段、分类别推送基层就业、自主创业、参军入伍、困难帮扶等政策措施。加大对各类型基层就业的奖励和表彰工作，开展北京林业大学基层就业宣传月暨北京市"大学生村官"工作十年回顾活动，联合校友会和校团委等部门对已经在基层就业的优秀校友进行报道，增加对基层就业的毕业生关注度，营造"到西部去、到基层去、到祖国和人民需要地方去"的良好就业氛围。

开展大学征兵宣传工作。学校征兵工作负责部门要及早部署2016年高校学生征兵工作。学校就业部门和学院要配合做好"网上咨询周""征兵宣传月"等活动，对大学新生、在校生、毕业生等不同群体开展有针对性的宣传动员，加大力度做好大学生士兵具体优惠政策的宣传，确保高校学生征兵数量和质量进一步提高。

（十）做好引导毕业生到中小微企业就业的宣传动员工作。结合我校的特色和中小微企业特点，组织中小微企业集中开展校园招聘活动，引导毕业生到中小微企业就业。关心到中小微企业等基层就业毕业生的成长和发展，通过跟踪服务、定期回访等方式，帮助毕业生们解决工作和学习上的困难和问题，让他们切实感受到组织的温暖和关心。

（十一）优化招聘服务平台，提高招聘会组织和接待能力。继续落实就业工作标准化精细化，优化招聘服务标准，提升招聘服务的接待能力。利用就业创业信息网，以就业大数据为出发点，整合用人单位数据，建立优质企业库，做好用人单位需求细分，通过需求分析，有效实现人性化的招聘服务，实现招聘会数量和质量的双提升。

三、全面提升就业指导精准服务能力

（十二）利用手机等移动终端，推进就业信息精准化服务。要充分利用"互联网＋"技术，加大移动终端信息平台建设力度，实现PC端与手机端无缝对接，将毕业生的求职意愿与用人单位岗位相对接，实现供需匹配智能化。校院两级要做好就业创业有关微信公众订阅号的维护工作，及时发布招聘信息、就业政策及指导活动等内容，开通智能终端在线互动咨询功能，实现就业信息服务精准化。

要实现就业信息平台与手机微信平台无缝对接。企业可在电脑端或手机端开展报名参加学校招聘活动，查看学生简历，预约学生面试等工作。实现招聘服务平台小型化、多样化、智能化，为企业提供更多便捷的招聘服务。

（十三）丰富就业指导活动方式。结合90后学生特点，升级活动形式，丰富活动内容。积极开展各类培训、课程、咨询、竞赛、实践、讲座等活动。打造品牌活动，开展生涯培训班、职场训练营。开展就业指导月、职业生涯规划月等系列活动，营造良好的就业文化氛围。针对不同层次、不同专业毕业生的特点和需求，广泛开展个性化的咨询服务。

（十四）做好专兼职师资队伍和学生就业助理团建设工作。进一步强化"全员化"的就业工作格局，加大力度做好就业工作专兼职队伍建设，依托于翠霞、邹秀峰工作室等优秀资源，定期开展就业工作队伍培训，提升工作水平。要继续发挥学生就业助理团在就业创业工作中的积极作用，搭建平台、提供机会、积极引导就业助理团学习就业创业政策，创新工作思维，开展形式新颖，内涵丰富，广大同学喜闻乐见的就业创业课外活动。要做好就业助理团队伍建设和评比表彰工作，在提升就业助理团干部自身能力的同时，增强他们的成就感和自豪感。

（十五）做好特殊群体帮扶工作，建立未就业毕业生跟踪服务制度。要坚持完善就业困难毕业生台账，根据学生情况，定期跟踪反馈，通过开展就业护航实验班、职场训练营等帮扶措施，帮助他们树立求职信心，提升职场能力，促进就业困难群体稳定就业。建立未就业毕业生档案，针对已经毕业、回省待就业的毕业生，积极与其生源地人事主管部门取得联系推荐就业机会，并随时保持联络；对于在京待就业的毕业生，有相关需求信息及时电话、短信通知。

要继续关注西藏定向生、西藏内地班、新疆内地班、新疆预科班、国防生等特殊类型毕业生的就业状态。通过定期召开座谈会，培训会，开展暑期社会实践等，提高学生就业能力。通过发放就业补助金、求职路费补贴等解决他们经济上的困难，同时积极与相关部门联系，解决就业安置问题。

四、发挥就业创业工作在教育教学中的重要作用

（十六）推进招生－培养－就业三联动机制建设。实施《北京林业大学本科招生、培养、就业联动机制实施办法》。学校成立招生、培养、就业联动机制工作领导小组。将专业设置、招生计划与毕业生就业状况相联系，跟踪并预测人才市场需求，科学制定招生计划和方案，及时调整专业结构与设置。实施专业预警机制，通过专业人才培养、升学就业和社会需求三方进行科学评估，对于无法达到标准的专业，实行警告、减招、隔年招生或停招。

（十七）发挥就业创业工作在学校与政府、企业、社会的协同创新中的促进作用。推进人才培养与社会需求间的协同，发挥大众创业、万众创新和“互联网＋”集众智、汇众力的乘数效应，构建高校、科研机构、政府、企业、社会多方协同的新机制。结合“一带一路”“京津冀协同发展”“长江经济带”等国家重大战略，继续推进学校“政产学研用”紧密结合，推动学生参加形式多样的实习实践和创新创业活动，增强学生创新精神、创业意识和创新创业能力，推动毕业生更高质量就业创业。

五、进一步加强就业创业工作的组织领导

（十八）继续落实“一把手工程”。各单位主要领导要亲自抓，建立更加合理的就业工作协调机制。切实把学生就业创业工作放在重要位置，并纳入学校总体规划和年度考核目标。建立健全由学校招生就业处、党委研工部牵头，教学处、学生处、校团委、科技园等部门齐抓共管，各学院具体落实的工作协调机制。学校就业部门定期向学校党政班子会汇报学生就业创业工作，定期召开就业创业工作例会，研究工作，解决问题。各学院班子要定期召开会议研究就业创业工作，做到开学有部署、工作有分工、过程有检查、年终有总结。

（十九）完善就业创业教育工作保障机制，落实“机构、人员、场地、经费”四到位。进一步健全就业创业指导服务机构，确保专职工作人员队伍稳定，积极为就业专职人员提供学习培训机会，加强学院之间和校际之间的交流，充分利用好现有就业创业专用场地，尤其要建设和利用好大学科技园等创新创业平台，加大对创新创业工作的保障力度，继续加大工作经费投入，切实做到“机构、人员、场地、经费”四到位，促进就业创业工作水平稳步提升。

附件：1. 北京林业大学就业创业工作领导小组名单

2. 北京林业大学大学生创新创业教育指导委员会名单及部门分工

北京林业大学

2016 年 3 月 31 日

附件 1

北京林业大学就业创业工作领导小组名单

组　长：王洪元　宋维明

副组长：姜恩来　骆有庆

成　员：党政办主任　组织部部长　人事处处长

宣传部部长　教务处处长　计财处处长

招就处处长　研工部部长　研究生院常务副院长

校友办主任　校团委书记　保卫处处长

学生处处长　校医院院长

各学院党委书记、各学院院长

附件 2

北京林业大学大学生创新创业教育指导委会名单及部门分工

一、名单

委员会主任：姜恩来　骆有庆

委员会成员：招生就业处、教务处、团委、科技园、校友会、党委研究生工作部、经济管理学院负责人。各学院主管学生工作的分党委负责人、各学院主管教学工作的负责人。

二、各部门分工

（一）招生就业处

1. 负责主持北京地区高校示范性创业中心建设工作，支持协助其他部门开展创新创业教育活动；

2. 负责就业创业教育研究会日常工作，指导邹秀峰工作室开展创业教育相关指导活动，负责开展创业政策咨询服务工作；

3. 负责开展北京林业大学大学生创业大赛、创业优秀项目选拔、“三创”服务机构建设、自主创业毕业生表彰等就业工作体系内的创新创业教育活动；

4. 负责校内创业教育工作的沟通协调；

5. 负责办理就业创业证工作。

（二）教务处

1. 负责创新创业教育的学分转换、创业学生的学籍保留、休学等制度；

2. 负责开展大学生创新创业训练计划工作；

3. 负责学校创业教育课程的研发和教学工作，做好教材编撰、课程建设、教学安排等工作；

4. 与相关单位共同制订创业实验班的实施方案并负责创业实验班的教学安排工作。

（三）团委

1. 负责开展共青团体系的大学生创新创业竞赛活动；

2. 负责指导学校创新创业类社团开展日常工作；

3. 负责指导学生开展创新创业暑期社会实践活动。

（四）科技园

1. 负责为自主创业的学生提供项目论证、公司注册、财务管理、法律咨询、专利代理等服务；

2. 负责在科技园孵化的学生团队及个人提供创业指导咨询服务。

（五）校友会

1. 负责整合校友资源，为学校创业教育提供支持；

2. 负责教育基金会大学生创新创业基金项目的管理和使用。

（六）党委研究生工作部、研究生院

1. 负责研究生创新创业教育与管理工作；

2. 负责研究生创新创业活动的组织与协调相关工作。

（七）经济管理学院

1. 负责协调经济管理学院实验中心开展创业教育模拟实训实践教学工作；

2. 负责协调相关专业教师参与创业教育课程的研发教学工作，为各相关部门开展创业教育工作提供智力支持。

北京林业大学关于表彰“优秀教师”、“先进工作者”的决定

北林校发〔2016〕12 号

各单位：

为了弘扬劳模精神、劳动精神，引导广大教职工树立辛勤劳动、诚实劳动、创造性劳动的理念，让劳动最光荣、劳动最崇高、劳动最伟大、劳动最美丽蔚然成风，经学校党委决定，在全校范围内开展“优秀教师”“先进工作者”评选活动。经过基层单位推荐和学校评审小组认定，决定授予马尔妮等 21 名同志“优秀教师”称号，授予弓成等 18 名同志“先进工作者”称号。

在“五一”国际劳动节到来之际，学校举行庆祝“五一”国际劳动节暨“优秀教师”“先进工作者”表彰大会，对 21 名“优秀教师”、18 名“先进工作者”进行表彰。同时对获得“首都劳动奖章”称号的康峰同志一并表彰。

获得“首都劳动奖章”称号的人员名单如下：

康　峰　　工学院

获得“优秀教师”称号的人员名单如下（按姓氏笔画为序）：

马尔妮（女）　　材料科学与技术学院
王洪琴（女）　　体育教学部
韦贵红（女）　　人文社会科学学院
公　伟　　艺术设计学院
兰　超（女）　　艺术设计学院
毕华兴　　水土保持学院
李　凯　　自然保护区学院
李　昀（女）　　信息学院
李俊清　　林学院
张　东　　自然保护区学院
张亚池　　材料科学与技术学院
张军国　　工学院
张秀芹（女）　　马克思主义学院
张　青（女）　　理学院
郑　曦　　园林学院
贾黎明　　林学院
常　青（女）　　外语学院
康向阳　　生物科学与技术学院
程　翔　　环境科学与工程学院
樊　坤（女）　　经济管理学院
薛永基　　经济管理学院

获得“先进工作者”称号的人员名单如下（按姓氏笔画为序）：

于　宁（女）　　后勤服务总公司
弓　成　　水土保持学院
马晓亮（女）　　信息学院
王士顺　　综合服务总公司
王　琳　　附属小学
石冬梅（女）　　图书馆
田　丰　　继续教育学院
代　琦　　外语学院
刘　柳（女）　　理学院
孙丰军　　林场
李慧丽（女）　　后勤服务总公司
杨晓东　　园林学院
杨尊昊（女）　　工学院
邹国辉　　机关
庞有祝　　生物科学与技术学院
钟新春　　图书馆
温跃戈　　学生处
廖爱军　　宣传部

学校希望受表彰的教师，珍惜荣誉，再接再厉，继续在教学、科研和管理工作中发挥引领示范和带动作用，为学校事业的发展做出新的更大贡献。学校号召全体教职工向以上“首都劳动奖章”“优秀教师”和“先进工作者”荣誉获得者学习，学习他们爱岗敬业、无私奉献的精神，积极营造尊重劳动、尊重创造的校园氛围，为实现学校“十三五”规划目标而努力奋斗。

北京林业大学
2016 年 4 月 28 日

北京林业大学关于印发体育工作最高荣誉奖“关君蔚杯”评比办法的通知

北林校发〔2016〕28 号

各学院：

《北京林业大学体育工作最高荣誉奖“关君蔚杯”评比办法》经学校审议通过，现印发给你们，请遵照执行。

附件：北京林业大学体育最高荣誉奖“关君蔚杯”评比办法

北京林业大学

2016 年 6 月 21 日

附件

北京林业大学体育最高荣誉奖“关君蔚杯”评比办法

第一章　总　则

第一条　本奖项主要考察学院开展体育工作的思路、措施、保障及实际效果，激发学生关注、支持、参与体育活动的热情，帮助树立“每天锻炼 1 小时，健康工作 50 年，幸福生活一辈子”的理念。

第二条　奖项以我校已故知名教授、中国工程院资深院士、我国著名水土保持学家关君蔚先生名字命名。

第三条　本办法面向学院设立。参评学院需遵守本办法，按照办法具体要求参评。

第四条　“关君蔚杯”每年末评选一次，每次评选获奖学院一个，提名奖学院两个。

第二章　评比原则

第五条　评比内容项目化，项目采取得分制，年度总分为各项目得分总和，满分为 100 分。

第六条　年度得分若最终出现平分，由北京林业大学体育工作委员会裁定。

第七条　当年获评“关君蔚杯”的学院，第二年不得再次参评。

第三章　参评项目

第八条　学生基本体能素质考察，占 40 分。每年一次，对各学院学生体育课及格率、体能测试达标率、优良率和平均分进行综合排名，按排名进行加分，具体分值情况如下表。

	体育课及格率	体能测试达标率	体能测试优良率	体能测试平均分
所占分值	10	10	10	10
第 1 名得分	10	10	10	10
第 2 名得分	8	8	8	8
第 3 名得分	6	6	6	6
第 4 名得分	5	5	5	5
第 5 名得分	4	4	4	4
第 6 名得分	3	3	3	3
起评分	2	2	2	2

第九条 校级体育赛事成绩，占20分。包括两项全校性体育赛事(春季运动会和新生运动会)和专项竞技性体育赛事。春季运动会和新生运动会按照比赛综合成绩评分，各占5分。专项竞技性体育赛事包括年度院系足球赛、篮球赛、排球赛、乒乓球赛和羽毛球赛5项，各占2分。各项比赛按比赛结果评分。全校性体育赛事评分标准如下表：

	春季运动会		新生运动会	
	田径赛总成绩排名	团体赛总成绩排名	田径赛总成绩排名	团体赛总成绩排名
所占分值	2.5	2.5	2.5	2.5
第1名得分	2.5	2.5	2.5	2.5
第2名得分	2	2	2	2
第3名得分	1.5	1.5	1.5	1.5
第4名得分	1	1	1	1
第5名得分	1	1	1	1
第6名得分	1	1	1	1
起评分	0.5	0.5	0.5	0.5

专项竞技性体育赛事评分标准如下表：

	院系杯足球赛	院系杯篮球赛		院系杯排球赛		院系杯羽毛球赛	院系杯乒乓球赛
		男子	女子	男子	女子		
所占分值	2	1	1	1	1	2	2
第1名得分	2	1	1	1	1	2	2
第2名得分	1.5	0.75	0.75	0.75	0.75	1.5	1.5
第3名得分	1	0.5	0.5	0.5	0.5	1	1
起评分	0.5	0.25	0.25	0.25	0.25	0.5	0.5

第十条 群众性体育活动参与情况，占15分。对应学院学生在北京林业大学“绿动计划”中各项群众性体育活动的参与情况(参与人数占学院总人数百分比)、排名进行加分。活动组织方在活动后公示学院参与人数、百分比及对应加分情况。

第十一条 自主开展学院体育文化活动或承办校级体育比赛，占20分。学院将自主开展体育文化活动的计划、参与情况、宣传报道、活动效果和承办的校级体育赛事情况按照固定模板报送学校体育工作委员会，学校体育工作委员会统一组织答辩，确定名次和得分数。

第十二条 其他加分项，最高不超过5分。学院学生在国家级、省部级体育比赛上获奖或者学院自主开展的体育文化活动创意新颖、受众广泛、对提高学生身体素质有实际效果，可向学校体育工作委员会提交相关材料，由学校体育工作委员会裁定加分。

第四章 奖励办法

第十三条 获评“关君蔚杯”的学院，给予3万元奖金；获评提名奖的学院，给予1万元奖金。

第五章 其 他

第十四条 本办法最终解释权归北京林业大学体育工作委员会所有。

北京林业大学体育工作委员会

2016年5月

北京林业大学关于印发《2015～2016年度获得部分重要表彰奖励及重大项目的教职工个人和集体名单》的通知

北林校发〔2016〕34号

各单位：

为贯彻落实教育部关于庆祝教师节的工作要求，经学校研究决定，在我国第32个教师节来临之际，印发《2015～2016年度获得部分重要表彰奖励及重大项目的教职工个人和集体名单》，树立先进典型，大力开展校内宣传，号召广大教职工向身边的榜样学习，并向全校每一位爱岗敬业、默默耕耘、无私奉献的教职工致以崇高的敬意。现将有关事项通知如下：

一、继承优良传统，号召广大教职工向为学校教育事业发展奉献青春、贡献力量的历代北林教职工学习。

建校60多年以来，一代代北林人艰苦创业、无私奉献、薪火相传，为学校教育事业的发展做出了突出的贡献，逐步形成了“知山知水、树木树人”的校训和“尚德爱生”的教风。各单位要以庆祝教师节活动为契机，通过走访慰问、座谈交流、集中宣传等方式，发掘和记录教职工的先进事迹，号召广大教职工认真学习，进一步弘扬和凝练北林精神，铭记和传承北林校风、教风。

二、树立身边榜样，号召广大教职工向2015～2016年度获得部分重要表彰奖励及重大项目的教职工个人和集体学习。

近一年来，在全体教职员工的辛勤耕耘和共同努力下，学校的建设发展取得了一系列丰硕成果，许多教职工个人和集体在教学、科研、管理、服务岗位上做出贡献并取得突出成绩。教师节来临之际，学校将2015年9月至2016年9月期间获得重要表彰奖励及重大项目的教职工个人和集体名单，予以公布，大力宣传。各单位也要认真做好获得表彰奖励教职工个人和集体的宣传工作，结合单位特点，有针对地开展学习活动，发挥模范带头作用，引导广大教职工向身边先进个人和集体学习，不断提高思想道德素养和专业技能，勤奋工作，开拓进取，争创优秀。

三、明确发展目标，号召广大教职工争做有理想信念、有道德情操、有扎实学识、有仁爱之心的好教师。

各单位要以庆祝教师节活动为契机，进一步加强师德师风建设，引导广大教职工牢记“立德树人”的根本任务，积极弘扬和践行社会主义核心价值观，增强教职工的责任感和使命感。各位教职工要认真学习习近平总书记的重要讲话精神，以争做党和人民满意的有理想信念、有道德情操、有扎实学识、有仁爱之心的“四有”好老师为终身奋斗目标，为学校教育事业的发展做出新的更大贡献。

附件：北京林业大学2015～2016年度获得部分重要表彰奖励及重大项目教职工个人和集体名单

北京林业大学

2016年9月7日

附件

北京林业大学2015～2016年度获得部分重要表彰奖励及重大项目教职工个人和集体名单

教育教学和人才培养

国家大学生校外实践教育基地

北京林业大学－河南董寨国家级自然保护区实践教育基地

（负责人：徐基良，保护区学院）

北京市高等学校实验教学示范中心

林学实验教学中心

（负责人：韩海荣，林学院）

北京高等学校示范性校内创新实践基地

农林经济管理类人才培养校内创新实践基地

（负责人：陈建成，经管学院）

北京市教学名师

翁　强（生物学院）

第三届全国高校青年教师教学竞赛一等奖

康　峰（工学院）

中国专业学位教学案例中心（2015年度）优秀案例奖、全国MPAcc教学案例库第五批（2015年度）入库案例

《乐视网业绩是否“乐视”？》

（王富炜，经管学院）

IFLA国际风景园林师联合会设计大赛（2015）二等奖

《Growing Dam－生长的堤坝》

（李雄，园林学院）

IFLA国际风景园林师联合会设计大赛（2016）二等奖

《Grace of Flood》

（王向荣、林箐，园林学院）

北京高等教育教学改革项目

陈　劭（主持人，工学院）

《以强化工程素质为导向的行业院校机电类创新人才培养探索与实践》

兰　超（主持人，艺术学院）

《基于生态美学的创新设计人才培养模式研究与实践》

林金星（主持人，生物学院）

《自主学习与创新型森林生物学教学体系与方法研究》

田呈明（主持人，林学院）

《林学类专业青年教师教学能力提升研究与实践》

于志明（主持人，教务处）

《复合应用型专业人才培养模式的改革与实践》

家骐云龙青年教师教学优秀奖

敖　妍（林学院）	程　翔（环境学院）	程旭峰（艺术学院）
杜景芬（外语学院）	段　威（园林学院）	樊　坤（经管学院）
付亦重（经管学院）	姜　超（林学院）	金灿灿（人文学院）
李　倞（园林学院）	罗柳红（理学院）	漆楚生（材料学院）
齐元静（水保学院）	王海燕（信息学院）	文　剑（工学院）
谢　磊（保护区学院）	杨海灵（生物学院）	杨志华（马克思主义学院）
张学铭（材料学院）	张　毅（体育部）	朱保庆（生物学院）

科学研究

高等学校科学研究优秀成果奖（科学技术）科技进步奖一等奖

《农林生物质多级资源化利用关键技术》

（第一完成单位，完成人：孙润仓、袁同琦、许凤、文甲龙、孙少妮、边静、肖领平、曹学飞等）

高等学校科学研究优秀成果奖（科学技术）科技进步奖二等奖

《大熊猫栖息地恢复技术研究与示范》

（第一完成单位，完成人：李俊清、程艳霞、康东伟等）

北京市科学技术奖三等奖

《观赏芍药产业化生产关键技术与应用》

（第一完成单位，完成人：刘燕、于晓南、张启翔、高健洲、程堂仁、王佳等）

第五届梁希科技奖三等奖

《林木剩余物快速热解与热解油制备酚醛树脂技术及应用》

（第一完成单位，完成人：常建民、任学勇等）

吉林省科学技术奖一等奖

《生物基酚醛树脂结构人造板关键技术与应用》

（第二完成单位，完成人：李建章、张世锋、高强、张伟等）

湖北省科技进步奖一等奖

《三峡库区高效防护林体系构建及优化技术集成与示范》

（第五完成单位，完成人：程金花、张洪江等）

国家自然科学基金优秀青年科学基金项目

王　强（主持人，环境学院）

《层状环境功能材料》

李晓娟（主持人，生物学院）

《植物细胞生物学》

中国科学技术学会青年人才托举工程项目

许立新（主持人，林学院）

《草坪草的遗传转化体系构建》

国家重点研发计划

毕华兴（课题负责人，水保学院）

《黄土残塬沟壑区水土保持型景观优化与特

色林产业技术及示范》

曹世雄(课题负责人，经管学院)

《内蒙古干旱荒漠区特色沙生植物的开发潜力研究》

蒋建新(课题负责人，材料学院)

《植物多糖高效分离及改性利用关键技术》

李俊清(课题负责人，林学院)

《极小种群野生植物回归技术研究与示范》

李　敏(课题负责人，环境学院)

《秸秆焚烧面源污染控制技术及标准研究》

梁英梅(课题负责人，博物馆)

《森林生态系统入侵生物本底普查与动态分布》

刘　勇(课题负责人，林学院)

《白杨工业资源材高效培育技术研究》

彭道黎(课题负责人，林学院)

《经营措施对人工林地力的影响机制》

孙建新(课题负责人，林学院)

《气候变化对西南生态安全影响规律和机理》

王秀茹(课题负责人，水保学院)

《断陷盆地石漠化区植被恢复与功能提升》

于飞海(课题负责人，保护区学院)

《入侵生态系统危害等级划分与快速识别技术》

余新晓(课题负责人，水保学院)

《坝上高原及华北北部山地沙化土地治理与沙产业技术研发及示范》

张德强(课题负责人，生物学院)

《树木次生生长的群体变异遗传解析》

张宇清(课题负责人，水保学院)

《沙生资源植物选育与防风固沙技术集成及产业示范》

北京市科技计划项目

常建民(项目负责人，材料学院)

《园林废弃物移动式炼解装备与高值化利用技术研发及示范应用》

刘　燕(项目负责人，园林学院)

《四类中国传统名花良种繁育及花期控制技术研究》

赵燕东(项目负责人，工学院)

《林区生态智能巡检装备研发及病虫害预警平台建立》

北京市科技新星计划

孙丽丹(国家花卉工程中心)

北京高等学校高精尖创新中心

林木分子设计育种高精尖创新中心

人才项目和荣誉奖励

长江学者奖励计划特聘教授

许　凤(材料学院)

“万人计划”科技创新领军人才

许　凤(材料学院)

“万人计划”哲学社会科学领军人才

陈建成(经管学院)

科技部创新人才推进计划——中青年科技创新领军人才

张德强(生物学院)

文化名家暨“四个一批”人才

陈建成(经管学院)

国务院政府特殊津贴

雷光春(保护区学院)马履一(国家能源非生物质原料研发中心)

史宝辉(外语学院)

第十二批“北京市有突出贡献的科学、技术、管理人才”

孙德智(环境学院)

宝钢教育基金优秀教师特等奖提名奖

骆有庆(林学院)

宝钢教育基金优秀教师奖

张洪江(水保学院)

中国青年科技奖

林　箐(园林学院)

北京市优秀人才培养资助项目——青年拔尖个人

王　强(环境学院)

全国优秀科技工作者

李俊清(林学院)

余新晓(水保学院)

戴玉成(微生物所)

北京市三八红旗奖章

许　凤(材料学院)

首都劳动奖章

康　峰(工学院)

党务、学生工作和行政管理

2015～2016 年度北京高校德育工作先进集体

党委研究生工作部

信息学院党委

2015 年**全国大中专学生“三下乡”社会实践活动优秀单位**

校团委

北京市优秀党务工作者

刘广超(党委组织部)

2015~2016 **年度北京高校优秀德育工作者**

刘尧(园林学院)	房薇(经管学院)	金鸣娟(马克思主义学院)
李东艳(学生处)	辛永全(校团委)	杨丹(外语学院)

张　鑫(林学院)

2015~2016 **年度北京高校“十佳辅导员”、第四届北京高校辅导员职业能力大赛一等奖**

张华溢(艺术学院)

2015~2016 **年度北京高校“优秀辅导员”**

马　俊(理学院)

苏辉辉(材料学院)

2015 **年高校辅导员工作精品项目**

刘　尧(主持人，园林学院)

《“微团体、微运动”——大学生思想政治教育路径创新实践》

北京林业大学关于印发《北京林业大学人口与计划生育管理规定》的通知

北林校发〔2016〕36 号

各单位：

《北京林业大学人口与计划生育管理规定》经 2016 年 7 月 11 日学校校长办公会审议通过，现将印发给你们，请各单位遵照执行。

附件：北京林业大学人口与计划生育管理规定

北京林业大学

2016 年 9 月 7 日

附件

北京林业大学人口与计划生育管理规定

第一章　总　则

第一条　为贯彻落实《中华人民共和国人口与计划生育法》、《北京市人口与计划生育条例》和中华人民共和国人力资源和社会保障部中华人民共和国监察部第 18 号令《事业单位工作人员处分暂行规定》等法律法规，以及《北京市关于高校在校学生计划生育问题的实施意见》(京人口发〔2008〕12 号)等文件精神，结合学校计划生育工作实际情况，制定本规定。

第二条　本规定适用于本校的教职员工(含在编教职工、离退休人员)及学生(含全日制在校生、进站博士后)。

第三条　学校人口与计划生育工作按照“属地管理、单位负责”的原则开展，全面贯彻落实两孩政策，坚持依法行政、优质服务、政策推动、综合治理。

第四条　学校每年安排相关经费，保证人口与计划生育工作顺利、有效的开展。做好人口与计划生育工作是考核各级责任人工作实绩的一项重要内容。学校人口和计划生育委员会对在人口与计划生育工作中做出成绩的单位和个人给予表彰和奖励。

第二章　组织管理

第五条　北京林业大学人口和计划生育委员会负责本规定的贯彻实施，对全校人口与计划生育工作进行领导和协调。

第六条　人口和计划生育办公室(以下简称计生办)在学校人口和计划生育委员会领导下负责全校人口与计划生育日常管理和服务工作，负责人口与计划生育相关政策和法律法规的贯彻落实，完成上级部门及属地人口计生部门下达的各项工作。督促各单位做好“全面两孩”政策落实，负责对在校生开展青春与健康教育工作，负责向师生员工提供计划生育相关服务以及本规定的组织实施与监督检查。

第七条 实行人口与计划生育层级管理责任制。学校党政一把手是学校人口与计划生育工作的第一责任人，学校各二级单位(各学院、部、处、场、馆)党政负责人是本单位人口与计划生育工作的第一责任人，对本单位计划生育工作负主要责任。

第八条 各单位应指定一名计划生育兼职干部(计划生育宣传员)负责本单位的人口与计划生育工作，协助学校计生办开展人口和计划生育工作。

第九条 各单位要加强宣传、贯彻落实人口计生政策。把计划生育工作列入本单位年度工作计划，并作为党政干部政绩考核、奖励表彰、提拔晋升的一项重要指标。计划生育考核不合格或违反《北京市人口与计划生育条例》的单位或个人，不能参加当年“评优”“评先”。

第十条 各级领导要关心、支持人口与计划生育工作，定期听取计划生育工作汇报，认真解决计划生育工作中的实际困难和问题，真正做到领导责任到位、政策落实到位、经费投入到位、网络建设到位、管理服务到位。

第十一条 各单位在拟接收、聘用职工时应了解其婚育状况，不得以任何理由录用超生、超怀者。

第十二条 各单位要切实抓好流动人口及待岗人员计划生育管理工作，要把此项工作纳入本单位考核项目，做到谁用人谁负责。对违反《北京市人口与计划生育条例》和《北京市外地来京人员计划生育管理规定》的用人单位及个人，按有关规定给予处罚。

第十三条 凡使用外埠临时工的单位，要求被录用人员提供其原籍婚育证明、定期孕检并向原籍反馈信息。

第三章 生育调节与计划生育技术服务

第十四条 学校职工及学生负有依法实行计划生育的义务和责任。依法办理结婚登记的夫妻，按照《北京市人口与计划生育条例》的规定，除享受国家规定的婚假外，增加假期7天。

第十五条 提倡一对夫妻生育两个子女。生育两个以内子女的，按照国家有关规定实行生育登记服务制度。

有其他特殊情况要求再生育一个子女的，须经学校计生办核实确认，由夫妻一方户籍所在地街道核实、区卫生和计划生育行政部门确认、批准。

第十六条 育龄夫妻生育子女，需在女方怀孕后到学校计生办办理生育登记。户籍在学校集体户的职工子女出生后一周内需持生育手续证明和《子女出生医学证明》到学校计生办备案。

第十七条 学校计生办承担和给予育龄师生计划生育及生殖健康的服务和指导，预防和减少非意愿妊娠。

第十八条 学校计生办按需、及时向已婚育师生提供免费避孕药具。避孕药具由计生办统一管理，基层计划生育兼职干部负责本单位师生的发放。

第十九条 实行计划生育的育龄师生免费享受国家规定的基本项目的计划生育技术服务。

第二十条 职工派往外地工作和毕业生派遣需携带婚育证明的，由所在单位提供其基本情况，学校计生办负责办理婚育证明。

第二十一条 在校学生的结婚生育，由学校计生办协同学生管理部门进行管理与服务，具体实施办法按京人口发〔2008〕12号文件和《北京林业大学人口和计划生育办公室生育登记办理规程》执行。

第四章 奖励与处罚

第二十二条 按规定生育的女职工及学生，除享受国家规定的98天产假外，增加生育奖励假30天，其配偶享受陪产假15天。休假期间不得降低其工资、予以辞退或开除学籍、解除劳动或者聘用合同。

女职工经所在单位同意，可以再增加假期1至3个月。

第二十三条 已经获得《独生子女父母光荣证》的职工，凭证享受以下奖励和优待：

(一)每月领取10元独生子女父母奖励费(夫妻双方各5元)，奖励费自领《独生子女父母光荣证》之月发至其独生子女满18周岁止。一胎多胞只发1份。

(二)女职工休产假超过4个月的，奖励费

发至子女15周岁止。

（三）已领取《独生子女父母光荣证》的职工，独生子女在2周岁以内，每月发放奶费补贴4元，由夫妻双方单位各负担50%。一胎多胞按子女数给予补贴。

（四）独生子女医药费允许报销300元/年，至子女18周岁止，具体办法按校办发〔2004〕13号文件执行。

（五）独生子女父母，对男年满60周岁，女年满55周岁的职工，每人给予1000元的一次性奖励。

（六）有本市户口职工的婴幼儿，不论是否入托，从出生后第7个月起至上小学止（不超过7周岁），每月随职工工资分别发给婴幼儿托幼补贴费40元。婴幼儿户口在外埠并已入我校幼儿园的，由职工申请计生办备案、主管校领导批准后，按本条规定予以补贴。

（七）在国家提倡一对夫妻生育一个子女期间，第一胎生育双胞或者多胞的夫妻，不领取《独生子女父母光荣证》，凭女方户籍所在地乡镇人民政府或者街道办事处出具的证明，享受该款第五项规定以外的奖励和优待，但只享受一份独生子女奖励待遇。

第二十四条 办理过《独生子女父母光荣证》的夫妻，再生育子女的，收回其《独生子女父母光荣证》，从批准再生育次月起停止其享受独生子女父母的奖励和优待，已领的奖励费不需退回。

第二十五条 已领取《独生子女父母光荣证》的夫妻，离婚或丧偶：

（一）再婚前仍享受独生子女父母的奖励。

（二）再婚后如符合生育第二个子女条件并申请生育的，由学校计生办自申请之日起收回《独生子女父母光荣证》，停发奖励费，已领的奖励费不需退回。

（三）如再婚夫妻在再婚前已各生育一个子女，再婚后申请生育三孩的，由学校计生办收回《独生子女父母光荣证》，停发奖励费，已领的奖励费不需退回。

第二十六条 实行计划生育手术的职工，或育龄女职工采取长效节育措施后，因意外怀孕需手术，凭医疗单位证明，享受国家规定的休假，手术费由学校计生办报销。

第二十七条 违反本规定生育子女的职工和学生，应当依法缴纳社会抚养费，具体办法按《北京市社会抚养费征收管理办法》执行。

第二十八条 违反本规定生育子女的职工和学生由学校给予警告或记过处分。职工三年内不得评为先进个人、不得提职并取消一次调级资格。情节较重的，给予降低岗位等级或者撤职处分；情节严重的，给予开除处分，学生给予开除学籍处分。党团员违反本规定的，同时由学校相关部门给予相应的纪律处分。

第五章 附 则

第二十九条 各级领导和全校师生员工要认真贯彻落实《中华人民共和国人口与计划生育法》《北京市人口与计划生育条例》，严格执行《北京林业大学人口与计划生育管理规定》。

第三十条 本规定自2016年9月1日起执行。原北林办发〔2005〕25号文同时废止。

第三十一条 本规定由学校计生办负责解释。

北京林业大学关于进一步规范行政办公用房配备的通知

北林校发〔2016〕42号

各单位：

为进一步严格贯彻执行中央八项规定精神，坚决切实反对“四风”，落实教育部党组第二巡视组巡视我校的有关要求，现就我校行政办公用房配备问题进一步明确如下。

一、行政岗位上工作的人员（含双肩挑人员）在全校范围内只允许按照教育部直属高校行政办公用房的面积标准配置一处办公用房。

二、双肩挑人员取得的教学科研用房在其担任行政职务期间，应交给学术团队共同使用，不得作为其个人办公室使用。

三、经各单位党政领导班子讨论后，在确保消防安全和建筑结构安全的前提下，可根据工作实际需要对行政办公用房进行改造。

四、各单位要按照统筹兼顾、适用为主、满足需求的原则，安排好各类人员的办公用房，要严格控制办公用房标准，对于退出和进入行政岗位的人员办公用房要及时按相关规定进行调整，调整后要到学校房产管理部门进行备案。

五、各单位要制订行政办公用房和教学科研用房的管理办法，报学校备案。

各级干部要充分认识到做好行政办公用房清查整改是贯彻落实中央八项规定精神、全面从严治党要求的一项重要举措。各单位要对照通知要求主动查找存在的问题，做到立行立改，并在12月2日前将整改报告提交学校房产管理部门备案。对于整改态度不坚决、措施不得力，学校将按照党风廉政建设责任制的规定追究责任，根据《中国共产党纪律处分条例》进行处分。

以前学校相关规定与本通知不符的，以本通知要求为准。

附件：教育部直属高校行政办公用房的面积标准

北京林业大学

2016年11月25日

附件

教育部直属高校行政办公用房的面积标准

适用对象	使用面积标准(平方米/人)
副部级	42
正厅(局)级	30
副厅(局)级	24
正处级	18
副处级	12
处级以下	9

北京林业大学关于印发《北京林业大学关于加强和改进教学科研人员因公临时出国管理工作实施细则》的通知

北林校发〔2016〕47号

各单位：

为贯彻落实中央、教育部、北京市等上级主管部门的文件精神，进一步规范我校教学科研人员开展国际学术交流合作管理工作，学校结合自身实际情况，制定《北京林业大学关于加强和改进教学科研人员因公临时出国管理工作实施细则》。现印发给你们，请遵照执行。

附件：北京林业大学关于加强和改进教学科研人员因公临时出国管理工作实施细则

北京林业大学

2016年12月27日

附件

北京林业大学关于加强和改进教学科研人员因公临时出国管理工作实施细则

为贯彻落实《中共中央办公厅、国务院办公厅转发中央组织部、中央外办等部门〈关于加强和改进教学科研人员因公临时出国管理工作的指导意见〉的通知》(厅字〔2016〕17 号)、《教育部办公厅关于贯彻落实〈关于加强和改进教学科研人员因公临时出国管理工作的指导意见〉的通知》(教外厅〔2016〕2 号)、《中共北京市委办公厅 北京市人民政府办公厅转发市委组织部、市政府外办等部门〈关于加强和改进教学科研人员因公临时出国管理工作的实施意见〉的通知》(京办字〔2016〕12 号)要求，进一步规范我校教学科研人员开展国际学术交流合作，结合我校实际情况，特制订本实施细则。

第一章 总 则

第一条 学校对外学术交流合作要着眼学校发展大局和实际需要，为把我校建设成为国际知名、特色鲜明、高水平研究型大学服务。通过积极参与国际重大科学计划、科学工程和专业学术交流，实现国际协同创新，提高学校各学科的国际影响力和国际竞争力。

第二条 学校党政主要负责人是我校因公出国管理工作的第一责任人。校纪检监察机构负监督责任。

第二章 实施区别管理

第三条 在学校因公临时出国管理中，教学科研人员出国开展学术交流合作与其他性质的出访采取区别管理。其他性质的出访主要指我校与国外高校、科研院所、林业机构间开展的一般性工作交流。

第四条 教学科研人员指在我校直接从事教学和科研任务的人员(含退离休返聘人员)，以及在学校及校二级单位中担任领导职务的专家学者。

第五条 学术交流合作主要包括开展教育教学活动、专业领域进修、科学研究、学术访问、出席重要国际学术会议以及执行国际学术组织履职任务等。

第六条 上述教学科研人员出国执行前项明确的对外学术交流合作任务，其出国批次数、团组人数、在外停留天数根据实际需要安排。执行学术交流合作以外的因公临时出国任务(以下简称“其他因公临时出国任务”)，仍执行现行国家工作人员因公临时出国管理政策。

第三章 优化审批管理

第七条 校内各单位要科学制订本单位教学科研人员出国开展学术交流合作的年度计划，并负责督促具体执行和合理安排相关工作。各单位应于每年年末按学校通知要求，按时将下年度因公临时出国年度计划报国际交流与合作处。年度计划由国际交流与合作处负责统筹管理，国际交流与合作处汇总各单位教学科研人员出国开展学术交流合作下年度计划并报学校审批通过后，按外事权限报上级外事主管部门备案，不列入国家工作人员因公临时出国批次限量管理范围。对确需临时安排的学术交流合作，应在个案申报时先提供书面必要性情况说明，并由其所在处级单位主要负责人签署意见报国际交流与合作处，国际交流与合作处报请学校研究同意后方可受理该临时任务申请。

第八条 教学科研人员出国开展学术交流合作，按其行政隶属关系、组织人事管理权限和外事审批权限审批。按照《北京林业大学关于进一步规范教职工因公临时出国(境)的办法》的相关程序进行申报，原则上申请人应在申请材料齐全后，至少在出访前两个月按我校因公临时出国审批程序开始办理有关审批事宜。国际交流与合作处将对学术交流合作任务优先审批，提高审批效率，为教学科研人员出国开展学术交流合作提供便利和服务。

第九条 教学科研人员出国开展学术交流合作，应持因公护照。特殊情况需持普通护照出国，应说明理由并按组织人事管理权限报组织人事部门批准，由组织人事部门严格把握，出具出访任务批件。

第四章　加强经费管理

第十条　进一步加强教学科研人员出国开展学术交流合作经费的预算管理，认真执行因公临时出国经费先行审核制度，由校经费审批部门和任务审批部门实行审批联动。因公临时出国人员在申报出国任务时需提供经费预算并按照校、院(处)两级审批制度，提供院(处)级单位经费审批意见。因公临时出国团组团长应统筹好该团组因公出访人员预算，按照《北京林业大学因公临时出国经费管理办法》要求，填写《因公临时出国任务和预算审批意见表》并分别报学校国际交流与合作处与经费报销单位财务处联合审批。特殊情况需持普通护照出国执行学术交流合作任务的，其经费预算管理由校经费审批部门和组织人事部门审批联动。

第十一条　教学科研人员使用国家科技计划(专项、基金)等经费出国开展学术交流合作，应按照有关科研管理办法和制度规定执行，体现既符合科研活动规律又符合预算管理要求的原则。

第十二条　教学科研人员如需持普通护照出国开展学术交流合作，应凭组织人事部门出具的批件、出国证件及出入境记录报销与学术交流合作有关的费用。

第五章　强化监督和追责

第十三条　除依照法律法规和有关规定需要保密的内容和事项外，教学科研人员出国开展学术交流合作所执行的任务、涉及的国家(地区)和在外日程、预算等要按规定在学校内部进行公示，接受监督。内容包括团组全体人员姓名，单位和职务，出访国家(地区)、任务、日程安排、往返航线、邀请函、邀请单位情况介绍、经费来源和预算等。公示期限原则上不少于5个工作日。持因公护照出国任务由国际交流与合作处公示，持普通护照出国情况出国任务由组织人事部门公示。出访团组回国后，应在1个月内在派出单位内部公布上述公示内容的实际执行情况和出访报告等。未按规定公示的任务不予审批，不予核销相关费用。

第十四条　持因公护照出国的教学科研人员出国开展学术交流合作应在完成该任务回国后20日内向国际交流与合作处提交书面总结报告并在派出单位内部公示，持普通护照出国人员在完成该任务回国后20日内向组织人事部门提交书面报告。出国人员需要在本单位内召开出访成果座谈会或报告会，共享出访成果。学校将逐步建立相应的交流合作成果和经费使用绩效评估制度。

第十五条　对教学科研人员以对外学术交流合作名义变相公款出国旅游等违规违纪行为，校纪检监察部门要严肃追究责任，并依规依纪惩处。校内各二级单位对本单位包括对外学术交流合作任务在内的因公临时出国管理工作负有主体责任，主要负责人是第一责任人，对本单位因公临时出国管理工作负有领导责任。对因管理不善、滥用政策造成严重不良影响的单位或个人，要追究有关领导的责任。

第六章　附　则

第十六条　本实施细则归学校国际交流与合作处、组织部、人事处根据各自职能划分进行解释。

第十七条　本实施细则自印发之日起实施，我校已有规定与本细则不一致的，按照本细则执行。

机构与队伍

党群、行政机构

学校党群机构

机构与队伍

党群、行政机构

学校党群机构

北京林业大学党政办公室

中共北京林业大学委员会组织部

中共北京林业大学委员会党校

中共北京林业大学委员会宣传部

中共北京林业大学委员会统战部

中共北京林业大学纪律检查委员会

中共北京林业大学机关委员会

中共北京林业大学委员会保卫部

中共北京林业大学委员会学生工作部

中共北京林业大学委员会武装部

中共北京林业大学委员会研究生工作部

中国教育工会北京林业大学委员会

共青团北京林业大学委员会

学校行政机构

党政办公室

新闻办公室

发展规划处

监察处

保卫处

学生处

研究生院

继续教育学院

教务处

本科教学质量监控与促进中心

科技处

计划财务处

审计处

人事处

基建处

国有资产管理处

国际交流与合作处

招生就业处

离退休工作处

总务处

实验室管理处

教学机构

林学院

园林学院

水土保持学院

经济管理学院

生物科学与技术学院

工学院

材料科学与技术学院

人文社会科学学院

外语学院

信息学院

理学院

自然保护区学院

环境科学与工程学院

艺术设计学院

马克思主义学院

体育教学部

教学辅助、附属、挂靠及产业机构

实验林场

图书馆

标本馆

信息中心

校医院

校友会

期刊编辑部

高教研究室

后勤服务总公司

综合服务公司

北京林大资产经营有限公司

北京林大林业科技股份有限公司
北京林业大学社区居委会
北京林业大学人口与计划生育办公室
北京林业大学附属小学
中国林业教育学会
中国水土保持学会
中国防治荒漠化培训中心
国家林业局自然保护区研究中心
档案馆
教学科研实践基地建设办公室
公共分析测试中心
国家花卉工程技术研究中心
国家能源非粮生物质原料研发中心
林木育种国家工程实验室
林木分子设计育种高精尖创新中心
苗圃与树木园管理办公室

（徐海昊　崔惠淑）

北京林业大学干部名单

校级领导

王洪元　党委常委，党委书记
宋维明　党委常委，校长
陈天全　党委常委，党委副书记兼纪委书记
姜恩来　党委常委，副校长(至2016年5月)
张启翔　党委常委，副校长(至2016年5月)
谢学文　党委常委，党委副书记(自2016年5月至今)
全　海　党委常委，党委副书记
骆有庆　党委常委，副校长
王玉杰　党委常委，副校长(自2016年5月至今)
王晓卫　副校长(至2016年5月)
张　闯　党委常委，副校长(自2016年5月至今)
李　雄　党委常委，副校长(自2016年5月至今)

各部门负责人

姓　名	现任职务	备　注
张　勇	校党委常委、党政办公室主任	
丁立建	党政办公室副主任	
沈　芳	党政办公室副主任	
李延安	党政办公室副主任	
邹国辉	党委组织部部长	
刘广超	党校副校长、党委组织部副部长	
盛前丽	党校办公室主任	
黄　薇	党委组织部副部长、党委统战部副部长	
李铁铮	党委宣传部部长、新闻办公室主任	
廖爱军	党委宣传部副部长	
李香云	党委宣传部副部长	
刘　忆	党委宣传部副部长	扶贫干部
黄中莉	党校副校长	分管党外人士培训
周伯玲	纪委副书记	
杨宏伟	纪委副书记 监察处处长兼审计处处长	
周仁水	副处级纪检员	
刘金霞	审计处副处长	

（续）

姓　名	现任职务	备　注
雷韶华	监察处副处长	
张　焱	机关党委常务副书记	
张春雷	机关党委副书记兼机关工会主席	
刘宏文	发展规划处处长	
孙玉军	发展规划处副处长	
姜金璞	党委保卫部(处)部(处)长	
王爱民	党委保卫部(处)副部(处)长	
李耀鹏	应急指挥中心办公室副主任	
张　闯	人事处处长(兼)	
崔惠淑	人事处副处长	
刘尚新	社保中心主任	
张向辉	人才交流中心主任	援藏干部
刘　诚	计划财务处处长	
张海燕	计划财务处副处长	
邓建华	计划财务处副处长	
于志刚	计划财务处经费监管中心副主任	
李亚军	基建房产处处长	
陈彦东	基建工作总工程师	
柴　宁	基建房产处副处长	
刘雄军	基建房产处副处长	
陈桂成	重点工程领导小组办公室主任	
钟新春	总务处处长兼图书馆常务副馆长	
樊新武	总务处副处长	
王立平	科技处处长	
田振坤	科技处副处长	
张　力	科技处副处长	
李红勋	科技处副处长	
陈　列	人文社科处副处长	挂职干部
于志明	教务处处长、材料学院院长	职务调整中
孟祥刚	教务处副处长	
冯　强	教务处副处长	
张　戎	本科教学质量监控与促进中心主任	
谢京平	本科教学质量监控与促进中心副主任	
郝建华	苗圃与树木园管理办公室主任	
刘宏斌	苗圃与树木园管理办公室副主任	
万国良	实验室与设备管理处处长	
范朝阳	实验室与设备管理处副处长	
张志强	研究生院常务副院长、水保学院院长	职务调整中
何艺玲	研究生院招生处处长	

（续）

姓　名	现任职务	备　注
黄月艳	研究生院综合处处长	
王国柱	研究生院学位管理处处长	
王兰珍	研究生院培养处处长	
孙信丽	党委研究生工作部部长	
徐　伟	党委研究生工作部副部长	
刘俊昌	国际交流与合作处处长，港澳台办公室主任	
王　锦	国际交流与合作处副处长	
王士永	党委学生工作部(处)部(处)长、武装部部长	
倪潇潇	党委学生工作部(处)副部(处)长	
焦　科	党委学生工作部(处)副部(处)长	
温跃戈	武警部队后备警官选拔培训工作办公室副主任	
董金宝	招生就业处处长	
穆　琳	招生就业处副处长	
覃艳茜	招生就业处副处长	
辛永全	校团委书记	
王　平	校友工作办公室主任	
崔建国	校友工作办公室副主任	
石彦君	校工会常务副主席	
田海平	校工会副主席	
邵　勇	图书馆副馆长	
张丰智	图书馆副馆长	
张志翔	标本馆馆长	
张　勇	标本馆副馆长	
孟京坤	离退休工作处处长	
吴丽娟	离退休工作处党委书记	
曹怀香	离退休工作处副处长	
王　颖	离退休工作处党委副书记	
王　勇	林场场长	
孙丰军	林场副场长	
邓高松	林场副场长	
赵秀海	期刊编辑部主任、林学院院长	职务调整中
张铁明	期刊编辑部常务副主任	
李文军	期刊编辑部副主任	
田　阳	高教研究室主任兼林教学会常务副秘书长	
李　勇	高教研究室副主任	
高淑芳	高教研究室副处级干部	
贺　刚	校医院院长	
江　新	校医院副处级干部	
张洪娜	校医院副处级干部	

（续）

姓　名	现任职务	备　注
黄国华	信息中心主任	
黄儒乐	信息中心副主任	
程堂仁	国家花卉工程中心执行主任	
康向阳	林木育种国家工程实验室主任	
程　武	林木育种国家工程实验室执行主任	
马履一	国家能源非粮生物质原料研发中心主任	
贾黎明	国家能源非粮生物质原料研发中心副主任	
刘西瑞	居委会主任	
韩海荣	林学院院长（至 2016 年 9 月）	
田呈明	林学院副院长	
王新杰	林学院副院长	
闻　亚	林学院副院长	
孙向阳	林学院副院长	
张　鑫	林学院党委副书记兼副院长	
田子珩	林学院副处级组织员	援疆干部
李　雄	园林学院院长（兼）	
张　敬	园林学院党委书记	
刘　燕	园林学院副院长	
刘　尧	园林学院党委副书记兼副院长	
王向荣	园林学院副院长	
杨晓东	园林学院副院长	
李庆卫	鹫峰总工程师	
宋吉红	水保学院党委书记	
关立新	水保学院党委副书记兼副院长	
弓　成	水保学院副院长	
王云琦	水保学院副院长	
张宇清	水保学院副院长	
李春平	水保学院副院长	
陈建成	经管学院院长	
张卫民	经管学院党委书记	
张　元	MBA 教育中心管理办公室主任兼经济管理学院副院长	
房　薇	经管学院党委副书记兼副院长	
田明华	经管学院副院长	
温亚利	经管学院副院长	
林金星	生物学院院长	
庞有祝	生物学院党委书记	
王晓旭	生物学院党委副书记兼副院长	
杨雪松	生物学院副院长	
张柏林	生物学院副院长	

（续）

姓　名	现任职务	备　注
张德强	生物学院副院长	
王玉杰	工学院院长（兼）	
于翠霞	工学院党委书记	
李文彬	工学院副院长（主持学院行政工作）	
陈　劭	工学院副院长	
延晓康	工学院副院长	
严　密	工学院党委副书记兼副院长	
任　强	材料学院党委书记	
李建章	材料学院常务副院长	
吴庆利	材料学院副院长	
伊松林	材料学院副院长	
龙晓凡	材料学院党委副书记兼副院长	
林　震	人文学院院长	
刘祥辉	人文学院党委书记	
田　浩	人文学院副院长	
周　峰	人文学院党委副书记兼副院长	
史宝辉	外语学院院长	
代　琦	外语学院副院长	
段克勤	外语学院副院长	
杨　丹	外语学院党委副书记兼副院长	
陈志泊	信息学院院长	
郭小平	信息学院党委书记	
曹卫群	信息学院副院长	
李颂华	信息学院副院长	
任忠诚	信息学院党委副书记兼副院长	
许　福	信息学院副院长	
张　青	理学院院长	
刘淑春	理学院党委书记	
王　冲	理学院副院长	
王艳洁	理学院党委副书记兼副院长	
雷光春	自然保护区学院院长	
王艳青	自然保护区学院党委书记	
徐基良	自然保护区学院副院长	
张明祥	自然保护区学院副院长	
仲艳维	自然保护区学院党委副书记	
徐迎寿	自然保护区学院副院长	
孙德智	环境学院院长	
韩秋波	环境学院党委书记	
卢振雷	环境学院党委副书记	

（续）

姓　名	现任职务	备　注
王毅力	环境学院副院长	
张立秋	环境学院副院长	
杨　君	环境学院副院长	
丁密金	艺术设计学院院长	
崔一梅	艺术设计学院党委书记	
兰　超	艺术设计学院副院长	
薛凤莲	艺术设计学院党委副书记兼副院长	
张继晓	艺术设计学院副院长	
任元彪	艺术设计学院副院长	
张　闯	马克思主义学院院长(兼)	
赵海燕	马克思主义学院党总支书记	
张秀芹	马克思主义学院副院长	
李成茂	马克思主义学院副院长	
陈　东	体育教学部主任	
苏　静	体育教学部直属党支部书记	
赵　宏	体育教学部副主任	
张劲松	继续教育学院院长	
管凤仙	继续教育学院党总支书记	
冯　铎	继续教育学院副院长	
田　丰	继续教育学院副院长	
朱宗武	国家林业局自考中心主任	
侯小龙	中国水土保持学会常务副秘书长	
张燕良	国家林业局自然保护区研究中心副秘书长	
高慧贤	林大附小校长	
李春启	后勤服务总公司副总经理(主持工作)	
于　宁	后勤服务总公司副总经理	
赵桂梅	综合服务公司总经理	
刘玉军	正处级	
刘　勇	正处级	
李　凯	副处级	

人　物

院士简介

【沈国舫】　男，1933年11月出生于上海，中共党员，浙江嘉善人，中国著名林学家、林业教育家、中国现代森林培育学的主要创建者和学科带头人。第八、九、十届全国政协委员。中国工程院原副院长。1956年毕业于前苏联列宁格勒林学院林业系。现任中国工程院院士、中国环境与发展国际合作委员会中方首席专家、北京林业大学教授、博士生导师、森林培育学科带头人。曾任北京林业大学校长(1986～1993年)、中国林学会理事长(1986～1997年)、北京市人民政府专业顾问(林业顾问组组长)、现兼任国务院学位委员会学科评议组成员、《林业科学》《森林与人类》《北京林业大学学报(英文版)》主编等职。长期从事森林培育学方面的教学科研工作，在森林立地评价与分类、造林树种选择、混交林营造、干旱与半干旱地区造林等方面有多项研究成果，并在发展速生丰产用材林技术政策等的制定、大兴安岭特大森林火灾后恢复森林资源和生态环境工作方针的制定等方面起过关键作用。近年来，致力于宏观林业可持续发展及城市林业、生态和环境建设、生态文明建设等方面的研究，参与并主持中国工程院新时期生态文明若干重大战略问题研究等多个咨询研究项目。曾获国家级、省部级科技进步奖6项，全国优秀教材奖及全国优秀图书奖3项，著有《造林学》《林学概论》《中国造林技术》《中国森林资源与可持续发展》《森林培育学》等通用教材及专著9部，发表学术论文百余篇，1991年被评为国家级有突出贡献优秀科技专家称号，1996年获全国“五一”劳动奖章和首都劳动奖章，2004年获国家林业局“林业科技贡献奖”，2008年获“三北防护林体系建设突出贡献者”称号，2009年获绿色中国年度焦点人物特别贡献奖，2010年获第八届光华工程科技奖。

(杨金融　崔惠淑)

【孟兆祯】　男，1932年生，湖北武汉人，中共党员，风景园林规划与设计教育家。1956年毕业于北京农业大学园艺系造园专业后开始在北京林业大学(原北京林学院)任教至今。现为任中国工程院资深院士，园林学院风景园林学教授、博士生导师，兼任中国风景园林学会荣誉理事长、住房与城乡建设部风景园林专家委员会顾问专家、北京园林学会名誉理事长、北京市人民政府园林绿化顾问组组长、上海市绿化和市容管理局顾问组组长、《风景园林》杂志名誉主编，清华大学、北方工业大学客座教授等。培养大批硕士、博士研究生(其中外籍学生2名)、博士后2名，曾指导3名学生4次获国际大学生风景园林设计竞赛大奖。学术思想活跃，理论成果丰富，将中国传统文人写意自然山水园的民族风格，园林综合效益的科学内容、地方特色和现代社会文化休息生活融为一体，在继承的基础上发展并和其他园林专家一起建立了风景园林规划与设计学科的新教学体系，是当代传承中国传统园林文化的重要代表人物。发表论著40余部(篇)，代表作有《园衍》(中国风景园林学会2013年科技进步一等奖)《孟兆祯文集—风景园林理论与实践》《中国古代建筑技术史·掇山》《避暑山庄园林艺术理法赞》(获国家科技进步二等奖)《中国大百科全书·建筑卷·置石、假山、园林工程》。主持40多个风景园林设计项目，《深圳仙湖植物园设计》获深圳市1993年设计一等奖、住房与城乡建设部优秀设计三等奖和2012年广东省住房和城乡建设厅岭南特色园林设计奖，《三亚市园林绿地系统规划》获住房与城乡建设部1995年优秀设计奖，近年来主持设计了杭州花圃、北京奥林匹克公园林泉奥梦景区、第九届中国国际园林博览会(北京)大假山、邯郸赵苑公园、梦海公园以及2013年毛主席纪念堂主体及庭院改造工程等。所承担的风景园林设计布局有章、细部精微，科技与艺术融为一体，且根据现代社会生活需要，创造出具有先进理念的现代人居环境。1992 年享受政府特殊津贴。1997 年获“宝钢教育基金会”优秀教师奖。2004 年获首届林业科技贡献奖。2011 年被风景园林学会评为风景园林终身成就奖。2013 年获第九届中国(北京)国际园林博览会专家贡献奖。

（周春光　崔惠淑）

【尹伟伦】 男，1945 年 9 月生，天津市人。1968 年 7 月参加工作，硕士研究生毕业，教授。1968 年 9 月毕业于北京林学院(现北京林业大学)林学专业，分配到内蒙古牙克石甘河林业局机修厂工作，先后任技术员、车间主任。1978 年 9 月至 1981 年 6 月在北京林学院攻读植物生理学硕士学位，毕业后留校任教。1993 年至 2010 年曾担任校党委常委、副校长、常务副校长、校长等职务。2005 年 12 月当选为中国工程院院士，2010～2014 年任中国工程院农业学部主任，中国工程院主席团成员，2012 年当选北京科协副主席，2008 年至今连续当选为第十一届、第十二届全国政协委员，2015 年被国家发展与改革委员会聘为第一届全国生态保护与建设专家咨询委员会主任委员。曾任国际杨树委员会执委，被聘为国务院应急管理专家组成员、国家环境咨询委员会委员、国家减灾委员会委员，兼任中国林学会副理事长、法人，中国杨树委员会主席，中国植物协会常务理事，北京林学会理事长，北京市政府顾问，天津市政府顾问，广西壮族自治区主席顾问，北京市学位委员会委员等职务。主要研究方向是林木生长发育调控、植物抗旱抗盐机理、良种选育及分子生物学基因工程等。发表论文 200 余篇，主编教材与著作有《中华大典·林业典》《林业生物技术》《中国杨树栽培与利用研究》《杨树遗传图谱构建与数量性状基因定位》《中国松属主要树种栽培生理生态与技术》《国际杨树研究新进展》等。主持课题有“九五”“十五”的国家攻关项目，“十一五”“十二五”国家科技支撑项目，国家“863”及国家自然基金重点项目。先后获国家发明奖、国家科技进步奖 5 项，国家教学成果一等奖 1 项、二等奖 1 项，省部级科技、教学奖 19 项。获全国优秀科技工作者，全国模范教师，全国优秀教师，首都劳动奖章获得者，北京市优秀教育工作者，国家级、省部级突出贡献中青年专家，国务院政府特殊津贴，宝钢优秀教师特等奖，北京市有突出贡献的科学技术管理人才等 10 余项荣誉称号，是“2010 绿色中国”年度焦点人物特别贡献奖获得者。

（刘　超　崔惠淑）

知名专家学者

【概　况】 截至 2016 年年底，学校有“千人计划”特聘教授、国家特聘专家 1 人，为邬荣领教授。长江学者特聘教授、讲座教授 6 人，分别是骆有庆教授、孙润仓教授、李建章教授、许凤教授、邬荣领教授、李百炼教授；其中孙润仓教授 2010 年获批“生物质转化为高值化材料的基础科学问题”(“973”项目)，并担任首席科学家。国家杰出青年科学基金获得者 4 人，分别是孙润仓教授、林金星教授、戴玉成教授、许凤教授。“青年千人计划”入选者 2 人，为王强教授、宋国勇教授。“万人计划”科技创新领军人才入选者 1 人，为许凤教授。“万人计划”哲学社会科学领军人才入选者 1 人，为陈建成教授。“青年拔尖人才支持计划”选者 1 人，为彭锋教授。

【邬荣领】 男，1964 年生，美国华盛顿大学数量遗传学博士。美国宾夕法尼亚州立大学教授、博士生导师、统计遗传学中心主任，国家海外杰出青年科学基金获得者。现同时担任北京林业大学计算生物学中心主任，“长江学者奖励计划”讲座教授，中组部“千人计划”特聘教授，中组部与人保部“国家特聘专家”。因其在统计遗传学领域的卓越贡献，2010 年被评选为美国统计学会杰出会员。邬荣领教授是统计遗传学领域的知名学者，在国际上首次提出生物复杂性状的功能作图理论，并推导出一系列动态性状基因定位的统计模型与算法。其研究最显著的创新点是将数学及统计学的基本原理镶入生物学的具体问题之中，运用计算模型解析生物体生长发育的遗传调控机制，进一步监控基因突变现象和预测生命的发展趋势。迄今已在国际权威刊物发表论文330余篇，出版学术专著3部。担任多家国际学术期刊主编、副主编及编委。邬荣领教授利用其在海外的学术资源和国际上的学术地位，一直与国内多所高校开展合作研究，帮助国内学者在国际刊物上发表SCI论文逾百篇，为国家培养了一批青年科技人才。承担多项国家科学基金项目，发表的论文获中国林学会的梁希优秀论文奖。（梁　丹　崔惠淑）

【骆有庆】 男，1960年10月19日出生，汉族，博士，浙江义乌人，中共党员。1982年本科毕业于南京林业大学，1985年研究生毕业于北京林业大学后留校工作，2005年获生态学博士学位。1988年任讲师，1993年任副教授，1995年晋升教授。曾兼任校科技处处长、生物学院常务副院长、林学院院长等职。现为北京林业大学党委常委、副校长、长江学者特聘教授，教育部创新团队带头人，博士生导师，森林保护学科带头人，教育部北京市共建森林培育与保护重点实验室主任、北京市林业有害生物防治重点实验室主任。现兼任国务院学位委员会第七届学科评议组林学组召集人、教育部高等学校林学类专业教学指导委员会主任委员、中国林业教育学会副理事长兼秘书长、全国林业专业学位研究生教育指导委员会副主任委员、中国昆虫学会常务理事、中国林学会森林昆虫分会主任委员等。亚太地区林业教育协调机制首届专家指导委员会主任。先后获全国新世纪首批百千万人才工程国家级人选，国务院政府特殊津贴获得者，北京市高校教学名师，国家级优秀教学团队带头人，教育部优秀骨干教师，北京市先进工作者，北京市五四青年奖章获得者，北京市高校优秀青年骨干教师、林业敬业奖、宝钢优秀教师特等奖提名奖、全国林业科技先进个人，以及美国农业部有害生物入侵管理国际合作研究奖等荣誉称号。主要研究方向为林木钻蛀性害虫生态调控和林业外来有害生物防控。先后主持国家科技攻关、省部级重点课题、国际合作、"973""863"、国家自然科学基金重点项目、霍英东基金、科技部成果转化基金、科技支撑项目、博士点基金等课题。以第一完成人获国家科技进步奖二等奖、宁夏科技进步一等奖、中国林学会梁希奖、国家林业局和中国林学会梁希林业科技一等奖、霍英东高校青年基金项目奖、北京市高校教学成果一等奖。以第二完成人获国家级教学成果二等奖。（徐昕照　崔惠淑）

【孙润仓】 男，1955年2月生，1982年2月毕业于西北大学化学系，1996年获英国威尔士大学博士学位，国家杰出青年基金获得者，"长江学者奖励计划"特聘教授，"973"首席科学家。现为林木生物质化学北京市重点实验室主任，北京林业大学材料科学与技术学院博士生导师，林产化工学科带头人。30多年来，一直从事生物质转化新材料、新能源及化学品方面的研究，提出了一种全新的生物质高效转化途径："组分清洁分离→建立转化平台→定向转化为新材料"，阐明了生物质组分清洁解离机制，实现了生物质组分高效分离、然后依据分离组分的构效关系，构建了生物质转化为高值化材料及生物乙醇的新理论与新技术，并实现了产业化，产生显著的经济、社会及环境效益。在国内外学术期刊上发表SCI收录论文708篇，其中186篇发表在一区Top期刊上（科学院分类），发表EI收录论文58篇，论文被正面引用19 500次，（Google Scholar H——因子70，SCI H——因子55），其中9篇论文入选ESI高被引论文。国际会议论文216篇，其中国际会议特邀报告22次，大会发言31次，口头报告45次。主编 *Cereal Straw as a Resource for Sustainable Biomaterials and Biofuels: Chemistry, Extractives, Lignins, Hemicelluloses and Cellulose* 专著1部（2010，Elsevier），同时还被国外专家邀请参与编写 *Hemicelluloses: Chemistry and Technology* 等英文专著30部和英国科学分离百科全书1部，连续三年入选爱思维尔中国高被引学者榜单。授权发明专利77件。担任英国皇家化学会Fellow，美国化学会KINGFA Award委员会委员，第六、七届国务院学位委员会轻工技术与工程学科评议组成员，第七届教育部科学技术委员会化学化工学部委员，中国生物工程学会第六届理事会理事，中国林学会林产化学化工分会常务理事，生物质化学工程理事会理事，四种国外 SCI 期刊 *Carbohydrate Polymers*（英国），*Industrial Crops and Products*（JCR 一区），*Bioresources*（美国）和 *Journal of Biobased Materials and Bioenergy*（美国）执行主编和副主编，*The world Journal of Forestry* 副主编，*Journal of the Faculty of Forestry Istanbul University*（JFFIU）副主编（亚洲主编），三种国外 SCI 期刊 *Journal of Agricultural and Food Chemistry*（JCR 一区），*International Journal of Cellulose Chemistry and Technology*（SCI 期刊）及 *The Scientific World Journal*（SCI 期刊）编委，*Bioethanol Journal*，*Journal Energy Research and Applications*，*Bioresources and Bioprocessing*，*Journal of Engineering*，*Dataset Papers in Chemistry*，*Energy Review* 及 *The Open Agriculture Journal* 编委。获国家技术发明二等奖 2 项，教育部自然科学一等奖 3 项、科技进步一等奖 1 项，省级科技进步一等奖 1 项、二等奖 3 项，第十一届光华工程科技奖获得者。培养研究生及博士后近 100 名，全国优秀博士论文获得者 3 人、提名 2 人，其中大多数已成为优秀青年骨干，包括国家杰出青年基金获得者"长江学者奖励计划"特聘教授 1 人、科技部中青年科技创新领军人才 1 人、中组部青年拔尖人才 3 人、"青年长江学者奖励计划"特聘教授 1 人、优青 1 人、教育部新世纪优秀人才 5 人、北京市科技新星 1 人、北京市青年英才计划入选者 4 人。 （孙润仓　崔惠淑）

【李建章】 男，1966 年生，博士。1988 年本科毕业于天津大学后来校工作，1996 年出国学习，2001 年，获得日本鸟取大学博士学位。现为"长江学者奖励计划"特聘教授、博士生导师，木质材料科学与应用教育部重点实验室主任，北京林业大学图书馆馆长。担任中国林学会木材科学分会副理事长，木竹产业技术创新战略联盟理事，中国林产工业协会专家咨询委员会专家。《北京林业大学学报》等多家学术刊物编委。入选国家百千万人才工程人选并被授予"有突出贡献中青年专家"荣誉称号，获北京市高校优秀共产党员、北京市高校育人标兵、宝钢优秀教师奖，享受国务院政府特殊津贴，是海峡两岸林业敬业奖励基金获得者。多年来致力于木质复合材料与胶黏剂的教学与科研工作，主讲《胶黏剂与涂料》《高分子概论》《木质复合材料与胶黏剂》等本科生与研究生课程。主持国家科技支撑计划、国家自然科学基金、林业公益性行业专项等课题 20 余个，多项成果在企业推广应用。获国家发明专利授权 43 件，发表论文 210 多篇，其中 SCI 收录论文 102 篇。以第一完成人获国家技术发明二等奖、北京市科技进步三等奖，以第二、三完成人获吉林省科技进步一等奖、北京市科技进步二等奖及行业科技进步二等奖。

（李建章　崔惠淑）

【李百炼】 男，1957 年 12 月生，美籍华人，北京林业大学长江学者讲座教授，美国北卡罗莱纳州立大学林学和环境资源学院教授，博士生导师。现任美国北卡罗莱纳州立大学副校长，北美林木遗传改良协作组主任，国际林联 IUFRO 第二学部"树木生理与森林遗传"主席，国际著名林学杂志 *Forest Science* 和 *Canadian Journal of Forest Research* 副主编，瑞典农业大学、澳大利亚昆士兰大学、芬兰赫尔辛基大学和北京林业大学等多所著名大学兼职教授和博士生导师。一直从事林木遗传改良的教学和科研工作，目前主讲"数量遗传学"和"生物信息学"等课程。主持 10 余项来自美国科学基金会、农业部、能源部等机构和部门的研究和开发项目。在树木遗传育种学、分子遗传学和基因组学等领域取得多项研究成果，并应用于美国重要用材树种火炬松和南方松的育种实践中。迄今已在国际著名的各种专业杂志和专业书籍上发表 100 多篇高水平学术论文，被引量为 2000 多次。 （杨丽娜　崔惠淑）

【林金星】 男，1961 年生，1992 年获北京大学理学博士，国家杰出青年基金获得者，中国科学院百人计划入选者，第五届中国青年科技奖获得者。现任北京林业大学生物科学与技术学院院长、教授、博士生导师，全国政协委员、国务院学科评议组成员和北京植物学会理事长，曾任南开大学、中国科大研究生院、北京师范大学、东北师范大学、厦门大学兼职教授。现任国际刊物 *BMC Plant Biology* 和 *Plant Signaling and Behavior* 副主编，*PLoS* One、*Plant Physiology and Biochemistry*、*Journal of Plant Physiology*、*Communicative and Integrative Biology* 和 *Trees – Structure* *and Function* 编委，《植物科学进展》《电子显微学报》副主编、《植物科学学报》等六个刊物编委，中国电子显微学会激光共聚焦专业委员会主任，国家自然科学基金委员会植物学科评审组成员、《中国青年科技奖》评审组成员。近20年来，一直致力于植物细胞与生殖生物学的研究，在植物细胞囊泡转运和针叶树树木发育等方面取得了创新性成果，先后在 *PNAS*，*Trends in Plant Science*，*Plant Cell*，*ACS Nano*，*Plant Journal*，*Plant Physiology* 等著名刊物发表论文50多篇。近5年来，主持国家自然科学基金重点项目1个，科技部国际合作重点项目1个，教育部创新团队发展计划1个，教育部"111"引智计划1个，培养研究生和博士后20多名。

（杨丽娜　崔惠淑）

【戴玉成】 男，1964年生，芬兰赫尔辛基大学博士毕业，国家杰出青年基金获得者，中国科学院百人计划和中国科学院百人计划优秀团队获得者，国务院特殊津贴获得者。现为北京林业大学微生物研究所所长，博士生导师，兼任 *Mycological Progress* 责任编辑、《菌物学报》主编、《北京林业大学学报》副主编。主要长期从事森林生态系统木生真菌多样性、系统发育、真菌酶活性、食药用真菌及森林病害研究。发现和发表真菌新属20个，新亚属3个，新种200个，新组合种70个，森林新病原真菌68个，新食药用真菌42个，新生物工程菌15个，将中国木生真菌种类由过去记载的不足700种增加到1400种，占世界已知种的50%，使木生真菌的种类和菌种保藏数量处于世界前列。编研出版了《中国东北野生食药用真菌图志》《中国储木及建筑木材腐朽菌图志》《海南大型木生真菌的多样性》《中国药用真菌图志》等专著。发掘出蕴藏的大量真菌资源，建成国内外最大的木材腐朽菌标本库和菌株库。分析木材腐朽菌多个代表类群的系统发育关系，从分子水平上阐述它们之间的亲缘关系，使木材腐朽菌的研究居身世界前列。通过对真菌遗传学的研究，在高等真菌中首次发现一种新的交配类型，并发现世界上最大的真菌，对我国重要的药用菌灵芝、桑黄和食用菌木耳的名称进行了修订；通过木生真菌生态研究，揭示寒温带、温带和暖温带等不同森林类型中木生真菌区系的种群结构和变化规律。在国内外学术期刊上发表SCI收录论文200余篇，论文被他人正面引用2000余次。授权发明专利8项。获得省部级一等奖1项，二等奖5项。

（司　静　崔惠淑）

【许　凤】 女，1970年生，教授，长江学者，国家杰出青年基金获得者。2005年毕业于华南理工大学获工学博士学位，2007年获全国百篇优秀博士学位论文奖。2008年入选教育部"新世纪优秀人才支持计划"，2009年获中国青年科技奖。2012年获国家杰出青年科学基金项目资助。2013年获第十届中国青年女科学家奖。2014年入选科技部中青年科技创新领军人才，同年获国家百千万人才工程"有突出贡献中青年专家"荣誉称号。2015年入选教育部长江学者奖励计划特聘教授。2016年入选国家第二批万人计划。现为国际木材科学院 Fellow，美国化学会会员，英国皇家化学会会员，中国林学会林产化工分会理事。担任 SCI 期刊 *BioResources* 及 *Cellulose Chemistry and Technology* 编委以及《北京林业大学学报》副主编、《生物质化学工程》和《林业工程学报》编委，国际15种SCI期刊兼职审稿人。曾任第4届国际纸浆与造纸技术会议委员会委员。许凤教授一直潜心于植物资源高值转化利用方面的应用基础研究，主持包括"十二五"科技支撑计划、国家杰出青年科学基金、国家林业局公益项目、教育部新世纪优秀人才项目等国家级、省部级10余项。共发表218篇SCI论文，获国家发明专利10个。参加生物质高效利用等20余次重要国际会议，并被邀请做大会特邀报告3次，大会报告2次。参编英文专著5部，中文专著1部，主编中文专著1部，获国家科技进步二等奖1项，省部级科技一等奖3项、二等奖3项。主要在生物质细胞壁结构解译、主要组分分离及转化研究方面取得的成果如下：①原位揭示了细胞壁碳水化合物及木质素微区分布规律及预处理过程中细胞壁的解构机理；②阐明了非木材细胞壁羟基肉桂酸类化合物与半纤维素和木质素的键合机制：确定阿魏酸/二阿魏酸、对香豆酸与木质素侧链以及半纤维素支链的联接位置。创立秸秆HCA分离新方法，解决传统法分离效率低的缺陷。解译木质素碳水化合物键合机制，发现非木材中半纤维素支链阿拉伯糖 C5、葡萄糖醛酸 C6 分别以醚键和酯键与木质素侧链 α 位联接，不在 β 和 γ 位。③系统完善半纤维素化学理论与技术，创立一系列半纤维素纯化与均化方法，高效低成本均相改性方法，开辟生物质主要组分利用新途径。④率先实现秸秆主要组分高效清洁分离，并保证分离后各组分具有较高的化学和生物反应活性。制备了高强度耐候环保型木质素酚醛树脂胶黏剂，并实现产业化应用，大幅度提高了生物质资源的利用率。

（许　凤　崔惠淑）

【王　强】 男，1981 年生，博士，环境科学与工程学院教授。分别于 2003 年、2005 年在哈尔滨工业大学获得本科和硕士学位，2009 年在韩国浦项工业大学环境科学与工程学院获博士学位，2009～2011 年在新加坡科研局化学与工程科学研究院任研究员，2011～2012 年在英国牛津大学化学系做博士后。2012 年来校工作，主要从事纳米功能材料在环境污染治理中的应用基础研究，主要包括 CO_2 捕集与转化、汽车尾气和工厂烟气脱硝、VOCs 吸附和催化氧化去除等技术。目前已在主流期刊（包括 *Chemical Reviews*，*Energy and Environmental Science*，*ChemSusChem*，*Applied Catalysis B：Environmental*，*Environmental Science and Technology*）上发表 SCI 论文 120 余篇，H 指数 32，被引用 4500 余次。主持各级各类课题 10 余项，申请专利 12 项，撰写英文专著章节 4 个。参加国际会议 14 次，作为分会主席主持会议 3 次，作大会邀请报告 2 次。任 *Science of Advanced Materials* 副主编、*Journal of Energy Chemistry* 青年编委，40 多个国际著名期刊特约审稿人，美国化学学会石油研究基金（ACS Petroleum Research Fund）和欧盟科学与技术领域合作基金（European Co－operation in the Field of Science and Technology）评审专家。入选中组部第五批"青年千人计划"、国家自然科学基金优青项目、教育部"新世纪优秀人才支持计划"、第一批国家环境保护专业技术青年拔尖人才、第七批"北京市优秀青年人才"、北京市青年拔尖人才、北京市科技新星、北京林业大学"杰出青年人才培养计划"等。

（王　强　崔惠淑）

【宋国勇】 男，1977 年生，博士，中组部"千人计划"青年项目入选者，现为北京林业大学材料科学与技术学院教授、博士生导师。先后在兰州大学、中国科学院兰州化物所以及新加坡南洋理工大学取得学士、硕士及博士学位，其后在美国斯克瑞普斯（Scripps）研究所能源研究中心、中国科学院大连化物所及日本理化学研究所从事研究工作，获日本学术振兴会 JSPS 以及理化学研究所"国际特别研究员"资助。主要从事"金属催化剂活性的精准定位与调控，生物质催化转化，绿色高效合成方法学以及相关反应机理"等方面的研究。主持承担日本学术振兴会 JSPS、日本理化学研究所"FPR"以及科技部"国家国际科技合作专项"等研究课题。在 *Chem. Soc. Rev*，*Acc. Chem. Res*，*J. Am. Chem. Soc.*，*Angew. Chem.*，*Int. Ed.* 等 SCI 期刊发表学术论文 35 篇，其中影响因子大于 38，1 篇；影响因子大于 20，1 篇；影响因子大于 10，7 篇。单篇最高他人引用 1100 次，有 7 篇论文他引超过 100 次，H 指数为 26。发表论文中，有 4 篇入选 ESI 高被引论文，一篇入选中国科学技术信息研究所"中国百篇最具影响国际学术论文"及英国皇家化学会 1% 高被引论文。现为美国化学会、日本化学会会员，国内外多种期刊包括《催化学报》、*Chem. Sci*，*Org. Lett* 及 *I&EC Res* 等的审稿人。

（宋国勇　崔惠淑）

【彭　锋】 男，1979 年生，博士，材料科学与技术学院教授，博士生导师，中组部青年拔尖人才计划入选者、全国优秀博士学位论文获得者。主要从事生物炼制和制浆造纸过程中半纤维素的高效利用研究，主持并完成包括国家自然科学基金、林业公益行业专项、教育部博士点基金等科研和人才项目 12 个，近年来共发表 SCI 期刊论文 73 篇，EI 论文 3 篇，其中 JCR 一区论文 14 篇，1 篇入选 ESI 高被引论文，论文总被他人引用 1600 余次，单篇最高他引 190 次。被邀参与编写英文专著 5 部，中文专著 1 部，获授权发明专利 4 项。2013 年入选教育部"新世纪优秀人才"和北京市"青年人才"计划，2014 年入选中组部"青年拔尖人才"和北京林业大学"杰出青年人才培育计划"。获教育部自然科学奖一等奖 1 项（排名第三）、十三届林业青年科技奖、梁希林业科学技术奖二等奖2项。主讲本科生课程4门，研究生课程1门。指导1项国家级大学生创新计划项目和2项北京市大学生创新计划项目，1人获校级优秀毕业论文；指导2项博士研究生科技创新专项计划项目，1人研究生获国家奖学金。

（彭　锋　崔惠淑）

2016年博士生导师名录（合计247人）

林学院（42人）

崔宝凯　黄华国　刘艳红　苏德荣　武三安
戴玉成　纪宝明　刘　勇　苏淑钗　徐程扬
邓华锋　贾黎明　骆有庆　孙建新　尹淑霞
冯仲科　亢新刚　马履一　孙向阳　岳德鹏
郭素娟　李景文　聂立水　孙玉君　张凌云
韩海荣　李俊清　牛树奎　田呈明　张晓丽
韩烈保　梁英梅　彭道黎　王襄平　赵秀海
贺　伟　刘琪璟　石　娟　温俊宝　宗世祥
王兵（外聘）　周国模（外聘）

园林学院（23人）

蔡　君　高亦珂　吕英民　于晓南　朱建宁
成仿云　林　箐　孟兆祯　张启翔　贾桂霞
戴思兰　刘晓明　潘会堂　张玉钧　李　雄
董　璁　刘　燕　王四清　赵惠恩
董　丽　刘志成　王向荣　赵　鸣

水土保持学院（31人）

毕华兴　郭小平　孙保平　魏天兴　张　岩
查天山　贺康宁　王百田　吴　斌　张宇清
陈丽华　胡雨村　王冬梅　余新晓　张志强
程金花　牛健植　王秀茹　张洪江　赵廷宁
丁国栋　齐　实　王玉杰　张建军　周金星
郭建斌　饶良懿　王云琦　张克斌　朱清科
王浩（外聘）

经济管理学院（26人）

曹芳萍　胡明形　宋维明　温亚利　张绍文
曹世雄　李红勋　田明华　谢　屹　张卫民
陈建成　李华晶　田治威　张彩虹　张　颖
陈文汇　刘俊昌　王立群　张大红　朱永杰
程宝栋　潘焕学　王武魁　张立中
石　峰（外聘）　郑文堂（外聘）

人文社会科学学院（5人）

李铁铮　李　伟　陆　海　王建中　尹伟伦

工学院（12人）

阚江明　李文彬　刘晋浩　钱　桦　司　慧
肖　江　俞国胜　张厚江　张军国　赵　东
赵燕东　徐学锋

材料科学与技术学院（31人）

曹金珍　蒋建新　蒲俊文　伊松林　张学铭
常建民　金小娟　宋国勇　于志明　张亚池
樊永明　雷建都　宋先亮　张力平　赵广杰
高建民　李建章　孙润仓　张求慧　马明国
郭洪武　李　黎　许　凤　张世锋　彭　锋
何　静　母　军　姚春丽　张双保　王　波
杜官本（外聘）

生物科学与技术学院（38人）

安新民　林　震　庞晓明　王晓茹　张柏林
陈少良　李　悦　严　耕　翁　强　张德强
高宏波　李　云　任迪峰　阎景娟　张金凤
蒋湘宁　林金星　沈应柏　邬荣领　郑彩霞
荆艳萍　林善枝　孙爱东　夏新莉　万迎朗
康向阳　刘玉军　汪晓峰　徐吉臣　王　君
李博生　卢存福　王华芳　杨海灵　谢响明
裴　东（外聘）　李百炼（外聘）
杨敏生（外聘）

信息学院（10人）

曹卫群　陈飞翔　陈志泊　淮永建　刘文萍
王建新　吴保国　武　刚　赵天忠　周　曦

自然保护区学院（14人）

崔国发　胡德夫　栾晓峰　于飞海　高俊琴
丁长青　雷光春　武曙红　张明祥　张　东
关文彬　李　凯　徐基良　张志翔

环境科学与工程学院（15人）

封　莉　齐　飞　王　强　张立秋　常　红
李　敏　孙德智　王毅力　张盼月　洪　喻
梁文艳　王　辉　贠延滨　张　征　王洪杰

（王国柱　张立秋）

正高级专业技术岗位人员名单

截至2016年年底，北京林业大学正高级各系列专业技术职务在聘人员共有306人，其中教授285人。

教授一级(3人)

沈国舫　孟兆桢　尹伟伦

教授二级(26人，按姓氏笔画排序)

马履一　王向荣　冯仲科　孙建新　孙保平　孙润仓　孙德智　刘晋浩　吴　斌　宋维明　张启翔　余新晓　李文彬　李俊清　李　雄　严　耕　林金星　郑小贤　骆有庆　赵广杰　赵秀海　康向阳　蒋湘宁　韩烈保　雷光春　戴玉成

教授三级(61人，按姓氏笔画排序)

丁国栋　丁密金　于飞海　于文华　于志明　王四清　王玉杰　王立群　王华芳　王百田　王秀茹　王建中　史宝辉　田治威　刘俊昌　刘　勇　刘晓明　刘　燕　孙玉军　孙向阳　孙承文　成仿云　朱永杰　朱建宁　朱清科　许　凤　吴保国　张大红　张文杰　张立中　张志翔　张柏林　张洪江　张盼月　张彩虹　李　云　李建章　李　黎　苏德荣　陈少良　陈丽华　陈建成　武三安　郑彩霞　俞国胜　段克勤　徐程扬　胡德夫　贺康宁　赵廷宁　贾桂霞　崔国发　常建民　曹金珍　彭道黎　温亚利　董　丽　韩海荣　韩　朝　蒲俊文　戴思兰

教授四级(194人，按姓氏笔画排序)

丁长青　于晓南　马明国　王小春　王云琦　王冬梅　王武魁　王学顺　王建新　王洪杰　王洪琴　王　辉　王　强　王毅力　王襄平　牛树奎　牛健植　亢新刚　尹淑霞　邓华锋　石　娟　卢存福　申世杰　田呈明　田明华　史明昌　兰　超　司　慧　母　军　毕华兴　吕英民　朱建军　任迪峰　伊松林　刘文定　刘文萍　刘玉军　刘志成　刘　胜　刘艳红　刘琪璟　刘晶岚　刘蓟生　刘　毅　齐　飞　齐　实　齐建东　关文彬　安新民　孙爱东　贠延滨　纪宝明　苏　宁　苏淑钗　李汉平　李　伟　李华晶　李红勋　李昌菊　李　凯　李　艳　李素英　李　健　李　悦　李　敏　李博生　李景文　李　强　杨海灵　肖　江　时　坤　何　昉　何　静　汪晓峰　沈应柏　宋先亮　宋国勇　张力平　张卫民　张双保　张玉钧　张世锋　张　东　张立秋　张亚池　张宇清　张军国　张志强　张克斌　张求慧　张　青　张明祥　张　岩　张　征　张金凤　张学铭　张建军　张绍文　张春雨　张厚江　张晓丽　张凌云　张祥雪　张继晓　张　颖　张德强　陆　海　陈飞翔　陈文汇　陈　东　陈志泊　陈晓鸣　武　刚　武曙红　范秀华　林子臣　林善枝　林　箐　林　震　岳德鹏　金小娟　金鸣娟　周金星　周　曦　庞晓明　郑　曦　宗世祥　封　莉　赵天忠　赵　东　赵　宏　赵　鸣　赵惠恩　赵燕东　荆艳萍　胡雨村　胡明形　查天山　饶良懿　姚春丽　贺　伟　袁津生　袁　涛　聂立水　贾黎明　夏新莉　钱　桦　徐　平　徐吉臣　徐基良　翁　强　栾晓峰　高亦珂　高汶漪　高宏波　高建民　郭小平　郭建斌　郭洪武　郭素娟　黄华国　黄晓玉　曹卫群　曹世雄　曹礼昆　曹芳萍　曹荣平　崔宝凯　阎景娟　淮永建　梁文艳　梁英梅　彭　锋　董　璁　蒋建新　韩　宁　景庆虹　程金花　程宝栋　程艳霞　温俊宝　谢　屹　谢响明　谢惠扬　雷秀雅　雷建都　蔡　君　廖蓉苏　阚江明　樊永明　潘会堂　潘焕学　戴秀丽　魏天兴

特聘教授(1人)

邬荣领

其他专业技术系列正高级职务(21人，按姓氏笔画排序)

编审：李文军　李铁铮

研究员：方国良　王自力　王　勇　全　海　刘　诚　刘宏文　孙信丽　张　闯　张　勇　李　勇　邹国辉　陈天全　侯小龙　姜金璞　黄国华　董金宝

正高职高级工程师：李　雷　徐　波

主任医师：贺　刚

（吴　超　崔惠淑）

人大代表、政协委员名单

序号	姓　名	政治面貌	性别	职　务
1	尹伟伦	中共党员	男	现全国政协委员(第十二届)、中国工程院院士、原校长
2	林金星	致公党	男	现全国政协委员(第十二届)、致公党中央委员(第十四届)、现生物学院院长、教授
3	李俊清	中共党员 九三学社	男	现北京市政协委员(第十二届)、林学院教授
4	曹金珍	九三学社	女	现北京市人大代表(第十四届)、九三学社社员、材料学院教授
5	王自力	中共党员	男	现海淀区人大代表(第十五届)、海淀区政协委员(第十届) 学校经营性资产管理委员会常务副主任
6	郭素娟	无党派	女	北京市党外高级知识分子联谊会理事 现海淀区人大代表(十五、十六届)、林学院教授
7	张　闯	中共党员	男	北京市海淀区人大代表(第十六届)、副校长
8	张盼月	农工党	男	现海淀区政协委员(第九届、第十届)、农工党海淀区委委员、现农工党北林大支部主委、环境科学与工程学院教授
9	聂立水	民　盟	男	海淀区政协委员(第十届)、海淀区盟委高等教育专委会委员、农业部肥料登记评审委员会委员，现民盟北林大支部主委、林学院教授
10	林　震	中共党员	男	海淀区政协委员(第十届)，北京林业大学侨联主席、人文学院院长

2016 年大事记

1 月

1 月 9 日 国内首个自然资源与环境审计研究中心在学校成立。

1 月 9 日 严耕教授被推选为北京高教学会马克思主义原理研究会名誉会长，张秀芹副教授为副会长。

1 月 12 日 白山市江源区林业系统高级研修班在校开班。

1 月 14 日 学校与 SOHO 中国共建就业实践和教学实习基地。

1 月 16 日 学生食堂公寓工程完成主体结构封顶。

1 月 16 日 第四届大学生就业创业服务与实践高峰论坛在校举行。

1 月 19 日 学校召开校纪委十届十一次全会部署 2016 年工作。

1 月 20 日 城乡生态环境北京实验室首届学术年会举行。

1 月 22 日 马克思主义学院成立，校党委书记王洪元、校长宋维明为学院揭牌。副校长姜恩来担任首任院长，赵海燕担任学院党总支书记。

1 月 22 日 学校辅导员支撑团队计划启动。

1 月 26 日 学校国家大学科技园生态科技协同创新中心在张家口市林业局挂牌成立。

1 月 材料学院彭锋入选“万人计划”青年项目。

1 月 《北京林业大学率先将国学引入 MBA 教育成效显著》在“礼敬中华优秀传统文化”系列活动中获评特色展示项目。

1 月 学校“农林经济管理类人才培养校内创新实践基地”获批北京高校示范性校内创新实践基地。

1 月 国家花卉工程技术研究中心和林木育种国家工程实验室接受学校中期考核，考核成绩为优秀。

1 月 保护区 13 - 1 班学生团支部获评全国高校践行核心价值观示范支部。

1 月 学校深度辅导育人实效研究获第 26 届“丹柯杯”优秀研究成果一等奖。

1 月 北京市人文社科实验教学云平台研讨会在校召开。

1 月 《高等学校风景园林专业本科指导性专业规范》华北片区宣传贯彻活动在校举行。

1 月 戴玉成、林金星、陈少良、曹世雄和孙润仓五位学者入选 2015 中国高被引学者榜单。

2 月

2 月 4 日 学校为寒假不返乡学生举办春节、藏历新年团拜会。

2 月 28 日 学校召开 2016 年工作会。

2 月 林学实验教学中心获批北京市高等学校实验教学示范中心。

2 月 学校参加 2016 年亚太林业周并出席第四次亚太林业教育协调机制会议。

3 月

3 月 8 日 学校召开庆祝“三八”国际劳动妇女节暨表彰会，对北京市“三八”红旗奖章获得者和评选出的 10 名学校“三八”红旗标兵、10 名“三八”红旗奖章获得者、26 名“三八”红旗手进行表彰。

3 月 9 日 瑞典农业大学林学院副院长来校就进一步推进学生交换培养项目进行交流。

3 月 9 日 西南林业大学党委书记吴松、云南省人大常委会教科文卫工作委员会副主任刘惠民等一行来校交流。

3 月 10 日 湖南师范大学校长蒋洪新一行来校调研。

3 月 11 日 日本东京经济大学副校长福士正博一行来校访问。

3 月 14 日 英国朴次茅斯大学工学院院长 DjamelAit-Boudaoud 教授一行来校交流。

3 月 15 日 艺术设计学院教师秦龙作品在 2015 年第十五届亚洲数字艺术大赛获动画单元金奖。

3月15日 计算生物学中心研究团队发明的识别林木发育转换时间节点的计算技术在国际著名植物学刊物 *New Phytologist*(2015年影响因子：7.672)上在线发表。

3月17日 材料学院木材科学与工程(家具设计与制造方向)专业2012级本科生韩煜被评为梁希优秀学子。

3月17日 学校43名教师受聘为新一届本科教学督导员。

3月18日 学校召开2015年度校领导班子及领导干部考核述职测评暨选拔任用干部"一报告两评议"工作会。

3月21日 挂靠学校的"中国林学会森林培育分会"在全国林学会秘书长会议上被中国林学会评为"2015年度优秀分支机构"。

3月21日 学校9个学科获批2015年国家林业局重点学科和重点(培育)学科。

3月24日 自然保护区学院和山西昌源河国家湿地公园签署战略合作协议。

3月28日 在国家主席习近平与捷克总统泽曼举行会晤之前，两国元首在布拉格拉尼庄园一起种下一株来自中国的银杏树苗。这株象征中捷友谊长存、寓意两国关系友好绵长久远的银杏树，由北京林大林业科技股份有限公司培育。

3月29日 经管学院陈建成教授入选2014年文化名家暨"四个一批"人才名单。

3月29日 中央党校宋福范教授来校作学习习近平总书记系列重要讲话精神专题辅导报告。

3月 园林学院刘燕教授主持完成的"观赏芍药产业化生产关键技术与应用"项目获北京市科学技术三等奖。

3月 学校在北京高校教育工作会上受到表彰。获北京高校青年教师社会调研优秀成果一等奖3项、二等奖8项，学校获优秀组织奖。《实施四轮驱动工程，构建四全工作体系，创新研究生思政工作》获首都大学生思想政治教育工作实效奖二等奖。刘伟学业辅导工作室跻身首批北京高校十个"辅导员工作室"行列。获北京高校红色"1+1"示范活动二等奖1项。在"我的班级我的家"优秀班集体创建活动中，获十佳示范班集体。

3月 最高人民法院环境资源审判庭副庭长魏文超一行来校专题调研"林业现代化背景下我国林权法律问题"。

3月 日本千葉大学代表来校磋商校际合作项目

3月 "北林—北方工大—北交"三校建筑学学科联合毕业设计启动。

3月 309名普通招考博士生参加2016年博士生入学考试。

3月 在2016年全国田径室内锦标赛上，经济管理学院研究生陈童以5421分摘夺男子七项全能铜牌，本科生杨泽平在男子400米决赛中夺得第四名。

3月 学校"李相符"青年英才培养计划暑期社会实践团在2015年"井冈情·中国梦"全国大学生暑期实践季专项行动总结会上获"优秀实践团队"荣誉称号。

4月

4月1日 学校6个志愿服务团在第二批首都学雷锋志愿服务站申报命名活动中，获评"首都学雷锋志愿服务示范站(岗)""首都学雷锋志愿服务站(岗)"称号。

4月1日 第四届梅花科普活动在学校鹫峰林场举行。

4月2日 2016年绿桥、绿色长征活动推进会在校举行。团中央书记处书记徐晓，国家林业局副局长彭有冬，国家林业局宣传办公室主任程红，团中央农村青年工作部副部长张传慧，教育部思政司副巡视员俞亚东，中国科学院生态环境研究中心党委副书记、副主任庄绪亮，北京市园林绿化局副局长高大伟，环境保护部自然生态保护司吕世海等出席活动。推进会由北京团市委副书记杨海滨主持。

4月2日 首都大学生第32届绿色咨询活动在北京植物园举行。

4月2日 "精准扶贫·绿色行动"京津冀大学生精准扶贫精品项目推介展举行。

4月5日 学校完成中央党校二维码植物科普项目。

4月5日 学校产生首批"辅导员工作室"建设名单。

4月5日 学校与康师傅控股有限公司签署合作协议。

4月6日 学校森培学科毛白杨研究团队完成示范区造林任务

4月6日 学校与山东菏泽学院商谈合作事宜。

4月7日 艺术设计学院张华溢获第四届北京高校辅导员职业能力大赛一等奖。

4月6日 绿色公民行动2016年系列公益活动启动仪式在校举行。

4月6日 欧洲森林研究所所长马克·帕拉西，欧洲森林研究所亚洲地区办公室主任文森特·范登伯克，欧洲森林执法REDD项目负责人朱希·维塔南一行来校。

4月14日 学校鄢陵基地承接方河南龙源花木有限公司负责人，许昌市林业站负责人及“926”春苗计划学员代表一行来学校洽谈项目合作事项。

4月13日 埃及本哈大学校长来校商谈校际合作。

4月13日 中共中央宣传部副部长王世明来校作《牢固树立社会主义核心价值观》专题辅导报告。

4月15日 科技部中国农村技术开发中心主任贾敬敦来校调研科技工作。

4月15日 学校召开第七届教职工暨第十五届工会会员代表大会第二次会议。

4月16日 学校老年乐运动会在体育场举办，近400位离退休老同志积极参与。

4月19日 学校召开党外人士情况通报会。

4月20日 学校和中国地质学会联合举办纪念第47个世界地球日第四届首都高校大学生主题演讲比赛。

4月21日 海淀区政协主席彭兴业来校调研。

4月23日 学校举行2016年春季师生运动会暨体育文化节开幕式。

4月25日 艺术设计学院张华溢在第五届全国高校辅导员职业能力大赛华北赛区获二等奖。

4月27日 学生何伟、谭立、金兰兰、张梦涵、崔佳慧的作品“Grace of Flood”在国际风景园林师大会竞赛中荣获二等奖。

4月29日 学校举行庆祝“五一”国际劳动节暨表彰大会。

4月29日 学校召开侨联换届选举会议。

4月30日 北京市委教育工委常务副书记张雪带领北京高校党建专家一行到学校调研“强化大学生思想入党”支持计划的实施情况。

4月 学校“两学一做”学习教育专题网站正式上线。

4月 教育部科技司副巡视员高润生来学校调研。

4月 材料学院家具设计与工程系携国家林业公益性行业科研专项项目成果参加“米兰国际家具展”。

4月 湾区城市生态文明大鹏策会在深圳召开。

4月 材料学院家具系D.C.R.设计工作室首次受邀参加了2016米兰国际家具展卫星沙龙展。

4月 学校与山东菏泽学院正式签署合作协议，校长宋维明代表学校签字，并与国家林业局造林司副司长王剑波，菏泽市人民政府副市长任仲义等领导共同为牡丹学院揭牌。

5月

5月3日 举行以“五四精神与青年担当”为主题的“青汀”——校领导与学生代表面对面交流活动。

5月4日 召开“弘扬五四精神，爱国爱校，践行立德树人、办人民满意教育”座谈会。

5月4日 中国老教授协会林业专业委员会换届。

5月6日 青年教师康峰荣获2016年“首都劳动奖章”。

5月7日 “树人”研究生党员骨干培养学校第五期(春季)精英骨干培训班开班。

5月9日 园林学院刘尧获全国高校辅导员年度人物提名奖。

5月10日 图书馆获北京高校图工委“开放日”活动一等奖。

5月10日 北京日报社党组书记、社长傅华来校作意识形态专题报告。

5月12日 学校公共分析测试中心通过国家机构资质认定。

5月12日 新疆农业大学副校长钱学军一行来校交流对口支援工作。

5月13日 艺术学院学生作品在2015中国

大学生原创动漫大赛中获奖。

5月14日 “百万菁英创业分享会”在校举行。

5月15日 学校与北京市园林绿化局、北京世界园艺博览会事务协调局、延庆区政府共同主办的，北林国家大学科技园等承办的第一届北京牡丹科技文化节暨“科技创新与牡丹产业发展”高峰对话会开幕。

5月15日 学校自主设计的学位证书正式发布。

5月16日 全国林业院校继续教育网络课程资源联盟在校成立。

5月17日 学校获评“首都大学生暑期社会实践先进单位”。

5月18日 学校召开2016年科研经费监管领导小组工作会议。

5月20日 经管学院金融系教师顾雪松的题为《产业结构差异与对外直接投资的出口效应——“中国——东道国”视角的理论与实证》的论文，在国内经管类知名学术刊物《经济研究》(2016年第4期)上发表。

5月20日 计算生物学中心团队的研究成果于国际著名植物学期刊 *Plant Biotechnology Journal* 在线发表。

5月21日 党校第55期发展对象培训班结业典礼暨第1期青年马克思主义者培训班主题教育活动举行。

5月21日 学校MBA教育中心在第十届中国MBA领袖年会上被评为“中国最具影响力商学院”。

5月21日 举行中美合作办学草坪管理专业2016届学生毕业典礼。

5月24日 外语学院商务英语专业本科14级学生黄可妤、李雨默组成的北林辩论队获第19届“外研社杯”全国大学生英语辩论赛全国总决赛一等奖，并获得最佳辩手奖。

5月26日 由中国老教授协会、中国农业大学和学校共同主办的2016全国农林院校“互联网+”教育高峰论坛开幕。

5月27日 教育部专家组来校对学校基本建设规范化管理情况进行检查。

5月28日 高雅艺术进校园系列展览——吴风雅韵作品展书画赠予仪式和画展创作笔会举行。

5月28日 “2016世界风景园林师高峰讲坛”在北林大开幕。

5月28日 在首都“创青春”大学生创业大赛金奖答辩会上，学生自主注册的Grow景观绿化有限责任公司等6件作品获银奖，科林资源再生项目等6件作品获铜奖，总成绩位列北京市第八名，获得本届“创青春”大学生创业大赛“优胜杯”，4支团队进入全国赛。

5月28～29日 外语学院青年教师龚锐和刘晓希在第七届“外教社杯”全国高校外语教学大赛北京赛区比赛中，分别获得综合组和听说组一等奖。

5月31日 由学校组织主办的生态福利与美丽中国主题论坛正式入选2016年生态文明贵阳国际论坛主题论坛。

5月 学校申报的“林木分子设计育种高精尖创新中心”入选北京市第二批高精尖创新中心。

5月 学校与欧洲森林研究所完成合作备忘录的签订工作，正式确立双方的合作伙伴关系。

5月 材料学院许凤教授被授予“长江学者”特聘教授称号。

5月 生物学院张德强教授入选创新人才推进计划——中青年科技创新领军人才。

5月 林学院李俊清教授、水保学院余新晓教授、微生物所戴玉成教授荣获第七届“全国优秀科技工作者”称号，园林学院林箐教授荣获第十四届“中国青年科技奖”。

5月 经管学院院长，国家级虚拟仿真实验教学中心主任陈建成教授被授予“全国商科实践教学领军人物”称号，国家级虚拟仿真实验教学中心执行主任薛永基副教授被授予“全国商科实践教学名师”。

5月 森林生态系统国际学术研讨会在校举行。

5月 国家质量监督检验总局动植物检疫监管司司长李建伟一行来校开展“生态安全”宣传交流活动。

5月 学校与内蒙古和盛生态科技研究院签署合作协议，共建协同创新中心。

5月 学校学生在2016年美国大学生数学建模竞赛(MCM/ICM，又称国际数学建模竞赛)

上成绩取得较大突破，有25个小组参加，16个小组获奖，获奖率高达64%。其中3个小组获国际一等奖，13个小组获国际二等奖。

5月 学校首届中加本科合作办学项目中，10名学生获得不列颠哥伦比亚大学授予的“杰出国际学生”（OIS）奖学金。

5月 中国计算机学会（CCF）北京林业大学学生分会成立。

6月

6月1日 首届京津冀晋蒙青年环保公益创业大赛培训班在校开班。

6月3日 副校长姜恩来一行赴福建省漳州市国家高新区调研，与漳州市第一中学签订优质生源基地协议。

6月3日 第四届百所高校“六·五”世界环境日主题活动推进会在校举行。

6月5日 林学院获首届中国生态文明奖先进集体。

6月6日 校长宋维明出席国家发改委主持的中美绿色合作伙伴计划签字仪式，并在国务委员杨洁篪、美国国务卿克里的见证下，与美国地质调查局湿地与水生生物研究中心签订了为期3年的绿色合作伙伴意向书。

6月7日 校党委书记王洪元在北京高校党校协作组年会上作为高校代表发言。

6月8日 由学校牵头主持、亚太森林组织资助的“亚太地区可持续林业管理创新教育项目”顺利结题，亚太森林组织项目官员袁梅及该组织聘请的项目评估专家新西兰林肯大学教授休·比格斯贝来校进行项目结题评估。

6月13日 学校2016年大学生创新创业训练项目立项370个。

6月16日 城市，与我——“未来城市”季度主题沙龙暨世界防治荒漠化日特别活动在校举行。联合国防治荒漠化公约组织秘书处执行秘书长、世界未来委员会委员 Monique Barbu、国家林业局防治荒漠化中心副主任罗斌、阿拉善SEE基金会现任会长钱晓华、阿拉善SEE生态协会创始人宋军、亚太区域协调处协调官杨有林、世界未来委员会中国区总监陈波平、联合国防治荒漠化公约组织秘书处发言人 Yukie Hori、联合国防治荒漠化公约组织项目官员 Jenny Choo 出席活动。

6月16日 北京市委第五巡回督导组督导员、北京外国语大学原党委书记杨学义一行来校督导“两学一做”学习教育。

6月18日 彭丽媛同塞尔维亚总统夫人种下了一棵由北京林业大学选育的珙桐树。

6月20日 学校2016年招生宣传片《山水木人》正式发布。

6月20日 中日水土保持学术交流暨JSPS相关资助项目说明会举办。

6月22日 河北机电职业技术学院和内蒙古农业大学两所高校来校访问。

6月22日 北京林木分子设计育种高精尖创新中心实施计划领导小组召开第一次会议。

6月22日 学校181名同学荣获“2016届北京地区优秀毕业生”荣誉称号。

6月22日 学校召开教师干部大会，宣布学校新一届行政领导班子成员暨干部交流任职人员。中共教育部党组、教育部发布北京林业大学领导班子职务任免的文件通知。教育部研究决定，任命宋维明为北京林业大学校长，骆有庆、王玉杰、张闯、李雄为北京林业大学副校长；因年龄原因，免去张启翔担任的北京林业大学副校长职务；免去姜恩来担任的北京林业大学副校长职务，另有任用。教育部党组经与中共北京市委商得一致，研究决定，谢学文任中共北京林业大学委员会委员、常委、副书记职务；张闯任中共北京林业大学委员会常委，李雄任中共北京林业大学委员会委员、常委；免去张启翔担任的中共北京林业大学委员会常委，姜恩来担任的中共北京林业大学委员会委员、常委职务。

6月24日 贵州省遵义市市委副书记、市长魏树旺等来校商洽校地合作事项。

6月26日 “民族的脊梁”庆祝建党95周年朗诵会举行。

6月27日 学校召开纪念中国共产党成立95周年暨“七一”表彰大会。

6月29日 2016届研究生毕业典礼暨学位授予仪式举行，学校研究生毕业生1371人（含留学生13人）。2015～2016年度学校授予学术型博士学位178名，硕士学位686名；授予全日制专业硕士学位556名，在职专业硕士学位301名。

6月29日 北京市庆祝中国共产党成立95

周年大会召开。北京市优秀党务工作者——学校组织部副部长兼党校副校长刘广超受到表彰。

6月30日 2016届本科生毕业典礼举行，3018名本科生学成毕业。

6月 艺术学院数字艺术系学生作品在2016年(第九届)中国大学生计算机设计大赛北京市级赛中获一等奖4项、二等奖2项、三等奖6项。

6月 计算生物学中心研究团队理论计算化学论文于国际著名物理化学期刊 *Physical Chemistry Chemical Physics*(2016年影响因子：4.449)在线发表。

6月 学校主办第34届世界艺术史大会之园林和庭院分论坛。

6月 中国工程院院士沈国舫、战略咨询中心有关负责人、学校无患子研发团队负责人贾黎明教授等对建宁县无患子科研试验基地和源华林业无患子产业进行调研。

6月 教育部发展规划司副司长刘昌亚一行来校调研。

6月 “全国高等农林院校教材建设战略联盟”成立。学校成为联盟的首批成员，副校长骆有庆担任副理事长，教务处负责人担任常务理事。

6月 中美碳联盟(USCCC)第十三届年会在校召开。张志强教授与美方孙阁教授担任新一届中美碳联盟共同主席。

6月 学校老教授协会在庆祝中国老教授协会成立30周年暨表彰先进大会上被评为“中国老教授协会老教授事业贡献奖先进集体”。学校老教协会长朱金兆当选为常务理事。

7月

7月4日 学校申报的《北京林业大学率先将国学引入MBA教育成效显著》在第二届礼敬中华优秀传统文化系列活动中获评特色展示项目。

7月5日 首届农林经济管理全国优秀大学生夏令营在校开营。

7月6日 北京市科学技术委员会党组书记呼文亮、委员刘晖等一行来校调研。

7月7日 北京林业大学国家大学科技园产学研基地正式落户贵州。

7月8日 生态福利与美丽中国主题论坛举行。

7月9日 2016年保研辅导员“梦想远航”班正式成立。

7月10日 艺术设计学院张华溢荣获北京高校“十佳辅导员”荣誉称号。

7月11日 校党委书记王洪元率队赴浙江大学调研工作。

7月11日 北京林业大学录取通知书在教育部官方微信平台全国性评选投票中脱颖而出。

7月14~15日 学校举行教师党支部书记培训班。

7月19日 北京林业大学—北京市城市副中心通州区建设协调办公室合作洽谈会举行。

7月19~20日 学校举办情系两岸·缘聚园林——海峡两岸园林学术论坛及研习营。

7月19日 中国园艺学会观赏园艺专业委员会授予园林学院戴思兰教授特别荣誉奖。

7月28日 教育部党组书记、部长陈宝生来校调研。教育部办公厅主任宋德民、高教司司长张大良、研究生司司长李军等一同参加。

7月28~29日 学校云南建水荒漠生态系统定位观测研究站的建站顺利通过论证。

7月 学校与聊城市人民政府签订战略合作框架协议。校长宋维明，聊城市市委副书记、市长宋军继出席签字仪式并致辞。副校长王玉杰、聊城市副市长郭建民代表校地双方签署战略合作框架协议。

7月 由学校高教研究室组织编写的《生态文明论丛(2015)》正式出版，全国政协原副主席张怀西为该书题写书名。

7月 海淀区各民主党派相继完成换届。学校农工民主党支部主委、环境学院张盼月教授，在中国农工民主党北京市海淀区第四次代表大会上，当选为农工党海淀区第四届委员会委员、副主任委员。学校民盟支部主委、林学院聂立水教授，在中国民主同盟北京市海淀区第五次代表大会上，被选举为民盟海淀区第五届委员会委员，林学院武三安教授圆满完成民盟第四届委员会委员工作。学校九三学社支社副主委、材料学院曹金珍教授，在九三学社北京市海淀区第五次代表大会上，被选举为九三学社海淀区第五届委员会委员。

7月 美国蒙大拿州立大学统计咨询研究服

务中心主任 Lillian S. Lin 女士及 Alan Crawford 教授来校访问。

7月 学校选手丁哲远同学从国际青少年林业比赛参赛选手选拔赛中脱颖而出，代表中国青少年赴俄罗斯参加第13届国际青少年林业比赛。

7月 学校6支绿色长征队伍奔赴甘肃、黑龙江、贵州、河北、山西、安徽、江苏等地开展为期一周的实践活动。

7月 校党委书记王洪元率考察组赴西藏农牧学院考察看望学校两名援藏干部。

8月

8月1日 学校党委向全校武警国防生发出“八一”建军节慰问信。

8月10日 福州大学党委副书记陈少平等一行来校交流创新创业教育和虚拟仿真实验室建设。

8月12日 北林迎新网入学注册系统正式启动。

8月17日 环境学院王强老师和生物学院李晓娟老师分别获得国家优秀青年科学基金资助。

8月21日 由学校计算生物学中心主办的“基因组与表型组架桥分析”全国研讨会召开。

8月22~23日 美国北德克萨斯大学教授、美国科学院院士 Richard Dixon 教授一行来校访问。

8月26日 莫斯科罗莫诺索夫国立大学地理学学院自然资源系马祖洛夫教授一行来校进行交流访问。

8月27日 2016北京智慧园林高峰论坛在校举办。

8月29~31日 工学院副教授康峰代表北京市参加第三届全国高校青年教师教学竞赛决赛，荣获工科组全国总决赛一等奖。

8月 国防生在解放军防化学院参加暑期军政基础训练。

8月 计算生物学中心研究团队在理论进化研究领域获重要进展，发明出能揭示物种基因组变异及基因组对环境响应机理的新模型与方法。

8月 校党委书记王洪元一行赴学校定点扶贫的国家级贫困县科尔沁右翼前旗慰问挂职干部，考察调研。

8月 经国家新闻出版广电总局批复，同意中国水土保持学会主办期刊——《中国水土保持科学》的文种变更为中英文。

8月 学校生物高性能计算平台二期与高性能计算公共平台建设项目通过专家验收。

8月 中国民生银行董事长洪崎一行来校调研，校长宋维明接待。

8月 学校根据中组部等单位《关于做好选派机关优秀干部到村任第一书记工作的通知》精神，于2016年2月推荐和委派郭世怀到内蒙古兴安盟科右前旗科尔沁镇平安村担任第一书记，开展精准扶贫工作。

8月 由学校国际交流与合作处编撰投稿的通讯文章《北京林业大学为中塞友谊选育树种(*Beijing Forestry University selects seedling for China-Serbia Friendship*)》，于2016年8月刊登在QS亚洲总部出版的季刊 WOWNEWS 上。

9月

9月1日 学校实施新的《北京林业大学会议费管理办法》《北京林业大学差旅费管理办法》。

9月4~5日 学校大学生创业企业、北京安赛创想科技有限公司，受聘成为G20峰会网络安全保障支持单位。

9月5日 校长、研究生院院长宋维明在2016级研究生科学道德和学风建设专场报告会上作题为《培养科学道德，树立良好学风——做一名做合格的科研工作者》的专题辅导报告。

9月5日 自然保护区学院举办安徽省太湖花亭湖国家湿地公园业务骨干培训班。

9月6日 生物学院林金星教授团队在植物蛋白动态的量化检测方面的综述论文，在国际著名植物学期刊 *Molecular Plant* 正式发表。

9月9日 由中组部、中宣部、教育部和河北省委组织的李保国同志先进事迹报告团走进北林大作专场报告。

9月11日 学校举行教育基金会换届大会，会议审议并通过了《基金会第二届理事会工作报告》等报告文件。

9月12~14日 中央电视台《走近科学》栏目《中国雪豹大调查》纪录片跟踪拍摄了学校自然保护区学院团队近年来的雪豹调查研究。

9月13日 学校召开风景园林学硕士双学位培养协调会，学校风景园林学科开设首个国际双硕士学位项目。

9月18日 北京高校"两学一做"学习教育交流推进会在北京会议中心召开。校党委书记王洪元作《打好三套组合拳，整顿薄弱教师党支部》大会交流发言。

9月19日 河南省政协主席叶冬松以及省政协常委一行调研学校鄢陵协同创新中心。

9月20日 学校与湖北省林业厅联合举办的湖北省自然保护区管理业务骨干第二期培训班开班。

9月20~22日 2016秋季森林生态系统国际研讨会在校召开。

9月24~25日 中国风景园林学会2016年会在广西南宁市召开，中国工程院院士、学校园林学院教授孟兆祯作题为《把建设中国特色城市落实到山水城市》的主旨报告。

9月28日 学校团学干部代表集体参观中国人民革命军事博物馆举办的"英雄史诗，不朽丰碑"纪念中国工农红军长征胜利80周年主题展览。

9月28日 学校召开学生工作例会研讨新生入学教育工作，副校长张闯听取了各学院新生入学教育工作汇报。

9月29日 学校成为首批北京高校思政理论课改革示范点。

9月 黑龙江省鹤岗市林业局负责人一行到学校生物学院就产学研合作进行座谈。

9月 在由世界水土保持学会主办的第三届国际水土保持科技大会上，学校水保学院王礼先教授被授予2014年度"诺曼·哈德逊纪念奖"。

9月 校长宋维明、副校长李雄会见河南鄢陵县县委书记宁伯伟一行，就推进北京林业大学鄢陵协同创新中心的建设和运营交换意见。

9月 生物学院翁强教授荣获第十二届北京市高等学校教学名师奖。

9月 2016年夏季征兵中，学校有18名学生奔赴部队。

9月 北林生态环保技术研究院在2015年度国家技术转移示范机构考核评价结果中被确定为技术转移优秀机构。

9月 北京高校高水平人才交叉培养计划例会在校召开。

9月 国家林业局植物新品种保护办公室组织专家对国家花卉工程技术研究中心和园林学院紫薇课题组培育的3个紫薇新品种进行实质审查。

9月 计算生物学中心研究团队最新研究成果在国际著名生物信息期刊 *Briefings in Bioinformatics* 在线发表。

9月 学校获2015年度教育事业统计"优秀集体三等奖"。

9月 学校许凤教授团队在国家杰出青年科学基金项目的资助下，成功制备了一种氮掺杂多孔碳纳米片骨架结构碳材料(HPNC)。

9月 学校第十七届研究生支教团24名成员服务于内蒙古鄂尔多斯伊金霍洛旗、赤峰市、兴安盟、河北阜平县、云南景谷县等"三省五地"。

9月 高校继续教育数字化资源开放与在线教育联盟建设交流会在北京召开，学校作为牵头单位之一进行交流发言。

9月 学校被授予第七届梁希林业科学技术奖。

9月 园林学院、经济管理学院在全国林业科技创新大会上荣获"全国生态建设突出贡献奖先进集体"荣誉称号。

9月 学校研究生支教团河北阜平分团，走进国家级贫困县阜平县的城厢中学，开展了"圆计划"专项帮扶贫困学生的资助活动。

9月 国家林业局与河南省人民政府主办的第十六届中国·中原花木交易博览会召开，校长宋维明出席大会并担任花博会"花木产业高层论坛"主席嘉宾。

9月 学校共有10个学生项目参与由北京市教委主办的"第三届北京市大学生创新创业教育成果展与经验交流会"。

10月

10月13日 老干部活动中心一起欢度"老年节"，为年满80岁的老同志进行集体祝寿。

10月13日 "校庆杯"研究生羽毛球赛在田家炳体育馆正式拉开帷幕。

10月14~17日 由《北林报》举办的"我眼中的北林"64周年校庆纪念系列活动陆续展开。

10 月 12 日 学校校长宋维明出席波兰副总理兼科学与高等教育部部长雅罗斯瓦夫·戈文访华招待晚宴。

10 月 14 日 校长宋维明与通州区代区长张力兵签署《北京市通州区人民政府与北京林业大学战略合作框架协议》。

10 月 15 日 永州市城市园林局举行人才培训基地签约暨开班仪式。双方签署了《永州市城市园林局与北京林业大学园林学院人才培养合作协议》，并互相授予基地牌匾。

10 月 15 日 "北京市鹫峰国家水土保持科技示范园区"揭牌仪式在鹫峰举行。

10 月 16 日 学校举行"永远的长征"纪念中国工农红军长征胜利 80 周年暨校庆 64 周年音乐会。

10 月 16 日 学校学生举行庆祝建校 64 周年升旗仪式。

10 月 16 日 全国人大农业与农村委员会副主任委员郭庚茂调研学校鄢陵协同创新中心。

10 月 17 日 学校召开扶贫日活动暨定点帮扶科右前旗工作座谈会。

10 月 17 日 教育部党组第二巡视组巡视北京林业大学工作动员会召开。

10 月 18 日 教育部召开部分直属高校"两学一做"学习教育座谈会，学校党委书记王洪元作《充分发挥教师党支部主体作用，夯实有质量两学一做基础》大会交流发言。

10 月 18 日 学校召开森林资源可持续经营国际学术研讨会。

10 月 19 日 中国教育报刊登了部分直属高校"两学一做"学习教育座谈会发言摘登。其中有学校党委《发挥党支部主体作用，深化学习教育》的发言。

10 月 20 日 学校举行国家重点林木良种基地种质资源鉴定利用汇报会。

10 月 21 日 学校党委召开"铭记历史壮举，弘扬长征精神"专题研讨会。

10 月 21 日 学校举办建校 64 周年"展教师风采　颂北林精神"教职工时装秀表演比赛。

10 月 22 日 学校举行为期两天的"2016 国际雉类学术研讨会"。

10 月 22 日 学校正式启动"美丽中国梦　青年在行动"2016 年京澳青年大学生绿色交流营（第三期）。

10 月 23 日 "强化大学生思想入党"项目专家论证会召开。

10 月 23 日 学校召开亚太林业教育协调机制会议。

10 月 24 日 校党委宣传部组织师生代表召开学习习近平总书记在纪念红军长征胜利 80 周年大会上的重要讲话精神座谈会。

10 月 24 日 北京林业大学—日本千葉大学风景园林学硕士双学位项目签约仪式举行。

10 月 25 日 第十二选区海淀区第十五届人大代表工作报告会在学校召开。

10 月 25 日 学校就业服务中心主办首届职业嘉年华活动。

10 月 26 日 由学校艺术设计学院协办的第四届"中装杯"全国大学生环境设计大赛决赛暨颁奖典礼落幕。

10 月 26 日 国际林联森林遗传和生理部负责人尤瑟瑞（Yousry El - Kassaby）教授受邀来校进行学术交流。

10 月 29 ~ 30 日 学校举行首届京津冀晋蒙青年环保公益创业大赛总决赛暨闭幕式。

10 月 29 ~ 30 日 由校团委、校学生会举办的北林"三走"（走下网络、走出宿舍、走向操场）千人行动——"绿动人生"活动在田家炳体育场举行。

10 月 30 日 首届北京林业大学校园菊花展对广大教职工开放。

10 月 31 日 学校举行"植物世界尽芳菲，相约北林赏菊时"大型公益科普活动——"植物生物学女科学家校园行——北京林业大学站"开幕式。

10 月 31 日 学校召开高等教育质量监测国家数据平台数据采集工作布置会。

10 月 学校第十七届研究生支教团 24 名成员，服务于内蒙古鄂尔多斯伊金霍洛旗、内蒙古赤峰市、兴安盟、河北阜平县、云南景谷县"三省五地"。

10 月 学校国旗仪仗队在第三届全国高校升旗手交流展示活动中获得第一名。

10 月 校党委宣传部、党委研工部、党委学工部特联合主办"秋韵·最美北林"主题摄影大赛活动。

10月 北林——安赛信息安全联合实验室成立。

10月 第九届国际景观双年展上，学校园林学院推送的学生作品入围国际景观与建筑学校学生作品奖。

10月 学校从2007级开始，在本科新生中选拔优秀学生设立梁希实验班。

10月 在学校建校64周年来临之际，校社联发起感恩校园活动。

10月 国家林业局组织编制并发布《2015年林业应对气候变化政策与行动白皮书》。

10月 "绿色北林"官方微博线上发起"知山知水树木树人"庆祝学校建校64周年送祝福活动。

10月 首都女教授协会北京林业大学分会召开2016年度第二次理事会。

10月 校友会致信给长期以来关心、支持母校建设与发展的海内外校友们。

10月 学校孟加拉学生代表莫拉接受了中国国际广播电台的英文电话采访。

10月 学校服务团赴校定点扶贫单位——内蒙古兴安盟科右前旗开展特色帮扶和交流合作。

10月 北京市园林绿化局组织专家对"2015年北京园林绿化增彩延绿植物资源收集、快繁与应用技术研究"进行现场查定。

10月 北京科协第十九届北京科技学术月——推动信息服务发展创新高层论坛在学校图书馆报告厅召开。

10月 美国密歇根理工大学代表团和阿卡迪亚大学代表团分别来访，国际交流与合作处负责人主持会见并洽谈具体合作事宜。

10月 学校召开海淀区第十二选区选举工作第三阶段部署会。

10月 9名研究生荣获第三届研究生校长奖学金。

10月 北京市委教育工委公布首批北京高校思想政治理论课特级教授、特级教师的获选名单。学校马克思主义学院两位教师被评聘为特级教授、特级教师。

10月 首批涉林重点研发计划专项"林业资源培育及高效利用技术创新"启动。

10月 学校多个课题入选北京市教工委公布的2017年度首都大学生思想政治教育课题。

10月 北京市教委和北京市大学生体育协会联合举办的第十三届越野登山赛在鹫峰国家森林公园举行。

10月 保卫处联合学生处、招生就业处等部门提前介入新生安全教育工作，针对大一新生开展"互联网+新生安全教育前置"工作。

11月

11月1日 学校召开学院路街道分会第十二选区人大代表正式候选人测评会。

11月1日 学校召开2016年第23次党委常委会暨党委理论核心组学习会。

11月2日 校党委组织部(党校)党支部组织召开"讲政治、守规矩"专题组织生活，学习贯彻党的十八届六中全会精神。

11月1~4日 图书馆一层大厅举办中外文图书新书展。

11月2~7日 学校学生艺术团参加2016年北京大学生音乐节(乐器类)展演，获得两金一银。

11月3日 学校召开2016年"十佳班主任"评选交流会，工学院陈洪波、材料学院漆楚生、经管学院姜雪梅、林学院贾黎明、保护区学院马静、水保学院焦隆、经管学院罗尧、人文学院徐保军、工学院孙喆、外语学院陈咏梅、园林学院尚书等11名教职工被授予第三届"十佳班主任"荣誉称号。

11月5日 丝绸之路农业教育科技创新联盟成立大会在西北农林科技大学举行。

11月5日 首届国有林场高级研修班第一阶段学习结束。

11月6日 校长宋维明出席丝绸之路农业教育科技创新联盟第一次全体大会。

11月6日 首届"外研社杯"全国商务英语实践大赛华北地区选拔赛中，学校外语学院8名学生组成的北林代表队"LeapNovo Team"获得冠军。

11月8日 学校举行由校党委宣传部新媒体中心牵头主办的"北京林业大学新媒体联盟成立暨新媒体工作研讨会"。

11月10日 学校召开第十二届青年教师教学基本功比赛动员会。

11月10日 第21届研究生学术文化节

开幕。

11 月 11 日 学院路街道分会第十二选区人大代表正式候选人与选民见面会召开。

11 月 11 日 由首都女教授协会北京林业大学分会和北京林业大学园林学院主办的首届北京林业大学校园菊展落下帷幕。

11 月 15 日 海淀区人大代表换届选举的正式投票日，第十二选区细致、有序地开展各项工作。

11 月 12 日 学校学生作品《岛屿》和《禅房花木深》获“青春杯”阳台绿化设计大赛一等奖。

11 月 15 日 学校召开第四轮全国一级学科评估工作会议。

11 月 16 日 校党委副书记全海面向离退休老同志作了题为《学习十八届六中全会精神，推进离退休工作健康发展》的主题报告。

11 月 15 ~ 19 日 在 2016 年“创青春”全国大学生创业大赛上，学校学生创业团队“Grow 景观绿化有限公司”获得全国银奖，学生团队“基于无人机的林业检测与数据服务”“绿维智能园艺服务有限公司”和“北京思路文冠果科技开发有限公司”等获得全国铜奖。

11 月 16 ~ 18 日 “三会一课”模式创新工作组组长、校党委副书记谢学文分别赴 5 个试点学院调研“三会一课”模式创新工作推进情况。

11 月 16 ~ 18 日 由中国林学会森林培育分会主办的森林培育分会第六届会员代表大会暨第十六届全国森林培育学术研讨会在安徽召开。

11 月 17 日 国家林业局共建院校工作座谈会召开。

11 月 19 日 保卫处联合学生处，在学 7 号楼、11 号楼开展高层学生公寓火场逃生疏散演习。

11 月 23 日 2016 全国生态园林城市建设培训班在学校开班。

11 月 25 日 学校举行 2016 年学生公寓工作先进集体评选交流活动暨第十五届学生公寓文化节表彰大会。

11 月 26 日 学校第十届“梁希杯”大学生课外学术科技作品竞赛启动仪式举行。

11 月 28 日 由国家科技部组织召开的《最美野外科技工作者》宣传座谈会在学校召开。

11 月 28 日 实验林场与资源使用单位消防安全管理责任会议召开。

11 月 28 日 学校党委与拉萨市委人才智力合作协议签约仪式在拉萨举行。

11 月 28 日 园林学院与福建农林大学园林学院艺术学院(合属)举行交流会。

11 月 29 ~ 30 日 北京市委教育工委召开北京高校党建难点项目支持计划综合验收交流会。

11 月 在团中央学校部公布的 2016 年全国大中专学生志愿者暑期“三下乡”社会实践活动优秀单位、优秀团队、优秀个人名单中，学校集体和个人获得多项表彰。

11 月 美国密西西比州立大学副校长兼国际学院执行主任理查·内德(Richard H. Nader)一行来校访问。

11 月 韩国山林科学院副院长朴正焕一行 7 人来校进行访问。

11 月 由学校林金星教授团队在杉木种子休眠分子机制研究取得新进展。

11 月 国家林业局发布 2016 年度加入国家陆地生态系统定位观测研究站网生态站名录，依托学校建设的云南建水荒漠生态系统定位观测研究站、内蒙古七老图山森林生态系统定位观测研究站被列入其中。

11 月 木制林产品品牌评价国际标准编制座谈会在浙江召开，专家学者研讨木制林产品品牌评价国际标准的编制问题。

11 月 学校召开了内部控制规范建设启动会。

11 月 学校 2016 年获立项北京市社科基金项目 15 项，年度立项总数创历史新高。

11 月 校党委组织部、宣传部联合发出通知，结合学校实际，对全校学习宣传贯彻十八届六中全会精神、深入推进“两学一做”学习教育提出了具体要求。

11 月 学校召开学院“十三五”事业发展规划中期推进工作会议，并就下一步做好深化产教融合进行了工作部署。

11 月 斯里兰卡能源局生物质能源项目考察团来校国家非粮生物质能源原材料研发中心进行考察。

11 月 中国工程教育专业认证协会公布了 125 个专业通过工程教育专业认证的结果。学校环境学院环境工程专业名列其中。

11月 学校园林学院学生作品在第十五届中日韩大学生风景园林设计竞赛中获金奖，入围奖6项。

11月 材料学院李建章教授团队撰写的关于石墨烯新材料应用于化学发光传感方面的综述论文，发表在国际著名化学期刊 *Journal of Photochemistry and Photobiology C: Photochemistry Reviews*(2016，Vol. 27：54－71)。

11月 针对我国榛子发展趋势及榛子生产中存在的主要问题，苏淑钗教授研究团队获得了与良种配套的产量和品质关键调控技术。

11月 学校举行2016年“十佳班集体”创建评比活动评审答辩会暨班风学风建设分享会。

11月 学校党校与党委统战部联合举办第一期党外人士理论研修班。

11月 各基层党组织认真组织广大党员，深入学习党的十八届六中全会公报和《关于新形势下党内政治生活的若干准则》《中国共产党党内监督条例》，通过多种形式领会十八届六中全会精神。

11月 学校召开2016年新进教师科研启动基金项目答辩评审会。

11月 校园一卡通第二阶段建设暨系统升级协调会召开。

11月 “阳光优材工程”项目总结交流会对该项目近年来的执行情况和经验进行了梳理。

11月 2016年美国科学促进会日前公布了新入选会士名单，学校计算生物学中心主任邬荣领教授入选。

11月 艺术学院韩静华老师团队设计完成的《大有植物》一书正式出版。

11月 西北农林科技大学网络与教育技术中心一行来校考察调研教育信息化工作情况。

11月 针对第二课堂素质教育的“青桥计划”正式上线。

11月 由学校沈国舫院士组织的《中国主要树种造林技术》修订第五次工作会议召开。

11月 学校招生就业处推出“相约北林”系列活动之——专家导师团进中学。

11月 学校开展了年度十大优秀志愿服务项目和十大优秀志愿者的评选。

12月

12月1日 学校专家团队筛选出的北方温带城市多种植被屋面适宜绿化模式。

12月1日 学工系统宗教工作专题培训会召开。

12月1日 2016年“关君蔚杯”体育工作评比答辩会举行，水保学院荣获今年体育工作荣誉。

12月2日 中国水土保持学会2016年学术年会——水土保持产业论坛在北京召开。

12月3日 学校地下锅炉房工程开工典礼举行。

12月6日 2016年植物细胞信号专题学术研讨会在北京召开。

12月8日 “不忘初心，再出发”北京林业大学纪念“一二·九”运动81周年座谈会举行。

12月9日 学校风景园林英文授课硕士专业入选为2017年度北京市外国留学生“一带一路”奖学金资助项目。

12月9日 学校召开学习习近平总书记在全国高校思政工作会上重要讲话精神座谈会。

12月9日 首届全国农林院校研究生科技作品竞赛决赛在北京落下帷幕，学校获得1个特等奖、2个一等奖，团体总分第一以及优秀组织奖等多项荣誉。

12月10日 第四届百所高校“六·五”世界环境日主题活动总结表彰会在学校举行。

12月13日 “部长进校园”首都大学生形势政策报告会在学校举行国家林业局局长张建龙作《我国林业形势与任务》主题报告。

12月13日 伦敦艺术大学一行4人来校艺术设计学院访问交流。

12月16日 学校与新乡市人民政府签署合作协议，正式携手确立校地战略合作伙伴关系。

12月17~18日 森林生态系统长期定位观测研究与发展学术论坛在学校举行。

12月19日 第21届研究生学术文化节闭幕式暨2015~2016学年研究生评优表彰大会举行。

12月20日 由商务部主办，学校承办的印度尼西亚现代种植业及加工技术培训班开班典礼举行。

12月20日 2016年北京高校“我的班级我的家”优秀班集体创建评选活动举行。学校园林133班获评北京高校“十佳示范班集体”荣誉称号。

12月21日 学校与北京某网科信息技术公司共建网络安全联合实验室签约揭牌仪式举行。

12月21～22日 中国水土保持学会第五次全国会员代表大会在北京召开。

12月22日 《中国林业百科全书》编纂工作会议在北京召开。国家林业局局长张建龙出席会议并作重要讲话。

12月23日 在2017届全国林科十佳毕业生表彰大会上，学校林木遗传育种专业博士研究生陈仲、林学专业本科生刘同彦分别获得研究生组和本科生组“全国林科十佳毕业生”称号。

12月24日 “名家领读经典”北京高校市级思想政治理论课第13讲在学校开讲，北京大学李玲教授受邀以《深化医疗改革，建设健康中国》为题授课。

12月26日 由党委宣传部、学工部、研工部共同举办的“秋韵·最美北林”主题摄影大赛结果揭晓。

12月28日 学校在安徽省戈雨农业科技有限公司挂牌就业实践与教学实习基地。

12月23日和28日 纪监审党支部先后召开两次组织生活，开展专题学习活动，深入学习全国高校思想政治工作会议精神和《关于新形势下党内政治生活的若干准则》《中国共产党党内监督条例》。

12月29日 共青团中央开展了全国高校“活力团支部”创建遴选活动。

12月 政协北京市海淀区委员会来函，学校王自力、张盼、林震、聂立水4人被确定为中国人民政治协商会议北京市海淀区第十届委员会委员。

12月 2016年北京高校青年教师社会调研优秀成果资助项目名单公布，学校报送的5项调研成果获一等奖、9项调研成果获二等奖。

12月 学校水土保持学院党委与河北农业大学林学院党委开展了主题为“学习李保国愚公精神，发挥水土保持专业优势，帮扶山区百姓精准扶贫，为京津冀一体化建设出力”的共建活动。

12月 学校2015～2016学年研究生奖学金评选工作完成。全校共有5021人次研究生获奖。

12月 第四届全国大学生数字媒体科技作品竞赛决赛在山东举办。学校信息学院数字媒体技术专业学生作品获一等奖2项、二等奖1项。

12月 2016年“高教社杯”全国大学生数学建模竞赛获奖名单揭晓。

12月 学校2013、2014年度立项的新进教师科研启动基金项目结题验收工作全面结束。

12月 学校成立第十一次党员代表大会筹备工作筹备委员。

12月 由校新媒体联盟、新媒体中心联合组织开展的“2016年度校园十佳新媒体公众号及校园十佳新媒体运行官评选”活动启动。

12月 学校有4篇林业硕士学位论文获评第二届全国林业硕士专业学位研究生优秀学位论文，3篇林业硕士课程教学案例入选全国林业硕士优秀教学案例。

12月 埃及本哈大学校长萨义德·尤瑟夫·艾尔卡迪一行6人来校进行访问。两校签署了开展学生交流的有关合作协议。

12月 教育部科技发展中心发布有关通知，学校“校地合作搭建政产学研用‘鄢陵模式’协同创新助推地方花木产业转型升级”案例被评为“2012～2014年中国高校产学研合作科技创新十大推荐案例”。

12月 水土保持工程教研室党支部赴某国际知名环保植被企业党支部进行支部共建活动。

12月 学校计算生物学中心研究团队在植物嫁接研究方面取得新进展，有关论文发表在植物学期刊*New Phytologist*上。

12月 学校工学院赵燕东教授团队研究构架了基于“物联网”技术的智能精准灌溉控制系统，实现了按植物生命需水情况及其生长微环境状况进行精准智能灌溉。

12月 2016年全国农业专业学位研究生教育工作交流研讨会在厦门举行。学校“江苏绿扬北京林业大学食品加工与安全专业学位研究生工作站”入选。

12月 学校校友李茂洪创办和领导的广州弘亚数控机械股份有限公司在深交所首发A股中小企业板上市。

年度重要学术报告会一览

表26　林学院2016年主要学术讲座(报告)情况一览

序号	讲座时间	讲座名称	主讲人	主讲人身份
1	1月5日	Remote sensing image classification: theories, methods and applications	陆灯盛	美国 Center for Global Change and Earth Observations, Michigan State University 教授,浙江省"千人计划"入选者,浙江省"钱江学者"特聘教授,遥感和地理信息系统专家
2	1月8日	无人机遥感及激光雷达在数字生态中的应用	郭庆华	中国科学院植物所数字生态研究室主任
3	3月22日	近年来突破性生物技术发展初探	贾洪涛	美国非营利组织、北美华裔科学家创业和公益活动组织平台赛福地(Cipher Ground)合伙人,执行董事
4	3月28日	The biogeography of North American forests: from continental to local scales	Bradford A. Hawkins	美国 University of California, Irvine 教授
5	3月31日	ЛЕСАРОССИИ(俄罗斯林业)	ZHIGUNOV ANATOLII	俄罗斯圣彼得堡国立林业科技大学教授
6	4月5日	入侵害虫鉴定与防控	张润志	中国科学院动物研究所研究员
7	4月12日	土壤微生物在土壤养分循环中的作用	焦如珍	中国林科院林业所森林土壤研究室主任
8	4月22日	Using forests to manage carbon in Australia and implications for water	Richard Harper	澳大利亚莫道克大学教授
9	5月20日	土壤微生物多样性与全球变化	李香真	中国科学院成都生物所,研究员,博导
10	5月17日	森林生态系统国际研讨会	共邀请9位国际知名学者和2位国内学者作主题发言	
11	7月11日	生态环境保护教育讲座	李国钦　梁皆得	台湾陶瓷艺术家李国钦 导演梁皆得
12	9月20日	remote sensing estimation of forest biomass	陆灯盛	美国 Center for Global Change and Earth Observations, Michigan State University 教授,浙江省"千人计划"入选者,浙江省"钱江学者"特聘教授,遥感和地理信息系统专家
13	9月20日	2016秋季森林生态系统国际研讨会	共邀请10位国际学者和1位国内学者作主题发言	
14	10月27日	1. Genetic considerations in the nursery and the field under changing climates 2. Forest tending and thinning measures effect soil fertility	1. Kasten Dumroese 2. Deborah Sue Page-Dumroese	1. 美国农业部林务局落基山研究所研究员 2. 美国农业部林务局落基山研究所研究员
15	10月25日	微波遥感前沿与林业应用	陈尔学	中国林科院资源信息所研究员

（续）

序号	讲座时间	讲座名称	主讲人	主讲人身份
16	11月3日	LiDAR 技术及其林业应用	庞勇	中国林科院资源信息所研究员
17	11月2日	林业模型模拟技术与方法前沿讲座	雷相东	中国林业科学研究院资源信息研究所研究员
18	11月5日	珍贵树种楸树选育专题讲座	赵　鲲	洛阳农林科学院教授级高级工程师，河南省学科带头人，洛阳市优秀专家，我国楸树资深育种专家
19	11月24日	树轮年代学及其应用	王树芝	中国社会科学院考古研究所研究员，中国社会科学院研究生院教授
20	12月7日	简化基因组技术在群体进化方向的应用	胡曼曼	上海美吉生物医药科技有限公司技术工程师
21	12月14日	植物病害流行学研究进展	马占鸿	中国农业大学教授、博士生导师
22	12月13～15日	森林生态修复与生物多样性保护学术研讨会	有关生态修复和生物多样性管理和应用部门作2～3个报告	
23	12月17～18日	“森林生态系统长期定位观测研究与进展”博士生学术论坛	共邀请院士和多位国内著名专家作专题报告	
24	12月22日	景观格局与生态过程研究：现状、问题与未来发展	陈利顶	中国科学院生态环境研究中心 城市与区域生态国家重点实验室副主任；国际景观生态学会副理事长，中国分会理事长；中国生态学会常务理事、秘书长

表27　“北林园林设计——继往开来 与时俱进”2016北林风景园林规划设计论坛

序号	活动名称	日期	举办形式	活动规模（参与人数）
1	“北林园林设计——继往开来 与时俱进”2016北林风景园林规划设计论坛	4月16日	主办	500
2	世界风景园林师高峰讲坛	5月28～29日	主办	500
3	2016世界艺术史大会之园林和庭院分论坛	6月17～18日	主办	300
4	2016情系两岸·缘聚园林——海峡两岸园林学术论坛	7月19～20日	主办	300
5	北京国际设计周·北京绿廊2020——融合自然的城市更新与共享	10月9日	主办	300
6	圆明园遗址有效保护、科学利用专题研讨会	10月18日	主办	150
7	与自然共生的城市更新第十二届首都高校风景园林研究生学术论坛	11月19日	主办	200
8	2016生态园林城市建设与城市生态修复主题论坛	11月23日	主办	400
9	第九届旅游研究北京论坛	12月3日	主办	800
10	北京林业大学“城市·风景·遗产”学术论坛	12月10日	主办	150
11	社会力量：文化遗产保护与利用的社会参与	12月18日	主办	150
12	北京市园林绿化规划基础管理研讨会	12月14日	主办	200
13	2016北京园林优秀设计点评及《城市附属绿地设计规范》研讨会	12月22日	主办	250

表 28　水土保持学院 2016 年主要学术讲座(报告)情况一览表

序号	讲座时间	讲座名称	主讲人	主讲人身份
1	3 月 2 日	Environmental Flow in the Upper Rio Grande Ba	盛祝平	美国德克萨斯农工大学教授
2	3 月 28 日	水土保持生态修复基础理论与技术体系	朱清科	北京林业大学水土保持学院教授
3	3 月 22 日	小型无人机及其在水土保持中的应用	蔡志洲	交通运输部环境保护中心教授
4	4 月 8 日	重大工程建设对流域生态系统与生态网络的影响	刘世梁	北京师范大学教授
5	4 月 13 日	Rangelands of Greater Central Asia	Prof. Victor Roy Squires	美国犹他州立大学自然资源管理与草原生态学博士
6	5 月 9 日	水土保持与工程绿化技术	赵廷宁	北京林业大学水土保持学院教授
7	5 月 13 日	Linking the ecology of streams and the forest－experimental studies of cross-ecosystem resource flows and population responses	John S. Richardson	加拿大 UBC 大学森林科学和环境保护系主任,教授
8	5 月 27 日	生态修复标准与技术	Dr. Andre Clewell	美国生态恢复学会(SER)主席,博士
9	5 月 31 日	地理学空间尺度问题研究与探讨	李双成	北京大学城市与环境学院教授
10	6 月 3 日	地理学科技论文写作中的注意事项	朱晓华	中国科学研究院地理科学与资源研究所研究员
11	6 月 24 日	基于涡度相关通量研究的未来	陈吉泉	密执根州立大学教授
12	6 月 24 日	蒸发散:生态系统服务功能的无名英雄	孙　阁	美国林务局南方实验站国际著名生态水文学专家,教授
13	6 月 24 日	清华大学全球水能量遥感反演和水循环数据平台建设	洪　阳	清华大学“千人计划”国家特聘专家、遥感水文学国际知名专家,教授
14	6 月 24 日	涡度相关数据是否支撑地球变绿、变棕	肖劲锋	新罕布尔大学教授
15	6 月 25 日	植被叶绿素荧光遥感与碳循环探测	张永光	南京大学教授
16	6 月 25 日	西南喀斯特地区碳循环研究进展与展望	马明国	西南大学地理学院教授
17	6 月 25 日	中国鄱阳湖热通量日变化的季节转换	刘元波	中国科学院南京地理与湖泊研究所教授
18	6 月 25 日	同化多元遥感数据估算水热通量	徐同仁	北京师范大学教授
19	7 月 1 日	生态保护红线划定方法与实践	刘军会	中国环境科学研究院研究员
20	9 月 9 日	Determining ET over Pecan Orchards using different methods	盛祝平	美国德克萨斯农工大学教授
21	9 月 13 日	中国的水土保持	刘　震	水利部水土保持司教授级高工
22	10 月 17 日	以山地灾害防治为主导的多功能森林经营研究	毛　准	法国农业科学院副研究员博士
23	10 月 20 日	黄土高原植被与土地利用动态变化	张晓明	中国水利水电科学研究院教高
24	10 月 20 日	景观格局与生态过程	陈利顶	中国科学院生态环境研究中心研究员
25	10 月 21 日	气候变化背景下芬兰北方森林对非生物灾害的适应和管理对策	Heli Peltola	东芬兰大学林学院教授博士
26	10 月 21 日	干旱缺水地区森林与水资源相互关系及合理调控	王彦辉	中国林业科学研究院研究员

（续）

序号	讲座时间	讲座名称	主讲人	主讲人身份
27	10 月 22 日	森林水文模型应用	王盛萍	华北电力大学副教授
28	10 月 23 日	全球变化实验研究：挑战、机遇与发展方向	Lindsey Rustad	生态系统变化研究中心生态学家博士
29	10 月 23 日	应对气候变化与变异影响的森林经营适应	Steven McNulty	美国农业部林务局东南区域气候中心主任、北卡州立大学教授博士
30	10 月 23 日	气候变化对美国森林与水资源的影响	Ge Sun	美国农业部林务局高级研究员、北卡州立大学教授博士
31	10 月 23 日	美国气候变化控制实验	John Campbell	美国农业部林务局北方试验站生态系统变化研究中心
32	10 月 25 日	干旱区土地资源管理与荒漠化防治	Uriel N. Safriel	以色列耶路撒冷希伯来大学教授
33	10 月 25 日	干旱区退化草场管理与荒漠化防治	Victor Roy Squires	澳大利亚阿德雷德大学教授
34	10 月 27 日	输沙对坡面侵蚀的影响及其水动力学机理研究	张光辉	北京师范大学教授
35	10 月 27 日	北京生态清洁小流域规划与建设措施	李世荣	北京市水土保持工作总站高级工程师
36	10 月 28 日	土壤侵蚀与环境演变	李　勇	中国农业科学院研究员
37	10 月 31 日	水土保持重大生态工程	周金星	北京林业大学水土保持学院教授
38	11 月 2 日	森林治污减霾功能研究	牛　香	中国林业科学研究院副研究员
39	11 月 3 日	浅沟的概念以及发育机理	蔡强国	中国科学院地理科学与资源研究所研究员
40	11 月 4 日	植物群落对环境胁迫的响应	Thierry FOURCAUD	法国农业发展中心研究员
41	11 月 12 日	中国水资源态势与城市河流生态修复	杨爱民	中国水利水电科学研究院研究员
42	11 月 15 日	我国煤矿废弃地污染治理技术	胡振琪	中国矿业大学教授
43	11 月 22 日	坡面流侵蚀动力学及其过程	潘成忠	北京师范大学副教授
44	12 月 14 日	土壤碳地球化学循环与土壤呼吸的空间异质性	吴家兵	中国科学院沈阳应用生态研究所研究员
45	12 月 15 日	黄河流域生态系统修复措施与方法	姚文艺	黄河水利科学研究院教授级高级工程师
46	12 月 27 日	三峡库区生态系统管理与生态修复	曾　波	西南大学教授

表 29　经济管理学院 2016 年主要学术讲座（报告）情况一览表

讲座时间	讲座名称	主讲人	主讲人身份
3 月 25 日	会计规则的由来——关于会计理论的反思	周　华	中国人民大学商学院会计系副教授
3 月 30 日	梦想的力量	胡　敏	著名英语教育专家与教学管理专家，新航道国际教育集团创始人兼 CEO
4 月 14 日	弘扬国学的时代意义	李荣胜	中国现代文学馆副馆长
4 月 21 日	我国公务员工资制度的发展与改革	何　宪	中国人才研究会会长，国家人力资源与社会保障部原副部长
4 月 24 日	商业伦理与道德	王肇龙	法兰克曼医疗器械公司全球市场副总裁

（续）

讲座时间	讲座名称	主讲人	主讲人身份
5月15日	营销创新新常态	张桂森	中欧国际工商管理学院营销协会会长，北京英智传播集团执行董事兼CEO，北林MBA社会导师，联想集团前品牌总裁
5月25日	中国期货市场的历史现状与未来	常　清	中国农业大学期货与金融衍生品研究中心主任、博士生导师，金鹏期货经纪有限公司董事长，中国期货业协会专家委员会主任，财政部财科所研究生部兼职教授，北京工商大学兼职教授
5月27日	论成功是成功之母之创业价值	毛金明	北京中博诚通国际董事长
6月13日	中国企业管理洞察与展望	陈　磊	北京大学光华管理学院博士生导师、会计硕士专业学位项目执行主任、院长助理
6月23日	现代化与县域经济发展问题	谭向勇	北京工商大学党委书记、教授、博士生导师，享受国务院政府特殊津贴专家，全国优秀教师
10月15日	工业4.0下的管理变革——海尔转型的行动路线	王　钦	中国社会科学院工业经济研究所企业管理研究室主任
10月20日	网络营销的发展与逻辑	范　峰	北京速途传媒机构创始人兼速途网CEO，中国互联网协会网络营销工作委员会副秘书长
10月21日	绿色经济与生态文明	杨朝飞	中国人民大学教授，中国政法大学研究员，北京师范大学环境史研究中心研究员，中国环境法学会副会长
10月26日	财经领域职业人才发展规划	曲悲岩	美国人力资源协会SHRM会员，微软认证系统工程MCSE会员，荷兰海牙大学工商管理硕士MBA，北京大学应用心理学硕士，财萃网联合创始人
11月22日	中国经济热点问题——基于马克思主义经济学与西方经济学比较的视角	顾炜宇	中央财经大学经济学院副教授、硕士生导师
11月25日	战略定位的理论与实践	张文松	北京交通大学经济管理学院工商管理分院院长
11月28日	互联网统计与大数据应用	赵彦云	中国人民大学统计学院院长、教授、博士生导师，中国统计学会副会长
11月28日	创业前的机会识别与准备	吴　峰	中国老龄事业发展基金会副主任
11月28日	互联网时代的知识传播与学习	陈海娟	机械工业信息研究院副院长
11月28日	创新金融服务，发展绿色金融	高　峰	中国民生银行运营管理部副总经理
11月28日	文化自信与创新发展	廖廷建	北京林业大学MBA国学教育中心主任，中国书画院执行院长，德艺双馨艺术家
11月28日	汽车出行行业的市场价格与未来	胡显河	悟空租车创始人
11月28日	户外旅游与新兴林场建设	刘应杰	户外帮创始人
11月28日	网络企业商业模式新思考	范　锋	北京速途传媒机构创始人兼速途网CEO，中国互联网协会网络营销工作委员会副秘书长
11月28日	“互联网+农业”的困境与探索	慕朋举	大河套投资有限公司董事长
11月28日	互联网新常态带来细分行业创业新机遇	王　平	联邦车局总裁
11月28日	MBA论文写作与企业经营创新	李小勇	北京林业大学经济管理学院工商管理系主任、MBA教育中心副主任

（续）

讲座时间	讲座名称	主讲人	主讲人身份
12 月 3 日	文明变迁的金融逻辑——量化方法在历史研究中的应用	陈志武	著名华人经济学家，耶鲁大学终身教授，清华大学社会科学院“千人计划”教授，北京大学经济学院特聘教授
12 月 13 日	从政治经济视角解析党的十八届六中全会	张玉宝	北京大学国际关系学院法学博士，中共北京市委党校党史党建教研部教师

表 30　工学院 2016 年重要学术讲座（报告）情况一览表

序号	讲座时间	讲座名称	主讲人	主讲人身份
1	4 月 20 日	乘员腰椎损伤机理研究	唐　亮	工学院出国访问归国副教授
		基于强化学些的最优控制方法	高道祥	工学院出国访问归国副教授
		美国德州农工大学访学汇报	陈锋军	工学院出国访问归国副教授
		美国爱荷华州立大学访学汇报	樊月珍	工学院出国访问归国副教授
2	5 月 9 日	Reliability Prediction in Early System Design Stage	杜小平	美国密苏里科技大学机械与航空工程系教授
3	6 月 29 日	Electric, hybrid, and fuel cell vehicles-Currents trends and future strategies	Rajashekara Kaushik	美国德克萨斯大学达拉斯分校 Erik Jonsson 工程与计算机科学学院教授
4	12 月 25 日	青年学术交流与人才成长	曾祥谓	林学会学术部主任
		林业机械装备的需求与发展	岳群飞	中国福马集团副总经理
		青年教师科研成长历程	阚江明	工学院教授
		植被恢复关键技术装备与监测系统研发	张军国	工学院教授
		新型林用底盘及其作业仿真平台研制	康　峰	工学院副教授
		林业生物质采收装备研制的工作进展	徐道春	工学院副教授
		林区生态信息实时检测关键技术研究	闫　磊	工学院副教授
		基于“互联网 +”的林业生态智能监测系统研究	郑一力	工学院副教授
		飞秒激光表面微纳织构在低浓度污染物检测中的应用研究	史雪松	工学院讲师
		基于光谱特性的土壤性质检测方法研究	何　芳	工学院讲师
		林用多旋翼无人机自主控制技术研究	胡春鹤	工学院讲师

表 31　材料学院 2016 年主要学术讲座（报告）情况一览表

序号	讲座时间	讲座名称	主讲人	主讲人身份
1	1 月 13 日	生物精炼过程的技术经济分析（Techno-economic analysis of biorefinery processes）	Zsolt Barta	匈牙利布达佩斯技术与经济大学教授
2	1 月 21 日	recent progress in photocatalysis for organic synthesis	朱怀勇	澳大利亚昆士兰科技大学教授
3	4 月 26 日	Micromorphological and chemical characteristics of waterlogged Yunnan pines excavated from Haimenkou site, Yunnan province	YoonSoo Kim	韩国全南国立大学教授
4	5 月 3 日	“生物质乙醇”专题讲座之一：木材成分と酸糖化	浦木康光	日本北海道大学教授
5	5 月 3 日	“生物质乙醇”专题讲座之二：木材化学成分的酶（酵素）糖化	浦木康光	日本北海道大学教授

（续）

序号	讲座时间	讲座名称	主讲人	主讲人身份
6	5月10日	加拿大木颗粒燃料碳排放量评估(Carbon footprint of Canadian Wood Pellets)	Xiaotao Bi	加拿大英属哥伦比亚大学教授,加拿大工程院院士
7	5月17日	新型复合光催化材料	曹少文	武汉理工大学材料复合新技术国家重点实验室,研究员
8	10月20日	All about the lignocellulosic materials	Vikram Yadama	美国华盛顿州立大学,副教授
9	10月26日	Microscopic investigations of the anatomy of wood	Miroslava Mamoňová	斯洛文尼亚兹沃伦科技大学,副教授
10	11月11日	Economically Viable Biorefinery-NCSU Vision (Autohydrolysis/Refining Pretreatment and Value Added Products from Sugars and Lignin)	Hasan Jameel	北卡罗来纳州立大学教授
11	11月30日	林产化工领域的ISO国际标准制定与发展——生物精炼、纳米纤维素、木素表征、纸张机械性能稳定性等	Maurice Douek	加拿大林产创新研究院
13	1月11日	高价 d^6 金属催化碳氢键活化及转化	李兴伟	中科院大连化学物理研究所,研究员
14	1月11日	材料模拟与设计	邓伟侨	中科院大连化学物理研究所,研究员
15	4月13日	纤维素类林业资源开发利用	Lucian A. Lucia	美国北卡罗来纳州立大学化学系副教授
16	5月16日	Highlights from ongoing research at KTH Division Wood Chemistry and Pulp Technology	Monica Ek	瑞典皇家理工学院教授

表32 生物学院2016年主要学术讲座(报告)情况一览表

序号	讲座时间	讲座名称	主讲人	主讲人身份
1	3月21日	1. Sewage sludge as an original substrate for co-digestion with organic wastes and biogas production 2. Innovative biopreparation for deodorization of poultry manure in livestock buildings	Sebastian Borowski	罗兹理工大学发酵工程与工业微生物系教授
2	4月11日	The photoactivation and photoinactivation mechanisms of Arabidopsis CRY2	林辰涛	福建农林大学林学院基础林学与蛋白质组学研究中心特聘教授,国家“千人计划”专家
3	4月14日	Plant Lignin Biosynthesis and the Polymerization	赵 乔	清华大学研究员
4	4月15日	植物抗旱的分子机制	巩志忠	中国农业大学生物学院院长
5	4月22日	茉莉素介导植物抗性及生长发育的分子机制	谢道昕	清华大学 国家杰出青年基金获得者、长江学者特聘教授
6	4月27日	维管束鞘的发育以及C3-to-C4 engineering	崔洪昌	Florida State University 副教授
7	5月2日	Exploring microRNAs for engineering and understanding gene regulation in plants	Ramanjulu Sunkar	Oklahoma State University 副教授
8	5月11日	A transposable element evolved long non-coding RNA for telomerase: its function in and beyond telomerase regulation	徐恒毅	德州大学奥斯汀博士

（续）

序号	讲座时间	讲座名称	主讲人	主讲人身份
9	5月13日	植物水分胁迫应答的遗传基础	何奕騉	首都师范大学副校长
10	5月13日	Linking the ecology of streams and the forest—experimental studies of cross-ecosystem resource flows and population responses	Prof. John S. Richardson	UBC大学教授
11	5月18日	Intracellular Membrane Traffic as Seen by Super-resolution Live Imaging	Prof. Akihiko Nakano	日本东京大学教授
12	5月20日	The evolution of reinforcement and predictability of genetic change	Mark D. Rausher	杜克大学教授
13	6月13日	幼苗出土：一场从黑暗走向光明的生死决断	邓兴旺	北京大学，美国科学院院士
14	6月13日	水稻籼粳杂种优势利用研究	万建民	中国农科院，中国工程院院士
15	6月16日	稻属进化生物学研究——回顾与展望	葛　颂	中国科学院植物研究所研究员、副所长
16	7月11日	Sucrose metabolism and signalling：Gateway for conferring plant fertility and fitness	Prof. Yong-Ling Ruan	澳大利亚纽卡斯尔大学环境与生命科学系教授
17	7月14日	H_2S signaling in biology and medicine	Prof. Guangdong Yang	Department of Chemistry and Biochemistry, Laurentian University, Sudbury Ontario, Canada
18	7月22日	植物响应低温胁迫的分子机制研究	杨淑华	中国农业大学教授，长江学者特聘教授
19	8月23日	New pathways to old compounds；reassessing the biosynthesis of lignin and condensed tannins	Richard（Rick）Dixon	美国科学院院士
20	8月23日	Biosynthesis of proanthocyanidin in Medicago aiming at promoting proanthocyanidin in alfalfa	刘成刚	University of North Texas 研究助理教授
21	9月8日	Advance Generation Breeding Strategy with Genomic Selection	李百炼	美国北卡罗莱纳州立大学副校长
22	9月12日	植物胁迫记忆的分子机制	华学军	中国科学院植物研究所研究员
23	9月19日	微丝骨架动态变化与植物细胞极性生长调控	任海云	北京师范大学生命科学学院教授
24	9月26日	一氧化氮调控植物胁迫反应的机制	左建儒	中国科学院遗传与发育生物学研究所 植物基因组学国家重点实验室主任
25	9月26日	单分子超分辨技术研究染色质结构与动态过程	孙育杰	北京大学生物动态光学成像中心研究员
26	9月29日	Toward genome-wide prediction and identification of enhancers in plants	蒋继明	威斯康星大学教授
27	10月10日	Evolutionarily-conserved and plant-specific Clathrin-dependent trafficking machinery required for cytokinesis and cell expansion	Sebastian Bednarek	美国威斯康星大学生物化学系教授，Plant Cell 副主编
28	10月17日	茉莉酸作用的分子机理	李传友	中国科学院遗传与发育生物学研究所研究员
29	10月24日	Plant villins：versatile actin regulatory proteins	黄善金	清华大学生命科学学院研究员

（续）

序号	讲座时间	讲座名称	主讲人	主讲人身份
30	11月7日	被子植物花粉管导向机理研究	杨维才	中国科学院遗传与发育生物学研究所所长
31	11月8日	杂交构树抗性分子机制研究	沈世华	中国科学院植物研究所研究员
32	11月10日	Effects of cone induction treatments on phytohormone profiles and cone gender determination in conifers	孔立升	加拿大维多利亚大学林木生物中心首席研究员
33	11月16日	细胞自噬——2016年诺贝尔生理医学奖解析	俞　立	清华大学生命科学学院教授
34	11月19日	How to prepare a review in international Journals	Dr. Susanne Brink	Trends in Plant Science（IF = 10.898）的主编
35	11月22日	青蒿素发现及疟疾治疗——2015年诺贝尔生理/医学奖解析	王　红	中国科学院大学教授
36	11月23日	酸浆属果实进化发育遗传学研究	贺超英	中国科学院植物研究所研究员、博导
37	11月23日	毛茛科与花的进化发育	孔宏智	中国科学院植物研究所研究员、博导
38	11月29日	Epigenetic variation in crop legumes	Scott Jackson	美国佐治亚大学应用遗传学研究中心主任、教授
39	12月8日	转抗虫基因杨树品种培育	杨敏生	河北农业大学林木遗传育种学教授、博士生导师
40	12月14日	毛竹开花之谜	高　健	国际竹藤中心竹藤资源基因科学研究所首席专家
41	12月29日	纳米酶的发现与应用研究	闫锡蕴	中国科学院院士，中国生物物理学会副理事长兼秘书长

表33　信息学院2016年主要学术讲座（报告）情况一览表

序号	讲座时间	讲座名称	主讲人	主讲人身份
1	8月27日	打开人与自然对话的窗口——北京智慧园林发展	高大伟	北京市园林绿化局副局长
2	8月27日	北京城市管理与园林信息化建设	宋　刚	北京市城市管理行政执法局信息中心主任
3	8月27日	美丽乡村建设与园林绿化信息化	周子乔	全国供销总社科技教育部处长
4	8月27日	智慧苗圃建设	李迎春	国家彩叶树种良种基地主任
5	8月27日	IBM智慧城市的观点	李　涛	IBM中国政府创新研究院院长
6	8月27日	一带一路上的智慧城市建设	陈　溪	中兴通讯智慧城市首席规划师
7	8月27日	BIM技术与智慧园林绿化设计	甘　靖	建谊集团总裁
8	11月2日	林业信息化专题	吴保国	北京林业大学信息学院教授
9	11月6日	澳大利亚森林经营管理实践	Matthew Pope	澳大利亚新南威尔士州的一名林业工作者
10	11月16日	管理软件的过去、现在与未来	张行吉	SAP销售经理，信息92级研究生校友
11	11月30日	微景天下与VR	陈尚安	微景天下技术专家，皓月平台技术负责人
12	12月14日	机器学习入门	贾荣飞	量化派公司（C轮融资5亿元）副总裁

（续）

序号	讲座时间	讲座名称	主讲人	主讲人身份
13	12月30日	大数据驱动世界：大数据思维、技术及应用概述	邓　雄	概维智能博士
14	12月30日	大数据技术及应用	陈　明	中国石油大学教授
15	12月30日	无人机大环保应用和大数据	蔡志洲	交通运输部环境保护中心研究员
16	12月30日	高分遥感林业应用研究	李增元	中国林业科学研究院资源信息研究所，研究员

表34　人文学院2016年主要学术讲座（报告）情况一览表

序号	讲座时间	讲座名称	主讲人	主讲人身份
1	4月30日	共享生活方式	牛　健	清华大学美术学院协同创新生态设计中心、可持续生活实验室特聘专家
2	5月14日	垃圾治理与城乡生态文明建设	王维平	我国著名的循环经济学家和绿色管理专家，中国人民大学环境经济学兼职教授、博士生导师，南开大学客座教授，中国环境科学学会常务理事，中国环境科学学会环境审计专业委员会副主任，中国会计学会环境会计委员会副主任
3	5月19日	绘画知我心	项锦晶	北京林业大学心理系副教授，国际分析心理学会（IAAP）及国际沙盘游戏学会（ISST）的中国发展组织成员，华人心理分析联合会（CFAP）会员，东方心理分析研究中心沙盘游戏高级督导师
4	6月3日	中国记者眼中的战争	姜铁英	新华社战地记者，新华网海外中心记者、编辑
5	6月18日	中国省域生态文明评价指标体系构建与实证研究	成金华、吴巧生、张欢、余国合	中国地质大学专家团队
6	9月25日	研究方法与论文撰写	高小平	中国行政管理学会执行副会长兼秘书长
7	9月29日	京韵——北京欢迎你	崔岱远	作家、文化学者，北京读书形象大使，北京大学生阅读联盟导师。《人民日报》《新华每日电讯》《香港商报》等报刊专栏作者。中央电视台、中央人民广播电台、中国教育电视台、北京国际图书节主讲嘉宾
8	10月15日	公共冲突管理	时和兴	国家行政学院公共管理教研部副主任，研究员，公共治理研究中心主任
9	10月22日	公共突发事件的应急与危机管理	彭宗超	清华大学公共管理学院教授
10	10月22日	犯罪心理学与法	王广新、庄乾龙	北京林业大学副教授
11	11月5日	城市治理模式与机制	杨宏山	中国人民大学公共管理学院教授
12	11月8日	美国水环境管理的经验和教训及其对中国的启示	开根森	美国加利福尼亚州洛杉矶地区水质控制委员会工程师、教授
13	11月26日	用大数据把握学术新趋向、以云思维前瞻研究制高点	张学栋	中国行政管理学会副秘书长，九三学社中央委员，北京大学政治发展与政府管理研究所兼职研究员
14	12月2日	公共政策分析的一般方法和若干前沿热点问题	徐家良	上海交通大学第三部门研究中心主任，国际与公共事务学院教授

（续）

序号	讲座时间	讲座名称	主讲人	主讲人身份
15	11月6日	社会研究方法与论文写作	张长东	北京大学政府管理学院副教授
16	10月27日	自我心理分析	Dianne Kaminsky	美国纽约临床工作协会主任
17	12月4日	行政法原理	周金锋	国家林业局政策法规司处长
18	12月3日	"揽风月 阅风华 书风骨"——谈阅读和写作	止 庵	传记随笔作家，自由撰稿人。代表作品有：《惜别》《周作人传》《神拳考》《樗下读庄》《插花地册子》
19	4月19日	林业史与环境史专题	罗桂环	中国科学院自然科学史研究所研究员
20	5月27日	科学技术哲学	黄小茹	中国科学院科技战略咨询研究院副研究员

表35 2016年外语学院主要学术讲座(报告)一览表

序号	讲座时间	讲座名称	主讲人	主讲人身份
1	1月6日	美国外交历史传统、决策过程及影响因素	袁 征	中国社会科学院美国研究所美国外交研究室主任、学术委员会委员、创新项目首席研究员
2	1月20日	林业多边对外谈判	张忠田	国家林业局国际合作司多边处处长
3	3月4日	中日文化理解与交流——"场"的语用论	藤井洋子	日本女子大学文学部教授、日本社会言语科学会理事
4	3月23日	全球化语境下看中国英语和中式英语	王继辉	北京大学外国语学院教授、博士生导师
5	4月6日	改写历史和神话：以当代英国诗人达菲的《世界之妻》为例	张 剑	北京外国语大学英语学院院长，教授、博士生导师
6	4月8日	亦新亦旧的文化与亦中亦西的传译	武 波	外交学院英语系教授
7	4月19日	口译学习及训练	吕 玲	专业口译员
8	4月20日	学术写作研究和教学：资源的利用	Bojana Petri	伦敦大学伯贝克学院应用语言学和交流系TESOL硕士，语言教学硕士课程负责人，博士
9	4月22日	日语学习方法主题讲座	茇川幸司	OJAD成员之一，曾任清华大学外籍日语教师，目前是茇川塾主讲教师
10	4月27日	身份认同	陈永国	清华大学外文系教授，博士生导师
11	5月11日	语言政策与规划研究——问题与选题	戴曼纯	北京外国语大学教授，博士生导师
9	5月12日	语料库建库、使用及相关研究	江进林	对外经济贸易大学专用英语系副主任，副教授
10	5月16日	英语演讲的十二个攻略	马克力文	中央民族大学外国语学院外国专家
11	5月25日	翻译研究的功能语言学视角：元功能对等	黄国文	教育部"长江学者"特聘教授，国务院政府特殊津贴专家，中山大学外国语学院教授、博士生导师
12	5月27日	及物性转换和论元的联接	Professor Nikolas Gisborne	英国爱丁堡大学语言学教授
13	6月2日	Impersonals: From "dummy" to meaningful constructions	M. Achard	美国加州大学圣地亚哥分校语言学博士，莱斯大学(Rice University)语言学系主任、终身教授，博士生导师

（续）

序号	讲座时间	讲座名称	主讲人	主讲人身份
14	6月2日	《圣经》的文学研究	南宫梅芳	北京林业大学外语学院副教授
15	6月7日	中国当代话语研究的系统功能语言学路径	苗兴伟	北京师范大学外国语学院科研副院长，教授、博士生导师
16	10月14日	略谈英美文学在当下中国的教学与研究	刘意青	北京大学外国语学院教授，博士生导师
17	10月21日	中国哲学观与高端汉译英	武 波	外交学院英语系教授
18	10月19日	英语诗歌朗读会	郭亚力（Alex Kuo）及其夫人 Joan Burbick	美国华裔作家、教授
19	10月25日	消费的文化政治	汪民安	首都师范大学教授，博士生导师
20	10月28日	CET改革对大学英语课堂教学的反拨效应	辜向东	重庆大学语言认知及语言应用研究基地主任、博士生导师，剑桥大学外语考试部学术研究顾问
21	11月11日	语言学的发展与近况	崔 刚	清华大学外文系教授、博士生导师
22	11月25日	中国故事对外传播中的翻译问题	吴月辉	新华社高级编辑
23	12月1日	动词结构；词语的文化意义	Cliff Goddard	格里菲斯大学语言学系教授，澳大利亚人文科学院院士
24	12月2日	如何成为职业翻译	杨宇歌	美国 Venga Global 公司资深项目经理
25	12月16日	国际气候与环境治理	周 倩	外交部条法司处长
26	12月29日	林业多边合作最新进展（外事工作领域）	张忠田	国家林业局国际合作司多边处处长

表36 理学院2016年主要学术讲座（报告）情况一览表

序号	讲座时间	讲座名称	主讲人	主讲人身份
1	3月21日	Topics in Logistics and Supply Chain Management	沈志坚	英国朴次茅斯大学工学院数学系、博士、教师
2	4月12日	出国留学指导	魏 辰	新东方北美考试讲师
3	5月13日	北京品友互动实习双选会	马 媛	北京品友互动公司人力资源
4	5月26日	The secret lives of polynomial identities（关于多项式恒等式的奥秘）	Bruce Reznick	伊利诺伊大学香槟分校博士、美国数学会会士、教授
5	10月13日	公务员讲座	魏悦冲	知满天文化有限公司职员
6	10月19日	考研英语复习指导	罗积慧	全球职业规划师
7	11月5日	考研英语复习指导	杨凤芝	中公英语研究院院长
8	12月13日	带源项的等熵可压缩 Euler 方程	黄飞敏	中国科学院数学与系统科学研究院华罗庚首席研究员
9	12月14日	高维数据分析与统计计算简介	康惠宁	美国新墨西哥大学教授

表37 自然保护区学院2016年主要学术讲座(报告)情况一览表

序号	讲座时间	讲座名称	主讲人	主讲人身份
1	4月24日	自然保护区局长进校园	孙继开、叶国庆	湖北木林子国家级自然保护区管理局副局长 孙继开 湖北龙感湖国家级自然保护区管理局副局长 叶国庆
2	5月20日	中国国家公园体制及发展思路	唐小平	国家林业局规划院副院长，湿地与野生动植物监测中心主任
3	5月29日	中国国家公园的探索实践	唐芳林	国家林业局昆明勘察设计院、院长、教授
4	6月23日	Evolution of Calyptrate Flies	Thomas Pape	国际双翅目学会主席，国际寄生蝇研究的领军人物
5	6月24日	Why are flies important?	Thomas Pape	国际双翅目学会主席，国际寄生蝇研究的领军人物
6	7月7日	资源遥感进展	邵国凡	美国普渡大学，林学与自然资源系，地理—生态信息学，终身教授；美国普渡大学空间数据分析实验室，主任；Journal of Biodiversity Management & Forestry 杂志主编；International J. of Sustainable Development & World Ecology 和 Journal of Forestry Research 杂志的副主编
7	9月20日	双翅目行为观察与影像记录	Nikita Vikhrev	莫斯科大学，动物博物馆，昆虫分类实验室，双翅目蝇科负责人
8	10月18日	自然保护区建设与管理热点问题	李迪强	中国林业科学研究院森林生态环境保护研究所自然保护区学科首席专家
9	10月22日	KIMBALL 鸡形目鸟类的进化关系	Rebecca	国际雉类保护研究大会特邀专家
10	10月22日	KLAUS 镰翅鸡 Falcipennisfalcipennis 的生态、行为和保护问题	Siegfried	国际雉类保护研究大会特邀专家
11	10月22日	亚种高度分化的雉鸡 Phasianuscolchicus 的分类、遗传和进化	刘 阳	中山大学教师
12	10月22日	缅甸西部的灰腹角雉 Tragopanblythii 调查	王 楠	北京林业大学自然保护区学院副教授，现为 IUCN 物种存活委员会委员，中国动物学会鸟类学分会会员
13	10月22日	利用红外相机技术分析恐龙河保护区绿孔雀 Pavomuticus 活动节律	单鹏飞	中国科学院昆明动物研究所学生
14	10月22日	四川山鹧鸪 Arborophilarufipectus 奇特孵卵行为及其胚胎耐受低温研究	付义强	乐山师范学院教师
15	10月22日	云南高黎贡山白尾梢虹雉 Lophophorussclateri 繁殖特征和巢址选择	高 歌	西南林业大学学生
16	10月22日	三种同域高山鸡形目鸟类(血雉、雉鹑、白马鸡)沙浴生境的选择与重叠分析	徐 雨	平顶山学院教研室主任
17	10月22日	雄鸟警戒和对斑尾榛鸡雌鸟孵化前期的重要性	楼瑛强	中国科学院动物所学生
18	10月22日	基于生态位模型的青藏高原雪鹑 Lerwalerwa 栖息地选择和预测	姚红艳	北京林业大学学生
19	10月22日	俄克拉荷马关于环颈雉的研究	NEPAL	
20	10月22日	新疆普氏野马马胃蝇蛆病溯源	崔 鹏	环境保护部南京环境科学研究所

（续）

序号	讲座时间	讲座名称	主讲人	主讲人身份
21	10月22日	基于多位点DNA测序数据的锦鸡属Chrysolophus谱系地理重建	董　路	北京师范大学教师
22	10月22日	微卫星在老君山保护区四川山鹧鸪Arborophilarufipectus基因组和遗传多样性研究中的应用	岳碧松	四川大学
23	10月22日	乌岩岭国家级自然保护区黄腹角雉保护的矛盾与发展	章书声	浙江乌岩岭国家级自然保护区管理副处长
24	10月22日	雉类再引入项目进展	John CORDER	国际雉类保护研究大会特邀专家
25	10月23日	松鸡的基因组学研究	Jacob Hoglund	国际雉类保护研究大会特邀专家
26	10月23日	欧洲动物园和水族馆协会(EAZA)及其鸡形目鸟类管理项目	Simon BRUSLUND	国际雉类保护研究大会特邀专家
27	10月23日	世界雉类协会(WPA)的欧洲雉类饲养繁殖项目	John CORDER	国际雉类保护研究大会特邀专家
28	10月23日	鸟类质量、来源和反捕食能力对雉鸡(Phasianuscolchicus)迁地重建种群存活与繁殖的影响	Heidi KALLIONIEMI	国际雉类保护研究大会特邀专家
29	10月23日	AWAN巴基斯坦黑头角雉(Tragopanmelanocephalus)分布与受胁因素调查：保护的挑战	Muhammad Naeem	国际雉类保护研究大会特邀专家
30	10月23日	越南爱氏鹇(Lophuraedwardsi)的保育繁殖项目	Dang Gia TUNG	国际雉类保护研究大会特邀专家
31	10月23日	灰腹角雉(Tragopanblythii)在Nagaland景观保护群落中是否安全？	Adrish PODDAR	国际雉类保护研究大会特邀专家
32	10月23日	印度彩雉(Catreuswallichii)黑头角雉(Tragopanmelanocephalus)易地保护繁育项目的遗传学评估	MukeshThakur	国际雉类保护研究大会特邀专家
33	10月23日	如何遥测鸡形目鸟	Sean WALLS	国际雉类保护研究大会特邀专家
34	10月23日	野生鸟类基因组和种群遗传学	詹祥江	中国科学院动物研究所研究员
35	10月23日	雉类进化的全基因组测序研究	Edward Braun	国际雉类保护研究大会特邀专家
36	10月23日	灰胸竹鸡Bambusicolathoracica的岛屿与大陆种群分化	洪志明	中央研究院生物多样性研究中心研究员
37	10月23日	印度的鸡形目鸟类保护：在路上	Rahul KAUL	国际雉类保护研究大会特邀专家
38	10月23日	Ethics in science publications	DrLinus Svensson	瑞典隆德大学OIKOS编辑部、生态期刊的总编辑
39	10月23日	Speciation, adaptation and exaggerations	Dr. Johan Hollander	瑞典隆德大学的海洋生物学家
40	11月1日	生物多样性与DNA条码	张爱兵	国家杰出青年基金获得者、首都师范大学生命科学学院教授、博士生导师
41	11月1日	中国国家公园研究进展	杨　锐	清华大学建筑学院教授、博士生导师；清华大学建筑学院景观学系主任、高等学校风景园林学科专业指导小组组长、中国风景园林学会副秘书长、《中国园林》副主编

（续）

序号	讲座时间	讲座名称	主讲人	主讲人身份
42	11月3日	野生植物极小种群保护	张志翔	北京林业大学自然保护区学院教授，博士生导师，北京市教学名师，北京林业大学标本馆馆长
43	11月14日	Importance of databasing taxonomic knowledge - an example with FLOW	Thierry Bourgoin	国际头喙亚目学会（IAS）主席，国际系统昆虫学机构（MSEF）主席
44	12月13日	媒介生物与宿主的协同演化	孟凤霞	中国疾病预防控制中心传染病预防控制所研究员
45	12月20日	动物源性传染病及其传播媒介	赵彤言	军事医学科学院微生物流行病研究所媒介生物学和防治研究室主任

表38　环境学院2016年主要学术讲座（报告）情况一览表

序号	讲座时间	讲座名称	主讲人	主讲人身份
1	4月17日	污水脱氮除磷研究的新进展——短程反硝化+厌氧氨氧化	彭永臻	北京工业大学教授、中国工程院院士
2	4月17日	大气污染控制中的环境催化	贺　泓	中科院生态环境研究中心研究员
3	6月6日	废水生物处理过程中的温室气体排放规律与控制	袁志国	现任昆士兰大学终身教授、澳大利亚技术科学与工程院院士
4	12月9日	多相催化材料	Benoit Louis	法国斯特拉斯堡大学教授
5	12月23日	工业生态——从产品到贸易	徐　明	美国密歇根大学副教授

表39　艺术学院2016年主要学术讲座（报告）情况一览表

序号	讲座时间	讲座名称	主讲人	主讲人身份
1	3月26日	penda设计巡讲“生命的容器”	孙大勇	Graft北京及柏林办公室、清华大学建筑设计研究院研究员
2	4月8日	艺术德国	李汉平	北京林业大学教授
3	4月12日	设计创新与职业化	林家阳	同济大学设计教授、博导
4	4月23日	“全民悦读”名师座谈	陆树铭、王向群	著名影视演员、导演
5	5月6日	和一位在美国艺术名校教学20年的教授对话	余震谷	美国萨凡纳艺术与设计学院绘画系教授
6	5月27日	探寻芭蕾的起源：人文主义审美理念与文艺复兴宫廷舞蹈	张延杰	北京舞蹈学院人文学院副教授
7	5月28日	光与影之歌——李臣伟分享会	李臣伟	中国建筑装饰与照明设计师联盟副主席
8	6月3日	大健康领域的景观创新设计	谭　璇	珀金斯景观设计（北京）有限公司
9	6月6日	游戏的艺术	黄　石	中国传媒大学副教授
10	6月11日	厨房设计	韩纳黎	宜家家居设计师
11	6月16日	新东方美学与可持续性设计	叶宇轩	和木一生·耶爱希尔设计公司教授
12	6月17日	北京国家会议中心视觉设计	蔡历风	北京清尚建筑设计研究院高级职称
13	6月29日	文化遗产的数字化应用	彦　风	中央美术学院副教授
14	9月27日	灯光在室内项目中的应用	张　旭	北京立本社照明与环境工作室注册照明师

（续）

序号	讲座时间	讲座名称	主讲人	主讲人身份
15	9月29日	互联网信息传播的发展及对社会的影响	高　钢	中国人民大学新闻学院教授
16	10月15日	城市肌理	Susan	斯邦建筑设计师
17	10月18日	创意的力量/我与公益广告那些事儿	马千里、孔嘉欢	奥美创意总监、著名导演
18	10月18日	水泥产品及再造项目、绿色可回收产品设计	周　正	本土创造设计师
19	10月20日	高雅艺术进校园之木雕艺术讲座	高公博、王家锋、万少君、张红苹	木雕大师
20	10月25日	服务设计与创新	王国胜	国际服务设计联盟(中国)主席
21	10月31日	大数据时代的交互与服务设计	李四达	北京服装学院教授
22	11月10日	动画数字媒体类教材建设	李四达	北京服装学院教授
23	11月15日	移动互联网设计师生存法则	李庭煦	北京极素优艾网络科技有限公司创始人
24	11月21日	汽车设计的美学——交通工具研究	严　杨	清华美术学院教授
25	11月22日	美国名校数字媒体及动画专业解析	周　媛	美国阿尔弗雷德大学中国办事处主任
26	11月22日	“有志者事竟成”艺术专业学生成才之路	廖　军	苏州工艺美术职业技术学院院长
27	11月27日	设计竞赛获奖案例分析	王树茂	Femo设计工作室
28	11月28日	公共艺术之壁画漫谈	孙　韬	中国美术家协会壁画艺委会秘书长
29	12月1日	澳大利亚当代设计	徐　放	澳大利亚新南威尔士大学教授
30	12月6日	新消费者新品牌	曹　虎	科特勒集团中国区总裁
31	12月17日	魅力北京中轴线	李建平	北京史研究会秘书长
32	12月20日	设计教育:创造未来的知识前景	许　平	中央美术学院教授
33	12月22日	品牌视觉体系与逻辑性	严育香	东道品牌公司工程师
34	11月22日	“有志者事竟成”艺术专业学生成才之路	廖　军	苏州工艺美术职业技术学院院长
35	11月27日	设计竞赛获奖案例分析	王树茂	Femo设计工作室
36	11月28日	公共艺术之壁画漫谈	孙　韬	中国美术家协会壁画艺委会秘书长
37	12月1日	澳大利亚当代设计	徐　放	澳大利亚新南威尔士大学教授
38	12月6日	新消费者新品牌	曹　虎	科特勒集团中国区总裁
39	12月17日	魅力北京中轴线	李建平	北京史研究会秘书长
40	12月20日	设计教育:创造未来的知识前景	许　平	中央美术学院教授
41	12月22日	品牌视觉体系与逻辑性	严育香	东道品牌公司工程师

表40　2016年主要学术讲座(报告)情况一览表

序号	讲座时间	讲座名称	主讲人	主讲人身份
1	5月7日	在党的领导下,做有理想有担当的青年楷模	王洪元	北京林业大学党委书记
2	6月5日	周边国家环境安全	罗　援	军事科学学会副秘书长、少将
3	10月16日	漫谈北林校史与青年成长成才	顾正平	北京林业大学原校党委书记

（续）

序号	讲座时间	讲座名称	主讲人	主讲人身份
4	10月23日	研究生个人成长与生涯规划	张　闯	北京林业大学副校长
5	10月29日	党务知识及“两学一做”专题报告	刘广超	北京林业大学党委组织部副部长、党校副校长
6	11月10日	我的绿色人生——沈国舫院士从教60周年回顾	沈国舫	中国工程院院士
7	11月10日	Ecological Conservation and Construction in China	沈国舫	中国工程院院士
8	11月15日	习近平外交思想与中国崛起的新形势解读	肖　洋	北京第二外国语学院国际问题研究中心主任
9	11月29日	关注物种多样性，建设生态文明	周晋峰	中国生物多样性保护与绿色发展基金会秘书长
10	12月9日	“百篇优博”获得者谈学术创新	张德强、王　君	北京林业大学生物科学与技术学院教授、全国优秀博士学位论文获得者
11	12月13日	我国林业形势与任务	张建龙	国家林业局局长

表彰与奖励

表 41　北京林业大学 2016 年获奖科研成果名录

序号	获奖级别	年度	奖励名称	获奖等级	获奖项目(成果)名称	第一完成人	所在学院	北京林业大学在获奖单位中的排名	发证单位	证书编号
1	国家级	2016	国家技术发明奖	2	木质纤维生物质多级资源化利用关键技术及利用	孙润仓	材料学院	1	国务院	2016 - F - 305 - 2 - 03 - R01
2	国家级	2016	国家科技进步奖	2	三种特色木本花卉新品种培育与产业升级关键技术	张启翔	园林学院	1	国务院	2016 - J - 202 - 2 - 02 - D01
3	省部级	2016	高等学校科学研究优秀成果奖(科学技术) - 自然奖	2	木质纤维细胞壁结构解译及纤维素基功能材料转化	许　凤	材料学院	1	教育部	2016 - 055
4	省部级	2016	高等学校科学研究优秀成果奖(科学技术) - 自然奖	2	中国北方森林恢复多尺度生态水文响应机理	张志强	水保学院	1	教育部	2016 - 056
5	省部级	2016	高等学校科学研究优秀成果奖(科学技术) - 发明奖	2	新型无土基质草毯高效培育技术及其产业化	韩烈保	林学院	1	教育部	2016 - 152
6	省部级	2016	高等学校科学研究优秀成果奖(科学技术) - 进步奖	2	刺槐种质资源评价、品种选育与产业化应用	李　云	生物学院	1	教育部	2016 - 224
7	省部级	2016	高等学校科学研究优秀成果奖(科学技术) - 进步奖	2	华北地区森林植被水资源调控技术	余新晓	水保学院	1	教育部	2016 - 225
8	省部级	2016	高等学校科学研究优秀成果奖(科学技术) - 进步奖	2	湿式催化氧化与生物膜技术耦合处理印染废水与工程应用	孙德智	环境学院	1	教育部	2016 - 226
9	省部级	2016	北京市科学技术奖	3	北京市生态用水调控技术及应用	余新晓	水土保持学院	1	北京市人民政府	2016 环 - 3 - 005
10	省部级	2016	北京市科学技术奖	3	抗逆优质树种精准选育分子机制和应用技术研究	王华芳	生物学院	1	北京市人民政府	2016 农 - 3 - 004
11	省部级	2016	北京市科学技术奖	3	农林生物质移动式热裂解炼制与产物高值化利用关键技术	常建民	材料学院	1	北京市人民政府	2016 农 - 3 - 003
		2016	黑龙江省科学技术奖	3	功能化大孔/介孔二氧化硅的制备及其对汞离子吸附性能的研究	王　强	环境学院	2	黑龙江省人民政府	2016 - 150 - 03

（续）

序号	获奖级别	年度	奖励名称	获奖等级	获奖项目(成果)名称	第一完成人	所在学院	北京林业大学在获奖单位中的排名	发证单位	证书编号
		2016	重庆市科学技术奖	3	长江上游不同防护林功能及营建技术	张洪江	水保学院	2	重庆市人民政府	2015－J－3－33
		2016	四川省科学技术进步奖	3	四川地震区植被恢复重建技术研究与应用	史常青	水保学院	2	四川省人民政府	2016－J－3－106
12	社会力量奖	2016	梁希林业科学技术奖获奖	1	适应集体林权改革的森林资源可持续经营管理与优化技术及应用	宋维明	经管学院	1	中国林学会	
13	社会力量奖	2016	梁希林业科学技术奖获奖	2	毛白杨基因标记辅助育种技术与新品种创制	张德强	生物学院	1	中国林学会	
14	社会力量奖	2016	梁希林业科学技术奖获奖	2	华北杨树速生丰产林精准水养调控机理与技术	贾黎明	林学院	1	中国林学会	
15	社会力量奖	2016	梁希林业科学技术奖获奖	2	牡丹新品种培育及产业化关键技术与应用	成仿云	园林学院	1	中国林学会	
16	社会力量奖	2016	梁希林业科学技术奖获奖	2	集体林权制度改革监测研究	戴广翠	经管学院	2	中国林学会	
17	社会力量奖	2016	梁希林业科学技术奖获奖	3	干旱沙地机械化深栽造林技术	俞国胜	工学院	1	中国林学会	
18	社会力量奖	2016	梁希林业科学技术奖获奖	3	速生丰产林生产经营过程信息化关键技术研究与应用	吴保国	信息学院	1	中国林学会	
19	社会力量奖	2016	梁希林业科学技术奖获奖	3	森林资源保护无线监测关键技术	李文彬	工学院	1	中国林学会	
20	社会力量奖	2016	梁希林业科学技术奖获奖	3	福建三明林改试验区配套支撑技术及保障制度集成与示范	温亚利	经管学院	1	中国林学会	

表 42　北京林业大学 2016 年度“十三五”规划教材立项一览表

序号	教材名称	主编	主编学校	学校主编教师所在学院	新编/修订	备注
1	森林文化与美学	郑小贤	北京林业大学	林学院	新编	中国林业出版社“十三五”规划教材立项 国家林业局“十三五”规划教材立项
2	城市森林保健学	徐程扬	北京林业大学	林学院	新编	中国林业出版社“十三五”规划教材立项 国家林业局“十三五”规划教材立项
3	城市森林培育学	徐程扬	北京林业大学	林学院	新编	中国林业出版社“十三五”规划教材立项 国家林业局“十三五”规划教材立项
4	城市森林医学	田呈明	北京林业大学	林学院	新编	中国林业出版社“十三五”规划教材立项 国家林业局“十三五”规划教材立项
5	城市种苗培育学	刘　勇	北京林业大学	林学院	新编	中国林业出版社“十三五”规划教材立项 国家林业局“十三五”规划教材立项

（续）

序号	教材名称	主编	主编学校	学校主编教师所在学院	新编/修订	备注
6	菌物分类学	田呈明	北京林业大学	林学院	新编	中国林业出版社“十三五”规划教材立项 国家林业局“十三五”规划教材立项
7	林木病理学(第4版)	叶建仁、 贺　伟	南京林业大学 北京林业大学	林学院	修订	中国林业出版社“十三五”规划教材立项 国家林业局“十三五”规划教材立项
8	林学概论	马履一	北京林业大学	林学院	新编	中国林业出版社“十三五”规划教材立项 国家林业局“十三五”规划教材立项
9	气象学(第4版)	贺庆棠、 同小娟	北京林业大学	林学院	修订	中国林业出版社“十三五”规划教材立项 国家林业局“十三五”规划教材立项
10	森林病理学(第2版)	贺　伟、 叶建仁	北京林业大学 南京林业大学	林学院	修订	中国林业出版社“十三五”规划教材立项 国家林业局“十三五”规划教材立项
11	森林经理学(第5版)	亢新刚	北京林业大学	林学院	修订	中国林业出版社“十三五”规划教材立项 国家林业局“十三五”规划教材立项
12	森林经理学实验教程	杨　华	北京林业大学	林学院	新编	中国林业出版社“十三五”规划教材立项 国家林业局“十三五”规划教材立项
13	森林培育学(第4版)	翟明普、 沈国舫	北京林业大学	林学院	修订	中国林业出版社“十三五”规划教材立项 国家林业局“十三五”规划教材立项
14	森林生态学实验教程	李玉灵、 刘琪璟	河北农业大学 北京林业大学	林学院	新编	中国林业出版社“十三五”规划教材立项 国家林业局“十三五”规划教材立项
15	森林有害生物控制	骆有庆	北京林业大学	林学院	新编	中国林业出版社“十三五”规划教材立项 国家林业局“十三五”规划教材立项
16	森林植物检疫	石　娟	北京林业大学	林学院	新编	中国林业出版社“十三五”规划教材立项 国家林业局“十三五”规划教材立项
17	森林资源与环境导论(第2版)	韩海荣	北京林业大学	林学院	修订	中国林业出版社“十三五”规划教材立项 国家林业局“十三五”规划教材立项
18	土壤学(第2版)	孙向阳	北京林业大学	林学院	修订	中国林业出版社“十三五”规划教材立项 国家林业局“十三五”规划教材立项
19	植物组织培养实验教程	李　云	北京林业大学	林学院	新编	中国林业出版社“十三五”规划教材立项 国家林业局“十三五”规划教材立项
20	园林植物病虫害防治(第4版)	武三安	北京林业大学	林学院	修订	中国林业出版社“十三五”规划教材立项 国家林业局“十三五”规划教材立项
21	园林植物病虫害防治(数字教材)	武三安	北京林业大学	林学院	新编	中国林业出版社“十三五”规划教材立项 国家林业局“十三五”规划教材立项
22	林业遥感与地理信息系统	张晓丽	北京林业大学	林学院	新编	中国林业出版社“十三五”规划教材立项 国家林业局“十三五”规划教材立项
23	生态学实验研究技术与方法	刘琪璟	北京林业大学	林学院	新编	中国林业出版社“十三五”规划教材立项 国家林业局“十三五”规划教材立项
24	昆虫生态及预测预报	宗世祥	北京林业大学	林学院	新编	国家林业局“十三五”规划教材立项

（续）

序号	教材名称	主编	主编学校	学校主编教师所在学院	新编/修订	备注
25	林火预测预报与监测	殷继燕、牛树奎	中国人民武装警察部队警种学院 北京林业大学	林学院	新编	国家林业局“十三五”规划教材立项
26	土壤理化分析	查同刚	北京林业大学	水保学院	新编	中国林业出版社“十三五”规划教材立项 国家林业局“十三五”规划教材立项
27	自然资源学导论	魏天兴	北京林业大学	水保学院	新编	中国林业出版社“十三五”规划教材立项 国家林业局“十三五”规划教材立项
28	环境影响评价	魏天兴	北京林业大学	水保学院	新编	中国林业出版社“十三五”规划教材立项 国家林业局“十三五”规划教材立项
29	复合农林学	朱清科	北京林业大学	水保学院	/	中国林业出版社“十三五”规划教材立项
30	工程绿化技术	赵廷宁、魏天兴	北京林业大学	水保学院	新编	中国林业出版社“十三五”规划教材立项 国家林业局“十三五”规划教材立项
31	荒漠化防治工程学（第2版）	孙保平	北京林业大学	水保学院	修订	中国林业出版社“十三五”规划教材立项 国家林业局“十三五”规划教材立项
32	林业生态工程学（第4版）	王百田	北京林业大学	水保学院	修订	中国林业出版社“十三五”规划教材立项 国家林业局“十三五”规划教材立项
33	农地水土保持（第2版）	王冬梅	北京林业大学	水保学院	修订	中国林业出版社“十三五”规划教材立项 国家林业局“十三五”规划教材立项
34	山地灾害防治工程学（第2版）	杨海龙	北京林业大学	水保学院	修订	中国林业出版社“十三五”规划教材立项 国家林业局“十三五”规划教材立项
35	水土保持工程监理	姜德文	北京林业大学	水保学院	/	中国林业出版社“十三五”规划教材立项
36	水土保持工程学（第3版）	王秀茹	北京林业大学	水保学院	修订	中国林业出版社“十三五”规划教材立项 国家林业局“十三五”规划教材立项
37	水土保持规划与设计	齐　实	北京林业大学	水保学院	新编	中国林业出版社“十三五”规划教材立项 国家林业局“十三五”规划教材立项
38	水土保持生态工程学	饶良懿	北京林业大学	水保学院	新编	中国林业出版社“十三五”规划教材立项 国家林业局“十三五”规划教材立项
39	水土保持学（第4版）	余新晓、毕华兴	北京林业大学	水保学院	修订	中国林业出版社“十三五”规划教材立项 国家林业局“十三五”规划教材立项
40	水土保持与荒漠化防治监测	赵廷宁、郭建斌	北京林业大学	水保学院	新编	中国林业出版社“十三五”规划教材立项 国家林业局“十三五”规划教材立项
41	水土保持执法与监督（第2版）	齐　实、杨海龙	北京林业大学	水保学院	修订	中国林业出版社“十三五”规划教材立项 国家林业局“十三五”规划教材立项
42	水文与水资源学（第4版）	余新晓	北京林业大学	水保学院	修订	中国林业出版社“十三五”规划教材立项 国家林业局“十三五”规划教材立项
43	小城镇规划（第2版）	陈丽华	北京林业大学	水保学院	修订	中国林业出版社“十三五”规划教材立项 国家林业局“十三五”规划教材立项
44	植被恢复生态工程学	余新晓	北京林业大学	水保学院	新编	中国林业出版社“十三五”规划教材立项 国家林业局“十三五”规划教材立项
45	土壤侵蚀原理	张洪江、程金花	北京林业大学	水保学院	/	科学出版社“十三五”规划教材立项

（续）

序号	教材名称	主编	主编学校	学校主编教师所在学院	新编/修订	备注
46	风景园林材料认知与构造	李运远	北京林业大学	园林学院	新编	中国林业出版社"十三五"规划教材立项 国家林业局"十三五"规划教材立项
47	风景园林优秀设计作品集	刘志成	北京林业大学	园林学院	新编	中国林业出版社"十三五"规划教材立项 国家林业局"十三五"规划教材立项
48	风景园林专业综合实习教程(华南本)	曾洪立	北京林业大学	园林学院	新编	中国林业出版社"十三五"规划教材立项 国家林业局"十三五"规划教材立项
49	风景园林专业综合实习教程(数字教材)	曾洪立	北京林业大学	园林学院	新编	中国林业出版社"十三五"规划教材立项 国家林业局"十三五"规划教材立项
50	观赏植物学	张启翔	北京林业大学	园林学院	新编	中国林业出版社"十三五"规划教材立项 国家林业局"十三五"规划教材立项
51	园林草坪与地被(第3版)	杨秀珍、王兆龙	北京林业大学 上海交通大学	园林学院	修订	中国林业出版社"十三五"规划教材立项 国家林业局"十三五"规划教材立项
52	园林钢笔画(第3版)	宫晓滨、高文漪	北京林业大学	园林学院	修订	中国林业出版社"十三五"规划教材立项 国家林业局"十三五"规划教材立项
53	园林钢笔画临本(第2版)	宫晓滨、高文漪	北京林业大学	园林学院	修订	中国林业出版社"十三五"规划教材立项 国家林业局"十三五"规划教材立项
54	园林花卉学(第3版)	刘　燕	北京林业大学	园林学院	修订	中国林业出版社"十三五"规划教材立项 国家林业局"十三五"规划教材立项
55	园林花卉学(数字教材)	刘　燕	北京林业大学	园林学院	新编	中国林业出版社"十三五"规划教材立项 国家林业局"十三五"规划教材立项
56	园林花卉学实习实验教程(第2版)	刘　燕、何恒斌、李秉玲	北京林业大学	园林学院	修订	中国林业出版社"十三五"规划教材立项 国家林业局"十三五"规划教材立项
57	园林花卉应用设计(第4版)	董　丽	北京林业大学	园林学院	修订	中国林业出版社"十三五"规划教材立项 国家林业局"十三五"规划教材立项
58	园林花卉应用设计(数字教材)	董　丽	北京林业大学	园林学院	新编	中国林业出版社"十三五"规划教材立项 国家林业局"十三五"规划教材立项
59	园林建筑构造与结构(第3版)	瞿　志、林　洋	北京林业大学	园林学院	修订	中国林业出版社"十三五"规划教材立项 国家林业局"十三五"规划教材立项
60	园林建筑构造与结构设计实验指导书	林　洋	北京林业大学	园林学院	新编	中国林业出版社"十三五"规划教材立项 国家林业局"十三五"规划教材立项
61	园林苗圃学(第2版)	成仿云	北京林业大学	园林学院	修订	中国林业出版社"十三五"规划教材立项 国家林业局"十三五"规划教材立项
62	园林苗圃学(数字教材)	成仿云	北京林业大学	园林学院	新编	中国林业出版社"十三五"规划教材立项 国家林业局"十三五"规划教材立项
63	园林南方综合实习——园林植物篇	刘　燕、陈瑞丹	北京林业大学	园林学院	新编	中国林业出版社"十三五"规划教材立项 国家林业局"十三五"规划教材立项
64	园林设计初步(第2版)	石宏义、刘毅娟	北京林业大学	园林学院	修订	中国林业出版社"十三五"规划教材立项 国家林业局"十三五"规划教材立项
65	园林设计初步(数字教材)	石宏义、刘毅娟	北京林业大学	园林学院	新编	中国林业出版社"十三五"规划教材立项 国家林业局"十三五"规划教材立项

（续）

序号	教材名称	主编	主编学校	学校主编教师所在学院	新编/修订	备注
66	园林生态学	李湛东	北京林业大学	园林学院	新编	中国林业出版社"十三五"规划教材立项 国家林业局"十三五"规划教材立项
67	园林生态学（数字教材）	李湛东	北京林业大学	园林学院	新编	中国林业出版社"十三五"规划教材立项 国家林业局"十三五"规划教材立项
68	园林树木学（第3版）	陈有民、张启翔	北京林业大学	园林学院	修订	中国林业出版社"十三五"规划教材立项 国家林业局"十三五"规划教材立项
69	园林树木学（数字教材）	陈有民、张启翔	北京林业大学	园林学院	新编	中国林业出版社"十三五"规划教材立项 国家林业局"十三五"规划教材立项
70	园林树木整形修剪学（第2版）	李庆卫	北京林业大学	园林学院	修订	中国林业出版社"十三五"规划教材立项 国家林业局"十三五"规划教材立项
71	园林水彩（第2版）	吴兴亮、高文漪	海南大学 北京林业大学	园林学院	修订	中国林业出版社"十三五"规划教材立项 国家林业局"十三五"规划教材立项
72	园林素描（第3版）	宫晓滨、高文漪	北京林业大学	园林学院	修订	中国林业出版社"十三五"规划教材立项 国家林业局"十三五"规划教材立项
73	园林素描风景画	宫晓滨、王丹丹	北京林业大学	园林学院	新编	中国林业出版社"十三五"规划教材立项 国家林业局"十三五"规划教材立项
74	园林植物基础	张启翔、孙　明	北京林业大学	园林学院	新编	中国林业出版社"十三五"规划教材立项 国家林业局"十三五"规划教材立项
75	园林植物景观规划设计	董　丽	北京林业大学	园林学院	新编	中国林业出版社"十三五"规划教材立项 国家林业局"十三五"规划教材立项
76	园林植物认知实习指导	张启翔	北京林业大学	园林学院	新编	中国林业出版社"十三五"规划教材立项 国家林业局"十三五"规划教材立项
77	园林植物实习手册—园林植物1000种（北方本）	张启翔	北京林业大学	园林学院	新编	中国林业出版社"十三五"规划教材立项 国家林业局"十三五"规划教材立项
78	园林植物实习手册—园林植物2000种（北方本）	张启翔	北京林业大学	园林学院	新编	中国林业出版社"十三五"规划教材立项 国家林业局"十三五"规划教材立项
79	园林植物实习手册—园林植物500种（北方本）	刘　燕	北京林业大学	园林学院	新编	中国林业出版社"十三五"规划教材立项 国家林业局"十三五"规划教材立项
80	园林植物遗传学（第3版）	戴思兰	北京林业大学	园林学院	新编	中国林业出版社"十三五"规划教材立项 国家林业局"十三五"规划教材立项
81	园林植物遗传育种学（第3版）	程金水、刘青林、贾桂霞	北京林业大学 中国农业大学	园林学院	修订	中国林业出版社"十三五"规划教材立项 国家林业局"十三五"规划教材立项
82	园林植物遗传育种学（数字教材）	程金水、刘青林、贾桂霞	北京林业大学 中国农业大学	园林学院	新编	中国林业出版社"十三五"规划教材立项 国家林业局"十三五"规划教材立项
83	园林植物应用实验指导书	董　丽	北京林业大学	园林学院	新编	中国林业出版社"十三五"规划教材立项 国家林业局"十三五"规划教材立项

（续）

序号	教材名称	主编	主编学校	学校主编教师所在学院	新编/修订	备注
84	园林植物育种学（第2版）	戴思兰	北京林业大学	园林学院	修订	中国林业出版社“十三五”规划教材立项 国家林业局“十三五”规划教材立项
85	园林种植设计（第2版）	陈瑞丹	北京林业大学	园林学院	修订	中国林业出版社“十三五”规划教材立项 国家林业局“十三五”规划教材立项
86	园林种植设计（数字教材）	陈瑞丹	北京林业大学	园林学院	新编	中国林业出版社“十三五”规划教材立项 国家林业局“十三五”规划教材立项
87	园林综合 Studio 实验指导书	李　雄、姚　朋	北京林业大学	园林学院	新编	中国林业出版社“十三五”规划教材立项 国家林业局“十三五”规划教材立项
88	中国古代园林史	刘晓明、薛晓飞	北京林业大学	园林学院	新编	中国林业出版社“十三五”规划教材立项 国家林业局“十三五”规划教材立项
89	中国古代园林史（数字教材）	刘晓明、薛晓飞	北京林业大学	园林学院	新编	中国林业出版社“十三五”规划教材立项 国家林业局“十三五”规划教材立项
90	中国树文化	彭春生、宋希强	北京林业大学 海南大学	园林学院	新编	中国林业出版社“十三五”规划教材立项 国家林业局“十三五”规划教材立项
91	城市园林绿地规划（第4版）	杨赉丽	北京林业大学	园林学院	修订	中国林业出版社“十三五”规划教材立项 国家林业局“十三五”规划教材立项
92	城市园林绿地规划（数字教材）	杨赉丽	北京林业大学	园林学院	新编	中国林业出版社“十三五”规划教材立项 国家林业局“十三五”规划教材立项
93	从概念设计到形式设计	刘毅娟	北京林业大学	园林学院	新编	中国林业出版社“十三五”规划教材立项 国家林业局“十三五”规划教材立项
94	风景园林概论	李　雄	北京林业大学	园林学院	新编	中国林业出版社“十三五”规划教材立项 国家林业局“十三五”规划教材立项
95	风景园林工程（第2版）	孟兆祯	北京林业大学	园林学院	修订	中国林业出版社“十三五”规划教材立项 国家林业局“十三五”规划教材立项
96	风景园林工程（数字教材）	孟兆祯	北京林业大学	园林学院	修订	中国林业出版社“十三五”规划教材立项 国家林业局“十三五”规划教材立项
97	风景园林工程建设与管理	王沛永	北京林业大学	园林学院	新编	中国林业出版社“十三五”规划教材立项 国家林业局“十三五”规划教材立项
98	风景园林工程实习教程	王沛永	北京林业大学	园林学院	新编	中国林业出版社“十三五”规划教材立项 国家林业局“十三五”规划教材立项
99	风景园林规划与设计原理	林　箐	北京林业大学	园林学院	新编	中国林业出版社“十三五”规划教材立项 国家林业局“十三五”规划教材立项
100	风景园林建筑设计	董　璁	北京林业大学	园林学院	新编	中国林业出版社“十三五”规划教材立项 国家林业局“十三五”规划教材立项
101	风景园林建筑设计（数字教材）	董　璁	北京林业大学	园林学院	新编	中国林业出版社“十三五”规划教材立项 国家林业局“十三五”规划教材立项
102	风景园林建筑设计教程	曾洪立	北京林业大学	园林学院	新编	中国林业出版社“十三五”规划教材立项 国家林业局“十三五”规划教材立项
103	风景园林设计	李　雄	北京林业大学	园林学院	新编	中国林业出版社“十三五”规划教材立项 国家林业局“十三五”规划教材立项

（续）

序号	教材名称	主编	主编学校	学校主编教师所在学院	新编/修订	备注
104	风景园林设计(数字教材)	李　雄	北京林业大学	园林学院	新编	中国林业出版社“十三五”规划教材立项 国家林业局“十三五”规划教材立项
105	风景园林设计表现技法	刘志成、高　晖	北京林业大学	园林学院	新编	中国林业出版社“十三五”规划教材立项 国家林业局“十三五”规划教材立项
106	风景园林设计表现技法习题集	刘毅娟	北京林业大学	园林学院	新编	中国林业出版社“十三五”规划教材立项 国家林业局“十三五”规划教材立项
107	风景园林国际设计竞赛教程	刘晓明、郑　曦	北京林业大学	园林学院	新编	中国林业出版社“十三五”规划教材立项 国家林业局“十三五”规划教材立项
108	风景园林制图(第2版)	李素英、刘丹丹	北京林业大学	园林学院	修订	中国林业出版社“十三五”规划教材立项 国家林业局“十三五”规划教材立项
109	风景园林制图习题集(第2版)	李素英、刘丹丹	北京林业大学	园林学院	修订	中国林业出版社“十三五”规划教材立项 国家林业局“十三五”规划教材立项
110	世界遗产保护与利用	曹　新	北京林业大学	园林学院	新编	中国林业出版社“十三五”规划教材立项 国家林业局“十三五”规划教材立项
111	庭院设计与施工	瞿　志	北京林业大学	园林学院	新编	中国林业出版社“十三五”规划教材立项 国家林业局“十三五”规划教材立项
112	西方园林史(第3版)	朱建宁	北京林业大学	园林学院	修订	中国林业出版社“十三五”规划教材立项 国家林业局“十三五”规划教材立项
113	西方园林史(数字教材)	朱建宁	北京林业大学	园林学院	新编	中国林业出版社“十三五”规划教材立项 国家林业局“十三五”规划教材立项
114	插花艺术与花艺设计	刘　燕	北京林业大学	园林学院	新编	中国林业出版社“十三五”规划教材立项 国家林业局“十三五”规划教材立项
115	插花艺术与花艺设计(数字教材)	刘　燕	北京林业大学	园林学院	新编	中国林业出版社“十三五”规划教材立项 国家林业局“十三五”规划教材立项
116	插花艺术与花艺设计实习指导	刘　燕	北京林业大学	园林学院	新编	中国林业出版社“十三五”规划教材立项 国家林业局“十三五”规划教材立项
117	盆景学(第4版)	彭春生、李淑萍	北京林业大学	园林学院	修订	中国林业出版社“十三五”规划教材立项 国家林业局“十三五”规划教材立项
118	盆景学(数字教材)	彭春生、李淑萍	北京林业大学	园林学院	新编	中国林业出版社“十三五”规划教材立项 国家林业局“十三五”规划教材立项
119	盆景学实习指导书	李庆卫	北京林业大学	园林学院	新编	中国林业出版社“十三五”规划教材立项 国家林业局“十三五”规划教材立项
120	生态建筑绿化技术	赵惠恩	北京林业大学	园林学院	新编	中国林业出版社“十三五”规划教材立项 国家林业局“十三五”规划教材立项
121	城市园艺	高亦珂、刘海涛	北京林业大学 华南农业大学	园林学院	新编	中国林业出版社“十三五”规划教材立项 国家林业局“十三五”规划教材立项
122	观赏园艺导论	张启翔	北京林业大学	园林学院	新编	中国林业出版社“十三五”规划教材立项 国家林业局“十三五”规划教材立项
123	观赏植物资源学	张启翔	北京林业大学	园林学院	新编	中国林业出版社“十三五”规划教材立项 国家林业局“十三五”规划教材立项

（续）

序号	教材名称	主编	主编学校	学校主编教师所在学院	新编/修订	备注
124	花卉品种分类学（第2版）	陈俊愉、张启翔	北京林业大学	园林学院	修订	中国林业出版社"十三五"规划教材立项 国家林业局"十三五"规划教材立项
125	花卉品种分类学（数字教材）	张启翔	北京林业大学	园林学院	新编	中国林业出版社"十三五"规划教材立项 国家林业局"十三五"规划教材立项
126	花卉品种分类学（双语教材）	张启翔	北京林业大学	园林学院	新编	中国林业出版社"十三五"规划教材立项 国家林业局"十三五"规划教材立项
127	盆花生产理论与技术	潘会堂	北京林业大学	园林学院	新编	中国林业出版社"十三五"规划教材立项 国家林业局"十三五"规划教材立项
128	温室操作与管理	潘会堂	北京林业大学	园林学院	新编	中国林业出版社"十三五"规划教材立项 国家林业局"十三五"规划教材立项
129	野生花卉学	高亦珂、祝朋芳、杨静慧	北京林业大学 沈阳农业大学 天津农学院	园林学院	新编	中国林业出版社"十三五"规划教材立项 国家林业局"十三五"规划教材立项
130	城市规划原理	李　飞	北京林业大学	园林学院	新编	中国林业出版社"十三五"规划教材立项 国家林业局"十三五"规划教材立项
131	城市景观规划设计	钱　云	北京林业大学	园林学院	新编	中国林业出版社"十三五"规划教材立项 国家林业局"十三五"规划教材立项
132	旅游管理专业综合实习指导(第2版)	王忠君	北京林业大学	园林学院	修订	中国林业出版社"十三五"规划教材立项 国家林业局"十三五"规划教材立项
133	旅游调查方法	王忠君	北京林业大学	园林学院	新编	中国林业出版社"十三五"规划教材立项 国家林业局"十三五"规划教材立项
134	旅游规划	乌　恩	北京林业大学	园林学院	新编	中国林业出版社"十三五"规划教材立项 国家林业局"十三五"规划教材立项
135	花卉种苗学(第2版)	吴少华、张　钢、吕英民	福建农林大学 河北农业大学 北京林业大学	园林学院	修订	国家林业局"十三五"规划教材立项
136	生态旅游导论	张玉钧	北京林业大学	园林学院	新编	国家林业局"十三五"规划教材立项
137	生物化学	林善枝	北京林业大学	生物学院	新编	中国林业出版社"十三五"规划教材立项 国家林业局"十三五"规划教材立项
138	植物生理学(第4版)	郑彩霞	北京林业大学	生物学院	修订	中国林业出版社"十三五"规划教材立项 国家林业局"十三五"规划教材立项
139	分子生物学	陆　海	北京林业大学	生物学院	新编	中国林业出版社"十三五"规划教材立项 国家林业局"十三五"规划教材立项
140	基础生物化学（第2版）	杨海灵、蒋湘宁	北京林业大学	生物学院	新编	中国林业出版社"十三五"规划教材立项 国家林业局"十三五"规划教材立项
141	仪器分析	蒋湘宁	北京林业大学	生物学院	新编	中国林业出版社"十三五"规划教材立项 国家林业局"十三五"规划教材立项
142	遗传学实验教程	张金凤	北京林业大学	生物学院	新编	中国林业出版社"十三五"规划教材立项 国家林业局"十三五"规划教材立项
143	植物生物学(第2版)	高述民	北京林业大学	生物学院	修订	中国林业出版社"十三五"规划教材立项 国家林业局"十三五"规划教材立项

（续）

序号	教材名称	主编	主编学校	学校主编教师所在学院	新编/修订	备注
144	木本粮油加工	王建忠	北京林业大学	生物学院	新编	中国林业出版社“十三五”规划教材立项 国家林业局“十三五”规划教材立项
145	食品机械与设备	张柏林	北京林业大学	生物学院	新编	中国林业出版社“十三五”规划教材立项 国家林业局“十三五”规划教材立项
146	传统小木作模型结构与制作解析——凳类	王天龙	北京林业大学	材料学院	新编	中国林业出版社“十三五”规划教材立项 国家林业局“十三五”规划教材立项
147	林产精细化学品工艺学(第2版)	王石发、张力平	南京林业大学 北京林业大学	材料学院	修订	中国林业出版社“十三五”规划教材立项 国家林业局“十三五”规划教材立项
148	林特产品化学与利用	蒋建新	北京林业大学	材料学院	新编	中国林业出版社“十三五”规划教材立项 国家林业局“十三五”规划教材立项
149	木材干燥学(第4版)	高建民	北京林业大学	材料学院	修订	科学出版社“十三五”规划教材立项
150	生物基功能材料	孙润仓	北京林业大学	材料学院	新编	中国林业出版社“十三五”规划教材立项 国家林业局“十三五”规划教材立项
151	室内装饰工程制图与识图	郭洪武、罗　斌	北京林业大学	材料学院	新编	中国林业出版社“十三五”规划教材立项 国家林业局“十三五”规划教材立项
152	设计方法——家具·产品·设计	张　帆	北京林业大学	材料学院	新编	国家林业局“十三五”规划教材立项
153	室内装饰材料(第2版)	张秋梅、张求慧	中南林业科技大学 北京林业大学	材料学院	修订	国家林业局“十三五”规划教材立项
154	家居设计心理学	宋莎莎、张　帆	北京林业大学	材料学院	新编	国家林业局“十三五”规划教材立项
155	智能家居技术与设计	郭洪武、刘　毅	北京林业大学	材料学院	新编	国家林业局“十三五”规划教材立项
156	定制家具设计与制造	张　帆、朱　婕	北京林业大学	材料学院	新编	国家林业局“十三五”规划教材立项
157	家具材料学(第2版)	张求慧	北京林业大学	材料学院	修订	国家林业局“十三五”规划教材立项
158	家具制造工艺综合实训	赵小矛	北京林业大学	材料学院	修订	国家林业局“十三五”规划教材立项
159	家具市场营销学	郭洪武、刘　毅	北京林业大学	材料学院	新编	国家林业局“十三五”规划教材立项
160	木材加工装备·木工机械(第2版)	于志明、李　黎	北京林业大学	材料学院	修订	国家林业局“十三五”规划教材立项
161	木材加工装备·人造板机械(第2版)	于志明、李　黎	北京林业大学	材料学院	修订	国家林业局“十三五”规划教材立项
162	环境经济核算与资产负债表编制	张　颖	北京林业大学	经管学院	新编	中国林业出版社“十三五”规划教材立项 国家林业局“十三五”规划教材立项
163	林业管理学	李红勋	北京林业大学	经管学院	新编	中国林业出版社“十三五”规划教材立项 国家林业局“十三五”规划教材立项
164	林业经济学	温亚利	北京林业大学	经管学院	新编	中国林业出版社“十三五”规划教材立项 国家林业局“十三五”规划教材立项

（续）

序号	教材名称	主编	主编学校	学校主编教师所在学院	新编/修订	备注
165	自然资源与环境经济学	温亚利	北京林业大学	经管学院	新编	中国林业出版社“十三五”规划教材立项 国家林业局“十三五”规划教材立项
166	林业技术经济学	张大红	北京林业大学	经管学院	新编	中国林业出版社“十三五”规划教材立项 国家林业局“十三五”规划教材立项
167	林产品贸易学	程宝栋	北京林业大学	经管学院	新编	中国林业出版社“十三五”规划教材立项 国家林业局“十三五”规划教材立项
168	森林资源资产评估	张卫民	北京林业大学	经管学院	新编	中国林业出版社“十三五”规划教材立项 国家林业局“十三五”规划教材立项
169	林业政策学	陈建成	北京林业大学	经管学院	新编	中国林业出版社“十三五”规划教材立项 国家林业局“十三五”规划教材立项
170	农林业经营管理虚拟仿真实验教程	薛永基	北京林业大学	经管学院	新编	中国林业出版社“十三五”规划教材立项 国家林业局“十三五”规划教材立项
171	市场营销原理与实务	李小勇、陈　凯	北京林业大学	经管学院	/	中国林业出版社“十三五”规划教材立项
172	分销渠道管理	陈　凯、李小勇	北京林业大学	经管学院	/	中国林业出版社“十三五”规划教材立项
173	电子商务概论	樊　坤	北京林业大学	经管学院	/	中国林业出版社“十三五”规划教材立项
174	贸易与环境	田明华	北京林业大学	经管学院	新编	中国林业出版社“十三五”规划教材立项 国家林业局“十三五”规划教材立项
175	管理学	宋维明	北京林业大学	经管学院	修订	中国林业出版社“十三五”规划教材立项 国家林业局“十三五”规划教材立项
176	林业统计学	刘俊昌	北京林业大学	经管学院	新编	中国林业出版社“十三五”规划教材立项 国家林业局“十三五”规划教材立项
177	生态林业法学	杨朝霞	北京林业大学	人文学院	新编	中国林业出版社“十三五”规划教材立项 国家林业局“十三五”规划教材立项
178	生态文明法学原理：环境法新论	杨朝霞	北京林业大学	人文学院	新编	中国林业出版社“十三五”规划教材立项 国家林业局“十三五”规划教材立项
179	中国林业史	李　莉	北京林业大学	人文学院	新编	中国林业出版社“十三五”规划教材立项 国家林业局“十三五”规划教材立项
180	公共政策	林　震	北京林业大学	人文学院	新编	中国林业出版社“十三五”规划教材立项 国家林业局“十三五”规划教材立项
181	有机化学	陈红艳	北京林业大学	理学院	新编	中国林业出版社“十三五”规划教材立项 国家林业局“十三五”规划教材立项
182	数理统计(第5版)	王　鹏	北京林业大学	理学院	修订	中国林业出版社“十三五”规划教材立项 国家林业局“十三五”规划教材立项
183	多元统计分析	张　青	北京林业大学	理学院	新编	中国林业出版社“十三五”规划教材立项 国家林业局“十三五”规划教材立项
184	大学物理教程(第2版)	张文杰	北京林业大学	理学院	/	中国农业大学出版社
185	高等数学	高孟宁	北京林业大学	理学院	/	中国农业大学出版社
186	有机化学(第2版)	廖荣苏	北京林业大学	理学院	/	中国农业大学出版社
187	有机化学学习指导	李　莉	北京林业大学	理学院	/	中国农业大学出版社

（续）

序号	教材名称	主编	主编学校	学校主编教师所在学院	新编/修订	备注
188	高等数学学习指导	高孟宁	北京林业大学	理学院	/	中国农业大学出版社
189	大学物理教程(第3版)	张文杰	北京林业大学	理学院	/	中国农业大学出版社
190	基于三维设计的工程制图及习题集	霍光青、郑嫦娥	北京林业大学	工学院	新编	中国林业出版社“十三五”规划教材立项 国家林业局“十三五”规划教材立项
191	林业与园林机械	俞国胜	北京林业大学	工学院	新编	国家林业局“十三五”规划教材立项
192	工程训练与创新制作简明教程	钱　桦	北京林业大学	工学院	新编	国家林业局“十三五”规划教材立项
193	树木学(北方本)(第3版)	张志翔	北京林业大学	保护区学院	修订	中国林业出版社“十三五”规划教材立项 国家林业局“十三五”规划教材立项
194	湿地保护与管理	雷光春	北京林业大学	保护区学院	新编	中国林业出版社“十三五”规划教材立项 国家林业局“十三五”规划教材立项
195	湿地工程学	张明祥	北京林业大学	保护区学院	新编	中国林业出版社“十三五”规划教材立项 国家林业局“十三五”规划教材立项
196	自然保护区学导论	崔国发	北京林业大学	保护区学院	新编	中国林业出版社“十三五”规划教材立项 国家林业局“十三五”规划教材立项
197	自然保护区管理教程(第2版)	栾晓峰	北京林业大学	保护区学院	修订	中国林业出版社“十三五”规划教材立项 国家林业局“十三五”规划教材立项
198	环境化学	王毅力	北京林业大学	环境学院	新编	中国林业出版社“十三五”规划教材立项 国家林业局“十三五”规划教材立项
199	计算机辅助产品设计 Rhino + TS	程旭锋	北京林业大学	艺术学院	新编	中国林业出版社“十三五”规划教材立项 国家林业局“十三五”规划教材立项
200	产品设计——产品创新开发与设计实务案例	程旭锋	北京林业大学	艺术学院	新编	中国林业出版社“十三五”规划教材立项 国家林业局“十三五”规划教材立项
201	大学美术	兰　超	北京林业大学	艺术学院	新编	国家林业局“十三五”规划教材立项
202	艺术类景观设计要点与流程	丁　可	北京林业大学	艺术学院	新编	国家林业局“十三五”规划教材立项
203	素描	丁密金	北京林业大学	艺术学院	新编	国家林业局“十三五”规划教材立项
204	风景色彩写生	刘长宜	北京林业大学	艺术学院	新编	国家林业局“十三五”规划教材立项
205	风景写生(第2版)	兰　超	北京林业大学	艺术学院	新编	国家林业局“十三五”规划教材立项
206	世界现代设计史(第2版)	李昌菊	北京林业大学	艺术学院	新编	国家林业局“十三五”规划教材立项
207	工业设计创新专题与实践	冯　乙	北京林业大学	艺术学院	新编	国家林业局“十三五”规划教材立项
208	包装设计	王　瑾	北京林业大学	艺术学院	新编	国家林业局“十三五”规划教材立项
209	装饰艺术设计与运用	高　阳	北京林业大学	艺术学院	新编	国家林业局“十三五”规划教材立项
210	西方生态伦理学	周国文	北京林业大学	马克思主义学院	新编	中国林业出版社“十三五”规划教材立项 国家林业局“十三五”规划教材立项
211	大学体育理论与实践(第3版)	孙承文	北京林业大学	体育教学部	/	中国林业出版社“十三五”规划教材立项

表 43　2016 年省市级学位与研究生教育教学成果奖名单

序号	获奖个人	获奖名称	授奖部门	授奖时间
1	常新华、王兰珍、张志强、谭曾豪迪	全国农林研究生培养研究会第三届学术交流优秀论文一等奖	中国学位与研究生教育学会农林工作委员会	2016. 11

（王兰珍　张志强）

表 44　第十二届青年教师教学基本功比赛获奖教师及单位名单

奖项	获奖教师或单位	所属单位
一等奖	王　彬	水土保持学院
	张英杰	经济管理学院
	付亦重	经济管理学院
	王西鸾	材料科学与技术学院
	苏晓慧	信息学院
二等奖	向　玮	林学院
	姜　超	林学院
	齐元静	水土保持学院
	程　瑾	生物科学与技术学院
	袁峥嵘	生物科学与技术学院
	何恒斌	园林学院
	肖　遥	园林学院
	罗海风	工学院
	谢将剑	工学院
	漆楚生	材料科学与技术学院
	孙　宇	人文社会科学学院
	魏　文	外语学院
	孙　钰	信息学院
	贾鹏霄	理学院
	王三强	理学院
	李建强	自然保护区学院
	肖　蓉	自然保护区学院
	王　辉	环境科学与工程学院
	封　莉	环境科学与工程学院
	姚　璐	艺术设计学院
	蔡东娜	艺术设计学院
	巩前文	马克思主义学院
	张秀芹	马克思主义学院
	叶　茜	体育教学部
三等奖	王铁梅	林学院
	敖　妍	林学院
	王　娟	林学院
	张　璐	林学院
	马　岚	水土保持学院
	赵媛媛	水土保持学院
	及金楠	水土保持学院
	张守红	水土保持学院
	高广磊	水土保持学院
	赵　健	生物科学与技术学院
	钮世辉	生物科学与技术学院

（续）

奖项	获奖教师或单位	所属单位
三等奖	罗　乐	园林学院
	段　威	园林学院
	刘雯雯	经济管理学院
	万　璐	经济管理学院
	侯方淼	经济管理学院
	贾　薇	经济管理学院
	侯　鹏	经济管理学院
	徐向波	工学院
	赵　健	工学院
	陈忠加	工学院
	王　望	材料科学与技术学院
	何正斌	材料科学与技术学院
	项锦晶	人文社会科学学院
	张　琰	外语学院
	杨　刚	信息学院
	杨　猛	信息学院
	孙佳楠	理学院
	徐基良	自然保护区学院
	高俊琴	自然保护区学院
	黄　凯	环境科学与工程学院
	王春梅	环境科学与工程学院
	张　婕	艺术设计学院
	胡贤明	艺术设计学院
	秦　龙	艺术设计学院
	杨志华	马克思主义学院
	孙　峰	体育教学部
最佳教案奖	王　彬	水土保持学院
	张英杰	经济管理学院
	王三强	理学院
最佳教学演示奖	程　瑾	生物科学与技术学院
	苏晓慧	信息学院
	叶　茜	体育教学部
最受学生欢迎奖	姜　超	林学院
	程　瑾	生物科学与技术学院
	叶　茜	体育教学部
最佳指导教师奖	周金星	水土保持学院
	田明华	经济管理学院
	胡明形	经济管理学院
	姚春丽	材料科学与技术学院
	李　昀	信息学院
优秀组织奖	水土保持学院	
	生物科学与技术学院	
	工学院	
	艺术设计学院	

表 45　2016 年学生重要学科竞赛获奖名单

序号	所在学院	获奖学生	指导老师	学科竞赛名称(全称)	学科竞赛主办单位	竞赛级别	获奖名次	项目名称	获奖年度	是否提交证书图片
1	艺术学院	安森浩	曾　洁	2016《北京艺术毕业季》创意·创业艺术展	北京艺术毕业季艺术委员会、北京天大星辰文化传媒股份有限公司、尚 8 文化集团	北京市	北京市入围奖	游戏卡牌设计《十二生肖》	2016	是
2	艺术学院	孙　頔	曾　洁	2016《北京艺术毕业季》创意·创业艺术展	北京艺术毕业季艺术委员会、北京天大星辰文化传媒股份有限公司、尚 8 文化集团	北京市	北京市入围奖	忆时	2016	是
3	艺术学院	陈　倩	曾　洁	2016《北京艺术毕业季》创意·创业艺术展	北京艺术毕业季艺术委员会、北京天大星辰文化传媒股份有限公司、尚 8 文化集团	北京市	北京市优秀作品奖	动画短片纸上谈年	2016	是
4	外语学院	赵嘉茵	Piers	“艾”奉献·青春季——首都高校大学生防艾宣传辩论赛	北京市防治艾滋病工作委员会办公室	市　级	北京市三等奖		2016	是
5	经管学院	汤蕴哲、党梦琪、郑重儒、沈中誉、魏畅、史心傲、周嘉豪、谢婧雯	无	“创青春”全国大学生创业大赛	教育部等	国家级	全国银奖	GROW 景观绿化有限责任公司	2016	是
6	经管学院	王泽宇、于长鑫、齐浩宇、吴明川、刘祯、周丽甜、杨巍巍	无	“创青春”全国大学生创业大赛 MBA 专项赛	教育部等	国家级	全国铜奖	绿维智能园艺服务有限公司	2016	否
7	经管学院	汤蕴哲、党梦琪、郑重儒、沈中誉、魏畅、史心傲、周嘉豪、谢婧雯	无	“创青春”首都大学生创业大赛	教育部等	省部级	北京市银奖	GROW 景观绿化有限责任公司	2016	是
8	经管学院	王华程、王梓鑫、王雅园、韩子玥、高昕、徐平凌、王佳伟	无	“创青春”首都大学生创业大赛	教育部等	省部级	北京市铜奖	科林资源再生项目	2016	否
9	经管学院	王泽宇、于长鑫、齐浩宇、吴明川、刘祯、周丽甜、杨巍巍	无	“创青春”首都大学生创业大赛	教育部等	省部级	北京市银奖	绿维智能园艺服务有限公司	2016	否
10	生物学院	张雨阳、李珮文		“挑战杯”创业计划书比赛——“创青春”首都大学生创业大赛	北京市教委	北京市	北京市银奖		2016	否

（续）

序号	所在学院	获奖学生	指导老师	学科竞赛名称（全称）	学科竞赛主办单位	竞赛级别	获奖名次	项目名称	获奖年度	是否提交证书图片
11	外语学院	李雨默	南宫梅芳	“外研社杯”全国大学生英语辩论赛	第十九届全国大学生英语辩论赛组委会	国家级	华北赛区一等奖		2016	是
12	外语学院	李雨默	南宫梅芳	“外研社杯”全国大学生英语辩论赛	第十九届全国大学生英语辩论赛组委会	国家级	全国一等奖		2016	
13	外语学院	李雨默	南宫梅芳	“外研社杯”全国大学生英语辩论赛	第十九届全国大学生英语辩论赛组委会	国家级	全国最佳辩手		2016	
14	外语学院	李雨默	颜贤斌	“外研社杯”全国大学生英语演讲比赛	外语教学与研究出版社	国家级	北京市一等奖		2016	是
15	外语学院	李雨默	李欣、蒋兰、李宇	“外研社杯”全国商务英语实践大赛	外语教学与研究出版社；广东外语外贸大学；中国国际贸易学会；国际商务英语研究委员会	国家级	华北赛区一等奖		2016	是
16	外语学院	李雨默	李欣、蒋兰、李宇	“外研社杯”全国商务英语实践大赛	外语教学与研究出版社；广东外语外贸大学；中国国际贸易学会；国际商务英语研究委员会	国家级	全国三等奖		2016	
17	艺术学院	张展硕、程旭锋、章珊伟、梁静、李鹏飞	程旭锋	“徐工杯”绿色创新设计大赛	江苏省工业设计协会	省部级	省部级一等奖	Wind messenger	2016	是
18	艺术学院	刘　朕	冯　乙	“优贝杯”儿童自行车创意设计大赛	“优贝杯”儿童自行车创意设计大赛组委会	企　业	企业优秀奖	成长自行车	2016	是
19	工学院	张力文	闫　磊	12335 全国高校创新创业大赛	商务部外贸发展事务局	国家级	全国一等奖	基于物联网的农林产品远程监测与交易平台	2016	是
20	艺术学院	陈柏年	蔡东娜	2015 中国大学生原创动漫大赛	教育部高等学校动画、数字媒体专业教学指导委员会	国家级	全国二等奖	基于动漫角色蛙哥的动态漫画	2016	无
21	艺术学院	陈柏年	蔡东娜	2015 中国大学生原创动漫大赛	教育部高等学校动画、数字媒体专业教学指导委员会	国家级	全国三等奖	基于动漫角色蛙哥的微动画	2016	无

（续）

序号	所在学院	获奖学生	指导老师	学科竞赛名称（全称）	学科竞赛主办单位	竞赛级别	获奖名次	项目名称	获奖年度	是否提交证书图片
22	艺术学院	吴彦臻	曾　洁	2016（IADA）国际艺术大赛——互艺奖	国际艺术设计协会（IADA）	国际学术团体	国际优秀奖	动画短片 love around	2016	是
23	艺术学院	曹文婉、谷明燕、周慧子	田　原	2016"新人杯"全国大学生室内设计竞赛	中国建筑学会室内设计分会	国家级	全国二等奖	A291	2016	是
24	艺术学院	韩舒泉、赵敏、高迪、庞天瑶、刘德姮	贾　娣	2016"新人杯"全国大学生室内设计竞赛	中国建筑学会室内设计分会	国家级	全国二等奖	A593	2016	是
25	艺术学院	张巧然、朱萧蒙、陈曦、孟凡煦、肖时乐	田　原	2016"新人杯"全国大学生室内设计竞赛	中国建筑学会室内设计分会	国家级	全国三等奖	A962	2016	是
26	艺术学院	姜云飞、喻筠雅、陈思达、孙楚格、杨博雅	田　原	2016"新人杯"全国大学生室内设计竞赛	中国建筑学会室内设计分会	国家级	全国三等奖	A1039	2016	是
27	艺术学院	林雅卉、王瑾、王森、邢路、刘芳	田　原	2016"新人杯"全国大学生室内设计竞赛	中国建筑学会室内设计分会	国家级	全国优秀奖	伞	2016	是
28	艺术学院	黄仪、任婧、周学栋	田　原	2016"新人杯"全国大学生室内设计竞赛	中国建筑学会室内设计分会	国家级	全国优秀奖	A531	2016	是
29	艺术学院	杨艺、都敏、汪琳、张柳青	田　原	2016"新人杯"全国大学生室内设计竞赛	中国建筑学会室内设计分会	国家级	全国鼓励奖	意茶一栈（吴裕泰茶空间室内展示设计方案）	2016	是
30	艺术学院	郭铠瑜、邵晓玥、安琦、宋缘圆	李臣伟	2016"新人杯"全国大学生室内设计竞赛	中国建筑学会室内设计分会	国家级	全国鼓励奖	A676	2016	是
31	艺术学院	邱艺玲、郭旭菲、朱梓博、赵玉莹	贾　娣	2016"新人杯"全国大学生室内设计竞赛	中国建筑学会室内设计分会	国家级	全国鼓励奖	A904	2016	是
32	艺术学院	吕菲菲、马瑞、李腾飞	周　越	2016"新人杯"全国大学生室内设计竞赛	中国建筑学会室内设计分会	国家级	全国鼓励奖	A1001	2016	是
33	外语学院	高　佳	无	2016～2017 箭牌·全国青年公益实践大赛	中国扶贫基金会	国家级	全国优秀奖		2016	是
34	艺术学院	江宇昊、邵梓耕、王小田、陈倩、顾成俊	曾　洁	2016 第三届两岸新锐设计竞赛华灿奖	中国高等教育学会、中华中山文化交流协会、两岸文化创意人才服务基地	国家级	全国新锐设计师	数字多媒体　汉风画韵之农耕篇	2016	是

（续）

序号	所在学院	获奖学生	指导老师	学科竞赛名称（全称）	学科竞赛主办单位	竞赛级别	获奖名次	项目名称	获奖年度	是否提交证书图片
35	工学院	强子玥、王昕、刘克雄		2016年“高教社杯”全国大学生数学建模竞赛（北京赛区）	教育部高教司、中国工业与应用数学学会	省部级	北京市二等奖		2016	否
36	工学院	薛仕高、其他学院学生		2016年“高教社杯”全国大学生数学建模竞赛（北京赛区）	教育部高教司、中国工业与应用数学学会	省部级	北京市二等奖		2016	否
37	经管学院	门宇雯、简梦婕、陈慧茹、罗黎、高浩、李凯烨、赵琦、杜琳	薛永基、张帆	2016年北京市大学生创业设计竞赛	北京市教委	省部级	北京市二等奖	C&D 互联网家具众创设计公司	2016	否
38	经管学院	李畅、徐琛奇、万琪、刘培成、郭建兵、李思楠	薛永基	2016年北京市大学生创业设计竞赛	北京市教委	省部级	北京市二等奖	有志青年 APP	2016	否
39	经管学院	伍宏芳、陈之琪、姜昕旸、张力文、魏蒙蒙、徐琛奇、黄凯	闫　磊	2016年北京市大学生创业设计竞赛	北京市教委	省部级	北京市三等奖	基于物联网的农林产品远程监测与交易平台	2016	否
40	经管学院	孙怡、孙超凡、吴金旸、王慧、陈之琪、何英豪、刘奕辰、王卓	薛永基	2016年北京市大学生创业设计竞赛	北京市教委	省部级	北京市三等奖	琛智——基于多元传感器智能检测仪的温室大棚服务套装	2016	否
41	经管学院	王祎男、于文环、黄婷婷、骆婷婷、农颖悦、宁佳音、郑雨婷	无	2016年北京市大学生创业设计竞赛	北京市教委	省部级	北京市三等奖	乔木移植的稳固与养护装置	2016	否
42	经管学院	王梓鑫、王雅园、冯梓豪、王佳伟、高昕、王华程	何正斌	2016年北京市大学生创业设计竞赛	北京市教委	省部级	北京市三等奖	北京科林绿色科技有限责任公司	2016	否
43	经管学院	敖思琪、李卓亚、宋阔、石宝仪、次钥熙、严俊杰、周京博、郭超艺	无	2016年北京市大学生创业设计竞赛	北京市教委	省部级	北京市三等奖	植物心用	2016	否
44	工学院	金　姗、刘吉宽	郑一力	2016年北京市大学生电子设计竞赛	北京市教委	省部级	北京市三等奖		2016	是

（续）

序号	所在学院	获奖学生	指导老师	学科竞赛名称（全称）	学科竞赛主办单位	竞赛级别	获奖名次	项目名称	获奖年度	是否提交证书图片
45	工学院	周　磊、何林倩	郑一力	2016年北京市大学生电子设计竞赛	北京市教委	省部级	北京市三等奖		2016	是
46	工学院	王腾雨、李　佳	郑一力	2016年北京市大学生电子设计竞赛	北京市教委	省部级	北京市三等奖		2016	是
47	工学院	王　璐、康永祯	郑一力	2016年北京市大学生电子设计竞赛	北京市教委	省部级	北京市参赛奖		2016	是
48	工学院	邵　麟、龙星宇	郑一力	2016年北京市大学生电子设计竞赛	北京市教委	省部级	北京市参赛奖		2016	是
49	工学院	高仕琪、陈　璐	郑一力	2016年北京市大学生电子设计竞赛	北京市教委	省部级	北京市参赛奖		2016	是
50	工学院	吴玮玮、陈颢予	郑一力	2016年北京市大学生电子设计竞赛	北京市教委	省部级	北京市参赛奖		2016	是
51	工学院	李璀璀、谭大斌	郑一力	2016年北京市大学生电子设计竞赛	北京市教委	省部级	北京市参赛奖		2016	是
52	工学院	赵洋洋、罗俊豪	郑一力	2016年北京市大学生电子设计竞赛	北京市教委	省部级	北京市参赛奖		2016	是
53	工学院	陈林杰、陈思园	郑一力	2016年北京市大学生电子设计竞赛	北京市教委	省部级	北京市参赛奖		2016	是
54	工学院	张桢毅、宋　维	郑一力	2016年北京市大学生电子设计竞赛	北京市教委	省部级	北京市参赛奖		2016	是
55	工学院	李安琪、梁紫雯	郑一力	2016年北京市大学生电子设计竞赛	北京市教委	省部级	北京市参赛奖		2016	是
56	工学院	白雪松、陈星同、周沁雨、李佳、王磊	陈来荣、闫磊	2016年北京市大学生交通科技大赛	北京市教委	省部级	北京市一等奖	一种新型多功能智能车的概念模型设计	2016	否
57	工学院	庞明宏、李文熙、杨梦颖、陈林杰	陈来荣	2016年北京市大学生交通科技大赛	北京市教委	省部级	北京市三等奖	平行泊车驾驶辅助系统	2016	否

（续）

序号	所在学院	获奖学生	指导老师	学科竞赛名称（全称）	学科竞赛主办单位	竞赛级别	获奖名次	项目名称	获奖年度	是否提交证书图片
58	工学院	王梦飞、王贺、王金金、邱临锋	陈来荣	2016年北京市大学生交通科技大赛	北京市教委	省部级	北京市优秀奖	手机终端的停车泊位共享系统	2016	否
59	工学院	伍鸣、独传潮、黎伟钦、徐慧慧	陈来荣	2016年北京市大学生交通科技大赛	北京市教委	省部级	北京市优秀奖	智能公交自助服务系统	2016	否
60	外语学院	冉贞霞	祖国霞	2016年创青春首都大学生创业大赛	共青团中央、教育部	省部级	北京市铜奖		2016	是
61	工学院	郝沫涵、钟正威、刘春剑	王青春、王典	2016年第十一届全国大学生“恩智浦”杯智能汽车竞赛	教育部高等学校自动化类专业教学指导委员会	省部级	华北赛区二等奖	电轨组	2016	是
62	工学院	周磊、何林倩、叶其臻	樊月珍、王典	2016年第十一届全国大学生“恩智浦”杯智能汽车竞赛	教育部高等学校自动化类专业教学指导委员会	省部级	华北赛区参赛奖	电轨组	2016	否
63	艺术学院	赵婉晴、张柳青	田　原	2016中国手绘艺术设计大赛	中国建筑学会室内设计分会	国家级	全国一等奖	《长巷》	2016	是
64	艺术学院	赵婉晴、张柳青	田　原	2016中国手绘艺术设计大赛	中国建筑学会室内设计分会	国家级	全国优秀奖	《长巷》	2016	是
65	艺术学院	汪　琳	田　原	2016中国手绘艺术设计大赛	中国建筑学会室内设计分会	国家级	全国优秀奖	《等风来》	2016	是
66	艺术学院	邢　路	田　原	2016中国手绘艺术设计大赛	中国建筑学会室内设计分会	国家级	全国优秀奖	《橘暖午后》	2016	是
67	艺术学院	杨　艺	田　原	2016中国手绘艺术设计大赛	中国建筑学会室内设计分会	国家级	全国优秀奖	《生活的光》	2016	是
68	艺术学院	黄小田	田　原	2016中国手绘艺术设计大赛	中国建筑学会室内设计分会	国家级	全国优秀奖	《Fantastic kitchen》	2016	是
69	艺术学院	庄雨琦	史钟颖	2016中国手绘艺术设计大赛	中国建筑学会室内设计分会	国家级	全国优秀奖	《嗅·乡》	2016	是
70	艺术学院	戴　璐		2016中国手绘艺术设计大赛	中国建筑学会室内设计分会	国家级	全国优秀奖	《法国街边》	2016	是

（续）

序号	所在学院	获奖学生	指导老师	学科竞赛名称（全称）	学科竞赛主办单位	竞赛级别	获奖名次	项目名称	获奖年度	是否提交证书图片
71	信息学院	王博、邹明哲、熊瑞麒	徐艳艳	ACM 国际大学生程序设计竞赛	美国计算机协会（上海大学承办）	亚洲赛区	亚洲赛区铜牌	The ACM-ICPC Asia EC-Final Regional Contest Bronze Medal（中国赛区总决赛 China-Final 铜牌）	2016	是
72	信息学院	刘超懿、贾梓健、易彰彪	徐艳艳	ACM 国际大学生程序设计竞赛	美国计算机协会（上海大学承办）	亚洲赛区	亚洲赛区铜牌	The ACM-ICPC Asia EC-Final Regional Contest Bronze Medal（中国赛区总决赛 China-Final 铜牌）	2016	是
73	信息学院	王博、邹明哲、熊瑞麒	徐艳艳	ACM 国际大学生程序设计竞赛	美国计算机协会（中国石油大学承办）	亚洲赛区	亚洲赛区荣誉提名	The ACM-ICPC Asia Reginal Contest Honorable Mention（亚洲赛区荣誉奖）	2016	是
74	信息学院	熊瑞麒、于浩源、陈曙光	徐艳艳	ACM 国际大学生程序设计竞赛	美国计算机协会（东北大学承办）	亚洲赛区	亚洲赛区荣誉提名	The ACM-ICPC Asia Reginal Contest Honorable Mention（亚洲赛区荣誉奖）	2016	是
75	信息学院	刘超懿、贾梓健、易彰彪	徐艳艳	ACM 国际大学生程序设计竞赛	美国计算机协会（北京大学承办）	亚洲赛区	亚洲赛区荣誉提名	The ACM-ICPC Asia Reginal Contest Honorable Mention（亚洲赛区荣誉奖）	2016	否
76	信息学院	谢永斌、朱威、胡轶群	徐艳艳	ACM 国际大学生程序设计竞赛	美国计算机协会（北京大学承办）	亚洲赛区	亚洲赛区荣誉提名	The ACM-ICPC Asia Reginal Contest Honorable Mention（亚洲赛区荣誉奖）	2016	否

（续）

序号	所在学院	获奖学生	指导老师	学科竞赛名称（全称）	学科竞赛主办单位	竞赛级别	获奖名次	项目名称	获奖年度	是否提交证书图片
77	信息学院	谢永斌、朱威、胡铁群	徐艳艳	ACM 国际大学生程序设计竞赛	美国计算机协会（大连海事大学承办）	亚洲赛区	亚洲赛区荣誉提名	The ACM-ICPC Asia Reginal Contest Honorable Mention（亚洲赛区荣誉奖）	2016	否
78	工学院	张力文	闫　磊	奥科美杯 2016 中国大学生互联网 + 农业创新创业大赛	全国高等院校计算机基础教育研究会	国家级	全国优秀奖	基于物联网的农林产品远程监测与交易平台	2016	是
79	艺术学院	胡鑫、姚亚琦、胡勋、夏维杰、唐光耀	付　妍	百部社会主义核心价值观动画短片优秀作品创作	国家新闻出版广电总局联合教育部高等学校动画、数字媒体专业教学指导委员会	国家级	全国优秀奖	迷惘之都	2016	否
80	工学院	张力文	闫　磊	北京市大学生创业设计竞赛	北京市教委	省部级	北京市三等奖	基于物联网的农林产品远程监测与交易平台	2016	是
81	理学院	卫津逸、李筱雅	张立、霍虎、张祥雪	北京市大学生电子设计竞赛	北京市教委	北京市	北京市二等奖	在给定的平台上设计制作一个数字表	2016	是
82	理学院	邓富博、王凡	张立、霍虎、张祥雪	北京市大学生电子设计竞赛	北京市教委	北京市	北京市三等奖	在给定的平台上设计制作一个数字表	2016	是
83	生物学院	闫晓雨		北京市大学生生物学知识竞赛	北京市	北京市	北京市一等奖		2016	否
84	生物学院	吕　童		北京市大学生生物学知识竞赛	北京市	北京市	北京市一等奖		2016	否
85	生物学院	崔　跃		北京市大学生生物学知识竞赛	北京市	北京市	北京市二等奖		2016	否
86	生物学院	张书豪		北京市大学生生物学知识竞赛	北京市	北京市	北京市二等奖		2016	否
87	生物学院	高逸伟		北京市大学生生物学知识竞赛	北京市	北京市	北京市二等奖		2016	否

（续）

序号	所在学院	获奖学生	指导老师	学科竞赛名称（全称）	学科竞赛主办单位	竞赛级别	获奖名次	项目名称	获奖年度	是否提交证书图片
88	生物学院	宋雨桐		北京市大学生生物学知识竞赛	北京市	北京市	北京市三等奖		2016	否
89	生物学院	辛　旭		北京市大学生生物学知识竞赛	北京市	北京市	北京市三等奖		2016	否
90	生物学院	黄月娇		北京市大学生生物学知识竞赛	北京市	北京市	北京市三等奖		2016	否
91	生物学院	杨　起		北京市大学生生物学知识竞赛	北京市	北京市	北京市三等奖		2016	否
92	理学院	马梦丹	王红庆	北京市大学生数学竞赛	北京市教委	北京市	北京市三等奖		2016	否
93	理学院	张　曜	王红庆	北京市大学生数学竞赛	北京市教委	北京市	北京市三等奖		2016	否
94	理学院	程玉婷	王红庆	北京市大学生数学竞赛	北京市教委	北京市	北京市三等奖		2016	否
95	理学院	杨　康	王红庆	北京市大学生数学竞赛	北京市教委	北京市	北京市三等奖		2016	否
96	理学院	刘玉洁、王路宽、韩杨	高　伟	北京市大学生物理实验竞赛	北京市教委	北京市	北京市二等奖		2016	否
97	理学院	胡雪杨、赵立博、刘义杰	史旭光	北京市大学生物理实验竞赛	北京市教委	北京市	北京市三等奖		2016	否
98	理学院	卞浩然、王欣、苏富强	范秀华	北京市大学生物理实验竞赛	北京市教委	北京市	北京市三等奖		2016	否
99	理学院	吴嵩、郑瑞文、卞睿	陈　菁	北京市大学生物理实验竞赛	北京市教委	北京市	北京市三等奖		2016	否
100	外语学院	张媛媛	曹荣平	北京市大学生英语演讲比赛	北京市教育委员会	省部	北京市二等奖		2016	是
101	工学院	贾天宇、马晓晨、翟状状、张广杰、赵晨希、刘吉宽	吴　健 李琼砚	北京市第三届大学生工程训练综合能力竞赛	北京市教委	省部级	北京市三等奖	蓝牙小车	2016	否
102	工学院	周磊、张雨婷、邵麟、张天涯、郭雨桐	李　宁 路敦民	北京市第三届大学生工程训练综合能力竞赛	北京市教委	省部级	北京市三等奖	蓝牙小车	2016	否

（续）

序号	所在学院	获奖学生	指导老师	学科竞赛名称（全称）	学科竞赛主办单位	竞赛级别	获奖名次	项目名称	获奖年度	是否提交证书图片
103	工学院	张超、叶华钊、黄丕龙、李梓铭、赵胜男、高仕琪	高道祥、吴健	北京市第三届大学生工程训练综合能力竞赛	北京市教委	省部级	北京市三等奖	蓝牙小车	2016	否
104	工学院	白雪松、万江森、范慧楚、姜媛媛、耿慕峰、王磊	李琼砚、路敦民	北京市第三届大学生工程训练综合能力竞赛	北京市教委	省部级	北京市三等奖	蓝牙小车	2016	否
105	外语学院	李雨默	南宫梅芳	北京市英语辩论联赛	北京信息科技大学	北京市	北京市冠军		2016	是
106	理学院	许诺、田梓瑜、田洪筱	导师组	北美大学生数学建模竞赛	美国自然基金协会和美国数学应用协会	国际	国际一等奖		2016	是
107	理学院	李筱雅、吕丽君、周玉晨	导师组	北美大学生数学建模竞赛	美国自然基金协会和美国数学应用协会	国际	国际一等奖		2016	是
108	理学院	韦梅芳、敖知琪、金玮	导师组	北美大学生数学建模竞赛	美国自然基金协会和美国数学应用协会	国际	国际一等奖		2016	是
109	理学院	赵暄、马燕琳、刘磊磊	导师组	北美大学生数学建模竞赛	美国自然基金协会和美国数学应用协会	国际	国际二等奖		2016	是
110	理学院	周倩、刘嘉瑞、张文玉	导师组	北美大学生数学建模竞赛	美国自然基金协会和美国数学应用协会	国际	国际二等奖		2016	是
111	理学院	徐俊哲、岳佳威、陈欣	导师组	北美大学生数学建模竞赛	美国自然基金协会和美国数学应用协会	国际	国际二等奖		2016	是
112	理学院	刘炳言、李莹、李昱钊	导师组	北美大学生数学建模竞赛	美国自然基金协会和美国数学应用协会	国际	国际二等奖		2016	是
113	理学院	卫津逸、王一有、高仕琪	导师组	北美大学生数学建模竞赛	美国自然基金协会和美国数学应用协会	国际	国际二等奖		2016	是
114	理学院	王凡、李燕、尚辉	导师组	北美大学生数学建模竞赛	美国自然基金协会和美国数学应用协会	国际	国际二等奖		2016	是
115	理学院	陈梦婷、彭泽鹏、方是文	导师组	北美大学生数学建模竞赛	美国自然基金协会和美国数学应用协会	国际	国际二等奖		2016	是

（续）

序号	所在学院	获奖学生	指导老师	学科竞赛名称（全称）	学科竞赛主办单位	竞赛级别	获奖名次	项目名称	获奖年度	是否提交证书图片
116	理学院	杨庆珂、张欢欢、潘欣	导师组	北美大学生数学建模竞赛	美国自然基金协会和美国数学应用协会	国际	国际二等奖		2016	是
117	理学院	张琳瑜、刘艾雯、贾梓健	导师组	北美大学生数学建模竞赛	美国自然基金协会和美国数学应用协会	国际	国际二等奖		2016	是
118	理学院	王卓、张悦、吴派欧	导师组	北美大学生数学建模竞赛	美国自然基金协会和美国数学应用协会	国际	国际二等奖		2016	是
119	理学院	王凤超、邱晓康、邓晶雪	导师组	北美大学生数学建模竞赛	美国自然基金协会和美国数学应用协会	国际	国际二等奖		2016	是
120	理学院	陈文静、花艳菲、陈安琪	导师组	北美大学生数学建模竞赛	美国自然基金协会和美国数学应用协会	国际	国际二等奖		2016	是
121	理学院	王娜婷、毕涛、王小玥	导师组	北美大学生数学建模竞赛	美国自然基金协会和美国数学应用协会	国际	国际二等奖		2016	是
122	艺术学院	黄逸韵、王烁、樊宇韬、李韬玉、王双	王渤森	第18届全国设计“大师奖”创意大赛	教育部高等学校设计学类专业教学指导委员会	国家级	全国特别奖	叶升	2016	是
123	艺术学院	杨懿男、王靖雯、许静之	曾　洁	第18届全国设计“大师奖”创意大赛	教育部高等学校设计学类教学指导委员会和同济大学、台州市人民政府	国家级	全国优秀奖	动画短片 二桃杀三士	2016	是
124	艺术学院	陈为、杨懿楠	程亚鹏	第八届全国大学生广告艺术大赛	北京市教育委员会	北京市	北京市二等奖	随餐一粒、解锁肥胖	2016	是
125	艺术学院	江超泳	程亚鹏	第八届全国大学生广告艺术大赛	北京市教育委员会	北京市	北京市二等奖	急速闪电冲	2016	是
126	艺术学院	刘　蕾	程亚鹏	第八届全国大学生广告艺术大赛	北京市教育委员会	北京市	北京市三等奖	披萨星球	2016	是
127	艺术学院	孙馨妍	程亚鹏	第八届全国大学生广告艺术大赛	北京市教育委员会	北京市	北京市优秀奖	美莱医疗美容动物篇	2016	是
128	艺术学院	孙馨妍	程亚鹏	第八届全国大学生广告艺术大赛	北京市教育委员会	北京市	北京市优秀奖	更贴近、更健康	2016	是

（续）

序号	所在学院	获奖学生	指导老师	学科竞赛名称（全称）	学科竞赛主办单位	竞赛级别	获奖名次	项目名称	获奖年度	是否提交证书图片
129	艺术学院	侯亚男	程亚鹏	第八届全国大学生广告艺术大赛	北京市教育委员会	北京市	北京市优秀奖	家庭树	2016	是
130	艺术学院	侯亚男	程亚鹏	第八届全国大学生广告艺术大赛	北京市教育委员会	北京市	北京市优秀奖	告别不快	2016	是
131	艺术学院	贾睿晴	程亚鹏	第八届全国大学生广告艺术大赛	北京市教育委员会	北京市	北京市优秀奖	助孕生命圆梦家庭	2016	是
132	艺术学院	史兵兵、周丽娜	程亚鹏	第八届全国大学生广告艺术大赛	北京市教育委员会	北京市	北京市优秀奖	暖暖	2016	是
133	艺术学院	何佳虹、刘蕾	程亚鹏	第八届全国大学生广告艺术大赛	北京市教育委员会	北京市	北京市优秀奖	阻碍	2016	是
134	艺术学院	王昕宇	程亚鹏	第八届全国大学生广告艺术大赛	北京市教育委员会	北京市	北京市优秀奖	补天传说	2016	是
135	艺术学院	王昕宇	程亚鹏	第八届全国大学生广告艺术大赛	北京市教育委员会	北京市	北京市优秀奖	遨游披萨宇宙	2016	是
136	艺术学院	董海波	程亚鹏	第八届全国大学生广告艺术大赛	北京市教育委员会	北京市	北京市优秀奖	人祖山、一座文化古山	2016	是
137	艺术学院	张艺译、贺宁彦	程亚鹏	第八届全国大学生广告艺术大赛	北京市教育委员会	北京市	北京市优秀奖	披萨星球 好吃的好玩的	2016	是
138	艺术学院	雷　粤	程亚鹏	第八届全国大学生广告艺术大赛	北京市教育委员会	北京市	北京市优秀奖	披萨星球	2016	是
139	艺术学院	贾睿晴、吴迪	程亚鹏	第八届全国大学生广告艺术大赛	北京市教育委员会	北京市	北京市优秀奖	中国梦我的梦	2016	是
140	艺术学院	马莉倩	程亚鹏	第八届全国大学生广告艺术大赛	北京市教育委员会	北京市	北京市优秀奖	零束缚	2016	是
141	艺术学院	马莉倩	程亚鹏	第八届全国大学生广告艺术大赛	北京市教育委员会	北京市	北京市优秀奖	视角	2016	是
142	艺术学院	林奕彤	程亚鹏	第八届全国大学生广告艺术大赛	北京市教育委员会	北京市	北京市优秀奖	激活 π	2016	是

（续）

序号	所在学院	获奖学生	指导老师	学科竞赛名称（全称）	学科竞赛主办单位	竞赛级别	获奖名次	项目名称	获奖年度	是否提交证书图片
143	艺术学院	陈为、温梦圆	程亚鹏	第八届全国大学生广告艺术大赛	北京市教育委员会	北京市	北京市优秀奖	追求极致 告别不快	2016	是
144	艺术学院	许翔雲	程亚鹏	第八届全国大学生广告艺术大赛	北京市教育委员会	北京市	北京市优秀奖	vivo——告别“不快”	2016	是
145	艺术学院	陈　为	程亚鹏	第八届全国大学生广告艺术大赛	北京市教育委员会	北京市	北京市优秀奖	速度篇、眼光篇、快乐篇	2016	是
146	艺术学院	呼静雨	程亚鹏	第八届全国大学生广告艺术大赛	北京市教育委员会	北京市	北京市优秀奖	有聚无束	2016	是
147	艺术学院	王雨桐、曾惊涛	程亚鹏	第八届全国大学生广告艺术大赛	北京市教育委员会	北京市	北京市优秀奖	塑梦	2016	是
148	艺术学院	陈为、杨懿楠	程亚鹏	第八届全国大学生广告艺术大赛	北京市教育委员会	北京市	北京市优秀奖	年轻、就是好玩	2016	是
149	艺术学院	王瑾雯	王　瑾	第八届全国大学生广告艺术大赛	北京市教育委员会	北京市	北京市优秀奖	启力——启动你的英雄之力	2016	是
150	艺术学院	孙跃桐、汤裕信	蔡东娜	第八届全国大学生广告艺术大赛	北京市教育委员会	北京市	北京市优秀奖	普宙无人机交互类电子杂志	2016	是
151	艺术学院	孙跃桐、汤裕信	蔡东娜	第八届全国大学生广告艺术大赛	北京市教育委员会	北京市	北京市优秀奖	普宙无人机电子杂志	2016	是
152	艺术学院	汤裕信、孙跃桐	蔡东娜	第八届全国大学生广告艺术大赛	北京市教育委员会	北京市	北京市优秀奖	普宙无人机电子杂志	2016	是
153	艺术学院	李楠、王清	蔡东娜	第八届全国大学生广告艺术大赛	北京市教育委员会	北京市	北京市优秀奖	披萨星球电子书	2016	是
154	艺术学院	吴彦臻、孙宁	蔡东娜	第八届全国大学生广告艺术大赛	北京市教育委员会	北京市	北京市优秀奖	披萨星球	2016	是
155	艺术学院	王　蕾	程亚鹏	第八届全国大学生广告艺术大赛	北京市教育委员会	北京市	北京市优秀奖	飞天	2016	是
156	艺术学院	陈为、杨懿楠	程亚鹏	第八届全国大学生广告艺术大赛	中国高等教育学会	国家级	全国二等奖	随餐一粒、解锁肥胖	2016	是

（续）

序号	所在学院	获奖学生	指导老师	学科竞赛名称（全称）	学科竞赛主办单位	竞赛级别	获奖名次	项目名称	获奖年度	是否提交证书图片
157	艺术学院	陈　为	程亚鹏	第八届全国大学生广告艺术大赛	中国高等教育学会	国家级	全国二等奖	速度篇、眼光篇、快乐篇	2016	是
158	艺术学院	陈为、温梦圆	程亚鹏	第八届全国大学生广告艺术大赛	中国高等教育学会	国家级	全国三等奖	追求极致 告别不快	2016	是
159	艺术学院	王昕宇	程亚鹏	第八届全国大学生广告艺术大赛	中国高等教育学会	国家级	全国三等奖	遨游披萨宇宙	2016	是
160	艺术学院	史兵兵、周丽娜	程亚鹏	第八届全国大学生广告艺术大赛	中国高等教育学会	国家级	全国三等奖	暖暖	2016	是
161	艺术学院	贾睿晴、吴迪	程亚鹏	第八届全国大学生广告艺术大赛	中国高等教育学会	国家级	全国三等奖	中国梦我的梦	2016	是
162	艺术学院	侯亚男	程亚鹏	第八届全国大学生广告艺术大赛	中国高等教育学会	国家级	全国三等奖	告别不快	2016	是
163	艺术学院	何佳虹、刘蕾	程亚鹏	第八届全国大学生广告艺术大赛	中国高等教育学会	国家级	全国优秀奖	阻碍	2016	是
164	生物学院	黄月娇	薄文浩	第二届北京市大学生生物学联赛	北京市	北京市	北京市三等奖		2016	否
165	工学院	葛朝晖	霍光青	第二届北京市工程设计三维表达竞赛	北京市教委	省部级	北京市一等奖	三维机械本科	2016	否
166	工学院	祝浩哲	霍光青	第二届北京市工程设计三维表达竞赛	北京市教委	省部级	北京市二等奖	三维机械本科	2016	否
167	工学院	何英泽	霍光青	第二届北京市工程设计三维表达竞赛	北京市教委	省部级	北京市二等奖	三维机械本科	2016	否
168	工学院	刘义杰	霍光青	第二届北京市工程设计三维表达竞赛	北京市教委	省部级	北京市三等奖	三维机械本科	2016	否
169	工学院	张越琦	霍光青	第二届北京市工程设计三维表达竞赛	北京市教委	省部级	北京市三等奖	三维机械本科	2016	否
170	工学院	潘昕怡	于春战	第二届北京市工程设计三维表达竞赛	北京市教委	省部级	北京市三等奖	三维机械本科	2016	否

（续）

序号	所在学院	获奖学生	指导老师	学科竞赛名称（全称）	学科竞赛主办单位	竞赛级别	获奖名次	项目名称	获奖年度	是否提交证书图片
171	工学院	马　凯	于春战	第二届北京市工程设计三维表达竞赛	北京市教委	省部级	北京市三等奖	三维机械本科	2016	否
172	工学院	吴博凡	于春战	第二届北京市工程设计三维表达竞赛	北京市教委	省部级	北京市三等奖	三维机械本科	2016	否
173	工学院	葛朝晖、祝浩哲、刘义杰、潘昕怡、吴博凡	霍光青	第二届北京市工程设计三维表达竞赛	北京市教委	省部级	北京市二等奖	三维机械本科	2016	否
174	工学院	何英泽、张越琦、王虎、马凯	于春战	第二届北京市工程设计三维表达竞赛	北京市教委	省部级	北京市二等奖	三维机械本科	2016	否
175	外语学院	赵嘉茵	张　燕	第二十届“外研社杯”全国大学生英语辩论赛北京林业大学校选赛	北京林业大学外语学院	部　级	北京市三等奖		2016	是
176	艺术学院	徐瑜珩、田泽阳、刘佳琪	蔡东娜	第九届中国大学生计算机设计大赛	教育部高校文科计算机基础教指委等	北京市	北京市一等奖	匠心	2016	是
177	艺术学院	王　扬	蔡东娜	第九届中国大学生计算机设计大赛	教育部高校文科计算机基础教指委等	北京市	北京市二等奖	colour	2016	是
178	艺术学院	林宝玲、刘珂、王欢	蔡东娜	第九届中国大学生计算机设计大赛	教育部高校文科计算机基础教指委等	北京市	北京市二等奖	熊猫毕业物语	2016	是
179	艺术学院	李丽、林宝玲	蔡东娜	第九届中国大学生计算机设计大赛	教育部高校文科计算机基础教指委等	北京市	北京市三等奖	人鱼	2016	是
180	艺术学院	刘　珂	蔡东娜	第九届中国大学生计算机设计大赛	教育部高校文科计算机基础教指委等	北京市	北京市三等奖	小小垃圾桶	2016	是
181	艺术学院	林文丽	蔡东娜	第九届中国大学生计算机设计大赛	教育部高校文科计算机基础教指委等	北京市	北京市三等奖	南北古韵	2016	是
182	艺术学院	陈佳怡	蔡东娜	第九届中国大学生计算机设计大赛	教育部高校文科计算机基础教指委等	北京市	北京市三等奖	传统建筑小品	2016	是
183	艺术学院	陈欣欣、周伯鸿、李腾飞	蔡东娜	第九届中国大学生计算机设计大赛	教育部高校文科计算机基础教指委等	北京市	北京市三等奖	道	2016	是

（续）

序号	所在学院	获奖学生	指导老师	学科竞赛名称（全称）	学科竞赛主办单位	竞赛级别	获奖名次	项目名称	获奖年度	是否提交证书图片
184	艺术学院	陈毓暄、谭星琪、刘钰莹	韩静华	第九届中国大学生计算机设计大赛	教育部高校文科计算机基础教指委等	北京市	北京市一等奖	《红松林之歌》动画短片	2016	是
185	艺术学院	陈毓暄、谭星琪、刘钰莹	韩静华	第九届中国大学生计算机设计大赛	教育部高校文科计算机基础教指委等	北京市	北京市一等奖	《红松林之歌》交互 APP	2016	是
186	艺术学院	丁禹懿、谭星琪、吴梦喆	韩静华	第九届中国大学生计算机设计大赛	教育部高校文科计算机基础教指委等	北京市	北京市一等奖	《奇幻植物园》AR植物教育 APP	2016	是
187	工学院	孙旖旎、潘若芊、刘家麟、张思毅	阚江明	第十届国际大学生 iCAN 创新创业大赛 2016 年北京赛区选拔赛	教育部理工科教学指导委员会	省部级	北京市一等奖	优动	2016	是
188	工学院	陈林杰、潘明夷、才家华、龙星宇	文　剑	第十届国际大学生 iCAN 创新创业大赛 2016 年北京赛区选拔赛	教育部理工科教学指导委员会	省部级	北京市一等奖	移行换“影”	2016	是
189	工学院	白雪松、周沁雨、李佳、王磊	闫磊、吴健	第十届国际大学生 iCAN 创新创业大赛 2016 年北京赛区选拔赛	教育部理工科教学指导委员会	省部级	北京市一等奖	Slim Car	2016	是
190	工学院	李想、罗俊豪、李浩然、李慧敏、高晖	吴健、李宁	第十届国际大学生 iCAN 创新创业大赛 2016 年北京赛区选拔赛	教育部理工科教学指导委员会	省部级	北京市一等奖	3D 绘图手套	2016	是
191	工学院	张力文、张雅晴、薛仕高、李俊青	刘圣波、闫磊	第十届国际大学生 iCAN 创新创业大赛 2016 年北京赛区选拔赛	教育部理工科教学指导委员会	省部级	北京市一等奖	magical room	2016	是
192	工学院	吴磊磊、强子玥、刘奔、肖洒	张军国	第十届国际大学生 iCAN 创新创业大赛 2016 年北京赛区选拔赛	教育部理工科教学指导委员会	省部级	北京市一等奖	灵境时空	2016	是
193	工学院	韩军、唐陈成、谢丹木、刘志洁	罗琴娟、张军国	第十届国际大学生 iCAN 创新创业大赛 2016 年北京赛区选拔赛	教育部理工科教学指导委员会	省部级	北京市一等奖	“医桥”输液报警器	2016	是
194	工学院	张子涵、吴柯、贾晨晨、刘思远	康　峰	第十届国际大学生 iCAN 创新创业大赛 2016 年北京赛区选拔赛	教育部理工科教学指导委员会	省部级	北京市二等奖	智能购物车	2016	是

（续）

序号	所在学院	获奖学生	指导老师	学科竞赛名称（全称）	学科竞赛主办单位	竞赛级别	获奖名次	项目名称	获奖年度	是否提交证书图片
195	工学院	张宸瑞、刘宇峰、刘克雄、王梦羲	张军国	第十届国际大学生 iCAN 创新创业大赛 2016 年北京赛区选拔赛	教育部理工科教学指导委员会	省部级	北京市二等奖	掌上植物——一款基于多角度图像的植物 3D 建模 APP	2016	是
196	工学院	董梦媛、钟正威、米文博、郭嘉欣	文　剑	第十届国际大学生 iCAN 创新创业大赛 2016 年北京赛区选拔赛	教育部理工科教学指导委员会	省部级	北京市二等奖	园林向导	2016	是
197	工学院	吴帅、祖志远、焦妍、王翮	徐向波	第十届国际大学生 iCAN 创新创业大赛 2016 年北京赛区选拔赛	教育部理工科教学指导委员会	省部级	北京市二等奖	聆听者	2016	是
198	工学院	安章远、谢泽明、莫燕君	张超一	第十届国际大学生 iCAN 创新创业大赛 2016 年北京赛区选拔赛	教育部理工科教学指导委员会	省部级	北京市二等奖	便捷手势拍照装置	2016	是
199	工学院	李佳琪、姜媛媛、向思平	张超一	第十届国际大学生 iCAN 创新创业大赛 2016 年北京赛区选拔赛	教育部理工科教学指导委员会	省部级	北京市二等奖	基于 Zigbee 技术的温度、湿度数据采集的温室监测系统设计	2016	是
200	工学院	茹昊、桑琳琳、冀佳鑫、付饶、田孟康		第十届国际大学生 iCAN 创新创业大赛 2016 年北京赛区选拔赛	教育部理工科教学指导委员会	省部级	北京市二等奖	基于骨骼 CT 图像的三维可视化重构及 3D 打印实现	2016	是
201	工学院	黄一峻、翟榕蓉、李雪婵	吴健、李宁	第十届国际大学生 iCAN 创新创业大赛 2016 年北京赛区选拔赛	教育部理工科教学指导委员会	省部级	北京市二等奖	基于图像识别的分拣生产线	2016	是
202	工学院	刘雅琪、杨雷、吕剑、楼璐瑶	徐向波	第十届国际大学生 iCAN 创新创业大赛 2016 年北京赛区选拔赛	教育部理工科教学指导委员会	省部级	北京市二等奖	Treelens——立木助手	2016	是
203	工学院	独传潮、张圆圆、刘济寒、吴聪	郑一力	第十届国际大学生 iCAN 创新创业大赛 2016 年北京赛区选拔赛	教育部理工科教学指导委员会	省部级	北京市二等奖	车底猫眼	2016	是
204	工学院	宋振宇、刘卿君、方晴、崔玮辰、宋佳	谢将剑、张军国	第十届国际大学生 iCAN 创新创业大赛 2016 年北京赛区选拔赛	教育部理工科教学指导委员会	省部级	北京市二等奖	基于互联网的智能交流机器人	2016	是

（续）

序号	所在学院	获奖学生	指导老师	学科竞赛名称（全称）	学科竞赛主办单位	竞赛级别	获奖名次	项目名称	获奖年度	是否提交证书图片
205	工学院	李国煜、王虎、云秋晨、陈逸先	郑一力	第十届国际大学生 iCAN 创新创业大赛 2016 年北京赛区选拔赛	教育部理工科教学指导委员会	省部级	北京市三等奖	关于银杏树的远程诊断及商务平台	2016	是
206	工学院	胡雨楠、董岳林、陈思园	张俊梅、张军国	第十届国际大学生 iCAN 创新创业大赛 2016 年北京赛区选拔赛	教育部理工科教学指导委员会	省部级	北京市三等奖	樱之眼	2016	是
207	工学院	贾泽、陈涛、邹治恺、李松	罗琴娟、郑一力	第十届国际大学生 iCAN 创新创业大赛 2016 年北京赛区选拔赛	教育部理工科教学指导委员会	省部级	北京市三等奖	iSocket 智能插座	2016	是
208	工学院	张超、王俊磊、王艺璇、李明泽	郑一力	第十届国际大学生 iCAN 创新创业大赛 2016 年北京赛区选拔赛	教育部理工科教学指导委员会	省部级	北京市三等奖	探索者	2016	是
209	工学院	周萌、付耀衡、薛芳秀	林剑辉	第十届国际大学生 iCAN 创新创业大赛 2016 年北京赛区选拔赛	教育部理工科教学指导委员会	省部级	北京市三等奖	芯节能	2016	是
210	工学院	徐慧慧、李安琪、钱超瑜、杨森、胡泽宇	闫磊、张军国	第十届国际大学生 iCAN 创新创业大赛 2016 年北京赛区选拔赛	教育部理工科教学指导委员会	省部级	北京市三等奖	米迦勒——基于三轴加速度计的声光报警装置	2016	是
211	工学院	孙旖旎、潘若芊、刘家麟、张思毅	阚江明	第十届国际大学生 iCAN 创新创业大赛 2016 年总决赛	教育部理工科教学指导委员会	国家级	全国二等奖	优动	2016	是
212	工学院	吴磊磊、强子玥、刘奔、肖洒	张军国	第十届国际大学生 iCAN 创新创业大赛 2016 年总决赛	教育部理工科教学指导委员会	国家级	全国二等奖	灵境时空	2016	是
213	工学院	张力文、张雅晴、薛仕高、李俊青	刘圣波、闫磊	第十届国际大学生 iCAN 创新创业大赛 2016 年总决赛	教育部理工科教学指导委员会	国家级	全国二等奖	magical room	2016	是
214	工学院	韩军、唐陈成、谢丹木、刘志洁	罗琴娟、张军国	第十届国际大学生 iCAN 创新创业大赛 2016 年总决赛	教育部理工科教学指导委员会	国家级	全国二等奖	“医桥”输液报警器	2016	是

（续）

序号	所在学院	获奖学生	指导老师	学科竞赛名称（全称）	学科竞赛主办单位	竞赛级别	获奖名次	项目名称	获奖年度	是否提交证书图片
215	工学院	白雪松、周沁雨、李佳、王磊	闫磊、吴健	第十届国际大学生 iCAN 创新创业大赛 2016 年总决赛	教育部理工科教学指导委员会	国家级	全国二等奖	slim car	2016	是
216	工学院	李想、罗俊豪、李浩然、李慧敏、高晖	吴健、李宁	第十届国际大学生 iCAN 创新创业大赛 2016 年总决赛	教育部理工科教学指导委员会	国家级	全国三等奖	3D 绘图手套	2016	是
217	工学院	陈林杰、潘明夷、才家华、龙星宇	文　剑	第十届国际大学生 iCAN 创新创业大赛 2016 年总决赛	教育部理工科教学指导委员会	国家级	全国三等奖	移形换“影”	2016	是
218	工学院	张志威、刘瑞鹏、尧禹强、李慧敏、李雪婵、杨文远、王淅情、张健、王磊、杨昊明、李想、孟令北、李浩然、黄一峻、袁洋、白雪松、康永祯、王璐、马晓晨、姜嫄嫄、张梦诗、钟正威	田　野	第十五届全国大学生机器人大赛	共青团中央学校部、全国学联秘书处	国家级	全国优秀奖		2016	是
219	外语学院	王　凡	陈咏梅	第十一回日本语作文演讲比赛	广岛大学北京研究中心	全国级	全国优胜奖		2016	是
220	生物学院	宋雨桐、辛旭、黄月娇、姜妍		第十一届“诺维信”杯首都七校生命科学文化节	首都七校	北京市	北京市最佳团队合作奖		2016	否
221	外语学院	王　凡	尾谷香織	第十一届中华全国日语演讲比赛北京赛区	中国教育国际交流协会	省部级	北京市优秀奖		2016	是
222	外语学院	张力凡	尾谷香织	第十一届中华全国日语演讲比赛北京赛区	中华全国日语演讲比赛组委会	省部级	北京市一等奖		2016	否
223	艺术学院	张哲浩	公　伟	第四届“中装杯”全国大学生环境设计大赛	中国建筑装饰协会	省部级	北京市三等奖	绿韵·舞动——校园展览馆建筑设计	2016	是
224	信息学院	蒋璐艳、丁曙、闫姝、张心阳	杨　猛	第四届全国大学生数字媒体科技作品竞赛	中国人工智能学会、全国数字媒体专业建设联盟	国家级	全国一等奖	基于细节的沙画模拟算法研究	2016	是

（续）

序号	所在学院	获奖学生	指导老师	学科竞赛名称(全称)	学科竞赛主办单位	竞赛级别	获奖名次	项目名称	获奖年度	是否提交证书图片
225	信息学院	王婉容、任天、张文熠、万鑫遥、韩雪莹	杨　刚	第四届全国大学生数字媒体科技作品竞赛	中国人工智能学会、全国数字媒体专业建设联盟	国家级	全国一等奖	虚拟切片机教学系统	2016	是
226	信息学院	李浩、胡杰、翟莹、郄薇	杨　猛	第四届全国大学生数字媒体科技作品竞赛	中国人工智能学会、全国数字媒体专业建设联盟	国家级	全国二等奖	基于 Leap Motion 的小鼠卵巢泡的切割实验的可视化模拟	2016	是
227	艺术学院	丁禹懿	韩静华	第四届中国大学生游戏设计大赛金辰奖	中国大学生游戏设计大赛、国际虚拟现实 VRAR 大赛金辰奖组委会	国家级	全国优秀奖	奇幻植物园	2016	是
228	艺术学院	李轩、朱凡、吴道权	靳　晶	第五届北京市大学生动漫设计竞赛	北京市教育委员会	省部级	北京市一等奖	虫虫大战	2016	否
229	艺术学院	颜宜姗	靳　晶	第五届北京市大学生动漫设计竞赛	北京市教育委员会	省部级	北京市二等奖	屏中界	2016	否
230	艺术学院	李轩、何柳	靳　晶	第五届北京市大学生动漫设计竞赛	北京市教育委员会	省部级	北京市二等奖	数学小将	2016	否
231	艺术学院	朱雨晴	靳　晶	第五届北京市大学生动漫设计竞赛	北京市教育委员会	省部级	北京市二等奖	遥控器	2016	否
232	艺术学院	徐明瑶	靳　晶	第五届北京市大学生动漫设计竞赛	北京市教育委员会	省部级	北京市三等奖	男孩和影子	2016	否
233	艺术学院	郭映彤	靳　晶	第五届北京市大学生动漫设计竞赛	北京市教育委员会	省部级	北京市二等奖	星语梦	2016	否
234	艺术学院	徐明瑶	靳　晶	第五届北京市大学生动漫设计竞赛	北京市教育委员会	省部级	北京市三等奖	静·敬	2016	否
235	艺术学院	谭　晨	靳　晶	第五届北京市大学生动漫设计竞赛	北京市教育委员会	省部级	北京市三等奖	成长的三个阶段	2016	否
236	艺术学院	董墨龙	靳　晶	第五届北京市大学生动漫设计竞赛	北京市教育委员会	省部级	北京市三等奖	梦境	2016	否

（续）

序号	所在学院	获奖学生	指导老师	学科竞赛名称（全称）	学科竞赛主办单位	竞赛级别	获奖名次	项目名称	获奖年度	是否提交证书图片
237	工学院	郭团辉、袁洋、李妙璇、崔紫怡、翁元恺、陈绮桐	程朋乐、赵健	第五届北京市大学生建筑结构设计竞赛	北京市教委	省部级	北京市二等奖	风力发电塔架结构模型设计与制作	2016	是
238	艺术学院	钱洁坤	程旭锋	第五届中国创意林产品大赛	中国林业产业联合会	国家级行业协会	全国铜奖	Balanced Ruler	2016	否
239	艺术学院	谭凡、谷明燕	周　越	第五届中国高等院校设计艺术大赛	中国高等教育学会设计教育专业委员会、教育部高等学校设计学类教学指导委员会和化学工业出版社	国家级	全国入围奖	合食餐饮空间设计 B	2016	是
240	艺术学院	金　辰	韩静华	第五届中国高等院校设计艺术大赛	中国高等教育学会设计教育专业委员会、教育部高等学校设计学类教学指导委员会和化学工业出版社	国家级	全国三等奖	植物主题文化创意礼品设计	2016	是
241	艺术学院	陈欣然	张继晓	第五届中国高等院校设计艺术大赛	中国高等教育学会设计教育专业委员会、教育部高等学校设计学类教学指导委员会和化学工业出版社	国家级	全国优秀奖	《橘子》书籍设计	2016	是
242	艺术学院	陈欣然	张继晓	第五届中国高等院校设计艺术大赛	中国高等教育学会设计教育专业委员会、教育部高等学校设计学类教学指导委员会和化学工业出版社	国家级	全国优秀奖	树·人	2016	是
243	艺术学院	李彦达、袁婷	丁　可	第五届中国高等院校设计艺术大赛	中国高等教育学会设计教育专业委员会、教育部高等学校设计学类教学指导委员会和化学工业出版社	国家级	全国优秀奖	北市南亩 内城外痒	2016	是
244	艺术学院	张哲浩	公　伟	第五届中国高等院校设计艺术大赛	中国高等教育学会设计教育专业委员会、教育部高等学校设计学类教学指导委员会和化学工业出版社	国家级	全国优秀奖	绿韵·舞动——校园展览馆建筑设计	2016	是

（续）

序号	所在学院	获奖学生	指导老师	学科竞赛名称（全称）	学科竞赛主办单位	竞赛级别	获奖名次	项目名称	获奖年度	是否提交证书图片
245	艺术学院	刘颖、张哲浩	公　伟	第五届中国高等院校设计艺术大赛	中国高等教育学会设计教育专业委员会、教育部高等学校设计学类教学指导委员会和化学工业出版社	国家级	全国优秀奖	多功能玄关柜家具设计	2016	是
246	艺术学院	张哲浩	公　伟	第五届中国高等院校设计艺术大赛	中国高等教育学会设计教育专业委员会、教育部高等学校设计学类教学指导委员会和化学工业出版社	国家级	全国优秀奖	同心圆系列家具设计	2016	是
247	艺术学院	袁庆桐	贾　娣	第五届中国高等院校设计艺术大赛	中国高等教育学会设计教育专业委员会、教育部高等学校设计学类教学指导委员会和化学工业出版社	国家级	全国优秀奖	白宇田 现代中式新食主义餐厅	2016	是
248	艺术学院	谭凡、谷明燕	周　越	第五届中国高等院校设计艺术大赛	中国高等教育学会设计教育专业委员会、教育部高等学校设计学类教学指导委员会和化学工业出版社	国家级	全国优秀奖	合食餐饮空间设计 A	2016	是
249	艺术学院	陈欣欣、周伯鸿、李腾飞、刘伟艺	蔡东娜	第五届中国高等院校设计艺术大赛	中国高等教育学会设计教育专业委员会、教育部高等学校设计学类教学指导委员会和化学工业出版社	国家级	全国优秀奖	道	2016	是
250	艺术学院	颜宜姗	靳　晶	第五届中国国际青少年动漫与新媒体创意大赛	教育部中国教育国际交流协会、教育部中央电化教育馆、中国传媒大学和哈尔滨市政府	省部级	省部级一等奖	屏中界	2016	是
251	艺术学院	谭晨、朱雨晴	靳　晶	第五届中国国际青少年动漫与新媒体创意大赛	教育部中国教育国际交流协会、教育部中央电化教育馆、中国传媒大学和哈尔滨市政府	省部级	省部级二等奖	再遇见	2016	是

（续）

序号	所在学院	获奖学生	指导老师	学科竞赛名称（全称）	学科竞赛主办单位	竞赛级别	获奖名次	项目名称	获奖年度	是否提交证书图片
252	艺术学院	郭映彤	靳　晶	第五届中国国际青少年动漫与新媒体创意大赛	教育部中国教育国际交流协会、教育部中央电化教育馆、中国传媒大学和哈尔滨市政府	省部级	省部级二等奖	星语梦	2016	是
253	艺术学院	郭映彤	靳　晶	第五届中国国际青少年动漫与新媒体创意大赛	教育部中国教育国际交流协会、教育部中央电化教育馆、中国传媒大学和哈尔滨市政府	省部级	省部级最佳美术设计奖	女孩与鸟	2016	是
254	艺术学院	徐明瑶	靳　晶	第五届中国国际青少年动漫与新媒体创意大赛	教育部中国教育国际交流协会、教育部中央电化教育馆、中国传媒大学和哈尔滨市政府	省部级	省部级三等奖	男孩和影子	2016	是
255	艺术学院	罗舒娜	靳　晶	第五届中国国际青少年动漫与新媒体创意大赛	教育部中国教育国际交流协会、教育部中央电化教育馆、中国传媒大学和哈尔滨市政府	省部级	省部级三等奖	Memory	2016	是
256	外语学院	夏小涵	南宫梅芳	广东国际英语辩论赛	外研社	国家级	全国 Octo-finalist		2016	
257	生物学院	李恒组	欧阳杰	京津冀大学生食品节	京津冀	京津冀	京津冀一等奖		2016	否
258	生物学院	秦琛强组	孙爱东	京津冀大学生食品节	京津冀	京津冀	京津冀二等奖		2016	否
259	生物学院	蒋明昊组	孙爱东	京津冀大学生食品节	京津冀	京津冀	京津冀二等奖		2016	否
260	生物学院	何茉荷组	欧阳杰	京津冀大学生食品节	京津冀	京津冀	京津冀三等奖		2016	否
261	生物学院	苏汝婷组	王丰俊	京津冀大学生食品节	京津冀	京津冀	京津冀三等奖		2016	否
262	生物学院	许顺楠组	甘芝霖	京津冀大学生食品节	京津冀	京津冀	京津冀三等奖		2016	否
263	外语学院	杨腾紫	笈川幸司	平成二十八年度全中国日本语面试大会	笈川塾和日本大使馆新闻文化中心	国家级	全国三等奖		2016	是

（续）

序号	所在学院	获奖学生	指导老师	学科竞赛名称（全称）	学科竞赛主办单位	竞赛级别	获奖名次	项目名称	获奖年度	是否提交证书图片
264	外语学院	王文思	笈川幸司	平成二十八年度全中国日本语面试大会	笈川塾和日本大使馆新闻文化中心	国家级	全国三等奖		2016	是
265	外语学院	余霆洋	笈川幸司	平成二十八年度全中国日本语面试大赛	日本大使馆新闻文化中心和笈川塾	国家级	全国三等奖		2016	是
266	外语学院	张露丹	笈川幸司	平成二十八年全国日本语面试大赛	笈川塾与日本大使馆新闻文化中心	国家级	全国三等奖		2016	是
267	艺术学院	李　健	张继晓	全国大学生工业设计大赛	教育部高校工业设计专业教指委	国家级	全国三等奖	啖忆·餐具设计	2016	否
268	艺术学院	杨瑞田	张继晓	全国大学生工业设计大赛	教育部高校工业设计专业教指委	国家级	全国优秀奖	陋室生安多功能橡木座椅	2016	否
269	艺术学院	方　琴	张继晓	全国大学生工业设计大赛	教育部高校工业设计专业教指委	国家级	全国优秀奖	虹间成长	2016	否
270	艺术学院	李叶冉	张继晓	全国大学生工业设计大赛	教育部高校工业设计专业教指委	国家级	全国优秀奖	竹光台灯	2016	否
271	艺术学院	李　健	张继晓	全国大学生工业设计大赛	北京市教育委员会	北京市	北京市二等奖	啖忆·餐具设计	2016	否
272	艺术学院	杨瑞田	张继晓	全国大学生工业设计大赛	北京市教育委员会	北京市	北京市三等奖	陋室生安多功能橡木座椅	2016	否
273	艺术学院	方　琴	张继晓	全国大学生工业设计大赛	北京市教育委员会	北京市	北京市三等奖	虹间成长	2016	否
274	艺术学院	李叶冉	张继晓	全国大学生工业设计大赛	北京市教育委员会	北京市	北京市三等奖	竹光台灯	2016	否
275	艺术学院	张岩娆、毕丽君、贺麟、宋昊雨	张继晓	全国大学生工业设计大赛	北京市教育委员会	北京市	北京市三等奖	豆浆机	2016	否
276	艺术学院	张岩娆、宋昊雨、贺麟、毕丽君	王渤森	全国大学生工业设计大赛	北京市教育委员会	北京市	北京市三等奖	省力多功能豆浆机	2016	否
277	理学院	孙青林、张静宇、党延林	导师组	全国大学生数学建模与计算机应用竞赛	教育部等	全　国	全国一等奖		2016	是
278	理学院	李路华、张楠、周甜甜	导师组	全国大学生数学建模与计算机应用竞赛	教育部等	全　国	全国二等奖		2016	是

（续）

序号	所在学院	获奖学生	指导老师	学科竞赛名称（全称）	学科竞赛主办单位	竞赛级别	获奖名次	项目名称	获奖年度	是否提交证书图片
279	理学院	沈瑜、郁静、何源	导师组	全国大学生数学建模与计算机应用竞赛	教育部等	全国	北京市一等奖		2016	是
280	理学院	何盈庆、高寒、李寅旭	导师组	全国大学生数学建模与计算机应用竞赛	教育部等	全国	北京市一等奖		2016	是
281	理学院	陈宝麟、宋腾炜、闫楚依	导师组	全国大学生数学建模与计算机应用竞赛	教育部等	全国	北京市一等奖		2016	是
282	理学院	孙超凡、周建丁、宋浩冉	导师组	全国大学生数学建模与计算机应用竞赛	教育部等	全国	北京市二等奖		2016	是
283	理学院	田晋瑜、谢媛、钱俣皓	导师组	全国大学生数学建模与计算机应用竞赛	教育部等	全国	北京市二等奖		2016	是
284	理学院	陈欣、陈鑫、朱亦红	导师组	全国大学生数学建模与计算机应用竞赛	教育部等	全国	北京市二等奖		2016	是
285	理学院	强子玥、王昕、刘克雄	导师组	全国大学生数学建模与计算机应用竞赛	教育部等	全国	北京市二等奖		2016	是
286	理学院	程理、薛仕高、杨越超	导师组	全国大学生数学建模与计算机应用竞赛	教育部等	全国	北京市二等奖		2016	是
287	理学院	杨晓羽、贺佳贝、陈博文	导师组	全国大学生数学建模与计算机应用竞赛	教育部等	全国	北京市二等奖		2016	是
288	理学院	江林逸、刘玉洁、代清	导师组	全国大学生数学建模与计算机应用竞赛	教育部等	全国	北京市二等奖		2016	是
289	理学院	胡轶然、王雅卉、张宇奇	导师组	全国大学生数学建模与计算机应用竞赛	教育部等	全国	北京市二等奖		2016	是
290	理学院	侯羽、李雅璞、宋雨桐	导师组	全国大学生数学建模与计算机应用竞赛	教育部等	全国	北京市二等奖		2016	是
291	理学院	徐朔阳、强诗瑗、周媛婷	导师组	全国大学生数学建模与计算机应用竞赛	教育部等	全国	北京市二等奖		2016	是

（续）

序号	所在学院	获奖学生	指导老师	学科竞赛名称（全称）	学科竞赛主办单位	竞赛级别	获奖名次	项目名称	获奖年度	是否提交证书图片
292	理学院	王誉蓉、曾月、罗黎	导师组	全国大学生数学建模与计算机应用竞赛	教育部等	全　国	北京市二等奖		2016	是
293	理学院	朱雨薇、韩冰凌、何英豪	导师组	全国大学生数学建模与计算机应用竞赛	教育部等	全　国	北京市二等奖		2016	是
294	理学院	高天啸	王红庆	全国大学生数学竞赛	教育部等	全　国	全国二等奖		2016	否
295	理学院	崔化宇	王红庆	全国大学生数学竞赛	教育部等	全　国	全国三等奖		2016	否
296	外语学院	林金丹	笈川幸司	全国日本语面试大会	笈川塾和日本大使馆新闻文化中心	国家级	全国三等奖		2016	是
297	外语学院	石瑜捷	李欣、蒋兰、李宇	商务英语大赛	外研社	全　国	全国三等奖		2016	否
298	工学院	熊丹萍、王鹤蒙、陈胜男、覃钰舒	陈劭、谭月胜	首都高校第八届机械创新设计大赛	北京市教委	省部级	北京市一等奖	双铲侠	2016	是
299	工学院	毕丹婕、刘长智、郭雨桐、李清青、王泽宇	肖爱平、谭月胜	首都高校第八届机械创新设计大赛	北京市教委	省部级	北京市一等奖	自适应快递纸箱包装机	2016	是
300	工学院	孙苏玉、刘兴旭、戴振泳、靳鹏飞	王猛猛、李宁	首都高校第八届机械创新设计大赛	北京市教委	省部级	北京市二等奖	硬币分类机	2016	是
301	工学院	陈倩、贾镰丞、徐朝鹏、李迎鑫	谭月胜、肖爱平	首都高校第八届机械创新设计大赛	北京市教委	省部级	北京市二等奖	衣包到底——全自动衣物包装机	2016	是
302	工学院	黄骁勇、唐嘉国、杨文远、张俊	罗海风、张建忠	首都高校第八届机械创新设计大赛	北京市教委	省部级	北京市二等奖	光感式硬币分类清点机	2016	是
303	工学院	柳珂、龙星宇、张乐仪	罗海风、张建忠	首都高校第八届机械创新设计大赛	北京市教委	省部级	北京市三等奖	重力式环形快递分选器	2016	是
304	外语学院	石瑜捷	南宫梅芳	外研社杯大学生英语演讲比赛	外研社	北京市	北京市优秀奖		2016	否
305	外语学院	夏小涵	南宫梅芳	外研社英语演讲大赛	外研社	北京市	北京市三等奖		2016	是
306	外语学院	夏小涵	南宫梅芳	外研社英语阅读大赛	外研社	北京市	北京市三等奖		2016	

（续）

序号	所在学院	获奖学生	指导老师	学科竞赛名称（全称）	学科竞赛主办单位	竞赛级别	获奖名次	项目名称	获奖年度	是否提交证书图片
307	信息学院	王博、邹明哲、熊瑞麒	徐艳艳	中国大学生程序设计竞赛	中国大学生程序设计竞赛协会（吉林大学承办）	全　国	全国铜牌	中国大学生程序设计竞赛铜牌	2016	是
308	信息学院	刘超懿、贾梓健、易彰彪	徐艳艳	中国大学生程序设计竞赛	中国大学生程序设计竞赛协会（安徽大学承办）	全　国	全国铜牌	中国大学生程序设计竞赛铜牌	2016	是
309	信息学院	熊瑞麒、于浩源、陈曙光	徐艳艳	中国大学生程序设计竞赛	中国大学生程序设计竞赛协会（杭州电子科技大学承办）	全　国	全国铜牌	中国大学生程序设计竞赛铜牌	2016	是
310	信息学院	王博、邹明哲、熊瑞麒	徐艳艳	中国大学生程序设计竞赛	中国大学生程序设计竞赛协会（浙江大学宁波理工学院承办）	全　国	全国优胜奖	中国大学生程序设计竞赛优胜奖	2016	否
311	工学院	张力文	闫磊、薛永基	中国互联网＋大学生创新创业大赛	北京市教委	省部级	北京市二等奖	基于物联网的农林产品远程监测与交易平台	2016	是
312	信息学院	耿　芸	柏荣刚	中国软件杯大学生软件设计大赛	教育部、工信部	省部级	北京市优秀奖	猜猜我是谁（用户特征识别）APP－笔迹识别	2016	是
313	信息学院	谈佳华	柏荣刚	中国软件杯大学生软件设计大赛	教育部、工信部	省部级	北京市优秀奖	猜猜我是谁（用户特征识别）APP－笔迹识别	2016	是
314	信息学院	郭浩玥	柏荣刚	中国软件杯大学生软件设计大赛	教育部、工信部	省部级	北京市优秀奖	猜猜我是谁（用户特征识别）APP－笔迹识别	2016	是
315	艺术学院	曹琦、谭星琪、陈毓暄、刘钰莹	韩静华	中国学院奖第四届数字绘画大赛	中国学院奖组织委员会	国家级	全国二等奖	红松林之歌儿童数字绘本	2016	是

表46　2015～2016学年北京林业大学优秀博士学位论文作者及指导教师名单

序号	博士生	导师	二级学科名称	博士学位论文题目	学院
1	闫小莉	贾黎明	森林培育	欧美108杨速生丰产林水氮耦合效应研究	林学院
2	赵长林	戴玉成	森林保护学	干酪菌属和拟蜡孔菌属真菌的分类与系统发育研究	林学院
3	田佳星	李百炼	林木遗传育种	毛白杨响应赤霉素的转录调控与等位变异解析	生物科学与技术学院
4	徐　放	邬荣领	林木遗传育种	胡杨幼苗根系生长动态QTL定位和自然群体遗传多样性分析	生物科学与技术学院
5	郝志斌	李文彬	森林工程	活立木生物电能利用方法研究	工学院
6	董　晨	吴保国	森林经理学	福建省杉木人工林形态与收获模型研究	信息学院
7	戴　林	雷建都	林产化学加工工程	白桦脂酸纳米药物递送系统的构建及功效研究	材料科学与技术学院
8	洪　艳	戴思兰	园林植物与观赏园艺	菊花花青素苷依光合成的分子机制	园林学院
9	段　伟	温亚利	林业经济管理	保护区生物多样性保护与农户生计协调发展研究	经济管理学院
10	李　想	张克斌	水土保持与荒漠化防治	北京山区树冠和枯落物结构对幼林水文防蚀功能动态影响	水土保持学院
11	于明含	丁国栋	水土保持与荒漠化防治	典型固沙植物冠层温度和气孔导度特征及其对土壤水分的响应	水土保持学院
12	钮　俊	张志翔	野生动植物保护与利用	山杏杏仁油脂累积及脂肪酸组分转化的分子调控机制	自然保护区学院
13	蔡美全	张立秋	生态环境工程	微量药物污染物在氯和紫外/过氧乙酸消毒过程中的降解与转化规律研究	环境科学与工程学院

表47　2015～2016学年北京林业大学优秀硕士学位论文作者及指导教师名单

序号	硕士生	导师	二级学科名称	博士学位论文题目	学院
1	田　菊	李国雷	森林培育	NaCl胁迫下三个小胡系杨树品种的耐盐性研究及其评价	林学院
2	徐丽丽	宗世祥	森林保护学	沟胫天牛亚科七种天牛不同虫态触角、下颚须和下唇须的感器研究	林学院
3	陶　雪	苏德荣	草学	石羊河流域灌溉方式对紫花苜蓿生长、品质及产量影响的试验研究	林学院
4	红古乐訏拉	李景文	林业	阿拉善盟公益林植物多样性及分布格局研究	林学院
5	杨开朗	温俊宝	林业	沟眶象物理捕获及诱杀技术研究	林学院
6	莫　梅	万迎朗	细胞生物学	光照影响拟南芥根基因表达模式的转录组分析	生物科学与技术学院
7	杨璐冰	许美玉	农产品加工及贮藏工程	核桃多酚提取物对4－戊基苯酚和3－甲基－4－硝基苯酚诱导的小鼠脾淋巴细胞免疫毒性的缓解作用	生物科学与技术学院

（续）

序号	硕士生	导师	二级学科名称	博士学位论文题目	学院
8	朱莞琪	范俊峰	食品加工与安全	酸性电解水处理改善柿子酒风味研究	生物科学与技术学院
9	张　哲	李文彬	森林工程	基于塞贝克效应的热电能量转换系统设计与优化	工学院
10	李　娜	钱　桦	机械制造及自动化	下肢助力外骨骼改进设计与控制算法研究	工学院
11	费运巧	刘文萍	计算机应用技术	森林病虫害图像分析算法研究	信息学院
12	申丽婷	王海燕	管理科学与工程	基于空间异质性的技术进步对能源效率的影响效应研究	信息学院
13	尚童鑫	金小娟	林产化学加工工程	废弃人造板基含氮复合电极材料电性能研究	材料科学与技术学院
14	邓　甫	马明国	林产化学加工工程	纤维素/碱土金属氟化物复合材料的制备、性能与形成机理研究	材料科学与技术学院
15	李婧婧	李建章	木材科学与技术	蛋白基胶黏剂制备、性能表征及增强机制研究	材料科学与技术学院
16	赵雪莹	刘志成	风景园林学	江南私宅园林中戏曲观演场所研究	园林学院
17	张　超	周　曦	风景园林学	互动式体验景观在园博园展园中的研究与运用——以第十届中国（武汉）国际园林博览会为例	园林学院
18	徐　倩	郑　曦	风景园林学	古代苏州区域山水环境的构成与发展研究	园林学院
19	秦　汉	赵　鸣	风景园林学	河南省新县传统聚落景观初探	园林学院
20	蒋雨婷	郑　曦	风景园林学	浙江富阳县乡土景观要素构成与空间格局研究	园林学院
21	谢冶凤	张玉钧	旅游管理	基于游客感知的靖港古镇意象空间及其评价研究	园林学院
22	于　丹	张彩虹	统计学	林木生物质能源资源供给能力评价及影响因素分析	经济管理学院
23	吉　阳	程宝栋	国际商务	金融发展对出口增长影响的研究——以北京市为例	经济管理学院
24	王　璐	樊　坤	管理科学与工程	随机供应与周期需求下的生物质固体燃料供应链协调	经济管理学院
25	刘　强	汪　雯	行政管理	北京市外来农民工职业流动的影响因素分析	经济管理学院
26	蔡　娟	王　刚	行政管理	集体林改背景下甘肃省农户林业投入行为影响因素研究	经济管理学院
27	张馨蔓	秦　涛	会计	类金融模式对格力电器盈利能力的影响分析	经济管理学院
28	何梦竹	李　莉	哲学	民国时期湖南木材贸易研究	人文社会科学学院
29	孟祥磊	杨　帆	法学理论	论类比推理在案例指导制度中的适用	人文社会科学学院

（续）

序号	硕士生	导师	二级学科名称	博士学位论文题目	学院
30	李雯雯	刘笑非	外国语言学及应用语言学	关于日本事实婚姻的研究	外语学院
31	刘子畅	姚晓东	英语笔译	《emoji 表情情感研究》翻译实践报告	外语学院
32	郭继凯	吴秀芹	地图学与地理信息系统	塔里木河流域植被覆盖对气候变化和人类活动的响应	水土保持学院
33	张　鳌	冀晓东	结构工程	林场风荷载模拟及林木抗风有限元模拟研究	水土保持学院
34	莫　莉	余新晓	水土保持与荒漠化防治	植物叶片对不同粒径颗粒物的吸附效果研究	水土保持学院
35	覃云斌	信忠保	水土保持与荒漠化防治	广西漓江河岸带林地土壤有机碳密度及其影响因素研究	水土保持学院
36	刘　帅	范秀华	生物物理学	长白山针阔混交林乔木幼苗动态研究	理学院
37	张　明	张　东	野生动植物保护与利用	新疆卡拉麦里山有蹄类自然保护区麻蝇科(双翅目：狂蝇总科)昆虫的系统分类研究	自然保护区学院
38	郭　杨	齐　飞	环境科学与工程	纳米颗粒改性陶瓷膜催化臭氧氧化水中2－羟基－4－甲氧基二苯甲酮的研究	环境科学与工程学院
39	钱　旭	王毅力	环境科学与工程	活性污泥磁化调理－电脱水性能与过程机制研究	环境科学与工程学院
40	钱怡如	高　阳	设计学	敦煌壁画中的忍冬纹样研究	艺术设计学院
41	乔丽华	范旭东	设计学	纯电动汽车造型设计趋势研究	艺术设计学院
42	卞　韬	金鸣娟	马克思主义基本原理	海洋生态文化在滨海生态城市建设中的作用及实现路径研究——以青岛为例	马克思主义学院

表 48　2016 年研究生重要获奖信息

学院	序号	学号	姓名	专业	科技学术竞赛名称	授予单位	级别(国际/国家/省部奖)	获奖时间(年月)	排名(按顺序列出全部作者)
园林学院	1	3140419 3140432 3140428 7150222	王　茜 张琦雅 严亚瓴 陈　晨	风景园林学 风景园林学 风景园林学 风景园林专硕	2016 年 IFLA 国际学生设计竞赛	IFLA(国际景观设计师联盟)	国　际	2016－4－20	三等奖(王茜、张琦雅、吕林忆、严亚瓴、陈晨)
园林学院	2	7150291 3150397	孙平天 牟婷婷	风景园林专硕 城乡规划学	2016 年中国风景园林学会竞赛	中国风景园林学会	国家级	2016－8－31	三等奖(郭卓君、孙平天、牟婷婷)
园林学院	3	2140146 2160148 7150301 7150255	孙漪南 刘　玮 王瑞琦 李金泽	风景园林学 风景园林学 风景园林专硕 风景园林专硕	2016 年中国风景园林学会竞赛	中国风景园林学会	国家级	2016－8－31	三等奖(孙漪南、刘玮、王瑞琦、李金泽)

（续）

学院	序号	学号	姓名	专业	科技学术竞赛名称	授予单位	级别(国际/国家/省部奖)	获奖时间（年月）	排名(按顺序列出全部作者)
园林学院	4	3140402	李婉仪	风景园林学	2015年中国风景园林学会竞赛	中国风景园林学会	国家级	2015-10-30	一等奖（李婉仪、葛韵宇、胡盛劼、张芬、林辰松）
		3140396	葛韵宇	风景园林学					
		3140400	胡盛劼	风景园林学					
		3140430	张　芬	风景园林学					
		2140150	林辰松	风景园林学					
园林学院	5	2150135	张　蕊	风景园林学	2016年中国风景园林学会竞赛	中国风景园林学会	国家级	2016-8-31	二等奖（张蕊、高原、宋怡、李鑫、郑黛丹）
		2160151	高　原	风景园林学					
		3160421	宋　怡	风景园林学					
		7160283	李　鑫	风景园林专硕					
		7160335	郑黛丹	风景园林专硕					
园林学院	6	2150136	刘京一	风景园林学	2015年中国风景园林学会竞赛	中国风景园林学会	国家级	2015-10-30	二等奖（刘京一、金兰兰、谭立、岳晓蕾、王明睿）
		3150411	金兰兰	风景园林学					
		3150428	谭　立	风景园林学					
		3150442	岳晓蕾	风景园林学					
		7150300	王明睿	风景园林专硕					
园林学院	7	2150137	唐思嘉	风景园林学	2015年中国风景园林学会竞赛	中国风景园林学会	国家级	2015-10-30	三等奖（唐思嘉、张蕊、高原、覃少阳、周欣蔚）
		2150135	张　蕊	风景园林学					
		2160151	高　原	风景园林学					
		7150292	覃少阳	风景园林专硕					
园林学院	8	2160143	何　伟	风景园林学	2016年IFLA国际学生设计竞赛	IFLA(国际景观设计师联盟)	国　际	2016-4-20	二等奖（何伟、金兰兰、谭立、张梦晗、崔佳慧）
		3150411	金兰兰	风景园林学					
		3150428	谭　立	风景园林学					
		3150445	张梦晗	风景园林学					
园林学院	9	2160150	张诗阳	风景园林学	2015年中国风景园林学会竞赛	中国风景园林学会	国家级	2015-10-30	二等奖（张诗阳、王晞月、佟思明、李璇、崔滋辰）
		3140420	王晞月	风景园林学					
		3140417	佟思明	风景园林学					
		3140403	李　璇	风景园林学					
		3140391	崔滋辰	风景园林学					

毕业生名单

2016年学历教育博士毕业人员名单(合计183人)

林学院(合计41人)
草学(共2人)
濮阳雪华　肖国增
草业科学(共1人)
梁小红
林业装备工程与信息化(共4人)
陈金星　黄晓东　李　虹　刘　芳
森林保护学(共8人)
曹利军　陈　芳　范鑫磊　韩美玲　刘振凯
温冬梅　吴　芳　赵长林
森林经理学(共7人)
付　尧　胡军国　李伟涛　刘　尧　苗　蕾
王书涵　张　超
森林培育(共7人)
陈志钢　郭辉力　刘世男　庞　涛　王丛鹏
闫小莉　张文娟
生态学(共8人)
高　晶　康　文　王　叁　文双喜　闫　琰
袁冬琴　张　蒙　张维康
土壤学(共4人)
陈　博　胡亚利　刘　艳　张　涛
园林学院(合计23人)
城市规划与设计(共3人)
夏　宇　张冬冬　张　鹏
风景园林学(共11人)
冯艺佳　胡依然　李　露　林荣亮　王　欢
王　凯　王　鹏　吴　然　肖　遥　张　洋
张长滨
园林植物与观赏园艺(共9人)
崔虎亮　洪　艳　刘　华　秦　仲　魏　迟
文书生　吴静张辉　张　杰
水土保持学院(合计24人)
复合农林学(共1人)
钱　多
工程绿化(共2人)
卢　洋　王　晶
生态环境工程(共2人)
王明玉　杨苑君
水土保持与荒漠化防治(共19人)
艾　宁　陈晓冰　冯晶晶　高国军　郭　平
韩旖旎　花圣卓　贾剑波　康满春　李　想
刘旭辉　任庆福　孙丰宾　王黎黎　王利娜
王　晓　杨　帆　杨　阳　于明含
经济管理学院(合计17人)
林业经济管理(共13人)
段　伟　郭慧敏　郭　轲　揭昌亮　刘丽萍
罗宝华　罗信坚　孟　辕　任毅　王　迪
王金龙　吴言松　臧良震
农业经济管理(共4人)
黄祥芳　秦国伟　童万民　张文雄
材料科学与技术学院(合计26人)
林产化学加工工程(共10人)
陈虹霞　陈京环　戴　林　吉　喆　贾普友
郎　倩　申　越　王　璇　徐继坤　赵鹏翔
木材科学与技术(共16人)
程海涛　崔　勇　胡极航　柯　清　李　超
李为义　刘志高　商俊博　唐　蕾　王文亮
吴志刚　杨玮娣　尹江苹　詹天翼　张　俊
赵丽媛
生物科学与技术学院(合计25人)
林木遗传育种(共13人)
曹　山　陈永坤　胡瑞阳　姜立波　毛　柯
宋晓波　索玉静　田佳星　王金星　王倩世
徐　放　徐　倩　袁虎威
生物化学与分子生物学(共3人)
潘　琛　修　宇　赵建华
微生物学(共1人)
贾春风

植物学(共8人)
崔亚宁　邓澍荣　邓文红　地里努尔·沙里木
郝建卿　贾　宁　马旭君　张　婷
信息学院(合计1人)
森林经理学(共1人)
董　晨
自然保护区学院(合计14人)
野生动植物保护与利用(共8人)
黄松林　李一琳　刘善辉　钮　俊　孙宜君
王文霞　王毅花　闫双喜
自然保护区学(共6人)
郭子良　李　卓　马　坤　宁　磊　杨　萌
姚　兰
工学院(合计7人)
机械工程(共1人)
宁廷州
机械设计及理论(共1人)
程旭锋
森林工程(共5人)
韩东涛　郝志斌　孔建磊　庞　帅　孙治博
环境学院(合计5人)
生态环境工程(共5人)
蔡美全　党　岩　金曙光　王君雅　尹　疆

（李　凌　董金宝）

2016年学历教育硕士毕业生名单(合计1240人)

林学院(合计173人)
草学(共10人)
陈兴武　樊　波　郝　杰　李珊珊　李希铭
刘成兰　孙碧徽　陶　雪　张胤冰　张　志
草业(共12人)
陈雨峰　焦中夏　马小丽　齐雨婷　邱姝蓉
孙　亮　王　亮　王美玲　王亚东　叶　璐
于　哲　张耀月
草业科学(共1人)
蒋文婷
地图学与地理信息系统(共11人)
白金婷　曾　晶　韩慧君　胡　戎　康　芮
刘　轩　宋姗芸　杨　铭　姚炳全　于景鑫
于　森
林业(共45人)
陈鑫健　陈雅媛　程海楠　邓　槿　董向楠
郭倩红　古乐訡拉　侯田田　胡　红　李　静
梁　晨　梁　栋　廖祥龙　刘巧红　刘　亚
苗一弓　牟春燕　努尔江·哈比丁　彭俍栋
蒲婷婷　曲　娜　沈欣悦　宋　放　谭天逸
唐思莹　王德朋　王　沛　吴　丹　吴辉龙
熊启晨　熊小康　严李伟　杨开朗　杨丽坤
杨星华　叶添雄　张洪波　张明华　张思行
张　艳　张艳芳　赵　敏　赵茵茵　赵瑛瑛
郑　怿
农业信息化(共8人)
李蕴雅　刘金成　邱梓轩　任旭虹　特列吾汗·
肯杰汗　张琳原　张启斌　张　颖
森林保护学(共18人)
安　琪　白　云　卜宇飞　杜凯名　刘昭阳
祁骁杰　邬　颖　武英达　武政梅　徐丽丽
杨　姣　杨舟斌　余汉鋆　张　超　张嘉琪
张　霖　朱宁波　左　涛
森林经理学(共17人)
陈亚南　程小云　季　蕾　解潍嘉　林　雪
凌　威　刘素真　罗春旺　吕常笑　马士友
孟　楚　孙　浩　涂宏涛　汪　晶　王秋鸟
周梦丽　周亚爽
森林培育(共19人)
程中倩　付妍琳　宫中志　李　婷　林　竹
刘　畅　罗朝兵　苏曼琳　孙姝亭　田　菊
王丽媛　吴　尚　杨　晨　杨俊枫　杨少燕
尹欢宇　张志丹　赵　喆　周燕妮
生态学(共21人)
陈　晶　成泽虎　郭梦娇　郭　鑫　何游云
纪文婧　姜瑞芳　马楠楠　陶纯苇　田　苗
王　凯　徐美丽　于　一　张　凯　张现慧
张燕如　赵　敬　赵　静　赵文霞　朱燕艳
左　强
土壤学(共8人)
巩晟萱　李　燕　李莹飞　刘浩宇　吕志远

张　洋　赵恒毅　周　娅

植物营养学(共3人)

金　星　王　璐　于海艳

园林学院(合计208人)

城市规划与设计(共1人)

韩梦晨

城乡规划学(共3人)

郭诗怡　江乃川　庄　晗

风景园林(共108人)

安亭霏　白浚竹　边　谦　车伯琳　车林燕
陈　晨　陈丹阳　陈　帆　陈厚佳　陈文晨
陈　曦　崔天娇　戴慧玲　戴子琪　邓颖竹
刁雪薇　董梦琳　付　瑜　高　楠　耿福瑶
谷　骥　谷永利　郭　超　郭　媛　韩　莉
韩思羽　何　爽　何　硕　胡　越　黄俊达
黄　姗　晨　曦　黄子晖　金垠秀　荆　涛
黎昱杉　李静雯　李凯历　李　沛　李青靓
李文婕　李修竹　李泽华　梁心妍　刘　菲
刘婧轩　刘　铭　刘　平　刘玮琪　刘昱霏
卢玉洁　吕春秀　吕冬琦　吕林忆　马小淞
孟　璐　孟　语　苗静一　聂文彬　强方方
任亚春　茹龙飞　赛金波　尚亚雄　佘惠雯
沈梦洁　宋　佳　宋　爽　宋　婷　宋子健
孙晨阳　孙　腾　唐旭卉　王　欢　王俊彦
王旻皓　王　全　王睿隆　王雪琪　王　梓
王紫园　魏翔燕　翁丽珠　吴雨洋　谢　旻
徐　铭　徐　强　闫少宁　颜　雁　杨　丁
杨　静　杨倩姿　杨　媛　殷鲁秦　于　淼
张聪颖　张　娣　张　杰　张　柳　张　萌
张明莹　张思琦　张　伟　张　颖　周　薇
周欣蔚　周　瑶　卓嘉琪　张　伟

风景园林学(共39人)

安　然　包珑钰　曹心童　常婷钰　崔雯婧
段诗乐　高　凡　侯惠珺　黄冬蕾　纪　茜
蒋雨婷　李萌豪　李沁峰　李欣蕊　李雪珂
刘欣雅　陆　芸　蒙倩彬　穆文阳　秦　汉
苏　畅　万凌纬　王心怡　魏晓玉　吴　晨
吴　凡　武　颖　席　琦　熊田慧子　徐倩
杨　扬　袁　媛　翟紫呈　张　超　张　婧
张　涛　张　媛　赵　欢　赵雪莹

建筑学(共3人)

葛　曼　赵　璐　赵启明

旅游管理(共14人)

曹　晗　陈瑾妍　陈　宁　陈　卓　海　杨
栗少泉　梁　萍　刘　烁　苏　业　王克敏
谢冶凤　于圆圆　张琛琛　周　淳

园林植物与观赏园艺(共40人)

艾云苾　安　阳　边晓萌　卜祥龙　陈　伟
戴　汕　董然然　段美红　段淑卉　房味味
伏　静　顾佳卉　郭　芮　郭彦超　胡　珊
吉乃喆　孔庆香　来雨晴　李刘泽木　林婧
刘建鑫　刘晶晶　刘　欣　刘轶奇　卢珊珊
齐　石　茗　月　任鸿雁　尚盼盼　石　俊
汪　洋　王　晶　王　新　王　谕　吴彬艳
谢　菲　杨海燕　张非亚　张　嘉　钟军珺
朱　琳

水土保持学院(合计134人)

地图学与地理信息系统(共5人)

陈淑青　葛亚宁　郭继凯　王嫣然　张宗艺

结构工程(共10人)

戴显庆　李卓霖　罗　璐　吕洪宾　任赟跃
覃　刚
王英旭　张　鳌　张　雄　周　朋

林业(共49人)

陈健龙　陈永真　崔伟杰　丁万全　高羽邦
郭米山　郭　娜　韩生生　韩重阳　何雅冰
洪小雯　侯沛轩　呼　诺　黄燕华　李　琛
李冬梅　李慧婷　李　堃　李丽娟　李美君
李　蕊　李诗阳　梁大勇　梁　丹　梁香寒
刘桃倩　刘燕萍　刘昀东　马晓宇　孟　琳
史俊凤　宋　瑶　孙瀚宸　王晨沣　王彦卓
王耀磊　王一之　王艺璇　魏　巍　薛　凤
薛　强　杨之恒　尹诗萌　于雪蕾　张　丽
张培培　张　荣　朱聿申　邹　星

农业生物环境与能源工程(共5人)

伏　凯　刘　洋　刘治兴　任　璐　吴冬宁

水土保持与荒漠化防治(共57人)

陈登峰　陈　静　陈文思　程柏涵　程雨萌
邓　川　杜　庆　歌丽巴　龚艳宾　顾剑红
郭凯力　韩祖光　郝　玥　何　艳　黄晓强
霍云梅　黎宏祥　李德宁　李　宁　刘　卉
刘　军　刘　莹　娄源海　卢纪元　苗　静
莫　莉　齐　特　任正龑　阮芯竹　施　川
孙丽文　覃云斌　田宁宁　王德英　王红艳
王　舒　王晓佳　王志刚　吴林川　相莹敏
徐　军　徐子棋　杨路明　杨　强　张明艳
张　嫱　张　桐　张文瑾　张　雪　张艳婷

赵　洋　周广行　周　杨　周柱栋　朱丽平
朱永杰　左　巍

自然地理学(共8人)

阿妮克孜·肉孜　李宏钧　刘海燕　尚河英
邢亚蕾　薛　鸥　杨　松　张　鹏

经济管理学院(合计182人)

工商管理(共63人)

安　琳　褚伯琳　崔　甜　戴　谧　丁　枫
丁　玺　费翰青　冯元喜　高良昭　耿　冲
郭春艳　郭丽霞　韩　乐　侯思鹏　黄　苛
李红芳　李　辉　李　娜　李年年　李鹏程
李雨泽　廖君萍　林丽涛　刘世晓　刘　勇
陆　欣　吕碧原　马　凯　苗　欣　穆雪梅
彭　豹　邱雪兰　尚　飞　宋雪峰　苏　健
苏　玲　王殿鸣　王　兰　王　磊　王思怡
王文涛　吴　凡　邢佳鹏　许　宁　闫　炎
杨　堃　姚晓溪　袁　甜　詹　为　张国秀
张海慧　张　鹏　张淑敏　张素英　张伟玲
张小鹏　张　妍　张芝荣　郑　轩　周　华
周文腾　李　娜　王　磊

管理科学与工程(共7人)

陈中泰　黄　坤　蒋盛兰　李宏宇　孙文君
王立娜　王　璐

国际贸易学(共11人)

段　欢　韩晓璐　康　宁　林妙萍　任宇佳
宋相洁　王肖静　许　双　严青珊　杨　嫣
张瑞雪

国际商务(共8人)

蔡盼盼　郭　亮　吉　阳　李易蔓　吴成嘉
肖　凯　徐传正　张慕蓉

行政管理(共14人)

傲妮琪　蔡　娟　曹　楠　段雯祎　何卓然
李　可　李　艳　刘姜梦一　刘　强　刘彤
牟格格　王　婧　薛　晨　余小豆

会计(共24人)

程　坤　程黎霞　崔玮琳　邓雯瑶　何涔成
胡　芳　胡慧君　胡晓彤　贾雨衡　曲书婷
司书娇　宋博文　苏佑佳　孙　菁　孙梦迪
王成禹　王靖宇　王璐佳　夏国雯　晏逸鸣
杨　娜　张莉莎　张馨蔓　张　艳

会计学(共8人)

纪晓妍　林荣荣　孙微微　汪飞羽　王玉洁
吴锦填　杨　骛　赵鲁燕

金融学(共5人)

丁　可　胡彦君　孙蔚琳　薛　锐　周慧昕

林业经济管理(共7人)

郭静静　刘心竹　任艳梅　孙　红　卫望玺
郑赫然　周　悦

农村与区域发展(共12人)

陈雅纯　董　晨　李　慧　刘思琦　陆　惠
祁　琪　钱伟聪　王丽洁　王艳枝　吴元操
吴卓尧　赵蓓蓓

农业经济管理(共3人)

杜　婧　钱海洋　熊　美

企业管理(共6人)

金宏春　李永慧　刘睿雅　刘腾飞　倪嘉成
占君慧

统计学(共6人)

蒋莉莉　汤贵刚　谢第斌　于　丹　喻凯西
张　璇

应用统计硕士(共8人)

何　为　梁博为　吕　权　缪鸿志　倪婧婕
孙文秋实　王　玮　王忠昆

工学院(合计56人)

车辆工程(共7人)

陈思成　纪　伟　李　萌　刘成祺　刘新颖
王喜元　岳喜斌

机械电子工程(共3人)

苟　欢　聂凤梅　王建宇

机械工程(共21人)

陈　蓉　杜美茜　高　源　黄佳琪　黄俊杰
李吉莹　刘文权　龙雨泽　丘启敏　任　东
史国芸　童修伟　王顺淞　肖　磊　游颖捷
苑晓龙　张　栋　赵潞翔　周　莹　周玉婷
庄仲达

机械设计及理论(共6人)

程　琦　傅天驹　黄豆豆　李　卅　马颖辉
王青宇

机械制造及其自动化(共5人)

陈　姣　费　盛　李　娜　刘建强　张志敏

控制理论与控制工程(共6人)

雷雨潼　李　宁　刘　坤　皮婷婷　王永泽
朱怡霖

森林工程(共8人)

樊　丽　刘　念　蒲　帅　王潆旋　夏哲浩
许莎莎　张向龙　张　哲

材料科学与技术学院(合计69人)
林产化学加工工程(共19人)
曹　鑫　陈　雄　邓　甫　李保同　李　楠
李晓利　刘嘉琨　尚童鑫　王　杰　王　凯
吴建全　邢立艳　徐永霞　姚　珂　张　冰
张　璐　张　悦　赵丽霞　钟黎黎
木材科学与技术(共29人)
曹梦芸　曾祥玲　常薇薇　程士超　关　健
侯国君　李华慧　李婧婧　李婷婷　李　颖
吕　欢　马欣欣　沈晓燕　孙文婧　王丹丹
伍　冰　薛　磊　杨　诺　杨舒英　姚　娟
易　钊　于海涛　张　晶　张　亮　张璐霞
张　宇　赵　立　赵　阳　左　静
林业工程(共21人)
卜洪洋　董瑞雪　杜江川　范福利　管立娜
胡　洋　黄　贺　李　迅　吕铭伟　秦书百川
王　腊　王　萌　王　星　王　越　吴玉璇
袁廷阁　岳航宇　张　山　张震宇　赵方圆
朱明昊

生物科学与技术学院(合计98人)
林木遗传育种(共13人)
康亚璇　雷炳琪　刘　畅　刘海珍　任云辉
孙新蕊　王　欢　王晓琪　吴　博　颜　芹
尹丹妮　张振东　赵启红
农产品加工及贮藏工程(共15人)
董施彬　贺新丽　霍春艳　李　娟　李正娟
刘冰冰　宁亚萍　庞仕龙　申芮萌　石光波
王　凤　王媛媛　杨璐冰　姚　慧　赵巧娇
生物化学与分子生物学(共10人)
雷　晨　李　宁　李　冉　苏立强　王大鹏
杨瑞雪　要笑云　张　强　张元杰　郑瑞丰
食品加工与安全　(共33人)
布　蕾　陈　苑　崔清慧　丁萌萌　丁轻针
范　琛　顾　弘　官艳红　贾冰洋　金　明
李虹阳　李曼娜　李照茜　李梓楠　刘树勋
刘　玥　马秋月　马思慧　马晓晨　任　璇
任　艺　沈　雯　孙蒙蒙　万　山　王慧芳
王　吉　王　妮　魏　辉　徐青艳　闫卉新
张　琦　朱莞琪　朱瑞倩
微生物学(共7人)
冯红梅　孔维文　梁　迪　刘婷婷　孙雅君
王伟轩　王晓琳
细胞生物学(共4人)
胡振妍　刘　颖　莫　梅　张茜然
植物学(共16人)
安　俊　曹学慧　陈红贤　程　杨　崔　静
董杉杉　蒋璐瑶　李东丽　李丽红　李茹芳
刘　岩　孙　佳　孙苑玲　唐贤礼　王　丹
赵芸玉

信息学院(合计67人)
管理科学与工程(共7人)
陈泽任　洪　皓　李　敏　刘　群　马　啸
申丽婷　许　美
计算机技术(共11人)
崔琳爽　樊期光　葛会帅　耿倩倩　霍怿歆
李雪芳　李　卓　刘嘉楠　苗润清　张栋楠
左　妍
计算机软件与理论(共6人)
曹光耀　蒋　麒　罗叶琴　孟　丹　张劭帅
张兆玉
计算机应用技术(共8人)
费运巧　洪剑珂　李美玲　李　彤　辛　愿
杨福龙　张强宇　张　帅
农业信息化(共12人)
陈　洁　刘　芳　刘　佳　刘　茜　刘云飞
吕　晓　王世博　王　媛　武高峰　颜　灏
张东风　周　丹
软件工程(共22人)
陈斌文　陈　旭　范文超　郝　伟　胡柳忻
胡　涛　刘大超　刘菁菁　罗　阳　马涵宇
马　征　莫翘楚　宋开涛　孙鉴锋　王季萱
王　珏　王祉默　魏朝磊　张文凤　张　洋
张　正　钟　娴
森林经理学(共1人)
张丽云

人文社会科学学院(合计38人)
法学理论(共9人)
程　明　桂　洋　黄雅惠　刘瑞珍　刘新晓爱
孟祥磊　彭　越　王晓薇　张　露
行政管理(共7人)
董书含　关　健　李　艳　卢方彬　杨欣澳
易花兰　张朝阳
心理学(共11人)
丁佳丽　李　璐　李　娜　李欣欣　桑利杰
孙煦扬　吴慧中　杨文娇　易显林　周洪超

朱　辉
应用心理学(共3人)
蔡　梅　苏亚光　尹佳骏
哲学(共8人)
董　池　郭铁方　何梦竹　黄晓晨　李雪姣
童　琪　王晴晴　张雅馨
外语学院(合计46人)
外国语言学及应用语言学(共10人)
曾　清　李雯雯　刘　聪　刘　妲　邱　晨
盛明丽　苏娜欣　王蓓蕾　王彬力　张　楠
英语笔译(共32人)
陈　思　陈兴华　樊祥岭　郭维清　郭晓晨
韩　雪　郝超颖　贺鹏真　贾俊敏　孔祥彬
来　媛　刘雯婧　刘星谷　刘　洋　刘子畅
马雪丽　毛亚平　任南南　孙　琳　陶媛媛
田梦玥　王　慧　王建伟　王学丽　夏姝婷
徐盛林　徐硕晗　薛天俊　张丽丽　张小品
赵　蒙　邹薇薇
英语语言文学(共4人)
邓　倩　李　央　王肖翔　章芳云
理学院(合计9人)
生物物理学(共5人)
郭刚兴　刘　帅　田振国　王均伟　吴世丽
数学(共4人)
范雅婷　李　鑫　滕鹏举　薛　晴
自然保护区学院(合计36人)
自然保护区学(共25人)
陈卓琳　杜　丹　范继元　高居娟　贾丽丽
姜　哲　李　欢　刘瑜洁　柳雅文　罗　旭
潘国梁　全　晗　任月恒　宋　超　唐素贤
涂　磊　王　旸　谢　莹　许佳宁　余　进
张博雅　张　轲　张　容　赵永健　周雨露
野生动植物保护与利用(共11人)
蔡瑞波　窦　平　李　杨　孙丰硕　魏雨婷
杨健梅　姚润枝　张出兰　张　明　赵奉彬
周　冉
环境科学与工程学院(合计59人)
环境科学与工程(共25人)
曹莹莹　常玉龙　樊世漾　方义龙　郭　杨
靳爱洁　李才华　李飞贞　李高朋　李　颖
李永欢　梁　健　聂　超　钱　旭　盛依琪
孙中恩　王　婷　项洋旭　杨若研　张　南
张　品　张　雪　张　艺　朱良升　朱芸芸
环境工程(共34人)
樊乾龙　郭　晨　李　东　李广坤　李轻轻
李雪璞　梁荣胜　刘碧涛　刘　琴　刘卫敏
刘旭林　潘忠成　乔亚倩　沈晓艳　石　鹏
孙　池　孙小丽　田　凯　田亚军　王　珏
王　岩　魏　婧　温胜敏　许馨月　闫国凯
闫前江　杨桐桐　杨　浈　苑天晓　占晶晶
赵冬霞　朱　宏　朱　帅　朱伟晓
艺术设计学院(合计59人)
设计学(共19人)
白云菲　曹冰雪　程安萍　傅梦妮　郝　鑫
李涵云　李婧婧　李洺葭　李　誉　梁晓丹
马凤艳　齐　哲　钱怡如　王鹏飞　王玉砚
杨小雨　叶湘怡　伊　琳　张鑫垚
艺术设计(共40人)
柏　彤　蔡林辰　常　乐　耿　鑫　弓子健
黄静仪　梁国秀　刘　畅　刘明泽　柳云涛
罗文彬　吕晓薇　马丽莉　马　铮　孟　奇
牛恒伟　乔丽华　桑文博　沈亦伶　孙雪梦
王文娴　王永壮　谢　珂　徐艳妮　徐　湛
杨　阳　尹亚婷　于　诚　于　洁　于尚民
于胜男　张　锦　张　菁　张　琳　张梦雨
张　明　张世吉　郑石如　朱嫣绯　朱俞溪
马克思主义学院(合计6人)
马克思主义基本原理(共3人)
卞　韬　高雅贤　张　天
思想政治教育(共3人)
李　星　尤会娟　张晨晨

(李　凌　董金宝)

2016年本科毕业生名单(合计3163人)

包装工程(共19人)
汤章华　杨国超　杨明生　高新月　陈艳萍
刘嘉圆　魏　宏　周韵致　栾　珊　周佳乐
尚莹莹　董盼盼　黄　洁　池莎莎　王可心
褚　雯　陈　宇　刘梦迪　李天骁

草坪管理(中美合作办学)(共22人)
应向宁　王子腾　孙家琪　李思峰　隋永超
陈　力　邹安龙　叶昊坤　陈徽宇　王佳晖
高盛恺　罗智浩　刘笑颖　罗乙黎　王雪薇
郝　真　郭芳洲　陆紫薇　李林洁　陈　琪
郭蔚尔　夏魏宁
草业科学(草坪科学与管理方向)(共42人)
王观澜　汪　洋　田　园　徐朝阳　苏浩天
谢卓赟　孙艺文　阿卜杜克日木·伊米提
孙曦鸣　姚天莉　房雨洋　陈桂竹　吴　超
王欣然　梁秋兰　涂　婳　涂　芳　龙　荣
蔡佳妹　张　赛　孙亚茹　谭　昕　白　雪
刘思黛　赵雅倩　肖维阳　李　梦　张　华
黄晓露　张海兰　寻　觅　张　婧　刘斯嘉
武　雪　李雅文　卓　伦　刘　敏　杨　娜
郭　云　邱　雄　姜赫男　米也了别克·吾肯
车辆工程(共83人)
李金玉　李贺文轩　宋辰旭　林学业　王艺焜
王　鹏　李范彧　张希敏　金　坤　刘鹏程
丁　骁　盛贤洋　胡布钦　张晋杰　郭浩宇
常海波　陈淡远　任明静　田宜洁　李若含
刘杨阳　何晨晨　刘璟琳　董　瑶　任百惠
轩玉莹　谢明鑫　陈　婷　韦继勇　刁　昊
曾宇凡　黄立超　郑　毅　王　钦　孟　阳
张博彧　赵　亚　潘林峻　赵志强　丁　浩
宋陶然　陈双成　徐小俊　陆浣绫　朱彤彤
周　汀　李　博　鲍薪如　李泽慧　单绍琳
秦　悦　何　颖　李媛媛　李　行　孟德文
杨　睿　郑光辉　伍广成　冯　杰　朱二坤
王玉龙　李　益　金博文　侯加杰　胡　斌
马一杰　马国全　王桦瑀　雷松林　夏若飞
戴敏达　何佼容　侯雅琳　曹　玉　周冰莹
蔡朝阳　马嘉政　王　敏　于　泳　周　颖
王立婷　张　洁　李天宇
城市规划(五年制)(共29人)
穆修帆　黄　成　马鑫雨　赵一凡　吴亦玮
胡铁峥　初广绅　高大华　王乐天　浦　彬
张　璐　陈天宇　李穆琦　杨　俐　卓荻雅
索雯雯　王　珂　肖立环　姜美全　朱　菁
仇　云　孙　甜　孙悦昕　杨　雪　王　芳
高静娴　夏凡茜　杨青清　王　芙
地理信息系统(共33人)
王　飞　张莺滟　刘伟凡　杨一明　张　力
陈威松　张翔雨　吕金航　周俊辉　张紫珩
郭丛豪　郭晨宇　张崇海　张　璐　杜一鸣
李文轩　张　倩　张慧莹　黄　元　刘奕婷
郑瑜晗　程晓曦　姜悦美　宋　佳　王智灏
唐　晨　杨　斓　陈实璇　张晓艺　柴潇怡
马　力　黄秋婕　简晗悦
电气工程及其自动化(共58人)
吴　琪　李宗昊　刘敬之　韦　钻　宋　鸣
黄浩然　王　强　徐霖强　邹奋翔　余　杰
高春明　夏　雨　赵荟宇　魏　巍　陈荣乔
丁　岩　万陈帅　袁梦涵　陈　颖　郭抒颖
伍荟珍　杨　馨　扈梦玥　张　露　李梦如
钟刚亮　蓝　涛　韩玮琦　段景初　胡晓明
王星宇　林　颖　颜志雄　罗焕之　赵明杨
姚亚鹏　靳欣宇　程培军　黄千骐　翟思凯
沈俊森　方宇星　温　恒　黄　凯　赵九州
杨京涛　李铖钊　余志诚　谢梦宇　刘绮恒
郑铭敏　霍静怡　肖　舸　李　婷　尹婧瑶
卢奕君　符潇月　马　玲
电子商务(共29人)
周昊远　杜中豪　朱学律　周　浪　吴　旭
李　力　曹翊群　荆俊颖　白依凡　茅艳霜
刘曼昭　关力月　刘凯丽　王佩瑜　刘梦娴
黄　雷　修越超　丛莉莹　何　畅　张　昊
石　正　程　慧　李小玥　王　静　侯军蕾
单晓晨　牛旖旎　刘心怡　张竞文
电子信息科学与技术(共49人)
汪煜东　蔡江南　王昭斌　栗荣豪　李　想
于志洋　封金海　付　萌　王伊雨　张丽苗
王晨晖　肖文娜　张诗阳　董凡茹　陈沄鋆
吴嘉君　王金明　宋以宁　武　欣　徐　瑜
于翠如　许凤至　刘禹涵　周明星　田夙鸣
申旭为　张志刚　孙立才　李　骁　钟　兴
庞　富　乔逢春　董义杰　杨晟娣　李烨龄
王　斐　魏　琼　刘　颖　陈思奇　邬　灏
柳　双　李明洋　王彬媛　张益菲　王芳嘉琦
田　然　靳　露　韩　聪　刘凌绽
动画(共28人)
胡　鑫　洪宇涵　张　墅　叶志成　蔡伟祺
丁禹懿　张洪哲　唐光耀　张彩蝶　王雯雪
魏伊明　陈欣然　史睿琪　郭可萱　颜宜姗
陈思敏　谭　晨　马雪婧　朱雨晴　陈歆玺
张嘉惠　程乙夏　徐明瑶　罗舒娜　王立锦

侯林芝 马羡梓 张露引

法学(共83人)

李信毅 唐水宽 姜 辰 贺 祥 李有杰
张泽宇 吴昊天 邓凯文 方亚璐 王 唱
钟 鸣 郭佳蕊 魏 婷 张滟滋 张晓宁
倪红蕾 黄 萱 殷钰姣 李 昂 宋佳营
焱 文 胡点点 郑冬莉 热比姑丽·达吾提
李 斯 翁宇菲 陈虹羽 陈世界 王金虎
郑健鑫 李沛锴 罗 平 金大龙 姜佳伦
宋长立 郑孟樵 吴 慧 刘思宇 蔡安然
李赛君 龙美合 杨雨莎 周 莹 郭珍珍
程梦迪 曲宇慧 杨玲玲 宫 毓 汪夕人
童 谣 王一平 马 鋆 桑旦曲珍 刘苏仪
吴雨婕 傅徽苑 郝友楠 鲁天卫 姜昕东
辛天奇 李永天 段昊言 赵振凯 荀 琪
范新雨 蒋宇涵 王 艺 张晓倩 黄悦珊
邓 悦 吴英文 连佑敏 张 媛 王洋奕
曲文婷 王一冰 张 彤 常玉璇 米玛央拉
邓明理 曹雪飞 张子鹏 古力扎尔·肉孜巴克

风景园林(共131人)

李沛霖 曹文雯 陈雨茜 赵芸立 俞 童
王思杰 甄若宇 朱胤齐 刘 喆 段勇祺
石 渠 鲁 遥 刘安然 学 艺 田 园
李慕尧 刘蓝蓝 杨烨垠 杨佳桐 李旭心
徐 诺 何伊翔 李逸莹 刘晓函 关淇文
李敏娜 王 譞 逄羽欣 张永瑾 孙碧琛
程丹璐 唐丹丹 钟 屹 苏雅洁 董小童
卢梦凌 乔 蒙 韩晨光 冯心阳 杜俊生
赵 恒 刘 赫 隆昊暘 李佳怿 贾子玉
吴彦霏 刘 峥 蒋 凌 陈雪婷 霍曼菲
高雨婷 朱芷萱 吕 洁 杨珊珊 阎姝伊
牟鹏锦 王历波 蒋子璇 王 璐 赵雅静
周颖倩 蒋雨琪 焦 琪 李 雯 王丹妮
王美琳 郭 凯 俞志华 冉 卓 薛涵之
杨庠赫 许少聪 王语默 汪云涵 李 溪
周碧青 李梓瑜 朱丽雅 陈 晗 李彩艳
张文伟 邱彩琳 高 震 杨 艺 陈思宇
徐文彤 邢鲁豫 容心怡 崔凤晴 刘迪宁
张晨笛 徐鑫淼 孙佳凝 武文杰 严圆格
魏庭芳 覃 山 孟泽林 李 帅 李 禹
蒋 鑫 田力子 陈 曦 吴雨桦 崔婧沄
王 楠 单冰清 满 媛 钟渝柠 阎艺佳
邢露露 赵人镜 唐艺林 金仙妍 徐菱励
杨欣鑫 王一岚 杨亦松 姜雪琳 戴书欣
杨璐华 冯 钰 李思远 张月薇 卢雨奇
夏倩影 杨泽西 马骋骎 黎明洋 李雯敏
李承希

给水排水工程(共28人)

吴亚丽 高 鹏 吴 迪 于 皓 聂含冰
孙嘉宝 罗维贤 赵祖光 黄 挺 康慧斌
朱稔仁 陈雨昕 刘 阳 梁汝楠 王梦琪
黄 岚 朱金蔚 魏娟红 李阳瑶 周小惠
高婉琳 董博男 李 昕 李昕宇 杨姣赟
朱韵西 庞鑫彤 罗善飚

工商管理(共58人)

赵宇航 任晓督 安立辰 陈玉腾 张海天
刘绍迪 张婉仪 李 懋 李 冬 曾超景
朱家慧 甘慧敏 杨 颖 蒙晓怡 郑 傲
李从容 黄 玲 周海倩 陶思帆 郑壹靖
李 娟 王心怡 刘思羽 张胜楠 泽仁曲珍
刘佳丽 晏立红 樊舒雅 王 优 朱凌云
唐专鑫 刘伟华 付新宇 潘 安 牟 鑫
魏建峰 李 晨 赵 贞 马 明 李 倩
刘奕君 王 茜 刘 涵 梁媛媛 于 洋
李晓会 赵 旭 张天鸽 李玉琦 蔡云舒
张琬莹 张路遥 刘子旋 陈钰冰 颜晓艳
王玉娇 周 娟 陈莎莎

工商管理(二学位)(共54人)

张晶晶 杨春苗 申媛敏 李志娟 郭 洋
郭 强 张 萍 王丽娟 李婷婷 陈栋栋
张群鹦 吴玉婷 魏亚楠 张 攀 张浩东
韩 旭 石晶颖 王 欢 张钰晨 张 娜
王 军 崔亚琴 平建华 陈晓芳 丁潞野
李 晖 荆雪丹 李玉洁 张 琳 李永蔚
牛亚虹 李 昕 王 鹏 李 敏 王 晓
马 杰 李 爽 董 菲 秦 玮 陈 冰
付婧卿 芦佩云 杨易群 段丽丹 蒋玉玲
李 玲 原亚莉 李 春 丁 川 王卓儒
崔子圣 古丹华 马晶晶 刘喆渊

工商管理(经济信息管理方向)(共27人)

张云飞 连凤林 李皓旸 沈 卓 唐诗瀚
束朝伟 赵国策 贾泽赟 吴群旭 葛心悦
吕 妍 郭宇晗 郑旭楠 张宁静 吴亚姝
崔 燕 田 鸽 徐嘉蔚 仲 凯 李心宁
王维佳 武晓娟 杨 程 苗庆红 姜亚丽
陈晓韵 黄楠楠 方捷琴

工业设计(共31人)

汪　超　盖茗茗　吴　桐　李　恒　曾辰晓骞
陈以凡　杨志刚　王　博　沈伟功　朱海洋
张　琦　仇诗杰　尹移飞　章冬青　李　莹
顾至盈　沈　婕　闫　翼　王　珊　纪晓琪
郑　飞　陈宇珊　刘美竹　秦伊娜　张赫男
刘乙霖　张姝婧　李雨涵　骆禹羽　杨彬彬
季晓宇

国际经济与贸易(共58人)

董　钰　朱　勇　赖任飞　孙　晗　史文强
杨元宁　陈世佳　许星宇　黎明朗　李浩爽
施　艺　赵　平　吴颖洁　骆洁珍　梁　璐
董娅楠　孟凡林　鲁晨曦　韩咏雪　杨　帆
吕　宸　杜默函　苍通聪　丁　浩　邢　学
谭燕南　刘菁元　张国飞　李海鑫　范炳月
高司辰　黄天洋　胡宜楠　赵静萱　王萧涵
李博文　王　植　李安娜　南　洋　曹　悦
吴家羲　郭　琳　王　笑　高薇洋　刘佳儒
李维娜　肖　雅　李海丹　张小芳　李天玉
张天慈　郑博文　宋思雨　梁夏濛　王姝佳
顾　阳　赵　珣　黄婷炜

环境工程(共24人)

祁文智　王伯轩　李　季　陈　政　李文杰
宋泉霖　齐　新　黎　珊　姜若菡　李碧嘉
高子恬　林嘉莉　潘艺蓉　董晓静　张瑞茹
赵惠慧　郭晨茜　覃梦婷　彭卓群　王　凡
李　智　葛　琳　刘　婕　傅　允

环境科学(共27人)

张　成　别平凡　孟　亮　乔　石　闫　博
李　立　罗书培　张文俊　曹　俊　王晓萌
丁　鑫　王钰蕊　梁昌桦　姚燕婉　黄　钰
王林霞　王静宇　纪嘉阳　栗一鸣　于光夏
王媛媛　陈慧敏　陈　颖　胡静茹　陈　洁
陈速敏　田梁宇

会计学(共124人)

梁　言　陈思予　李雪静　郑邦得　云天奕
袁世方　赵正博　乔　瑞　郑陶然　李一枫
黄　婷　朱艾婧　段　旭　牟晓悦　莫嘉文
苗永欣　沈雪萍　孟周一　段妮妮　曹紫薇
崔彧焕　宋美慧　李丹辉　韩晓春　王笑航
王　吉　高　阳　毛帅晨　葛思佳　文　静
蔡悦群　温晓菲　王　斌　张　江　刘东建
黄山峻　陈泽宇　赵新阳　方　璐　于春晓
霍雨佳　康梦晨　郑　榕　黄思涵　张心宁
张舒悦　孟　懿　魏　颖　宋白雪　王　蕊
朱自超　徐婉玉　孙嘉临　田夕阳　张　楠
迟锦华　刘雪峣　王媛媛　陈莎莎　舒泽慧
何王曌玥　余冰洁　李　韵　曹大伟　冯景琦
白　泽　沈浩杰　陈　其　刘　含　相　琦
康新妍　樊　帆　朱慧君　张　璐　韩夏虹
梁聪楠　王　杰　张天一　阮佳子沁　谢逸清
迟　漫　钱艺文　蔡细细　张潇月　秦静怡
魏钰琼　王鲁钰　于雅雯　王　艳　李慧瑶
毛碧黔　刘梦瑶　刘晓旭　张　鑫　李雨龙
张政霖　余靖岭　郑泽霖　刘　旭　程鹏嘉
王慧珊　李金蔓　张　雪　赵　月　程文婧
黄锦怡　康亦琼　杨　程　邓雪佳　张　薇
李婷婷　程逸群　王玮路　吕美伊　蔡依依
赵海莹　法　媛　韩慧倩　覃　楠　黄晓旭
龚永佳　张晓晓　赵佩瑶　孙宇婷

机械设计制造及其自动化(共110人)

彭　理　唐煜琪　崔　磊　张亚斌　韦　乐
高子涵　杨　波　冯兆龙　杭鸣翔　刘松林
孙堃琦　籍　翔　刘焰雷　杜　洋　张可维
周　炀　杨　益　畅晓琳　孙　静　高　爽
张玲玲　陈　倩　李天姝　徐言娜　张艺萱
王　玉　王仁杰　郭溥悦　郭开龙　吴天然
张嘉雯　卢明煌　杨　辉　卢　遥　邢天昊
杨晓东　叶子龙　黄　哲　杨海东　李　赞
张可非　刘承东　贺　尧　何俊甫　庞桂仲
吴尚霖　徐耀华　吴睿婧　张　菁　刘秀华
吴曼玉　左　洁　李佳臻　曲　韵　何　玥
浦峻彰　张恒宇　张海南　韦幸燊　文　耿
李一萌　崔文哲　于明江　黄永胜　王若杉
房威孜　潘伟浩　田端洋　白　勇　秦一洲
王　英　丰　超　胡一帆　王　昕　肖　赛
冯灵艺　王　宇　颜晓艺　刘　慧　谢慧贞
张　羽　高梦琪　徐　菁　朱彦佶　汤耀宇
裴云飞　陆　远　姚　远　冀嘉梁　张若夫
李　国　王志奇　黄　哲　范　辰　李思程
苗　虎　霍力溧　裘凌浩　杨　晨　林毓瑛
关炜盼　王　苑　崔　燕　张乐垚　张　楠
崔嘉宁　华　冰　吕丽君　颜　峻　孙　旭

计算机科学与技术(共57人)

檀　稳　侯宏彬　高文灵　冯晓乾　孙贺杰
杜　恒　杨　震　曹宁远　方鸿钧　白　岩

邬　鑫　马永臻　高培贤　毕　涛　罡赫达瓦
郝　亮　杨舜超　苏　斌　刘心妍　欧阳霈
吴丽蓉　熊永芳　郑伊玲　王晓欢　王　娟
王佳琪　杜凯欣　郎　潮　范起凤　陈　雨
卢杨睿　尹俊飞　成兵兵　黄荣钊　李天雪
左彦哲　曹师久　周　晖　李　酉　石建锋
王　锦　马　睿　李成乾　黄　强　缴　越
陈　坤　廖　瑀　刘　盈　罗　曦　崔少文
高阳卉　张文宇　张圣奇　刘　娜　张嘉琪
侯　丹　冯　宁

计算机科学与技术(物联网方向)(共24人)

邢川平　苏　翔　郭佳豪　梁瀚斌　周翰林
姚　开　隋东霖　刘英杰　郭　睿　张　宇
陈思浩　方红杰　陈　曦　胡健行　胡焯豪
陈　杰　李佳玥　周玲玲　王嘉莹　高雅弟
张冬月　马　原　刘昱君　叶雪寒

金融学(共70人)

龚一之　林歆炫　陈　萌　王诗童　田建琛
徐志杰　孙伟豪　麻潇宇　李天埴　刘琨天
李卫军　舒志强　陈　康　张　驰　李　婧
李佳芳　杨雨薇　卢一祎　李　琪　李童瑶
孙洁溪　易　航　吕明钰　章蒙熠　李梦丹
司　宇　郑　莹　宁英予　霍　茹　李依依
郭馨蕾　郭潇郁　奚　明　张超仪　张雪飞
郑斯闽　张振亚　毛义夫　赵　昭　陈　旺
陆耿耿　郑翰文　王子瑜　王　剑　赵赫程
黄启迅　朱俊炜　吕柯亭　武阳阳　孙碧纯
张　湉　孙　莹　洪林梅　张碧容　张庄琪
丁一洺　但金鑫　宋奈美　窦婧文　刘雨婷
于黎蕾　王紫晗　费晓敏　唐　瑶　田沛璇
杜　颖　汤晨晨　叶　冉　王　雯　张夏毓

林产化工(共20人)

薛　诚　邢健雄　刘隽涵　范雨豪　陆成浩
郑　凯　张文涛　王宇鹏　王茗申　鞠昀珊
王小兰　刘羽冬　马芸芸　白婉沧　郑　丹
蔡馨宁　贾芹雯　聂慕婷　甘瑞雪　晋尔迈克

林产化工(梁希实验班)(共14人)

杨鹤群　李明鹏　陈　盼　姚文佳　刘佳侦
李　蓓　郭思勤　庞　博　王　佳　朱俊戎
丁昭文　王永淼　尹乙惠　王小龙

林产化工(制浆造纸工程方向)(共42人)

简　悦　陈李雄　荀　孜　刘向阳　韩　旭
寿佳楠　张琳芳　宁　晓　姚　瑶　陈丽明
安亭亭　黄佳慧　张　欢　黄剑波　孙　琦
杨　爽　安佳鹤　刘　雪　刘　倩　陈　依
曹　枫　彭云燕　张　宇　陈墨林　黎正君
庞　帅　纪　君　宋子君　韦莹莹　刘　程
刘诗韵　王　贝　杨　迪　楚芳冰　王　烁
刘　影　吴小燕　荆路宁　刘思雨　苏　洁
石逸馨　梁燕茹

林学(共57人)

杨　虎　罗　娜　祝　维　李京玲　汪雁楠
韩　晓　王梦妮　贾晓维　朱晨怡　史景宁
李政龙　叶文韬　张凌飞　龙　婷　石　雨
朱艺旋　乔　丹　白　宇　巴提玛·胡尔曼
邹　云　杨　睿　高　赫　史惠文　曹红微
陈一帆　闫盈盈　洪艺嘉　赵阳阳　余立璇
杨亿雄　曹　霖　朱一波　刘晓雪　毛　芳
雷　霞　周　阳　何　罡　李盛东　白文文
张宇航　覃柳夏　李兴芬　肖　谦　崔潇月
李　彤　张雅杰　周　男　张山山　郭雨潇
林思美　钟悦鸣　吴雅楠　邵钰莹　杨　阳
李　晶　于海心　熊晨妍

林学(梁希实验班)(共9人)

刘云鹏　李　宇　郭　冰　苌方圆　高雨秋
廖嘉星　孟繁锡　于地美　刘艳春

林学(城市林业方向)(共25人)

罗　莹　洪梦颖　高超前　高　润　赵　凯
宋含章　高原民　张海日　曹　瑜　姚雅雯
徐小冲　孙　昱　张听雨　康觉心　曾一晨
吴灵叶　段智溢　龙嘉翼　王　烈　叶丽亚
刘秦笑芝　吴叶菡　孔祥琦　秦　学　杜君蓉

林学(城市防火方向)(共25人)

周　明　杜勇升　王　越　王　铮　陈　杰
袁　杨　李伟明　闫麒元　陈可可　陶长森
夏显贞　葛方兴　李　建　陈　波　张树斌
罗　超　李广成　沈佳奇　王志达　魏茂涛
贺浩洋　韦宇辰　徐　宁　黄　溦　朱知睿

旅游管理(共51人)

何　欢　尤　捷　王　晨　胡翰林　鲍丽格
刘雅男　静　远　林彦妗　陈　侃　黄亚茹
金明月　余永美　赵文静　施春燕　汤小艺
钱滢亦　徐佳琦　张馨谕　李诗琳　袁瑞真
杨　茜　刘艳君　热孜亚·吾布力卡司木
王一帆　叶静怡　陈龙山　宦吉骜　朱　超
刘　怡　冯　睿　马予涵　李佳嘉　扎西多吉

高飞飞　张苏娅　张　杨　尚琴琴　梁　婷
李玲玲　曹　婧　崔艺耀　仓桑吉昂毛
张璐璐　杨雅茹　肖辉敬　李梦琴　曹可欣
图尔荪妮萨·图尔荪　邬令潇　刘京燕
宋燕燕

木材科学与工程(共69人)

刘桂芬　骆军强　伍家华　韩新磊　赵仁俊
廖庆雄　崔　吉　王民文　王会胜　赵英杰
徐　霖　沈舒宁　侯梦婷　杨远航　李　燕
符青筠　王英娇　殷　瑛　万昀怡　顾　倩
刘　敏　姜燕秋　毕溶晏　黄　鹤　杨婉琦
姚幸之　曹友霖　唐文俊　魏家旺　马瑞峰
丁　宇　沈　航　史颜奇　李　威　李　雄
杨　倩　曹文婷　庞　瑶　李　霓　马　琳
申梦君　翁海霞　岳逸羽　赵　越　王　琪
莎日娜　吕文蕾　黄梦婷　陈　熹　许超杰
杨国强　何秋序　严　石　韩丰登　蒋成曦
王永成　王　霁　黎　烨　代巧巧　李婷婷
马文博　徐静洁　李京予　马　宁　黄大双
侯沐辰　郭　琳　陈　阳　廖雨晴

木材科学与工程(梁希实验班)(共12人)

吴昊楠　夏元良　张梦圆　龚馨圆　秦建雨
姚金佳　薛　静　赵美霞　张志敏　阴晓璐
耿　晶　孙思清

木材科学与工程(家具设计与制造方向)(共51人)

王英杰　唐昌辉　陈则铭　乔浩洋　张淳麟
毛自荐　李冬媛　郑紫纯　韩晓婷　林雨欣
宫　宁　张　颖　侯伟华　杨焮童　林孟瑜
石茹玉　王远方　成　奕　冀瑶慧　唐　晨
樊雨丝　刘瑾汐　普虹静　宋雨青　方嘉成
毕启彤　邓　铭　郭　震　伏国衡　叶美艳
成诗羽　方心妍　张　影　韩　煜　刘重阳
刘　晴　周美岑　肖金瑞　陈冰琬　邹云荣
姜虹卉　黄　瑶　靳晓庆　蔡　娟　李月媛
程　瑜　邹亚洁　郑益民　杨欣圆　梁　明
陈　焱

木材科学与工程(中加合作办学)(共9人)

周田雨　沈一帆　冯丹霖　高　艺　林至斌
杨微沁　张蓉蓉　陈皓月　季　伦

农林经济管理(共54人)

马　恺　柳　霄　崔凌云　杨　熠　张煜健
喻星翰　方　琦　赵嘉祺　汪银月　努布才仁
段秋雯　刘　琰　李娜娜　钟　菱　彭玲莉
刘　亮　蔡璐阳　董一萌　周诗雨　李明晰
林之娇　李　凡　孙亦琦　贾永平　张皖玉
李福樱　杨雅婷　郑尚平　李双双　MWANZA
苑金浩　杨　凯　臧俊材　刘扎根　王　铎
李俊研　方文团　孟　芹　陈星冉　王利名
黄　昕　王宝锦　尚　迪　袁　擎　王　晶
徐　兰　杨梓茉　张瑀琛　张瑞珍　张芮菱
胡雅倩　卓　妮　孙健庭　德青拉姆

农林经济管理(梁希实验班)(共28人)

尹煊媛　李　达　张一宁　陈嫣然　罗　涵
张潇然　张莞翌　古　一　施展艺　刘芷君
杨　帆　刘川源　贾东东　薛　文　萨仁高娃
杜竺珊　宋璨江　王雪莹　李念容　芦　玉
乔　玥　高　歌　周学韵　江　曼　陈天琦
徐紫薇　郭阎思彤　滕美萱

人力资源管理(共64人)

俞金汐　林孝煜　王翔宇　李　鹤　王　磊
徐栋坤　马财平　袁　硕　杨泽平　章京京
向慧颖　王　琳　吴丝丝　孟　蒙　胡　娜
司徒咏　徐以乐　李晓达　李　彤　郑　琪
黄靖茹　冯馨雨　李　琳　戴姗杉　姚群芳
闵嘉琦　周广芸　成　茗　王　蓉　范文宇
付　娆　张谷玥　李梦薇　苏　芯　闫晶鑫
彭治钢　沈玉伟　毕　宁　尹旭光　王耀杰
曹星朦　郭聪颖　睢梦璐　王雪羚　张　依
段文若　吕京惠　蒋　黎　徐梦涵　杨　漫
司伟宏　丁钰婷　熊　徽　龙滢瑾　周　航
俞錆滟　金宇珂　白姗姗　王　昱　郭　帅
王梦菡　杨　雪　周传奇　周　霞

日语(共23人)

何佳雨　祝　捷　蒋若红　陆旋舟　杜佳雨
谢　翔　赵　喆　隗星宇　张诗云　魏晨雅萌
林泽菁　崔晓丹　卢思琦　宫盼玉　张紫薇
朴丽瑛　晁祎迪　王　红　邵珠瑛　张瀚月
吴舒怡　徐嘉晨　张艳霞

森林保护(共22人)

张　越　赵靖凯　邹静怡　卢　萌
巴哈尔古丽·胡达拜尔地　刘漪舟　叶帮辉
马　智　沈　彤　孙晓婷　李晨琛　罗宇凡
韩　骁　黄梦伊　张钰昕　姜　宁　张卓恒
覃海文　葛雪贞　方誉琳　张琬迪　孙　帅

商务英语(共55人)
李启航 冷 泽 苗芷源 杨 帅 杜建雄
马晓艺 袁雨琛 吴思妍 郭宁美 朱栩嫽
蓝晨曦 郭蒙蒙 李寒冰 周 滋 雷双辉
张觉晓 邵 华 杨 玲 高瑞瑄 黄 珊
洪文琪 刘新乔 马俊艺 郭柯楠 寇 冉
赵湘芸 丁能能 鞠彦逵 谢梓文 李福旋
王 枭 李兴鑫 张海博 陈雨晴 刘 珂
林思含 顾宁宁 陈银玲 张金玲 张葛茵
孔令瑶 彭雪芳 方雅龄 张仁娟 任 燕
吴梦云 史展华 张淇童 李奕凝 于子钧
李 楠 杨万书 陈利佳 杜若微 罗唯嘉

生物技术(共51人)
唐诗超 胡 皓 郝博威 潘 齐 杨雪媛
马海伍牛 金 朗 张 磊 矫荣宽 蒋何阳
刘浩雨 高 攀 孙 吉 蔺文亭 宋艳春
张力文 王 湘 辛瑞娴 张 彤 肖 艺
龙 欢 赵博文 齐麟睿 杨柳溪 李 漫
王 策 黄育敏 卓光安 匡宸作 吴坤阳
杨 慧 彭勃文 王 宇 吕天泽 德格晋
王 京 葛应强 王昊然 马 帅 颜振鑫
朱春梅 张丹惠 陈雨鑫 韦小芳 邱小倩
黄 睿 王卓星 曾琪琦 林 楠 张雪莹
BERTRAND

生物技术(中加合作办学)(共2人)
谢金含 彭荟儒

生物科学(共27人)
王亚超 陆 博 许若玫 李怡然 张 硕
赵怡阳 李晓晴 杨美莎 钟卓珩 李 威
闫怀北 杨 雄 石千惠 赵 琳 张碧莲
陈梦如 杨佳睿 任逸飞 刘 星 罗 睿
邵 岩 王晨璐 王 燕 隋 鑫 徐 莹
纳 静 袁 超

食品科学与工程(共77人)
姜 树 汪晨阳 章嘉男 王 晨 嘎玛旦达
张 昕 黄思棋 林晓玲 黄佳琳 蒙林珺
王丹丹 牛丽丽 刘晨楠 陈双菊 徐心怡
盈 盈 李苏婷 李怡婧 孙 丹 郑佳欣
张婉玉 于 筠 彭春莹 钟子微 臧梦宁
李昕劼 韦松谷 向 阳 董宏裕 王思佳
赵莹彤 刘思哲 吴欣莹 尹硕慧 黄清怡
陶 翠 张 冉 向霄雪 蒋宏瑶 齐胜利
季秋燕 陈 茜 王嘉悦 张笑晨 李高平
吕林童 杨思雨 杨梦尧 韩小雨 仲禹璇
谭 雪 杨红宝 初 旭 杨航宇 葛新奇
吕圣典 胡嘉琪 封晓茹 何 欢 杨菁菁
李程洁 宁 妍 冯天依 安建辉 周文萱
柴博文 颜志秀 熊泫玮 鲍 杰 李思洁
袁德珍 周思嘉 顾 盼 杨 帆 傅莉莉
李莹灿 陈子灏

市场营销(共54人)
潘 葳 卢裕才 苗唯尊 李昌骏 刘 畅
赵梓翔 李 斌 郭祖全 郑涵璐 宋 煜
叶小滢 刘 倩 刘璐璐 吴佳霓 刘 芳
徐攸彦 乐 涵 王思齐 陈 璠 姜小玉
常萱雯 姜霁琬 刘怡君 张媛媛 梁筱雨
罗 焱 刘星雨 潘苏恒 王世豪 田玉帅
向斯琪 陈发伟 张 钰 唐发法 许雪红
毛丽萍 梁皓凯 陶怡菲 任超然 蔡红蕾
曾 誉 李 焕 潘 瑨 刘姝君 王运月
樊君第 顾 荣 建美平 卢雪麟 郭美华
王玉霏 杨芸惠 马怡琳 杨 云

数学与应用数学(共51人)
王 越 侯骏豪 张辉智 彭 辉 郭 宇
陈 黎 周 诚 王梓琪 呼苏乐 刘佳欢
王 晨 陈 怩 张 希 张阳阳 关紫陌
丁思静 刘思凡 姚 琳 付 彧 徐 榕
王 婕 阮杨芮 廖 倩 李梦醒 徐雨诗
陈美洁 唐学银 孙哲源 杨家兴 朱 冬
向天歌 陈 立 张 涛 徐易江 田健宇
余世楠 李媛媛 王丰宣 于 莉 王娜婷
陈义欣 郑雪明 张 丽 苗馨月 梅超群
郝若楠 陈 晨 张曦元 张年超 胡 珊
郭晶鑫

数字媒体艺术(共57人)
赵毅君 徐志辉 胡 勋 包晓琦 董文博
王书馨 姚亚琦 姚可欣 王天雪 邓若珺
焦 迪 刘思宇 张歆雪 苏 颖 范潇潇
全惠兰 张 昕 刘俊余 石 岩 邢江帆
杨景然 吴丰凭 代 稳 程佳丽 史晓璐
杨火能 段易凡 吴 昊 李斯奇 胡 成
宋匡时 邢智勇 齐 颀 王 蕊 冯茹梦
郑洁玲 张恺莹 杨璐繁 李一丁 徐思宇
杨闿蓉 周玉花 胡慧芹 郑涵予 徐子义
谭倩玉 王芷薇 朱文倩 刘慧心 闫文莉
佘雅文 苏心悦 张艺颖 李千惠 丁维千

颜思阳　张一鸣

水土保持与荒漠化防治(共88人)

王　卓　洪浚林　张　晓　谭　锦　陈仲旭
杨睿智　周　戬　衣虹照　王宇楠　蔡文韬
王小萌　苏妍捷　韦　琼　阿尔法提·艾比布拉
张利敏　赵天妮　肖心笛　杨　晨　肖超群
牟　钰　程　冉　管晶鑫　邹　敏　沈　忱
唐宁娜　赵　宁　张一璇　徐彦森　张国庆
戴　晗　吴国宏　曹　越　周其令　王　凯
印家齐　姜人众　张震中　梁月强　王艺钊
李繁龙　刘佳妮　陈　玥　张　欢　孟铖铖
阚晓晴　黄　婷　傅　洁　朴河颖　亢小语
李语晨　吴桐嘉　哈文秀　安启霞　王池宇
王小元　何　欢　向文丽　图苏古丽·玉山
付宇航　公　博　孙怀宁　王　森　黄俊威
李何枫　方丹阳　彭瑞东　杨　瀚　卢孔擘
李若愚　张晓航　周建琴　林　珠　周　玮
申明爽　管　梦　梁　爽　刘鹤龄　常　飒
刘昱言　丁雪坤　孟国欣　冯晨辰　郑　欣
杨　洋　胡　俊　江阿古丽·合孜尔汗
任海丽恒

水土保持与荒漠化防治(梁希实验班)(共20人)

葛　德　朱志俊　张　毓　罗　超　朱　柱
石海霞　孙　妍　杨文捷　殷　哲　张钰清
彭　玏　范晓琳　罗彩访　杨　帆　伍冰晨
刘艳姣　刘　玥　张泽芳　刘文娜　杨幸蓉

统计学(共31人)

温起佐　潘艺伦　王熠明　耿志润　黄　成
刘执圭　崔　齐　姚一帆　张东宇　邢成瑞
刘维迪　孟之炀　高嘉杰　施慧仪　徐诗韵
谢　姗　陈奕丹　高　璇　韩玉莹　徐展彧
陈嘉瑾　杨　丹　李益禛　徐筱颖　张　慧
王冰瑶　宋文琪　李　敏　楼忆婷　黄如星
王雪晴

土木工程(共51人)

赵鹏宇　沈秋实　张友权　苏文琳　杨　迪
常　磊　王　钊　王　鑫　李　嵩　岳　帅
龙　舟　黄帅哲　张继强　王　杜　万禹良
赵鹏安　韩　笑　张德斌　白晓坤　梁清春
蒋海林　郑逸杨　刘洪滔　吴　茜　王艺萤
张　佩　岳阳阳　李诗哲　瞿金校　苗佳欣
刘文昌　杨荣安　何　可　覃钰润　陈泽汉
卓昆鹏　丁　峰　骆冠男　刘新新　肖逸峰
李叶树　余　实　张　俊　龚子浩　明　航
梁广阔　潘从涛　李　锋　吴　瑶　徐嘎嘎
王英剑　张　京　马小婧　王　颖　缪志超
黄燕婷　韩璐繁　蔡　欢　曾培勇　涂　广

网络工程(共31人)

李　伟　冯佳明　蓝云龙　任俊颖　李　伟
沈　赵　郭君彦　李定坤　郭　凯　王志善
池仿仿　王志涵　柴赫聪　王荣真　程　涛
于广禄　王　浩　黄金泽　张志菁　周方圆
徐　赫　陈诗琪　汪倩羽　郝　爽　周彦宏
李　堃　王梦天　张立群　梁雨萱　俞佳咪
谢竞苇

物业管理(共48人)

胡金堃　符传超　张豪琼　程　志　崔俊伟
李昱男　何文杰　于成芳　曾智峥　蒋雪婧
郑少卿　王婉静　蒙金珠　兰静可　江晓雯
赵立红　马海霞　李　洋　曲橙橙　卢　怡
王　萌　杨智宇　穆丹阳　麦尔亚木·萨依提
许玉宽　刘臻荣　金　秀　童祥喜　高　阳
陈　晨　冯晨旭　吕晓荷　李　想　洛松尼布
秦维纳　王　盼　官嘉敏　沈　非　杜海美
史雪薇　左嘉琪　刘馨玥　党小一　寇　瑜
妞　妞　孙　烨　方　菲　开丽玛依·热合木江

信息管理与信息系统(共50人)

郭雨辰　刘卓昊　李佩武　宋军帅　程　康
徐鹏飞　朱经纬　柴龙成　李嘉泰　颜　妍
范　阔　吉雅倩　苏蕙铃　栾佳萍　杨婧如
韩金秀　肖宇瑾　代　聪　朱丽娟　陈　典
刘昱瑶　赵　丹　张　珝　王　涵　阚梓瑄
郭倩倩　艾　阔　郭义豪　杨立飞　龚艺柯
陈昱宁　魏丹晨　王婉童　李瑞颖　杜雨菲
杜宜珊　张　娇　姜雪玲　艾文慧　孟心竹
任　爽　刘　昕　陈慧宁　王治威　许丽萍
卢晓玉　郑晓天　陈思宇　赵　菁　胡雅琳

野生动物与自然保护区管理(共38人)

舒　琪　查穆哈　李　俊　车星锦　吴启璞
王　潇　高　原　耿嘉仪　武亚楠　郭思圻
郭雨桐　文　野　赵若曦　王　倩　李凌云
王秦韵　杨　莉　蒋丽华　杨袆莲　李朝阳
于　涵　谢海拓　曹银歌　张　童　刘星韵
王佳然　刘晓冰　魏冠文　宁　可　谭文卓
官玉婷　丁　艳　毕佳琪　蒲　真　赵芳芳
刘家彤　杨秋琦　何蕊廷

艺术设计(动画艺术设计方向)(共30人)
王　鑫　何美萱　路　祥　王　东　邵梓耕
杨骐嘉　岳彩刚　李相龙　安森浩　凌伟宸
魏传明　杨亚杰　顾成俊　孙　頔　江宇昊
周明明　王浩存　卢子轩　陈　倩　杨玥婷
刘　蕾　蔚丛笑　聂晓丛　薛莹莹　顾尤佳
田　露　王　月　朱　敏　王小田　姚玥琪
艺术设计(环境艺术设计方向)(共60人)
李秋萍　陈　凡　张　博　李成惠　陈鹏冉
盛子健　谭　凡　穆鹤天　李璐江　王春申
张淇竣　杜星翰　孙思玮　吴迪靖　卢瑶瑶
周慧子　白阔轩　刘笑夏　谢莉莉　马蓬伟
李　肖　孙思夏　王景思　苏欣妍　袁　婷
赵　易　李思慧　谷明燕　王海燕　李　锦
王超华　陈明政　郭铠瑜　史田雨　高瑞麟
孟育丞　钟安迪　李彦达　周学栋　袁庆桐
薛超尘　张哲浩　李晴霞　潘佳瑶　罗嫚芳
沈俊灵　李一渔　张　倩　金潇萌　郭云飞
刘慧芳　曹文婉　陈　滔　吴亚楠　黄　仪
迟赠桓　张雨涵　傅夕桐　王海燕　任　婧
艺术设计(装潢艺术设计方向)(共30人)
范光旭　于孙奇　魏建磊　陈　祎　张云鹏
田　凯　翟山川　彭彦樽　房浩宇　张　耀
刘育童　祝靖含　张雪莹　陈　琪　付　倩
赵　妍　袁飒爽　张译心　李雪莲　陈紫薇
宋嫣嫣　韩蕙如　周乐嘉　张凤翼　范又榕
金　辰　王书凡　赵　展　张艺龄　刘　文
英语(共43人)
王辰阳　卢　东　张　琪　左　颖　鲁秋伶
沈弘驰　李雨洁　荀若琳　殷嘉露　郑　璐
刘昕睿　罗　娜　张　颖　曹聿轲　杨韵诗
张　准　邵诗婕　杨　洋　张米业　刘亚茹
杨李静　王　冠　王　涵　朱　榕　姚慧晶
杨　曦　檀　晖　李雪莹　廖安泉　王彦尊
石　放　熊笑宇　刘时瑜　张一卉　周凌云
黄　浅　吴晓旭　刘　畅　陈怡恬　马国馨
赵　冉　苏　玫　潘啸云
应用心理学(共71人)
王及第　张　宇　杨长宾　葛　健　卢飞飞
董光阳　甄世安　赵子云　杨朝阳　冯皓佳
刘　晖　安香萦　刘楚颖　尹昭婷　刘思佳
雷丹濛　张玉玲　许竞男　任　佳　张云乾
梁　潇　王梓阳　徐文怡　张斯宇　曾嘉炜
杜竞一　滕永正　丁　迎　于　添　赵辰琛
邱国振　赵宝宝　黄　鑫　余　瑜　洪丹丹
杨　蕊　张　晖　吴倩影　邸菲菲　孙若嘉
程晓宇　杨宗娜　陶雨濛　李　雯　许丹阳
衣梦琪　俞欣元　陶凤娇　徐灵玲　陈淼森
刘建一　郭肖建　范广迅　李成琦　泮　明
刘西刚　周　畅　胡晓羽　张贺明　张晶晶
邵　阳　秦旭妍　龙丽先　王　琦　王秋蕴
王　帆　刘廷舒　李艺莹　江　盼　侯荼燕
詹　泽
园林(共181人)
李　鑫　常　媛　张雨生　龚　建　李耀临
何　亮　阎　炎　李雪寒　何愈婷　江天翼
甘玮欣　王明月　曾筱雁　王　念　马　越
王仪茹　刘钰婷　肖思文　周佳韵　朱悦筝
贺　靓　曹慧敏　马小涵　程　璐　杨　涵
岳　靓　绕仙古丽·阿布都哈孜　段逸雯
韩佳文　刘　盈　梅雨亭　刘心梦　闫　芃
常家齐　饶文宇　孙美康　丁培琪　马月旸
胡春蕾　汪　蕾　徐爱娜　邹　苗　黄尔菡
赵成瑜　李梦霏　卢周卉　钟倩如　丁晓雪
王海彤　王凯雯　李　坤　孙婉怡　黄思寒
徐　琦　鱼小芸　崔雯彦　阮玉婷　周雪平
吴靖雪　陈丽丽　夏　阳　张　赛　陈　宪
杨少勇　程　涉　冯肖翰　姜　泽　陈贤帆
易　雪　吴天煜　刘维茜　高灵敏　范艺华
陈恺昕　王宇泓　张香平　栾思宇　万　颖
臧　滕　祝梦瑶　蔺晔涵　张　桐　李一丹
耿　菲　苏雨靖　甘　露　李晓彤　李韵冰
王丽娜　朱燕琪　鄢雨蒙　尹书宇　门　吉
贾一非　戚元鹏　兰欣宇　张　岩　楼思远
杨　洁　韩　冰　马亚男　刘　颖　魏诗梦
颜宇潇　牛梦珂　刘昱含　许乐林　肖文妍
陈子尧　丁衍頔　兰　宁　韩雅雯　王金益
梁佩斯　蒋晓玥　吴　双　廖　智　楼　前
郑黛丹　于晓航　张　翔　焦英哲　谭　广
王兆辰　李彦坤　沈劲余　董　芮　李可心
严庭雯　郭　韵　程欣云　林　敏　李珂珂
陈泉卉　周　倩　王仲宇　陈思淇　王熙茗
王雪晨　韩　笑　邢世平　赵艺博　沈晓薇
万映伶　陈媛媛　李膨利　李涵颖　唐啸啸
王　雅　张　希　许志诚　吕明伟　黄尚启
蒋正歌　初奇霖　王源彬　张莹莹　王甘祎

张　帆　游筱岚　贾东燕　罗雨薇　吴思佳
吕　硕　李梦圆　宋　怡　李虹宇　闫可心
支春云　李庆嫄　安　淇　郭亚冲　袁佳贤
胡　颖　胡亦利　崔浩然　关海莉　皇甫苏婧
李天媛　孙松怡　张　祎

园艺(观赏园艺方向)(共56人)

谢哲城　桑鹏飞　潘子昂　陆晨飞　封　晔
崔雪晴　卜佳佳　梁思颖　邓　彦　杜明杰
胡　蕊　张亦弛　陈心宇　廖雪芹　王苗苗
尹姝懿　刘　蓉　吴文卉　扈德玉　宋馥杉
李卓忆　张逸璇　曾琦琛　黄琨媛　吴钰滢
许梦莹　杜诗雨　袁开文　刘金霖　郭俊华
阎　安　陈嘉羽　陈茹杨　李丹璇　韦思如
付　月　李介文　张萌子　林雪莹　周　璇
杨　捷　黄雅晴　胡　玲　刘爱鑫　黄可青
赵梓含　何紫昱　孔凡翠　马　帅　杨超捷
刘　阳　张桂颖　普杨肖雪　夏朱颖　李殷如
刘　玮

资源环境与城乡规划管理(共54人)

安　影　冉沁蔚　胡杰克　林　濂　黄智恒
项毅新　陈吉思　王焕林　夏　鑫　杨云斌
姚丹燕　王红杰　高　岩　万斯斯　杨双姝玛
孙美莹　薛筱婵　李　玎　王　迪　张楚若
陈　蓉　胡　辰　蒋雨萌　殷　姿　周　彤
巴努·苏坦别克　程雨薇　翟丙英　刘瑞程
张腾飞　王其宝　孙京琛　李　杰　陈晓飞
李文浩　张　昊　李凤祺　何嘉欣　谭予嫣
王　欢　崔灵宇　李英雪　唐晓彤　杨　颖
于　瑶　胡烨莹　肖　瑶　刘睿妍　张景华
刘　佳　买丽娅　厉梦颖　程　逸　周洋珮诺

自动化(共55人)

谢辉平　赵潇扬　郭天成　李安琪　伍小川
时　锋　梁　超　马瑞亚　汪治堃　范昊泽
杨志会　余嘉欢　胡　凯　商士通　周扬帆
李佳芮　李依璟　段奕竹　谭雅诗　黄　飞
曹嘉轩　刘佳柔　刘　烨　林丽君　邰皓玥
何秋阳　杨青青　程浙安　邢路宽　吴谊超
朱祥增　赵　静　杨显业　张德新　顾　焌
徐　昊　王秉琪　张博闻　魏安山　冯浩宸
穆宗毅　李伟林　齐　锦　化　铭　何秀芳
陈崇新　孙宇哲　吴周婷　刘　妍　鞠　卉
贾梦鸽　谢　滨　季　宁　马文凯　郝雨辰

2016 年学位授予名单

2016 年学历教育博士学位授予名单(合计 185 人)

材料科学与技术学院(合计 20 人)
林产化学加工工程(工学 8 人)
赵鹏翔 郎 倩 陈京环 吉 喆 申 越
徐继坤 王 璇 戴 林
木材科学与技术 (工学 12 人)
张 俊 崔 勇 柯 清 刘志高 王文亮
吴志刚 李 超 李为义 程海涛 商俊博
唐 蕾 胡极航
工学院(合计 8 人)
机械设计及理论(工学 2 人)
田 野 程旭锋
森林工程(工学 5 人)
韩东涛 郝志斌 孙治博 庞 帅 孔建磊
机械工程(工学 1 人)
宁廷州
环境科学与工程学院(合计 5 人)
生态环境工程(农学 5 人)
金曙光 蔡美全 党 岩 王君雅 尹 疆
经济管理学院(合计 17 人)
林业经济管理(管理学 13 人)
罗宝华 吴言松 刘丽萍 臧良震 揭昌亮
任 毅 罗信坚 孟 镶 王 迪 郭慧敏
郭 轲 王金龙 段 伟
农业经济管理(管理学 4 人)
张文雄 黄祥芳 秦国伟 童万民
林学院(合计 41 人)
草业科学(农学 1 人)
梁小红
草学(农学 2 人)
濮阳雪华 肖国增
林业装备与信息化(工学 4 人)
陈金星 黄晓东 李 虹 刘 芳
森林保护学(农学 8 人)
赵长林 温冬梅 陈 芳 吴 芳 韩美玲
曹利军 范鑫磊 刘振凯
森林经理学(农学 7 人)
刘 尧 王书涵 苗 蕾 付 尧 张 超
胡军国 李伟涛
森林培育(农学 7 人)
张文娟 闫小莉 郭辉力 陈志钢 刘世男
庞 涛 王丛鹏
生态学(理学 9 人)
张 蒙 文双喜 袁冬琴 王 叁 高 晶
康 文 萨 拉 闫 琰 张维康
土壤学(农学 3 人)
刘 艳 陈 博 张 涛
生物科学与技术学院(合计 25 人)
林木遗传育种(农学 13 人)
曹 山 王金星 胡瑞阳 宋晓波 毛 柯
徐 倩 陈永坤 索玉静 田佳星 徐 放
袁虎威 姜立波 王情世
植物学(理学 9 人)
郝建卿 邓澍荣 邓文红 陈伯毅 贾 宁
张 婷 崔亚宁 马旭君 地里努尔·沙里木
生物化学与分子生物学(理学 3 人)
赵建华 潘 琛 修 宇
水土保持学院(合计 24 人)
复合农林学(农学 1 人)
钱 多
工程绿化(农学 2 人)
王 晶 卢 洋
生态环境工程(农学 2 人)
杨苑君 王明玉
水土保持与荒漠化防治(农学 19 人)
花圣卓 冯晶晶 任庆福 高国军 孙丰宾
王黎黎 康满春 陈晓冰 郭 平 李 想
王利娜 王 晓 杨 阳 艾 宁 贾剑波
于明含 韩旖旎 杨 帆 刘旭辉

信息学院(合计1人)
森林经理学(农学1人)
董　晨
园林学院(合计23人)
城市规划与设计(工学3人)
张　鹏　夏　宇　张冬冬
风景园林学(工学11人)
王　欢　王　鹏　吴　然　冯艺佳　肖　遥
张　洋　李　露　胡依然　林荣亮　王　凯
张长滨
园林植物与观赏园艺(农学9人)
洪　艳　刘　华　张　辉　魏　迟　秦　仲
张　杰　文书生　崔虎亮　吴　静
自然保护区学院(合计15人)
野生动植物保护与利用(农学9人)
黄松林　闫双喜　李一琳　胡灿实　刘善辉
钮　俊　孙宜君　王毅花　王文霞
自然保护区学(农学6人)
李　卓　杨　萌　马　坤　姚　兰　郭子良
宁　磊
联合培养(合计6人)
陈虹霞　贾普友　杨玮娣　赵丽媛　尹江苹
詹天翼

(王国柱　张志强)

2016年同等学力人员博士学位授予名单(合计0人)

(王国柱　张志强)

2016年学历教育硕士学位授予名单(合计680人)

材料科学与技术学院(合计47人)
林产化学加工工程(工学18人)
徐永霞　李保同　陈　雄　邓　甫　王　杰
张　璐　姚　珂　尚童鑫　张　冰　张　悦
李　楠　邢立艳　曹　鑫　刘嘉琨　钟黎黎
吴建全　李晓利　赵丽霞
木材科学与技术(工学29人)
张　亮　孙文婧　沈晓燕　易　钊　于海涛
杨舒英　左　静　曹梦芸　张　晶　李　颖
关　健　伍　冰　姚　娟　马欣欣　李华慧
赵　立　李婧婧　王丹丹　常薇薇　薛　磊
杨　诺　张　宇　李婷婷　赵　阳　侯国君
张璐霞　曾祥玲　吕　欢　程士超
工学院(合计35人)
车辆工程(工学7人)
刘新颖　刘成祺　岳喜斌　纪　伟　王喜元
李　萌　陈思成
机械电子工程(工学3人)
王建宇　苟　欢　聂凤梅
机械设计及理论(工学6人)
傅天驹　程　琦　王青宇　黄豆豆　李　卅
马颖辉
机械制造及自动化(工学5人)
陈　姣　费　盛　李　娜　张志敏　刘建强
控制理论与控制工程(工学6人)
雷雨潼　王永泽　皮婷婷　朱怡霖　李　宁
刘　坤
森林工程(工学8人)
夏哲浩　张　哲　王潆旋　蒲　帅　张向龙
刘　念　樊　丽　许莎莎
环境科学与工程学院(合计25人)
环境科学(工学25人)
梁　健　郭　杨　钱　旭　盛依琪　张　艺
朱良升　杨若研　方义龙　张　雪　孙中恩
朱芸芸　项洋旭　樊世漾　李永欢　常玉龙
李高朋　张　品　李才华　靳爱洁　张　南
王　婷　李　颖　曹莹莹　李飞贞　聂　超
经济管理学院(合计76人)
管理科学与工程(管理学7人)
陈中泰　蒋盛兰　王立娜　孙文君　李宏宇
王　璐　黄　坤
国际贸易学(经济学11人)
任宇佳　张瑞雪　杨　嫣　宋相洁　段　欢

康　宁　林妙萍　韩晓璐　严青珊　王肖静
许　双

行政管理（管理学 14 人）

刘　彤　李　艳　李　可　曹　楠　牟格格
傲妮琪　薛　晨　王　婧　何卓然　刘　强
余小豆　蔡　娟　段雯祎　刘姜梦一

会计学（管理学 8 人）

赵鲁燕　杨　骜　汪飞羽　孙微微　王玉洁
林荣荣　纪晓妍　吴锦填

金融学（经济学 5 人）

孙蔚琳　周慧昕　薛　锐　胡彦君　丁　可

林业经济管理（管理学 15 人）

郭静静　任艳梅　凯　比　赛　克　孙　红
卫望玺　郑赫然　邱　墨　希　萨　迪　加
刘心竹　周　悦　艾　达　巴　琳　索维特

农业经济管理（管理学 3 人）

钱海洋　熊　美　杜　婧

企业管理（管理学 6 人）

金宏春　占君慧　刘腾飞　刘睿雅　倪嘉成
李永慧

统计学（经济学 7 人）

于　丹　喻凯西　张　璇　汤贵刚　巴　里
蒋莉莉　谢第斌

理学院（合计 9 人）

生物物理学（理学 5 人）

吴世丽　王均伟　刘　帅　郭刚兴　田振国

数学（合计 4 人）

滕鹏举　范雅婷　薛　晴　李　鑫

林学院（合计 108 人）

草学（农学 10 人）

张　志　陈兴武　李珊珊　孙碧徽　陶　雪
樊　波　郝　杰　张胤冰　刘成兰　李希铭

草业科学（合计 1 人）

蒋文婷

地图学与地理信息系统（理学 11 人）

韩慧君　宋姗芸　杨　铭　刘　轩　胡　戎
于　森　康　芮　白金婷　于景鑫　姚炳全
曾　晶

森林保护学（农学 18 人）

余汉鎏　张　霖　武政梅　朱宁波　祁骁杰
武英达　徐丽丽　杜凯名　安　琪　张嘉琪
杨舟斌　刘昭阳　杨　姣　卜宇飞　左　涛
张　超　邬　颖　白　云

森林经理学（农学 17 人）

罗春旺　周亚爽　吕常笑　陈亚南　孙　浩
解潍嘉　季　蕾　马士友　刘素真　王秋鸟
林　雪　汪　晶　孟　楚　程小云　周梦丽
涂宏涛　凌　威

森林培育（农学 19 人）

苏曼琳　田　菊　周燕妮　罗朝兵　尹欢宇
吴　尚　林　竹　李　婷　杨　晨　王丽媛
孙姝亭　程中倩　赵　喆　杨少燕　刘　畅
杨俊枫　张志丹　宫中志　付妍琳

生态学（理学 21 人）

王　凯　张现慧　姜瑞芳　陶纯苇　徐美丽
左　强　张　凯　田　苗　赵文霞　张燕如
赵　敬　郭梦娇　成泽虎　赵　静　纪文婧
陈　晶　何游云　于　一　马楠楠　朱燕艳
郭　鑫

土壤学（农学 8 人）

张　洋　周　娅　李莹飞　赵恒毅　刘浩宇
吕志远　巩晟萱　李　燕

植物营养学（农学 3 人）

金　星　于海艳　王　璐

马克思主义学院（合计 6 人）

马克思主义基本原理（法学 3 人）

高雅贤　卞　韬　张　天

思想政治教育（法学 3 人）

尤会娟　李　星　张晨晨

人文社会科学学院（合计 39 人）

法学理论（法学 9 人）

孟祥磊　黄雅惠　王晓薇　程　明　刘新晓爱
彭　越　张　露　桂　洋　刘瑞珍

心理学（教育学 11 人）

吴慧中　孙煦扬　易显林　李欣欣　周洪超
朱　辉　丁佳丽　杨文娇　桑利杰　李　娜
李　璐

行政管理（管理学 7 人）

李　艳　杨欣澳　关　健　张朝阳　董书含

易花兰　卢方彬

应用心理学(教育学4人)

苏亚光　尹佳骏　黛　罗　蔡　梅

哲学(哲学8人)

李雪姣　郭轶方　王晴晴　何梦竹　黄晓晨
童　琪　张雅馨　董　池

生物科学与技术学院(合计64人)

林木遗传育种(农学13人)

赵启红　任云辉　雷炳琪　王　欢　康亚璇
尹丹妮　颜　芹　张振东　王晓琪　孙新蕊
刘海珍　吴　博　刘　畅

农产品加工及贮藏工程(工学15人)

石光波　贺新丽　杨璐冰　宁亚萍　霍春艳
李　娟　庞仕龙　李正娟　王媛媛　姚　慧
董施彬　赵巧娇　申芮萌　刘冰冰　王　凤

生物化学与分子生物学(理学10人)

李　宁　苏立强　张元杰　雷　晨　杨瑞雪
郑瑞丰　张　强　李　冉　王大鹏　要笑云

微生物学(理学7人)

孙雅君　冯红梅　刘婷婷　孔维文　梁　迪
王晓琳　王伟轩

细胞生物学(理学4人)

张茜然　刘　颖　胡振妍　莫　梅

植物学(理学15人)

安　俊　崔　静　陈红贤　李茹芳　曹学慧
王　丹　董杉杉　孙　佳　刘　岩　孙苑玲
赵芸玉　李丽红　唐贤礼　蒋璐瑶　李东丽

水土保持学院(合计86人)

地图学与地理信息系统(理学5人)

葛亚宁　张宗艺　王嫣然　陈淑青　郭继凯

结构工程(工学10人)

任赟跃　李卓霖　周　朋　王英旭　吕洪宾
罗　璐　张　鳌　张　雄　戴显庆　覃　刚

农业生物环境与能源工程(工学5人)

任　璐　刘治兴　伏　凯　吴冬宁　刘　洋

水土保持与荒漠化防治(农学58人)

郝　玥　陈文思　王志刚　张　桐　顾剑红
王晓佳　娄源海　歌丽巴　龚艳宾　李　宁
陈登峰　孙丽文　相莹敏　杨　强　周　杨
卢纪元　覃云斌　左　巍　张文瑾　黄晓强
莫　莉　杨路明　刘　卉　刘　莹　王红艳
邓　川　周柱栋　霍云梅　张　雪　张艳婷
齐　特　郭凯力　周广行　陈　静　张明艳
徐子棋　张　嫱　王　舒　徐　军　施　川
何　艳　阮芯竹　吴林川　刘　军　卡　西
程雨萌　韩祖光　李德宁　朱永杰　杜　庆
程柏涵　赵　洋　朱丽平　黎宏祥　苗　静
任正龑　王德英　田宁宁

自然地理学(理学8人)

阿妮克孜·肉孜　尚河英　刘海燕　邢亚蕾
张　鹏　薛　鸥　李宏钧　杨　松

外语学院(合计14人)

外国语言学及应用语言学(文学10人)

刘　聪　曾　清　邱　晨　王彬力　张　楠
盛明丽　李雯雯　刘　妲　苏娜欣　王蓓蕾

英语语言文学(文学4人)

王肖翔　李　央　邓　倩　章芳云

信息学院(合计26人)

管理科学与工程(工学7人)

陈泽任　李　敏　马　啸　刘　群　洪　皓
申丽婷　许　美

计算机软件与理论(工学6人)

罗叶琴　张劭帅　张兆玉　曹光耀　蒋　麒
孟　丹

计算机应用技术(工学9人)

辛　愿　张强宇　杨福龙　洪剑珂　张　帅
李　彤　费运巧　李美玲　BAASANDORJ UDVELMAA

软件工程(工学3人)

罗　阳　胡　涛　魏朝磊

森林经理学(农学1人)

张丽云

艺术设计学院(合计18人)

设计学(文学18人)

郝　鑫　李婧婧　曹冰雪　叶湘怡　马凤艳
程安萍　白云菲　张鑫垚　傅梦妮　钱怡如
李洺葭　杨小雨　梁晓丹　齐　哲　李涵云
王玉砚　王鹏飞　伊　琳

园林学院(合计92人)

风景园林学(工学38人)

刘欣雅 翟紫呈 秦 汉 赵 欢 张 媛
袁 媛 张 超 侯惠珺 席 琦 武 颖
赵雪莹 李雪珂 魏晓玉 吴 凡 王心怡
李沁峰 徐 倩 安 然 李萌豪 崔雯婧
熊田慧子 张 婧 黄冬蕾 蒋雨婷 吴 晨
曹心童 苏 畅 包珑钰 万凌纬 高 凡
常婷钰 穆文阳 蒙倩彬 段诗乐 张 涛
陆 芸 纪 茜 杨 扬

城市规划与设计(工学1人)

韩梦晨

城乡规划学(工学3人)

江乃川 郭诗怡 庄 晗

建筑学(工学3人)

葛 曼 赵 璐 赵启明

旅游管理(管理学7人)

陈 卓 陈瑾妍 谢冶凤 梁 萍 张琛琛
刘 烁 王克敏

园林植物与观赏园艺(农学40人)

卢珊珊 汪 洋 顾佳卉 孔庆香 艾云苾
张非亚 张 嘉 郭 芮 安 阳 李刘泽木
尚盼盼 刘轶奇 刘晶晶 吉乃喆 任鸿雁
刘 欣 边晓萌 伏 静 郭彦超 杨海燕
段美红 来雨晴 房味味 胡 珊 卜祥龙
石 俊 钟军珺 谢 菲 董然然 戴 汕
刘建鑫 王 晶 林 婧 王 新 陈 伟
王 谕 吴彬艳 朱 琳 段淑卉 齐石茗月

自然保护区学院(合计35人)

野生动植物保护与利用(农学10人)

姚润枝 孙丰硕 窦 平 张出兰 周 冉
蔡瑞波 魏雨婷 张 明 李 杨 赵奉彬

自然保护区学(农学25人)

高居娟 周雨露 陈卓琳 张博雅 任月恒
王 旸 许佳宁 柳雅文 张 轲 赵永健
潘国梁 张 容 范继元 余 进 涂 磊
贾丽丽 李 欢 刘瑜洁 杜 丹 罗 旭
姜 哲 全 晗 谢 莹 宋 超 唐素贤

(王国柱 张志强)

2016年全日制专业学位硕士授予名单(合计564人)

2016年全日制工程硕士专业学位授予名单(合计106人)

王 萌 王 腊 王顺淞 史国芸 李 东
沈晓艳 闫国凯 赵 蒙 苗润清 范文超
董瑞雪 王 星 任 东 童修伟 李广坤
石 鹏 闫前江 邹薇薇 武高峰 胡柳忻
管立娜 王 越 陈 蓉 肖 磊 李轻轻
孙 池 杨桐桐 霍怿歆 颜 灏 刘大超
卜洪洋 吴玉璇 杜美茜 游颖捷 李雪璞
孙小丽 杨 湞 崔琳爽 张东风 刘菁菁
杜江川 袁廷阁 高 源 苑晓龙 梁荣胜
田 凯 苑天晓 樊期光 郝 伟 马涵宇
范福利 岳航宇 黄佳琪 张 栋 刘碧涛
田亚军 占晶晶 葛会帅 王祉默 马 征
胡 洋 张 山 黄俊杰 赵潞翔 刘 琴
王 珏 赵冬霞 耿倩倩 王季萱 莫翘楚
黄 贺 张震宇 李吉莹 周 莹 刘卫敏
王 岩 朱 宏 李雪芳 陈 旭 宋开涛
李 迅 赵方圆 刘文权 周玉婷 刘旭林
魏 婧 朱 帅 李 卓 张 正 孙鉴锋
吕铭伟 朱明昊 龙雨泽 樊乾龙 潘忠成
温胜敏 朱伟晓 刘嘉楠 陈斌文 王 珏
庄仲达 丘启敏 郭 晨 乔亚倩 秦书百川
许馨月

2016年全日制工商管理硕士专业学位授予名单(合计63人)

韩 乐 吕碧原 冯元喜 丁 玺 李红芳
刘世晓 邱雪兰 王 磊 姚晓溪 张小鹏
张海慧 侯思鹏 詹 为 费翰青 李 娜
刘 勇 宋雪峰 王思怡 张国秀 张 妍
张芝荣 崔 甜 安 琳 耿 冲 李 娜
马 凯 苏 健 王文涛 张 鹏 郑 轩
许 宁 高良昭 褚伯琳 郭春艳 李年年
苗 欣 苏 玲 吴 凡 张淑敏 周 华
李 辉 王殿鸣 戴 谧 郭丽霞 李雨泽
穆雪梅 王 兰 邢佳鹏 张素英 周文腾

李鹏程 袁 甜 丁 枫 黄 苛 林丽涛
彭 豹 王 磊 闫 炎 张伟玲 廖君萍
陆 欣 尚 飞 杨 堃

2016 全日制国际商务硕士专业学位授予名单(合计 8 人)

蔡盼盼 郭 亮 吉 阳 李易蔓 肖 凯
徐传正 张慕蓉 吴成嘉

2016 全日制会计硕士专业学位授予名单(合计 24 人)

程 坤 邓雯瑶 胡慧君 曲书婷 苏佑佳
王成禹 王璐佳 晏逸鸣 张莉莎 张 艳
程黎霞 何涔成 胡晓彤 司书娇 孙 菁
王靖宇 夏国雯 杨 娜 张馨蔓 孙梦迪
崔玮琳 胡 芳 贾雨衡 宋博文

2016 全日制农业推广硕士专业学位授予名单(合计 78 人)

陆 惠 王艳枝 焦中夏 赵瑛瑛 张 颖
范 琛 李梓楠 沈 雯 张栋楠 刘 茜
陈雅纯 吴元操 马小丽 李蕴雅 万 山
顾 弘 刘树勋 孙蒙蒙 左 妍 刘云飞
董 晨 吴卓尧 齐雨婷 刘金成 朱莞琪
官艳红 刘 玥 王慧芳 周 丹 吕 晓
李 慧 赵蓓蓓 邱姝蓉 邱梓轩 布 蕾
贾冰洋 马秋月 王 吉 陈 童 王世博
刘思琦 梁博为 王 亮 任旭虹 陈 苑
金 明 马思慧 王 妮 陈 洁 王 媛
祁 琪 孙 亮 王亚东 特列吾汗·肯杰汗
崔清慧 李虹阳 马晓晨 魏 辉 刘 芳
于圆圆 钱伟聪 王美玲 叶 璐 张琳原
丁萌萌 李曼娜 任 璇 徐青艳 刘 佳
周 淳 王丽洁 陈雨峰 于 哲 张启斌
丁轻针 李照茜 任 艺 闫卉新

2016 全日制应用统计硕士专业学位授予名单(合计 8 人)

王 玮 何 为 缪鸿志 倪婧婕 孙文秋实
王忠昆 苏 业 吕 权

2016 全日制林业硕士专业学位授予名单(合计 92 人)

张耀月 董向楠 牟春燕 王 沛 叶添雄
李丽娟 侯沛轩 李诗阳 史俊凤 薛 凤
郑 怿 郭 倩 努尔江·哈比丁 吴 丹
张洪波 崔伟杰 呼 诺 梁大勇 宋 瑶
薛 强 苗一弓 红古乐許拉 彭俍栋
吴辉龙 张明华 丁万全 黄燕华 梁 丹
孙瀚宸 杨之恒 陈雅媛 侯田田 蒲婷婷
熊启晨 张 艳 高羽邦 李 琛 梁香寒
王晨洋 尹诗萌 廖祥龙 胡 红 曲 娜
熊小康 张艳芳 郭米山 李冬梅 刘桃倩
王彦卓 于雪蕾 张思行 李 静 沈欣悦
严李伟 赵 敏 郭 娜 李慧婷 刘燕萍
王耀磊 张培培 王德朋 梁 晨 宋 放
杨开朗 赵茵茵 韩生生 李 堃 刘昀东
王一之 张 荣 陈鑫健 梁 栋 谭天逸
杨丽坤 张 琦 何雅冰 李美君 马晓宇
王艺璇 陈健龙 程海楠 刘巧红 唐思莹
杨星华 朱瑞倩 洪小雯 李 蕊 孟 琳
魏 巍 韩重阳 邓 槿 刘 亚

2016 全日制翻译硕士专业学位授予名单(合计 32 人)

朱聿申 徐硕晗 樊祥岭 韩 雪 贾俊敏
刘星谷 马雪丽 孙 琳 王建伟 薛天俊
邹 星 田梦玥 郭维清 郝超颖 来 媛
刘 洋 毛亚平 陶媛媛 王学丽 张丽丽
夏姝婷 陈 思 郭晓晨 贺鹏真 刘雯婧
刘子畅 任南南 王 慧 徐盛林 张小品
孔祥彬 陈兴华

2016 全日制艺术硕士专业学位授予名单(合计 40 人)

张文凤 柏 彤 朱嫣绯 孟 奇 黄静仪
马丽莉 柳云涛 张世吉 刘明泽 于 洁
张 洋 于 诚 徐艳妮 张梦雨 刘 畅
孙雪梦 张 明 谢 珂 郑石如 耿 鑫
钟 娴 乔丽华 朱俞溪 徐 湛 张 琳
常 乐 于胜男 沈亦伶 桑文博 张 菁
杨 阳 尹亚婷 王永壮 于尚民 牛恒伟
罗文彬 张 锦 吕晓薇 弓子健 王文娴

2016 全日制风景园林硕士专业学位授予名单(合计 106 人)

梁国秀 陈 帆 何 爽 李青靓 吕林忆
宋 佳 王紫园 杨 媛 周欣蔚 耿福瑶
蔡林辰 陈文晨 何 硕 李文婕 马小淞
宋 爽 魏翔燕 殷鲁秦 卓嘉琪 陈 晨
马 铮 崔天娇 胡 越 李修竹 孟 语
宋 婷 翁丽珠 张聪颖 车伯琳 董梦琳
张 伟 戴慧玲 黄俊达 李泽华 聂文彬
宋子健 吴雨洋 张 娣 陈 曦 付 瑜

谷　驥　戴子琪　黄姗晨曦　刘　菲　强方方
唐旭卉　谢　旻　张　杰　谷永利　刘昱霏
孙　腾　邓颖竹　黄子晖　刘婧轩　任亚春
王　欢　徐　铭　张　柳　郭　媛　孟　璐
安亭霏　刁雪薇　金根秀　刘　铭　茹龙飞
王俊彦　徐　强　张　萌　荆　涛　于　淼
白浚竹　高　楠　黎昱杉　刘　平　赛金波
王　全　闫少宁　张明莹　梁心妍　孙晨阳
边　谦　郭　超　李静雯　卢玉洁　佘惠雯
王睿隆　杨　丁　张思琦　刘玮琪　尚亚雄
车林燕　韩　莉　李凯历　吕春秀　沈梦洁
王雪琪　杨　静　张　伟　苗静一　周　薇
陈丹阳　韩思羽　李　沛　吕冬琦　杨倩姿
王　梓

2016 全日制旅游管理硕士专业学位授予名单(合计 7 人)

王旻皓　颜　雁　张　颖　曹　晗　陈　宁
海　杨　栗少泉

(王国柱　张志强)

2016 年在职人员硕士专业学位授予名单(合计 262 人)

2016 年在职工程硕士专业学位授予名单(合计29 人)

赵国胜　杨　磊　宋　岩　生　莹　曹祥博
王　炜　朱少波　蔺哲华　李　波　李　清
范东霞　肖　敏　张　乐　徐亚南　杨　鹏
赵　巍　闫　伟　苏冠华　李　嘉　刘　磊
柯　可　赵　珂　何法涧　李东一　王　盈
田宝仁　曹　姗　刘　威　杨　坤

2016 年在职农业推广硕士专业学位授予名单(合计 184 人)

路英海　吴　俊　范佳林　王东彬　王长伟
朱泯宇　李伟光　骆　乐　谢晓丹　杨　泱
乔瑞宏　胡家莹　张　静　屈　珊　韩婧姣
彭　鹏　张　菥　杨　晨　刘　旸　王一凡
赵同强　白丽武　陈维奇　王　钊　曾　辉
吴西卡　吕昌武　岳　明　任轶洁　张博雄
张　雷　宋　薇　田　硕　全红梅　郑　田
蒲刘岗　刘忠仁　张传辉　刘　蓓　陈敬宣
孙　猛　梁丽芬　高　玮　梅　淞　刘莹莹
袁艺舒　易伟东　张献豹　李　婷　李筱桐
张辛来福　罗长根　何丽娜　范鑫羽
胡淑娟　冉孟洁　罗翊峰　李永进　刘　畅
魏　琨　王　雪　陈日辉　王晓燊　马明芹
刘建平　邱军政　廖雪林　孙宏彬　王　欢
刘　洋　马俊飞　张得玉　余小龙　宋玉林
孙　媛　李　伟　侯大平　刘　毕　李宗霖
张　媛　王天一　姜小平　吴　炜　信宇飞
郭　攀　薛瑞琦　李　明　贾　刚　李昕格
田　佳　刘洛余　林添松　刘　欣　曹　杨
张　雯　芦新元　刘　洋　张凌云　韩　莹
陈　颀　闫开宇　冯　梅　马文柯　李　然
崔　蕾　王丽英　胡　超　邱　爽　郝　鹏
朱万波　杨光磊　冯康安　赵新林　田春艳
巨　兴　李志勇　徐　丹　王　蕾　杨　鹤
杨修翔　张昕欣　施　政　姜　微　岳　越
韩　瑾　刘嫒嫒　梁振燕　张　剑　金成洙
林世伟　张培德　闫辉群　宋丽玮　于腾洲
王伟伟　王建平　刘歆昱　高　剑　孙永刚
赵　欣　刘　燕　梁龙跃　路　麒　杨潍冰
李　洁　刘梦溪　刘　玲　李勇正　王　丹
王　琳　梅拥军　李　瑞　董仲良　姚香伊
王　冲　刘　丞　吴　双　张韶立　孔祥吉
朱思雨　王　琦　张小皙　张振兴　严智超
黄　鑫　李　颖　王正容　李爱华　杨　莉
祖维忠　张建平　乌日吉夫　陈　刚
柏　君　成绍军　石　英　李铸焓　王琳景
石　飞　于　鸣　邱哲彦　马　英　郑元媛
王杨洋

2016 年在职风景园林硕士专业学位授予名单(合计 49 人)

陈　铁　孙晓溪　李得花　梁海钊　姬沐阳
刘华荣　叶兴蓉　殷　乐　李　晶　陈　强
郭燕妮　张　昭　索丽娅　张　艳　边　策
王　斌　蓝也乐　卢彦鹏　吕　娜　叶　琳
曾艳辉　薛　铸　时钟瑜　肖博太　彭　宏
李雪姣　李　蔚　麻　利　凌星辰　王伟黎

孙 健 薛智星 秦文静 钟德芝 刘 强
高呈昀 傅 博 魏素真 刘 波 任星雨
武 琳 巩曙亮 邹思茗 朱 恒 孙凌敏
李 浩 周 虎 庄小运 刘敬玫

（王国柱 张志强）

2016年同等学力人员硕士学位授予名单（合计2人）

人文学院（共2人）

应用心理学（教育学2人）

周艳蕾 刘 昭

（王国柱 张志强）

2016年学士学位授予名单（合计3118人）

包装工程（共19人）

陈艳萍 陈 宇 池莎莎 褚 雯 董盼盼
高新月 黄 洁 李天骁 刘嘉圆 刘梦迪
栾 珊 尚莹莹 汤章华 王可心 魏 宏
杨国超 杨明生 周佳乐 周韵致

草坪管理（中美合作办学）（共22人）

陈 力 陈 琪 陈徽宇 高盛恺 郭芳洲
郭蔚尔 郝 真 李林洁 李思峰 刘笑颖
陆紫薇 罗乙黎 罗智浩 隋永超 孙家琪
王佳晖 王雪薇 王子腾 夏魏宁 叶昊坤
应向宁 邹安龙

草业科学（草坪科学与管理方向）（共42人）

阿卜杜克日木·伊米提 白 雪 蔡佳姝
陈桂竹 房雨洋 郭 云 黄晓露 姜赫男
李 梦 李雅文 梁秋兰 刘 敏 刘思黛
刘斯嘉 龙 荣 邱 雄 米也了别克·吾肯
苏浩天 孙曦鸣 孙亚茹 孙艺文 谭 昕
田 园 涂 芳 涂 婳 汪 洋 王观澜
王欣然 吴 超 武 雪 肖维阳 谢卓赟
徐朝阳 寻 觅 杨 娜 姚天莉 张海兰
张 华 张 婧 张 赛 赵雅倩 卓 伦

车辆工程（共83人）

鲍薪如 蔡朝阳 曹 玉 曾宇凡 常海波
陈淡远 陈双成 陈 婷 戴敏达 单绍琳
刁 昊 丁 浩 丁 骁 董 瑶 冯 杰
郭浩宇 何晨晨 何佼容 何 颖 侯加杰
侯雅琳 胡 斌 胡布钦 黄立超 金博文
金 坤 雷松林 李 博 李范彧 李 行
李金玉 李若含 李天宇 李 益 李贺文轩
李媛媛 李泽慧 林学业 刘璟琳 刘鹏程
刘杨阳 陆浣绫 马国全 马嘉政 马一杰
孟德文 孟 阳 潘林峻 秦 悦 任百惠
任明静 盛贤洋 宋辰旭 宋陶然 田宜洁
王桦瑀 王立婷 王 敏 王 鹏 王 钦
王艺焜 王玉龙 韦继勇 伍广成 夏若飞
谢明鑫 徐小俊 轩玉莹 杨 睿 于 泳
张 洁 张晋杰 张希敏 赵 亚 赵志强
郑光辉 郑 毅 周冰莹 周 汀 周 颖
朱二坤 朱彤彤

城市规划（五年制）（共29人）

陈天宇 仇 云 初广绅 高大华 高静娴
胡铁峥 黄 成 姜美全 李穆琦 马鑫雨
穆修帆 浦 彬 孙 甜 孙悦昕 索雯雯
王 芳 王 芙 王 珂 王乐天 吴亦玮
夏凡茜 肖立环 杨 俐 杨青清 杨 雪
张 璐 赵一凡 朱 菁 卓荻雅

地理信息系统（共33人）

柴潇怡 陈实璇 陈威松 程晓曦 杜一鸣
郭晨宇 郭丛豪 黄秋婕 黄 元 简晗悦
姜悦美 李文轩 刘伟凡 刘奕婷 吕金航
马 力 宋 佳 唐 晨 王 飞 王智灏
杨 斓 杨一明 张崇海 张慧莹 张 力
张 璐 张 倩 张翔雨 张晓艺 张莺滟
张紫珩 郑瑜晗 周俊辉

电气工程及其自动化（共58人）

陈荣乔 陈 颖 程培军 丁 岩 段景初
方宇星 符潇月 高春明 郭抒颖 韩玮琦
胡晓明 扈梦玥 黄浩然 黄 凯 黄千骐
霍静怡 靳欣宇 蓝 涛 李梦如 李 婷
李钺钊 李宗昊 林 颖 刘敬之 刘绮恒

卢奕君　罗焕之　马　玲　沈俊森　宋　鸣
万陈帅　王　强　王星宇　韦　钻　魏　巍
温　恒　吴　琪　伍荟珍　夏　雨　肖　舸
谢梦宇　徐霖强　颜志雄　杨京涛　杨　馨
姚亚鹏　尹婧瑶　余　杰　余志诚　袁梦涵
翟思凯　张　露　赵荟宇　赵九州　赵明杨
郑铭敏　钟刚亮　邹奋翔

电子商务(共 29 人)

白依凡　曹翊群　程　慧　丛莉莹　单晓晨
杜中豪　关力月　何　畅　侯军蕾　黄　雷
荆俊颖　李　力　李小玥　刘凯丽　刘曼昭
刘梦娴　刘心怡　茅艳霜　牛旖旎　石　正
王　静　王佩瑜　吴　旭　修越超　张　昊
张竞文　周昊远　周　浪　朱学律

电子信息科学与技术(共 48 人)

蔡江南　陈思奇　陈沄崟　董凡茹　董义杰
封金海　付　萌　韩　聪　靳　露　李明洋
李　想　李　骁　李烨龄　栗荣豪　刘凌绽
刘　颖　刘禹涵　柳　双　庞　富　乔逢春
申旭为　宋以宁　孙立才　田　然　汪煜东
王彬媛　王晨晖　王芳嘉琦　王　斐　王金明
王伊雨　王昭斌　魏　琼　邬　灏　吴嘉君
武　欣　肖文娜　徐　瑜　许凤至　杨晟娣
于翠如　于志洋　张丽苗　张诗阳　张益菲
张志刚　钟　兴　周明星

动画(共 28 人)

蔡伟祺　陈思敏　陈欣然　陈歆玺　程乙夏
丁禹懿　郭可萱　洪宇涵　侯林芝　胡　鑫
罗舒娜　马羡梓　马雪婧　史睿琪　谭　晨
唐光耀　王立锦　王雯雪　魏伊明　徐明瑶
颜宜姗　叶志成　张彩蝶　张洪哲　张嘉惠
张露引　张　墅　朱雨晴

法学(共 83 人)

蔡安然　曹雪飞　常玉璇　陈虹羽　陈世界
程梦迪　邓凯文　邓明理　邓　悦　段昊言
范新雨　方亚璐　傅徽苑　宫　毓　荀　琪
古力扎尔·肉孜巴克　郭佳蕊　郭珍珍
郝友楠　贺　祥　胡点点　黄　萱　黄悦珊
姜　辰　姜佳伦　姜昕东　蒋宇涵　金大龙
李　昂　李沛锴　李赛君　李　斯　李信毅
李永天　李有杰　连佑敏　刘思宇　刘苏仪
龙美合　鲁天卫　罗　平　马　鋆　米玛央拉
倪红蕾　曲文婷　曲宇慧　热比姑丽·达吾提
桑旦曲珍　宋佳蕾　宋长立　唐水宽　童　谣
汪夕人　王　唱　王金虎　王洋奕　王一冰
王一平　王　艺　魏　婷　翁宇菲　吴昊天
吴　慧　吴英文　吴雨婕　辛天奇　燚　文
杨玲玲　杨雨莎　殷钰姣　张　彤　张晓宁
张晓倩　张滟滋　张　媛　张泽宇　张子鹏
赵振凯　郑冬莉　郑健鑫　郑孟樵　钟　鸣
周　莹

风景园林(共 130 人)

曹文雯　陈　晗　陈思宇　陈　曦　陈雪婷
陈雨茜　程丹璐　崔凤晴　崔婧沄　戴书欣
单冰清　董小童　杜俊生　段勇祺　冯心阳
冯　钰　高雨婷　高　震　关淇文　郭　凯
韩晨光　何伊翔　霍曼菲　贾子玉　姜雪琳
蒋　凌　蒋　鑫　蒋雨琪　蒋子璇　焦　琪
金仙妍　黎明洋　李彩艳　李承希　李佳怿
李敏娜　李慕尧　李沛霖　李　帅　李思远
李　雯　李雯敏　李　溪　李旭心　李逸莹
李　禹　李梓瑜　刘安然　刘迪宁　刘　赫
刘蓝蓝　刘晓函　刘　喆　刘　峥　隆昊暘
卢梦凌　卢雨奇　鲁　遥　吕　洁　马骋骎
满　媛　孟泽林　牟鹏锦　乔　蒙　邱彩琳
冉　卓　容心怡　石　渠　苏雅洁　孙碧琛
孙佳凝　覃　山　唐丹丹　唐艺林　逄羽欣
田力子　汪云涵　王丹妮　王历波　王　璐
王美琳　王　楠　王思杰　王　譞　王一岚
王语默　魏庭芳　吴彦霏　吴雨桦　武文杰
夏倩影　邢鲁豫　邢露露　徐菱励　徐　诺
徐文彤　徐鑫淼　许少聪　薛涵之　学　艺
严圆格　阎姝伊　阎艺佳　杨佳桐　杨璐华
杨珊珊　杨庠赫　杨欣鑫　杨烨垠　杨　艺
杨亦松　杨泽西　俞　童　俞志华　张晨笛
张文伟　张永瑾　张月薇　赵　恒　赵人镜
赵雅静　赵芸立　甄若宇　钟　屹　钟渝柠
周碧青　周颖倩　朱丽雅　朱胤齐　朱芷萱

给水排水工程(共 28 人)

陈雨昕　董博男　高　鹏　高婉琳　黄　岚
黄　挺　康慧斌　李　昕　李昕宇　李阳瑶
梁汝楠　刘　阳　罗善飚　罗维贤　聂含冰
庞鑫彤　孙嘉宝　王梦琪　魏娟红　吴　迪
吴亚丽　杨姣赟　于　皓　赵祖光　周小惠
朱金蔚　朱稔仁　朱韵西

工商管理(共 58 人)

安立辰 蔡云舒 曾超景 陈莎莎 陈玉腾
陈钰冰 樊舒雅 付新宇 甘慧敏 黄 玲
李 晨 李从容 李 冬 李 娟 李 懋
李 倩 李晓会 李玉琦 梁媛媛 刘 涵
刘佳丽 刘绍迪 刘思羽 刘伟华 刘奕君
刘子旋 马 明 蒙晓怡 牟 鑫 潘 安
任晓督 唐专鑫 陶思帆 王 茜 王心怡
王 优 王玉娇 魏建峰 颜晓艳 晏立红
杨 颖 于 洋 泽仁曲珍 张海天 张路遥
张胜楠 张天鸽 张婉仪 张琬莹 赵 旭
赵宇航 赵 贞 郑 傲 郑壹靖 周海倩
周 娟 朱家慧 朱凌云

工商管理(二学位)(共54人)

陈 冰 陈栋栋 陈晓芳 崔亚琴 崔子圣
丁 川 丁潞野 董 菲 段丽丹 付婧卿
古丹华 郭 强 郭 洋 韩 旭 蒋玉玲
荆雪丹 李 春 李 晖 李 玲 李 敏
李 爽 李婷婷 李 昕 李永蔚 李玉洁
李志娟 刘喆渊 芦佩云 马 杰 马晶晶
牛亚虹 平建华 秦 玮 申媛敏 石晶颖
王 欢 王 军 王丽娟 王 鹏 王 晓
王卓儒 魏亚楠 吴玉婷 杨春苗 杨易群
原亚莉 张浩东 张晶晶 张 琳 张 娜
张 攀 张 萍 张群鹦 张钰晨

工商管理(经济信息管理方向)(共28人)

陈晓韵 崔 燕 方捷琴 葛心悦 郭宇晗
黄楠楠 贾泽赟 姜亚丽 李皓旸 李心宁
连凤林 吕 妍 苗庆红 沈 卓 束朝伟
唐诗瀚 田 鸽 王维佳 吴群旭 吴亚姝
武晓娟 徐嘉蔚 杨 程 张宁静 张云飞
赵国策 郑旭楠 仲 凯

工业设计(共31人)

曾辰晓翯 陈以凡 陈宇珊 仇诗杰 盖茗茗
顾至盈 纪晓琪 季晓宇 李 恒 李 莹
李雨涵 刘美竹 刘乙霖 骆禹羽 秦伊娜
沈 婕 沈伟功 汪 超 王 博 王 珊
吴 桐 闫 龑 杨彬彬 杨志刚 尹移飞
张赫男 张 琦 张姝婧 章冬青 郑 飞
朱海洋

国际经济与贸易(共58人)

苍遹聪 曹 悦 陈世佳 丁 浩 董娅楠
董 钰 杜默函 范炳月 高司辰 高薇洋
顾 阳 郭 琳 韩咏雪 胡宜楠 黄天洋
黄婷炜 赖任飞 黎明朗 李安娜 李博文
李海丹 李海鑫 李浩爽 李天玉 李维娜
梁 璐 梁夏濛 刘佳儒 刘菁元 鲁晨曦
骆洁珍 吕 宸 孟凡林 南 洋 施 艺
史文强 宋思雨 孙 晗 谭燕南 王姝佳
王萧涵 王 笑 王 植 吴家羲 吴颖洁
肖 雅 邢 学 许星宇 杨 帆 杨元宁
张国飞 张天慈 张小芳 赵静萱 赵 平
赵 珣 郑博文 朱 勇

环境工程(共23人)

陈 政 董晓静 傅 允 高子恬 葛 琳
郭晨茜 姜若菡 黎 珊 李碧嘉 李 季
李文杰 李 智 林嘉莉 潘艺蓉 彭卓群
齐 新 祁文智 宋泉霖 覃梦婷 王伯轩
王 凡 张瑞茹 赵惠慧

环境科学(共26人)

别平凡 曹 俊 陈慧敏 陈 洁 陈速敏
陈 颖 丁 鑫 胡静茹 黄 钰 纪嘉阳
李 立 栗一鸣 梁昌桦 罗书培 孟 亮
乔 石 田梁宇 王静宇 王晓萌 王钰蕊
王媛媛 闫 博 姚燕婉 于光夏 张 成
张文俊

会计学(共123人)

白 泽 蔡细细 蔡依依 蔡悦群 曹大伟
曹紫薇 陈 其 陈莎莎 陈思予 陈泽宇
程鹏嘉 程文婧 程逸群 迟锦华 迟 漫
崔彧焕 邓雪佳 段妮妮 段 旭 法 媛
樊 帆 方 璐 冯景琦 高 阳 葛思佳
龚永佳 韩慧倩 韩夏虹 韩晓春 何王曌玥
黄锦怡 黄山峻 黄思涵 黄 婷 黄晓旭
霍雨佳 康梦晨 康新妍 康亦琼 李丹辉
李慧瑶 李金蔓 李婷婷 李雪静 李一枫
李雨龙 李 韵 梁聪楠 梁 言 刘东建
刘 含 刘梦瑶 刘晓旭 刘 旭 刘雪峣
吕美伊 毛碧黔 毛帅晨 孟周一 苗永欣
莫嘉文 牟晓悦 钱艺文 乔 瑞 秦静怡
阮佳子沁 沈浩杰 沈雪萍 舒泽慧 宋白雪
宋美慧 孙嘉临 孙宇婷 覃 楠 田夕阳
王 斌 王慧珊 王 吉 王 杰 王鲁钰
王 蕊 王玮路 王笑航 王 艳 王媛媛
魏 颖 魏钰琼 温晓菲 文 静 相 琦
谢逸清 徐婉玉 杨 程 于春晓 于雅雯
余冰洁 余靖岭 袁世方 云天奕 张 江

张　璐　张　楠　张舒悦　张天一　张　薇
张潇月　张晓晓　张心宁　张　鑫　张　雪
张政霖　赵海莹　赵佩瑶　赵新阳　赵　月
赵正博　郑邦得　郑　榕　郑陶然　郑泽霖
朱艾婧　朱慧君　朱自超

机械设计制造及其自动化(共 109 人)

白　勇　畅晓琳　陈　倩　崔嘉宁　崔　磊
崔文哲　崔　燕　杜　洋　范　辰　房威孜
丰　超　冯灵艺　冯兆龙　高梦琪　高　爽
高子涵　关炜盼　郭开龙　郭溥悦　杭鸣翔
何俊甫　何　玥　贺　尧　胡一帆　华　冰
黄永胜　黄　哲　黄　哲　霍力溧　籍　翔
冀嘉梁　李　国　李佳臻　李思程　李天姝
李一萌　李　赞　林毓瑛　刘承东　刘　慧
刘松林　刘秀华　刘焰雷　卢明煌　卢　遥
陆　远　吕丽君　苗　虎　潘伟浩　庞桂仲
裴云飞　彭　理　浦峻彰　秦一洲　裘凌浩
曲　韵　孙　静　孙堃琦　孙　旭　汤耀宇
唐煜琪　田端洋　王仁杰　王若杉　王　昕
王　英　王　宇　王　玉　王　苑　王志奇
韦　乐　韦幸燊　吴曼玉　吴睿婧　吴尚霖
吴天然　肖　赛　谢慧贞　邢天昊　徐　菁
徐言娜　徐耀华　颜　峻　颜晓艺　杨　波
杨　晨　杨海东　杨　辉　杨晓东　杨　益
姚　远　叶子龙　于明江　张海南　张恒宇
张嘉雯　张　菁　张可非　张可维　张乐垚
张玲玲　张　楠　张若夫　张亚斌　张艺萱
张　羽　周　炀　朱彦佶　左　洁

计算机科学与技术(共 57 人)

白　岩　毕　涛　曹宁远　曹师久　陈　坤
陈　雨　成兵兵　崔少文　杜　恒　杜凯欣
范起凤　方鸿钧　冯　宁　冯晓乾　罡赫达瓦
高培贤　高文灵　高阳卉　郝　亮　侯　丹
侯宏彬　黄　强　黄荣钊　缴　越　郎　潮
李成乾　李天雪　李　酉　廖　瑀　刘　娜
刘心妍　刘　盈　卢杨睿　罗　曦　马　睿
马永臻　欧阳霈　石建锋　苏　斌　孙贺杰
檀　稳　王佳琪　王　锦　王　娟　王晓欢
邬　鑫　吴丽蓉　熊永芳　杨舜超　杨　震
尹俊飞　张嘉琪　张圣奇　张文宇　郑伊玲
周　晖　左彦哲

计算机科学与技术(物联网方向)(共 24 人)

陈　杰　陈思浩　陈　曦　方红杰　高雅弟
郭佳豪　郭　睿　胡焯豪　胡健行　李佳玥
梁瀚斌　刘英杰　刘昱君　马　原　苏　翔
隋东霖　王嘉莹　邢川平　姚　开　叶雪寒
张冬月　张　宇　周翰林　周玲玲

金融学(共 68 人)

陈　康　陈　萌　陈　旺　但金鑫　丁一洺
窦婧文　杜　颖　费晓敏　龚一之　郭潇郁
郭馨蕾　洪林梅　黄启迅　霍　茹　李佳芳
李梦丹　李　琪　李童瑶　李卫军　李依依
林歆炫　刘琨天　刘雨婷　卢一祎　陆耿耿
吕柯亭　吕明钰　麻潇宇　毛义夫　宁英予
舒志强　司　宇　宋奈美　孙碧纯　孙洁溪
孙伟豪　孙　莹　汤晨晨　唐　瑶　田建琛
田沛璇　王　剑　王诗童　王　雯　王子瑜
王紫晗　武阳阳　奚　明　徐志杰　杨雨薇
叶　冉　易　航　于黎蕾　张碧容　张超仪
张　驰　张　湉　张夏毓　张雪飞　张振亚
张庄琪　章蒙熠　赵赫程　赵　昭　郑翰文
郑斯闽　郑　莹　朱俊炜

林产化工(共 17 人)

白婉沧　蔡馨宁　范雨豪　甘瑞雪　贾芹雯
晋尔迈克　刘隽涵　刘羽冬　陆成浩　马芸芸
聂慕婷　王茗申　王宇鹏　邢健雄　薛　诚
张文涛　郑　凯

林产化工(梁希实验班)(共 14 人)

陈　盼　丁昭文　郭思勤　李　蓓　李明鹏
刘佳侦　庞　博　王　佳　王小龙　王永淼
杨鹤群　姚文佳　尹乙惠　朱俊戎

林产化工(制浆造纸工程方向)(共 43 人)

安佳鹤　安亭亭　曹　枫　陈李雄　陈丽明
陈墨林　陈　依　楚芳冰　韩　旭　黄佳慧
黄剑波　纪　君　简　悦　荆路宁　黎正君
梁燕茹　刘　程　刘　倩　刘诗韵　刘思雨
刘向阳　刘　雪　刘　影　宁　晓　庞　帅
彭云燕　石逸馨　寿佳楠　宋子君　苏　洁
孙　琦　王　贝　王　烁　韦莹莹　吴小燕
荀　孜　杨　迪　杨　爽　姚　瑶　张　欢
张琳芳　张　宇

林学(共 57 人)

巴提玛·胡尔曼　白文文　白　宇　曹红微
曹　霖　陈一帆　崔潇月　高　赫　郭雨潇
韩　晓　何　罡　洪艺嘉　贾晓维　雷　霞
李京玲　李　晶　李盛东　李　彤　李兴芬

李政龙　林思美　刘晓雪　龙　婷　罗　娜
毛　芳　乔　丹　邵钰莹　石　雨　史惠文
史景宁　覃柳夏　汪雁楠　王梦妮　吴雅楠
肖　谦　熊晨妍　闫盈盈　杨　虎　杨　睿
杨　阳　杨亿雄　叶文韬　于海心　余立璇
张凌飞　张山山　张雅杰　张宇航　赵阳阳
钟悦鸣　周　男　周　阳　朱晨怡　朱一波
朱艺旋　祝　维　邹　云

林学（梁希实验班）（共9人）

苌方圆　高雨秋　郭　冰　李　宇　廖嘉星
刘艳春　刘云鹏　孟繁锡　于地美

林学（城市林业方向）（共25人）

曹　瑜　曾一晨　杜君蓉　段智溢　高超前
高　润　高原民　洪梦颖　康觉心　孔祥琦
刘秦笑芝　龙嘉翼　罗　莹　秦　学　宋含章
孙　昱　王　烈　吴灵叶　吴叶菡　徐小冲
姚雅雯　叶丽亚　张海日　张昕雨　赵　凯

林学（森林防火方向）（共27人）

陈　波　陈　杰　陈可可　陈小博　杜勇升
葛方兴　贺浩洋　黄　溦　李广成　李　建
李伟明　罗　超　沈佳奇　陶长森　王　越
王　铮　王志达　韦宇辰　魏茂涛　夏显贞
徐　宁　闫麒元　袁　杨　张树斌　周　明
朱知睿　陈小博

旅游管理（共51人）

鲍丽格　曹　婧　曹可欣　仓桑吉昂毛
陈　侃　陈龙山　崔艺耀　冯　睿　高飞飞
何　欢　胡翰林　宦吉骜　黄亚茹　金明月
静　远　李佳嘉　李玲玲　李梦琴　李诗琳
梁　婷　林彦妗　刘京燕　刘雅男　刘艳君
刘　怡　马予涵　钱滢亦
热孜亚·吾布力卡司木　尚琴琴　施春燕
宋燕燕　汤小艺　图尔荪妮萨·图尔荪
王　晨　王一帆　邬令潇　肖辉敬　徐佳琦
杨　茜　杨雅茹　叶静怡　尤　捷　余永美
袁瑞真　扎西多吉　张璐璐　张苏娅　张馨谕
张　杨　赵文静　朱　超

木材科学与工程（共67人）

毕溶晏　曹文婷　曹友霖　陈　熹　陈　阳
崔　吉　代巧巧　丁　宇　符青筠　郭　琳
韩丰登　韩新磊　何秋序　侯梦婷　侯沐辰
黄大双　黄　鹤　黄梦婷　姜燕秋　蒋成曦
黎　烨　李京予　李　霓　李婷婷　李　威
李　雄　李　燕　廖庆雄　廖雨晴　刘桂芬
刘　敏　骆军强　吕文蕾　马　琳　马　宁
马瑞峰　马文博　庞　瑶　莎日娜　申梦君
沈舒宁　史颜奇　唐文俊　万昀怡　王会胜
王　霁　王民文　王　琪　王英娇　王永成
魏家旺　翁海霞　伍家华　徐静洁　徐　霖
许超杰　严　石　杨国强　杨　倩　杨婉琦
杨远航　姚幸之　殷　瑛　岳逸羽　赵仁俊
赵英杰　赵　越

木材科学与工程（梁希实验班）（共12人）

耿　晶　龚馨圆　秦建雨　孙思清　吴昊楠
夏元良　薛　静　姚金佳　阴晓璐　张梦圆
张志敏　赵美霞

木材科学与工程（家具设计与制造方向）（共50人）

毕启彤　蔡　娟　陈冰琬　陈　焱　陈则铭
成诗羽　成　奕　程　瑜　邓　铭　樊雨丝
方嘉成　方心妍　伏国衡　宫　宁　郭　震
韩　煜　侯伟华　黄　瑶　冀瑶慧　姜虹卉
靳晓庆　李冬媛　李月媛　梁　明　林孟瑜
林雨欣　刘瑾汐　刘　晴　刘重阳　毛自荐
普虹静　乔浩洋　石茹玉　宋雨青　唐昌辉
唐　晨　王英杰　王远方　肖金瑞　杨欣圆
杨焮童　叶美艳　张淳麟　张　颖　张　影
郑益民　郑紫纯　周美岑　邹亚洁　邹云荣

木材科学与工程（中加合作办学）（共9人）

陈皓月　冯丹霖　高　艺　季　伦　林至斌
沈一帆　杨微沁　张蓉蓉　周田雨

农林经济管理（共54人）

MWANZA　蔡璐阳　陈星冉　崔凌云　德青拉姆
董一萌　段秋雯　方　琦　方文团　胡雅倩
黄　昕　贾永平　李　凡　李福樱　李俊研
李明晰　李娜娜　李双双　林之娇　刘　亮
刘　琰　刘扎根　柳　霄　马　恺　孟　芹
努布才仁　彭玲莉　尚　迪　孙健庭　孙亦琦
汪银月　王宝锦　王　铎　王　晶　王利名
徐　兰　杨　凯　杨雅婷　杨　熠　杨梓茉
喻星翰　袁　擎　苑金浩　臧俊材　张芮菱
张瑞珍　张皖玉　张瑀琛　张煜健　赵嘉祺
郑尚平　钟　菱　周诗雨　卓　妮

农林经济管理（梁希实验班）（共28人）

陈天琦　陈嫣然　杜竺珊　高　歌　郭阎思彤
古　一　贾东东　江　曼　李　达　李念容

刘川源　刘芷君　芦　玉　罗　涵　乔　玥
萨仁高娃　施展艺　宋璨江　滕美萱　王雪莹
徐紫薇　薛　文　杨　帆　尹煊媛　张莞翌
张潇然　张一宁　周学韵

人力资源管理(共 64 人)

白姗姗　毕　宁　曹星朦　成　茗　戴姗杉
丁钰婷　段文若　范文宇　冯馨雨　付　娆
郭聪颖　郭　帅　胡　娜　黄靖茹　蒋　黎
金宇珂　睢梦璐　李　鹤　李　琳　李梦薇
李　彤　李晓达　林孝煜　龙滢瑾　吕京惠
马财平　孟　蒙　闵嘉琦　彭治钢　沈玉伟
司徒咏　司伟宏　苏　芯　王　磊　王　琳
王梦菡　王　蓉　王翔宇　王雪羚　王耀杰
王　昱　吴丝丝　向慧颖　熊　徽　徐栋坤
徐梦涵　徐以乐　闫晶鑫　杨　漫　杨　雪
杨泽平　姚群芳　尹旭光　俞金汐　俞错滟
袁　硕　张谷玥　张　依　章京京　郑　琪
周传奇　周广芸　周　航　周　霞

日语(共 22 人)

晁祎迪　崔晓丹　杜佳雨　宫盼玉　何佳雨
蒋若红　林泽菁　卢思琦　陆旋舟　朴丽瑛
邵珠瑛　王　红　隗星宇　魏晨雅萌　吴舒怡
谢　翔　徐嘉晨　张瀚月　张诗云　张艳霞
赵　喆　祝　捷

森林保护(共 22 人)

巴哈尔古丽·胡达拜尔地　方誉琳　葛雪贞
韩　骁　黄梦伊　姜　宁　李晨琛　刘漪舟
卢　萌　罗宇凡　马　智　沈　彤　孙　帅
孙晓婷　覃海文　叶帮辉　张琬迪　张钰昕
张　越　张卓恒　赵靖凯　邹静怡

商务英语(共 55 人)

陈利佳　陈银玲　陈雨晴　丁能能　杜建雄
杜若微　方雅龄　高瑞瑄　顾宁宁　郭柯楠
郭蒙蒙　郭宁美　洪文琪　黄　珊　鞠彦逵
孔令瑶　寇　冉　蓝晨曦　雷双辉　冷　泽
李福旋　李寒冰　李　楠　李启航　李兴鑫
李奕凝　林思含　刘　珂　刘新乔　罗唯嘉
马俊艺　马晓艺　苗芷源　彭雪芳　任　燕
邵　华　史展华　王　枭　吴梦云　吴思妍
谢梓文　杨　玲　杨　帅　杨万书　于子钧
袁雨琛　张葛茵　张海博　张觉晓　张金玲
张淇童　张仁娟　赵湘芸　周　滋　朱栩嫽

生物技术(共 49 人)

曾琪琦　陈雨鑫　德格晋　高　攀　葛应强
郝博威　胡　皓　黄　睿　黄育敏　蒋何阳
矫荣宽　金　朗　匡宸作　李　漫　林　楠
蔺文亭　刘浩雨　龙　欢　吕天泽　马海伍牛
马　帅　潘　齐　彭勃文　齐麟睿　邱小倩
宋艳春　孙　吉　唐诗超　王　策　王昊然
王　京　王　湘　王　宇　王卓星　韦小芳
吴坤阳　肖　艺　辛瑞娴　颜振鑫　杨　慧
杨柳溪　杨雪媛　张丹惠　张　磊　张力文
张雪莹　赵博文　朱春梅　卓光安

生物技术(中加合作办学)(共 2 人)

彭荟儒　谢金含

生物科学(共 26 人)

陈梦如　李　威　李晓晴　李怡然　刘　星
陆　博　罗　睿　纳　静　任逸飞　邵　岩
石千惠　隋　鑫　王晨璐　王亚超　王　燕
徐　莹　许若玫　闫怀北　杨佳睿　杨美莎
杨　雄　张碧莲　张　硕　赵　琳　赵怡阳
钟卓珩

食品科学与工程(共 77 人)

安建辉　鲍　杰　柴博文　陈　茜　陈双菊
陈子灏　初　旭　董宏裕　封晓茹　冯天依
傅莉莉　嘎玛旦达　葛新奇　顾　盼　韩小雨
何　欢　胡嘉琪　黄佳琳　黄清怡　黄思棋
季秋燕　姜　树　蒋宏瑶　李程洁　李高平
李思洁　李苏婷　李昕劼　李怡婧　李莹灿
林晓玲　刘晨楠　刘思哲　吕林童　吕圣典
蒙林珺　宁　妍　牛丽丽　彭春莹　齐胜利
孙　丹　谭　雪　陶　翠　汪晨阳　王　晨
王丹丹　王嘉悦　王思佳　韦松谷　吴欣莹
向霄雪　向　阳　熊泫玮　徐心怡　颜志秀
杨　帆　杨航宇　杨红宝　杨菁菁　杨梦尧
杨思雨　尹硕慧　盈　盈　于　筠　袁德珍
臧梦宁　张　冉　张婉玉　张笑晨　张　昕
章嘉男　赵莹彤　郑佳欣　钟子微　仲禹璇
周思嘉　周文萱

市场营销(共 54 人)

蔡红蕾　曾　誉　常萱雯　陈发伟　陈　璠
樊君第　顾　荣　郭美华　郭祖全　建美平
姜霁琬　姜小玉　乐　涵　李　斌　李昌骏
李　焕　梁皓凯　梁筱雨　刘　畅　刘　芳
刘璐璐　刘　倩　刘姝君　刘星雨　刘怡君
卢雪麟　卢裕才　罗　焱　马怡琳　毛丽萍

苗唯尊 潘　瑁 潘苏恒 潘　葳 任超然
宋　煜 唐发法 陶怡菲 田玉帅 王世豪
王思齐 王玉霏 王运月 吴佳霓 向斯琪
徐攸彦 许雪红 杨　云 杨芸惠 叶小滢
张　钰 张媛媛 赵梓翔 郑涵璐

数学与应用数学(共51人)

陈　晨 陈　黎 陈　立 陈美洁 陈　怩
陈义欣 丁思静 付　彧 关紫陌 郭晶鑫
郭　宇 郝若楠 侯骏豪 呼苏乐 胡　珊
李梦醒 李媛媛 廖　倩 刘佳欢 刘思凡
梅超群 苗馨月 彭　辉 阮杨芮 孙哲源
唐学银 田健宇 王　晨 王丰宜 王　婕
王娜婷 王　越 王梓琪 向天歌 徐　榕
徐易江 徐雨诗 杨家兴 姚　琳 于　莉
余世楠 张辉智 张　丽 张年超 张　涛
张　希 张曦元 张阳阳 郑雪明 周　诚
朱　冬

数字媒体艺术(共57人)

包晓琦 程佳丽 代　稳 邓若珺 丁维千
董文博 段易凡 范潇潇 冯茹梦 胡　成
胡慧芹 胡　勋 焦　迪 李千惠 李斯奇
李一丁 刘慧心 刘俊余 刘思宇 齐　颀
全惠兰 佘雅文 石　岩 史晓璐 宋匡时
苏心悦 苏　颖 谭倩玉 王　蕊 王书馨
王天雪 王芷薇 吴丰凭 吴　昊 邢江帆
邢智勇 徐思宇 徐志辉 徐子义 闫文莉
颜思阳 杨火能 杨景然 杨闾蓉 杨璐繁
姚可欣 姚亚琦 张恺莹 张　昕 张歆雪
张一鸣 张艺颖 赵毅君 郑涵予 郑洁玲
周玉花 朱文倩

水土保持与荒漠化防治(共88人)

阿尔法提·艾比布拉 安启霞 蔡文韬
曹　越 常　飒 陈　玥 陈仲旭 程　冉
戴　晗 丁雪坤 方丹阳 冯晨辰 付宇航
傅　洁 公　博 管晶鑫 管　梦 哈文秀
何　欢 洪浚林 胡　俊 黄俊威 黄　婷
江阿古丽·合孜尔汗 姜人众 阚晓晴
亢小语 李繁龙 李何枫 李若愚 李语晨
梁　爽 梁月强 林　珠 刘鹤龄 刘佳妮
刘昱言 卢孔擘 孟铖铖 孟国欣 牟　钰
彭瑞东 朴河颖 任海丽恒 申明爽 沈忱
苏妍捷 孙怀宁 谭　锦 唐宁娜
图荪古丽·玉山 王池宇 王　凯 王　森
王玮珂 王小萌 王小元 王艺钊 王宇楠
王　卓 韦　琼 吴国宏 吴桐嘉 向文丽
肖超群 肖心笛 徐彦森 杨　晨 杨　瀚
杨睿智 杨　洋 衣虹照 印家齐 张国庆
张　欢 张利敏 张　晓 张晓航 张一璇
张震中 赵　宁 赵天妮 郑　欣 周　戬
周建琴 周其令 周　玮 邹　敏

水土保持与荒漠化防治(梁希实验班)(共20人)

范晓琳 葛　德 刘文娜 刘艳姣 刘　玥
罗彩访 罗　超 彭　玏 石海霞 孙　妍
伍冰晨 杨　帆 杨文捷 杨幸蓉 殷　哲
张钰清 张　毓 张泽芳 朱志俊 朱　柱

统计学(共31人)

陈嘉瑾 陈奕丹 崔　齐 高嘉杰 高　璇
耿志润 韩玉莹 黄　成 黄如星 李　敏
李益禛 刘维迪 刘执圭 楼忆婷 孟之炀
潘艺伦 施慧仪 宋文琪 王冰瑶 王雪晴
王熠明 温起佐 谢　姗 邢成瑞 徐诗韵
徐筱颖 徐展彧 杨　丹 姚一帆 张东宇
张　慧

土木工程(共59人)

白晓坤 蔡　欢 曾培勇 常　磊 陈泽汉
丁　峰 龚子浩 韩璐繁 韩　笑 何　可
黄帅哲 黄燕婷 蒋海林 李　锋 李诗哲
李　嵩 李叶树 梁广阔 梁清春 刘洪滔
刘文昌 刘新新 龙　舟 骆冠男 马小婧
苗佳欣 明　航 缪志超 潘从涛 瞿金校
沈秋实 苏文琳 覃钰润 涂　广 万禹良
王　杜 王　鑫 王艺萤 王英剑 王　颖
王　钊 吴　茜 吴　瑶 肖逸峰 徐嘎嘎
杨　迪 杨荣安 余　实 岳　帅 岳阳阳
张德斌 张继强 张　京 张　俊 张　佩
张友权 赵鹏安 郑逸杨 卓昆鹏

网络工程(共30人)

柴赫聪 陈诗琪 程　涛 池仿仿 冯佳明
郭君彦 郭　凯 郝　爽 黄金泽 蓝云龙
李定坤 李　堃 李　伟 梁雨萱 任俊颖
沈　赵 汪倩羽 王　浩 王梦天 王荣真
王志涵 王志善 谢竞苇 徐　赫 于广禄
俞佳咪 张立群 张志菁 周方圆 周彦宏

物业管理(共48人)

曾智峥 陈　晨 程　志 崔俊伟 党小一
杜海美 方　菲 冯晨旭 符传超 高　阳

官嘉敏　何文杰　胡金堃　江晓雯　蒋雪婧
金　秀　开丽玛依·热合木江　寇　瑜　兰静可
李　想　李　洋　李昱男　刘馨玥　刘臻荣
卢　怡　洛松尼布　吕晓荷　马海霞
麦尔亚木·萨依提　蒙金珠　穆丹阳　妞　妞
秦维纳　曲橙橙　沈　非　史雪薇　孙　烨
童祥喜　王　萌　王　盼　王婉静　许玉宽
杨智宇　于成芳　张豪琼　赵立红　郑少卿
左嘉琪

信息管理与信息系统(共50人)

艾　阔　艾文慧　柴龙成　陈　典　陈慧宁
陈思宇　陈昱宁　程　康　代　聪　杜宜珊
杜雨菲　范　阔　龚艺柯　郭倩倩　郭义豪
郭雨辰　韩金秀　胡雅琳　吉雅倩　姜雪玲
阚梓瑄　李嘉泰　李佩武　李瑞颖　刘　昕
刘昱瑶　刘卓昊　卢晓玉　栾佳萍　孟心竹
任　爽　宋军帅　苏蕙铃　王　涵　王婉童
王治威　魏丹晨　肖宇瑾　徐鹏飞　许丽萍
颜　妍　杨婧如　杨立飞　张　娇　张　珝
赵　丹　赵　菁　郑晓天　朱经纬　朱丽娟

野生动物与自然保护区管理(共38人)

毕佳琪　曹银歌　查穆哈　车星锦　丁　艳
高　原　耿嘉仪　官玉婷　郭思圻　郭雨桐
何蕊廷　蒋丽华　李朝阳　李　俊　李凌云
刘家彤　刘晓冰　刘星韵　宁　可　蒲　真
舒　琪　谭文卓　王佳然　王　倩　王秦韵
王　潇　魏冠文　文　野　吴启璞　武亚楠
谢海拓　杨　莉　杨秋琦　杨祎莲　于　涵
张　童　赵芳芳　赵若曦

艺术设计(动画艺术设计方向)(共30人)

安森浩　陈　倩　顾成俊　顾尤佳　何美萱
江宇昊　李相龙　凌伟宸　刘　蕾　卢子轩
路　祥　聂晓丛　邵梓耕　孙　頔　田　露
王　东　王浩存　王小田　王　鑫　王　月
蔚丛笑　魏传明　薛莹莹　杨骐嘉　杨亚杰
杨玥婷　姚玥琪　岳彩刚　周明明　朱　敏

艺术设计(环境艺术设计方向)(共60人)

白阔轩　曹文婉　陈　凡　陈明政　陈鹏冉
陈　滔　迟赠桓　杜星翰　傅夕桐　高瑞麟
谷明燕　郭铠瑜　郭云飞　黄　仪　金潇萌
李成惠　李　锦　李璐江　李晴霞　李秋萍
李思慧　李　肖　李彦达　李一渔　刘慧芳
刘笑夏　卢瑶瑶　罗嫚芳　马蓬伟　孟育丞
穆鹤天　潘佳瑶　任　婧　沈俊灵　盛子健
史田雨　苏欣妍　孙思玮　孙思夏　谭　凡
王超华　王春申　王海燕　王海燕　王景思
吴迪靖　吴亚楠　谢莉莉　薛超尘　袁庆桐
袁　婷　张　博　张淇竣　张　倩　张雨涵
张哲浩　赵　易　钟安迪　周慧子　周学栋

艺术设计(装潢艺术设计方向)(共30人)

陈　琪　陈　祎　陈紫薇　范光旭　范又榕
房浩宇　付　倩　韩蕙如　金　辰　李雪莲
刘　文　刘育童　彭彦樽　宋嫄嫄　田　凯
王书凡　魏建磊　于孙奇　袁飒爽　翟山川
张凤翼　张雪莹　张　耀　张艺龄　张译心
张云鹏　赵　妍　赵　展　周乐嘉　祝靖含

英语(共41人)

曹聿轲　陈怡恬　黄　浅　李雪莹　李雨洁
廖安泉　刘　畅　刘时瑜　刘昕睿　刘亚茹
卢　东　鲁秋伶　罗　娜　马国馨　潘啸云
邵诗婕　沈弘驰　石　放　苏　玫　檀　晖
王辰阳　王　冠　王　涵　王彦尊　吴晓旭
熊笑宇　荀若琳　杨李静　杨　曦　杨　洋
杨韵诗　姚慧晶　殷嘉露　张米业　张　琪
张一卉　张　颖　赵　冉　郑　璐　周凌云
朱　榕

应用心理学(共81人)

安香萦　曾嘉炜　陈淼森　程晓宇　邸菲菲
丁　迎　董光阳　杜竞一　范广迅　冯皓佳
葛　健　郭肖建　洪丹丹　侯荼燕　胡晓羽
黄　鑫　江　盼　雷丹濛　李成琦　李　雯
李艺莹　梁　潇　刘楚颖　刘　晖　刘建一
刘思佳　刘廷舒　刘西刚　龙丽先　卢飞飞
泮　明　秦旭妍　邱国振　任　佳　邵　阳
孙若嘉　陶凤娇　陶雨濛　滕永正　王　帆
王及第　王　琦　王秋蕴　王梓阳　吴倩影
徐灵玲　徐文怡　许丹阳　许竞男　杨朝阳
杨　蕊　杨长宾　杨宗娜　衣梦琪　尹昭婷
于　添　余　瑜　俞欣元　詹　泽　张贺明
张　晖　张晶晶　张斯宇　张　宇　张玉玲
张云乾　赵宝宝　赵辰琛　赵子云　甄世安
周　畅

园林(共181人)

安　淇　曹慧敏　曾筱雁　常家齐　常　媛
陈恺昕　陈丽丽　陈泉卉　陈思淇　陈贤帆
陈　宪　陈媛媛　陈子尧　程　璐　程　涉

程欣云　初奇霖　崔浩然　崔雯彦　丁培琪
丁晓雪　丁衍岎　董　芮　段逸雯　范艺华
冯肖翰　甘　露　甘玮欣　高灵敏　耿　菲
龚　建　关海莉　郭亚冲　郭　韵　韩　冰
韩佳文　韩　笑　韩雅雯　何　亮　何愈婷
贺　靓　胡春蕾　胡亦利　胡　颖　皇甫苏婧
黄尔菡　黄尚启　黄思寒　贾东燕　贾一非
江天翼　姜　泽　蒋晓玥　蒋正歌　焦英哲
兰　宁　兰欣宇　李涵颖　李虹宇　李珂珂
李可心　李　坤　李梦霏　李梦圆　李膨利
李庆嫄　李天媛　李晓彤　李　鑫　李雪寒
李彦坤　李耀临　李一丹　李韵冰　梁佩斯
廖　智　林　敏　蔺晔涵　刘维茜　刘心梦
刘　盈　刘　颖　刘昱含　刘钰婷　楼　前
楼思远　卢周卉　栾思宇　罗雨薇　吕明伟
吕　硕　马小涵　马亚男　马月旸　马　越
梅雨亭　门　吉　牛梦珂　戚元鹏　饶文宇
绕仙古丽·阿布都哈孜　阮玉婷　沈劲余
沈晓薇　宋　怡　苏雨崤　孙美康　孙松怡
孙婉怡　谭　广　唐啸啸　万　颖　万映伶
汪　蕾　王甘祎　王海彤　王金益　王凯雯
王丽娜　王明月　王　念　王熙茗　王雪晨
王　雅　王仪茹　王宇泓　王源彬　王兆辰
王仲宇　魏诗梦　吴靖雪　吴　双　吴思佳
吴天煜　夏　阳　肖思文　肖文妍　邢世平
徐爱娜　徐　琦　许乐林　许志诚　鄢雨蒙
闫可心　闫　芃　严庭雯　阎　炎　颜宇潇
杨　涵　杨　洁　杨少勇　易　雪　尹书宇
游筱岚　于晓航　鱼小芸　袁佳贤　岳　靓
臧　滕　张　帆　张　赛　张　桐　张　希
张香平　张　翔　张　岩　张　祎　张莹莹
张雨生　赵成瑜　赵艺博　郑黛丹　支春云
钟倩如　周佳韵　周　倩　周雪平　朱燕琪
朱悦筝　祝梦瑶　邹　苗

园艺(观赏园艺方向)(共56人)

卜佳佳　曾琦琛　陈嘉羽　陈茹杨　陈心宇
崔雪晴　邓　彦　杜明杰　杜诗雨　封　晔
付　月　郭俊华　何紫昱　胡　玲　胡　蕊
扈德玉　黄可青　黄琨媛　黄雅晴　孔凡翠
李丹璇　李介文　李殷如　李卓忆　梁思颖
廖雪芹　林雪莹　刘爱鑫　刘金霖　刘　蓉
刘　玮　刘　阳　陆晨飞　马　帅　潘子昂
普杨肖雪　桑鹏飞　宋馥杉　王苗苗　韦思如
吴文卉　吴钰滢　夏朱颖　谢哲城　许梦莹
阎　安　杨超捷　杨　捷　尹姝懿　袁开文
张桂颖　张萌子　张亦弛　张逸璇　赵梓含
周　璇

资源环境与城乡规划管理(共53人)

安　影　巴努·苏坦别克　陈吉思　陈　蓉
陈晓飞　程　逸　程雨薇　崔灵宇　高　岩
何嘉欣　胡　辰　胡杰克　胡烨莹　黄智恒
蒋雨萌　李　玎　李凤祺　李　杰　李文浩
李英雪　厉梦颖　林　濂　刘　佳　刘瑞程
刘睿妍　冉沁蔚　孙京琛　孙美莹　谭予嫣
唐晓彤　万斯斯　王　迪　王红杰　王　欢
王焕林　王其宝　夏　鑫　项毅新　肖　瑶
薛筱婵　杨双姝玛　杨　颖　杨云斌　姚丹燕
殷　姿　于　瑶　翟丙英　张楚若　张　昊
张景华　张腾飞　周　彤　周洋珮诺

自动化(共54人)

曹嘉轩　陈崇新　程浙安　段奕竹　范昊泽
冯浩宸　顾　焌　郭天成　郝雨辰　何秀芳
胡　凯　化　铭　黄　飞　季　宁　贾梦鸽
鞠　卉　李安琪　李佳芮　李伟林　李依璟
梁　超　林丽君　刘佳柔　刘　妍　刘　烨
马瑞亚　马文凯　穆宗毅　齐　锦　商士通
时　锋　孙宇哲　邰皓玥　谭雅诗　汪治堃
王秉琪　魏安山　吴谊超　吴周婷　伍小川
谢　滨　谢辉平　邢路宽　徐　昊　杨青青
杨显业　杨志会　余嘉欢　张博闻　张德新
赵　静　赵潇扬　周扬帆　朱祥增

2016 年媒体重要报道要目

中国绿色时报:生态经济助推美丽中国建设	2016/1/1
北京考试报:2016,送上六个美好祝愿	2016/1/2
中国科学报:研发农林生物质多级资源化利用关键技术	2016/1/4
中国绿色时报:大熊猫栖息地恢复新技术示范取得突破	2016/1/4
中国科学报:北京林业大学植物细胞壁大数据处理实现突破	2016/1/5
中国绿色时报:北林大两博士后流动站获评优秀	2016/1/5
中国建设报:北林园林学院与青岛古镇口共建产学研平台	2016/1/6
北京考试报:北林大“四轮工程”助研究生成长	2016/1/6
中国科学报:北林大与保定合作促京津冀一体化	2016/1/7
中国教育报:高校新闻发言人要有“名”有“实”	2016/1/7
农民日报:康庄镇携手北京林业大学共建生态文明	2016/1/9
中国科学报:我国首个自然资源与环境审计研究中心成立	2016/1/11
中国绿色时报:农林生物质资源化利用技术获奖	2016/1/11
人民政协报:队伍初配备	2016/1/13
中国科学报:北林大就业创业工作标准化精细化	2016/1/14
中国绿色时报:首个自然资源与环境审计研究中心成立	2016/1/14
中国花卉报:中国设计师获英国国家景观奖	2016/1/14
中国绿色时报:北林大 2016 年特殊类型招生启动	2016/1/15
新京报:北林大 400 多万资助研究生课程	2016/1/18
中国科学报:非编码 RNA 表观遗传调控研究获突破	2016/1/18
中国绿色时报:华北地区青少年增绿减霾共同行动	2016/1/19
北京晚报:北林大今年特殊类型招生 214 人	2016/1/20
北京考试报:北京林业大学艺术类报名可使用 APP	2016/1/21
中国绿色时报:2015 年中国绿色碳汇十大事件评出	2016/1/22
中国绿色时报:专家探索中国林产工业低碳化发展路径	2016/1/22
中国教育报:北京林业大学成立自然资源与环境审计研究中心	2016/1/25
北京教育:学校如何应对教师的“个人表达”	2016/1/25
新华网:2015 年中国绿色碳汇十大事件亮相	2016/1/25
中国绿色时报:华北高校研讨风景园林专业规范	2016/1/26
北京考试报:北林大高水平艺术团招生考生可选两项目	2016/1/27
中国绿色时报:北林大攻克工业木质素高值化利用难题	2016/1/28
中国科学报:北林大启动辅导员支撑团队计划	2016/1/28
新华网:北林大启动辅导员支撑团队计划	2016/1/28
中国花卉报:我国首个自然资源与环境审计研究中心成立	2016/1/28
北京晨报:北林大启动辅导员支撑团队计划	2016/1/28
中国科学报:2015 年中国绿色碳汇十大事件评出	2016/1/29

绿色中国:讲中国林业故事 展绿色碳汇画卷	2016/1/29
中国绿色时报:北林大“四轮工程”助研究生成长	2016/1/29
中国教育报:北林大启动辅导员支撑团队计划	2016/2/1
中国绿色时报:北林大非编码 RNA 表观遗传调控获突破	2016/2/1
中国绿色时报:林业系统科研院校 5 人入选	2016/2/2
中国绿色时报:花卉种质创新与分子育种确定研究重点	2016/2/2
中国绿色时报:北林大“橄榄绿”的寒假心愿	2016/2/4
中国科学报:北林大千余学生寒假送温暖冬衣	2016/2/4
中国绿色时报:北林大向过年不返乡学生送新年礼	2016/2/4
中国绿色时报:北林大千余学生爱心传递温暖冬衣	2016/2/5
河北新闻网:张家口与北林大共建创新中心	2016/2/15
北京日报:北林大在张家口建生态创新中心	2016/2/16
中国绿色时报:北林大牡丹遗传学研究获新进展	2016/2/16
中国科学报:北京林业大学“四轮工程”助研究生成长	2016/2/18
中国绿色时报:北林大新增八门研究生精品课	2016/2/18
中国绿色时报:张家口与北林大共推生态科技创新	2016/2/19
中国绿色时报:怎样保护好“绿水青山”经营好“金山银山”	2016/2/19
中国绿色时报:植物细胞壁大数据处理技术有新突破	2016/2/19
中国花卉报:花卉种质创新与分子育种实验室确定今年研究重点	2016/2/22
中国绿色时报:北林大资助 107 个研究生课程项目	2016/2/26
中国绿色时报:12 门涉林课程入选国家精品视频公开课	2016/2/26
中国教育报:投身新闻舆论实践 推进教育改革发展	2016/2/27
北京教育:考试作弊的“罪”与“罚”	2016/3/1
中国科学报:北京林业大学 400 多万元资助 107 项研究生课程建设	2016/3/3
三明日报:三明市与北林大举行校地合作交流座谈会	2016/3/4
教育部官微:北京林业大学辅导员有了支撑团队	2016/3/9
中国科学报:北林大致力学雷锋活动常态化	2016/3/10
新浪教育:北林能源中心研究团队福建山区造林百亩	2016/3/15
新浪教育:北林发明识别林木发育转换时间节点计算技术	2016/3/15
北京考试报:北京林业大学自主招生考生限报 3 学校	2016/3/16
中国绿色时报:国家公园建设之“两会三人谈”	2016/3/16
中国绿色时报:中德专家研讨木质纤维生物质材料	2016/3/16
中国青年报:北林大探索高校基层团建新机制	2016/3/17
中国科学报:北林大学子在福建山区造林百亩	2016/3/17
北京晚报:北林大今年自主招生 170 人	2016/3/18
中国科学报:用计算技术识别林木发育转换时间节点	2016/3/21
中国绿色时报:北林大用科技开辟观赏芍药商品化途径	2016/3/22
中国绿色时报:北林大六个新品种将亮相拍卖会	2016/3/22
中国教育报:延期毕业,利弊几何?	2016/3/23
中国绿色时报:北林大与日本千叶大学合作培养园林人才	2016/3/23
中国绿色时报:北林大今年自主招生 170 人	2016/3/23
北京考试报:微观校园·发红包点名该不该点赞	2016/3/23

人民政协报:林业发展要改变"重两头轻中间"	2016/3/24
中国科学报:北林大今年自主招生170人	2016/3/24
中国绿色时报:无患子深度开发研究获突破	2016/3/25
中国绿色时报:惊艳!红花玉兰绽放了	2016/3/28
中国绿色时报:新计算技术识别林木发育转换时间点	2016/3/29
北京晚报:中捷"友谊之树"由北林大培育	2016/3/30
北京考试报:微观校园 不能让校园暴力成时尚	2016/3/30
中国教育报:中捷"友谊之树"由北京林业大学培育	2016/3/30
北京日报:中捷"友谊之树" 北林科技培育	2016/3/31
中青在线:中捷"友谊之树"是怎么选出来的	2016/3/31
中国科学报:用博弈论解释生物自然变异起源	2016/3/31
中国绿色时报:飞絮扰人?无絮毛白杨雄株可以避免	2016/3/31
中国绿色时报:北林大专家深入研究"两山"理论	2016/4/1
中国绿色时报:北林大研究生发表代谢生态学新模型	2016/4/4
人民日报海外版:五地大学生助力脱贫	2016/4/4
中国绿色时报:北林大新增北京高校实验教学示范中心	2016/4/5
中国绿色时报:北林大将办世界风景园林师讲坛	2016/4/5
中国绿色时报:绿桥和绿色长征活动新聘志愿大使	2016/4/6
北京考试报:微观校园·家长玩手机莫成陋习	2016/4/6
北京晨报:高校大学生启动精准扶贫绿色行动	2016/4/7
中国科学报:百所高校大学生启动精准扶贫绿色行动	2016/4/7
北京日报:京津冀广植雄株毛白杨治飞絮	2016/4/7
中国花卉报:北林大与冠县携手力推毛白杨雄株新品种	2016/4/7
中国绿色时报:北林大为农村考生开辟绿色通道	2016/4/8
北京晚报:红花玉兰在京抗寒绽放	2016/4/8
光明日报:百所高校大学生启动精准扶贫绿色行动	2016/4/9
人民日报:"绿桥、绿色长征"系列活动启动	2016/4/9
农民日报:山东冠县:雄株无絮且生长快	2016/4/11
北京日报:京津冀大学生助力精准扶贫	2016/4/11
中国教育报:北林大研究生成长有了"加速器"	2016/4/11
中国花卉报:中捷"友谊之树"由北林科技培育	2016/4/11
北京考试报:微观校园·答不出问题就罚款?	2016/4/13
中国花卉报:北林大开辟观赏芍药商品化途径	2016/4/14
中国花卉报:北林大新增市级实验教学示范中心	2016/4/14
中国绿色时报:北林大林木生物质化学重点实验室获优秀	2016/4/15
中国教育报:做国家生态安全教育主力军	2016/4/15
中国花卉报:北林大将办世界风景园林师高峰讲坛	2016/4/15
北京教育:加强高校新闻舆论工作的四个着力点	2016/4/18
中国绿色时报:北京林业大学争做国家生态安全教育主力军	2016/4/19
中国绿色时报:花卉产业技术创新战略联盟添丁	2016/4/19
北京考试报:北京林业大学招生专业有3点变化	2016/4/19
中国绿色时报:风景园林专业学位案例库上线运营	2016/4/20

北京考试报:微观校园·给"定规矩"定点规矩 2016/4/20
中国绿色时报:红花尔基碳汇造林项目获减排交易绿卡 2016/4/20
中国花卉报:北林大开辟观赏芍药商品化途径 2016/4/20
中国科学报:北林大举办风景园林创新论坛 2016/4/21
大众网:北林大联合菏泽学院共建牡丹学院 2016/4/24
齐鲁晚报网:北京林业大学、菏泽学院合作共建牡丹学院 2016/4/25
绿色中国:尹伟伦用情关注生态文明事业 2016/4/26
中国绿色时报:风景园林论坛聚焦城市事件型景观 2016/4/26
北京考试报:微观校园·且慢跟风"宋仲基" 2016/4/27
中国绿色时报:北京林业大学新增木结构材料专业 2016/4/27
宣讲家网:创新英语教学不该盲目跟风"宋仲基" 2016/4/27
光明日报:中国海洋大学文化艺术节举办 2016/4/28
光明网:北京林大联手"蒙树"助力内蒙古生态建设 2016/4/28
中国绿色时报:北林大与菏泽学院共建牡丹学院 2016/4/29
长城网:[唐山世园会]专访北京林业大学副校长张启翔 2016/4/29
中国网:北京林业大学联手"蒙树"助力内蒙古生态建设 2016/5/3
大公网:"蒙树"携手北林大设立"朱之悌奖励基金" 2016/5/3
中国绿色时报:山杏加工利用技术实现新突破 2016/5/3
宣讲家网:铁铮:青年大学生要"不忘初衷" 2016/5/3
北京日报:给"定规矩"定点规矩 2016/5/4
中国绿色时报:欧美杨细菌性溃疡病找到克星 2016/5/4
中国绿色时报:北林大培训自然保护一线业务骨干 2016/5/4
中国科学报:北京林业大学与菏泽学院共建牡丹学院 2016/5/5
人民日报海外版:从保护地治理到国家公园体制创新 2016/5/6
光明网:北京林大联手"蒙树"助力内蒙古生态建设 2016/5/6
中国绿色时报:专家用博弈论解释生物自然变异 2016/5/6
中国绿色时报:新一届全国绿色碳汇好新闻评选揭晓 2016/5/6
中国教育报:中国海大:把文化艺术节办成品牌 2016/5/9
中国绿色时报:北林大与和盛共推林木育种协同创新 2016/5/10
中国花卉报:欧美杨细菌性溃疡病有克星 2016/5/10
中国绿色时报:北京林业大学学生设计作品获奖 2016/5/10
中国绿色时报:林业院校新增两名长江学者特聘教授 2016/5/11
中国科学报:北林大研究生骨干队伍培训实现全覆盖 2016/5/12
北京晚报:16 个糖果鸢尾新品种历时 8 年培育完成 夏日京城添"彩虹" 2016/5/12
北京教育:学术不端,咋办? 2016/5/13
中国绿色时报:鹫峰水保科技示范园通过专家评定 2016/5/13
中国绿色时报:北林大与世园局共同打造生态园区 2016/5/17
北京日报: 160 万余株牡丹争艳 2016/5/17
北京晚报:国色天香从此不缺"京腔京韵" 2016/5/17
中国绿色时报:北林版专属学位证书正式发布 2016/5/17
中国绿色时报:16 个糖果鸢尾新品种丰富北方夏景 2016/5/17
中国绿色时报:北京林业大学发布两个京产牡丹新品种 2016/5/17

人民日报:北京林业大学培育两牡丹新品 2016/5/18
北京考试报:教育舆情科学管理是当务之急 2016/5/18
中国绿色时报:科技创新与牡丹产业发展高峰对话会举行 2016/5/18
绿色中国·绿色教育:大学的责任与行动 2016/5/18
中国绿色时报:林业院校继续教育网络课程联盟成立 2016/5/19
中国科学报:教育舆情的科学管理是当务之急 2016/5/19
中国科学报:全国林业院校继续教育网络课程资源联盟成立 2016/5/19
中国花卉报:北林大与和盛共建林木育种协同创新中心 2016/5/19
中国绿色时报:北林大螺旋藻专利技术转让成功 2016/5/20
中国科学报:科技催生"北京牡丹" 2016/5/20
中国花卉报:北林大新增木结构材料专业 2016/5/20
中国科学报:提出林木基因解析新技术 2016/5/24
中国教育报:科学回应舆论关切的教育热点 2016/5/24
中国绿色时报:北林大 MBA 中心获评最具影响力商学院 2016/5/25
中国绿色时报:北林大跻身北京高精尖创新中心 2016/5/26
中国花卉报:北京林业大学绿色 MBA 教育特色发展成绩斐然 2016/5/26
中国绿色时报:林木基因解析技术有了新突破 2016/5/26
中国绿色时报:北林大办森林生态系统国际学术研讨会 2016/5/27
中国绿色时报:林业系统三人入选创新人才推进计划 2016/5/30
中国花卉报:土生土长京味儿足 北林大发布两个牡丹新品种 2016/5/30
中国花卉报:全国林业院校继续教育网络课程联盟成立 2016/5/30
中国绿色时报:北林大举办世界风景园林师高峰论坛 2016/5/31
中国绿色时报:北林大与欧洲森林研究所结成合作伙伴 2016/6/1
中国花卉报:北林大 MBA 教育获评中国最具影响力商学院 2016/6/1
中国花卉报:科技创新与牡丹产业发展高峰研讨会在京举行 2016/6/2
人民日报:大类招生将在多所高校更大范围实施 2016/6/3
北京日报:五所"211"高校公布招生计划 2016/6/3
北京青年报:北交大北科大在京录取试行零调剂 2016/6/3
北京晚报:北林大等五校联合发布高招新闻 2016/6/3
中国绿色时报:北林大木材科学部级重点实验室通过验收 2016/6/3
光明日报:北交大等五校联合发布招生信息 2016/6/4
人民日报:百所高校学子共倡生态文明 2016/6/5
中国绿色时报:生态学人 e 行动计划"翻转"林业课堂 2016/6/6
中国绿色时报:北林大今年按类招生扩为七大类 2016/6/7
中国绿色时报:风景园林专家林箐获中国青年科技奖 2016/6/7
中国绿色时报:生态福利与美丽中国论坛将办 2016/6/8
中国绿色时报:三倍体枣为北林大枣树育种锦上添花 2016/6/10
北京考试报:微观校园·禁烟从大人抓起 2016/6/11
中国花卉报:北林大"林木响应赤霉素"研究获重要进展 2016/6/13
北京教育:一个人的毕业照折射了什么? 2016/6/14
中国花卉报:16 个糖果鸢尾新品种丰富北方夏日 2016/6/14
中国科学报:北林大与美湿地研究中心签订绿色合作伙伴意向书 2016/6/16

中国教育报:师生心理距离不该越来越远 2016/6/16
中国花卉报:北林大举办森林生态系统国际学术研讨会 2016/6/16
中国花卉报:北林大枣树遗传育种研究成果丰硕 2016/6/17
中国青年报:北林大精心培育中国鸽子树扎根塞尔维亚 2016/6/19
北京晚报:中国"鸽子树"根扎塞尔维亚 2016/6/20
中国科学报:培育中国鸽子树根扎塞尔维亚 2016/6/20
山西晚报:我在北京林业大学邀你一起学习 2016/6/21
中国教育报:精心培育珙桐扎根塞尔维亚 2016/6/21
北京考试报:微观校园 · 师生心理距离不该渐行渐远 2016/6/22
人民网:每年选拔 100 名新生进梁希实验班 2016/6/22
中国绿色时报:面向亚太地区开发林业英文在线课程 2016/6/22
中国科学报:世界艺术史大会园林庭院论坛北林大召开 2016/6/23
北京晨报:北京林业大学在京招生 260 人 2016/6/23
中国花卉报:北林大跻身"北京高校高精尖创新中心"行列 2016/6/23
中国花卉报:北林大与美国湿地研究中心结成绿色合作伙伴 2016/6/23
中国绿色时报:太子山与北林大共商校企合作 2016/6/28
重庆晚报:《国家公园建设与绿色发展》高峰论坛备受瞩目 2016/6/29
中国绿色时报:在线教育带给林业教学哪些新体验? 2016/6/29
中国花卉报:油松华北落叶松人工林培育有突破 2016/6/29
中国绿色时报:生态文明贵阳国际论坛年会即将开幕 2016/6/30
中国科学报:中美碳联盟年会在北林大闭幕 2016/6/30
中国花卉报:六门林业可持续经营英文在线课程完成 2016/7/4
中国绿色时报:北林大园林实验教学中心着力培养新人才 2016/7/5
中国教育报:莫等明年毕业季再道歉 2016/7/5
中国绿色时报:中美合作研究生态系统碳水循环机理 2016/7/7
中国科学报:只培养学霸的大学不是好大学 2016/7/7
中国绿色时报:专家对世界未来城市荒漠化说不 2016/7/8
中国花卉报:北林研发林木基因解析新技术 2016/7/8
中国军网:北林大武警国防生聆听国家周边安全环境主题教育讲座 2016/7/9
贵州日报:贵州省林业厅与北京林业大学等高校签订绿色战略合作协议 2016/7/9
中国教育报:北林大 359 支社会实践团队奔赴基层 2016/7/11
尚七网:北京林业大学国家大学科技园产学研基地落户贵州 2016/7/11
贵州日报:宋维明:绿色发展贵州论起来也干起来 2016/7/11
新华网:北京林业大学 359 支社会实践团队奔赴基层 2016/7/11
中国花卉报:中美碳联盟年会在北林大举办 2016/7/11
中国绿色时报:北林大与聊城签订合作协议 2016/7/11
中国绿色时报:让林业为广大人民群众提供更多更好生态产品 2016/7/11
中国绿色时报:生态福利与美丽中国论坛发布多项成果 2016/7/11
中国科学报:"两山"理论研究取得新成果 2016/7/13
北京日报:不能没有一流体育 2016/7/13
中国花卉报:中美研究生态系统碳水循环机理有成效 2016/7/14
新华网:北京林业大学上思教授工作站揭牌 2016/7/14

北京教育:警惕伸向象牙塔的“金融黑手”	2016/7/14
中国绿色时报:新生录取通知书呈古典园林风格	2016/7/15
凤凰网:师生来大丰麋鹿保护区实习	2016/7/16
中国科学报:北京实现存量垃圾工程绿化应用	2016/7/19
中国花卉报:北林大园林实验教学中心着力培养新型人才	2016/7/21
中国科学报:北京林大全面解析林木非编码小 RNA	2016/7/21
中国科学报:北林大成立油松工程技术中心	2016/7/21
法制晚报:北林录取通知书加入植物园林元素	2016/7/22
中国花卉报:北林大开辟计算生物学研究新方向	2016/7/22
中国绿色时报:北林大 359 支社会实践团队奔赴基层	2016/7/22
北京考试报:让母校永远不把毕业生当外人	2016/7/23
中国绿色时报:存量垃圾应用于工程绿化需加快步伐	2016/7/26
全国首款“碳减排公益产品”诞生	2016/7/27
中国绿色时报:北林大“两山”理论研究获系统成果	2016/7/29
中国绿色时报:领导干部森林资源资产离任审计指标出炉	2016/7/29
绿色中国:用心血浇灌绿色的国礼	2016/7/29
绿色中国:为我国生态文明建设奠基	2016/7/29
绿色中国:中国林业在线教育方兴未艾	2016/7/29
绿色中国:生态文明贵阳国际论坛聚焦林业主题	2016/7/29
中国绿色时报:国家林业局油松工程技术研究中心成立	2016/8/1
中国科学报:全国首款“碳减排公益产品”诞生	2016/8/2
中国绿色时报:女教授获中国观赏园艺特别荣誉奖	2016/8/2
中国绿色时报:海峡两岸园林学术论坛举行	2016/8/2
北京考试报:微观校园 千万别忘了建设一流的大学体育	2016/8/3
中国绿色时报:国际知名学者在京演讲生命之网	2016/8/3
中国科学报:枣树遗传育种研究成果丰硕	2016/8/3
中国花卉报:北林大聚焦油松 25 项关键技术研究	2016/8/4
中国科学报:北林女教授获中国观赏园艺特别荣誉奖	2016/8/4
中国绿色时报:北林大发明基因变异探测模型	2016/8/5
中国绿色时报:林木进化与功能研究取得新进展	2016/8/5
中工网:我国首款碳减排公益产品诞生	2016/8/8
中国花卉报:海峡两岸园林学术论坛举办	2016/8/8
中国绿色时报:北林大定位观测石漠化脆弱生态区	2016/8/9
中国花卉报:戴思兰获中国观赏园艺特别荣誉奖	2016/8/9
北京日报:谁给学生上防骗课?	2016/8/10
中国花卉报:全国首款“碳减排公益产品”诞生	2016/8/10
中国绿色时报:专家谈如何构建生态健康保障新体系	2016/8/12
北京晚报:北林大将为北京城市副中心延绿	2016/8/12
中国花卉报:存量垃圾用于绿化推进乏力	2016/8/12
中国绿色时报:北林大为新生提前开启大学生活	2016/8/16
中国绿色时报:北林大精准服务北京城市副中心生态建设	2016/8/16
北京晚报:“准 00 后”进大学处处智能化	2016/8/16

北京考试报:给学生补补 网络素养课	2016/8/17
北京考试报:莫等明年毕业季再道歉	2016/8/17
中国花卉报:美国红豆杉北京安家首次结果	2016/8/18
中国科学报:北林大为新生提前开启大学生活	2016/8/18
中国花卉报:专家研讨物种形成与生命之网	2016/8/19
中国绿色时报:北林大生理学创新实验室助学生成才	2016/8/19
中国绿色时报:不做林间最后的小孩	2016/8/19
中国花卉报:北林大定位观测石漠化脆弱生态区	2016/8/22
北京考试报:北京林业大学"互联网+"迎新	2016/8/22
中国绿色时报:我国首个风景园林院士工作站成立	2016/8/23
中国科学报:我国首个风景园林院士工作站成立	2016/8/25
中国科学报:G20 杭州峰会将首次实现碳中和	2016/8/25
中国教育报:北京林业大学:"网络族"提前开启大学新生活	2016/8/29
中国花卉报:我国第一个风景园林院士工作站成立	2016/9/1
中国花卉报:北林大助力北京副中心生态建设	2016/9/8
中国绿色时报:康峰获全国高校教师教学竞赛一等奖	2016/9/9
中国绿色时报:北林大王礼先获世界水保学会奖	2016/9/12
中国花卉报:G20 杭州峰会碳中和项目在杭州举行	2016/9/12
中国绿色时报:征集林科研究生科普案例活动启动	2016/9/13
北京考试报:林科研究生科普案例征集启动	2016/9/14
宣讲家网:教师的神圣职责应当好学生的引路人	2016/9/14
新华网:李保国事迹报告团走进北京林业大学	2016/9/15
中国科学报:征集林科研究生"绿色行"科普示范活动启动	2016/9/15
北京教育:人师之甘	2016/9/18
中国绿色时报:北林大教授服务团扶贫科右前旗	2016/9/18
中国绿色时报:北林大教育基金会总收入 1.4 亿多元	2016/9/18
北京教育:人师之苦	2016/9/18
绿色中国:全国首款碳减排公益产品前景如何?	2016/9/19
绿色中国:青青油松推动美丽中国建设	2016/9/19
绿色中国:林业发展凸显绿色惠民新特色	2016/9/19
中国绿色时报:北林大与广西林业系统强化合作	2016/9/19
中国花卉报:遴选"林科研究生绿色行"启动	2016/9/20
中国科学报:北京林业大学教授组团定点扶贫	2016/9/21
中国科学报:北林大设首个风景园林国际双硕士项目	2016/9/22
中国花卉报:北林大专家获世界水保学会奖	2016/9/23
中国科学报:北林大植物蛋白动态量化检测获进展	2016/9/27
天津日报:北林大一行到武清调研	2016/9/27
中国绿色时报:我国新添三个紫薇新品种	2016/9/27
中国绿色时报:北林园林新生园博馆接受启蒙教育	2016/9/27
中国科学报:北林大研究森林可持续经营管理获突破	2016/9/28
中国绿色时报:北林大研究生招生明年有新变化	2016/10/3
中国绿色时报:北林大陈建成入选国家"万人计划"	2016/10/4

中国绿色时报:北林大再为湖北培训保护区业务骨干	2016/10/4
北京晚报:北林大明年将招2000研究生	2016/10/5
中国绿色时报:北林大学生在国际青少年林业比赛获奖	2016/10/7
中国科学报:牡丹新品种产业化关键技术研究获突破	2016/10/10
中国科学报:新技术助推无患子特色经济林发展	2016/10/12
中国科学报:北林大研究生招生明年有新变化	2016/10/13
中国绿色时报:新成果促进乙醇生产废料有效利用	2016/10/17
北京教育:如何构建"中国式师生关系"?	2016/10/17
中国科学报:北林大与通州共建绿色北京城市副中心	2016/10/19
中国绿色时报:牡丹新品种实现产业化新突破	2016/10/19
中国科学报:鹫峰国家水土保持科技示范园建成	2016/10/19
中国科学报:专家研讨农林经管实验教科实验室建设	2016/10/20
中国科学报:北林大高值化利用落叶松树皮	2016/10/20
中国绿色时报:校企合作促无患子新技术成果落地	2016/10/20
中国花卉报:北林学生首获国际青少年林业比赛纪念奖	2016/10/24
中国科学报:专家呼吁加强圆明园遗址有效保护和科学利用	2016/10/25
中国科学报:鹫峰国家水土保持科技示范园揭牌	2016/10/25
中国科学报:北林大高值化利用落叶松树皮	2016/10/26
北京晚报:鹫峰国家水土保持科技园揭牌	2016/10/26
中国科学报:森林资源可持续经营国际学术研讨会在京召开	2016/10/26
中国绿色时报:2016国际雉类学术研讨会在京召开	2016/10/27
中国花卉报:毛白杨产业开启"二次革命"	2016/10/27
中国科学报:国际雉类学术研讨会在京召开	2016/10/27
中国绿色时报:亚太林业教育协调机制会议召开	2016/10/28
中国绿色时报:专家研讨农林经管教科实验室建设	2016/10/28
中国科学报:生态控制云杉矮槲寄生成灾有新技术	2016/10/29
中国教育报:北京林业大学与通州共建绿色北京城市副中心	2016/10/31
中国花卉报:北林大高效利用落叶松树皮	2016/10/31
中国绿色时报:北林大助力通州建绿色北京副中心	2016/11/1
中国绿色时报:北林大智力众筹聚焦北京风景园林	2016/11/2
北京妇女网:首都女教授协会北京林业大学分会成功举办植物生物女科学家校园行活动	2016/11/2
中国绿色时报:资深林学家尤瑟瑞受聘北林大荣誉教授	2016/11/2
中国花卉报:北京林业大学智力众筹聚焦北京风景园林	2016/11/3
中国绿色时报:国际林业经济学者研讨林业治理	2016/11/3
中国科学报:杉木种子休眠分子机制研究获新进展	2016/11/3
中国科学报:北林大新增两个国家陆地生态系统定位观测站	2016/11/3
中国科学报:阐释杉木种子休眠新机制	2016/11/7
中国绿色时报:北林大科研成果登上著名学术期刊	2016/11/7
中国绿色时报:生态控制云杉矮槲寄生填补国内空白	2016/11/8
中国花卉报:森林资源可持续经营国际学术研讨会在京召开	2016/11/9
绿色中国:中国林业发展需要市长也需要市场	2016/11/9
绿色中国:不做林间最后的小孩	2016/11/9

中国绿色时报:女植物生物学科学家组团走进北林大 2016/11/9
中国科学报:首届京津冀晋蒙青年环保公益创业大赛闭幕 2016/11/10
中国科学报:北林大林金星团队液泡膜蛋白单分子研究获新进展 2016/11/10
中国绿色时报:中国林业发展需要市长也需要市场 2016/11/11
中国绿色时报:北林科技园:产学研一体化的“北林样板” 2016/11/11
中国科学报:中国生态治理提升人类福祉受关注 2016/11/13
中国科学报:液泡膜蛋白单分子研究获新进展 2016/11/14
中国绿色时报:北林大杉木种子休眠研究获新进展 2016/11/14
中国花卉报:北林大与通州共建绿色北京城市副中心 2016/11/14
中国绿色时报:丝绸之路农林教育科技创新联盟成立 2016/11/15
中国绿色时报:北京举办“青春杯”阳台绿化设计大赛 2016/11/15
中国科学报:石墨烯新材料应用化学发光研究获新进展 2016/11/15
中国花卉报:紫薇家族又添三个新成员 2016/11/15
中国科学报:北林大选育出 15 个榛子优良无性系和良种 2016/11/16
中国青年报:北京林业大学:市场化思维打造“第二课堂成绩单” 2016/11/16
首都之窗:园林学院乌恩副教授谈森林利用 2016/11/16
北京晨报:三国大学生风景园林设计赛中国斩金 2016/11/17
中国科学报:北林大学子获中日韩大学生风景园林设计竞赛金牌 2016/11/17
中国花卉报:北林大填补一项国内林业研究空白 2016/11/17
中国科学报:北京林大观赏针叶树矮化繁殖获新成果 2016/11/21
中国花卉报:榛子产量有望提高 北林选育出 15 个榛子优良无性系和良种 2016/11/21
中国绿色时报:圆明园遗址保护利用研讨会召开 2016/11/22
中国绿色时报:北林大学生获中日韩风景园林设计赛金奖 2016/11/22
中国花卉报:北林新增两个陆地生态观测站 2016/11/23
中国花卉报:新技术助无患子经济林产业发展 2016/11/23
中国绿色时报:北林大科研团队首获杜仲三倍体 2016/11/24
中国绿色时报:北林大育出 15 个榛子优良无性系和良种 2016/11/25
中国绿色时报:首届九三学社林业发展论坛举办 2016/11/25
中国科学报:北林大教授五获英国国家景观奖 2016/11/26
中国绿色时报:沈国舫森林培育奖励基金褒奖师生 2016/11/28
中国花卉报:重新设计北京奥运马拉松赛道基础设施 2016/11/28
中国绿色时报:观赏针叶树矮化繁殖获新突破 2016/11/29
中国绿色时报:首都高校风景园林研究生纵论城市更新 2016/11/29
拉萨晚报:拉萨市委与北京林业大学党委签署人才智力合作协议 2016/11/29
中国科学报:北林大教授入选美国科学促进会会士 2016/11/29
人民网:北京林大科研团队首获杜仲三倍体 2016/11/29
光明日报:北林大选育出三倍体杜仲 2016/11/30
中国绿色时报:我国基本建成应用型林业专硕培养体系 2016/11/30
中国绿色时报:北林大液泡膜蛋白单分子研究获新进展 2016/11/30
北京晨报:林业硕士毕业生达 1250 人 2016/12/1
中国科学报:北京林大观赏针叶树矮化繁殖获新成果 2016/12/1
中国绿色时报:北林大教授五获英国国家景观奖 2016/12/1

中国绿色时报:中国林业教育学会活力不断增强 2016/12/1
中国绿色时报:北林大教授入选美国科学促进会会士 2016/12/2
中国教育报:北林大与拉萨市开展人才智力合作 2016/12/5
中国科学报:中外专家聚焦生态旅游与绿色发展 2016/12/5
中国绿色时报:北方温带城市屋顶绿化有新模式 2016/12/6
中国绿色时报:北林大与拉萨开展人才智力合作 2016/12/7
中国西藏网:拉萨市委与北京林业大学党委签署人才智力合作协议 2016/12/7
中国科学报:北林大教授入选美国科学促进会会士 2016/12/8
中国花卉报:观赏针叶树矮化繁殖获新突破 2016/12/8
中国花卉报:北林大教授五获英国国家景观奖 2016/12/9
科学网:国内首次研制出多功能立体固沙车 2016/12/9
中国花卉报:北林大选育出三倍体杜仲 2016/12/12
地产中国网:首届"鲁能杯"大学生征文获奖名单隆重揭晓 2016/12/13
中国绿色时报:如何让自然的秘密成为游客眼中的美 2016/12/13
宣讲家网:高校思想政治工作要从教师抓起 2016/12/13
北京教育:"泥腿子"院士 2016/12/13
北京教育:高校教师思想理论学习的思考 2016/12/13
北京教育:话题圆桌·专业如何"自由转"? 2016/12/13
北京教育:话题圆桌·教学与科研的"相爱相杀"? 2016/12/13
中国绿色时报:北林大邀市民体验绿色生活 2016/12/14
中国绿色时报:北林大教学基地落户名品彩叶公司 2016/12/14
新浪教育:首都大学生形势政策报告会走进北京林业大学 2016/12/14
宣讲家网:高校思想政治工作要从教师抓起 2016/12/14
人民政协报:高校教师思想政治工作是重中之重 2016/12/14
中国绿色时报:希望更多有志有才有为青年投身林业现代化建设 2016/12/14
中国教育报:"部长进校园"走进北林大 2016/12/14
北京晚报:国家林业局长进林大作报告 2016/12/14
北京考试报:高校思想政治工作春风化雨 2016/12/14
中国绿色时报:海峡两岸林业敬业奖励基金再奖6人 2016/12/15
中国绿色时报:毛白杨科技创新开启产业"二次革命" 2016/12/15
科学网:海峡两岸林业敬业奖励基金20年奖百人 2016/12/15
中国绿色时报:我国研制出多功能立体固沙车 2016/12/16
绿色中国:我国绿色碳汇传播现状剖析及改进策略 2016/12/16
北京考试报:林业硕士指导性培养方案修订 2016/12/16
工人日报:海峡两岸林业敬业奖励基金已奖百人 2016/12/17
光明日报:海峡两岸林业敬业奖励基金20年奖百人 2016/12/18
中国绿色时报:北林大招聘优秀教师面向国内外 2016/12/19
人民日报:北林大教授坚守黄土高原:科研牛人野外"土人" 2016/12/19
中国绿色时报:北京园林景观设计资源平台获重大立项 2016/12/20
北京考试报:北林大入选"一带一路"奖学金 2016/12/21
中国绿色时报:北京设立"一带一路"奖学金惠及北林大风景园林硕士留学生 2016/12/21
中国科学报:北林大学者创建植物嫁接信息流新理论 2016/12/21

中国花卉报:北林研究生招生明年有新变化	2016/12/22
北京晨报:全国农林院校研究生竞赛学术科技作品	2016/12/23
中国花卉报:海峡两岸林业基金廿年奖百人	2016/12/23
中国绿色时报:全国农林研究生竞赛学术科技作品	2016/12/23
中国绿色时报:北林大与新乡共建成果推广平台	2016/12/23
科学网:我国绿色碳汇志愿者队伍不断壮大	2016/12/26
中国绿色时报:北林大“鄢陵模式”获评十大推荐案例	2016/12/27
中国科学报:新技术实现智能控制精准节水灌溉	2016/12/28
中国科学报:全国农林院校研究生学术科技作品竞赛揭晓	2016/12/29